THYRISTOREN

Eigenschaften und Anwendungen

Von Dr.-Ing. habil. Klemens HEUMANN
und Ing. August C. STUMPE
AEG-TELEFUNKEN, Berlin und Frankfurt a. M.

3., durchgesehene Auflage 1974
Mit 261 Bildern,
13 Tafeln und 24 Beispielen

B. G. TEUBNER STUTTGART

ISBN 978-3-322-94104-6   ISBN 978-3-322-94103-9 (eBook)
DOI 10.1007/978-3-322-94103-9

GELEITWORT

Das Aufkommen der Thyristoren führte zu einer neuen Entwicklungsphase der Energieelektronik. Mit den Vorläuferelementen der Thyristoren auf Gasentladungsbasis war nur ein Teil der vielen Ideen aus dem Gebiet der Energieelektronik technisch-wirtschaftlich realisierbar. Mit Hilfe der Thyristoren konnten einige alte, bisher praktisch nicht lösbare Ideen zum Erfolg gebracht werden. Die besseren technischen Eigenschaften der Thyristoren gestatten auch ganz neuartige technische Anwendungen. Auch werden heute Geräte und Anlagen, in welchen bisher das Quecksilberdampfgefäß vorherrschte, mit Halbleiterbauelementen ausgeführt.

Bei der großen Fülle der Arbeit, die hier im letzten Jahrzehnt geleistet wurde, ist es besonders erfreulich, daß zwei Fachleute, die als Forscher und Entwickler beim Aufbau dieser neuen Technik maßgeblich beteiligt waren, die Mühe nicht gescheut haben, das bisher Erarbeitete in Buchform niederzulegen. Es trifft sich dabei besonders glücklich, daß der eine der beiden Autoren die Entwicklung der Bauelemente durch die Erarbeitung der neuartigen Meßtechnik und vieler Grundschaltungen, der andere die Entwicklung komplexer Geräte, wie Gleichstromsteller und Drehstrompulswandler, maßgeblich beeinflußt hat. Beide Verfasser sind in Fachkreisen bestens bekannt, nicht zuletzt durch ihre intensive Mitarbeit bei Fachtagungen und Diskussionssitzungen der Fachgruppe „Energieelektronik" des Wissenschaftlichen Ausschusses des Verbandes Deutscher Elektrotechniker. Es ist mir deshalb ein persönliches Bedürfnis, den Autoren für ihre Arbeit zu danken und dem Buch zu wünschen, daß es ein Markstein in der Entwicklung der Energieelektronik werde.

Frankfurt a. M., Frühjahr 1968 Dr. phil. Dr.-Ing. E. h. KARL STEIMEL

Vorsitzender des Wissenschaftlichen Ausschusses
des Verbandes Deutscher Elektrotechniker

VORWORT

Als im Jahre 1958 die General Electric in den USA die ersten Thyristoren, damals noch steuerbare Siliciumgleichrichter (silicon controlled rectifiers) genannt, in die elektrische Energietechnik einführten, konnte man noch nicht voraussehen, daß dadurch in der Stromrichtertechnik eine ähnliche Revolution eingeleitet würde, wie ein Jahrzehnt vorher in der Nachrichtentechnik durch die Einführung der Transistoren. Die in den folgenden Jahren in der ganzen Welt aufgenommenen Entwicklungsarbeiten führten zu einer stetigen Verbesserung der Halbleiterbauelemente und der zugehörigen Schaltungstechnik. Inzwischen haben die Thyristoren die Stromrichtertechnik vollständig erobert, und es ist ein Entwicklungsstand erreicht, der es gerechtfertigt erscheinen läßt, die gewonnenen Erkenntnisse in einem Werk zusammenfassend darzustellen. Über die klassische Stromrichtertechnik mit Gasentladungsgefäßen ist bereits eine Reihe von ausgezeichneten Fachbüchern vorhanden. Durch die besonderen Eigenschaften der Thyristoren ergeben sich jedoch neue Gesichtspunkte für die bereits seit Jahrzehnten bekannten Schaltungen und außerdem neue Schaltungsmöglichkeiten, insbesondere auf dem Gebiet der Zwangskommutierung.

Dieses Buch beschreibt zunächst die Wirkungsweise der Thyristoren und verwandter Halbleiterbauelemente, wobei auf eine leicht verständliche Darstellung der physikalischen Vorgänge Wert gelegt wurde. Es folgen Bemessungsgrundlagen für die Beschaltung der Thyristoren sowie eine Zusammenfassung der gebräuchlichsten Steuerverfahren. Danach werden die Schaltungen der Stromrichtertechnik behandelt, wobei die systematische Einteilung dieser Schaltungen nach der Art des Kommutierungsvorganges vorgenommen wurde. Auf die Darstellung der konventionellen Stromrichter mit natürlicher Kommutierung konnte wegen der Bedeutung dieser Schaltungen nicht verzichtet werden. Hier wurden die speziellen Gesichtspunkte beim Einsatz von Thyristoren berücksichtigt. Ausführlicher werden die Stromrichter mit Zwangskommutierung beschrieben. Diese Schaltungen sind wegen der guten dynamischen Eigenschaften der Thyristoren in den letzten Jahren zunehmend weiterentwickelt worden. Da die Stromrichter mit ihrer Belastung in vielen Fällen eine Einheit bilden, wird dem Zusammenwirken von Stromrichtern mit elektrischen Maschinen, insbesondere mit Drehfeldmaschinen, ein eigener Abschnitt gewidmet. Den Abschluß des Buches bildet eine Beschreibung der Schutztechnik und der Meßtechnik.

Das Buch kann dem Studierenden eine Einführung in das Gebiet der Thyristortechnik geben. Der mit der konventionellen Stromrichtertechnik vertraute Ingenieur findet Diagramme und Rechenverfahren für die Bemessung von Thyristorgeräten und -anlagen. Der Praktiker, der mit Thyristoranlagen umgehen muß, kann sich über deren Wirkungsweise informieren.

Das Buch entstand im Forschungsinstitut der Allgemeinen Elektricitäts-Gesellschaft. Die Anregung dazu gab Herr Dr. phil. Dr.-Ing. E. h. Karl Steimel, dem die Verfasser an dieser Stelle für seine tatkräftige Förderung ihren Dank aussprechen möchten. Besonderer Dank gebührt auch den Herren Dr. rer. nat. W. Gerlach und Dr. rer. nat. G. Köhl, die sich für Diskussionen über die physikalischen Grundlagen zur Verfügung stellten, den Herren Prof. Dr.-Ing. F. Koppelmann und Dr.-Ing. L. Abraham für Anregungen und Vorschläge zur Darstellung der Stromrichterschaltungen und Herrn Dipl.-Ing. K.-G. Jordan, der einige maschinentechnische Berechnungen durchführte. Nicht zuletzt sei auch dem Verlag für wertvolle Hinweise zur Abfassung des Manuskriptes und für die redaktionelle Bearbeitung gedankt.

Die erste Auflage dieses Buches erschien 1968 auf dem Markt. Aufgrund zahlreicher zustimmender Meinungsäußerungen von Fachkollegen des In- und Auslandes und positiver Buchbesprechungen konnten wir bald mit Freude feststellen, daß unser Konzept einer geschlossenen Darstellung der Thyristortechnik in einem Werk sowohl in der Fachwelt als auch bei den Studierenden eine überraschend freundliche Aufnahme fand. Wir danken den Rezensenten für einige wertvolle Anregungen.

Inzwischen sind Ausgaben dieses Thyristorbuches in mehreren Fremdsprachen erschienen oder in Vorbereitung. Für die bereits notwendig gewordene dritte deutsche Auflage wurde das Manuskript wiederum überarbeitet und ergänzt. Der Abschnitt über Thyristorelemente und -anlagen wurde auf den neuesten Stand gebracht und das Schrifttum um wichtige Veröffentlichungen der letzten Jahre erweitert.

Berlin, Frankfurt a. M., im Herbst 1973

KLEMENS HEUMANN   AUGUST C. STUMPE

INHALT

FORMELZEICHEN (Auswahl)

1. Allgemeines

große Buch- staben	U, I	Effektivwerte einer Größe
kleine Buch- staben	u, i, p	Augenblickswerte
	$\hat{u}, \hat{\imath}$	Scheitelwerte
Index av	U_{av}, I_{av}	Mittelwerte
Index eff	U_{eff}, I_{eff}	Effektivwerte; nur wenn diese besonders hervorgehoben werden sollen

2. Indizes

0	t_0, i_0	Anfangswert einer Größe
1	i_1	zur Grundschwingung gehörig
ν	i_ν	zur ν-ten Oberschwingung gehörig
1, 2, 3 … n	$U_1, U_2, U_3 \ldots U_n$	fortlaufende Numerierung
I, II	U_I, U_{II}	zur Gruppe I bzw. II gehörig
d	I_d	Gleichstromwert
i	U_{di}	ideeller Wert
k	L_k	Kommutierungs-, Kurzschlußwert
HS	i_{GHS}	obere Streugrenze
LS	i_{GLS}	untere Streugrenze
max	I_{max}	Maximalwert
min	I_{min}	Minimalwert
N	U_N, I_N	Nennwert
P	i_{1P}	Wirkkomponente
Q	i_{1Q}	Blindkomponente

3. Häufig benutzte Formelzeichen

A	Fläche		I_A	Anodenstrom; allgemein: Thyristorstrom
B	magnetische Induktion			
C	Kapazität		I_d	Gleichstrom (Mittelwert)
C_B	Beschaltungskapazität		I_F	Durchlaßstrom
C_k	Kommutierungskapazität		I_{FL}	Dauergrenzstrom
C_p	Pufferkondensator		I_G	Steuerstrom
D_r	ohmsche Gleichspannungsänderung		I_k	Kommutierungsstrom, Kurzschlußstrom
D_x	induktive Gleichspannungsänderung		I_R	negativer Sperrstrom
d_x	relative induktive Gleichspannungsänderung		I_D	positiver Sperrstrom
				s. DIN 41 786
E	innere Spannung		I_μ	Magnetisierungsstrom
f	Frequenz		k	konstanter Faktor
f_p	Pulsfrequenz		L	Induktivität
f_ν	Eigenfrequenz		L_d	Induktivität auf der Gleichstromseite
H	magnetische Feldstärke			
I	Strom		L_k	Kommutierungsinduktivität

Symbol	Bedeutung
L_σ	Streuinduktivität
M	Drehmoment
M_{kipp}	Kippmoment
N	Windungszahl
n	Anzahl, Drehzahl
P	Leistung, Wirkleistung
P_F	Durchlaßverlust
P_Q	Ausschaltverlust
P_S	Schaltleistung
P_T	Einschaltverlust
P_δ	Luftspaltleistung
p	Pulszahl, Polpaarzahl
Q	Blindleistung
Q_{rr}	Sperrverzugsladung
q	Kommutierungszahl einer Kommutierungsgruppe
R	Widerstand
R_B	Beschaltungswiderstand
r_f	Ersatzwiderstand
R_k	Widerstand im Kommutierungsstromkreis
$R_{(th)}$	Wärmewiderstand
$R_{(th)JG}$	innerer Wärmewiderstand
$R_{(th)GU}$	äußerer Wärmewiderstand
S	Scheinleistung
s	Schlupf
s_{kipp}	Kippschlupf
s	Anzahl der in Reihe geschalteten Kommutierungsgruppen $s = 1$ für M-Schaltungen $s = 2$ für B-Schaltungen
T	Periodendauer
t	Zeit
t_{gd}	Zündverzugszeit
t_{gr}	Durchschaltzeit
t_{gs}	Zündausbreitungszeit
t_q	Freiwerdezeit
t_{rr}	Sperrverzugszeit
Δt	Schonzeit; allgemein: Zeitabschnitt
U	Spannung
u	Überlappung (Überlappungswinkel)
U_A	Anodenspannung; allgemein: Thyristorspannung
U_B	Lichtbogenspannung
U_{BO}	Kippspannung
$U_{(BR)}$	Abbruchspannung
U_d	Gleichspannung (Mittelwert)
U_{di}	ideelle Leerlaufgleichspannung
$U_{d\alpha}$	Gleichspannung beim Steuerwinkel α
U_F	Durchlaßspannung
U_{DRM}, U_{RRM}	periodische positive bzw. negative Spitzensperrspannung (s. DIN 41 786)
U_{DRL}, U_{RRL}	höchste zulässige positive bzw. negative periodische Spitzensperrspannung (s. DIN 41 786)
U_k, u_k	Kommutierungsspannung, Kurzschlußspannung
u_n	Netzspannung
u_S	Schalterspannung
$U_{(TO)}$	Schleusenspannung
u_w	Umrichterspannung
W	Energie, Arbeit
W_A	Thyristorverlustarbeit
W_T	Einschaltverlustarbeit
w	Welligkeit
W_L	Grenzlastintegral eines Thyristors
W_S, W_B	Schmelz- bzw. Löschintegral einer Sicherung
$Z_{(th)t}$	transienter Wärmewiderstand
α	Steuerwinkel
β	Voreilwinkel
β	Überschwingfaktor, Unterdrückungsverhältnis
γ	Löschwinkel
δ	Phasenverschiebungswinkel, Steuerwinkel, Stromflußwinkel
Δ	Toleranz
η	Wirkungsgrad
ϑ_J	Sperrschichttemperatur
ϑ_G	Gehäusetemperatur
ϑ_U	Umgebungstemperatur, Kühlmitteltemperatur
λ	totaler Leistungsfaktor
λ	Einschaltverhältnis, Spannungsamplitudenverhältnis
ν	Kreisfrequenz einer freien Schwingung
ν_0	Kreisfrequenz einer ungedämpften Schwingung
σ	Sicherheit
τ	Zeitkonstante
Φ	magnetischer Fluß
φ	Phasenverschiebungswinkel, Lastwinkel
$\cos\varphi$	Verschiebungsfaktor
ω	Kreisfrequenz

1. Eigenschaften der Thyristoren

1.1. Wirkungsweise

1.1.1. Aufbau [B 12; B 13; 1.2; 1.4; 1.5; 1.12; 1.24][1]

Der Thyristor besteht, wie alle Halbleiterbauelemente, aus einem Gehäuse und dem eigentlichen Halbleitersystem. Das Gehäuse schützt das System vor mechanischer Beschädigung und atmosphärischen Einflüssen. Außerdem leitet es die infolge der elektrischen Verluste im Halbleitersystem entstehende Wärme an den Kühlkörper oder direkt an die umgebende Kühlluft ab. In Bild **1.1** ist als Beispiel ein Thyristor T 300 N (für 300 A Dauergrenzstrom) mit aufgeschnittenem Gehäuse dargestellt.

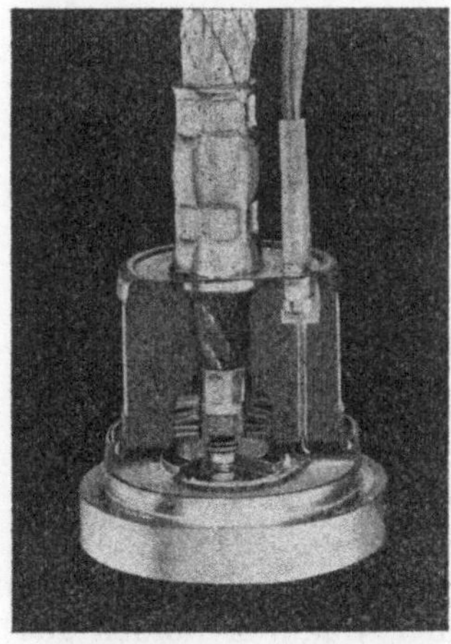

1.1 Thyristor T 302 N ... mit aufgeschnittenem Gehäuse (AEG)

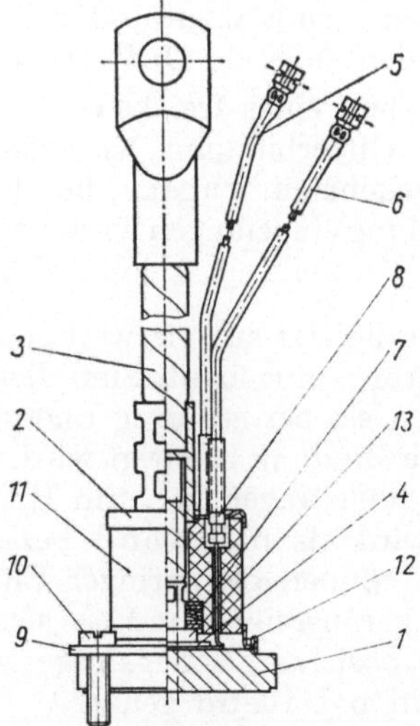

1.2
Thyristor T 302 N ...
(AEG)

1 Gehäuseboden
2 Gehäusekappe
3 Kathodenanschluß
4 Thyristorsystem
5 zweiter Kathodenanschluß
6 Steueranschluß
7 Tellerfedern
8 keramische Durchführung
9 Spannring
10 Schraube
11 Keramikring
12 Argonarcschweißung
13 Stempel

Der Aufbau des Thyristors geht näher aus dem in Bild **1.2** gezeigten Teil-Schnitt hervor. Das Gehäuse besteht aus dem metallischen Gehäuseboden 1, dem Keramikring 11 und der Gehäusekappe 2. Das Halbleitersystem 4 wird mit einem Stempel 13 und Tellerfedern 7, die gegen den Keramikring abgestützt sind, auf den Gehäuseboden gedrückt. Dabei liegt die Seite des Systems, auf der sich die Anodenelektrode befindet, direkt auf dem Gehäuseboden, während der Stempel die Kathodenelektrode kontaktiert.

---

[1] Die Zahlen in eckigen Klammern verweisen auf das Schrifttum, S. 335 ff., ein B vor den Zahlen kennzeichnet Buchveröffentlichungen.

Der Boden bildet also gleichzeitig den Anodenanschluß des Thyristors. Er kann mit einem Spannring 9 und Schrauben 10 auf einen Kühlkörper gepreßt werden. Der Stempel ist mit einem Anschluß 3 großen Querschnittes versehen, der von der Gehäusekappe 2 gehalten wird. Außerdem ist ein zweiter Kathodenanschluß 5 an der Kappe befestigt, der mit dem Steueranschluß 6 verdrillt wird und zum Anschließen des Steuergenerators dient. Der Steueranschluß ist isoliert durch die Kappe hindurchgeführt (Durchführung 8), wird im Innern des Thyristors durch einen Schlitz im Kathodenstempel zu der zentral auf dem Thyristorsystem angeordneten Steuerelektrode (nicht dargestellt) geführt und dort von weiteren Tellerfedern aufgepreßt.

1.1.2. Leitungsmechanismus [B 6]

Zur Erläuterung der Wirkungsweise des Thyristors sei zunächst kurz der Leitungsmechanismus im Halbleiter und die Wirkungsweise der Halbleiterdiode bzw. des einfachen pn-Überganges behandelt. Bei Halbleiterkristallen unterscheidet man zwei Arten des Ladungstransportes, die Eigen- und die Störleitung.

Eigenleitung. Von den Elektronen, die im Kristallgitter die Bindung der Atome untereinander bewirken, werden einzelne durch Energiezufuhr aus ihren Bindungen herausgerissen. Dadurch werden nicht nur die *Elektronen* zu frei beweglichen Ladungsträgern, sondern es entstehen gleichzeitig auch Löcher in den Bindungen, die ihrerseits wandern können und sich wie positive Ladungsträger auswirken. Die Löcher werden auch als Defektelektronen bezeichnet.

Das gleichzeitige Entstehen eines frei beweglichen Elektrons und eines Loches durch Aufreißen einer Gitterbindung bezeichnet man als Ladungsträgergeneration. Den umgekehrten Vorgang, bei dem ein freies Elektron von einer aufgerissenen Gitterbindung eingefangen wird, nennt am Rekombination. Dabei verschwinden gleichzeitig jeweils ein freies Elektron und ein Loch.

Störleitung. In das Kristallgitter aus vierwertigen Halbleiteratomen sind als Störstellen einzelne Fremdatome eingebaut. Sind dies fünfwertige Fremdatome, Donatoren, so können sie bei geringer Energiezufuhr ihr fünftes Valenzelektron[1]), das nicht für eine Bindung benötigt wird, abgeben. Hierdurch werden ausschließlich negative Ladungsträger frei. Ein Halbleitergebiet, in dem dies überwiegend der Fall ist, wird als n-leitend bezeichnet. Dreiwertige Fremdatome, Akzeptoren können bei geringer Energiezufuhr je ein Elektron aus einer Nachbarbindung herausreißen und an sich binden. Dadurch werden ausschließlich Löcher, also positive Ladungsträger erzeugt. Ein Halbleitergebiet, in dem dies überwiegt, wird p-leitend genannt.

1.1.3. pn-Übergang

In der Halbleiterscheibe des Systems von Halbleiterdioden (Bild **3.**1) grenzen ein p- und ein n-leitendes Gebiet aneinander und bilden einen pn-Übergang. Aus dem an den pn-Übergang angrenzenden Gebiet der n-leitenden Zone n diffundieren

---

[1]) Äußeres Elektron eines Atoms, das die Wertigkeit bestimmt und im Kristall für die Bindungskräfte zwischen den Atomen verantwortlich ist.

wegen des großen Konzentrationsunterschiedes Elektronen in die p-leitende Zone p hinüber. Durch die im Randgebiet verbleibenden, ortsfesten ionisierten Donatoren, deren Ladung nicht mehr durch Elektronen kompensiert wird, bildet sich dort eine positive Raumladung aus. In gleicher Weise diffundieren Löcher aus dem Randgebiet der p-Zone zur n-Zone hinüber und hinterlassen am Rand der p-Zone eine negative Raumladung (ionisierte Akzeptoren). Durch diesen Diffusionsvorgang entsteht auf beiden Seiten des pn-Überganges eine dünne, an Ladungsträgern verarmte Raumladungsschicht, die Sperrschicht S. Mit der Raumladung ist ein elektrisches Feld in der Sperrschicht verbunden, das die Elektronen zur n- und die Löcher zur p-Zone zurücktreibt, so daß im Gleichgewichtszustand (Stromlosigkeit im äußeren Stromkreis) das elektrische Feld die Wirkung der Diffusion gerade aufhebt.

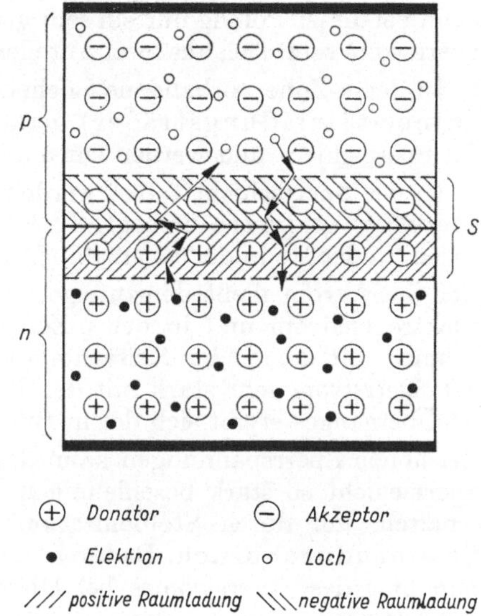

3.1 pn-Übergang mit Sperrschicht *S*

Sperrichtung. Bei elektrischer Beanspruchung des pn-Überganges in Sperrichtung (Bild **3.2**b) ist die n-Zone positiv gegenüber der p-Zone. Dadurch wird die Wirkung der Raumladung unterstützt und das elektrische Feld verstärkt. Die beweglichen Ladungsträger werden vom pn-Übergang weg in ihre Zone zurückgedrängt, so daß die Sperrschicht S sich weiter ausdehnt. Dabei ist die Ausdehnung um so stärker, je größer die Sperrspannung und je geringer die Störstellenkonzentration der jeweiligen Halbleiterschicht ist. Über den pn-Übergang

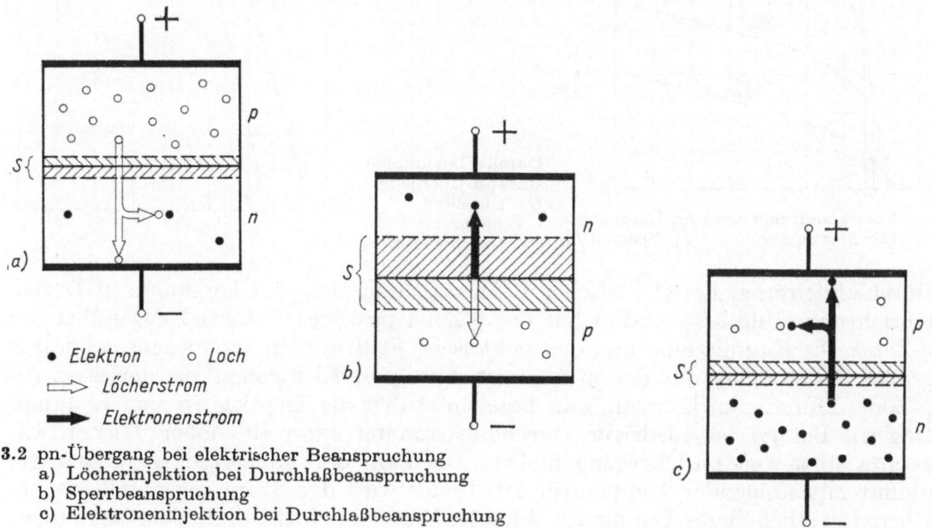

3.2 pn-Übergang bei elektrischer Beanspruchung
  a) Löcherinjektion bei Durchlaßbeanspruchung
  b) Sperrbeanspruchung
  c) Elektroneninjektion bei Durchlaßbeanspruchung

kann bei dieser Polung nur ein sehr geringer Strom, der Sperrstrom fließen. Der Sperrstrom setzt sich aus zwei Anteilen zusammen, die folgendermaßen entstehen:

1. In der n-Zone vorhandene Löcher und in der p-Zone vorhandene Elektronen (Minoritätsladungsträger) geraten infolge Diffusion in das elektrische Feld der Sperrschicht und werden zur anderen Seite hinübertransportiert.

2. In der Sperrschicht selbst werden durch den thermischen Generationsprozeß Ladungsträgerpaare erzeugt, vom Feld getrennt und zu der Zone hinübergezogen, in der sie in der Überzahl (Majoritätsladungsträger) sind.

Der Sperrstrom fließt demzufolge nach Bild **3.2**b in der n-Zone vorwiegend als Elektronenstrom und in der p-Zone als Löcherstrom. Beide Sperrstromanteile nehmen mit steigender Kristalltemperatur etwa exponentiell zu. Daher wächst der Sperrstrom sehr stark mit der Temperatur. Für die Sperrkennlinien des pn-Überganges ergibt sich der in Bild **4.1** dargestellte typische Verlauf.

Bei hohen Sperrspannungen kann das elektrische Feld die Ladungsträger in der Sperrschicht so stark beschleunigen, daß sie eine ausreichende Geschwindigkeit erhalten, um durch Stoßionisation weitere Ladungsträgerpaare zu erzeugen: Lawinendurchbruch. Dadurch ergibt sich die in Bild **4.1** zu erkennende steile Zunahme des Sperrstromes bei Überschreiten der sogenannten Durchbruchspannung.

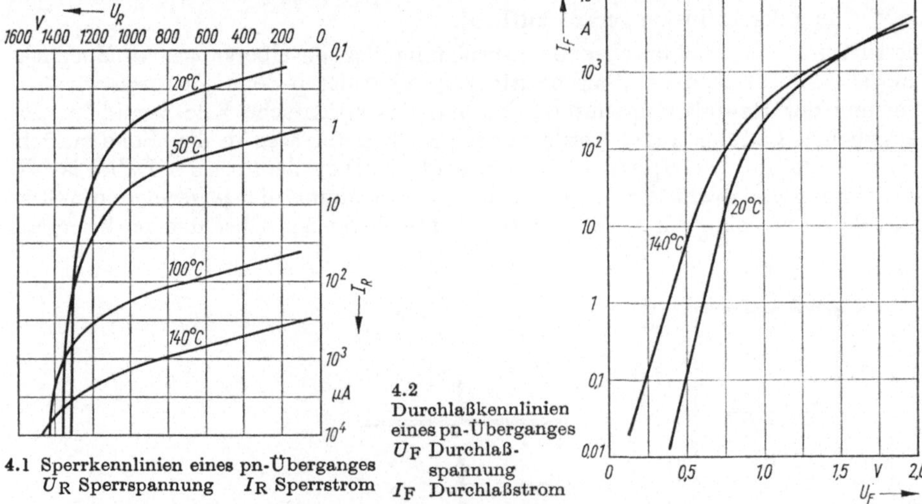

4.1 Sperrkennlinien eines pn-Überganges
U_R Sperrspannung I_R Sperrstrom

4.2 Durchlaßkennlinien eines pn-Überganges
U_F Durchlaßspannung I_F Durchlaßstrom

Durchlaßrichtung. Bei elektrischer Beanspruchung des pn-Überganges in Durchlaßrichtung (Bild **3.2**a und c) hat die p-Zone positives Potential gegenüber der n-Zone. Die Raumladung und das elektrische Feld werden geschwächt, so daß in großer Zahl Löcher aus der p- in die n-Zone und Elektronen aus der n- in die p-Zone diffundieren können. Man bezeichnet dies als Injektion von Ladungsträgern. Bereits bei niedriger Durchlaßspannung kann ein hoher Durchlaßstrom über den pn-Übergang fließen. Die Zahl der injizierten Ladungsträger nimmt mit steigender Temperatur zu. Daher wird der Spannungsabfall am pn-Übergang mit höherer Temperatur kleiner. Erst bei hohen Durchlaßströmen überwiegt der Widerstand des Halbleitermaterials zwischen der Sperrschicht und den beiden metallischen Kontakten, der sogenannte **Bahnwiderstand**, mit seinem positiven Temperaturkoeffizienten. Die **Durchlaßkennlinie** des pn-Überganges hat den in Bild **4.2** gezeigten typischen Verlauf.

Bei der Injektion von Ladungsträgern sind zwei Fälle zu unterscheiden:

1. Wenn bei einem pn-Übergang in der n-Zone infolge einer hohen Konzentration der Donatoren die Dichte der freien Elektronen sehr viel größer ist als die Dichie der Löcher in der p-Zone, kann man bei Durchlaßbelastung des pn-Überganges die Zahl der in die n-Zone injizierten Löcher gegenüber der Zahl der in die p-Zone injizierten Elektronen vernachlässigen. Dieser Fall ist schematisch in Bild **3.2c** gezeigt. Ein Teil der injizierten Elektronen rekombiniert **in der p-Zone** mit den dort vorhandenen Löchern. Der andere Teil, der als Bruchteil $A_{np} \cdot I_F$ des Durchlaßstromes I_F bezeichnet werden soll, gelangt direkt bis zur metallischen Elektrode der p-Zone.

2. Bei der Durchlaßbeanspruchung eines pn-Überganges mit sehr hoher Löcher-Dichte in der p-Zone und niedriger. Elektronen-Dichte in der n-Zone überwiegt dagegen die Injektion von Löchern in die n-Zone, s. Bild **3.2a**. Hier rekombiniert ein Teil der injizierten Löcher **in der n-Zone**, während der Bruchteil $A_{pn} \cdot I_F$ direkt bis zum Kontakt der n-Zone gelangt.

Die beiden **Faktoren** A_{np} und A_{pn} hängen sowohl von den Abmessungen und den Materialeigenschaften der beiden jeweils aneinandergrenzenden Halbleiterzonen als auch von der Stromdichte und der Temperatur ab. Bei den in Thyristoren üblichen pn-Übergängen nehmen sie, ausgehend von sehr kleinen Werten (unter 0,1) bei niedriger Stromdichte, mit steigender Stromdichte schnell zu und nähern sich dann einem Wert, der zwischen 0,5 und 1 liegt. Temperaturerhöhungen machen sich vor allem im Bereich niedriger Stromdichte durch eine zusätzliche Vergrößerung der Faktoren bemerkbar.

1.1.4. Thyristorsystem

Man kann sich das Halbleitersystem der Thyristoren aus drei pn-Übergängen derart zusammengesetzt denken, daß eine pnpn-**Zonenfolge** entsteht, die die drei Sperrschichten S1, S2 und S3 enthält (Bild **6.1**). Die äußere p-Zone und der zugehörige Anschluß wird mit **Anode A**, die äußere n-Zone und ihr Anschluß mit **Kathode K** bezeichnet. Die inneren Zonen heißen n- bzw. p-Basiszone. Der **Steueranschluß G** ist bei den meisten Thyristoren an der p-Basiszone angebracht.

Sperrichtung. Wenn die Anode eine **negative Spannung** gegenüber der **Kathode** hat, sind die beiden äußeren pn-Übergänge in Sperrichtung und der mittlere Übergang in Durchlaßrichtung gepolt. Daraus ergibt sich ein **Sperrverhalten** des Thyristors, das im wesentlichen durch den besser sperrenden der beiden äußeren pn-Übergänge, das ist meist der anodenseitige, bestimmt wird. Bei offenem Steuerstromkreis oder bei negativer Spannung zwischen Steueranschluß und Kathode entsprechen die **Sperrkennlinien** des Thyristors prinzipiell den in Bild **4.1** gezeigten Kennlinien [1.11]. Für die Anwendung von Thyristoren ist allerdings zu beachten, daß positiver Steuerstrom bei negativer Anodenspannung durch Vergrößerung des Sperrstromes zu einer unerwünschten Erhöhung der Sperrverluste des Thyristors führen kann.

Schaltrichtung. Bei positiver Spannung zwischen Anode und Kathode eines Thyristors werden die äußeren beiden pn-Übergänge in Durchlaßrichtung beansprucht, und nahezu die gesamte positive Anodenspannung liegt als Sperrspannung am mittleren pn-Übergang. Die Sperrschicht S 2 hat infolgedessen eine wesentlich größere Ausdehnung als die Schichten S 1 und S 3.

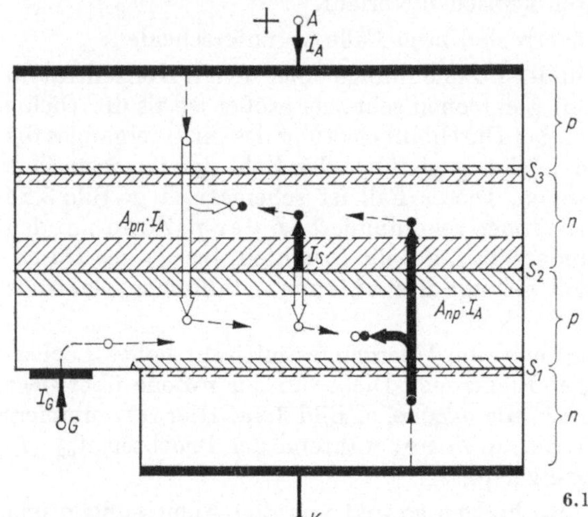

6.1 pnpn-Zonenfolge eines Thyristorsystems

Das in Bild **6.1** eingezeichnete Schema der Ströme im Thyristorsystem kann man sich aus den in Bild **3.2** in die drei pn-Übergänge eingetragenen Strompfeilen entstanden denken. Über die Sperrschicht S 2 fließt auf Grund der Sperrbeanspruchung ein Sperrstrom I_S, durch den zusätzlich Löcher in die p-Basiszone und Elektronen in die n-Basiszone gelangen. Die Löcher bauen die Raumladung von S 1 etwas ab, so daß aus der Kathodenzone soviel Elektronen in die p-Basiszone injiziert werden können, wie der Sperrstrom von S 2 Löcher hineingebracht hat. Nur ein Teil dieser injizierten Elektronen rekombiniert mit den Löchern der p-Basiszone. Der andere Teil, der durch den Faktor A_{np} bestimmt wird, erreicht die mittlere Sperrschicht S 2 und wird von deren elektrischem Feld zur n-Basiszone hinübertransportiert. Diese Elektronen verringern zusammen mit den vom Sperrstrom herrührenden Elektronen die Raumladung von S 3, so daß aus der Anodenzone wiederum eine entsprechende Menge Löcher in die n-Basiszone injiziert wird. Auch von diesen Löchern gelangt ein durch den Faktor A_{pn} gegebener Teil bis zur mittleren Sperrschicht, wird zur p-Basiszone hinübertransportiert und unterstützt dort die Wirkung der vom Sperrstrom herrührenden Löcher. Auf diese Weise kommt eine Stromrückkopplung zustande, durch die der Anodenstrom I_A des Thyristors gegenüber dem eigentlichen Sperrstrom von S 2 vergrößert wird.

Eine Strombilanz am mittleren pn-Übergang ergibt unter Berücksichtigung des über den Steueranschluß fließenden Stromes I_G den Anodenstrom

$$I_A = I_S + A_{np}\,(I_A + I_G) + A_{pn}\,I_A \tag{6.1}$$

Nach Umformung erhält man aus Gl. (6.1)

$$I_A = \frac{I_S + I_G\,A_{np}}{1 - (A_{np} + A_{pn})} \tag{6.2}$$

Das Verhältnis von I_A zu I_S bzw. der Grad der Rückkopplung im Thyristorsystem wird im wesentlichen durch die Summe der Faktoren $A_{np} + A_{pn}$ bestimmt, die ihrerseits wiederum, wie bereits erwähnt, von der Durchlaßstromdichte über die beiden äußeren pn-Übergänge abhängen.

Im Bereich kleinen Anodenstromes sind A_{np} und A_{pn} noch relativ sehr klein, und daher ist die Summe $A_{np} + A_{pn}$ merklich kleiner als Eins. Die Stromrückkopplung ist dementsprechend schwach. Der Anodenstrom wird in diesem Bereich gegenüber dem eigentlichen Sperrstrom der mittleren Sperrschicht nur wenig vergrößert. Der Thyristor zeigt deshalb ein ähnliches Verhalten wie ein in Sperrichtung betriebener pn-Übergang. Die Kennlinien des Thyristors werden in diesem Bereich positive Sperrkennlinien genannt.

Im Bereich großen Anodenstromes ist die Summe $A_{np} + A_{pn}$ größer als Eins. Man kann hier von starker Rückkopplung im Thyristorsystem sprechen. In diesem Bereich ist in Gl. (6.2) der Ausdruck unter dem Bruchstrich negativ. Über die Sperrschicht S 2 gelangen entsprechend dem Anteil $A_{np} \cdot I_A$ mehr Elektronen in die n-Basiszone und entsprechend dem Anteil $A_{pn} \cdot I_A$ mehr Löcher in die p-Basiszone, als dort jeweils durch Rekombination mit den über S 1 und S 3 injizierten Elektronen bzw. Löchern verschwinden können. Diese überschüssigen Ladungsträger müssen, da der Anodenstrom durch den Widerstand des äußeren Anodenstromkreises begrenzt ist, über S 2 zurückdiffundieren. Das bedeutet, daß sich die Richtung des Stromes I_S umgekehrt hat, daß I_S also zum Durchlaßstrom geworden und damit der mittlere pn-Übergang ebenfalls in Durchlaßrichtung gepolt ist. Da die Durchlaßspannung des mittleren pn-Überganges jedoch den Durchlaßspannungen der beiden äußeren pn-Übergänge entgegengerichtet ist, ergibt sich als Gesamt-Anodenspannung nur eine Spannung, die wenig größer ist als die Durchlaßspannung eines einzelnen pn-Überganges. Der Thyristor zeigt im Bereich großen Anodenstromes somit ein ähnliches Verhalten wie eine in Durchlaßrichtung betriebene Halbleiterdiode. Die Thyristor-Kennlinie heißt in diesem Bereich Durchlaßkennlinie.

Anodenstrom-Anodenspannungs-Kennlinie [1.11]. Für einen typischen Thyristor sind die Anodenstrom-Anodenspannungs-Kennlinien in Bild 7.1 aufgetragen. Als Parameter wurde der Steuerstrom I_G gewählt. Die positiven Sperrkennlinien sind jeweils durch einen Kennlinienteil mit negativem differentiellem Wider-

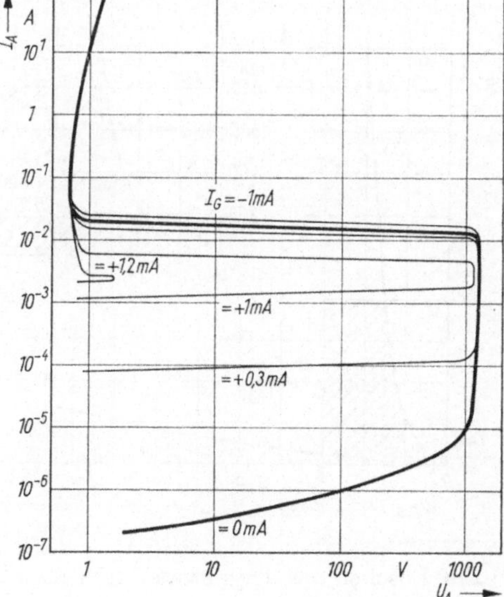

7.1 Anodenstrom-Anodenspannungs-Kennlinien eines typischen Thyristors bei positiver Anodenspannung

stand mit der Durchlaßkennlinie verbunden. Dieser Kennlinienteil kommt dadurch zustande, daß bei Überschreiten eines bestimmten Anodenstromes der Ausdruck unter dem Bruchstrich in Gl. (6.2) schneller abnimmt, als der Anodenstrom ansteigt. Dadurch wird, trotz zunehmenden Anodenstromes, der Sperrstrom I_S und damit die Spannung über dem mittleren pn-Übergang sehr schnell kleiner. In diesem Bereich negativen Widerstandes arbeitet der Thyristor nicht stabil. Er schaltet in der Praxis beim Überschreiten der Spannung, bei der die jeweilige Sperrkennlinie in den Kennlinienteil mit negativem differentiellem Widerstand übergeht, schlagartig in den Durchlaßbereich um, kippt also von einem Betriebszustand in den anderen; diese Spannung heißt daher Kippspannung. Umgekehrt schaltet der Thyristor in den Sperrzustand zurück, wenn der Durchlaßstrom zu weit abgesenkt wird. Der niedrigste Durchlaßstromwert, bei dem der niederohmige Zustand noch aufrechterhalten bleibt, wird Haltestrom genannt.

Steuerung. Ein Einfluß des Steuerstromes I_G ist, wie Bild 7.1 erkennen läßt, nur im Bereich relativ niedriger Anodenströme zu bemerken. Ein positiver Steuerstrom unterstützt die Wirkung der Löcherströme I_S und $A_{pn} \cdot I_A$ und ruft eine verstärkte Injektion von Elektronen in die p-Basiszone hervor. Dadurch wird nicht nur der Anodenstrom vergrößert, sondern auch die Kippspannung herabgesetzt. Wird der Steuerstrom so weit gesteigert, daß die Kippspannung unter die Betriebsspannung absinkt, so schaltet der Thyristor in den Durchlaßzustand um, er „zündet", wie man in Anlehnung an die Thyratron-Technik sagt. Den Steuerstrom, bei dem dies eintritt, nennt man Zündstrom. Befindet sich der Thyristor einmal im Durchlaßzustand, so kann er im allgemeinen durch Steuerung nicht wieder in den Sperrzustand zurückgebracht werden[1]). Zum Löschen ist ein Absenken des Anodenstromes unter den Wert des Haltestromes erforderlich.

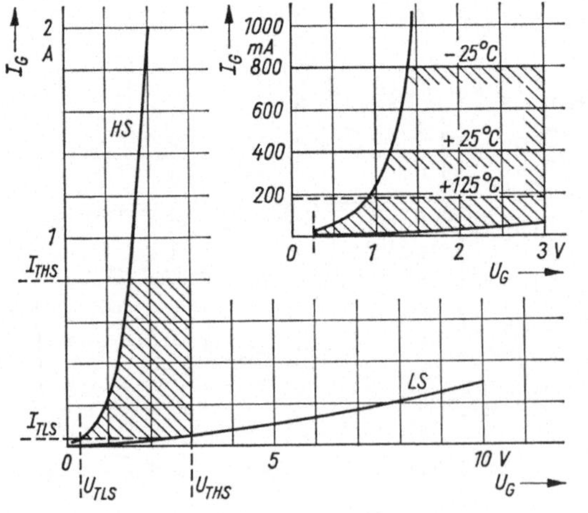

8.1
Eingangskennlinienfeld eines typischen Thyristors

HS	obere Streugrenze der Eingangskennlinie
LS	untere Streugrenze der Eingangskennlinie
U_{THS}, U_{TLS}	obere bzw. untere Zündspannung
I_{THS}, I_{TLS}	oberer bzw. unterer Zündstrom

---

[1]) Ein Löschen des Thyristors durch Steuerstrom ist nur bei sehr kleinen Thyristoren oder bei Anodenströmen von nur wenigen Milliampere möglich, s. Abschn. 1.4.

Die Strom-Spannungs-Kennlinie der Steuerelektroden-Kathoden-Strecke, die Eingangskennlinie des Thyristors, entspricht prinzipiell der eines pn-Überganges. Im allgemeinen sind jedoch nicht so hohe Sperrspannungen zulässig wie bei Halbleiterdioden. In Durchlaßrichtung verläuft diese Kennlinie flacher und weist größere Exemplarstreuungen auf als bei Halbleiterdioden. Die untere und obere Streugrenze dieser Kennlinie sind für einen bestimmten Thyristortyp als Beispiel in Bild **8.1** eingetragen. Zusammen mit den oberen und unteren Streuwerten von Zündstrom und Zündspannung ergeben sie den schraffiert eingezeichneten Bereich möglicher Zündung, den **Zündbereich** dieses Thyristortyps.

Temperaturabhängigkeit. Die Temperaturabhängigkeit der positiven Sperrkennlinie und der Durchlaßkennlinie wird durch die Eigenschaften der drei pn-Übergänge bestimmt. Daher findet man, abgesehen von etwas höheren Werten der Durchlaßspannung, die gleiche Temperaturabhängigkeit wie bei den Kennlinien in Bild **4.1** und **4.2**. Allerdings muß man bei der positiven Sperrkennlinie beachten, daß außer dem Sperrstrom I_S des mittleren pn-Überganges auch die Faktoren A_np und A_pn mit der Temperatur zunehmen, s. Gl. (6.2). Dadurch vollzieht sich beim Überschreiten einer bestimmten Temperatur der Übergang des Thyristors in den Bereich negativen differentiellen Widerstandes bei immer niedrigerer Anodenspannung. Die Kippspannung nimmt also ab, und der Thyristor verliert seine Sperrfähigkeit für positive Anodenspannung [1.11].

Der typische Zusammenhang zwischen der Temperatur im Halbleiterkristall und der Kippspannung U_BO ist in Bild **9.1** wiedergegeben. Die Temperatur, bei der die Kippspannung für den Steuerstrom Null auf den Wert der höchsten zulässigen periodischen positiven Spitzensperrspannung abgesunken ist, wird als **kritische Temperatur** bezeichnet.

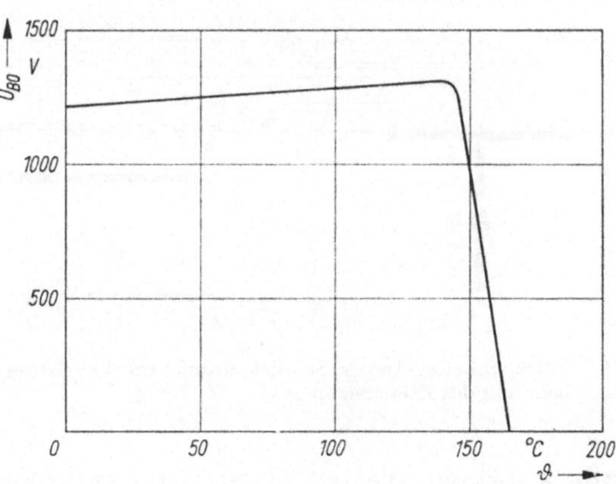

9.1
Kippspannung U_BO eines Thyristors in Abhängigkeit von der Temperatur

1.2. Schaltverhalten

Jedem Belastungszustand des Thyristors entspricht eine bestimmte Konzentration und Verteilung der Ladungsträger im Innern der vier Halbleiterzonen. Daher ist mit jedem Schaltvorgang ein **Auf- oder Abbau der Ladungsträgerdichte**, besonders in den beiden Basiszonen, verbunden. Die zu diesen Konzentrationsänderungen benötigte Zeit und der Verlauf der Ströme und Spannungen während der Ausgleichvorgänge kennzeichnen das Schaltverhalten der Thyristoren [1.13; 1.16; 1.20; 1.22].

1.2.1. Einschaltvorgang

Während des Einschaltvorganges, beim „Zünden", geht der Thyristor vom Sperrzustand mit positiver Anodenspannung in den Durchlaßzustand über [1.10; 1.14].

Zünden durch Steuerstrom. Zunächst sei der in der Stromrichtertechnik übliche Fall der Zündung durch Steuerstrom behandelt. Bild **10**.1 zeigt einen wirklichkeitsgetreuen Schnitt durch das System eines Leistungsthyristors in der Nähe der Steuerelektrode. Die Ausdehnung der mittleren Sperrschicht S 2 bei positiver Anodensperrspannung ist durch Schraffur hervorgehoben. Die Querschnittsfläche des Thyristorsystems ist, wie die Millimeterskala nachweist, sehr groß gegenüber der Dicke der pnpn-Struktur.

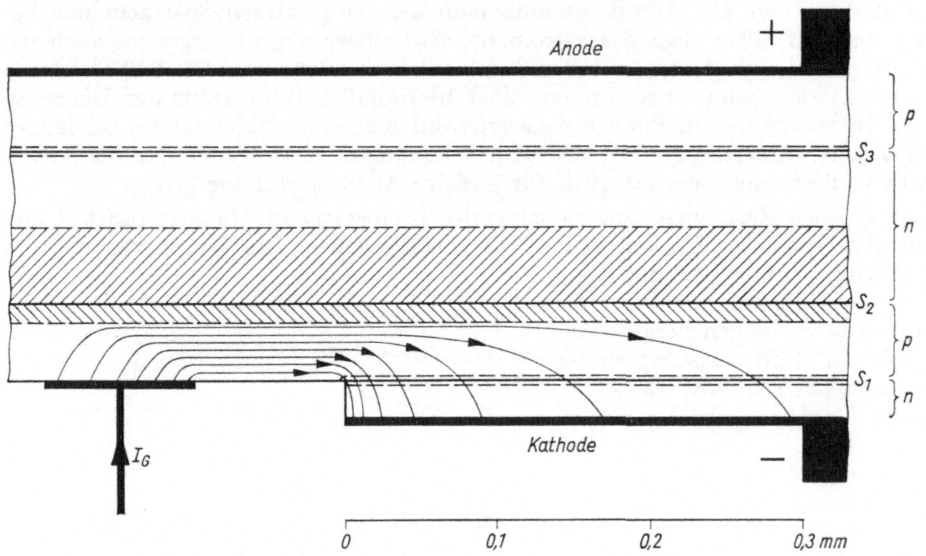

10.1 Wirklichkeitsgetreuer Schnitt durch ein Thyristorsystem (Ausschnitt). Stromfäden beim Einschalten des Steuerstromes

Alle Vorgänge, die mit einem Stromtransport parallel zu den Elektroden und pn-Übergängen verbunden sind, werden durch den transversalen Bahnwiderstand der dünnen Halbleiterzonen stark beeinflußt. Aus diesem Grunde ergibt sich beim Einschalten eines Steuerstromes im Thyristorsystem eine Stromverteilung entsprechend den eingezeichneten Stromfäden.

Im kathodenseitigen pn-Übergang ist die Stromdichte an dem der Steuerelektrode benachbarten Rand am größten; sie nimmt infolge des transversalen Bahnwiderstandes der p-Basiszone mit wachsender Entfernung von der Steuerelektrode rasch ab. Daher ist auch die Anzahl der auf Grund des Steuerstromes in die p-Basiszone injizierten Elektronen an dieser Stelle des Kathodenrandes am größten [1.20].

Dem Zustrom der Elektronen entsprechend wächst die Elektronenkonzentration in der Nähe der Sperrschicht S 1 an. Über die Steuerelektrode fließen in gleicher Menge Löcher in die p-Basiszone ein und kompensieren die Raumladung der injizierten Elektronen. Infolge des Dichtegefälles diffundieren die injizierten Elektronen weiter in die p-Basiszone hinein und erhöhen auch dort die Ladungsträgerkonzentration.

Nach kurzer Zeit erreichen die injizierten Elektronen die Sperrschicht S 2. Hier werden sie unter dem Einfluß des elektrischen Feldes zur anderen Seite, in die n-Basiszone hinübertransportiert, während die Löcher, die sie begleitet haben, vom Feld zurückgehalten werden. Die auf diese Weise getrennten Elektronen und Löcher versuchen gleichsam die Raumladung am mittleren pn-Übergang und damit die Sperrspannung an der Sperrschicht S 2 zu verkleinern. Solange aber vom äußeren Stromkreis die Anodenspannung am Thyristor aufrechterhalten wird, führt eine Verkleinerung dieser Sperrspannung zu einer Erhöhung der Durchlaßspannungen an den Sperrschichten S 1 und S 3. Dadurch strömen einerseits in dem Maße, wie Löcher an S 2 zurückgehalten wurden, weitere Elektronen über S 1 in die pn-Basiszone. Andererseits wird aber auch über S 3 die gleiche Anzahl Löcher in die n-Basiszone injiziert, wie Elektronen über S 2 in diese Zone gelangt sind. Dieser Vorgang der beiderseitigen Injektion von Ladungsträgern ist natürlich über der Stelle am Kathodenrand am stärksten, wo anfangs vom Steuerstrom die stärkste Injektion von Elektronen hervorgerufen wurde.

Mit dem Einsetzen der Löcherinjektion an einer Stelle der Sperrschicht S 3 beginnt der Anodenstrom anzusteigen. Gleichzeitig wird auch in der n-Basiszone eine erhöhte Ladungsträgerkonzentration aufgebaut, die die über S 3 injizierten Löcher in Richtung auf die Sperrschicht S 2 diffundieren läßt. Wenn diese Löcher an der Sperrschicht S 2 ankommen, werden sie durch das elektrische Feld von den begleitenden Elektroden getrennt und zur p-Basiszone hinübertransportiert. Dadurch wird die Sperrspannung an S 2 weiter verringert und die Injektion von Ladungsträgern über die Sperrschichten S 2 und S 3 weiter verstärkt. Wenn der Steuerstrom eine ausreichende Größe hat, schaukelt sich diese Stromrückkopplung im Thyristorsystem an der Stelle über dem Kathodenrand so weit auf, bis der Anodenstrom an dem Widerstand des äußeren Anodenstromkreises einen merklichen Spannungsfall verursacht. Dann kann die von den am Rand der Sperrschicht S 2 getrennten Ladungsträgern bewirkte Verminderung der Sperrspannung sich an S 2 nicht mehr voll in einer Erhöhung der Durchlaßspannungen an S 1 und S 3 auswirken. Die Injektion von Ladungsträgern über S 1 und S 3 nimmt nicht mehr so stark zu, wie es zur Kompensation der in steigendem Maße an S 2 getrennten Ladungsträger nötig wäre. Die nicht kompensierten Ladungsträger können nun die mittlere Sperrschicht an der Stelle über dem Kathodenrand so weit abbauen, daß ihre Ausdehnung nur noch der Polung in Durchlaßrichtung entspricht und die überzähligen Ladungsträger über S 2 zurückfließen können. Der Thyristor schaltet an dieser Stelle durch.

Zündkanal. Der Anodenstrom fließt unmittelbar nach dem Durchschalten nur in einem sehr engen Kanal, wie es in Bild **12**.1 wiederum durch die Dichte der Stromfäden angedeutet ist. Innerhalb dieses Kanales tritt an den pn-Übergängen eine hohe Durchlaßspannung auf, und in den Basiszonen entsteht infolge

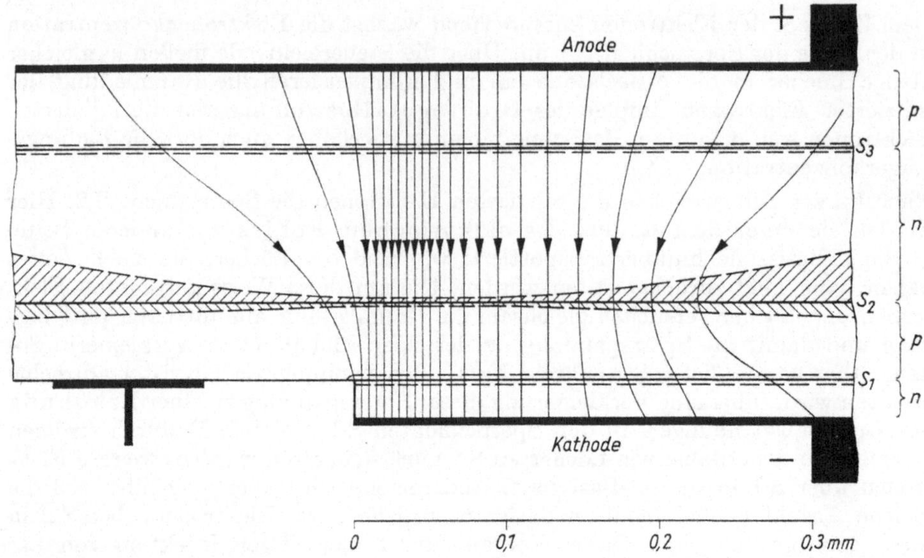

12.1 Wirklichkeitsgetreuer Schnitt durch ein Thyristorsystem (Ausschnitt). Stromfäden unmittelbar nach dem Durchschalten

der hohen Stromdichte ein erheblicher Spannungsfall. Daraus resultiert ein elektrisches Feld zwischen dem stromführenden Bereich und den benachbarten Gebieten der Basiszonen. Außerdem besteht ein Dichtegefälle der Ladungsträger, das Ladungsträger vom stromführenden Bereich auch in seitlicher Richtung diffundieren läßt. Ladungsträgerdiffusion und elektrisches Feld bewirken, daß ein Teil des Anodenstromes auch außerhalb des zuerst gezündeten Kanales über die Sperrschichten S 1 und S 3 fließt und zur Injektion führt. Daher kann sich der stromführende Bereich allmählich über die gesamte Kathodenfläche ausbreiten. Die Geschwindigkeit, mit der sich dies vollzieht, nimmt mit steigender Stromdichte zu und erreicht Höchstwerte von etwa 0,1 mm/µs.

Zeitabschnitte der Zündung. Den zeitlichen Verlauf von Anodenstrom und Anodenspannung während eines Einschaltvorganges zeigt Bild **12.2**. Der Ablauf des Einschaltvorganges läßt sich bei den in der Stromrichtertechnik vorherr-

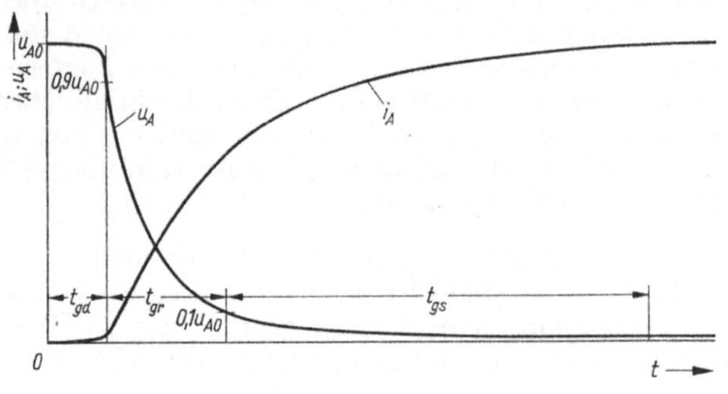

12.2 Zeitlicher Verlauf von Anodenstrom i_A und Anodenspannung u_A beim Einschaltvorgang

schenden induktiven Anodenstromkreisen am besten am Verlauf der Anodenspannung erkennen. Man kann drei Zeitabschnitte unterscheiden:

1. Zündverzugszeit t_{gd}. Das ist die Zeit, die vom Beginn des Steuerimpulses vergeht, bis der äußere Widerstand des Anodenstromkreises die Injektion von Ladungsträgern in die beiden Basiszonen zu begrenzen versucht und die Anodenspannung steil abzufallen beginnt.

2. Durchschaltzeit t_{gr}. Das ist die Zeit nach der Zündverzugszeit, bis der mittlere pn-Übergang in dem erwähnten engen Kanal umpolt.

3. Zündausbreitungszeit t_{gs}. Darunter wird die Zeitdauer verstanden, die nach der Durchschaltzeit vergeht, bis die gesamte Thyristorfläche gezündet ist.

Die Dauer der Zündverzugszeit hängt wesentlich von der Amplitude des Steuerstromimpulses I_G ab. Das ist dadurch bedingt, daß in den beiden Basiszonen eine bestimmte Mindestladung von Ladungsträgern gespeichert werden muß, bevor der Thyristor durchzuschalten beginnt. Bild **13**.1 zeigt ein Beispiel für den Zusammenhang zwischen der Zündverzugszeit t_{gd} und der Amplitude I_G eines rechteckförmigen Steuerstromimpulses, der an einem Thyristor T 95/700 ermittelt wurde. Als Parameter ist die vor dem Einschaltvorgang am Thyristor liegende Anodenspannung gewählt.

Im Gegensatz zur Zündverzugszeit wird die Dauer der Durchschaltzeit vom Steuerstrom praktisch nicht mehr beeinflußt. Sie hängt hauptsächlich von den Kenngrößen des Anodenstromkreises ab. Eine Induktivität in Reihe zum Lastwiderstand begrenzt die Steilheit des Anodenstromanstieges und läßt die Anodenspannung steil zusammenbrechen; der Thyristor schaltet in diesem Fall schnell durch. Bei kapazitivem Anodenstromkreis, d. h. wenn ein Kondensator oder eine Reihenschaltung aus Kondensator und niederohmigem Widerstand parallel zum Thyristor geschaltet ist, kann der Anodenstrom steil ansteigen und die Anodenspannung klingt langsam ab.

Die Dauer der Zündausbreitungszeit hängt wegen der endlichen Zündausbreitungs-Geschwindigkeit wesentlich vom Kathodendurchmesser bzw. von der Entfernung zwischen der Steuerelektrode und dem am weitesten von ihr entfernten Punkt der Kathodenfläche ab.

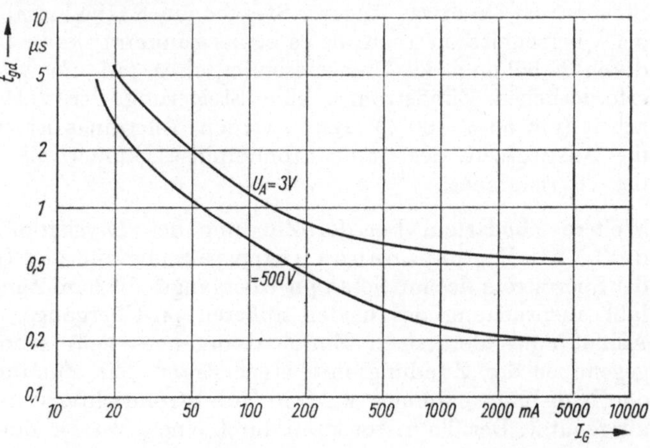

13.1
Zündverzugszeit t_{gd} in Abhängigkeit vom Steuerstrom I_G, gemessen an einem Thyristor T 95 F ... Parameter: Anodenspannung U_A vor der Zündung

Einschaltverluste. Während des Einschaltvorganges wird im Thyristor elektrische Energie in **Wärme** umgesetzt. Aus dem Produkt der Augenblickswerte von Anodenstrom und Anodenspannung erhält man den zeitlichen Verlauf der Verlustleistung und daraus durch Integrieren die seit Beginn des Einschaltvorganges in Wärme umgesetzte **Einschaltverlustarbeit**. Bild **14.**1 zeigt als Beispiel den Verlauf der Verlustleistung P_T und der Einschaltverlustarbeit W_T für den Bild **12.**2 zugrunde liegenden Einschaltvorgang.

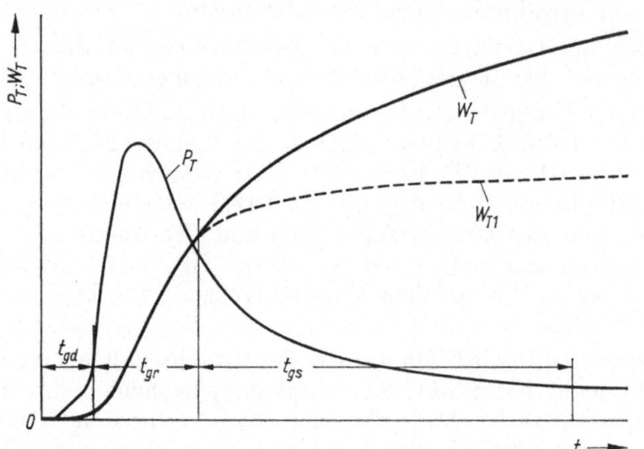

14.1
Zeitlicher Verlauf der Verlustleistung P_T und der Verlustarbeit W_T während des Einschaltvorganges

Die Einschaltverlustarbeit kann nicht nur, wie es besonders bei hohen Betriebsfrequenzen der Fall ist, beträchtlich zur mittleren Erwärmung beitragen, sondern in ungünstigen Fällen bei niederinduktivem Anodenstromkreis sogar zur **Zerstörung** des Thyristors führen. Dies ist einleuchtend, denn die bis zum Ende der Durchschaltzeit anfallende Verlustarbeit wird ausschließlich in dem eng begrenzten Kanal über dem der Steuerelektrode benachbarten Rand der Kathode in Wärme umgesetzt, der zuerst zündet. Die **Wärmekapazität** dieses **Kanales**, dessen Querschnitt weniger als 1 mm² beträgt, ist daher für die **zulässige Einschaltverlustarbeit** maßgebend. Da bei höherem Steuerstrom ein etwas längerer Streifen am Kathodenrand erfaßt wird und damit der Querschnitt dieses Kanales etwas zunimmt, kann bei manchen Thyristoren durch Erhöhung des Steuerstromimpulses auf ein Vielfaches des mindestens erforderlichen Zündstromes eine Steigerung der zulässigen Einschaltverlustarbeit (um 50 ... 100%) erzielt werden. Allerdings ist es dazu erforderlich, daß die Anstiegszeit des Steuerstromimpulses kürzer als die Einschaltverzugszeit des Thyristors ist.

Weitere Zündarten. Bei der Zündung des Thyristors durch **Überschreiten der Null-Kippspannung** (Kippspannung für den Steuerstrom Null) liefert der Sperrstrom des mittleren pn-Überganges die zum Zünden erforderliche Durchlaßbeanspruchung der beiden äußeren pn-Übergänge. Im übrigen besteht im Ablauf eines derartigen Einschaltvorganges kein grundsätzlicher Unterschied gegenüber der Zündung mit Steuerstrom. Die Zündung durch Überschreiten der Null-Kippspannung wird in der Stromrichtertechnik nicht betriebsmäßig ausgenutzt. Der Thyristor kann durch eine derartige Zündung **zerstört** werden.

wenn ein sogenannter Oberflächendurchschlag erfolgt. Das tritt ein, wenn die Feldstärke an einer Stelle, an der der mittlere pn-Übergang an die Oberfläche der Siliciumscheibe stößt, so hoch wird, daß der Sperrstrom an dieser Stelle lawinenartig ansteigt und den Thyristor örtlich thermisch überlastet, bevor er durchschalten kann. Auch wenn kein Oberflächendurchschlag erfolgt, kann eine Zündung durch Überschreiten der Null-Kippspannung für den Thyristor gefährlich werden. Infolge geringster Unebenheiten der beiden äußeren pn-Übergänge (hauptsächlich des kathodenseitigen), muß dann nämlich ein einziger enger Kanal zuerst zünden und fast die gesamte, bis zum Ende der Durchschaltzeit angefallene Einschaltverlustarbeit aufnehmen. Das ist deshalb kritischer als bei der Zündung mit Steuerstrom, weil die Null-Kippspannung im allgemeinen wesentlich höher ist als der im Betrieb übliche Scheitelwert der Anodenspannung und weil die Einschaltverluste — bei im übrigen gleichen Kenngrößen des Anodenstromkreises — nahezu quadratisch mit der Anodenspannung zunehmen.

Eine weitere, allerdings meist unerwünschte Möglichkeit für die Zündung eines Thyristors besteht bei einem Steilanstieg der positiven Anodenspannung. Hierfür ist die Kapazität der mittleren Sperrschicht verantwortlich. Sie ruft einen Verschiebungsstrom hervor, der bei ansteigender Anodenspannung in Durchlaßrichtung über die beiden äußeren pn-Übergänge des Thyristors fließt. In die beiden Basiszonen werden daher gleichzeitig Ladungsträger injiziert, die bei Überschreiten eines kritischen Wertes der Anstiegssteilheit und der Anstiegsdauer zum Durchschalten des Thyristors führen können. Auch bei einer derartigen Zündung muß man damit rechnen, daß das Durchschalten nur an einer eng begrenzten Stelle erfolgt. Der für eine sichere Schaltungsdimensionierung wichtige Wert der kritischen Spannungssteilheit hängt von der Konzeption des Thyristors und außerdem wesentlich von der Temperatur im Thyristorsystem, von Anfangs- und Endwert der Anodenspannungsänderung und von den Bedingungen des Steuerstromkreises ab [1.16].

1.2.2. Ausschaltvorgang

Unter Ausschaltvorgang [1.7; 1.18] versteht man allgemein den Übergang des Thyristors vom Durchlaß- in den Sperrzustand. Dabei muß die vom Durchlaßstrom herrührende hohe Ladungsträgerkonzentration in den beiden Basiszonen so weit abgebaut werden, daß der Stromrückkopplungsmechanismus aussetzt.

Bei Thyristoren mit kleiner Kathodenfläche kann man den Anodenstrom dadurch abschalten, daß man den kathodenseitigen pn-Übergang durch einen negativen Steuerstromimpuls ausreichend lange in Sperrichtung polt und auf diese Weise die Elektroneninjektion unterbindet. Bei den in der Stromrichtertechnik hauptsächlich verwendeten Leistungsthyristoren mit großer Kathodenfläche beschränkt der transversale Widerstand der p-Basiszone den Einflußbereich der Steuerelektrode auf ein kleines Gebiet am benachbarten Kathodenrand. Bei Leistungsthyristoren muß der Anodenstrom zum „Löschen" — wie man das Ausschalten in Anlehnung an die Thyratrontechnik nennt — eine bestimmte Zeit lang unter den Wert des Haltestromes gesenkt werden. Dazu wird der Thyristor meist vom Durchlaßzustand zunächst in den negativen Sperrzustand umgeschaltet und dann erst nach einer bestimmten **Schonzeit** wieder mit positiver Sperrspannung beansprucht.

Umschaltung vom Durchlaß- in den negativen Sperrzustand. Am Beispiel einer sogenannten Zwangskommutierung (s. Abschn. 5) soll die Umschaltung des Thyristors vom Durchlaß- in den negativen Sperrzustand betrachtet werden. Bild **16.**1 zeigt ein Ersatzschaltbild des Anodenstromkreises während dieser Umschaltung; in Bild **16.**2 ist der zugehörige zeitliche Verlauf von Anodenstrom und Anodenspannung aufgetragen.

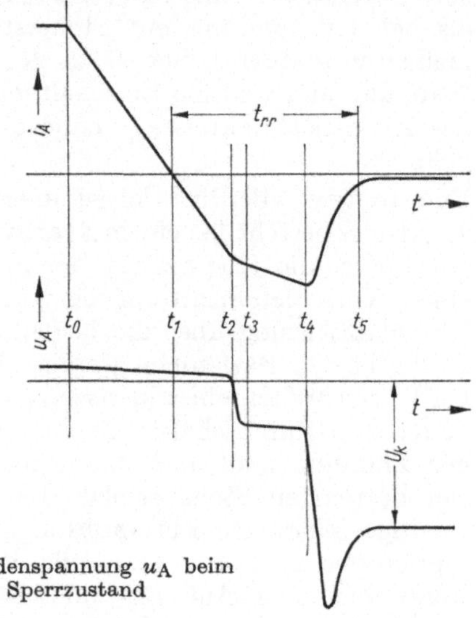

16.1 Ersatzschaltbild des Anodenstromkreises für die Umschaltung des Thyristors vom Durchlaß- in den Sperrzustand

16.2 Zeitlicher Verlauf von Anodenstrom i_A und Anodenspannung u_A beim Umschalten des Thyristors vom Durchlaß- in den Sperrzustand

Bis zum Zeitpunkt $t = t_0$, in dem der Schalter S geschlossen wird, fließt über den Thyristor ein von der Betriebsspannung U_d und dem Lastwiderstand R_L abhängiger stationärer Durchlaßstrom $i_\mathrm{A0} = I_\mathrm{d}$. Vom Zeitpunkt $t = t_0$ an fällt der Anodenstrom mit der durch die Spannung U_k und die Induktivität L_k des Kommutierungsstromkreises gegebenen Steilheit $\mathrm{d}i/\mathrm{d}t = U_\mathrm{k}/L_\mathrm{k}$ ab. Mit dem abnehmenden Anodenstrom verringert sich auch die Injektion von Ladungsträgern über die beiden äußeren pn-Übergänge S 1 und S 3. Die Ladungsträgerdichte in den beiden Basiszonen kann sich jedoch dem abnehmenden Anodenstrom nur verzögert anpassen. Daher sind im Zeitpunkt $t = t_1$, wenn der Anodenstrom durch Null geht, noch so viel **Ladungsträger** gespeichert, daß der Thyristor zunächst noch voll leitfähig ist und auch in Sperrichtung noch Strom führen kann, ohne daß sich die Stromsteilheit ändert.

Erst zum Zeitpunkt $t = t_2$ ist die Ladungsträgerkonzentration in der Nähe der kathodenseitigen Sperrschicht S 1 so weit abgebaut, daß der pn-Übergang S 1 Sperrspannung übernehmen kann. Damit geht auch die Anodenspannung des Thyristors durch Null. Allerdings wird sie bereits zum Zeitpunkt $t = t_3$ vorläufig auf den Wert der Abbruchspannung $U_{(\mathrm{BR})}$ der Sperrschicht S 1 begrenzt, die im allgemeinen die Größenordnung von etwa 50 V hat. Entsprechend dieser Sperrspannung wird die Stromsteilheit verringert.

Zum Zeitpunkt $t = t_4$ ist die Ladungsträgerkonzentration schließlich auch in der Nähe der anodenseitigen Sperrschicht S 3 genügend weit abgebaut, so daß auch dieser pn-Übergang Sperrspannung übernehmen kann. Nun erst klingt der überhöhte Sperrstrom zunächst sehr steil und dann langsamer auf seinen stationären Endwert ab.

Die Zeitdauer t_{rr} vom Nulldurchgang des Anodenstromes bis zum Abklingen des überhöhten Sperrstromes auf 10% seines Scheitelwertes (zum Zeitpunkt $t = t_5$) wird, wie bei der Halbleiterdiode, mit Sperrverzugszeit bezeichnet. Sie hängt vom vorausgegangenen Durchlaßstrom und von der Steilheit des Anodenstrom-Nulldurchganges ab.

Der Steilabfall des überhöhten Sperrstromes nach t_4 ruft an den Induktivitäten im Anodenstromkreis eine Spannungsspitze hervor, die den Thyristor über die Spannung U_k hinaus in Sperrichtung beansprucht. Damit der Thyristor durch diese Überspannung nicht gefährdet wird, ist im allgemeinen eine Beschaltung durch ein parallelgeschaltetes RC-Glied erforderlich. Für die Bemessung dieses RC-Gliedes (s. Abschn. 2.1) ist die sogenannte Sperrverzugsladung maßgebend. Das ist die Ladungsmenge, die während der Sperrverzugszeit über die Anschlüsse des Thyristors abfließt. In Bild **17**.1 ist die Sperrverzugsladung für einen Thyristor T 170/F … in Abhängigkeit von der Steilheit des Anodenstrom-Nulldurchganges und mit dem vorausgegangenen Durchlaßstrom I_F als Parameter aufgetragen.

Auch beim Sperrverzögerungsvorgang entsteht, entsprechend dem Produkt der Augenblickswerte von Anodenstrom und Anodenspannung, im Thyristor eine Verlustleistung, die beträchtlich hohe Scheitelwerte erreichen kann. Da die Dauer der hierfür entscheidenden Vorgänge (hauptsächlich die Zeit von t_2 bis t_5 in Bild **16**.2) jedoch wesentlich kürzer als die beim Einschaltvorgang maßgebende Zeitdauer ist, erreicht die in Wärme umgesetzte Verlustarbeit allerdings selten so hohe Werte wie beim Einschaltvorgang. Außerdem tritt diese Ausschalt-

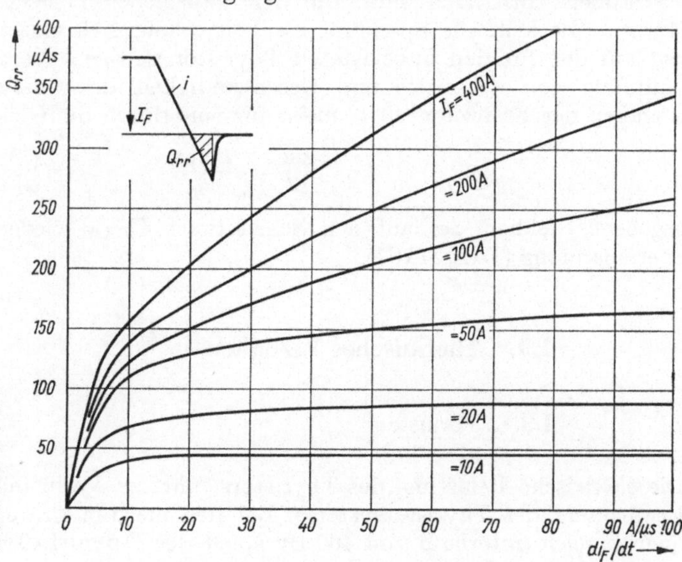

17.1 Sperrverzugsladung Q_{rr} in Abhängigkeit von der Steilheit di_F/dt des Stromnulldurchganges und der Amplitude des vorausgegangenen Durchlaßstromes I_F. Obere Streugrenze für Thyristoren T 170 F …, Sperrschichttemperatur 125 °C

verlustarbeit annähernd gleichmäßig über die gesamte Kathoden- bzw. Anoden-
fläche verteilt auf und kann daher im allgemeinen vernachlässigt werden.

Umschaltung vom negativen in den positiven Sperrzustand. Mit dem Ende der
Sperrverzugszeit ist der Ausschaltvorgang noch nicht abgeschlossen und der
Tyristor noch nicht voll sperrfähig. Die beiden äußeren pn-Übergänge sperren
zwar bereits, in den beiden Basiszonen und vor allem in der Nähe der mittleren
Sperrschicht sind aber noch überzählige Ladungsträger vorhanden. Diese
Ladungsträger müssen, da der Anodenstrom nach Ablauf der Sperrverzugszeit verhältnismäßig klein geworden ist, vorwiegend durch Rekombination verschwinden. Erst wenn ihre Dichte genügend weit abgebaut ist, kann der Thyristor auch positive Sperrspannung übernehmen, ohne daß er durchschaltet.

Den notwendigen Mindestwert der Schonzeit, gerechnet vom Zeitpunkt
des Anodenstrom-Nulldurchganges bis zur frühest zulässigen Wiederkehr positiver Sperrspannung, d.h. die Zeit, in der der Thyristor von überschüssigen
Ladungsträgern frei wird, bezeichnet man mit Freiwerdezeit. Die Freiwerde-
zeit wird im wesentlichen von der Ladungsträger-Lebensdauer, also von den
Kenngrößen des Thyristorsystems und von der Temperatur bestimmt. Natürlich
beeinflussen außerdem der vorausgegangene Durchlaßstrom, die Steilheit des
Anodenstrom-Nulldurchganges, die angelegte negative Sperrspannung sowie
Steilheit und Amplitude der wiederkehrenden positiven Anodenspannung die
Freiwerdezeit [1.16].

Außer den in den Basiszonen verbliebenen überschüssigen Ladungsträgern,
welche die Freiwerdezeit bestimmen, spielt also beim Umschalten vom negativen
zum positiven Sperrzustand auch die Steilheit der wiederkehrenden positiven Spannung eine Rolle. In diesem Fall ist die kritische Spannungssteilheit niedriger als ohne vorausgegangene Durchlaßbeanspruchung, weil auch am
Ende der Freiwerdezeit noch einige überschüssige Ladungsträger in den beiden
Basiszonen vorhanden sind, die den kapazitiven Verschiebungsstrom unter-
stützen. Die kritische Spannungssteilheit erhöht sich erst nach längerer Schonzeit auf den für den unbelasteten Thyristor gültigen Wert. Wegen dieser Verknüpfung von Schonzeit und Geschwindigkeit des Spannungsanstiegs gelten
Angaben der Freiwerdezeit t_q meist für eine durch die Gleichung

$$\frac{\mathrm{d}u}{\mathrm{d}t} = \frac{U_{\mathrm{DRM}}}{t_q} \tag{18.1}$$

gegebene Steilheit der auf den Scheitelwert U_{DRM} wiederkehrenden positiven
Sperrspannung (DIN 41787).

1.3.   Thermisches Verhalten

1.3.1. Verluste

Die elektrische Belastung des Thyristors führt zu Verlusten und damit zu einer
Erwärmung des Thyristorsystems. Bei den meisten Anwendungsfällen im Frequenzbereich unterhalb von 400 Hz spielt der Durchlaßverlust die entschei-

dende Rolle. Er kann bei gegebenem zeitlichem Verlauf des Durchlaßstromes anhand der Durchlaßkennlinie ermittelt werden. Man nähert dabei die Durchlaßkennlinie meist durch eine Gerade an (Bild **19.**1). Die Steigung dieser Geraden wird als Ersatzwiderstand r_f und die Spannung, bei der die Gerade die Spannungsachse schneidet, mit Schleusenspannung $U_{(\mathrm{TO})}$ bezeichnet. Der Durchlaßverlust P_F ergibt sich dann aus Mittelwert I_Fav und Effektivwert I_Feff des Durchlaßstromes

$$P_\mathrm{F} = U_{(\mathrm{TO})}\, I_\mathrm{Fav} + r_\mathrm{f}\, I_\mathrm{Feff}^2 \tag{19.1}$$

Für viele Thyristoren wird der Zusammenhang zwischen Durchlaßverlust und Durchlaßstrom für die wichtigsten Kurvenformen des Durchlaßstromes in Form eines Diagrammes angegeben (Bild **19.**2). Im Sinne einer sicheren Schaltungsbemessung gelten derartige Diagramme meist für das ungünstigste Exemplar des betreffenden Thyristortyps.

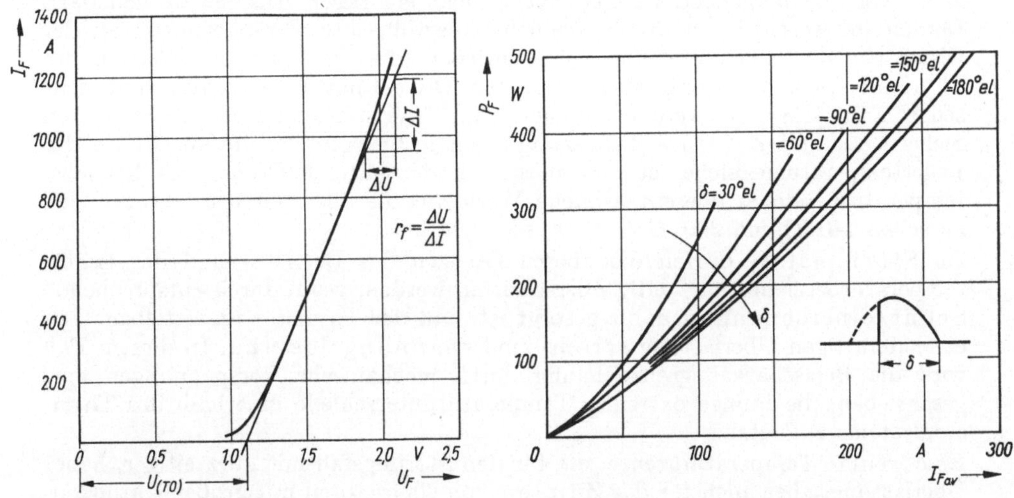

19.1 Durchlaßkennlinie eines Thyristors und Annäherung durch eine Ersatzgerade
$U_{(\mathrm{TO})}$ Schleusenspannung
r_f Ersatzwiderstand

19.2 Durchlaßverlust P_F in Abhängigkeit vom Durchlaßstrommittelwert I_Fav für einen Thyristor T 170 F ...; sinusförmiger Stromverlauf, Parameter: Stromflußwinkel δ

Neben dem Durchlaßverlust sind der Sperrverlust und der Steuerverlust im allgemeinen zu vernachlässigen. Sie können im Bedarfsfall bei gegebenem zeitlichem Verlauf der Sperrspannung bzw. des Steuerstromes mit Hilfe der Sperr- und der Eingangskennlinie errechnet werden.

Bei höheren Betriebsfrequenzen oder niederinduktivem Anodenstromkreis muß der Einschaltverlust und eventuell auch der Ausschaltverlust sowohl hinsichtlich der Verlustarbeit, die je Schaltvorgang auftritt, als auch bezüglich der mittleren Verlustleistung beachtet werden. Beide Werte können entweder aus dem zeitlichen Verlauf von Anodenstrom und Anodenspannung (s. Abschn. 1.2) oder anhand von Diagrammen ermittelt werden.

1.3.2. Temperaturgrenzen

Wie für alle Bauelemente gelten auch für den Thyristor Temperaturgrenzen, deren Überschreitung den sicheren Betrieb in Frage stellt oder sogar den Thyristor gefährdet. Die obere Grenze des Betriebstemperaturbereiches wird durch die kritische Temperatur bestimmt, bei deren Überschreiten der Thyristor seine Sperrfähigkeit für positive Anodenspannung einbüßt. Die kritische Temperatur hat je nach Thyristorkonzeption einen Wert zwischen 100 °C und 150 °C. Die untere Grenze des Betriebstemperaturbereiches liegt im allgemeinen zwischen 0 °C und − 65 °C. Sie wird entweder durch einen zu hohen Steuerleistungsbedarf oder dadurch bestimmt, daß die mechanischen Spannungen im Thyristorsystem, die durch die unterschiedlichen Ausdehnungskoeffizienten der verwendeten Materialien hervorgerufen werden, zu groß werden und zur Rißbildung führen.

Die Grenzen des Lagertemperaturbereiches, innerhalb dessen der Thyristor zwar vorübergehend gelagert, aber nicht elektrisch belastet werden darf, werden im wesentlichen durch mögliche unerwünschte Veränderungen an der Oberfläche der Siliciumscheibe vorgeschrieben, die die Sperreigenschaften des Thyristors bleibend beeinträchtigen können. Diese Temperaturgrenzen sind nicht scharf ausgeprägt, sie werden vielmehr vom Thyristorhersteller auf Grund von Sicherheits- und Zuverlässigkeitserwägungen festgelegt. Die untere Grenze des Lagertemperaturbereiches stimmt meist mit der unteren Grenze des Betriebstemperaturbereiches überein. Übliche Werte für die obere Grenze bewegen sich zwischen 140 °C und 200 °C.

Im Störungsfall dürfen die oberen Grenzen des Betriebs- und des Lagertemperaturbereiches kurzzeitig überschritten werden, wenn durch entsprechende Schutzeinrichtungen dafür gesorgt ist, daß der Thyristor unmittelbar nach einer derartigen Überlastung strom- und spannungslos wird. In diesem Fall wird die Belastbarkeitsgrenze häufig durch mechanische Verspannungen vorgeschrieben, die infolge extremer Temperaturunterschiede innerhalb des Thyristorsystems auftreten.

Eine weitere Temperaturgrenze, die für den Störungsfall mit kurzzeitiger, hoher Überlastung, aber auch für das Zünden von Thyristoren mit großer Kathodenfläche in induktivitätsarmen Anodenstromkreisen Bedeutung hat, ist durch die Temperatur gegeben, bei der Eigenleitung (s. Abschn. 1.1) im Silicium zu überwiegen beginnt. Wird nämlich die Mehrzahl der Ladungsträger auf Grund des Eigenleitungsmechanismus erzeugt, so hat das einen stark negativen Temperaturkoeffizienten des spezifischen Widerstandes zur Folge. Wenn eine Stelle der Siliciumscheibe eine solche Temperatur erreicht, wird sie besser leitend als das übrige Silicium und übernimmt einen größeren.Teil des Anodenstromes. Dadurch wird sie noch stärker erwärmt und übernimmt noch mehr Strom. Dies setzt sich so lange fort, bis der gesamte Anodenstrom nur noch über diese eine Stelle fließt, es kommt zu einem Einschnüreffekt. Bei genügender Dauer und Größe des Stromes kann es zum Aufschmelzen des Siliciums an dieser Stelle und damit zur Zerstörung des Thyristors kommen.

Bei welcher Temperatur der Einschnüreffekt einsetzt, hängt von der Ladungsträgerdichte ab. Während starker Durchlaßbelastung kann diese Temperatur oberhalb von 400 °C liegen, weil durch Injektion die Ladungsträgerdichte in den Basiszonen des Thyristors stark erhöht ist. Für einen im Sperrzustand befindlichen Thyristor muß man dagegen bereits oberhalb einer Temperatur von 200 °C mit der Einschnürung rechnen. Dieser zuletzt genannte Temperaturwert muß besonders beachtet werden, wenn z.B. unmittelbar an eine hohe Einschaltbelastung, die zu einer beträchtlichen örtlichen Temperaturerhöhung geführt hat, eine Sperrbeanspruchung des Thyristors sich anschließt.

Alle Verfahren zur Ermittlung der betriebsmäßig oder im Störungsfall zulässigen thermischen Belastung des Thyristors laufen darauf hinaus, sicherzustellen, daß die jeweils geltende Temperaturgrenze nicht überschritten wird. In der Praxis haben sich vor allem zwei Verfahren bewährt; das eine arbeitet mit einem thermischen Ersatzschaltbild, während bei dem anderen die Strombelastbarkeit direkt in Diagrammen angegeben wird.

1.3.3. Thermisches Ersatzschaltbild

Zwischen der Temperatur, die sich bei einer bestimmten Belastung im Thyristorsystem einstellt, und den Verlusten besteht ein ähnlicher Zusammenhang wie zwischen Spannung und Strom. Es liegt daher nahe, zur Beschreibung dieses Zusammenhanges ähnliche Ersatzschaltbilder heranzuziehen, wie sie in der Elektrotechnik verwendet werden. Dabei wird zur Vereinfachung angenommen, daß die im Thyristorsystem entstehende Verlustwärme einer konzentrierten Wärmequelle entstammt, die den Charakter einer Stromquelle hat. Die je nach Belastung örtlich unterschiedlichen Temperaturen in der Halbleiterscheibe werden durch einen einzigen virtuellen Wert erfaßt, der mit Sperrschichttemperatur bezeichnet wird. Die Differenz zwischen der Sperrschichttemperatur und der Kühlmitteltemperatur entspricht dann der Klemmenspannung der Wärmequelle. Diese Temperaturdifferenz wird durch den Abschlußwiderstand der Wärmequelle bestimmt, der als komplexer Widerstand aufzufassen ist. Er resultiert aus der Wärmeleitfähigkeit und dem Wärmespeichervermögen der einzelnen an der Wärmeleitung beteiligten Schichten des Thyristors und des Kühlsystems. Jede einzelne Schicht verhält sich dabei wie ein Kettenleiter aus unendlich vielen RC-Gliedern.

Dauerbetrieb. Bei Dauerbetrieb mit konstanter Verlustleistung wirkt sich das Wärmespeichervermögen der wärmeleitenden Schichten nicht mehr aus. Der Abschlußwiderstand der Wärmequelle kann für diesen Fall durch die Reihenschaltung zweier Widerstände ersetzt werden, die man als inneren und äußeren Wärmewiderstand $R_{(th)JG}$ und $R_{(th)GU}$ bezeichnet (Bild **21**.1). Das Temperaturgefälle am inneren Wärmewiderstand ist gleich der Differenz zwischen der

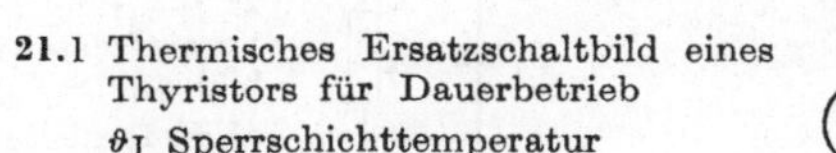

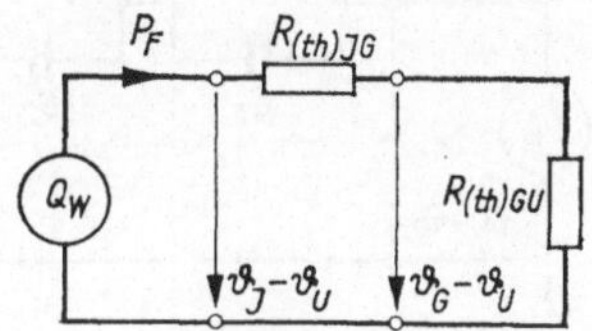

21.1 Thermisches Ersatzschaltbild eines Thyristors für Dauerbetrieb
ϑ_J Sperrschichttemperatur
ϑ_G Gehäusetemperatur
ϑ_U Kühlmitteltemperatur

Sperrschichttemperatur und der Temperatur des Thyristorgehäuses, während am äußeren Wärmewiderstand das Temperaturgefälle vom Gehäuse zum Kühlmittel entsteht. Der innere Wärmewiderstand ist ein Kennwert des Thyristors. Er kann mit genügender Genauigkeit als temperaturunabhängig angenommen werden. Der äußere Wärmewiderstand enthält auch den Wärmeübergangswiderstand vom Thyristorgehäuse zum Kühlkörper. Er hängt vor allem von der Konstruktion des Kühlkörpers, von der Temperaturdifferenz zwischen Kühlkörper und Kühlmittel und von der Art und der Strömungsgeschwindigkeit des Kühlmittels ab.

Für den jeweiligen **Dauerbetriebsfall** ermittelt man die Sperrschichttemperatur ϑ_J aus der Kühlmitteltemperatur ϑ_U und der auftretenden Verlustleistung P_F

$$\vartheta_\mathrm{J} = P_\mathrm{F}\,(R_{(\mathrm{th})\mathrm{JG}} + R_{(\mathrm{th})\mathrm{GU}}) + \vartheta_\mathrm{U} \tag{22.1}$$

Für den Dauerbetrieb mit **Netzfrequenz** und halbwellenförmigem Verlauf des Durchlaßstromes wird häufig ein Wert des inneren Wärmewiderstandes angegeben, der die **zeitlichen Schwankungen** der Sperrschichttemperatur berücksichtigt. Setzt man diesen Wert in Gl. (22.1) ein, so erhält man den jeweiligen Höchstwert der Sperrschichttemperatur innerhalb der Periode.

Impulsbetrieb. Für ungleichmäßige Belastung des Thyristors können zur Ermittlung der Sperrschichttemperatur die erwähnten Kettenleiter mit einer für die Praxis genügenden Genauigkeit zu wenigen RC-Gliedern zusammengefaßt werden. Es entsteht dann ein Ersatzschaltbild, wie es beispielsweise in Bild **22.1** a gezeigt ist. Da lediglich die Sperrschichttemperatur, d. h. die Klemmenspannung der Wärmequelle und nicht die Temperatur in den einzelnen wärmeleitenden Schichten berechnet werden soll, ist eine Umformung dieses Ersatzschaltbildes in die in Bild **22.1** b dargestellte **Reihenschaltung aus Parallel-RC-Gliedern** zulässig, die rechnerisch einfacher zu handhaben ist [1.1; 1.6]. Allerdings dürfen die RC-Glieder, die man auf diese Weise erhält, keiner bestimmten Schicht mehr zugeordnet werden. Ihre Werte ergeben sich jeweils aus **sämtlichen** R- und C-Werten des Ersatzschaltbildes in Bild **22.1** a. Eine Ausnahme bildet

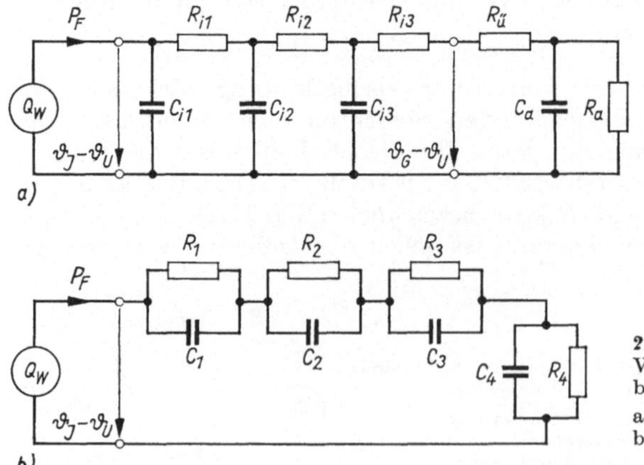

22.1
Vereinfachte thermische Ersatzschaltbilder eines Thyristors für Impulsbetrieb
a) Kettenleiter mit RC-Gliedern
b) Umformung in eine Reihenschaltung von RC-Gliedern

nur das Temperaturgefälle am letzten RC-Glied, das etwa der Temperaturdifferenz zwischen Kühlkörper und Kühlmittel gleichgesetzt werden kann.

1.3.4. Ermittlung der Sperrschichttemperatur

Da alle RC-Glieder in Bild **22.**1b von demselben Wärmestrom durchflossen werden, kann das Temperaturgefälle, das der Wärmestrom bei gegebenem Verlauf und bei bestimmter Dauer der Thyristorbelastung hervorruft, für jedes
RC-Glied einzeln ermittelt werden. Aus der Summe der Einzel-Temperatur-
gefälle $\Delta\vartheta_n$ und der Kühlmitteltemperatur ϑ_U ergibt
sich dann die Sperrschichttemperatur

$$\vartheta_J = \vartheta_U + \sum_{n=1}^{n=m} \Delta\vartheta_n \qquad (23.1)$$

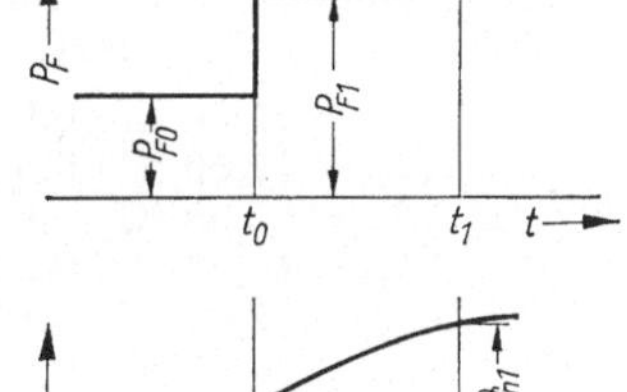

23.1
Zeitlicher Verlauf des Temperaturgefälles an einem thermischen
RC-Glied bei sprunghafter Änderung der Verlustleistung P_F

Bei sprunghafter Änderung der Verlustleistung folgt das Temperatur-
gefälle $\Delta\vartheta_n$ jeweils einer e-Funktion mit der Zeitkonstanten $\tau_n = R_{thn} C_{thn}$.
Der allgemeine Fall einer derartigen Belastung ist in Bild **23.**1 aufgetragen. Zum
Zeitpunkt $t = t_0$ wird P_F von dem Wert $P_F = P_{F0}$ auf den Wert $P_F = P_{F1}$
erhöht. Bis zum Zeitpunkt $t = t_1$ steigt $\Delta\vartheta_n$ von dem Wert $\Delta\vartheta_{n0}$, den es zum
Zeitpunkt $t = t_0$ erreicht hatte, auf den Wert

$$\Delta\vartheta_{n1} = \Delta\vartheta_{n0}\, e^{-\frac{t_1-t_0}{\tau_n}} + P_{F1}\, R_{thn}\left(1 - e^{-\frac{t_1-t_0}{\tau_n}}\right) \qquad (23.2)$$

Die nach Gl. (23.2) ermittelten Einzelwerte ergeben, in Gl. (23.1) eingesetzt, die
Sperrschichttemperatur; Gl. (23.2) gilt auch für den Fall $P_{F1} < P_{F0}$. Durch sinn-
gemäße Anwendung der Gl. (23.1) und (23.2) läßt sich die Sperrschichttemperatur
auch für einen Verlauf der Verlustleistung berechnen, der eine beliebige Anzahl
von Sprüngen aufweist.

Beispiel 1.1. Gegeben sind die Größen des thermischen Ersatzschaltbildes für einen
Thyristor T 170 N ... mit Kühlkörper Kl 91 bei verstärkter Luftkühlung:

$$\begin{aligned}
R_{th1} &= 0{,}023 \ °C/W; & \tau_1 &= \quad 3{,}18 \ ms \\
R_{th2} &= 0{,}035 \ °C/W; & \tau_2 &= 34{,}0 \ \ ms \\
R_{th3} &= 0{,}029 \ °C/W; & \tau_3 &= \quad 0{,}30 \ s \\
R_{th4} &= 0{,}053 \ °C/W; & \tau_4 &= \quad 2{,}0 \ \ s \\
R_{th5} &= 0{,}096 \ °C/W; & \tau_5 &= 23 \quad \ \ s \\
R_{th6} &= 0{,}062 \ °C/W; & \tau_6 &= 185 \quad s
\end{aligned}$$

Der Thyristor wird 1 s mit der Verlustleistung $P_{F1} = 500$ W und anschließend 3 s mit
der Verlustleistung $P_{F2} = 300$ W betrieben. Die Kühlmitteltemperatur beträgt
$\vartheta_U = 35\ °C$. Wie hoch ist die Sperrschichttemperatur ϑ_J am Ende der Belastung?

Zunächst wird nach Gl. (23.2) das Temperaturgefälle $\Delta\vartheta_{n1}$ der einzelnen thermischen RC-Glieder ermittelt, das sich am Ende der ersten Belastungsphase einstellt, also:

$$\begin{aligned}
\Delta\vartheta_{11} &= 0 + 500\ \text{W} \cdot 0{,}023\ °\text{C/W} & (1-0) &= 11{,}50\ °\text{C} \\
\Delta\vartheta_{21} &= 0 + 500\ \text{W} \cdot 0{,}035\ °\text{C/W} & (1-0) &= 17{,}50\ °\text{C} \\
\Delta\vartheta_{31} &= 0 + 500\ \text{W} \cdot 0{,}029\ °\text{C/W} & (1-0{,}0357) &= 13{,}98\ °\text{C} \\
\Delta\vartheta_{41} &= 0 + 500\ \text{W} \cdot 0{,}053\ °\text{C/W} & (1-0{,}6065) &= 10{,}43\ °\text{C} \\
\Delta\vartheta_{51} &= 0 + 500\ \text{W} \cdot 0{,}096\ °\text{C/W} & (1-0{,}9575) &= 2{,}04\ °\text{C} \\
\Delta\vartheta_{61} &= 0 + 500\ \text{W} \cdot 0{,}062\ °\text{C/W} & (1-0{,}9946) &= 0{,}17\ °\text{C}
\end{aligned}$$

Nach Gl. (23.1) ergibt sich daraus die Sperrschichttemperatur

$$\vartheta_{\text{J}} = 35\ °\text{C} + 55{,}6\ °\text{C} = 90{,}6\ °\text{C}$$

Die Werte $\Delta\vartheta_{n1}$ werden nun als Anfangswerte für die zweite Belastungsphase in Gl. (23.2) eingesetzt, und man erhält mit $(t_1 - t_0)_2 = 3$ s die Temperaturgefälle $\Delta\vartheta_{n2}$ am Ende der zweiten Belastungsphase:

$$\begin{aligned}
\Delta\vartheta_{12} &= 11{,}50\ °\text{C} \cdot 0{,}0 & + 300\ \text{W} \cdot 0{,}023\ °\text{C/W} & (1-0) &= 6{,}90\ °\text{C} \\
\Delta\vartheta_{22} &= 17{,}50\ °\text{C} \cdot 0{,}0 & + 300\ \text{W} \cdot 0{,}035\ °\text{C/W} & (1-0) &= 10{,}50\ °\text{C} \\
\Delta\vartheta_{32} &= 13{,}98\ °\text{C} \cdot 0{,}0 & + 300\ \text{W} \cdot 0{,}029\ °\text{C/W} & (1-0) &= 8{,}70\ °\text{C} \\
\Delta\vartheta_{42} &= 10{,}43\ °\text{C} \cdot 0{,}223 & + 300\ \text{W} \cdot 0{,}053\ °\text{C/W} & (1-0{,}223) &= 14{,}67\ °\text{C} \\
\Delta\vartheta_{52} &= 2{,}04\ °\text{C} \cdot 0{,}8778 & + 300\ \text{W} \cdot 0{,}096\ °\text{C/W} & (1-0{,}8778) &= 5{,}31\ °\text{C} \\
\Delta\vartheta_{62} &= 0{,}17\ °\text{C} \cdot 0{,}9838 & + 300\ \text{W} \cdot 0{,}062\ °\text{C/W} & (1-0{,}9838) &= 0{,}47\ °\text{C}
\end{aligned}$$

Daraus ergibt sich schließlich die gesuchte Sperrschichttemperatur

$$\vartheta_{\text{J}} = 35\ °\text{C} + 46{,}6\ °\text{C} = 81{,}6\ °\text{C}$$

Die Sperrschichttemperatur ist also niedriger als am Ende der ersten Belastungsphase.

Erwärmung durch Einzelimpulse. Für die beiden wichtigsten Belastungs-Impulsformen, Rechteckform (Bild **24.**1a) und Abschnitt einer Sinushalbschwingung (Bild **24.**1b) sind in Tafel **26.**1 Formeln zusammengestellt, mit denen die Temperaturerhöhung $\Delta\vartheta_{np}$, die am Ende des Belastungsimpulses erreicht wird, für jedes RC-Glied des thermischen Ersatzschaltbildes (Bild **22.**1b) errechnet werden kann. Während der Sinushalbschwingung kann das Temperaturgefälle an einzelnen RC-Gliedern höher sein als am Ende. Für den sicheren Betrieb der

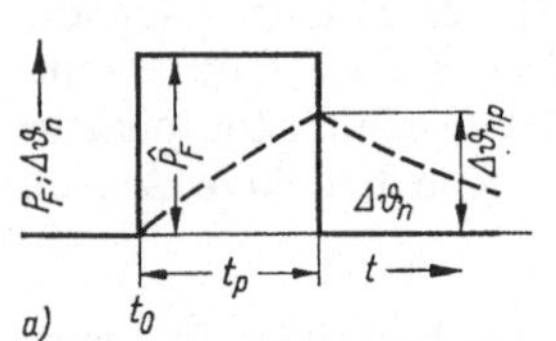

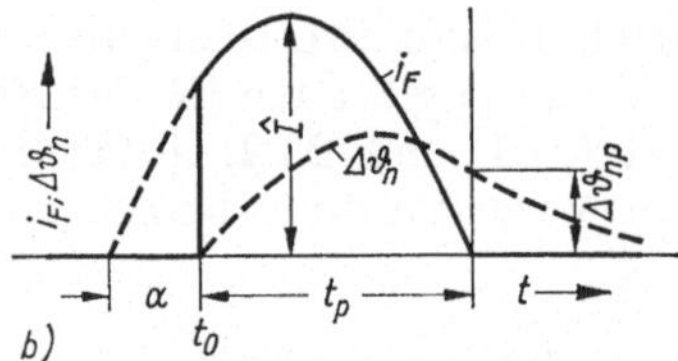

24.1 Zeitlicher Verlauf des Temperaturgefälles $\Delta\vartheta_n$ bei impulsförmiger Belastung
    a) rechteckförmiger Verlustleistungsimpuls
    b) angeschnittene Sinushalbschwingung des Durchlaßstromes

Thyristoren und Halbleiterdioden ist aber die Temperatur am Ende des Durchlaßstrom-Impulses, also der Zeitpunkt, zu dem das Bauelement mit Sperrspannung beansprucht wird, maßgebend, s. Abschn. 1.3.2. Für sinusförmigen Verlauf des Durchlaßstromes (Tafel **26.**1, Zeile 4 und 5) wurde der zeitliche Verlauf der Verlustleistung entsprechend Bild **19.**1 angenähert.

$$P_{\text{F}} = U_{(\text{T0})}\,\hat{I}\sin(\omega t + \alpha) + r_{\text{f}}\,\hat{I}^2\sin^2(\omega t + \alpha) \tag{24.1}$$

Darin ist α der Steuerwinkel, d.h. der Winkel, um den bei Anschnittsteuerung und reiner Wirklast der Durchlaßstrombeginn gegenüber dem Nulldurchgang der Sinuskurve verschoben ist, s. Abschn. 3.2 und 4.1.

In vielen Anwendungsfällen kommt es nicht auf äußerste Ausnutzung der Thyristoren an. Dann genügt es, statt mit sinusförmigem Stromverlauf mit sinusförmigem Verlustleistungsverlauf zu rechnen

$$P_F \approx \pi \, P_{F\,av} \sin(\omega t + \alpha) \tag{25.1}$$

Darin ist $P_{F\,av}$ der nach Gl. (19.1) bzw. aus einem geeigneten Diagramm (Bild **19**.2) ermittelte Durchlaßverlust-Mittelwert, der ohne Anschnitt, d.h. bei vollen Sinushalbschwingungen ($\delta = 180°$) des Durchlaßstromes auftreten würde.

Bei RC-Gliedern des thermischen Ersatzschaltbildes, bei denen die Bedingung

$$\tau_n > 10 \, t_p$$

erfüllt ist, kann man entsprechend den rechts in den Zeilen 1...3 der Tafel **26**.1 angegebenen Formeln weiter vereinfachen.

Erwärmung bei verschiedenen Betriebsarten. Beim praktischen Einsatz der Thyristoren hat die Verlustleistung im allgemeinen einen zeitlichen Verlauf, der sich aus einer Folge von Rechteck- oder Sinusimpulsen zusammensetzt. Für die wichtigsten Betriebsarten nach VDE 0530 sind in Tafel **27**.1 Formeln zusammengestellt, mit denen das jeweils höchste Temperaturgefälle $\Delta\vartheta_{nm}$ an den einzelnen RC-Gliedern ermittelt werden kann. Dabei wurde zur Abkürzung der Formeln als Rechenwert die Temperaturerhöhung $\Delta\vartheta_{np}$ eingeführt, die sich am Ende eines Einzelimpulses einstellen würde, der den gleichen Kurvenverlauf wie die bei der jeweiligen Betriebsart auftretenden Impulse hat; $\Delta\vartheta_{np}$ kann für Rechteckform und für angeschnittene Sinushalbschwingungen der Impulse nach Tafel **26**.1 berechnet werden.

Eine Abkürzung des Rechenverfahrens kann für Betriebsfrequenzen von 50 Hz und darüber erzielt werden, wenn man $\Delta\vartheta_{np}$ nur für die RC-Glieder mit den kürzesten Zeitkonstanten errechnet. Für die übrigen RC-Glieder kann man unter der Voraussetzung

$$\tau_n > 5 \, T$$

entsprechend der rechts oben in Tafel **27**.1 angegebenen Formel vereinfachen.

Beispiel 1.2. Ein Thyristor T 170 N ... mit den in Beispiel 1.1 genannten thermischen Daten wird im Aussetzbetrieb mit Sinushalbschwingungen (50 Hz; $\alpha = 0$) des Durchlaßstromes belastet. Die Betriebsbedingungen lauten: Spieldauer $t_s = 6$ s; Einschaltdauer $x\,T = 1$ s; Scheitelwert des Durchlaßstromes $\hat{I}_F = 600$ A; Kühlmitteltemperatur $\vartheta_U = 45\,°C$. Dem Datenblatt dieses Thyristors kann man entnehmen: Schleusenspannung $U_{(TO)} = 1,1$ V, Ersatzwiderstand $r_f = 0,85$ m Ω. Wie hoch ist die Sperrschichttemperatur ϑ_J am Ende des jeweils letzten Belastungsimpulses?

Temperaturerhöhung $\Delta\vartheta_{np}$. Für die beiden ersten RC-Glieder des thermischen Ersatzschaltbildes erhält man das Temperaturgefälle $\Delta\vartheta_{np}$ am Ende einer Sinushalbschwingung nach Tafel **26**.1, Zeile 5

$$\Delta\vartheta_{1p} = 0{,}023 \, °C/W \left[660 \, W \cdot \frac{1}{2}(1 + 0{,}043) + 153 \, W \cdot \frac{4}{5}(1 - 0{,}043) \right] = 10{,}6 \, °C$$

$$\Delta\vartheta_{2p} = 0{,}035 \, °C/W \left[660 \, W \cdot \frac{10{,}7}{115} \cdot 1{,}745 + 153 \, W \cdot \frac{456}{457} \cdot 0{,}255 \right] = 5{,}1 \, °C$$

Tafel 26.1
Temperaturerhöhung am Ende eines Verlustleistungsimpulses an einem RC-Glied des thermischen Ersatzschaltbildes

Nr.	Impulsform	Temperaturerhöhung $\Delta\vartheta_{\mathrm{np}} =$	Vereinfachung für $\tau_\mathrm{n} > 10\, t_\mathrm{p}$ $\Delta\vartheta_{\mathrm{np}} \approx$
1		$R_{\mathrm{thn}}\, \hat{P}_\mathrm{F} \left(1 - \mathrm{e}^{-\frac{t_\mathrm{p}}{\tau_\mathrm{n}}}\right)$	$R_{\mathrm{thn}}\, \hat{P}_\mathrm{F}\, \dfrac{t_\mathrm{p}}{\tau_\mathrm{n}}$
2		$R_{\mathrm{thn}}\, \pi\, P_{\mathrm{Fav}}\, \dfrac{\omega\,\tau_\mathrm{n}}{1 + \omega^2\,\tau_\mathrm{n}^2} \left[1 + \mathrm{e}^{-\frac{t_\mathrm{p}}{\tau_\mathrm{n}}} \left(\cos\alpha - \dfrac{\sin\alpha}{\omega\,\tau_\mathrm{n}}\right)\right]$	$R_{\mathrm{thn}}\, \pi\, P_{\mathrm{Fav}}\, \dfrac{1 + \cos\alpha}{\omega\,\tau_\mathrm{n}}$
3		$R_{\mathrm{thn}}\, \pi\, P_{\mathrm{Fav}}\, \dfrac{\omega\,\tau_\mathrm{n}}{1 + \omega^2\,\tau_\mathrm{n}^2} \left[1 + \mathrm{e}^{-\frac{t_\mathrm{p}}{\tau_\mathrm{n}}}\right]$	$R_{\mathrm{thn}}\, \pi\, P_{\mathrm{Fav}}\, \dfrac{2}{\omega\,\tau_\mathrm{n}}$
4		$R_{\mathrm{thn}}\left[U_{(\mathrm{TO})}\, \hat{I}_\mathrm{F}\, \dfrac{\omega\,\tau_\mathrm{n}}{1 + \omega^2\,\tau_\mathrm{n}^2} \left\{1 + \mathrm{e}^{-\frac{t_\mathrm{p}}{\tau_\mathrm{n}}} \left(\cos\alpha - \dfrac{\sin\alpha}{\omega\,\tau_\mathrm{n}}\right)\right\} \right.$ $\left. + \dfrac{r_\mathrm{f}\, \hat{I}_\mathrm{F}^2}{2} \cdot \dfrac{4\,\omega^2\,\tau_\mathrm{n}^2}{1 + 4\,\omega^2\,\tau_\mathrm{n}^2} \left\{1 - \mathrm{e}^{-\frac{t_\mathrm{p}}{\tau_\mathrm{n}}} \left(1 + \dfrac{\sin^2\alpha}{2\,\omega^2\,\tau_\mathrm{n}^2} - \dfrac{\sin\alpha\cdot\cos\alpha}{\omega\,\tau_\mathrm{n}}\right)\right\}\right]$	
5		$R_{\mathrm{thn}}\left[U_{(\mathrm{TO})}\, \hat{I}_\mathrm{F}\, \dfrac{\omega\,\tau_\mathrm{n}}{1 + \omega^2\,\tau_\mathrm{n}^2} \left\{1 + \mathrm{e}^{-\frac{t_\mathrm{p}}{\tau_\mathrm{n}}}\right\} + \dfrac{r_\mathrm{f}\, I_\mathrm{F}^2}{2} \cdot \dfrac{4\,\omega^2\,\tau_\mathrm{n}^2}{1 + 4\,\omega^2\,\tau_\mathrm{n}^2} \left\{1 - \mathrm{e}^{-\frac{t_\mathrm{p}}{\tau_\mathrm{n}}}\right\}\right]$	

Tafel 27.1 Maximales Temperaturgefälle an einem thermischen RC-Glied für verschiedene Betriebsarten nach VDE 0530

Kurz-zeichen	Betriebsart	Maximales Temperaturgefälle $\Delta\vartheta_{nm} =$	
S 1	Dauerbetrieb	$\dfrac{\Delta\vartheta_{np}}{1-e^{-\frac{T}{\tau_n}}}$	Vereinfachung für $\tau_n > 5\,T$ $\dfrac{1}{1-e^{-\frac{T}{\tau_n}}} \approx \dfrac{\tau_n}{T}$
S 2	Kurzzeitbetrieb	$\dfrac{\Delta\vartheta_{np}}{1-e^{-\frac{T}{\tau_n}}} \cdot \left(1-e^{-\frac{xT}{\tau_n}}\right)$	
S 3	Aussetzbetrieb	$\dfrac{\Delta\vartheta_{np}}{1-e^{-\frac{T}{\tau_n}}} \cdot \dfrac{1-e^{-\frac{xT}{\tau_n}}}{1-e^{-\frac{ts}{\tau_n}}}$	
S 6	Durchlaufbetrieb mit Aussetzbelastung	$\dfrac{\Delta\vartheta_{npB}}{1-e^{-\frac{T}{\tau_n}}} \cdot \dfrac{1-e^{-\frac{xT}{\tau_n}}}{1-e^{-\frac{ts}{\tau_n}}} + \dfrac{\Delta\vartheta_{npG}}{1-e^{-\frac{T}{\tau_n}}} \cdot \dfrac{e^{-\frac{xT}{\tau_n}}-e^{-\frac{ts}{\tau_n}}}{1-e^{-\frac{ts}{\tau_n}}}$	

Für die übrigen RC-Glieder kann man die Vereinfachungen anwenden und mit

$$P_{\mathrm{Fav}} = 1{,}1 \text{ V} \cdot \frac{600 \text{ A}}{\pi} + 0{,}85 \text{ m}\Omega \frac{(600 \text{ A})^2}{4} = 287 \text{ W}$$

rechnen. Außerdem gilt in diesem Beispiel die Beziehung $\omega = 2\,\pi/T$. Damit wird nach Tafel **26.**1, Nr. 3 rechts:

$$\begin{aligned}
\Delta\vartheta_{3\mathrm{p}} &= (0{,}029 \text{ °C/W}) \cdot 287 \text{ W} \cdot T/\tau_3 = 8{,}32 \text{ °C} \cdot T/\tau_3 \\
\Delta\vartheta_{4\mathrm{p}} &= (0{,}053 \text{ °C/W}) \cdot 287 \text{ W} \cdot T/\tau_4 = 15{,}21 \text{ °C} \cdot T/\tau_4 \\
\Delta\vartheta_{5\mathrm{p}} &= (0{,}096 \text{ °C/W}) \cdot 287 \text{ W} \cdot T/\tau_5 = 27{,}55 \text{ °C} \cdot T/\tau_5 \\
\Delta\vartheta_{6\mathrm{p}} &= (0{,}062 \text{ °C/W}) \cdot 287 \text{ W} \cdot T/\tau_6 = 17{,}79 \text{ °C} \cdot T/\tau_6
\end{aligned}$$

Maximales Temperaturgefälle $\Delta\vartheta_{\mathrm{nm}}$. Nach Tafel **27.**1, Betriebsart S 3 kann man die folgende Rechentabelle aufstellen:

RC-Gl. Nr.	$\Delta\vartheta_{\mathrm{np}}$	$1-e^{-\frac{T}{\tau_{\mathrm{n}}}}$	$1-e^{-\frac{xT}{\tau_{\mathrm{n}}}}$	$1-e^{-\frac{t_{\mathrm{s}}}{\tau_{\mathrm{n}}}}$	$\Delta\vartheta_{\mathrm{nm}}$
1	10,6 °C	1,0	1,0	1,0	10,6 °C
2	5,1 °C	0,444	1,0	1,0	11,5 °C
3	8,32 °C $\cdot\,T/\tau_3$	T/τ_3	0,964	1,0	8,0 °C
4	15,21 °C $\cdot\,T/\tau_4$	T/τ_4	0,393	0,950	6,3 °C
5	27,55 °C $\cdot\,T/\tau_5$	T/τ_5	0,0425	0,229	5,1 °C
6	17,79 °C $\cdot\,T/\tau_6$	T/τ_6	0,0054	0,032	3,0 °C

$$\sum \Delta\vartheta_{\mathrm{nm}} = 44{,}5 \text{ °C}$$

Sperrschichttemperatur ϑ_{J}. Die Sperrschichttemperatur ϑ_{J} wird schließlich

$$\vartheta_{\mathrm{J}} = \vartheta_{\mathrm{U}} + \sum \Delta\vartheta_{\mathrm{nm}} = 45 \text{ °C} + 44{,}5 \text{ °C} = 89{,}5 \text{ °C}$$

Transienter Wärmewiderstand. Bei Belastung des Thyristors mit einem einzelnen rechteckförmigen Verlustleistungsimpuls der Dauer t_{p} erhält man durch Einsetzen von Gl. (23.2) in Gl. (23.1) die Sperrschichttemperatur am Ende des Impulses

$$\vartheta_{\mathrm{Jp}} = \vartheta_{\mathrm{U}} + \hat{P}_{\mathrm{F}} \sum_{n=1}^{n=m} R_{\mathrm{thn}}\left(1 - e^{-\frac{t_{\mathrm{p}}}{\tau_{\mathrm{n}}}}\right) \tag{28.1}$$

Der Ausdruck $\qquad Z_{(\mathrm{th})t} = \sum_{n=1}^{n=m} R_{\mathrm{thn}}\left(1 - e^{-\frac{t_{\mathrm{p}}}{\tau_{\mathrm{n}}}}\right) \tag{28.2}$

wird häufig als transienter Wärmewiderstand (transient thermal impedance) bezeichnet und, wie z.B. in Bild **29.**1, für einen bestimmten Thyristortyp in Abhängigkeit von der Impulsdauer t_{p} dargestellt. Dieses Diagramm bietet für die Ermittlung der bei e i n z e l n e n Rechteckimpulsen zulässigen Belastbarkeit eine wesentliche Vereinfachung gegenüber der Rechnung mit einzelnen RC-Gliedern. Für andere Belastungsarten werden Näherungsformeln zur Benutzung dieser Diagramme angegeben [B 12], die allerdings gegenüber den Formeln in den Tafeln **26.**1 und **27.**1 nur selten eine Einsparung an Rechenaufwand ermöglichen. Diagramme, in denen der Impulswärmewiderstand für eine Folge von halbwellenförmigen Belastungsimpulsen angegeben wird, gelten nur für die Vereinfachungen gemäß Gl. (25.1) und Tafel **27**.1, rechts oben.

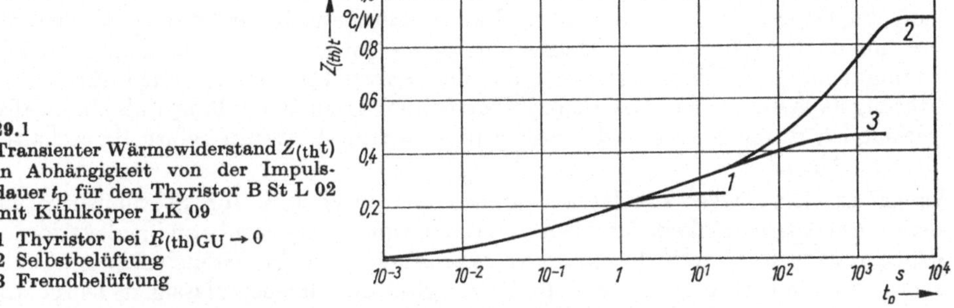

29.1
Transienter Wärmewiderstand $Z_{(th}t)$ in Abhängigkeit von der Impulsdauer t_p für den Thyristor B St L 02 mit Kühlkörper LK 09
1 Thyristor bei $R_{(th)GU} \to 0$
2 Selbstbelüftung
3 Fremdbelüftung

1.3.5. Belastbarkeitsangaben

Belastbarkeitsdiagramme. Für häufig wiederkehrende Anwendungsgebiete, besonders im Frequenzbereich 40...60 Hz, vereinfachen viele Thyristorhersteller die Ermittlung der Belastbarkeitsgrenze durch die Angabe von Belastbarkeitsdiagrammen. Diese Diagramme stellen für Thyristoren, die mit einem zugehörigen Kühlkörper geliefert werden, direkt den Zusammenhang zwischen dem höchsten im Dauerbetrieb zulässigen Durchlaßstrom und der Kühlmitteltemperatur dar. Die Kurvenform des Durchlaßstromes ist dabei, wie z.B. in Bild **29**.2, als Parameter gewählt. Belastbarkeitsdiagramme, die den Zusammenhang zwischen dem Durchlaßstrom und der höchstzulässigen Gehäusetemperatur wiedergeben, ermöglichen dem Thyristoranwender eine Kontrolle der Kühleinrichtung. In Verbindung mit Verlustleistungsdiagrammen (Bild **19**.2) dienen sie zur Bemessung von Kühleinrichtungen.

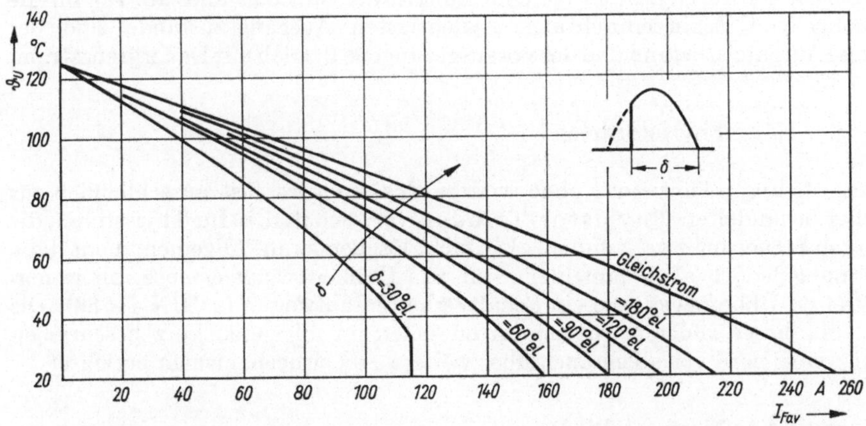

29.2 Höchstzulässige Kühlmitteltemperatur ϑ_U für einen Thyristor T 170 F ... mit Kühlkörper KL 91 A in Abhängigkeit vom Mittelwert I_{Fav} des Durchlaßstromes bei sinushalbwellenförmigem Verlauf (verstärkte Kühlung)
Parameter: Stromflußwinkel δ

Belastbarkeitsdiagramme für Kurzzeit- oder Aussetzbetrieb werden als Überstrom- oder Überstromfaktor-Kennlinien bezeichnet. Sie geben in Abhängigkeit von der Belastungsdauer den betriebsmäßig zulässigen Durchlaßstrom bzw. das zulässige Vielfache des Stromes an, der bei gleicher Kühleinrichtung im Dauerbetrieb erlaubt wäre. Für Aussetzbetrieb wird die Spieldauer als Parameter angegeben. Diese Diagramme gelten jeweils nur für bestimmte Kühlbedingungen. Die Überstromkennlinie für Kurzzeitbetrieb ist auch für solche Störungsfälle maßgebend, bei denen Überströme, deren Dauer länger als eine Halbperiode ist, durch Sperrung der Steuerimpulse vom Thyristor selbst abgeschaltet werden sollen.

Grenzlast. Die Durchlaßbelastungsgrenze des Thyristors für Störungsfälle, in denen die Sperrfähigkeit für positive Anodenspannung vorübergehend verlorengehen darf, wird durch die Grenzstromkennlinie und das Grenzlastintegral beschrieben. Die Grenzstromkennlinie gibt den höchstzulässigen Durchlaßstrom, bei dessen Überschreitung mit einer Zerstörung des Thyristors gerechnet werden muß, in Abhängigkeit von der Belastungsdauer wieder. Sie wird meist für den Zeitbereich über 10 ms dargestellt.

Das Grenzlastintegral ist der höchstzulässige Wert des zeitlichen Integrals über dem Quadrat des Durchlaßstromes

$$W_\mathrm{L} = \int i_\mathrm{F}^2 \, dt \tag{30.1}$$

Im allgemeinen wird bei einem Thyristortyp das Grenzlastintegral für Integrationszeiten bis zu etwa 10 ms als konstanter Wert angegeben. Dabei ist vorausgesetzt, daß bereits zu Beginn der Überlastung die gesamte Kathodenfläche des Thyristors am Stromtransport beteiligt ist. Wenn man damit rechnen muß, daß der Thyristor bei einem schon bestehenden Kurzschluß gezündet wird, müssen natürlich die durch das Einschaltverhalten bedingten Grenzen (z.B. kritische Stromanstiegsgeschwindigkeit) ebenfalls beachtet werden.

Sowohl die Grenzstromkennlinie als auch das Grenzlastintegral hängen vom Belastungszustand des Thyristors vor dem Eintritt des Störungsfalles ab. Die für die Bemessung von Schutzeinrichtungen wichtigsten Ausgangszustände sind der stromlose Ausgangszustand und der vorausgegangene Betrieb mit Dauergrenzstrom.

1.4.　Thyristorarten

Die Bezeichnung „Thyristor" ohne weitere Zusätze wird fast ausschließlich für die bisher behandelten Thyristor-Trioden verwendet, d.h. für Thyristoren, die man durch Steuerung zwar zünden, aber nicht löschen kann. Allgemein dient diese Bezeichnung jedoch als Sammelname für alle Halbleiterbauelemente mit wenigstens drei pn-Übergängen, die ein Schaltverhalten aufweisen (s. DIN 41786). Die wichtigsten dieser anderen Thyristorarten sollen im folgenden kurz beschrieben werden. Dabei wird vor allem auch über weitere Steuermechanismen berichtet.

1.4.1.　Thyristor-Dioden

Diese Dioden werden auch als Vierschichtdioden (four-layer diodes) bezeichnet [1.3; 1.8]. Sie werden durch Überschreiten der Kippspannung oder der kritischen

Spannungssteilheit gezündet. Ihre Wirkungsweise entspricht im übrigen der von Thyristor-Trioden.

1.4.2. Thyristor-Tetroden

Dies sind Thyristoren, bei denen beide Basiszonen kontaktiert sind. Sie können daher sowohl kathodenseitig als auch anodenseitig gesteuert werden. Thyristor-Tetroden mit kleiner Kathodenfläche, auch Binistoren genannt, können durch Steuerimpulse auch wieder gelöscht werden. Sie ermöglichen auf Grund ihres bistabilen Verhaltens einen einfachen Aufbau logischer Schaltungen.

1.4.3. Ausschaltbare Thyristoren

Ausschaltbare Thyristoren (gate turn-off switch) können durch Steuerimpulse der einen Polarität gezündet und durch Steuerimpulse der andern Polarität wieder gelöscht werden [1.9]. Man erreicht dies durch Verschachtelung der Steuer- und der Kathodenelektrode, beispielsweise in Form konzentrischer Ringe oder ineinandergreifender Kammformen, wie dies bei Leistungstransistoren üblich ist. Häufig werden ausschaltbare Thyristoren als Tetroden ausgeführt. Der Löschmechanismus versagt bei Überschreiten eines bestimmten kritischen Anodenstromwertes. Ausschaltbare Thyristoren bieten gegenüber vergleichbaren „normalen" Thyristoren folgende Vorteile:

1. Der Aufwand zum Löschen ist auf der Steuerelektrodenseite wesentlich niedriger als bei der konventionellen Art der Zwangslöschung.

2. Die Löschbarkeit ermöglicht grundlegende Schaltungsvereinfachungen.

3. Die Freiwerdezeit ist wesentlich kürzer als bei üblichen Thyristoren. Daher sind höhere Betriebsfrequenzen erreichbar.

Diesen Vorteilen stehen folgende Nachteile gegenüber:

1. Der Steuerleistungsbedarf zum Zünden ist merklich höher als bei vergleichbaren normalen Thyristoren. Das rührt von der erheblich größeren Steuerelektrodenfläche her.

2. Der Durchlaßspannungsabfall ist bei derselben Kathodenfläche und demselben Anodenstrom höher, weil die Basiszonen anders dimensioniert werden müssen.

3. Die beim Löschen auftretende Ausschaltverlustarbeit ist größer als bei der konventionellen Zwangslöschung (s. Abschn. 5.1.2).

4. Besondere Sorgfalt muß auf die Bedämpfung der durch den Ausschaltvorgang hervorgerufenen Überspannungen verwendet werden.

5. Die Sperrfähigkeit für negative Anodenspannung ist im allgemeinen schlecht. Das macht in vielen Fällen die Reihenschaltung einer zusätzlichen Gleichrichterdiode notwendig.

6. Für gleiche Durchlaßstrom-Belastbarkeit ist wegen der Verschachtelung von Steuerelektrode und Kathode eine größere Siliciumscheibe und damit ein größeres Gehäuse erforderlich. In Verbindung mit der schwierigen Kontaktierung der Kathode führt dies zu einem höheren Preis.

1.4.4. Lichtgesteuerte Thyristoren

Durch ein Fenster im Gehäuse dieser Thyristoren kann Licht auf die Siliciumscheibe fallen. Je nach seiner spektralen Verteilung dringt dieses Licht mehr oder weniger tief in die Siliciumscheibe ein und erzeugt dort Ladungsträgerpaare (s. Abschn. 1.1.2). Bei ausreichender Lichtintensität zünden diese Ladungsträger den Thyristor.

Lichtgesteuerte Thyristoren werden als Dioden oder als Trioden ausgeführt. Die Steuerelektrode bei den Trioden kann sowohl zu einer vom Lichteinfall unabhängigen Zündung als auch zur Steuerung der für die Zündung benötigten Lichtintensität benutzt werden.

1.4.5. Stoßspannungsfeste Thyristoren

Diese Thyristoren [1.15; 1.17] zeichnen sich dadurch aus, daß bei Erreichen der Durchbruchspannung der Lawinendurchbruch im Innern des Thyristorsystems einsetzt und die gesamte betroffene Sperrschicht annähernd gleichmäßig erfaßt. Dieser sogenannte Volumendurchbruch begrenzt die Sperrspannung des Thyristors auf einen Wert, der genügend weit unter der Oberflächendurchschlag-Spannung liegt. Man erreicht das einerseits durch geeignete Bemessung der Halbleiterzonen und ihrer Leitfähigkeit und andererseits durch einen sehr flachen Schrägschliff am Umfang des Thyristorsystems.

Der Einfluß des Schrägschliffes sei anhand des Bildes **32**.1 erläutert, das zwei Schnittbilder der Randzonen eines stoßspannungsfesten Thyristorsystems schematisch darstellt. Bei Sperrbeanspruchung des Thyristors fällt die Spannung je nach Polung an der anodenseitigen Sperrschicht S 3 oder an der mittleren Sperrschicht S 2 ab. Die Sperrschichten dehnen sich dabei hauptsächlich in die n-Basiszone aus, die eine weit geringere Störstellenkonzentration aufweist als die angrenzenden p-Zonen (s. Abschn. 1.1.3). Durch einen Schrägschliff kann die elektrische Feldstärke am Rande der Siliciumscheibe gegenüber dem Scheibeninneren wesentlich verringert werden. Allerdings hat der Schrägschliff eine Verformung der Raumladungszone zur Folge. Diese Verformung bewirkt bei negativer Anodenspannung (Bild **32**.1 a) eine weitere Verminderung der Feldstärke am Scheibenrand. Für positive Anodenspannung (Bild **32**.1 b), bei der Sperrspannung an der mittleren Sperrschicht S 2 liegt, muß die Verformung der Raum-

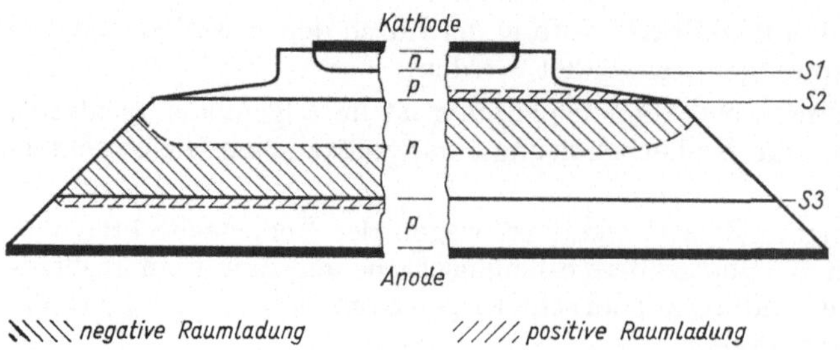

32.1
Querschnitte durch die Randzonen eines stoßspannungsfesten Thyristors. Die Raumladungszonen der sperrenden pn-Übergänge sind schraffiert dargestellt

a) negative Anodenspannung
b) positive Anodenspannung

ladungszone durch einen noch flacheren Schrägschliff wettgemacht werden, wenn
dieselbe Feldstärkenverminderung wie bei negativer Anodenspannung erzielt
werden soll. Damit durch diesen zweiten Schliff nicht zuviel Fläche auf der
Siliciumscheibe für das Anbringen der Kathodenzone verlorengeht, kann man der
Siliciumscheibe die im Bild dargestellte sogenannte Mesakontur geben. Das
Wort Mesa bedeutet Tafelberg und soll hier andeuten, wie die Kathodenzone aus
der Siliciumscheibe herausragt.

Stoßspannungsfeste Thyristoren werden in der amerikanischen Fachliteratur
durch das Schlagwort controlled avalanche gekennzeichnet. Sie lassen wegen
der Gleichmäßigkeit des Volumendurchbruches bei Sperrbeanspruchung eine fast
so große Verlustleistung bzw. bei kurzzeitiger Belastung fast so viel Verlustarbeit
zu wie bei Durchlaßbeanspruchung. Diese Eigenschaft erlaubt Einsparungen bei
den Beschaltungsgliedern, die zur Bedämpfung des Sperrverzögerungsverhaltens
oder bei Reihenschaltung von Thyristoren benötigt werden. Die zulässige Sperr-
verlustleistung reicht jedoch im allgemeinen nicht aus, um eine wesentliche Verkleinerung der Beschaltungsglieder zu erzielen, die zur Bedämpfung energie-
reicher Überspannungen, wie z.B. Netzüberspannungen, notwendig sind.

1.4.6. Thyristoren mit Querfeld-Emitter

In der Nähe der Steuerelektrode weisen diese Thyristoren [1.19] einen nicht kontaktierten Bereich der Kathodenzone auf (Bild **33**.1). Beim Zünden des
Thyristors durch Steuerstrom schaltet zunächst ein Kanal über der Stelle 1 des
nicht kontaktierten Bereichs 3 durch. Im Gegensatz zu üblichen Thyristoren wird
der Strom in diesem zuerst zündenden Kanal jedoch durch den Querwiderstand,
den die Kathodenzone zwischen der Stelle 1 und dem Rand 2 des Kathodenkon-
taktes 4 hat, auf einen für den Thyristor ungefährlichen Wert begrenzt. Dabei
tritt ein Spannungsabfall zwischen 1 und 2 auf, der auch in der p-Basiszone ein von
1 nach 2 gerichtetes elektrisches Feld zur Folge hat. Dieses Querfeld verursacht
einen kräftigen Löcherstrom, der am kathodenseitigen pn-Übergang von 1 bis
über den Rand 2 hinaus eine Injektion von Elektronen hervorruft. Nach kurzer
Verzögerungszeit schaltet dann der gesamte, über dem Rand 2 gelegene Streifen
des Thyristorsystems durch. Dieser Streifen umfaßt ein wesentlich größeres
Volumen als der bei einem üblichen Thyristor zuerst zündende Kanal. Daher ist
der für einen Thyristor mit Querfeld-Emitter während der Durchschaltzeit zulässige Wert der Einschaltverlustarbeit bedeutend höher als der für

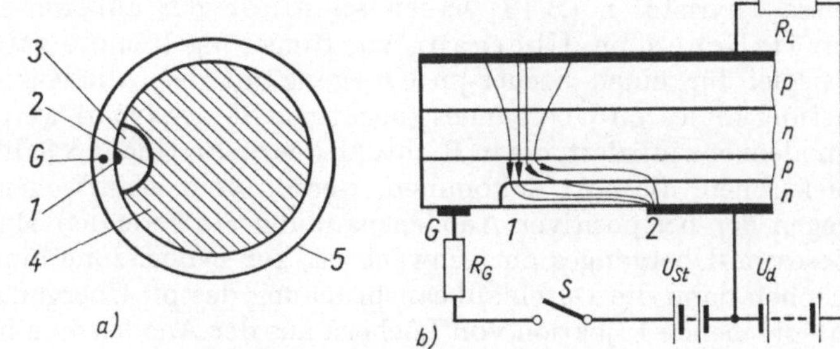

33.1 Prinzip des Querfeld-
Emitters

a) Draufsicht
b) Querschnitt

einen vergleichbaren üblichen Thyristor zulässige Wert. Darüber hinaus tritt bei gegebenem Verlauf des Anodenstromes an dem durchgeschalteten Streifen ein niedrigerer Durchlaßspannungsabfall auf als an dem zuerst gezündeten Kanal eines normalen Thyristors. Die Zündausbreitung geht außerdem von einer breiteren Basis, nämlich von dem gesamten Rand 2 aus.

Thyristoren mit Querfeld-Emitter eignen sich daher besonders für das Schalten in niederinduktiven Stromkreisen. Der geringfügige Verlust an kontaktierter Kathodenfläche (ca. 10%) kann für die erzielte Verbesserung des Einschaltverhaltens in Kauf genommen werden [1.23].

1.4.7. Thyristoren mit Kathodennebenweg

Bei diesen Thyristoren [B 13] ist die p-Basiszone an einzelnen Punkten mit dem metallischen Kontakt der Kathodenzone verbunden (Bild **34.**1), so daß der kathodenseitige pn-Übergang stellenweise überbrückt ist (shorted emitter). Diese Kathodennebenwege sind, besonders hinsichtlich ihres Abstandes untereinander, so bemessen, daß der größte Teil des Sperrstromes und des durch Anodenspannungsänderungen verursachten kapazitiven Verschiebungsstromes der Sperrschicht S 2 darüber abfließen kann, ohne eine Injektion von Elektronen in die p-Basiszone hervorzurufen. Dadurch wird die kritische Temperatur und besonders die kritische Spannungssteilheit merklich erhöht. Bei Durchlaßbeanspruchung des Thyristors wird die Injektion von den Kathodennebenwegen nur unwesentlich behindert, weil bei größerer Stromdichte der Kathoden-pn-Übergang besser leitend wird als die Kathodennebenwege mit ihrem vorgeschalteten transversalen Bahnwiderstand der dünnen p-Basiszoue.

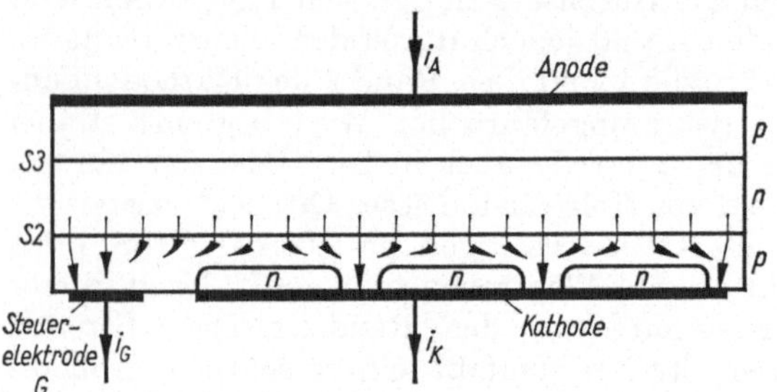

34.1 Prinzip des Kathodennebenweges (shorted emitter)

1.4.8. Thyristoren mit indirekter Steuerelektrode

Diese Thyristoren [B 13] haben an einer der äußeren Halbleiterzonen einen zusätzlichen pn-Übergang zur Steuerung (remote gate). Bild **35.**1 zeigt ein Beispiel für einen Steuer-pn-Übergang an der Anodenzone. Bei Durchlaßbelastung dieses pn-Überganges (negativer Steuerstrom) werden Elektronen in die Anodenzone injiziert, die in Richtung der Sperrschicht S 3 diffundieren. Diejenigen Elektronen, die dort ankommen, werden vom elektrischen Feld, das allerdings wegen der bei positiver Anodenspannung auftretenden Durchlaßbeanspruchung dieses pn-Überganges nur schwach ist, zur n-Basiszone hinübertransportiert. Sie erhöhen dann die Durchlaßbeanspruchung des pn-Überganges S 3 und rufen eine entsprechende Injektion von Löchern aus der Anodenzone in die n-Basiszone hervor, die wiederum in bekannter Weise die Zündung der pnpn-Zonenfolge zwischen Anode und Kathode einleitet.

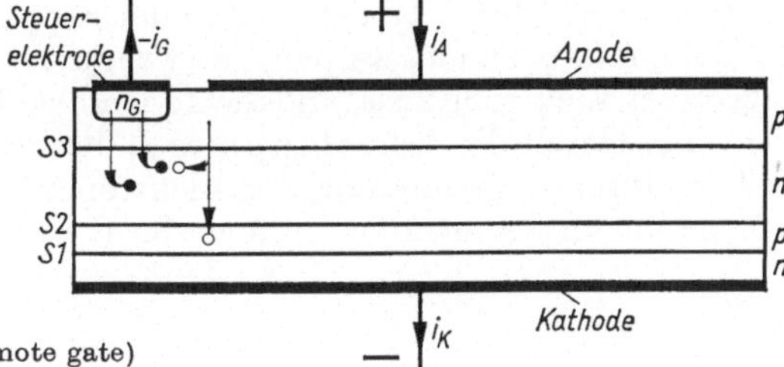

35.1
Prinzip der indirekten Steuerelektrode (remote gate)

1.4.9. Thyristoren mit Hilfskathode

Diese Thyristoren [B 13] enthalten einen zusätzlichen pn-Übergang an der p-Basiszone (junction gate), der mit dem mittleren und dem anodenseitigen pn-Übergang eine **zweite pnpn-Zonenfolge** bildet (Bild **35.2**). Die als Hilfskathode bezeichnete n-Zone n_h arbeitet in Verbindung mit einem **Kathodennebenweg**. Beim Anlegen einer negativen Steuerspannung wird der Kathoden-pn-Übergang zunächst in Sperrichtung beansprucht. Über den Kathodennebenweg fließt ein Strom, der als Steuerstrom für die Hilfskathode wirkt und die zugehörige pnpn-Zonenfolge zündet. Wenn diese Zonenfolge durchschaltet, kommt die Hilfskathodenzone n_h und das angrenzende Gebiet der p-Basiszone annähernd auf Anodenpotential. Das ruft wiederum einen Durchlaßstrom über den Kathoden-pn-Übergang hervor und löst somit die Zündung der Haupt-pnpn-Zonenfolge zwischen Anode und Kathode aus.

Eine an der n-Basiszone angebrachte zusätzliche p-Zone kann in ähnlicher Weise als **Hilfsanode** zur anodenseitigen Zündung des Thyristors benutzt werden.

35.2
Prinzip der Hilfskathode (junction gate)

1.4.10. Bidirektionale Thyristoren

Bidirektionale Thyristoren [B 13, 1.21] weisen für beide Stromrichtungen Schaltverhalten auf. Sie enthalten im Innern einer Siliciumscheibe zwei einander entgegengesetzt parallelgeschaltete pnpn-Zonenfolgen.

Bidirektionale Thyristor-Dioden. Bild **36.1** a zeigt schematisch einen Querschnitt durch das System einer bidirektionalen Thyristor-Diode und Bild **36.1** b die typische Strom-Spannungs-Kennlinie. Die **beiden pnpn-Zonenfolgen I und II**

können jeweils durch Überschreiten der Kippspannung oder durch steilen Anstieg der Spannung gezündet werden, und zwar die Zonenfolge I, wenn Elektrode 1 positiv gegenüber Elektrode 2 ist, und die Zonenfolge II bei entgegengesetzter Spannungsrichtung. Durch die Überlappung L der beiden äußeren n-Zonen wird erreicht, daß die direkte Verbindung der Elektronen 1 und 2 mit der jeweils zugehörigen p-Zone nur in begrenztem Umfang als Kathodennebenweg wirksam wird.

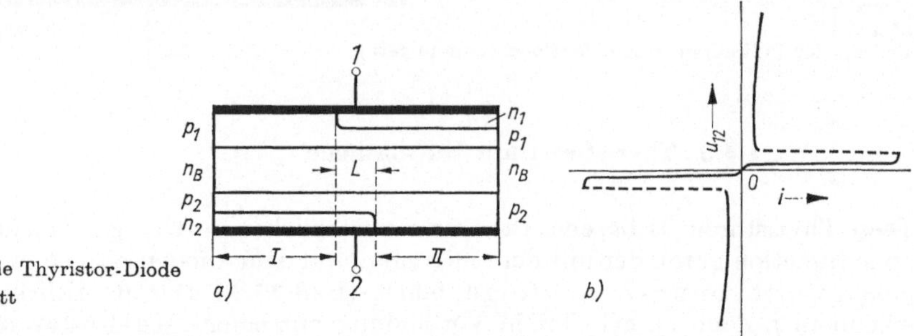

36.1
Bidirektionale Thyristor-Diode
a) Querschnitt
b) Kennlinie

Bidirektionale Thyristor-Trioden. In Bild **36.2** ist ein Beispiel für eine bidirektionale Thyristor-Triode (Triac) dargestellt, die sowohl bei positiver als auch bei negativer Spannung u_{12} der Elektrode 1 gegenüber der Elektrode 2 durch positiven oder negativen Steuerstrom gezündet werden kann. Im einzelnen ergeben sich dabei folgende Zündmechanismen:

1. Spannung u_{12} positiv, Steuerstrom positiv: Der mit dem metallischen Kontakt der Steuerelektrode G verbundene Bereich a der p-Zone p_2 wirkt für die Zonenfolge I wie die Steuerelektrode eines normalen Thyristors.

2. Spannung u_{12} negativ, Steuerstrom positiv: Die Zone n_2 wirkt als indirekte Steuerelektrode für die über dem Bereich a der Steuerelektrode G befindliche pnpn-Zonenfolge III, die wiederum wie eine Hilfsanode für die Hauptzonenfolge II arbeitet.

3. Spannung u_{12} positiv, Steuerstrom negativ: Der Bereich b der Steuerelektrode G wirkt als Hilfskathode für die Zonenfolge I.

4. Spannung u_{12} negativ, Steuerstrom negativ: Der Bereich b der Steuerelektrode G wirkt als indirekte Steuerelektrode für die Zonenfolge II.

Bidirektionale Thyristor-Trioden werden hauptsächlich für die Steuerung von netzfrequentem Wechselstrom benutzt (s. Abschn. 3). Sie kommen, abweichend von der üblichen Gegenparallelschaltung zweier normaler Thyristoren, mit nur einem Steuergenerator und einem Kühlkörper aus.

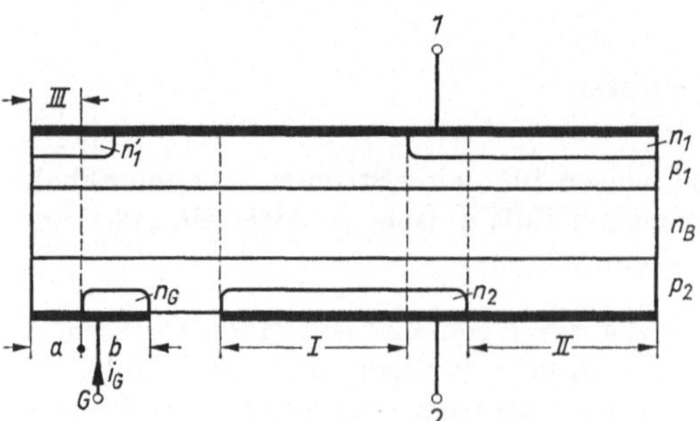

36.2 Querschnitt durch eine bidirektionale Thyristor-Triode

2. Beschaltung und Zündung

2.1. Bedämpfung von Kommutierungsüberspannungen

Der Steilabfall des überhöhten Sperrstromes am Ende des Sperrverzögerungs-vorganges (s. Abschn. 1.2.2) macht bei Thyristoren — genau so wie bei Halbleiterdioden — die Beschaltung mit einem RC-Glied erforderlich.

2.1.1. Kommutierungsstromkreis

Der Berechnung des RC-Gliedes kann man das in Bild **37.1**a gezeigte Ersatzschaltbild des Kommutierungsstromkreises zugrunde legen [1.13]. Darin wird der Thyristor durch den Schalter S dargestellt, der entsprechend der Sperrverzögerungszeit nach dem Nulldurchgang des Thyristorstromes öffnet. Durch das Öffnen des Schalters wird in dem aus dem RC-Glied und der Induktivität L_k des Kommutierungsstromkreises gebildeten Reihenschwingkreis eine gedämpfte Schwingung angestoßen.

Ausgleichsschwingung. Bild **37.1**b zeigt ein Beispiel für eine typische Ausgleichsschwingung im Kommutierungsstromkreis. Die Randbedingungen dieser

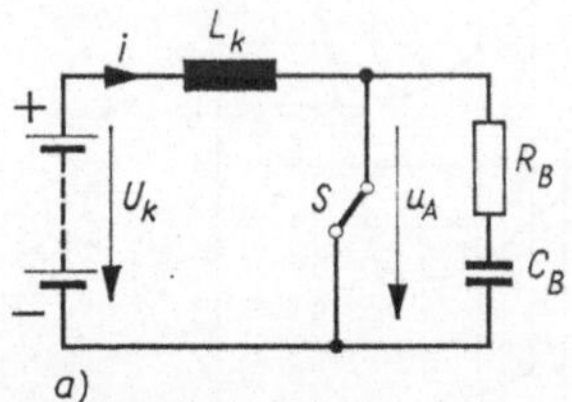

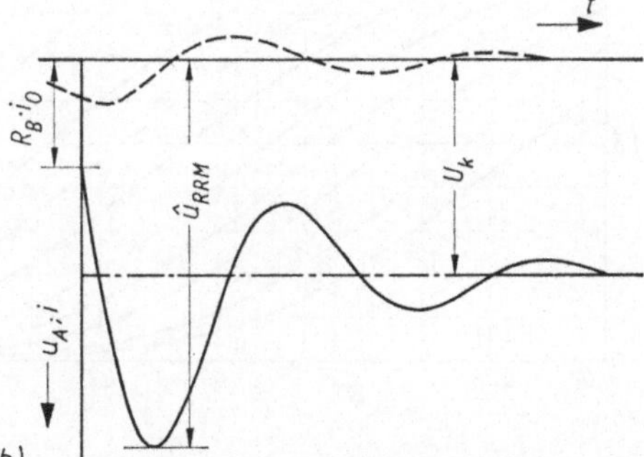

37.1 Kommutierungsüberspannung am Ende des Sperrverzögerungsvorganges bei einem bedämpften Thyristor
- a) Ersatzschaltbild des Kommutierungsstromkreises
- b) Verlauf von Strom und Spannung bei einer typischen Ausgleichschwingung

Schwingung sind durch die treibende Spannung U_k im Kommutierungsstromkreis und die zum Öffnungszeitpunkt des Schalters in der Induktivität L_k gespeicherte Energie gegeben. Die in L_k gespeicherte Energie kann sowohl mit Hilfe des Scheitelwertes $\hat{\imath}_{rr}$ des überhöhten Sperrstromes als auch der in Sperrrichtung vom Thyristor durchgelassenen Ladungsmenge Q_{rr} der sogenannten Sperrverzugsladung berechnet werden.

RC-Glied. Die genannten Randbedingungen kann man mit den Größen des Ausgleichschwingkreises zu einer **normierten Kapazität**

$$C'_B = C_B \frac{U_k}{2\,Q_{rr}} \tag{38.1}$$

und einem **normierten Widerstand**

$$R'_B = R_B \sqrt{\frac{2\,Q_{rr}}{L_k\,U_k}} \tag{38.2}$$

zusammenfassen. In Abhängigkeit von diesen beiden Größen läßt sich nun der **Überschwingfaktor**

$$\beta = \frac{\hat{u}_{RRM}}{U_k} \tag{38.3}$$

in einem Diagramm darstellen (Bild **38.**1). Der Überschwingfaktor ist das Verhältnis des größten Thyristorspannungsscheitelwertes $\hat{u}_{RRM}$ zur Kommutierungsspannung U_k. Aus diesem Diagramm ersieht man, daß der Überschwingfaktor mit zunehmender Kapazität stetig kleiner wird, während er bei Änderung des Widerstandes ein Minimum durchläuft.

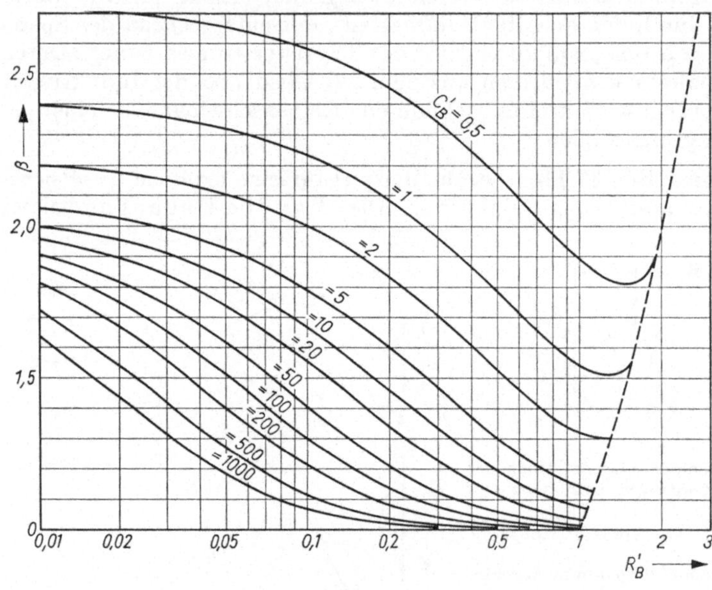

38.1
Überschwingfaktor β in Abhängigkeit von normiertem Widerstand R'_B und normierter Kapazität C'_B

2.1.2. Bemessung des *RC*-Gliedes

Die Aufgabe des Thyristoranwenders ist es, das Beschaltungs-*RC*-Glied (Bild **37.**1a) so zu bemessen, daß der größte Thyristorspannungsscheitelwert $\hat{u}_{RRM}$ kleiner als die höchstzulässige periodische Spitzensperrspannung U_{RRL} bleibt. Dabei soll ihm das in Bild **39.**1 gezeigte Diagramm helfen, das aus dem Diagramm in Bild **38.**1

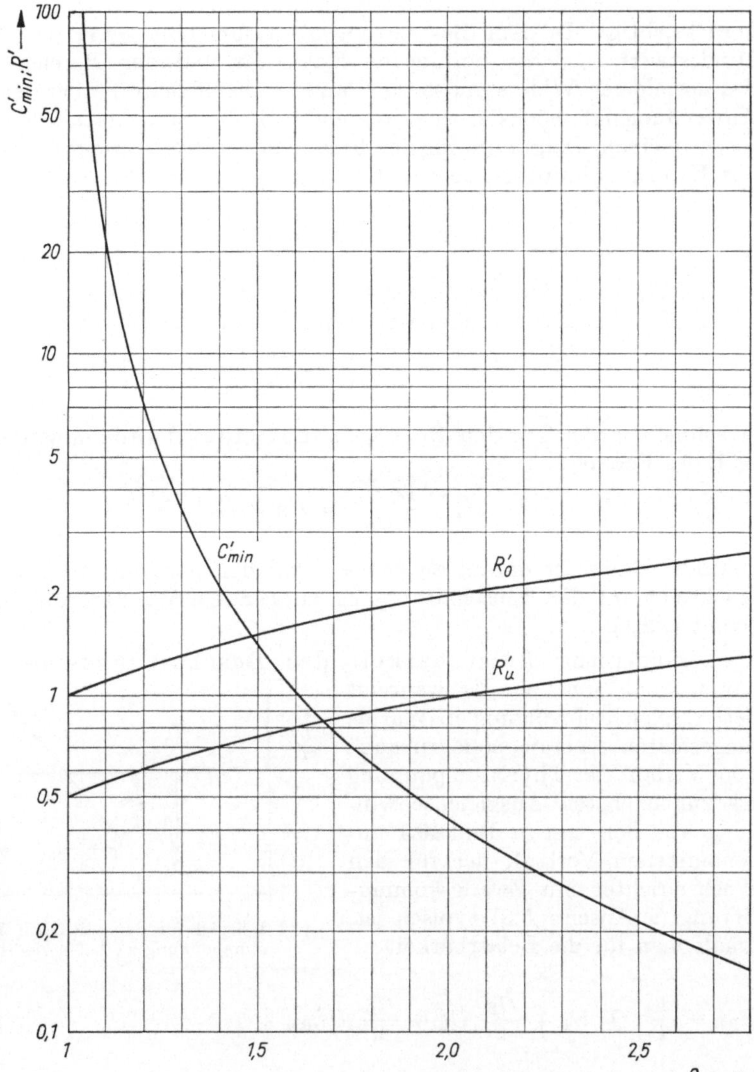

39.1
Beschaltungsdia-
gramm: Mindest-
wert C'_{min} der nor-
mierten Kapazität
und Bereich
$R'_u \leqq R'_B \leqq R'_0$
des normierten
Widerstandes in
Abhängigkeit vom
zulässigen Über-
schwingfaktor β_L

abgeleitet wurde. Dieses Beschaltungsdiagramm stellt den Mindestwert C'_{min} der normierten Kapazität und den Bereich $R'_u \leqq R'_B \leqq R'_0$ des normierten Widerstandes in Abhängigkeit vom zulässigen Überschwingfaktor β_L dar.

Rechnungsgang. Bei der Bemessung des RC-Gliedes berechnet man zunächst den zulässigen Überschwingfaktor β_L nach Gl. (38.3), wobei man von der höchstzulässigen Spitzensperrspannung U_{RRL} des Thyristors ausgeht und die gewünschte Sicherheit

$$\sigma = \frac{U_{RRL}}{\hat{u}_{RRM}} \tag{39.1}$$

berücksichtigt. In dem Beschaltungsdiagramm (Bild **39.**1) liest man dazu den Mindestwert $C'_{\min}$ der normierten Kapazität und den Bereich $R'_u \leqq R'_B \leqq R'_0$ des normierten Widerstandes ab. Dann ermittelt man die bei dem vorgesehenen Anwendungsfall höchste zu erwartende Sperrverzugsladung Q_{rr}. Sie wird meist in einem Diagramm für den betreffenden Thyristortyp in Abhängigkeit von der Kommutierungssteilheit

$$\frac{\mathrm{d}i}{\mathrm{d}t} = \frac{U_k}{L_k} \tag{40.1}$$

(s. Bild **17.**1) mit dem vorausgegangenen Durchlaßstrom I_F als Parameter angegeben. Nun kann der Mindestwert der Beschaltungskapazität

$$C_{B\,\min} = C'_{\min} \frac{2\,Q_{rr}}{U_k} \tag{40.2}$$

errechnet werden. Für den Beschaltungswiderstand R_B wird ein Wert innerhalb des Bereiches

$$R'_u \sqrt{\frac{L_k\,U_k}{2\,Q_{rr}}} \leqq R_B \leqq R'_0 \sqrt{\frac{L_k\,U_k}{2\,Q_{rr}}} \tag{40.3}$$

gewählt. Dabei ist darauf zu achten, daß der Beschaltungswiderstand die mit Rücksicht auf den Einschaltvorgang notwendige Mindestgröße aufweist (s. Abschnitt 1.2.1).

Die erforderliche Belastbarkeit des Beschaltungswiderstandes P_{RB} hängt nicht nur von der während der Ausgleichschwingung in Wärme umgesetzten Energie, sondern auch vom Verlauf der Thyristorspannung bis zur nächsten Ausgleichschwingung ab. Bei dem in Bild **40.**1 angenommenen Verlauf, der für den Wechselrichter mit Zwangskommutierung (s. Abschn. 5.3) typisch ist, erhält man für die Belastbarkeit

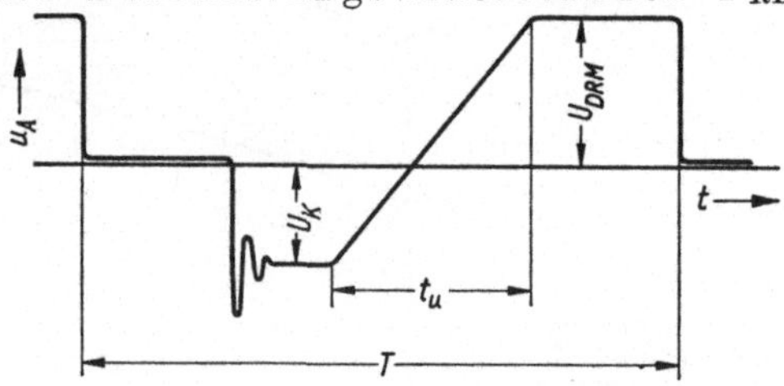

40.1 Beispiel für den zeitlichen Verlauf der Thyristorspannung u_A bei periodischem Betrieb

$$P_{RB} = \frac{1}{T}\left[Q_{rr}\,U_k + \frac{C_B}{2}\,U_k^2 + \frac{C_B}{2}\,U_{DRM}^2 + \right.$$

$$\left. + \frac{R_B\,C_B}{t_u}\,C_B\,(U_{DRM} + U_k)^2 - \left(\frac{R_B\,C_B}{t_u}\right)^2 C_B\,(U_{DRM} + U_k)^2 \left(1 - e^{-\frac{t_u}{R_B\,C_B}}\right)\right] \tag{40.4}$$

Die ersten beiden Ausdrücke in der eckigen Klammer entsprechen der während der Ausgleichschwingung in Wärme umgesetzten Energie. Der dritte Ausdruck gilt für den Einschaltvorgang und der vierte und fünfte für die Umladung des Kondensators während des Zeitabschnittes t_u von der Spannung $-U_k$ auf $+U_{DRM}$. Bei Schaltungen, die mit sinusförmiger Wechselspannung betrieben werden (z.B. netzgeführte Wechselrichter), kann man die gleiche Formel benutzen und für den ungünstigsten Fall $U_k = U_{DRM} = \hat{u}$ sowie $t_u = \frac{1}{3}\,T$ setzen.

Beispiel 2.1. Ein Thyristor T 170 F 1000 wird in einem Kommutierungsstromkreis mit der Kommutierungsspannung $U_k = 500$ V und der Induktivität $L_k = 25$ µH bei der Frequenz $f = 200$ Hz betrieben. Die Thyristorspannung hat den in Bild **40**.1 dargestellten Verlauf, $t_u = 200$ µs, $U_{DRM} = U_k$. Der Durchlaßstrom beträgt vor der Kommutierung $I_F = 400$ A. Es wird die Spannungssicherheit $\sigma = 1,25$ gewünscht. Wie müssen Beschaltungswiderstand und Beschaltungskondensator bemessen werden? Den zulässigen Überschwingfaktor erhält man nach Gl. (38.3) und Gl. (39.1)

$$\beta_L = \frac{1000 \text{ V}}{1,25 \cdot 500 \text{ V}} = 1,6$$

Im Beschaltungsdiagramm (Bild **39**.1) liest man dazu die normierten Werte ab

$$C'_{min} = 1,03; \ R'_u = 0,8; \ R'_0 = 1,6$$

Für die Kommutierungssteilheit $di/dt = U_k/L_k = 500$ V/25 µH = 20 A/µs und den vorausgegangenen Durchlaßstrom $I_F = 400$ A liefert das Diagramm in Bild **17**.1 die Sperrverzugsladung $Q_{rr} = 200$ µAs. Damit erhält man nach Gl. (40.2) und Gl. (40.3)

$$C_{B\,min} = 1,03 \cdot \frac{400 \text{ µAs}}{500 \text{ V}} \approx 0,8 \text{ µF}$$

$$0,8 \ \sqrt{\frac{25 \text{ µH} \cdot 500 \text{ V}}{2 \cdot 200 \text{ µAs}}} \leq R_B \leq 1,6 \ \sqrt{31,2 \ \Omega^2}$$

Die Werte für das Beschaltungs-*RC*-Glied werden endgültig

$$C_B = 1 \text{ µF}; \ R_B = 6,8 \ \Omega$$

gewählt. Die erforderliche Belastbarkeit des Widerstandes ergibt sich nach Gl. (40.4) mit $\tau = R_B C_B = 6,8$ µs, also

$$P_{RB} = 200 \frac{1}{s} [200 \text{ µAs} \cdot 500 \text{ V} + 0,5 \text{ µF } (500 \text{ V})^2 + 0,5 \text{ µF } (500 \text{ V})^2 +$$
$$+ 0,034 \cdot 1 \text{ µF } (1000 \text{ V})^2 - 0] = 77 \text{ W}$$

Beschaltungserweiterungen. Bei Verwendung der Thyristoren in Mittelfrequenzanlagen und in Anlagen mit stark pulsierender Anodenspannung können die Verluste im Beschaltungswiderstand unerwünscht hoch werden. In diesem Fall kann man den Beschaltungswiderstand R_B durch eine Diode D_B in der in Bild **41**.1 gezeigten Weise überbrücken. Bei der Belastbarkeitberechnung brauchen dann in Gl. (40.4) nur die ersten drei Glieder in der Klammer berücksichtigt zu werden. Die Beschaltungsverluste können auch durch Verwendung einer **Schaltdrossel**

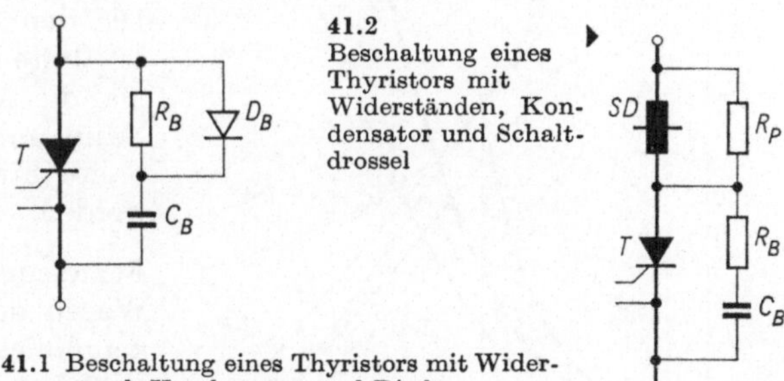

41.1 Beschaltung eines Thyristors mit Widerstand, Kondensator und Diode

SD [2.1] herabgesetzt werden. Man benutzt dann die in Bild **41**.2 dargestellte Schaltung, die auch zur Verminderung der Einschaltverluste angewendet wird (s. Abschn. 1.3). Die Schaltdrossel bewirkt durch Herabsetzung der Stromsteilheit in der Nähe des Durchlaßstrom-Nulldurchganges eine Verlängerung der Sperrverzögerungszeit. Deshalb kann eine größere Menge von überschüssigen Ladungsträgern im Thyristorsystem rekombinieren und die Sperrverzugsladung wird kleiner. Der Widerstand R_p sorgt dafür, daß die in den Induktivitäten des Kommutierungsstromkreises gespeicherte Energie unter dem Wert $Q_\mathrm{rr}\,U_\mathrm{K}$ bleibt. Sowohl die Schaltdrossel als auch der Widerstand R_p führen also zu einer Verkleinerung des Beschaltungskondensators. Auch bei dieser Schaltung können die Verluste durch Verwendung von Dioden, die parallel zu R_B oder in Reihe zu R_p geschaltet werden, weiter herabgesetzt werden.

2.2. Parallelschalten von Thyristoren

Bei Parallelschaltung von Thyristoren [2.4; 2.5] muß für eine annähernd gleichmäßige Stromaufteilung gesorgt werden. Bei Betrieb am 50-Hz-Netz genügt es im allgemeinen darauf zu achten, daß keiner der Thyristoren einen zu hohen Durchlaßstrom übernehmen muß. Mittelfrequenz-Anwendungsfälle und Anlagen mit einer größeren Anzahl paralleler Thyristoren bedingen außerdem Maßnahmen gegen zu hohe Einschaltverluste in den am schnellsten schaltenden Thyristoren.

2.2.1. Stationäre Stromverteilung

Eine befriedigende Aufteilung des stationären Durchlaßstromes kann entweder durch Verwendung von sehr eng tolerierten Thyristoren oder durch Vorschaltwiderstände erreicht werden. Die zuerst genannte Maßnahme erfordert zumindest eine Unterteilung der einzelnen Thyristortypen in Klassen mit sehr engen Streugrenzen der Durchlaßkennlinien. Das setzt einerseits zusätzlichen Meßaufwand voraus und erschwert andererseits die Lagerhaltung und eine eventuelle Ersatzbeschaffung. Der Einsatz von Vorschaltwiderständen bringt dagegen zusätzliche Montagekosten und beim Betrieb der Anlage erhöhte Verluste mit sich. Die den einzelnen Thyristoren vorgeschalteten Sicherungen erfüllen manchmal die Aufgabe von Vorwiderständen. Dann muß aber auf geringe Streubreite ihres Innenwiderstandes geachtet werden.

Bemessung der Vorschaltwiderstände. Wegen der Krümmung der Durchlaßkennlinien empfiehlt sich ein graphisches Verfahren zur Ermittlung der erforderlichen Vorschaltwiderstände. Man benötigt das Durchlaßkennlinienfeld des betreffenden Thyristortyps mit der oberen und unteren Streugrenze der Durchlaßkennlinie für die höchstzulässige Sperrschichttemperatur. In Bild **42.1** ist mit den Kurven HS, N und LS

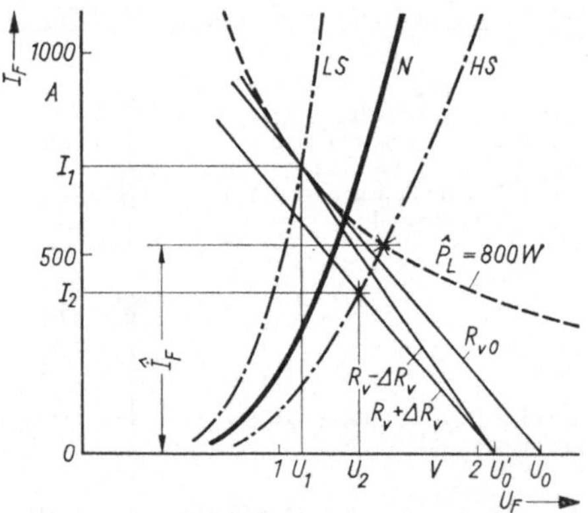

42.1 Durchlaßkennlinienfeld des Thyristors T 170 F ... mit Hilfslinien zur Ermittlung des Vorschaltwiderstandes bei Parallelschaltung von Thyristoren

HS obere Durchlaßstreugrenze
N   typische Durchlaßkennlinie
LS untere Durchlaßstreugrenze

ein Beispiel für ein derartiges Kennlinienfeld dargestellt. Notfalls kann man dieses Kennlinienfeld auch anhand von Angaben über die Streugrenzen der Schleusenspannung und des Ersatzwiderstandes erstellen.

Auf der oberen Streugrenze HS der Durchlaßkennlinie wird der Scheitelwert $\hat{I}_F$ des Durchlaßstromes angekreuzt, den ein Thyristor dieses Typs bei den vorgesehenen Kühl- und Betriebsbedingungen, jedoch ohne Berücksichtigung der Parallelschaltung, führen könnte. Dann wird in das Kennlinienfeld die durch diesen Punkt verlaufende Verlustleistungshyperbel eingetragen (gestrichelte Kurve $\hat{P}_L = 800$ W). Im Schnittpunkt $(I_1; U_1)$ der Hyperbel mit der unteren Streugrenze LS (Kennlinie mit den niedrigeren Durchlaßspannungswerten) der Durchlaßkennlinie wird die Tangente an die Hyperbel gelegt. Die Neigung dieser Tangenten ergibt einen Richtwert

$$R_{v0} = \frac{U_0 - U_1}{I_1} \qquad (43.1)$$

für den gesuchten Vorwiderstand. Darin ist U_0 der durch die Tangente gebildete Abschnitt auf der Spannungsachse. Nun wählt man einen runden Wert R_v des Vorwiderstandes in der Nähe von R_{v0}, der mit der Genauigkeit $\pm \Delta R_v$ zu beschaffen ist, und legt die dem Wert $R_v - \Delta R_v$ entsprechende Gerade durch den Punkt $(I_1; U_1)$. Durch den Schnittpunkt $(0; U_0')$ dieser Geraden mit der Spannungsachse wird wiederum die dem Wert $R_v + \Delta R_v$ entsprechende Gerade gelegt, die die obere Streugrenze HS der Durchlaßkennlinie im Punkt $(I_2; U_2)$ schneidet. Die für den Gesamtstrom I_{Fges} benötigte Zahl der parallel zu schaltenden Thyristoren berechnet man aus den Koordinaten der so ermittelten Punkte, also

$$n = \frac{I_{Fges} - I_1 + I_2}{I_2} \qquad (43.2)$$

Dieser Gleichung liegt die Annahme des ungünstigsten Falles zugrunde, daß ein Thyristor und sein zugehöriger Vorwiderstand an der unteren und alle anderen Thyristoren und ihre Vorwiderstände an der oberen Streugrenze liegen. Die Belastbarkeit der Vorwiderstände muß mit $R_v - \Delta R_v$ und dem zu I_1 gehörigen Effektivwert errechnet werden.

Beispiel 2.2. Thyristoren mit einem Streubereich der Durchlaßkennlinie nach Bild **42.1** sollen parallel geschaltet werden, so daß sie einen Durchlaßstrom mit rechteckförmigem Verlauf (Stromflußwinkel = 120 °el, Scheitelwert = 5000 A) führen können. Die Kühleinrichtung ist so ausgelegt, daß je Thyristor die Verlustleistung 267 W entsprechend $\hat{P}_F = (360°/120°)\,267$ W $= 800$ W abgeführt werden kann. Wieviel Thyristoren müssen parallel geschaltet werden und wie groß müssen die Vorwiderstände sein? In das Durchlaßkennlinienfeld (Bild **41.2**) wird die Verlusthyperbel für $P_F = 800$ W eingetragen, und im Schnittpunkt mit der unteren Durchlaßstreugrenze ($U_1 = 1,12$ V; $I_1 = 720$ A) die Tangente angelegt. Die Tangente schneidet die Spannungsachse bei $U_0 = 2,32$ V. Der Richtwert für die Vorwiderstände ergibt sich nach Gl. (43.1)

$$R_{v0} = \frac{2,32\ \text{V} - 1,12\ \text{V}}{720\ \text{A}} = 1,67\ \text{m}\Omega$$

Gewählt wird der Vorwiderstand

$$R_v = 1,5\ \text{m}\Omega \pm 10\%$$

Die Gerade mit der Steigung $R_v\,(1 - 0,1) = 1,35$ mΩ durch den Punkt ($U_1 = 1,12$ V; $I_1 = 720$ A) schneidet die Spannungsachse bei $U_0' = 2,09$ V. Die Gerade mit der Steigung R_v $(1 + 0,1) = 1,65\,\mathrm{m\Omega}$ durch den Punkt $(U_0' = 2,09\,\mathrm{V};\ I_0' = 0)$ schneidet die obere Durchlaßstreugrenze im Punkt $(U_2 = 1,41\,\mathrm{V};\ I_2 = 405\,\mathrm{A})$. Damit ergibt sich die benötigte Thyristorzahl („Zellenzahl") nach Gl. (43.2)

$$ n = \frac{5000\,\mathrm{A} - 720\,\mathrm{A} + 405\,\mathrm{A}}{405\,\mathrm{A}} = 11,6,\ \text{gewählt}\ n = 12 $$

Die Belastbarkeit der Vorwiderstände muß betragen:

$$ P_\mathrm{Rv} = 1,35\,\mathrm{m\Omega}\left(\frac{720\,\mathrm{A}}{\sqrt{3}}\right)^2 = 234\,\mathrm{W} $$

Auch für die Anwendung von Thyristoren mit eng tolerierter Durchlaßkennlinie kann man nach dem oben beschriebenen Verfahren die benötigte Zellenzahl ermitteln, wenn man statt der Widerstandsgeraden eine Senkrechte zur Spannungsachse durch den Punkt $(I_1;\ U_1)$ legt und dann den zu U_1 gehörigen Wert I_1^* auf der oberen Streukennlinie HS abliest. Mit $I_1^* = I_2$ liefert Gl. (43.2) die gesuchte Thyristorzahl.

Wegen des negativen Temperaturkoeffizienten der Durchlaßkennlinie ist es für die stationäre Stromaufteilung günstig, parallelgeschaltete Thyristoren auf einem gemeinsamen Kühlkörper anzuordnen. Durch gute thermische Kopplung wird nicht nur eine gleichmäßigere Wärmeabgabe an das Kühlmittel erreicht, vielmehr tragen die stärker beanspruchten Thyristoren auch zur Erwärmung der übrigen bei und bewirken so, daß auch diese Thyristoren einen etwas höheren Strom aufnehmen. Außerdem muß, vor allem bei hoher Gesamtstromstärke, die Anordnung der Thyristoren so gewählt werden, daß sich Stromverdrängungseffekte möglichst wenig auf die Stromaufteilung auswirken können.

2.2.2. Stromverteilung bei Schaltvorgängen

Überschreitet beim Zünden parallelgeschalteter Thyristoren die Anstiegssteilheit des Gesamtstromes den für einen einzelnen Thyristor zulässigen Stromsteilheitswert, so müssen außer den Maßnahmen für gleichmäßige Verteilung des stationären Durchlaßstromes weitere Maßnahmen getroffen werden, um eine Überlastung einzelner Thyristoren zu vermeiden.

Zunächst einmal ist durch Verwendung von Thyristoren mit geringer Streuung der Einschaltverzugszeit und durch starke und steil ansteigende Steuerimpulse dafür zu sorgen, daß bei allen parallelgeschalteten Thyristoren der Durchschaltvorgang möglichst gleichzeitig einsetzt. Darüber hinaus muß durch Vorschaltdrosseln für jeden Thyristor die Anstiegssteilheit des Durchlaßstromes auf den zulässigen Wert $(\mathrm{d}i/\mathrm{d}t)_\mathrm{zul}$ begrenzt werden.

Bemessung der Vorschaltdrosseln. Die erforderliche Mindestinduktivität $L_\mathrm{v\,min}$ dieser Vordrosseln errechnet man mit der Beziehung

$$ L_\mathrm{v\,min} = \frac{U_\mathrm{A0}}{(\mathrm{d}i/\mathrm{d}t)_\mathrm{zul}} - L_\mathrm{k} \tag{44.1} $$

Darin ist U_A0 die Thyristorspannung unmittelbar vor der Zündung und L_k die Induktivität des Stromkreises (ohne Vordrossel), der von den parallelgeschalteten Thyristoren eingeschaltet werden soll. Die Vordrosseln sollten als Luftdrosseln ausgeführt sein oder doch wenigstens einen so großen Luftspalt aufweisen, daß Sättigungserscheinungen vernachlässigbar klein bleiben. Schaltdrosseln sind für diesen Zweck ungeeignet, weil bei Sättigung der zum zuerst zündenden Thyristor gehörigen Schaltdrossel die Spannung an den übrigen Schaltdrosseln zusammenbricht, so daß diese erst sehr spät gesättigt werden und eine gleichmäßige Stromaufteilung verhindern.

Anordnung der Vorschaltdrosseln. Die beste Stromaufteilung ist mit **mittelangezapften Drosseln** zu erzielen, wie Bild **45.**1 es für zwei parallelgeschaltete Thyristoren zeigt. Schaltet der eine Thyristor vor dem andern durch, so verhindert die Drosselinduktivität einen zu schnellen Stromanstieg. In der zum zweiten Thyristor gehörigen Wicklungshälfte wird außerdem eine Spannung induziert, die dessen Anodenspannung erhöht und damit seine Zündung beschleunigt. Auch die stationäre Stromaufteilung wird durch die mittelangezapfte Drossel gewährleistet, weil bei jeder Unsymmetrie des Stromes eine Gegenspannung für Ausgleich sorgt. Bei der mittelangezapften Drossel wirken sich Sättigungserscheinungen nicht so störend aus wie bei einfachen Vordrosseln.

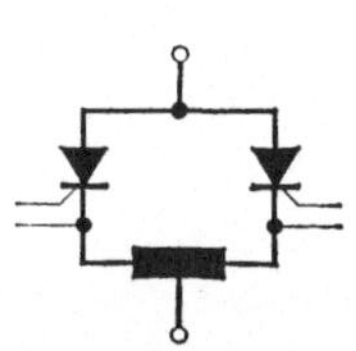

45.1
Paralellschaltung vonThyristoren mit mittelangezapfter Drossel zur dynamischen Stromaufteilung

Bei einer größeren Anzahl von parallelzuschaltenden Thyristoren können im Prinzip mehrere **mittelangezapfte Drosseln in Kaskade geschaltet** werden (Bild **45.**2a). Jedoch ist dann besonders auf Überspannungen zu achten. Zünden beispielsweise die Thyristoren 1, 2 und 3 vor dem Thyristor 4, so kann an dem letzteren eine Spannung bis zum Vierfachen der Betriebsspannung auftreten, wenn die Lastkreisinduktivität L_k klein gegenüber der Induktivität der Vorschaltdrosseln ist.

Weit geringer ist die Überspannungsgefahr bei der in Bild **45.**2b gezeigten **Ringschaltung von Drosseln** mit je zwei getrennten Wicklungen, die im übrigen

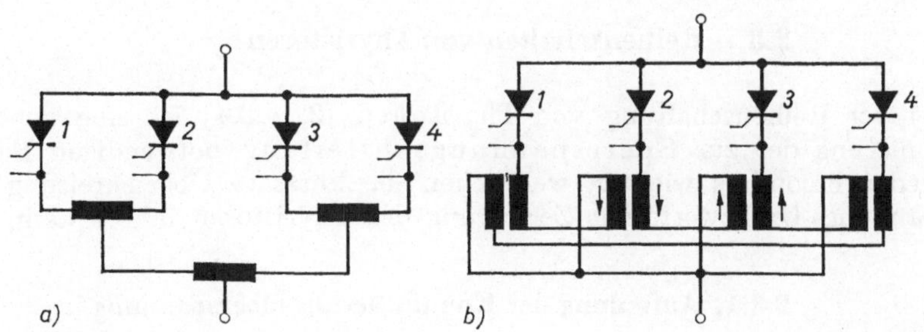

45.2 Parallelschaltung von Thyristoren
a) Kaskadenschaltung mittelangezapfter Drosseln
b) Ringschaltung von Drosseln

wie mittelangezapfte Drosseln wirken. Hier bekommen jeweils nur die Thyristoren eine Zusatzspannung, die dem zuerst zündenden Thyristor unmittelbar benachbart sind; beispielsweise die Thyristoren 1 und 3, wenn Thyristor 2 zündet (s. eingezeichnete Spannungspfeile).

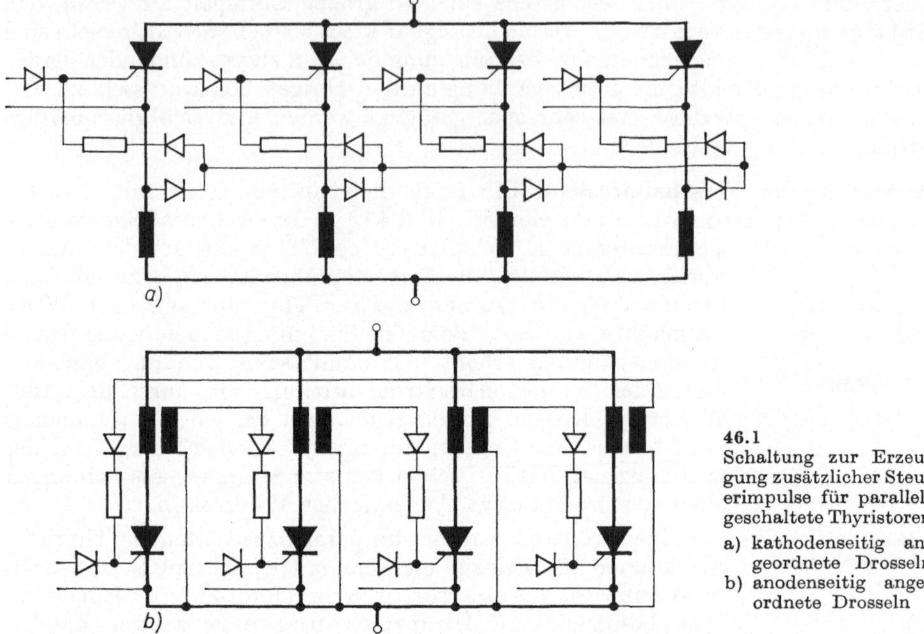

46.1
Schaltung zur Erzeugung zusätzlicher Steuerimpulse für parallelgeschaltete Thyristoren
a) kathodenseitig angeordnete Drosseln
b) anodenseitig angeordnete Drosseln

Die Verwendung von Drosseln bietet eine weitere Möglichkeit auf eine möglichst gleichzeitige Zündung der Thyristoren hinzuarbeiten. Durch die in Bild **46.1** gezeigten Anordnungen kann man z. B. allen Thyristoren, die noch nicht durchgeschaltet haben, einen zusätzlichen starken Steuerimpuls aufprägen, sobald der erste Thyristor zündet.

2.3.   Reihenschalten von Thyristoren

Bei der Reihenschaltung von Thyristoren [2.3; 2.4] ist eine genaue Dimensionierung der zur Sperrspannungsaufteilung notwendigen Beschaltungsglieder besonders wichtig, weil schon die kürzeste Überschreitung der Sperrspannungs-Grenzwerte zur Zerstörung der Thyristoren führen kann.

2.3.1. Aufteilung der Kommutierungsüberspannung

Zur Aufteilung der Kommutierungsüberspannung wird jeder Thyristor der Reihenschaltung mit einem eigenen RC-Glied beschaltet (Bild **47.1**).

Bemessung der RC-Glieder. Man richtet sich wie bei nicht reihengeschalteten Thyristoren nach den

Einflußgrößen der Schaltung: Kommutierungsspannung U_k, Induktivität L_k im Kommutierungsstromkreis und vorausgegangener Durchlaßstrom I_F sowie nach den

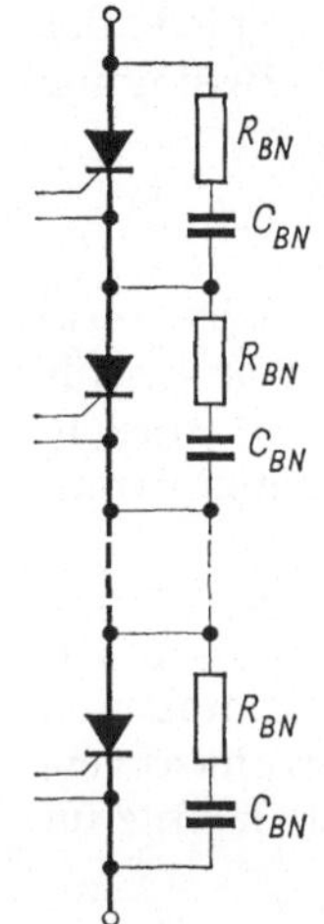

47.1
Reihenschaltung von Thyristoren mit Beschaltungsgliedern zur Sperrspannungsaufteilung

Eigenschaften des Thyristors: periodisch zulässige Spitzensperrspannung U_{RRL} und Sperrverzugsladung Q_{rr}.

Zunächst wird ein Richtwert für den Überschwingfaktor ermittelt

$$\beta \approx \frac{1}{\sigma} + 0{,}5 \tag{47.1}$$

In Gl. (47.1) wurden die Toleranz Δ_{c} der Beschaltungskondensatoren und die unvermeidliche **Streubreite** $Q_{\mathrm{rr\,HS}} - Q_{\mathrm{rr\,LS}}$ der **Sperrverzugsladung** bei den verschiedenen Thyristoren eines Typs überschlägig in Rechnung gestellt.

Mit dem so erhaltenen β-Wert wird anhand des Beschaltungs-Diagramms in Bild **39**.1, wie in Abschn. 2.1.1 beschrieben, die notwendige Mindestkapazität $C_{\mathrm{B\,min}}$ der reihengeschalteten Beschaltungskondensatoren und der Widerstandsbereich $R_{\mathrm{B\,min}} \leqq R_{\mathrm{B}} \leqq R_{\mathrm{B\,max}}$, in dem die Summe der Beschaltungswiderstände liegen muß, ermittelt. Dann kann die Anzahl n von in Reihe zu schaltenden Thyristoren genauer berechnet werden:

$$n = \frac{U_{\mathrm{k}}}{U_{\mathrm{RRL}}}\,\frac{\beta\,(1 + \Delta_{\mathrm{c}})}{(1 - \Delta_{\mathrm{c}})} + \frac{Q_{\mathrm{rr\,HS}} - Q_{\mathrm{rr\,LS}}}{U_{\mathrm{RRL}}\,C_{\mathrm{B\,min}}\,(1 - \Delta_{\mathrm{c}})} \tag{47.2}$$

Die Mindestkapazität $C_{\mathrm{BN\,min}}$ des einzelnen Beschaltungskondensators ist dann

$$C_{\mathrm{BN\,min}} = n\,C_{\mathrm{B\,min}} \tag{47.3}$$

Unter Berücksichtigung der Toleranz Δ_{R} kann nun auch der Widerstandswert R_{BN} für die einzelnen Beschaltungsglieder gewählt werden

$$\frac{R_{\mathrm{B\,min}}}{n\,(1 - \Delta_{\mathrm{R}})} \leqq R_{\mathrm{BN}} \leqq \frac{R_{\mathrm{B\,max}}}{n\,(1 + \Delta_{\mathrm{R}})} \tag{47.4}$$

Die Rechnung kann mit einem anderen Wert des Überschwingfaktors β wiederholt werden, falls es wirtschaftlicher erscheint, die Beschaltungskapazität zugunsten der Thyristoranzahl zu vergrößern oder umgekehrt.

2.3.2. Sperrspannungsaufteilung

Nach dem Kommutierungsvorgang können unterschiedliche Sperrströme der einzelnen Thyristoren ebenfalls eine ungleichmäßige Sperrspannungsaufteilung verursachen.

Sperrspannungskontrolle. Da die Beschaltungskondensatoren im allgemeinen eine ausreichende Kapazität aufweisen, um den Einfluß der Sperrstromstreuung klein zu halten, genügt eine überschlägige Kontrolle der Sperrspannung. Die **negative Sperrspannung** muß am Ende der Sperrdauer t_{UR} der folgenden Bedingung genügen

$$u_{\mathrm{RRM}} = U_{\mathrm{RRMges}}\,\frac{1 + \Delta_{\mathrm{c}}}{n\,(1 - \Delta_{\mathrm{c}})} + \frac{Q_{\mathrm{rr\,HS}} - Q_{\mathrm{rr\,LS}} + t_{\mathrm{UR}}\,(i_{\mathrm{RHS}} - i_{\mathrm{RLS}})}{C_{\mathrm{BN}}\,(1 - \Delta_{\mathrm{c}})} \leqq \frac{1}{\sigma}\,U_{\mathrm{RRL}} \tag{47.5}$$

Bei der Kontrolle der **positiven Sperrspannung** brauchen Unterschiede der Sperrverzugsladung nicht berücksichtigt zu werden; somit gilt hier die Bedingung

$$u_{\mathrm{DRM}} = U_{\mathrm{DRM\,ges}}\,\frac{1+\Delta_{\mathrm c}}{n\,(1-\Delta_{\mathrm c})} + \frac{t_{\mathrm{UD}}\,(i_{\mathrm{DHS}}-i_{\mathrm{DLS}})}{C_{\mathrm{BN}}\,(1-\Delta_{\mathrm c})} \leqq \frac{1}{\sigma}\,U_{\mathrm{DRL}} \qquad (48.1)$$

In den Gleichungen (47.5) und (48.1) sind $U_{\mathrm{RRM\,ges}}$ und $U_{\mathrm{DRM\,ges}}$ die Scheitelwerte der negativen bzw. positiven Gesamtsperrspannung, die der Einfacheit halber für die jeweilige Gesamtsperrdauer t_{UR} bzw. t_{UD} als konstant angenommen wurden. Das gleiche gilt für die oberen Streuwerte i_{RHS} und i_{DHS} und die unteren Streuwerte i_{RLS} und i_{LDS} des negativen bzw. positiven Sperrstromes.

Im Zweifelsfall kann man die ungünstigste Sperrspannung u_{RRM} bzw. u_{DRM} graphisch ermitteln, indem man den mit dem Faktor $(1+\Delta_{\mathrm c})/[n\,(1-\Delta_{\mathrm c})]$ multiplizierten Sperrspannungsverlauf aufzeichnet, t_{UR} bzw. t_{UD} im zweiten Summanden der Gl. (47.5) bzw. (48.1) durch die seit Beginn der jeweiligen Sperrphase verflossene Zeit ersetzt und die so entstandene Kurve des zweiten Summanden zum Sperrspannungsverlauf addiert.

Bemessung von Parallelwiderständen. Ermittelt man auf diese Weise immer noch eine zu hohe Sperrspannung, so bleibt außer einer Vergrößerung der Beschaltungskondensatoren noch die Möglichkeit offen, durch Parallelwiderstäde $R_{\mathrm p}$ zu jedem Thyristor für ausreichende Sperrspannungsaufteilung zu sorgen. Dieser letzte mögliche Weg wird sodann zwingend vorgeschrieben, wenn die Thyristoren nicht periodisch gezündet werden, bzw. wenn reine **Gleich-Sperrspannung** an den Thyristoren auftreten kann. Den Höchstwert der Parallelwiderstände erhält man für diesen Fall unter Berücksichtigung ihrer Toleranz $\Delta_{\mathrm p}$ aus

$$R_{\mathrm p} = \frac{1}{i_{\mathrm{RHS}}-i_{\mathrm{RLS}}} \cdot \frac{\dfrac{1}{\sigma}\,U_{\mathrm{RRL}}}{1+\Delta_{\mathrm p}} - \frac{U_{\mathrm{RRM\,ges}}-\dfrac{1}{\sigma}\,U_{\mathrm{RRL}}}{(n-1)\,(1-\Delta_{\mathrm p})} \qquad (48.2.)$$

2.3.3. Begrenzung von Einschaltüberspannungen

Beim Zünden von reihengeschalteten Thyristoren muß man im ungünstigsten Fall damit rechnen, daß ein Thyristor um die volle **Streubreite** Δt_{gd} der **Zündvorzugszeit** später durchschaltet als alle übrigen Thyristoren. Ferner muß man beachten, das der zu diesem Thyristor gehörige Beschaltungskondensator gemäß Gl. (48.1) auf die ungünstigste positive Sperrspannung u_{DRM} aufgeladen sein kann. Es versteht sich von selbst, daß man auch bei Reihenschaltung von Thyristoren mit möglichst **steilen und hohen Steuerimpulsen** zünden sollte, um den Absolutwert der Zündverzugs-Streuung klein zu halten.

Bemessung der Vorschaltdrossel. Die **Induktivität** $L_{\mathrm k}$ im einzuschaltenden Stromkreis muß **mindestens** den Wert

$$L_{\mathrm{k\,min}} = \frac{U_{\mathrm{DRM\,ges}}-u_{\mathrm{DRM}}}{\dfrac{1}{\sigma}\,U_{\mathrm{DRL}}-u_{\mathrm{DRM}}} \cdot \frac{\Delta t_{\mathrm{gd}}^{2}}{2\,C_{\mathrm{BN}}\,(1-\Delta_{\mathrm c})} \qquad (48.3.)$$

aufweisen, damit der Beschaltungskondensator bis zum Durchschalten des letzten Thyristors nicht auf eine höhere Spannung als $(1/\sigma)\ U_{\mathrm{DRL}}$ aufgeladen wird. Gegebenenfalls muß durch zusätzliche Drosseln für die Einhaltung der Bedingung in Gl. (48.3) gesorgt werden.

Die Zusatzdrosseln dürfen Sättigungserscheinungen aufweisen. In einigen Fällen, wo es auf niedrige Induktivität im Schaltkreis ankommt, sind sogar Schaltdrosseln mit ausgeprägtem Sättigungsverhalten vorteilhaft (s. Abschn. 5.3.7). Wichtig ist nur, daß die Sättigung nicht vor Ablauf der längsten Einschaltverzugszeit einsetzt, d. h., für die Spannungs-Zeit-Fläche der Schaltdrossel muß die folgende Bedingung erfüllt sein

$$\int u_{\mathrm{SD}}\ \mathrm{d}t = A_{\mathrm{SD}} \geqq \Delta t_{\mathrm{ds}}\ U_{\mathrm{DRM\,ges}} \left\{ 1 - \frac{1 - \Delta_{\mathrm{c}}}{(n-1)\,(1 + \Delta_{\mathrm{c}})} - \frac{L_{\mathrm{k}}}{L_{\mathrm{SDO}} + L_{\mathrm{k}}} \right\} \qquad (49.1)$$

Darin ist L_{SDo} die Induktivität der Schaltdrossel im ungesättigten Zustand.

Beispiel 2.3. Thyristoren T 170 F 1000 sollen in Reihe geschaltet werden, so daß sie in einem Kommutierungsstromkreis mit der Induktivität $L_{\mathrm{k}} = 250\ \mu\mathrm{H}$ die Spannung $U_{\mathrm{k}} = 5000\ \mathrm{V}$ sperren können. Der Durchlaßstrom vor der Kommutierung beträgt $I_{\mathrm{F}} = 400\ \mathrm{A}$, die gewünschte Sicherheit $\sigma = 1{,}25$. Ferner sind folgende Größen gegeben: $U_{\mathrm{DRM\,ges}} = U_{\mathrm{RRM\,ges}} = U_{\mathrm{k}}$; $t_{\mathrm{UD}} = t_{\mathrm{UR}} = 10\ \mathrm{ms}$; $\Delta t_{\mathrm{gd}} = 2\ \mu\mathrm{s}$; $i_{\mathrm{RHS}} = i_{\mathrm{DHS}} = 10\ \mathrm{mA}$; $i_{\mathrm{RLS}} = i_{\mathrm{DLS}} = 0$. Wieviel Thyristoren müssen in Reihe geschaltet werden und wie müssen sie beschaltet werden?

Die Kommutierungssteilheit ist nach Gl. (40.1) hier $\mathrm{d}i/\mathrm{d}t = 20\ \mathrm{A}/\mu\mathrm{s}$ und damit nach dem Diagramm in Bild **17.**1 die obere Streugrenze der ausgeräumten Ladungsmenge $Q_{\mathrm{rr\,HS}} = 200\ \mu\mathrm{As}$. Als unterste Streugrenze wird $Q_{\mathrm{rr\,LS}} = 0$ angenommen. Nach Gl. (47.1) erhält man den Richtwert des Überschwingfaktors

$$\beta \approx \frac{1}{1{,}25} + 0{,}5 = 1{,}3$$

Für diesen Wert liefert das Beschaltungs-Diagramm in Bild **39.**1

$$C'_{\mathrm{min}} = 3{,}5 \qquad R'_{\mathrm{u}} = 0{,}65 \qquad R'_{0} = 1{,}3$$

Damit erhält man nach Gl. (40.2) und Gl. (40.3) die Mindestkapazität und den Widerstandsbereich

$$C_{\mathrm{B\,min}} = 3{,}5 \cdot \frac{400\ \mu\mathrm{As}}{5000\ \mathrm{V}} = 0{,}28\ \mu\mathrm{F}$$

$$0{,}65\ \sqrt{\frac{250\ \mu\mathrm{H} \cdot 5000\ \mathrm{V}}{400\ \mu\mathrm{As}}} \leqq R_{\mathrm{B}} \leqq 1{,}3\ \sqrt{3125\ \Omega^2}$$

$$36{,}3\ \Omega \leqq R_{\mathrm{B}} \leqq 72{,}6\ \Omega$$

Es sollen Kondensatoren mit der Toleranz $\Delta_{\mathrm{c}} = \pm\,0{,}05 = \pm\,5\%$ und Widerstände mit der Toleranz $\Delta_{\mathrm{r}} = \pm\,0{,}1 = \pm\,10\%$ verwendet werden. Dann errechnet man die benötigte Thyristoranzahl n nach Gl. (47.2)

$$n = \frac{5000\ \mathrm{V}}{1000\ \mathrm{V}}\ \frac{1{,}3 \cdot 1{,}05}{0{,}95} + \frac{200\ \mu\mathrm{As}}{1000\ \mathrm{V} \cdot 0{,}95 \cdot 0{,}28\ \mu\mathrm{F}} = 7{,}18 + 0{,}75 = 7{,}93 \approx 8$$

Damit ermittelt man die Werte der einzelnen Beschaltungsglieder nach Gl. (47.3) bzw. Gl. (47.4)

$$C_{\mathrm{BN\,min}} = 8 \cdot 0{,}28\ \mu\mathrm{F} = 2{,}24\ \mu\mathrm{F}; \quad \text{gewählt}\ C_{\mathrm{BN}} = 2{,}5\ \mu\mathrm{F}$$

$$36{,}3\ \Omega \cdot 1/8 \leqq R_{\mathrm{BN}} \leqq 72{,}6\ \Omega \cdot 1/8; \quad \text{gewählt}\ R_{\mathrm{BN}} = 6{,}8\ \Omega$$

Nach Gl. (47.5) bzw. (48.1) wird nun kontrolliert

$$u_{\text{RRM}} = 5000 \text{ V} \; \frac{1 + 0{,}05}{8 \, (1 - 0{,}05)} + \frac{200 \; \mu\text{As} + 10 \text{ ms} \cdot 10 \text{ mA}}{2{,}5 \; \mu\text{F} \cdot 0{,}95}$$

$$= 691 \text{ V} + 126 \text{ V} = 817 \text{ V} > 1000 \text{ V}/1{,}25$$

$$u_{\text{DRM}} = 691 \text{ V} + \;\; 42 \text{ V} = 733 \text{ V} < 1000 \text{ V}/1{,}25$$

Der Kontrollwert der negativen Sperrspannung ist 2,1 % zu groß. Das kann ohne Vergrößerung der Beschaltungskondensatoren in Kauf genommen werden, weil die den Gl. (47.5) und (48.1) zugrunde liegenden Annahmen eine ausreichende Sicherheit enthalten.

Die **Mindestinduktivität** im Kommutierungsstromkreis sollte mit Rücksicht auf Einschaltüberspannungen nach Gl. (48.3)

$$L_{\text{k min}} = \frac{5000 \text{ V} - 733 \text{ V}}{\dfrac{1000 \text{ V}}{1{,}25} - 733 \text{ V}} \cdot \frac{(2 \; \mu s)^2}{2 \cdot 2{,}5 \; \mu\text{F} \cdot 0{,}95}$$

$$= \frac{4267}{67} \cdot \frac{4}{2 \cdot 2{,}5 \cdot 0{,}95} \; \mu\text{H} = 53{,}6 \; \mu\text{H}$$

betragen. Da $L_{\text{k min}} < L_{\text{k}}$ ist, wird keine zusätzliche Vorschaltdrossel benötigt.

2.4.   Zünden der Thyristoren

2.4.1. Steuerleistungsbedarf

Die oberen Streuwerte I_{GTHS} und U_{GTHS} von Zündstrom und Zündspannung stellen die Mindestanforderungen an einen Steuergenerator dar, der alle Thyristoren eines Typs zünden soll. Sie schreiben für optimale Anpassung des Steuergenerators die **Leerlauf-Steuerspannung** $U_{\text{GL}} = 2 \, U_{\text{GTHS}}$ und den **Kurzschluß-Steuerstrom** $I_{\text{GS}} = 2 \, I_{\text{GTHS}}$ vor. Eine **Übersteuerung**, d.h., ein höherer Steuerstrom ist besonders bei niederohmigem und niederinduktivem Anodenstromkreis (zur Erhöhung der Einschaltverlustarbeits-Grenze) sowie bei Reihen- und Parallelschaltung von Thyristoren (zur Verringerung der Zündverzugs-Streuung) zu empfehlen.

Damit in diesem Fall die Steuerstromerhöhung auch wirksam wird, sollte die **Anstiegszeit des Steuerimpulses** kürzer als die Zündverzugszeit des Thyristors sein. Die erforderliche **Mindestdauer des Steuerimpulses** ist dadurch gegeben, daß der Anodenstrom bis zum Steuerimpulsende wenigstens den Haltestrom erreicht haben muß. Der Haltestrom kann dabei allerdings größer sein als der im Datenblatt angegebene statische Wert, weil der Einschaltvorgang u.U. noch nicht vollständig abgelaufen ist.

In diesem Zusammenhang muß darauf hingewiesen werden, daß eine **positive Aussteuerung** des Thyristors zu einer Zeit, in der die Anodenspannung **negativ** ist, eine Erhöhung des Sperrstromes und damit zusätzliche Verluste hervorruft. Diese Verluste treten in der Nähe der Steuerelektrode auf und können beträchtlich zur Erwärmung des Thyristors beitragen. Eine **negative Steuer-spannung** kann sich dagegen, insbesondere bei kleinflächigen Thyristoren, durch Vergrößerung der kritischen Spannungssteilheit günstig auswirken.

2.4.2. Schaltungsbeispiele für Steuergeneratoren

Anschnittsteuerung mit *RC*-Glied. Bild **51.**1 a zeigt eine einfache Schaltung, mit der sich der **Zündzeitpunkt** eines als Einweggleichrichter eingesetzten Thyristors bis etwa 150 °el verschieben läßt. Der Kondensator C wird während der negativen Netzhalbschwingung über die Diode D 2 auf den Netzspannungsscheitelwert aufgeladen und anschließend über den **Stellwiderstand** R wieder auf positive Spannung umgeladen (Bild **51.**1 b). Die Einstellung von R bestimmt den

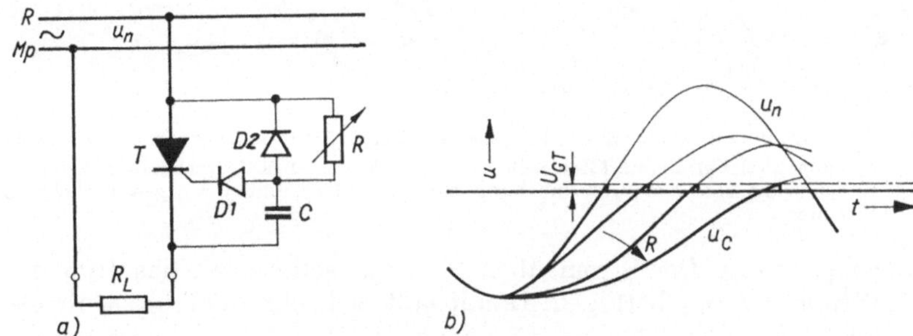

51.1 Anschnittsteuerung mit Einstellung des Zündzeitpunktes durch ein *RC*-Glied
   a) Schaltbild
   b) zeitlicher Verlauf der Kondensatorspannung u_C

Zeitpunkt, zu dem die Kondensatorspannung u_C die Zündspannung U_{GT} des Thyristors erreicht. Das Sperrvermögen der Diode D 1 muß für den einfachen Scheitelwert und das der Diode D 2 für den doppelten Scheitelwert der Netzspannung ausreichen.

Die Schaltung kann auch so abgewandelt werden, daß der Zündzeitpunkt nicht mit einem Stellwiderstand von Hand, sondern durch den Ausgangsgleichstrom eines Reglers verstellt wird. Dazu wird der Stellwiderstand durch einen Festwiderstand ersetzt und der **Regler-Strom** dem Kondensator aufgeprägt.

Anschnittsteuerung mit Phasenschieberschaltung. Für die Steuerung von zwei Thyristoren, die um 180 °el gegeneinander phasenverschoben gezündet werden sollen, werden häufig Phasenschieberschaltungen benutzt. Bild **52.**1 a zeigt ein Beispiel für diese Steuerungsart, bei dem die Thyristoren dasselbe Kathodenpotential haben. Durch den **Stellwiderstand** R wird, wie das Zeigerdiagramm veranschaulicht, die Phasenlage der Spannung u_{01} zwischen den Punkten 0 und 1 gegenüber der Netzspannung verschoben. Die positive Halbschwingung dieser verschobenen Spannung zündet den Thyristor T 1, die negative Halbschwingung den Thyristor T 2. Die Spannung zwischen den Punkten 0 und 2 bzw. 3 wird so gewählt, daß ihr Scheitelwert niedriger ist als die für die Thyristoren zulässige

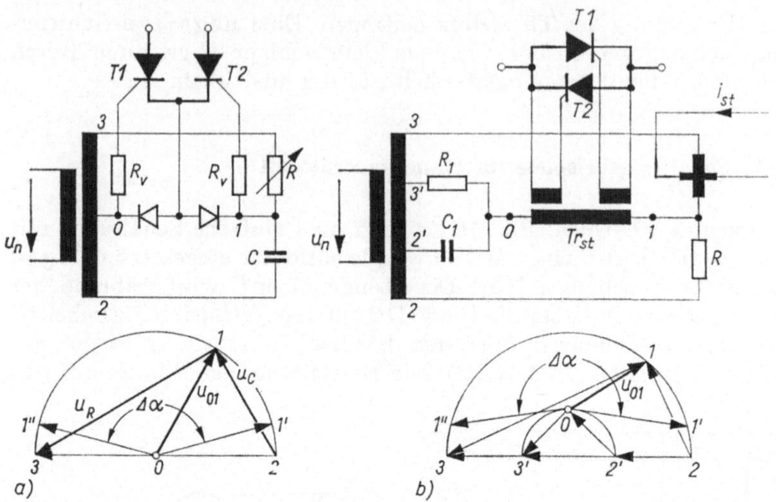

52.1 Anschnittsteuerung mit Einstellung des Zündzeitpunktes durch Phasenschieberschaltung
  a) einfache Schaltung und Zeigerdiagramm für kathodenseitig verbundene Thyristoren
  b) Schaltung mit Nullpunktanhebung und Zeigerdiagramm für gegenparallelgeschaltete Thyristoren

Steuerspannung. Der Strom über R und C sollte etwa das 10fache des oberen Zündstromes I_{GTHS} betragen. Damit läßt sich ein Stellbereich bis zu 160 °el erzielen.

Ein Stellbereich über 180 °el ist mit einem zweiten phasendrehenden Glied zu erreichen, wie es beispielsweise in Bild 52.1b durch den Widerstand R_1 und den Kondensator C_1 dargestellt wird. Dadurch wird der Punkt 0 im Zeigerdiagramm angehoben. Als weitere Variante der Phasenschieberschaltung wurde in diesem Beispiel eine Drossel zur Zündzeitpunktverstellung verwendet, deren Induktivität durch Vormagnetisierung mit dem Hilfsstrom i_{st} verändert werden kann (Permeabilitätssteuerung). Der Steuertransformator Tr_{st} dient zur Anpassung und zur galvanischen Trennung der Thyristorkathoden.

Anschnittsteuerung mit Schaltdrossel. Mit Hilfe von Schaltdrosseln kann man den Steuerstrom steiler ansteigen lassen als bei Wechselstromsteuerung und damit den Zündzeitpunkt genauer einstellen. Die Schaltdrosseln SD 1 und SD 2 in Bild 53.1a wirken wie Schalter, die mit einer bestimmten Verzögerung nach dem Nulldurchgang der Wechselspannungen u_1 und u_2 schließen und Steuerstrom fließen lassen. Die Verzögerungszeit wird durch die Spannungs-Zeit-Fläche A_{SD} (schraffierte Fläche in Bild 53.1b) der Schaltdrosseln bestimmt, die wiederum durch den Vorstrom I_{st} eingestellt werden kann. Der Hilfsstrom I_h hat den Verlauf von Sinushalbschwingungen und dient zur Rückmagnetisierung der Drosseln und zum Ausgleich unterschiedlicher Zündeigenschaften der Thyristoren.

Die Schaltdrosseln sind natürlich keine idealen Schalter. Sie lassen auch im sperrenden Zustand einen kleinen Strom durch. Damit dieser Strom die Thyristoren nicht bereits zündet, müssen die Widerstände R_p vorgesehen werden.

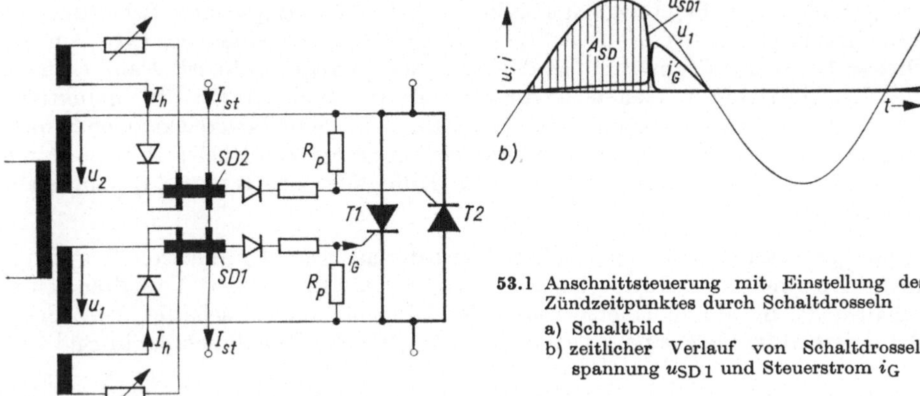

53.1 Anschnittsteuerung mit Einstellung des Zündzeitpunktes durch Schaltdrosseln

a) Schaltbild

b) zeitlicher Verlauf von Schaltdrosselspannung $u_{SD\,1}$ und Steuerstrom i_G

Impulsgeneratoren mit Schaltdioden. Zu den Schaltdioden sind in diesem Zusammenhang alle bistabilen elektronischen Zweipole zu zählen. Auf Grund der Strom-Spannungs-Kennlinien kann man zwei Typen derartiger Schaltdioden unterscheiden.

Typ a. Die Schaltdioden dieses Typs (Thyristordioden, Glimmlampen u. a.) schalten beim Überschreiten einer Kippspannung U_{BO} von einem hochohmigen in einen niederohmigen Zustand um (spannungsgeschaltete Schaltdiode). Sie haben eine Kennlinie nach Bild **53.2**a.

Typ b. Die Schaltdioden dieses Typs (z. B. Tunneldioden) schalten beim Überschreiten eines Kippstromes I_{BO} vom niederohmigen in den hochohmigen Zustand

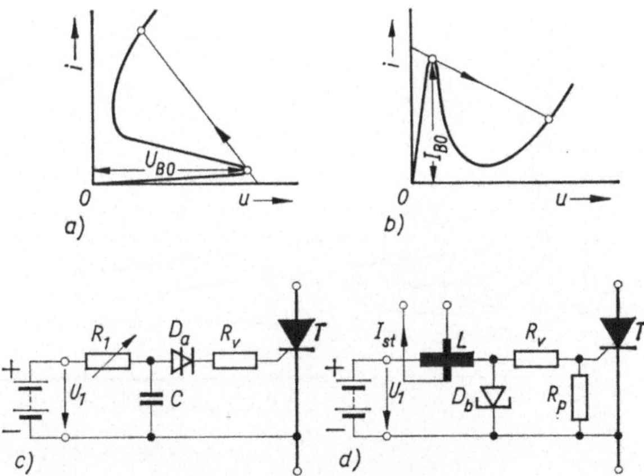

53.2 Impulsgeneratoren mit Schaltdioden
Kennlinie einer spannungsgeschalteten (a) und einer stromgeschalteten Diode (b). Prinzipschaltbild für eine spannungsgeschaltete (c) und für eine stromgeschaltete Diode (d)

um (stromgeschaltete Schaltdioden). Ihre Kennlinien haben den in Bild **53.2**b gezeigten Verlauf.

Die Schaltung zur Steuerimpulserzeugung mit dem zuerst genannten Schaltdiodentyp a ist für das Beispiel einer Thyristordiode in Bild **53.2**c wiedergegeben. Nach dem Anlegen der Spannung U_1 wird der Kondensator C über den Widerstand R_1 aufgeladen. Sobald die Kondensatorspannung so weit angestiegen ist, daß die Kippspannung U_{BO} der Thyristordiode D_a (Typ a) erreicht ist, schaltet diese durch und entlädt den Kondensator über die Steuerelektrode des Thyristors. Die Zeit vom Anlegen der Spannung U_1 bis zum Zünden des Thyristors T kann mit dem Stellwiderstand R_1 eingestellt werden.

Schaltdioden vom Typ b eignen sich in der in Bild **53.**2 d gezeigten Schaltung zur Steuerimpulserzeugung. Nach Anlegen der Spannung U_1 steigt der Strom in der Drossel L, bis der Kippstrom I_{BO} der Tunneldiode D_b erreicht ist. Dann schaltet die Tunneldiode in den hochohmigen Zustand und ein Teil des induktiven Stromes wird zur Zündung des Thyristors in den Steuerelektroden-Stromkreis kommutiert. Der Zündzeitpunkt des Thyristors kann beispielsweise durch Änderung der Drosselinduktivität (mit Hilfe des Vorstromes I_{st}) eingestellt werden.

Impulsgeneratoren mit Unijunction-Transistoren. Der Unijunction-Transistor, auch Doppelbasisdiode genannt, entspricht in seinem Verhalten einer Schaltdiode, die durch Überschreiten der Kippspannung geschaltet wird. Seine Besonderheit ist, daß seine Kippspannung, wie das Kennlinienfeld in Bild **54.**1

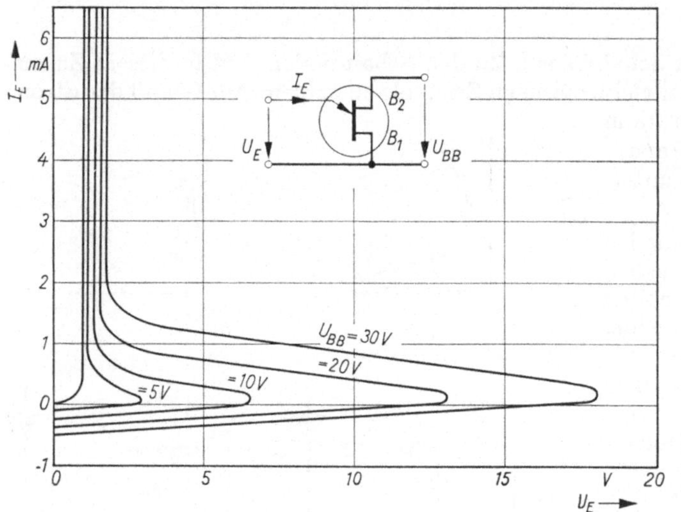

54.1
Schaltsymbol und Kennlinien eines Unijunction-Transistors

zeigt, durch die Spannung U_{BB} zwischen den beiden Basisanschlüssen B 1 und B 2 in weiten Grenzen verändert werden kann. Aus der Vielzahl von Impulsschaltungen, die durch Unijunction-Transistoren ermöglicht werden, sollen zwei Beispiele herausgegriffen werden.

Impulsgenerator zur Anschnittsteuerung eines Thyristors (Bild 55.1 a). Die Zenerdiode D_Z begrenzt die Spannung u_1, mit der der Kondensator C über den Stellwiderstand R aufgeladen wird (Bild **55.**1 b). Sobald die Kondensatorspannung u_c die durch u_1 und die Basisvorwiderstände R_{B1} und R_{B2} vorgegebene Kippspannung U_{BO} erreicht, schaltet der Unijunction-Transistor in den niederohmigen Zustand und entlädt C über R_{B1} und die Steuerelektroden-Kathoden-Strecke des Thyristors. Statt des Widerstandes R zur Einstellung des Zündzeitpunktes kann ein Transistor verwendet werden, so daß man die Zündzeitpunktverstellung auch in Abhängigkeit von dem Ausgangsstrom eines Reglers vornehmen kann.

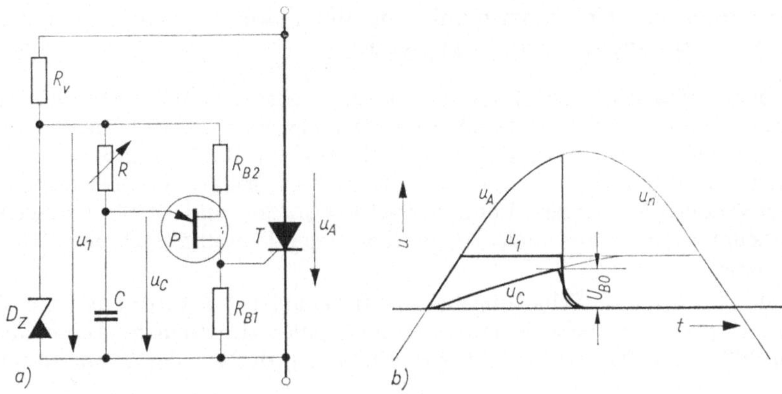

55.1 Steuergenerator mit Unijunction-Transistor
   a) Schaltbild
   b) zeitlicher Verlauf der Spannungen u_1 und u_C

Tastbarer Impulsgenerator (Bild 55.2a). Bei diesem Gerät wird von der Steuermöglichkeit durch die Spannung U_{BB} zwischen den Basisanschlüssen des Unijunction-Transistors P Gebrauch gemacht. Durch Anlegen einer negativen

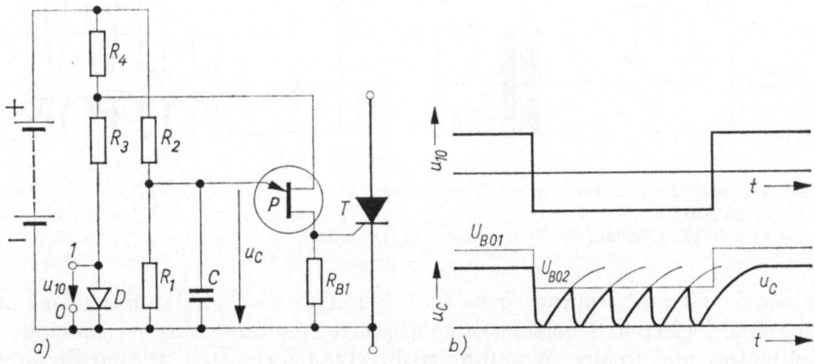

55.2 Tastbarer Impulsgenerator mit Unijunction-Transistor
   a) Schaltbild
   b) zeitlicher Verlauf der Spannungen u_{10} und u_C

Spannung u_{10} an die Klemmen 1 und 0 kann die Zwischenbasisspannung U_{BB} und damit die Kippspannung des Unijunction-Transistors gesenkt werden. Sobald die Kippspannung niedriger als der durch den Spannungsteiler R_1 und R_2 eingestellte Endwert der Kondensatorspannung u_C wird (Bild 55.2b), gibt der Impulsgenerator eine Folge von Steuerimpulsen an den Thyristor T ab. Der zeitliche Abstand dieser Steuerimpulse wird durch die Steuerspannung u_{10} beeinflußt. Wählt man als Diode D eine Zenerdiode, so kann man erreichen, daß die Pulsfolgefrequenz der Steuerimpulse in einem weiten Bereich von der negativen Steuerspannung u_{10} unabhängig wird.

Steuergeräte mit Transistoren. Transistoren gestatten bei der Steuerung von Thyristoren zahlreiche Einsatzmöglichkeiten als Verstärker und elektronische Schalter in Reglern und logischen Schaltungen. Darüber hinaus werden sie auch in den Endstufen der Steuergeräte, d. h. in den Stufen, die die Thyristoren zünden, verwendet. Mit ihnen können leistungsstarke und steil ansteigende Impulse erzeugt werden, die auch zur gleichzeitigen Zündung mehrerer Thyristoren ausreichen.

Bild **56.**1 zeigt ein Schaltungsbeispiel für eine Steuerendstufe mit Transistoren, die es gestattet, beliebig lange Steuerimpulse zu erzeugen. Diese Steuerendstufe enthält einen Transistorwechselrichter [2.2], der aus den Transistoren p_1 und p_2

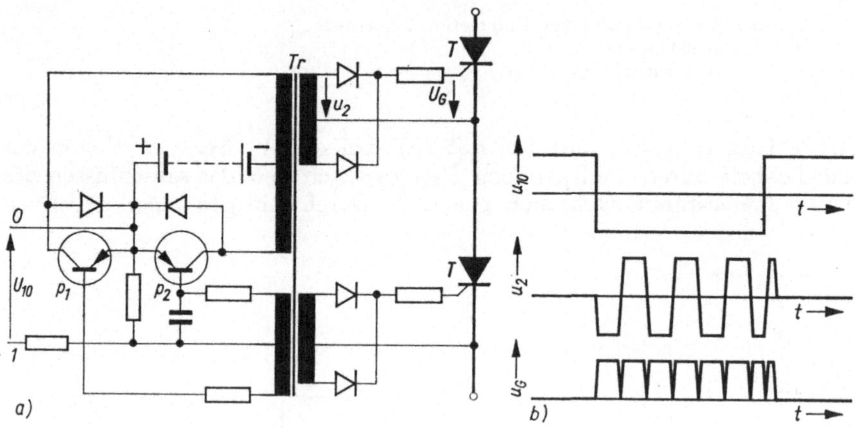

56.1 Tastbarer Impulsgenerator mit Transistoren
   a) Schaltbild
   b) zeitlicher Verlauf der Spannungen u_{10}, u_2 und u_G

sowie dem Transformator Tr besteht. Solange zwischen den Punkten 1 und 0 (z. B. aus einer logischen Schaltung) eine negative Spannung anliegt, schwingt der Wechselrichter, und in den Wicklungen des Transformators werden Spannungen mit rechteckförmigem Verlauf erzeugt, die nach Gleichrichtung die Thyristoren ansteuern. Die Schwingfrequenz des Wechselrichter kann man hoch genug wählen, damit man einen kleinen Transformator mit niedriger Windungszahl und kleiner Wicklungskapazität verwenden kann. Durch bifilare Ausführung kann weiterhin die Streuinduktivität zwischen den Primär- und Sekundärwicklungen herabgesetzt werden. Da die gleichgerichtete Ausgangsspannung des Wechselrichters nur verschwindend kleine Spannungseinbrüche aufweist, kommt man meist ohne Siebmittel aus, so daß die Anstiegs- und Abfallzeiten der Steuerimpulse kurz bleiben.

Steuergeräte mit Thyristoren. Thyristoren werden vor allem in solchen Steuergeräten eingesetzt, die besonders hohe Steuerleistung abgeben sollen.

Ein typisches Beispiel ist in Bild **57.1** dargestellt. Der Kondensator C wird über den Thyristor T_z in die Reihenschaltung der Steuerübertrager entladen. Das Besondere an diesem Gerät ist die Ausführung der Steuertransformatoren. Die Sekundärwicklungen sind auf Ringkernen angebracht, die ihrerseits über ein Hochspannungkabel geschoben sind. Das Hochspannungskabel bildet somit die Einwindungs-Primärwicklung der Übertrager und bietet auf einfache Weise eine gute Isolation zwischen Primär- und Sekundärwicklung. Derartige Steuergeräte sind daher vor allem für die Zündung reihengeschalteter Thyristoren geeignet (s. Abschn. 2.3.3).

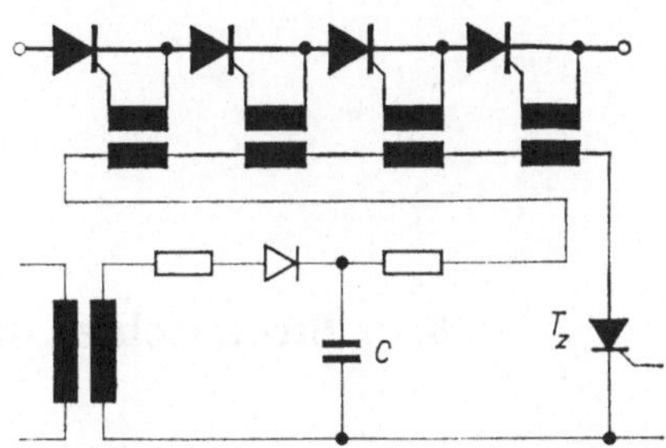

57.1 Prinzipschaltbild eines Steuergerätes mit Thyristor zur Zündung reihengeschalteter Thyristoren

Einige weitere Zündschaltungen und Steuerverfahren werden in den Abschn. 3.1.1, 4.1.6 und 5.2.3 beschrieben [2.6].

3.   Stromrichter ohne Kommutierung

Nachdem in Abschn. 1 und 2 die Eigenschaften der Thyristoren selbst beschrieben wurden, sollen in diesem und den folgenden Abschnitten Schaltungen mit Thyristoren behandelt werden. Diese Schaltungen sind zu einem Teil in der Stromrichtertechnik bereits seit Jahrzehnten mit Quecksilberdampfgleichrichtern, Thyratrons, Ignitrons und anderen Stromrichterventilen verwirklicht worden. Durch die besonderen dynamischen Eigenschaften der Thyristoren ergeben sich jedoch auch neue Möglichkeiten für Stromrichterschaltungen, insbesondere mit Zwangskommutierung.

Stromrichter formen nach der klassischen Definition unter Verwendung von Ventilen, d.h. Elementen mit unterschiedlichem Durchlaßwiderstand in den beiden Stromrichtungen, Energie einer Stromart in eine andere um. Seit der Einführung der Thyristoren in die elektrische Energietechnik wurde in die Stromrichtertechnik und damit auch in die Technik der Schaltungen mit Ventilen der Begriff Leistungselektronik oder Energieelektronik eingeführt. Darunter versteht man somit die Anwendung elektronischer Bauelemente zur Umformung elektrischer Energie. Im Gegensatz zur elektrischen Nachrichtentechnik, die Informationen in der Form elektrischer Signale mit Hilfe elektronischer Bauteile verarbeitet und überträgt, wird in der Leistungs- oder Energieelektronik also vorhandene elektrische Energie umgeformt.

Man kommt zu einer systematischen Einteilung der Stromrichter, wenn man sie nach der Art ihrer Kommutierung, also der Art des Stromübergangs von einem Ventilzweig auf den folgenden, unterscheidet. Dabei kann, wie in Abschn. 4 ausführlich dargestellt, der Kommutierungsvorgang unter dem Einfluß von „natürlichen" Spannungen erfolgen, die als Netz- oder Lastspannungen im Kommutierungskreis zur Verfügung stehen; man spricht dann von Stromrichtern mit natürlicher Kommutierung. Sind keine natürlichen Kommutierungsspannungen vorhanden, müssen diese also künstlich im Kommutierungskreis aufgebracht werden, so spricht man von Stromrichtern mit erzwungener Kommutierung oder von Zwangskommutierung. Diese Schaltungen mit Zwangskommutierung werden in Abschn. 5 behandelt.

Es gibt auch noch Thyristorschaltungen, bei denen von einem Kommutierungsvorgang nach der herkömmlichen Definition nicht gesprochen werden kann. Diese Schaltungen sollen als Stromrichter ohne Kommutierung bezeichnet und zuerst beschrieben werden.

3.1.   Halbleiterschalter für Wechselstrom

Schaltkennlinien. Bild 59.1 zeigt noch einmal die bereits in Abschn. 1 behandelten Sperr- und Durchlaßkennlinien eines Thyristors. Der Thyristor ist nach dem

Verlauf dieser Kennlinien ein bistabiles Element, das entweder auf der negativen Sperrkennlinie 1 oder auf der positiven Sperrkennlinie 2 Spannungen bei nur kleinen Rückströmen sperrt oder auf der Durchlaßkennlinie 3 Ströme bei nur kleinem Durchlaßspannungsabfall von 1 bis 2 V durchläßt. Er kann demnach als Schalter in elektrischen Stromkreisen verwendet werden. Für einen Thyristor als Schalter kann man eine Schaltleistung definieren, die

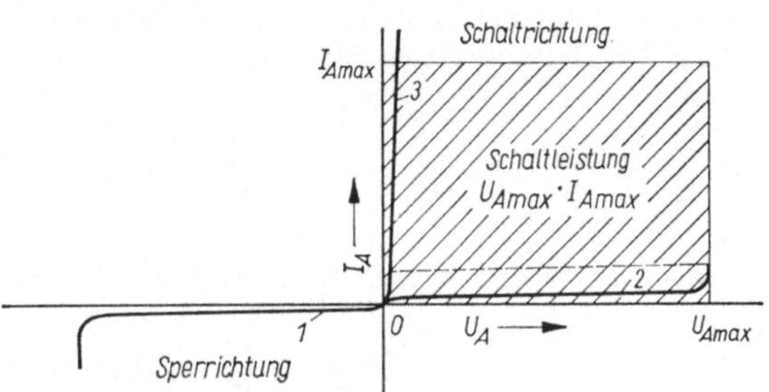

59.1 Schaltleistung eines Thyristors
  1 negative Sperrkennlinie
  2 positive Sperrkennlinie
  3 Durchlaßkennlinie

sich als Produkt aus maximal zulässiger Spitzensperrspannung $U_{A\,max}$ (in Datenblättern auch mit U_{DRL} bzw. U_{RRL} bezeichnet) und maximal zulässigem Dauerstrom $I_{A\,max}$ (Dauergrenzstrom I_{FL}) ergibt. Diese Schaltleistung ist als Fläche darstellbar (s. Bild **59.1**).

Statische Schalter. Beim Einsatz von Thyristoren als statische Schalter sind zwei Fälle zu unterscheiden, die Anwendung als Schalter in Gleichstrom- und in Wechselstromkreisen.

In Wechselstromkreisen geht der Strom auf natürliche Weise nach jeder Halbschwingung durch Null. Somit wird der Thyristorschalter ohne Kommutierungsvorgang auf natürliche Weise gelöscht. Da der Wechselstrom in beiden Richtungen fließt, müssen zum Schalten entweder zwei normale Thyristoren in Antiparallelschaltung [3.5; 3.9; 3.11] oder Halbleiterelemente verwendet werden, die Strom in beiden Richtungen führen können [3.3; 3.10].

Thyristoren als Schalter in Gleichstromkreisen müssen mit einer Löscheinrichtung versehen sein, die den Strom im Thyristor kurzzeitig zu unterbrechen gestattet; sie werden in Abschn. 5.1, Stromrichter mit Zwangskommutierung, beschrieben.

3.1.1. Halbleiterschalter

Antiparallelgeschaltete Thyristoren. Die antiparallelgeschalteten Thyristoren T 1 und T 2 in Bild **59.2** können in beiden Richtungen Strom führen. Bei Wechselstrom werden jeweils die Stromhalbwellen der einen Polarität über den Thyristor T 1 und die Stromhalbwellen der anderen Polarität über den Thyristor T 2 geführt. So lange, wie der Wechselstrom

59.2
Halbleiterschalter aus zwei antiparallelen Thyristoren

ungehindert fließen soll, müssen die beiden Thyristoren T 1 und T 2 entweder dauernd gezündet bleiben oder abwechselnd zu Beginn jeder neuen Stromhalbwelle einen Steuerstrom über die in Bild **59.2** eingezeichneten Zündübertrager erhalten. Bei sinusförmigem Stromverlauf $i = \hat{\imath}\sin\omega t$ im Wechselstromschalter erhält man den **arithmetischen Mittelwert des Stromes** in jedem Thyristor durch Integrieren einer Stromhalbwelle während der Periodendauer

$$I_{A\,av} = \frac{1}{2\pi} \int\limits_0^\pi \hat{\imath} \sin\omega t \; d\,\omega t = \frac{1}{\pi} \hat{\imath} \tag{60.1}$$

Bezogen auf den Effektivwert des Wechselstromes $I_{eff} = \hat{\imath}/\sqrt{2}$, ergibt sich

$$\frac{I_{A\,av}}{I_{eff}} = \frac{\sqrt{2}}{\pi} = 0{,}45 \tag{60.2}$$

Für den **Effektivwert des Stromes in einem Thyristor** erhält man

$$I_{A\,eff} = \sqrt{\frac{1}{2\pi} \int\limits_0^\pi \hat{\imath}^2 \sin^2\omega t \; d\omega t} = \frac{\hat{\imath}}{2} \tag{60.3}$$

oder, bezogen auf den Effektivwert des Wechselstromes,

$$\frac{I_{A\,eff}}{I_{eff}} = \frac{1}{\sqrt{2}} = 0{,}707 \tag{60.4}$$

Sperrt man die Zündströme, so wird der Strom im Thyristorschalter nicht sofort unterbrochen, sondern fließt in dem gerade stromführenden Thyristor so lange weiter, bis er im nächsten **Nulldurchgang** erlischt. Hier würde der Strom auf den in Gegenrichtung gepolten Thyristor überwechseln; da dieser jedoch nicht erneut gezündet wird, bleibt der Strom endgültig unterbrochen.

Halbleiterelemente für Wechselstrom. Bidirektionale Thyristoren. Wie bereits in Abschnitt 1.4 beschrieben, sind für das Schalten und Steuern von Wechselstrom Halbleiterelemente entwickelt worden, die Strom in beiden Richtungen führen können. Bei der **bidirektionalen Thyristortriode** (Bild **60**.1a) handelt es sich

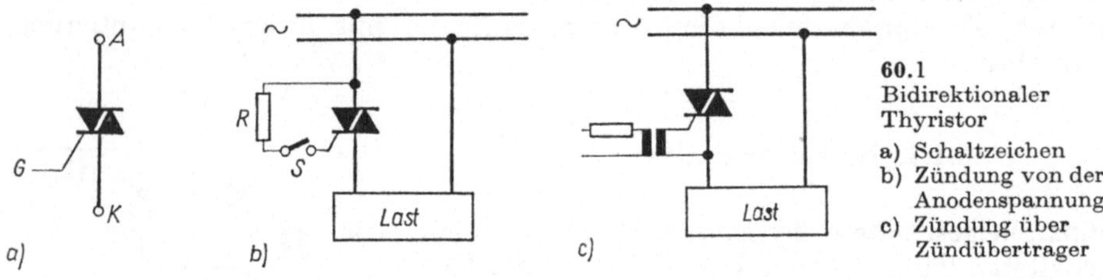

60.1
Bidirektionaler
Thyristor

a) Schaltzeichen
b) Zündung von der
Anodenspannung
c) Zündung über
Zündübertrager

um ein Schaltelement, das durch einen Steuerimpuls beliebiger Polarität in beiden Richtungen stromdurchlässig gemacht werden kann [3.3]. Da Stromführung in beiden Richtungen möglich ist, entfällt die bei normalen Thyristoren notwendige Antiparallelschaltung zweier Elemente. In Bild **61**.1 sind die **Kennlinien eines bidirektionalen Thyristors** dargestellt. Er kann von den Sperrkennlinien im negativen oder im positiven Spannungsbereich durch einen Steuerstrom beliebiger Richtung auf die entsprechenden Durchlaßkennlinien geschaltet werden und bleibt dann so lange durchlässig, wie der Haltestrom I_H nicht unterschritten wird.

Da die Polarität der Zündspannung beliebig ist, ergeben sich besonders einfache Zündschaltungen. Bild **60.**1b zeigt, wie man einen bidirektionalen Thyristor auf einfache Weise von der Anodenspannung über einen Schutzwiderstand R mit einem Hilfsschalter S zünden kann. Solange der Hilfsschalter geöffnet ist, kann kein Zündstrom fließen, und der Halbleiterschalter sperrt die Wechselspannung. Sobald der Hilfsschalter S schließt, wird der Thyristorschalter zu Beginn jeder Stromhalbwelle von der Anodenspannung selbsttätig gezündet. Der Hilfsschalter kann beispielsweise durch einen

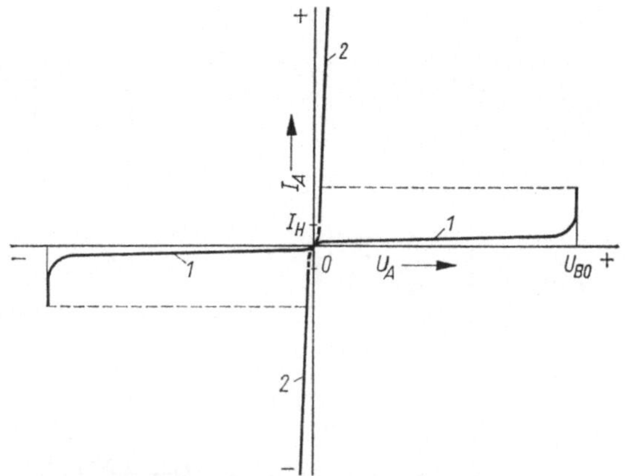

61.1 Kennlinien eines bidirektionalen Thyristors
1 Sperrkennlinien   2 Durchlaßkennlinien
U_{BO} Kippspannung bei Steuerstrom Null
I_H Haltestrom

mechanischen Hilfskontakt oder auch durch statische („ruhende") Schaltelemente wie Fotozellen oder Triggerdioden verwirklicht werden. Der Steuerstrom kann selbstverständlich auch über einen Zündübertrager aufgebracht werden, s. Bild **60.**1c.

Bidirektionale Thyristorelemente vereinen zwei pnpn-Zonenfolgen in einer Siliciumscheibe (s. Bild **36.**2) und sind deshalb schwieriger herzustellen als normale Thyristoren. Man erreicht daher auch nicht so hohe Strom- und Spannungswerte wie bei normalen Thyristoren. Bidirektionale Thyristorelemente stehen für Spannungen bis zu mehreren hundert Volt und Strömen von 10...100 A zur Verfügung [3.10].

Zündschaltungen. Bei der Verwendung von Thyristoren als Wechselstromschalter ist zu Beginn jeder Stromhalbwelle ein Zündimpuls erforderlich. Im allgemeinen erfolgt nun der Nulldurchgang des zu schaltenden Wechselstromes in bezug auf die Wechselspannung des Netzes nicht immer zu derselben Zeit, vielmehr ist der Zeitpunkt des Nulldurchganges von dem durch die Last bedingten Phasenverschiebungswinkel abhängig. Dieser Phasenverschiebungswinkel kann sich z.B. beim Übergang von ohmscher auf induktive Last von $\varphi = 0...90\ °$el (nacheilend) ändern und allgemein bei beliebigen Strömen in allen vier Quadranten sogar zwischen $\varphi = 0...360\ °$el schwanken. In Bild **62.**1a bis d sind verschiedene Zündverfahren zur Bewältigung der hierdurch gegebenen technischen Probleme angegeben.

a) Legt man Dauersteuerstrom über die Hilfsschalter S an die beiden antiparallelen Thyristoren, so beginnt der Wechselstrom abwechselnd in den beiden Thyristoren zu fließen; die Thyristoren werden jeweils nach jeder Stromumkehr von dem anliegenden Dauerzündimpuls neu gezündet. Bei dieser einfachen Schaltung sind die Zündkreise galvanisch mit der Kathode des Thyristors verbunden.

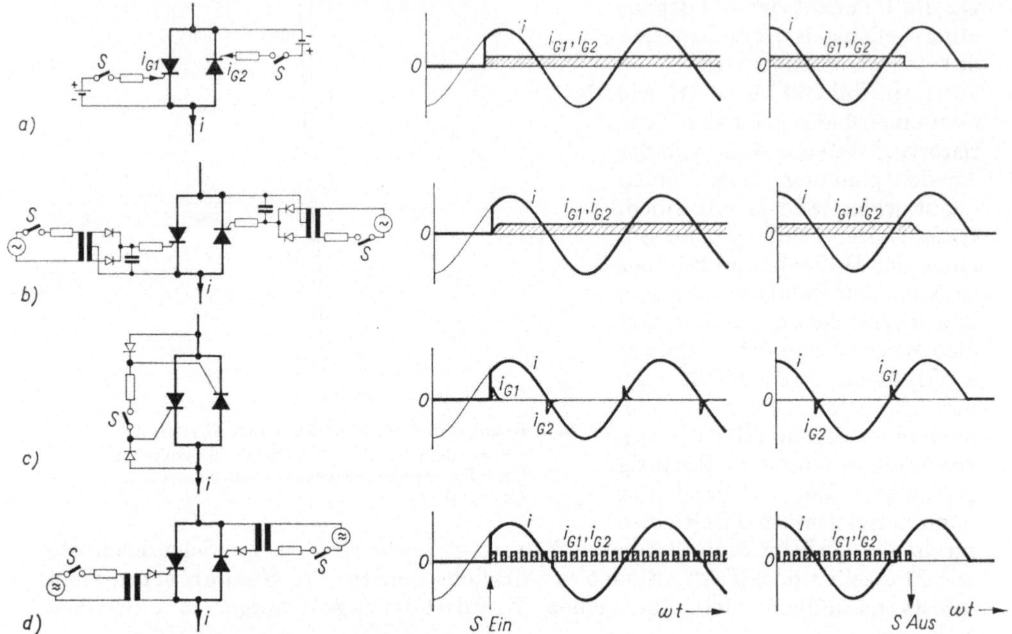

62.1 Verschiedene Möglichkeiten für Zündschaltungen von Halbleiterschaltern
    a) Anlegen von Dauersteuerstrom
    b) Dauersteuerstrom über Diodengleichrichter und galvanische Trennung durch Zündübertrager
    c) Zündung durch die Thyristorspannung nach jedem Stromnulldurchgang
    d) Zündung über Zündübertrager mit mittelfrequenten Impulsfolgen

b) Bei dieser Schaltung wird eine galvanische Trennung der Zündkreise durch je einen Übertrager erreicht, dessen Wechselspannung auf der Gitterseite durch eine Diodenschaltung gleichgerichtet und durch einen Kondensator geglättet wird. Der Glättungskondensator macht allerdings ein momentanes Unterbrechen des Zündstromes unmöglich, weil die Kondensatorenergie über den Schutzwiderstand und die Steuerstrecke verzögert abfließt.

c) Wenn keine Dauerzündimpulse verwendet werden, muß sichergestellt sein, daß nach jedem Stromnulldurchgang der für die folgende Stromhalbwelle durchlässige Thyristor neu gezündet wird. Das kann durch Zündimpulse geschehen, die abhängig vom Stromnulldurchgang erzeugt werden. Bei einer derartigen Zündschaltung (Bild **62.1** c) wird nach Schließen des Hilfsschalters S die Spannung am Thyristorschalter selbst (wie in Bild **60.1** b) zur Zündung ausgenutzt. Je nach der Polarität dieser Spannung wird über die Hilfsdioden der entsprechende Thyristor gezündet.

d) Ein anderes Verfahren zur Zündung von Thyristorwechselstromschaltern verwendet mittelfrequente Zündimpulse, die den Steuergittern über Zündübertrager zugeführt werden. Bei Wechselströmen mit 50 oder 60 Hz Netzfrequenz werden hierfür Impulsfolgen von einigen Kilohertz benötigt, damit bei ungünstiger Lage der Zündimpulse zum Stromnulldurchgang nicht eine zu lange Zeit bis zur Zündung des folgenden Thyristors verstreicht. Beispielsweise kann bei 50 Hz

Netzfrequenz und Verwendung von Impulsfolgen von 3 kHz für die Zündung des Thyristorschalters im ungünstigsten Fall ein unbeabsichtigter „Phasenanschnitt" von (50 Hz/3000 Hz) · 360 °el = 6 °el auftreten.

Ein- und Ausschalten. Das Einschalten des Thyristorschalters geschieht nahezu trägheitslos zu dem Zeitpunkt, in dem die Zündimpulse zum ersten Mal angelegt werden. (Unten soll gezeigt werden, daß man in Wechselstromkreisen durch geeignete Wahl des Einschaltzeitpunktes das Auftreten von Ausgleichsgliedern im Strom verhindern kann.)

Das Ausschalten des Thyristorschalters bewirkt man durch Sperren des Steuerstromes. Danach fließt der Strom allerdings noch bis zu seinem natürlichen Nulldurchgang in dem gerade stromführenden Thyristor weiter.

Frequenzgrenze. Thyristoren sind als Schalter für Wechselströme bis in das Kilohertz-Gebiet verwendbar. Die obere Frequenzgrenze wird durch die Freiwerdezeit der verwendeten Thyristorelemente bestimmt. Damit der Halbleiterschalter sicher löscht, müssen die Thyristoren nämlich bis zur nächsten positiven Netzspannungshalbwelle ihr Sperrvermögen wiedergewonnen haben. Bei ohmscher Belastung gilt also die Bedingung, daß die halbe Netzperiodendauer $T/2$ größer als die Freiwerdezeit t_q der verwendeten Thyristoren ist. Bei induktiver Belastung verkürzt sich entsprechend der Phasenverschiebung des Stromes diese Schonzeit für die Thyristoren noch bis auf $T/4$. Die obere Frequenzgrenze liegt bei Verwendung von Thyristoren mit kurzen Freiwerdezeiten von $t_q < 20$ μs in diesen Schaltungen bei ohmscher Belastung ungefähr bei 25 kHz.

Strom- und Spannungsbeanspruchung. Bei sinusförmigem Wechselstrom erhält man als Strombeanspruchung im Dauerbetrieb den arithmetischen Mittelwert $I_{A\,av}$ und den Effektivwert $I_{A\,eff}$ der beiden antiparallelen Thyristoren nach Gl. (60.2) bzw. (60.4). Die Stromanstiegsgeschwindigkeit beim Einschalten des Thyristorschalters hängt von den Induktivitäten im Lastkreis ab. Sie ist wegen der stets vorhandenen Streureaktanzen im allgemeinen unkritisch. Durch Schutzsicherungen, unter Umständen auch durch den Kurzschlußstrom begrenzende Zusatzinduktivitäten, muß dafür gesorgt werden, daß im Kurzschlußfall die Grenzstromkennlinien der für den Wechselstromschalter verwendeten Thyristoren nicht überschritten werden (s. Abschn. 8.2).

Als Spannungsbeanspruchung tritt an den Thyristoren der Scheitelwert der Wechselspannung in Sperr- und Schaltrichtung auf. Zusätzlich müssen im Netz auftretende Überspannungen berücksichtigt werden. Damit beim Ausschalten des Stromes infolge der Sperrträgheit der Thyristoren keine unzulässig hohen Schwingungen in der Sprungspannung auftreten, sind im allgemeinen Beschaltungsglieder aus Widerständen und Kondensatoren (wie in Bild **59.**2) vorzusehen. Die richtigen Werte für R_B und C_B können nach dem in Bild **39.**1 angegebenen Diagramm bestimmt werden.

Durchlaßspannung. Der Durchlaßspannungsabfall der Thyristoren von 1 bis 2 V hat den Durchlaßverlust

$$P_F = \frac{1}{T} \int\limits_0^T u_F\, i_F\, dt \tag{63.1}$$

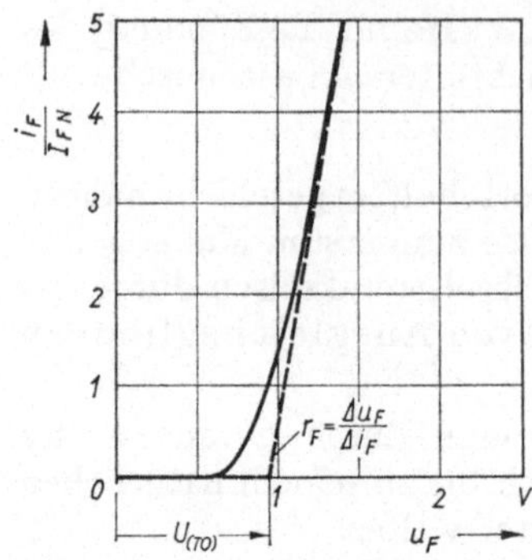

64.1
Annäherung der Durchlaßkennlinie eines Thyristors durch Schleusenspannung $U_{(\mathrm{TO})}$ und Ersatzwiderstand r_f

zur Folge, der sich bei gegebener Durchlaßkennlinie leicht ermitteln läßt. Die Durchlaßkennlinie eines Thyristors beschreibt die Durchlaßspannung u_F in Abhängigkeit vom Durchlaßstrom i_F. Sie wird im allgemeinen vom Hersteller in Form eines Diagramms angegeben.

Durchlaßverlust. Wenn man die Durchlaßkennlinie eines Halbleiterventils wie in Bild **64.**1 durch die **Schleusenspannung** $U_{(\mathrm{TO})}$ und einen konstanten **Ersatzwiderstand** r_f annähert, kann man die Durchlaßspannung

$$u_\mathrm{F} = U_{(\mathrm{TO})} + r_\mathrm{f}\, i_\mathrm{F} \tag{64.1}$$

definieren und erhält damit die Durchlaßverlustleistung

$$P_\mathrm{F} = \frac{1}{T} \int\limits_0^T (U_{(\mathrm{TO})} + r_\mathrm{f}\, i_\mathrm{F})\, i_\mathrm{F}\, \mathrm{d}t = U_{(\mathrm{TO})}\, I_{\mathrm{A\,av}} + r_\mathrm{F}\, I_{\mathrm{A\,eff}}^2 \tag{64.2}$$

Die Durchlaßverluste sind sowohl vom Mittelwert $I_{\mathrm{A\,av}}$ als auch vom Effektivwert $I_{\mathrm{A\,eff}}$ des Ventilstromes abhängig (s. Abschn. 1.3). Die Abschätzung der in einem Halbleiterschalter auftretenden Durchlaßverluste soll an einem einfachen Beispiel durchgeführt werden.

Beispiel 3.1. Ein Halbleiterschalter mit zwei antiparallelen Thyristoren wird von einem sinusförmigen Wechselstrom $I_\mathrm{eff} = 200$ A durchflossen. Wie groß ist die im eingeschalteten Zustand in den Thyristoren auftretende Durchlaßverlustleistung?

Zunächst werden aus der in den Datenblättern angegebenen Durchlaßkennlinie die Schleusenspannung und der Ersatzwiderstand bestimmt. Die verwendeten Thyristoren mögen die Schleusenspannung $U_{(\mathrm{TO})} = 1$ V und den Ersatzwiderstand $r_\mathrm{f} = 1\,\mathrm{m\Omega}$ haben. Bei sinusförmigem Wechselstrom $I_\mathrm{eff} = 200$ A sind der Mittelwert des Stromes in jedem der beiden antiparallelgeschalteten Thyristoren $I_{\mathrm{A\,av}} = 0{,}45 \cdot 200\,\mathrm{A} = 90\,\mathrm{A}$ und der Effektivwert $I_{\mathrm{A\,eff}} = 0{,}707 \cdot 200\,\mathrm{A} = 141{,}4\,\mathrm{A}$. Nach Gl. (64.2) ergibt sich dann in jedem Thyristor die Durchlaßverlustleistung

$$P_\mathrm{F} = 1\,\mathrm{V} \cdot 90\,\mathrm{A} + 1\,\mathrm{m\Omega} \cdot 20\,000\,\mathrm{A^2} = (90 + 20)\,\mathrm{W} = 110\,\mathrm{W}$$

Insgesamt entfällt also auf die beiden antiparallelen Thyristoren die Verlustleistung 220 W. Bei einer angenommenen Spannung von 380 V im Wechselstromkreis würde im Halbleiterschalter also die

bezogene Verlustleistung $\qquad \dfrac{220\,\mathrm{VA}}{380\,\mathrm{V} \cdot 200\,\mathrm{A}} \approx 0{,}3\,\%$

in Wärme umgewandelt.

Durch geeignete **Kühlung** muß dafür gesorgt werden, daß die durch die Durchlaßverluste im Schalter auftretende Wärmeenergie abgeführt werden kann.

Sperrstrom. Im gesperrten Zustand fließen über die Thyristoren Sperrströme von einigen Milliampere sowohl in negativer als auch in positiver Richtung, die bei Verwendung als Wechselstromschalter im Verbraucher als **Reststrom** auftreten und eine absolut wirksame Trennung bei geöffnetem Halbleiterschalter verhindern. Aus diesem Grund ist es in manchen Fällen erforderlich, mit dem Halbleiterschalter in Reihe zusätzlich einen mechanischen **Trennschalter** vorzusehen.

Mechanische und Halbleiterschalter. In Tafel **66.**1 sind für Wechselstromschalter im Niederspannungsgebiet typische Eigenschaften beider Schalterarten gegenübergestellt. Die angegebenen Zahlenwerte sind Richtwerte, die bei Sonderkonstruktionen von mechanischen Schaltern in einzelnen Punkten übertroffen werden können. Halbleiterschalter haben nach Tafel **66.**1 insbesondere folgende Vorteile:

1. keine bewegten Teile und kein Verschleiß
2. praktisch unbegrenzte Schaltspielzahl
3. exakte Einstellmöglichkeit des Einschaltzeitpunktes
4. lichtbogenfreie Löschung im natürlichen Stromnulldurchgang
5. hohe zulässige Schalthäufigkeit

Diesen Vorteilen stehen als Nachteile die Empfindlichkeit gegen Überspannungen und Überstrom, die Durchlaßverluste im geschlossenen Zustand und der Rückstrom im geöffneten Zustand gegenüber. Außerdem sind Halbleiterschalter heute noch erheblich teurer als mechanische Schalter.

3.1.2. Schalten von einphasigem Wechselstrom

Für das Schalten von einphasigem Wechselstrom wird gewöhnlich nur in einer der beiden Zuleitungen ein Halbleiterschalter benötigt. Bild **65.**1 zeigt das Schalten eines Wechselstromverbrauchers mit einem Halbleiterschalter, der aus zwei antiparallelen Thyristoren besteht.

65.1
Schalten von einphasigem Wechselstrom mit Halbleiterschalter
a) Schaltung mit zwei antiparallelen Thyristoren
b) Strom- und Spannungsverlauf ohne Ausgleichsglied beim Einschalten
c) Strom- und Spannungsverlauf beim Ausschalten

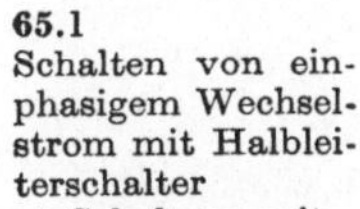
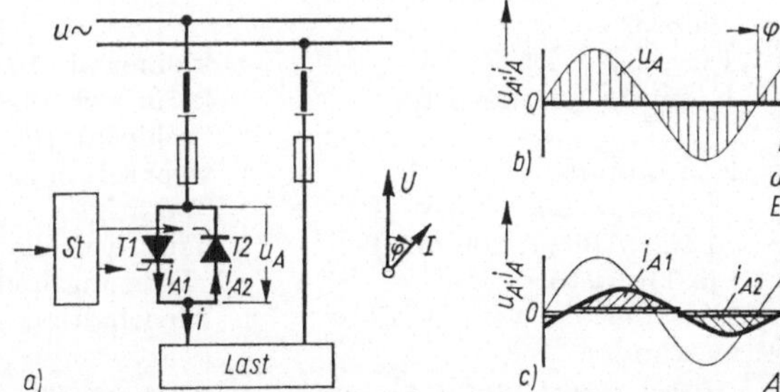

Einschalten. Beim Einschalten einer **ohmisch-induktiven** Last bildet sich im allgemeinen in der Stromkurve ein **Einschaltglied** aus, das je nach der Dämpfung nach wenigen Perioden abklingt. Bei sinusförmig verlaufender Wechselspannung $u = \hat{u}\sin\omega t$ ist der Zeitwert des Stromes nach dem Einschalten (Einschaltzeitpunkt t_0) für eine ohmisch-induktive Last mit Widerstand R und Induktivität L (Phasenverschiebungswinkel $\varphi = \arctan(\omega L)/R)$

$$i = \frac{\hat{u}}{\sqrt{R^2 + (\omega L)^2}}\left[\sin(\omega t - \varphi) - e^{-\frac{R}{\omega L}(\omega t - \omega t_0)}\cdot\sin(\omega t_0 - \varphi)\right] \qquad (65.1)$$

Der Strom setzt sich nach dem Einschalten also aus zwei Anteilen zusammen, dem sinusförmig verlaufenden **Dauerstrom** (1. Glied in der Klammer) und einem

Tafel 66.1 Vergleich von Halbleiter- und mechanischen Schaltern für Wechselstrom
im Niederspannungsgebiet

	Halbleiterschalter	mechanische Schalter
Schaltvermögen	Nennleistung je Pol, 2 Thyristoren antiparallel, bis 1000 kW	Nennleistung je Pol bis 150 kW
	Nennausschaltvermögen je Pol bis 3000 kVA	Nennausschaltvermögen je Pol bis 1500 kVA
Lebensdauer	praktisch unbegrenzte Schaltspielzahl	mechanische Lebensdauer bis $15 \cdot 10^6$ Schaltspiele
	keine bewegten Teile	Schaltstücklebensdauer je nach
	kein Verschleiß	Ausschaltstrom 50000 bis $1 \cdot 10^6$ Schaltspiele
zulässige Schalthäufigkeit	bis zu mehreren Kilohertz (maximal jeweils bis zur Netzfrequenz)	maximal bis zu $3 \cdot 10^3$ Schaltspiele pro Stunde
	Leistungssteuerung durch Anschnitt möglich	Leistungssteuerung nur durch „Tippbetrieb"
Kurzschlußfestigkeit	Schutz durch Sicherungen oder Schnellschalter erforderlich	Verschweißgefahr
Isolationsvermögen	maximal zulässige Spitzensperrspannung $1 \ldots 2$ kV	Lufttrennstrecke mehrere Kilovolt, kein Sperrstrom
	einige Milliampere Sperrstrom, zusätzliche Trennstrecke erforderlich	
	empfindlich gegen Überspannungen, Beschaltung erforderlich	
Durchlaßspannungsabfall	$1,0 \ldots 1,2 \ldots 1,5$ V	kleiner als 10 mV
	Kühlung erforderlich	kann sich im Betrieb verschlechtern
Betätigung	Zündimpuls $\left\{ \begin{matrix} 1 \ldots \ 3 \ldots \ 5 \text{ V} \\ 10 \ldots 100 \ldots 500 \text{ mA} \end{matrix} \right\}$ je Thyristor	wechsel- oder gleichstrombetätigt
		beim Einschalten erhöhter Leistungsbedarf
Schaltverzug	Einschalten: wenige Mikrosekunden	Einschalten: $10 \ldots 100$ ms
	Ausschalten: maximal eine Halbperiode	Ausschalten: $5 \ldots 50$ ms
Einschaltverhalten	Einschaltzeitpunkt exakt einstellbar	Einschaltzeitpunkt streut
		Prellen
		Geräuschentwicklung
Ausschaltverhalten	löscht ohne Lichtbogen im natürlichen Stromnulldurchgang, Sperrträgheit	Ausschaltzeitpunkt streut
		Lichtbogenlöschung, bei kleinen Strömen Überspannungen
		Geräuschentwicklung
Gewicht und Raumbedarf	in Zukunft wahrscheinlich leichter als mechanische Schalter	kompakte Bauform
Wartung	wartungsfrei	Schaltstückwechsel
Preis	noch erheblich teurer als mechanische Schalter	billiger

mit der Zeitkonstante $\tau = L/R$ abklingenden Ausgleichsglied (2. Glied in der Klammer). Dieses Ausgleichsglied verschwindet, wenn der Ausdruck $\sin(\omega t_0 - \varphi)$ zu Null wird, d.h., wenn im natürlichen Nulldurchgang des Dauerstromes eingeschaltet wird. Das maximale Ausgleichsglied ergibt sich für $\sin(\omega t_0 - \varphi) = 1$, d.h., wenn im Scheitelwert des Dauerstromes eingeschaltet wird.

In Bild **65.**1b ist der Einschaltvorgang ohne Einschaltglied gezeichnet ($\omega t_0 = \varphi$). Vor dem Einschaltzeitpunkt liegt am Thyristorschalter die Wechselspannung. Unmittelbar nach dem Einschalten beginnt der Wechselstrom zu fließen, und zwar abwechselnd je nach Polarität im Thyristor T 1 und im Thyristor T 2. Zu Beginn jeder neuen Stromhalbwelle muß an dem entsprechenden Thyristor ein Steuerimpuls vorhanden sein.

Im allgemeinen handelt es sich beim Schalten von passiven Verbrauchern um **ohmsche** oder **ohmisch-induktive** Lasten. Das Schalten von kapazitiven Lasten bietet Schwierigkeiten, weil sich beim Einschalten hohe Stromspitzen ausbilden können. Diese Stromspitzen werden bei Spannungssprüngen, wie sie beispielsweise beim Durchschalten eines Thyristorschalters immer auftreten, nur durch die Leitungswiderstände und Leitungsinduktivitäten begrenzt. Aus diesem Grunde ist auch dem Beschaltungskondensator eines Thyristors stets ein **Dämpfungswiderstand** in Reihe geschaltet. Wenn Leistungskondensatoren über Thyristoren geschaltet werden sollen, muß durch vorherige Aufladung der Kondensatoren z.B. über Halbleiterdioden dafür gesorgt werden, daß im Einschaltzeitpunkt keine Differenz zwischen Kondensator- und Netzspannung auftritt.

Ausschalten. Das Ausschalten geschieht durch **Sperrung der Zündimpulse.** Der Strom fließt dann noch bis zu seinem natürlichen Nulldurchgang, wo er erlischt (Bild **65.**1c). Danach legt sich an beide Thyristoren des Halbleiterschalters die Wechselspannung.

Trenn- und Überbrückungsschalter. Mit Rücksicht auf den Berührungsschutz während längerer Betriebspausen muß in Reihe mit dem Thyristorschalter ein **mechanischer Trennschalter** vorgesehen werden. Außerdem sind Sicherungen zum Schutz der Thyristoren in Störungsfällen vorzusehen.

Um bei längerer Einschaltdauer die vom Durchlaßspannungsabfall der Thyristoren hervorgerufenen Verluste zu vermeiden, kann parallel zu den Thyristoren ein **Überbrückungsschalter** vorgesehen werden [3.5; 3.6]. Bild **67.**1 zeigt einen derartigen Überbrückungsschalter S parallel zu den Thyristoren und einen Trennschalter s in Reihe mit ihnen. Der Überbrückungsschalter S arbeitet lichtbogenfrei, wenn er erst **nach** dem Zünden der Thyristoren geschlossen und **vor** ihrer Sperrung geöffnet wird. Er hat nur die Durchlaßspannung der Zellen von 1...2 V zu schalten. Der Trennschalter s schaltet praktisch stromlos, da er nur den Rückstrom des Thyristorschalters zu unterbrechen braucht; er arbeitet damit ebenfalls lichtbogenfrei. Es bietet sich hier die Möglichkeit, die Schalthäufigkeit dieser Schalter dadurch herabzusetzen, daß man den Trennschalter nur bei längeren Betriebspausen öffnet und den Überbrückungsschalter nur bei längeren Einschaltzeiten schließt.

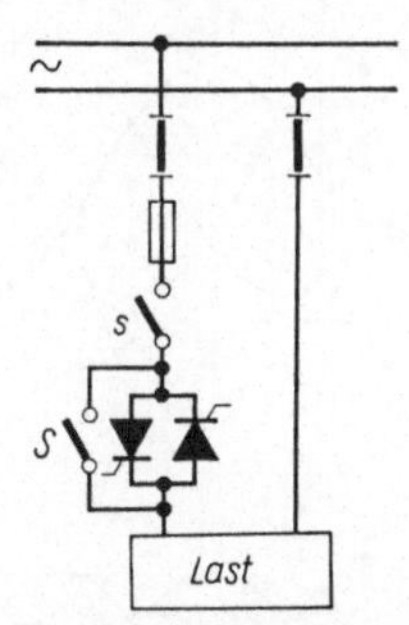

67.1
Überbrückungsschalter S und Trennschalter s zur Entlastung eines Halbleiterschalters

Sparschaltungen. Außer der antiparallelen Anordnung von zwei Thyristoren sind für das Schalten von Wechselströmen auch noch andere Schaltungen möglich. Ein Beispiel für eine Schaltung mit nur einem Thyristor zeigt Bild **68.1**. Bei dieser Schaltung liegt der Thyristor im Gleichstromzweig einer ungesteuerten Diodenbrücke. Sein Strom besteht aus gleichgerichteten Halbwellen. Im ungezündeten Zustand tritt wegen der Richtwirkung der Dioden am Thyristor nur Sperrspannung in positiver Richtung auf.

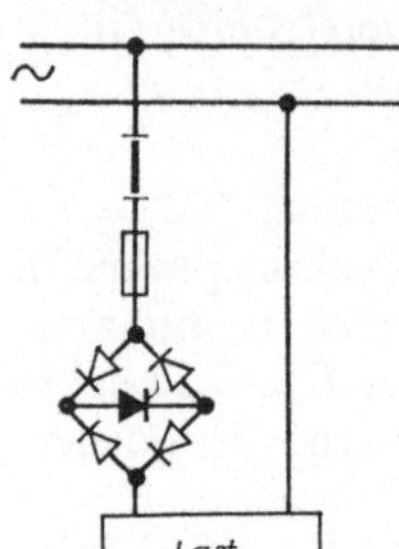

68.1 Halbleiterschalter mit nur einem Thyristor im Gleichrichterzweig einer Diodenbrücke

3.1.3. Schalten von dreiphasigem Drehstrom

Das Schalten von **mehrphasigen** Wechselstromsystemen mit Thyristoren erfolgt grundsätzlich in gleicher Weise wie bei **einphasigem** Wechselstrom. Im allgemeinen muß in jeder Phase ein Thyristorschalter vorgesehen werden. Bild **68.2** zeigt das Schalten eines **dreiphasigen Drehstromsystems** mit Thyristorschaltern.

Einschalten. Das Einschalten geschieht durch Zünden der Thyristoren der drei Thyristorschalter S 1, S 2 und S 3. Auch bei einem Drehstromsystem treten beim Einschalten induktiver Verbraucher **Ausgleichsströme** auf. Werden alle drei Phasen gleichzeitig im Zeitpunkt t_0 eingeschaltet, so ergeben sich bei einem **ohmisch-induktiven** Verbraucher (Widerstände R und Induktivitäten L in jeder Phase der in Stern geschalteten Last) die Phasenströme

68.2
Schalten von Drehstrom mit Halbleiterschalter

a) Schaltung und Vektordiagramm der Spannungen und Ströme
b) Strom- und Spannungsverlauf beim Einschalten (ohne Ausgleichsglied)
c) Strom- und Spannungsverlauf beim Ausschalten

$$i_1 = \frac{\hat{u}}{\sqrt{R^2 + (\omega L)^2}}\left[\sin(\omega t - \varphi) - e^{-\frac{R}{\omega L}(\omega t - \omega t_0)}\cdot \sin(\omega t_0 - \varphi)\right] \qquad (69.1\,\mathrm{a})$$

$$i_2 = \frac{\hat{u}}{\sqrt{R^2 + (\omega L)^2}}\left[\sin\left(\omega t - \frac{2\pi}{3} - \varphi\right) - e^{-\frac{R}{\omega L}(\omega t - \omega t_0)}\cdot \sin\left(\omega t_0 - \frac{2\pi}{3} - \varphi\right)\right] (69.1\,\mathrm{b})$$

$$i_3 = \frac{\hat{u}}{\sqrt{R^2 + (\omega L)^2}}\left[\sin\left(\omega t - \frac{4\pi}{3} - \varphi\right) - e^{-\frac{R}{\omega L}(\omega t - \omega t_0)}\cdot \sin\left(\omega t_0 - \frac{4\pi}{3} - \varphi\right)\right] (69.1\,\mathrm{c})$$

Auch hier besteht der Ausdruck für jeden Phasenstrom aus einem sinusförmigen Dauerstrom und einem nach einer e-Funktion mit der Zeitkonstante $\tau = L/R$ abklingenden Ausgleichsglied. Bei gleichzeitigem Einschalten aller drei Phasen tritt immer in mindestens zwei Phasen ein Ausgleichsglied auf, da nur für jeweils eine Phase im natürlichen Stromnulldurchgang geschaltet werden kann.

Man kann das Ausgleichsglied auch bei Drehstrom vollständig vermeiden, wenn man, wie in Bild **68.2**b dargestellt, die Halbleiterschalter in den einzelnen Phasen in der richtigen zeitlichen Reihenfolge schaltet. Zu diesem Zweck werden zunächst die Schalter in zwei Phasen (S 2 und S 3 in Bild **68.2**b) geschlossen, und zwar im Nulldurchgang des einphasigen Dauerstromes, der zwischen diesen beiden Phasen fließen würde. Wenn dieser Strom 90 °el später sein Maximum erreicht hat, wird die dritte Phase (S 1 in Bild **68.2**b) im Nulldurchgang des zugehörigen Dauerstromes zugeschaltet.

Bei gleichmäßiger Aufteilung tritt an den Thyristoren vor dem Einschalten als Sperrspannung maximal der Scheitelwert der Phasenspannung auf. Wird ein Schalter gezündet, so werden die beiden anderen Thyristorschalter mit der verketteten Spannung der gezündeten Phase beansprucht ($\sqrt{3}$ fache Phasenspannung). Nach dem Schließen des zweiten Schalters liegt an dem letzten noch gesperrten Halbleiterschalter die 1,5 fache Phasenspannung (u'_{10} in Bild **68.2**). Die Thyristoren müssen für den ungünstigsten Fall, d.h. für den Scheitelwert der verketteten Spannung, bemessen werden.

Ausschalten. Beim Ausschalten durch Sperrung der Zündimpulse fließen die einzelnen Phasenströme bis zu ihrem natürlichen Nulldurchgang weiter, ehe sie verlöschen. In Bild **68.2**c erlischt zuerst der Phasenstrom i_1. Danach fließt der Strom in den beiden anderen Phasen als einphasiger Strom noch für 90 °el weiter, ehe auch er verlöscht. Zunächst legt sich an den Thyristorschalter S 1 die 1,5 fache Phasenspannung U'_{10}. Nach dem Er-löschen der beiden anderen Phasen-ströme liegt bei symmetrischer Span-nungsaufteilung an jedem Thyristor-schalter wieder die Phasenspannung.

Drehfeldumkehr. Eine Schaltung zur Drehfeldumkehr mit Halbleiterschal-tern zeigt Bild **69.1**. Bei dieser Schal-tung werden entweder die beiden

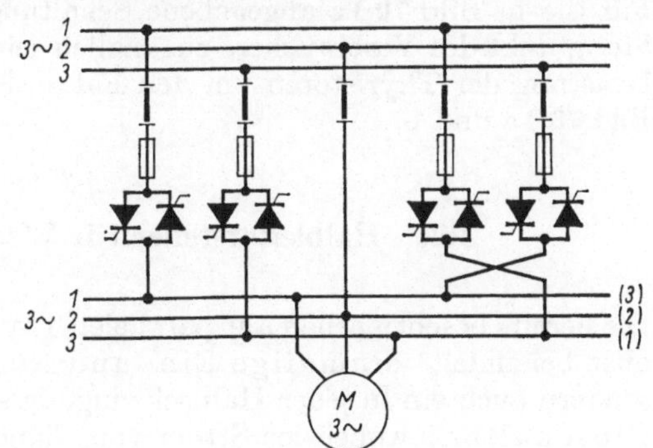

69.1 Vertauschung der Phasenfolge (Drehfeldumkehr) mit Thyristorschaltern

antiparallelen Thyristorpaare links im Bild oder die beiden Paare rechts gezündet, wodurch eine **Vertauschung der Phasenfolge** erreicht wird, wie sie beispielsweise zum kontaktlosen Reversieren von Drehstrommotoren benötigt wird. Bei einer derartigen Schaltung ist durch entsprechende Maßnahmen in der Steuerung sicherzustellen, daß z. B. die beiden Thyristorpaare rechts im Bild erst dann gezündet werden, wenn der Strom in den beiden anderen zu fließen aufgehört hat, da sonst ein Kurzschluß zwischen den Netzphasen auftritt.

Sparschaltungen. Bei einem Drehstromsystem **mit Nulleiter** sind insgesamt drei Thyristorpaare erforderlich. Bei einem Drehstromsystem **ohne Nulleiter** kommt man nach Bild **70.1** a mit Thyristorschaltern in nur zwei Phasen aus. Bei dieser Schaltung liegt im gesperrten Zustand an jedem Thyristorschalter die verkettete Spannung.

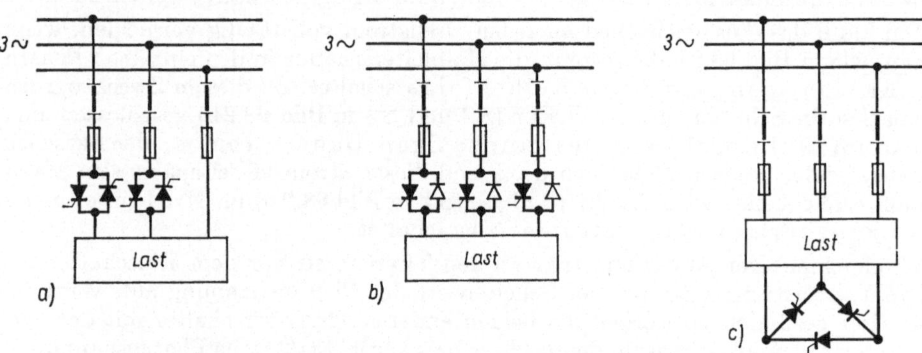

70.1 Verschiedene Sparschaltungen zum Schalten von Drehstrom mit Halbleitern
   a) antiparallele Thyristoren in zwei Phasen
   b) Antiparallelschaltung von Thyristoren mit Dioden
   c) Thyristoren im Sternpunkt der Last

Bild **70.1** b zeigt eine **Schaltung mit nur drei Thyristoren**, denen ungesteuerte Halbleiterdioden in umgekehrter Polarität parallel geschaltet sind. Auch diese Schaltung ist nur für Drehstromverbraucher ohne Nulleiter anwendbar. An den Halbleiterelementen treten bei gesperrtem Schalter die verketteten Spannungen auf.

Für die in Bild **70.1** c angegebene Schaltung mit nur drei Thyristoren muß der Sternpunkt des Verbrauchers zugänglich sein. Bei dieser Schaltung ist die Strombelastung der Thyristoren um den Faktor 3/2 größer als bei den Schaltungen in Bild **70.1** a und b.

3.2. Halbleitersteller für Wechselstrom

Die bereits beschriebenen antiparallelen Thyristorschalter gestatten nicht nur das oben behandelte **einmalige Ein- und Ausschalten** von Wechselstromkreisen, sondern auch ein in jeder Halbschwingung sich **wiederholendes verzögertes Einschalten**, wobei der Strom vom Zündzeitpunkt bis zu seinem natürlichen

Nulldurchgang fließt. Als Zündverzögerungswinkel oder Steuerwinkel
soll der Winkel α zwischen dem Nulldurchgang der Phasenspannung, der dem Nulldurchgang des ungesteuerten Dauerstromes bei ohmscher Last entspricht, und dem
Zündzeitpunkt bezeichnet werden. Mit einer derartigen Spannungssteuerung
„durch Anschnitt" läßt sich die Leistungsaufnahme von ein- und mehrphasigen
Wechselstromverbrauchern kontaktlos und stetig durch Veränderung des Steuerwinkels α verstellen („stellen") [3.1; 3.2; 3.4; 3.7].

3.2.1. Stellen von einphasigem Wechselstrom

Grundschaltung. Die Grundschaltung eines aus Halbleiterelementen aufgebauten
Wechselstromstellers ist in Bild **71.1** dargestellt. Der angenommene ohmsche
Verbraucher R ist über ein antiparalleles Thyristorpaar mit der Wechselspannungs-

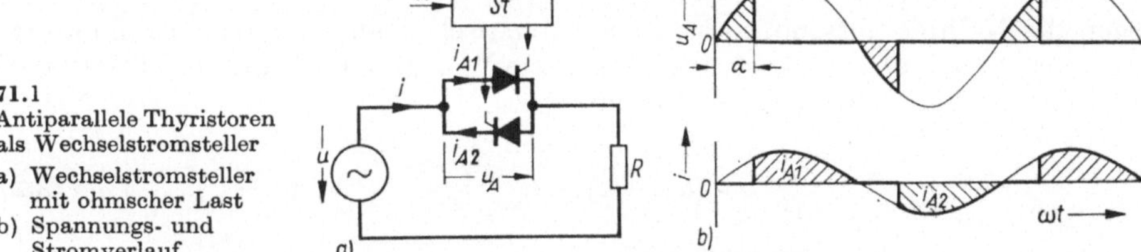

71.1
Antiparallele Thyristoren
als Wechselstromsteller
a) Wechselstromsteller
   mit ohmscher Last
b) Spannungs- und
   Stromverlauf

quelle verbunden. Vom Steuergerät St werden beide Thyristoren periodisch in
jeder Stromhalbwelle gezündet, und zwar mit einstellbarem Steuerwinkel α.
Zündimpulse, die in ihrer Phasenlage stetig verschoben werden können, lassen sich
nach verschiedenen Verfahren erzeugen. Bei der Anschnittsteuerung von
Gleichrichtern und Wechselrichtern im Netzbetrieb treten ähnliche Anforderungen
an die Steuergeräte auf. In Abschn. 4.1.6 werden einige Steuerverfahren mit einstellbarer Phasenlage der Zündimpulse beschrieben.

Der Strom im Verbraucher kann erst zu fließen beginnen, wenn der entsprechende
Thyristor gezündet wird. Vorher liegen am Thyristorschalter die in Bild **71.1**
schraffiert gezeichneten Abschnitte der sinusförmigen Wechselspannung. Bei
ohmscher Last springt der Strom nach dem Zünden des Thyristors auf den Augenblickswert des Dauerstromes und verläuft dann sinusförmig wie die Wechselspannung bis zum Nulldurchgang. Entsprechend fließt die negative Stromhalbwelle erst nach Zündung des antiparallelen Thyristors. Durch Verändern des
Steuerwinkels α kann die Stromaufnahme der Last stetig zwischen dem vollen
Wert U/R bei $\alpha = 0$ und Null bei $\alpha = 180\,°\text{el}$ eingestellt werden.

Stromverlauf. Bei ohmischem Verbraucher kann der Strom also nach der
Gleichung

$$i = \frac{\hat{u}}{R} \sin \omega t \tag{71.1}$$

aus der sinusförmig verlaufenden Spannung $u = \hat{u} \sin \omega t$ und dem Widerstand R
in einfacher Weise berechnet werden. Diese Gleichung gilt nur bei gezündetem

Thyristorschalter, d.h. von $\omega t = \alpha$ bis $\omega t = \pi$ bzw. $\omega t = \pi + \alpha$ bis $\omega t = 2\,\pi$. In der übrigen Zeit ist der Thyristorschalter gesperrt und der Strom $i = 0$.

Bei **induktiver Last** L kann der Laststrom in der Form

$$i = \frac{\hat{u}}{\omega L} \left[\sin\left(\omega t - \frac{\pi}{2}\right) - \sin\left(\alpha - \frac{\pi}{2}\right) \right] \tag{72.1}$$

geschrieben werden. Da induktiver Strom eine Phasenverschiebung von $\varphi = 90\ °\mathrm{el}$ hat, kann der Steuerwinkel α nur im Bereich von $90°$ bis $180\ °\mathrm{el}$ geändert werden. Gl. (72.1) gilt nur im Bereich von $\omega t = \alpha$ bis $\omega t = 2\,\pi - \alpha$ für die positive Stromhalbwelle bzw. von $\omega t = \pi + \alpha$ bis $\omega t = \pi - \alpha$ für die negative Stromhalbwelle. In der übrigen Zeit ist der Thyristorschalter wieder gesperrt und der Strom $i = 0$. Der Laststrom besteht bei induktiver Last nach Gl. (72.1) also aus sinusförmigen Stromkuppen, die je nach dem Wert des Steuerwinkels α um den Betrag

$$\frac{\hat{u}}{\omega L} \sin\left(\alpha - \frac{\pi}{2}\right)$$

gegen die Nullinie verschoben sind, und dazwischen auftretenden Stromlücken. Bei einer **gemischten Last** aus ohmschem Widerstand R und Induktivität L kann der Stromverlauf nach der Gleichung

$$i = \frac{\hat{u}}{\sqrt{R^2 + (\omega L)^2}} \left[\sin(\omega t - \varphi) - \mathrm{e}^{-\frac{R}{\omega L}(\omega t - \alpha)} \cdot \sin(\alpha - \varphi) \right] \tag{72.2}$$

bestimmt werden. Diese Gleichung entspricht der oben für den Stromverlauf beim Einschalten abgeleiteten Gl. (65.1), wenn der Einschaltzeitpunkt ωt_0 durch den Steuerwinkel α ersetzt wird. Der Stromverlauf in der Last ist in diesem Fall nicht mehr sinusförmig, sondern setzt sich aus einer Sinuskurve (1. Glied der Klammer) und einem mit der Zeitkonstante $\tau = L/R$ abklingenden Ausgleichsglied (2. Glied der Klammer) zusammen. Gl. (72.2) gilt von $\omega t = \alpha$ für die positive Stromhalbwelle bzw. $\omega t = \pi + a$ für die negative Stromhalbwelle bis zum jeweiligen Nulldurchgang des Stromes, der sich aus Gl. (72.2) berechnen läßt. Danach bleibt der Strom jedoch bis zum Wiederzünden des antiparallelen Thyristors Null.

Bild **73.**1 zeigt Oszillogramme eines Wechselstromstellers bei ohmscher, ohmisch-induktiver und induktiver Last. In jedem Oszillogramm ist außer der Wechselspannung u (dünne Linien) der Verlauf des Laststromes i für verschiedene Werte des Steuerwinkels α geschrieben worden. Bei ohmscher Last entstehen angeschnittene, sinusförmige Stromhalbschwingungen, s. Gl. (71.1), und bei induktiver Last Kuppen von sinusförmigen Stromhalbschwingungen, s. Gl. (72.1); zwischen diesen Kurvenflächen treten stromlose Lücken auf, wie sie ähnlich bei Stromkreisen mit Sättigungsdrosseln bekannt sind. Der Verlauf der Stromkurven für ohmisch-induktive Last entspricht Gl. (72.2).

Steuerkennlinien. Die Steuerkennlinien eines Wechselstromstellers in Abhängigkeit vom Steuerwinkel α können aus Gl. (71.1), (72.1) und (72.2) berechnet werden. Bei **ohmscher Last** R ergibt sich für den **Mittelwert des Laststromes**

$$I_\mathrm{av} = \frac{1}{\pi} \int\limits_{\alpha}^{\pi} i \sin \omega t \, \mathrm{d}\omega t = \frac{\hat{i}}{\pi}(1 + \cos\alpha) \tag{72.3}$$

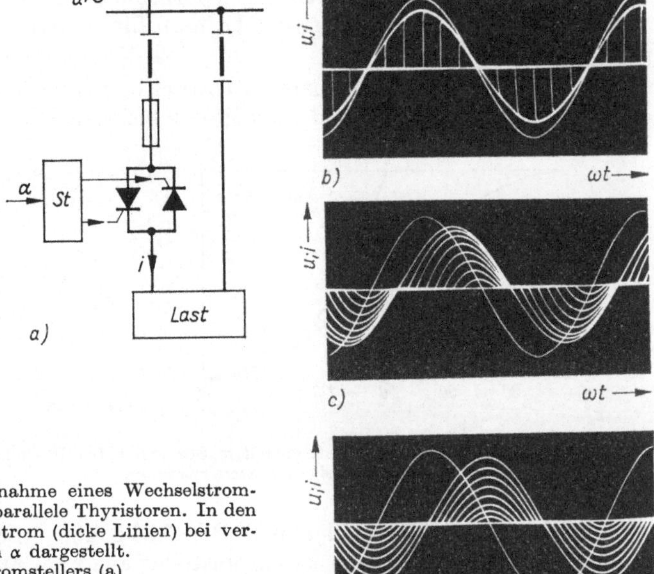

73.1 Steuerung der Stromaufnahme eines Wechselstromverbrauchers durch antiparallele Thyristoren. In den Oszillogrammen ist der Strom (dicke Linien) bei verschiedenen Steuerwinkeln α dargestellt.
Schaltung des Wechselstromstellers (a)
Strom- und Spannungsverlauf bei ohmscher (b)
ohmisch-induktiver (c)
induktiver Last (d)

Bezogen auf den Strommittelwert $I_{0\,\mathrm{av}} = \dfrac{2}{\pi}\,\hat{\imath}$ der Last bei $\alpha = 0$, erhält man

$$\frac{I_{\mathrm{av}}}{I_{0\,\mathrm{av}}} = \frac{1 + \cos\alpha}{2} \qquad (\alpha \text{ von } 0\ldots\pi) \tag{73.1}$$

Der Effektivwert des Laststromes kann nach der Gleichung

$$I_{\mathrm{eff}} = \sqrt{\frac{1}{\pi}\int\limits_{\alpha}^{\pi} \hat{\imath}^2 \sin^2\omega t \; \mathrm{d}\omega t} = \hat{\imath}\,\sqrt{\frac{1}{\pi}\left[\frac{1}{2}\,(\pi - \alpha) + \frac{1}{4}\sin 2\,\alpha\right]} \tag{73.2}$$

berechnet werden. Bezogen auf den größten Effektivwert bei $\alpha = 0$, $I_{0\,\mathrm{eff}} = \hat{\imath}/\sqrt{2}$, ergibt sich

$$\frac{I_{\mathrm{eff}}}{I_{0\,\mathrm{eff}}} = \sqrt{\frac{1}{\pi}\left(\pi - \alpha + \frac{1}{2}\sin 2\alpha\right)} \qquad (\alpha \text{ von } 0\ldots\pi) \tag{73.3}$$

Bei **induktiver Last** L erhält man unter Berücksichtigung von Gl. (72.1) in entsprechender Weise für den **bezogenen Mittelwert des Laststromes**

$$\frac{I_{\mathrm{av}}}{I_{0\,\mathrm{av}}} = \sin\alpha + (\pi - \alpha)\cos\alpha \qquad \left(\alpha \text{ von } \frac{\pi}{2}\ldots\pi\right) \tag{73.4}$$

und für den **bezogenen Effektivwert des Laststromes**

$$\frac{I_{\mathrm{eff}}}{I_{0\,\mathrm{eff}}} = \sqrt{\frac{4}{\pi}\left[(\pi - \alpha)\left(\cos^2\alpha + \frac{1}{2}\right) + \frac{3}{2}\sin\alpha\,\cos\alpha\right]} \qquad \left(\alpha \text{ von } \frac{\pi}{2}\ldots\pi\right) \tag{73.5}$$

Die Gl. (73.1) bis (73.5) gelten für **symmetrische Steuerung** des Wechselstromstellers, d.h., der Steuerwinkel α muß für positive und negative Stromhalbwellen gleich sein.

In Bild **74.**1 sind die errechneten **Steuerkennlinien eines Wechselstromstellers** aufgetragen. Bild **74.**1a zeigt den bezogenen Mittelwert des Laststromes,

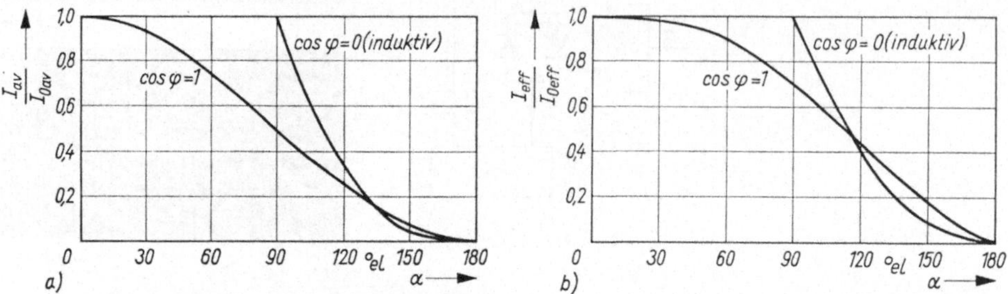

74.1 Steuerkennlinien eines Wechselstromstellers. Bezogener Mittelwert (a) und bezogener Effektivwert (b) des Laststromes in Abhängigkeit vom Steuerwinkel α

abhängig vom Steuerwinkel α, und Bild **74.**1b den bezogenen Effektivwert des Laststromes. Bei einem Wechselstromsteller aus zwei antiparallelen Thyristoren (Bild **73.**1a) ergibt sich für den Mittelwert des Stromes in einem Thyristor der halbe Mittelwert des Laststromes und für den Effektivwert des Thyristorstromes der $1/\sqrt{2}$fache Wert des Effektivwertes des Laststromes.

Steuerblindleistung. Bei der Anschnittsteuerung durch Zündverzögerung tritt eine **Verzerrung des Laststromes** auf, der Strom enthält also außer der Grundschwingung eine Reihe von Oberschwingungen, die sich nach der Fourier-Analyse aus der Stromkurve berechnen lassen. Außer der Erzeugung von Oberschwingungen durch die Verzerrung der Stromkurve ergibt sich im allgemeinen auch eine **Phasenverschiebung der Grundschwingung,** die eine Grundschwingungsblindleistung im Wechselstromnetz zur Folge hat.

In Bild **74.**2a ist als Beispiel die Grundschwingung i_1 des bei ohmscher Last und Anschnittsteuerung auftretenden sinusförmigen Teilabschnittes des Laststromes i dargestellt. Diese Grundschwingung des Stromes kann in eine Wirkkom

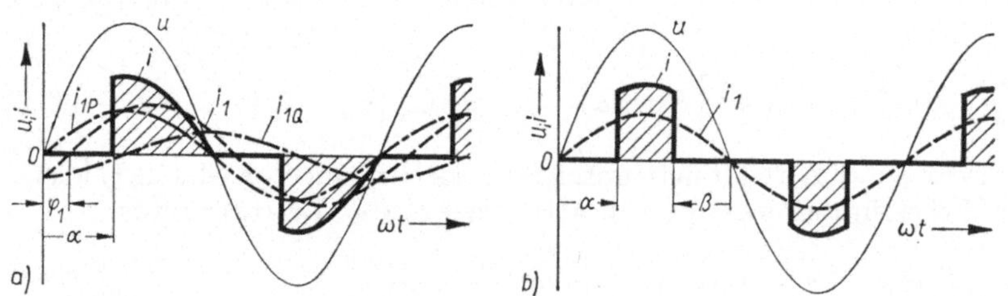

74.2 Entstehung von Grundschwingungsblindleistung und Verzerrungsleistung beim Wechselstromsteller

a) Zerlegung der Grundschwingung i_1 des angeschnittenen Stromblockes i (ohmsche Last) in Grundschwingungswirkstrom i_{1p} und Grundschwingungsblindstrom i_{1Q}

b) Vermeidung von Grundschwingungsblindleistung durch Anschnitt der Stromhalbwelle an Flanke und Rücken

ponente i_{1P}, die mit der Wechselspannung in Phase liegt und in eine **Blind-komponente** i_{1Q}, die gegenüber der Wechselspannung um 90 °el nacheilend verschoben ist, zerlegt werden. Diese Wirk- und Blindkomponenten der Grundschwingung des Stromes können nach den bekannten Methoden der Fourier-Analyse berechnet werden. Für den **Scheitelwert der Wirkkomponente** des Stromes der Grundschwingung ergibt sich

$$\hat{\imath}_{1P} = \frac{2}{\pi} \int\limits_{\alpha}^{\pi} \hat{\imath} \sin^2\omega t \ \mathrm{d}\omega t = \frac{1}{\pi} \left(\pi - \alpha + \sin\alpha \ \cos\alpha\right) \hat{\imath} \tag{75.1}$$

und für die **Blindkomponente**

$$\hat{\imath}_{1Q} = \frac{2}{\pi} \int\limits_{\alpha}^{\pi} \hat{\imath} \ \sin\omega t \ \cos\omega t \ \mathrm{d}\omega t = - \frac{1}{\pi} \sin^2\alpha \ \hat{\imath} \tag{75.2}$$

Daraus ergibt sich der **Phasenverschiebungswinkel** φ_1 der Grundschwingung

$$\varphi_1 = \arctan \frac{\hat{\imath}_{1Q}}{\hat{\imath}_{1P}} = \arctan \frac{\sin^2\alpha}{\pi - \alpha + \sin\alpha \ \cos\alpha} \tag{75.3}$$

Daß bei einem **ohmschen** Verbraucher überhaupt **Blindleistung** auftreten kann, ist zunächst überraschend. Die Grundschwingungsblindleistung wird jedoch erst durch die Kombination des ohmschen Verbrauchers mit einem steuerbaren Halbleiterventil erzeugt, das bei Anschnittsteuerung durch die Aufnahme von Spannungszeitflächen, ähnlich wie eine sättigbare Transduktordrossel, Blindleistung zu erzeugen vermag. Durch die außer der **Grundschwingungsblindleistung** auftretende, von den Oberschwingungen hervorgerufene **Verzerrungsleistung** wird erreicht, daß in keinem Augenblick Strom vom Verbraucher „gegen die Wechselspannung" zurückgeliefert wird, wozu ein ohmscher Verbraucher ja auch nicht in der Lage ist. Die Blindleistungsverhältnisse bei Anschnittsteuerung werden in Abschn. 4.1.7 über Stromrichter mit natürlicher Kommutierung noch ausführlich dargestellt.

In Bild **75.1** ist der Phasenverschiebungswinkel φ_1 der Grundschwingung, wie er in Abhängigkeit vom Steuerwinkel α beim einphasigen Wechselstromsteller auftritt, aufgetragen; der Lastwinkel φ ist Parameter. Die Kurve für $\varphi = 0$ (ohmsche Last) kann nach Gl. (75.3) berechnet werden. Die übrigen Kurven sind durch Bestimmung der Grundschwingung nach Fourier für den in Gl. (72.2) angegebenen Stromverlauf bei ohmisch-induktiver Last ermittelt. Bei induktiver Last ($\varphi = 90°$el) ist die Grundschwingung des Stromes, unabhängig vom Steuerwinkel α, für jeden Steuerzustand um $\varphi_1 = 90$ °el verschoben.

In Bild **74.2b** ist angedeutet, wie man bei gleichzeitigem Anschnitt der Strom-

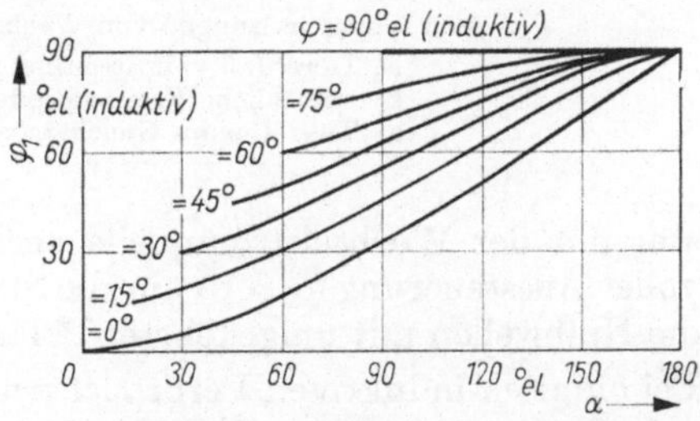

75.1 Phasenverschiebungswinkel φ_1 der Grundschwingung in Abhängigkeit vom Steuerwinkel α beim Wechselstromsteller (Lastwinkel φ als Parameter)

halbwelle an Flanke und Rücken die Grundschwingungsblindleistung vermeiden kann. Dieses Verfahren der Unterbrechung des Stromes vor seinem natürlichen Nulldurchgang kann jedoch nur durch Zwangslöschung, die Abschn. 5 behandelt, verwirklicht werden.

Sparschaltungen. In manchen Fällen genügt es, die Leistungsaufnahme eines Verbrauchers dadurch zu steuern, daß die Last nach Bild **76.1** a über nur einen Thyri-

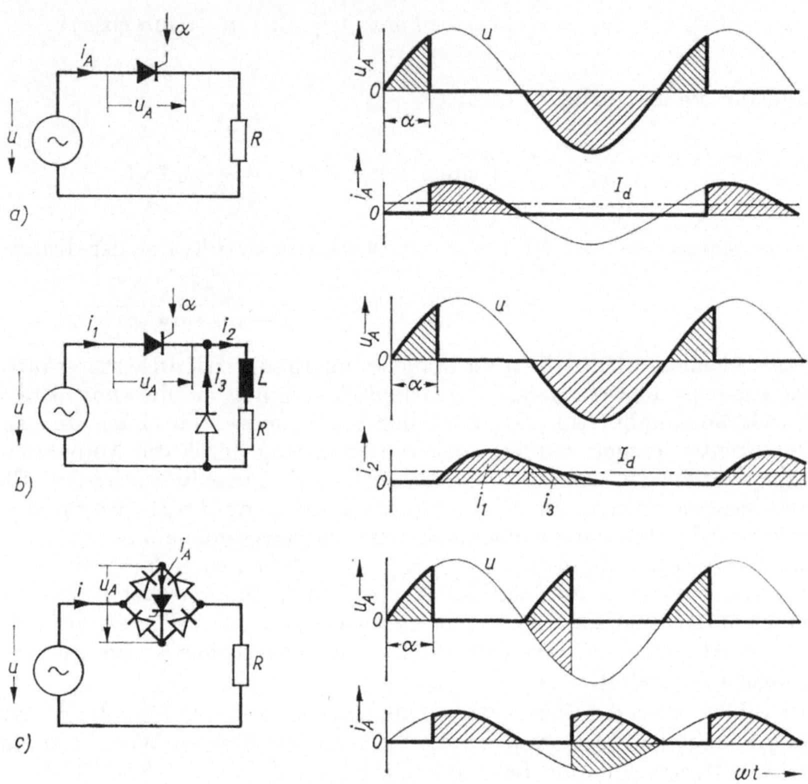

76.1 Sparschaltungen von Wechselstromstellern
  a) Durchlaß von Stromhalbwellen in nur einer Richtung
  b) zusätzliche Freilaufdiode bei ohmisch-induktiver Last
  c) Thyristor im Gleichstromzweig einer Diodenbrücke

stor mit der Wechselstromquelle verbunden wird. In der Last fließen dann bei voller Aussteuerung ($\alpha = 0$) nur die Stromhalbwellen der einen Richtung, während die Halbwellen mit umgekehrter Polarität unterdrückt werden.

Bei ohmisch-induktiven Verbrauchern kann die Stromflußdauer durch P a r a l l e l - s c h a l t u n g e i n e r F r e i l a u f d i o d e verlängert werden; eine derartige Schaltung zeigt Bild **76.1** b. Bei dieser Schaltung wird der Laststrom i_2 im Nulldurchgang der Wechselspannung u von der Freilaufdiode übernommen und klingt dann nach einer e-Funktion mit der Zeitkonstante $\tau = L/R$ ab.

Schließlich kann auch die bereits in Bild **68.**1 als Schalter gezeigte Schaltung mit einem Thyristor im Gleichstromzweig einer Diodenbrücke als Wechselstromsteller betrieben werden, wie in Bild **76.**1 c dargestellt. Von der Last aus betrachtet, arbeitet diese Schaltung genau so wie ein normaler Wechselstromsteller mit zwei antiparallelen Thyristoren.

3.2.2. Stellen von Drehstrom

Für das Stellen von mehrphasigen Stromsystemen mit anschnittgesteuerten Thyristorschaltern gelten ähnliche Arbeitsbedingungen wie für den einphasigen Wechselstromkreis. Im allgemeinen muß in jeder Zuleitung zum Verbraucher ein antiparalleles Halbleiterpaar vorgesehen werden, jedenfalls solange man eine symmetrische Stromsteuerung in allen Phasen erreichen will.

Grundschaltung. Als Grundschaltung für einen dreiphasigen Wechselstromsteller kann die bereits in Bild **68.**2 gezeigte Schaltung mit drei antiparallelen Thyristorpaaren verwendet werden, die beim Drehstromsteller jedoch periodisch ausgesteuert werden muß, und zwar mit einstellbarem Steuerwinkel α. Man erhält so ein Stellglied, mit dem man die vom dreiphasigen Verbraucher aufgenommene Leistung durch Verändern des Steuerwinkels α stetig vom vollen Wert auf Null heruntersteuern kann. Wegen der gegenseitigen Beeinflussung der drei Phasen sind die Verhältnisse jedoch nicht mehr so einfach zu überschauen wie beim einphasigen Wechselstromsteller.

Bild **78.**1a zeigt einen Drehstromsteller, der auf eine symmetrische ohmsche Last (Widerstand R je Phase) arbeitet. Das Steuergerät St führt den Thyristoren periodisch entsprechend dem Drehstromsystem in jeder Phase um 120 °el versetzte Zündimpulse zu. Die Steuerung soll so aufgebaut sein, daß der Steuerwinkel α stetig verändert werden kann. Das gezeichnete Zeigerdiagramm zeigt die Phasenlage der verschiedenen Spannungen zueinander. Zur Ermittlung des Spannungs- und Stromverlaufes an einem Drehstromsteller kann man so vorgehen, daß man zunächst, wie in Bild **78.**1b oben dargestellt, die Stromflußzeit der einzelnen Thyristorschalter S 1, S 2 und S 3 aufzeichnet. Diese Stromflußzeit reicht bei ohmscher Last jeweils von α bis π für die eine Stromrichtung und von $\pi + \alpha$ bis $2\,\pi$ für die andere Stromrichtung. Dabei sind die drei Phasen jeweils um 120 °el $\triangleq (2\,\pi)/3$ gegeneinander versetzt.

Spannungsverlauf. Für den Verlauf der Thyristorspannung u_{S1} am Schalter S 1 gilt nach Bild **78.**1 folgendes: Solange der entsprechende Thyristor noch nicht gezündet ist, liegt am Schalter S 1 die 1,5fache Phasenspannung. Dies ist im Zeigerdiagramm die Spannung U'_{10}, weil der Sternpunkt der Last auf das Potential 0' zwischen 2 und 3 springt, solange nur die Phasen 2 und 3 Strom führen und S 1 gesperrt ist. Entsprechendes gilt, wenn andere Phasen Strom führen. Nach dem Zünden geht die Thyristorspannung u_{S1} auf den Durchlaßspannungsabfall, d.h. praktisch auf Null, bis zum Ende der Stromflußdauer zurück. Die in Bild **78.**1 schraffiert gezeichneten Spannungsflächen werden also vom Thyristorschalter S 1 gesperrt. Der Verlauf der verketteten Spannung u'_{12} an der Last kann auf ähnliche Weise gefunden werden, wenn man die Stromflußdauer des Schalters S 2 mitberücksichtigt. Für die Zeitabschnitte, in denen beide Schalter S 1 und S 2 Strom

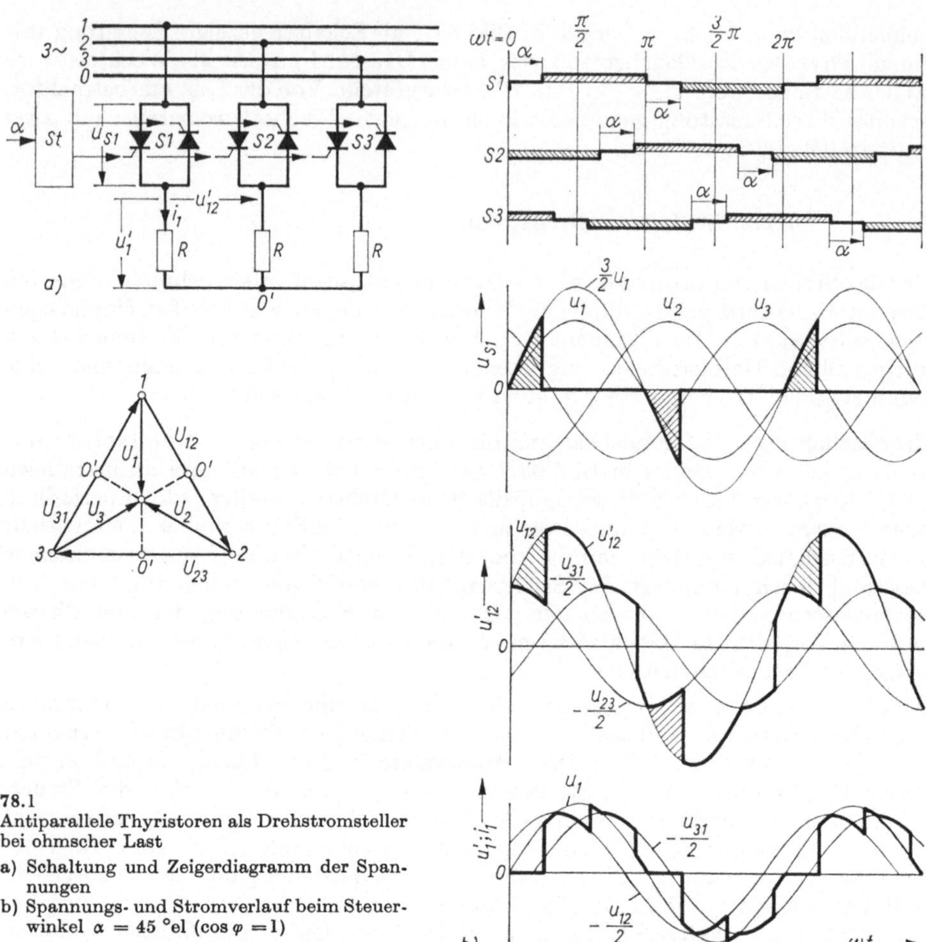

78.1
Antiparallele Thyristoren als Drehstromsteller
bei ohmscher Last

a) Schaltung und Zeigerdiagramm der Spannungen
b) Spannungs- und Stromverlauf beim Steuerwinkel $\alpha = 45\,°$el (cos $\varphi = 1$)

führen, ist die verkettete Spannung an der Last gleich der verketteten Spannung u_{12}
des Drehspannungssystems. In den übrigen Zeitabschnitten, in denen nur einer
der beiden Thyristorschalter S 1 oder S 2 Strom führt, ist die verkettete Spannung u'_{12} an der Last gleich der halben verketteten Spannung der beiden gerade
Strom führenden Phasen. Die Phasenspannung u'_1 kann ähnlich gefunden werden.
Bei ohmscher Last entspricht der Verlauf des Phasenstromes i_1 dieser Phasenspannung.

Bild **79.1** zeigt Spannungs- und Stromverlauf bei einem Drehstromsteller mit
induktiver Last (Induktivität L je Phase). Bei der Bestimmung des Spannungs-
und Stromverlaufes geht man zweckmäßigerweise wieder von der Stromflußdauer
der einzelnen Thyristorschalter S 1, S 2 und S 3 aus. Dabei ist zu beachten, daß der
Strom in jedem Schalter nach dem Zünden beim Steuerwinkel α einsetzt und infolge der Phasenverschiebung von $\pi/2$ bei induktiver Last nur bis zum Zeitpunkt
entsprechend $2\,\pi - \alpha$ weiterfließt. Auch hier findet man unter Zuhilfenahme des

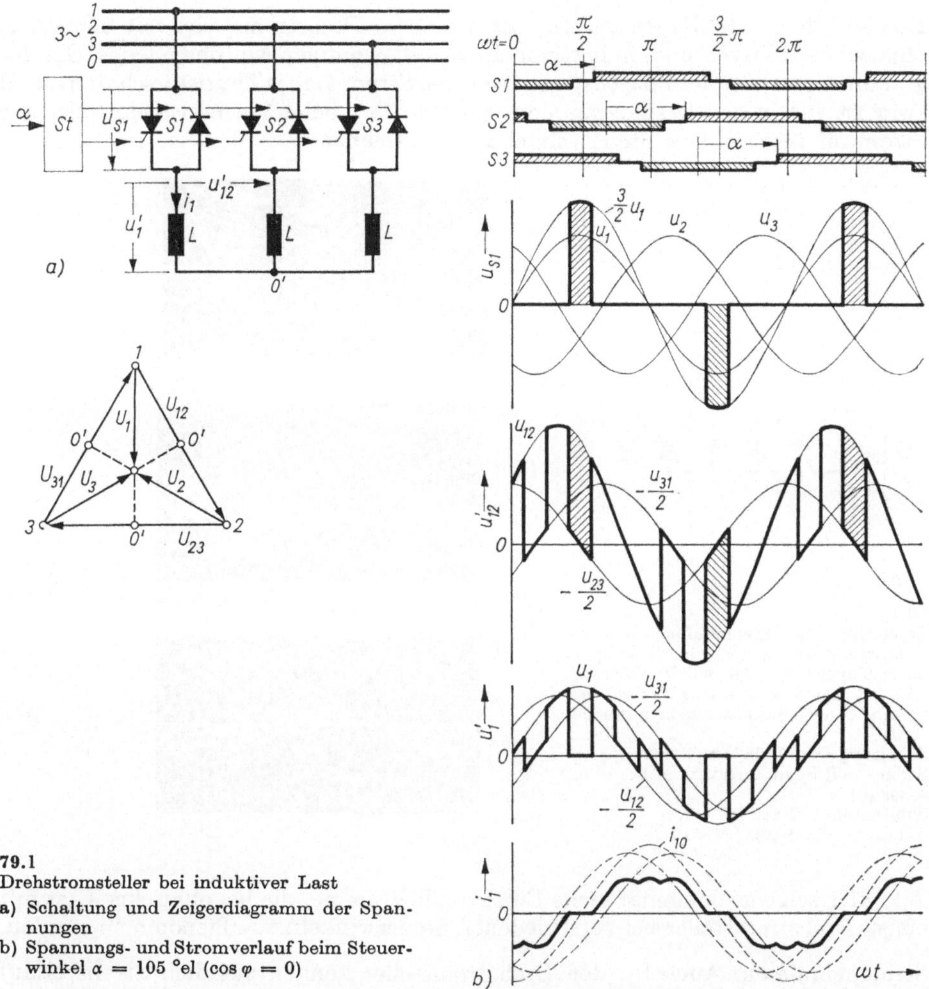

79.1
Drehstromsteller bei induktiver Last
a) Schaltung und Zeigerdiagramm der Spannungen
b) Spannungs- und Stromverlauf beim Steuerwinkel $\alpha = 105\ °\text{el}\ (\cos\varphi = 0)$

in Bild **79.1** a gezeichneten Zeigerdiagramms der Spannungen leicht den Verlauf der Thyristorschalterspannung u_{S1}, der verketteten Lastspannung u_{12} und der Phasenspannung u_1' an der Last. Diese Spannungen sind in Bild **79.1** b für den Steuerwinkel $\alpha = 105\ °\text{el}$ gezeichnet.

Stromverlauf. Bei o h m s c h e r L a s t entspricht, wie bereits gesagt, der Stromverlauf der Phasenspannung an der Last. Den Stromverlauf bei i n d u k t i v e r L a s t findet man, wenn man zunächst für die einzelnen an der Last zu verschiedenen Zeitpunkten auftretenden Phasenspannungen zugehörige fiktive, um 90 °el verschobene sinusförmige Ströme zeichnet. Den wirklichen Stromverlauf im Thyristorschalter erhält man dann durch Parallelverschiebung dieser Hilfslinien, indem man die einzelnen Kurvenstücke nach jedem Schaltvorgang aneinander setzt. Der so ermittelte Stromverlauf i_1 ist im Bild **79.1** b unten dargestellt.

Bild **80.**1 zeigt Oszillogramme, die an einem Drehstromsteller mit ohmscher, ohmisch-induktiver und induktiver Last aufgenommen wurden. Jedes Oszillogramm zeigt außer der Phasenspannung u den Strom i eines Thyristorschalters, und zwar ist wie in den Oszillogrammen von Bild **73.**1 beim Wechselstromsteller der Strom für verschiedene Steuerwinkel α aufgezeichnet.

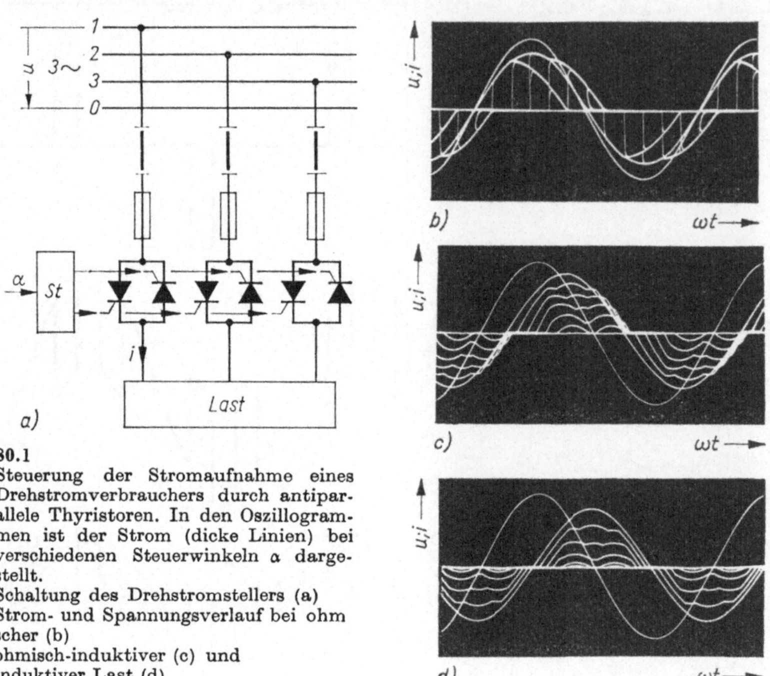

80.1
Steuerung der Stromaufnahme eines Drehstromverbrauchers durch antiparallele Thyristoren. In den Oszillogrammen ist der Strom (dicke Linien) bei verschiedenen Steuerwinkeln α dargestellt.
Schaltung des Drehstromstellers (a)
Strom- und Spannungsverlauf bei ohmscher (b)
ohmisch-induktiver (c) und
induktiver Last (d)

Bild **81.**1 zeigt noch einmal sechs Einzeloszillogramme, die bei ohmscher Last mit einem Drehstromsteller bei verschiedenen Steuerwinkeln α aufgenommen wurden.

Steuerkennlinien. Auch für den Drehstromsteller können aus dem Stromverlauf die Steuerkennlinien berechnet werden. Auf die Durchführung dieser Berechnung soll hier verzichtet werden, weil sie grundsätzlich der für einphasige Wechselstromsteller in Abschn. 3.2.1 durchgeführten Berechnung entspricht, wenn man den Strom aus einzelnen Teilabschnitten zusammensetzt. In Bild **81.**2 sind die Steuerkennlinien eines Drehstromstellers dargestellt, die aus [3.8] übernommen wurden.

Wie die Diagramme zeigen, braucht der Steuerwinkel α beim Drehstromsteller nur den Bereich von 0...150 °el zu überstreichen, um volle Aussteuerung zu erreichen.

Steuerblindleistung. Auch beim Drehstromsteller entsteht durch die Zündverzögerung Grundschwingungsblindleistung. In Bild **81.**3 ist der Phasenverschiebungswinkel φ_1 der Grundschwingung in Abhängigkeit vom Steuerwinkel α aufgetragen. Der Lastwinkel φ ist Parameter. Durch die teilweise Sperrung der Thyristoren wird schon bei ohmscher Last ($\varphi = 0$) Grundschwingungsblindleistung erzeugt.

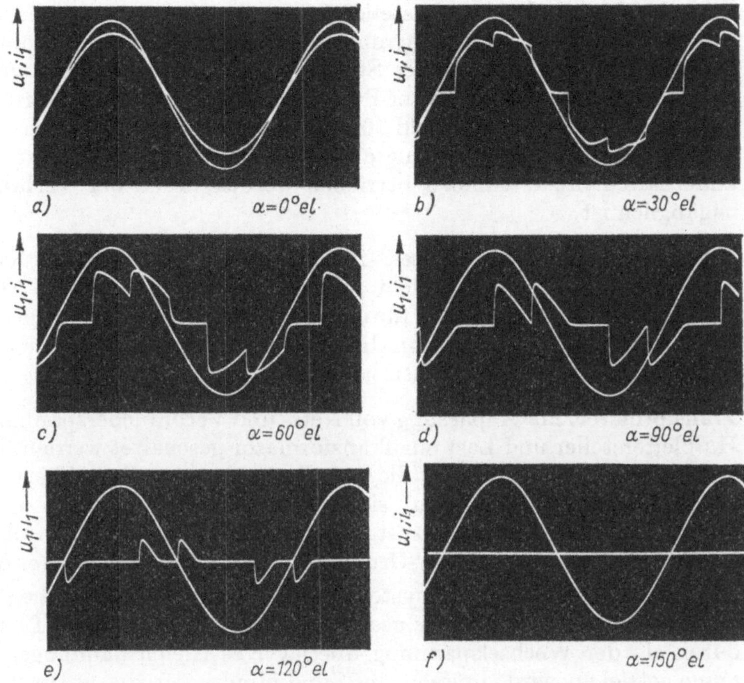

81.1
Oszillogramme des Laststromes und der zugehörigen Phasenspannung des Netzes bei einem Drehstromsteller mit ohmscher Last für verschiedene Steuerwinkel α

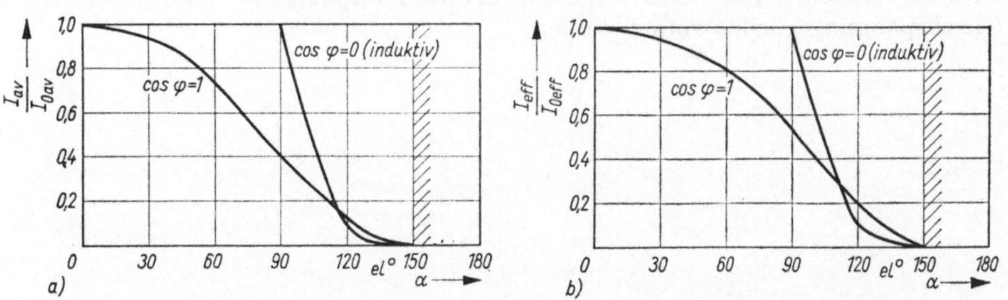

81.2 Steuerkennlinien eines Drehstromstellers. Bezogener **Mittelwert (a)** und bezogener **Effektivwert (b)** des Laststromes in Abhängigkeit vom Steuerwinkel α

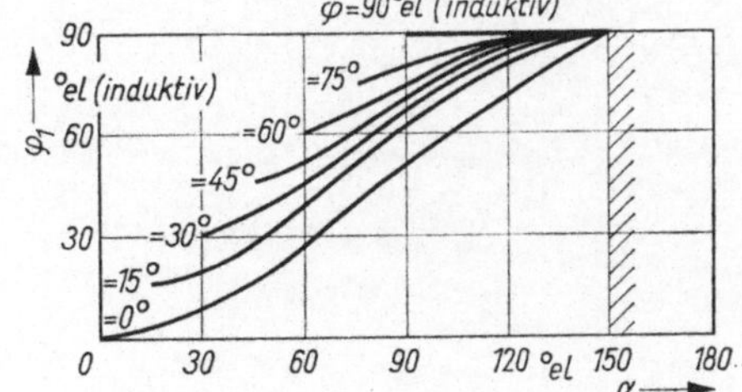

81.3 Phasenverschiebungswinkel φ_1 der Grundschwingung in Abhängigkeit vom Steuerwinkel α beim Drehstromsteller (Lastwinkel φ als Parameter)

Sparschaltungen. Drehstromsteller ohne Nulleiter, wie sie bisher behandelt wurden, können nicht nur symmetrisch sondern auch unsymmetrisch gesteuert werden. Bei unsymmetrischer Steuerung werden nur drei Thyristoren benötigt, denen Dioden mit umgekehrter Polarität parallel geschaltet werden. Die Schaltung entspricht dann der in Bild **70.1**b für einen Drehstromschalter gezeichneten Schaltung. Auch die Schaltung c) in Bild **70.1** kann als Drehstromsteller mit veränderbarem Steuerwinkel α betrieben werden, wenn der Verbrauchersternpunkt zugänglich ist.

Drehstromsteller mit Nulleiter. Beim Drehstromsteller mit Nulleiter ist der Sternpunkt der Last mit dem Mittelpunkt des speisenden Netzes verbunden. Damit ist die Schaltung auch für unsymmetrische Belastungen geeignet. Der Steller jeder einzelnen Phase kann in diesem Fall unabhängig von den beiden Nachbarphasen als einphasiger Wechselstromsteller betrieben werden.

Transformator. Zur Anpassung von Netz- und Verbraucherspannung kann zwischen Halbleitersteller und Last ein Transformator geschaltet werden. Beim Drehstromsteller ohne Nulleiter sollte die Belastung der einzelnen Phasen möglichst symmetrisch sein. Außerdem muß sich der Magnetisierungsstrom des Transformators unabhängig vom Belastungszustand ausbilden können, was durch Beschaltung des Transformators mit einer RC-Grundlast erreicht werden kann (s. Abschn. 8.1.3).

Auch bei einem Drehstromsystem mit Nulleiter kann zwischen Halbleitersteller und Last ein Transformator geschaltet werden. Damit der Transformator nicht durch ein der Wechselspannung überlagertes Gleichspannungsglied in die Sättigung getrieben wird, müssen die Zündimpulse für die antiparallelen Thyristorpaare möglichst genau um 180 °el gegeneinander versetzt sein. In manchen Fällen wird aus diesem Grund eine Regelung der Zündimpulse zur Vermeidung eines Gleichspannungsgliedes vorgenommen.

4.   Stromrichter mit natürlicher Kommutierung

Unter Kommutierung versteht man in der Elektrotechnik die Umleitung eines Stromes von einem Stromkreis in einen anderen. Bild **83**.1 zeigt die wesentlichen Merkmale eines Kommutierungsvorganges, bei dem die Übergabe des Stromes I_d vom Stromkreis 1 auf den Stromkreis 2 erfolgt. Die Kommutierung wird durch Schließen des Schalters S 2 eingeleitet. Sobald der Schalter S 2 geschlos-

sen ist, beginnt ein Kommutierungsstrom i_k zu fließen, der von der Kommutierungsspannung u_k getrieben wird. Dieser Kommutierungsstrom baut den Strom I_d im Stromkreis 1 ab und im Stromkreis 2 auf. Nach erfolgter Stromübergabe wird der Kommutierungsvorgang durch Öffnen des Schalters S 1 abgeschlossen. In der Stromrichtertechnik werden diese am Beginn und am Ende eines jeden Kommutierungsvorganges stehenden Schaltfunktionen natürlich nicht mit mecha-

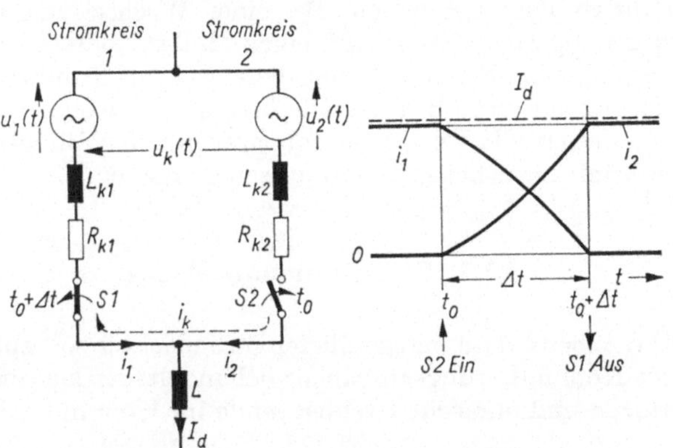

83.1 Kommutierung: Umleitung eines Stromes von einem Stromkreis in einen anderen

nischen Schaltern verwirklicht, sondern mit echten Ventilen, deren Ventilwirkung auf spezifischen physikalischen Eigenschaften beruht; hierzu gehören z. B. Gasentladungsgefäße oder Halbleiterelemente.

Voraussetzung für den gewünschten Ablauf der Kommutierung ist das Vorhandensein einer geeigneten Kommutierungsspannung u_k im Kommutierungskreis. Nutzt man als Kommutierungsspannung die im Netz vorhandenen „natürlichen" Spannungen aus, so spricht man von natürlicher Kommutierung. In diesem Abschnitt sollen die Schaltungen mit natürlicher Kommutierung behandelt werden. Anstelle der Netzspannungen können auch von der Last erzeugte Wechselspannungen zur natürlichen Kommutierung ausgenutzt werden. Im Fall der Netzkommutierung spricht man auch von netzgeführten Stromrichtern, im Fall der Lastkommutierung auch von lastgeführten Stromrichtern.

Die Stromrichter mit natürlicher Kommutierung nehmen in der Elektrotechnik bereits seit vielen Jahren einen wichtigen Platz ein [B 1; B 2; B 8; B 9; B 10; B 11]. Mit Quecksilberdampfgleichrichtern wurden besonders im letzten Jahrzehnt eine

"

große Anzahl von Gleichstromantrieben mit netzgeführten Stromrichtern gebaut, die mit natürlicher Kommutierung arbeiten. Auch nach der Einführung der Thyristoren in die Stromrichtertechnik sind zunächst die Schaltungen mit natürlicher Kommutierung das Hauptanwendungsgebiet der Energieelektronik geblieben [4.5; 4.11].

4.1. Netzgeführter Gleich- und Wechselrichter

Bei den netzgeführten Stromrichtern werden die im Netz zwischen den Strängen bzw. Phasen vorhandenen Spannungen zur Kommutierung ausgenutzt. Die Stromübergabe erfolgt jeweils von der vorauseilenden auf die folgende Phase in der Kommutierungszeit, während der beide Phasen Strom führen. Man nennt diese Zeit auch die Überlappung. Damit der Kommutierungsvorgang in der gewünschten Weise verläuft, muß die Spannung im Kommutierungskreis die richtige Polarität haben. Bei einer Wechselspannung hat die Kommutierungsspannung nur während der einen Halbperiode das richtige Vorzeichen. Damit ist der mögliche Kommutierungsbereich beim Stromrichter mit natürlicher Kommutierung auf diese Halbperiode beschränkt, wodurch sich, wie unten noch ausführlich dargestellt wird, Konsequenzen für den Blindleistungsbedarf von Stromrichtern mit natürlicher Kommutierung ergeben.

4.1.1. Gleichspannungsbildung

Die Arbeitsweise netzgeführter Stromrichter soll zunächst ohne Berücksichtigung des Kommutierungsvorganges behandelt werden; zunächst werden also die Reaktanzen und ohmschen Widerstände im Kommutierungskreis vernachlässigt.

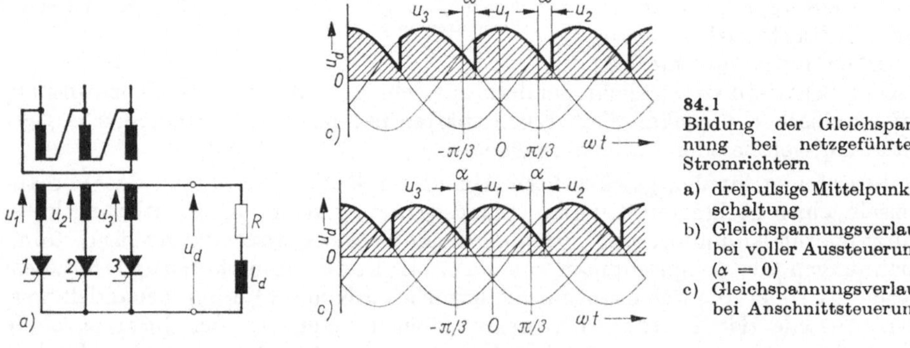

84.1
Bildung der Gleichspannung bei netzgeführten Stromrichtern

a) dreipulsige Mittelpunktschaltung
b) Gleichspannungsverlauf bei voller Aussteuerung ($\alpha = 0$)
c) Gleichspannungsverlauf bei Anschnittsteuerung

Bild 84.1a zeigt die Schaltung eines netzgeführten Stromrichters. Es handelt sich um die Dreiphasen-Sternschaltung, die eine dreipulsige Mittelpunktschaltung (M 3) darstellt. Bei dieser Schaltung liegen zwischen jeder Transformatorwicklung und der einen Gleichstromschiene je ein steuerbares Ventil, während die andere Gleichstromschiene am Sternpunkt des Transformators angeschlossen ist. An die Gleichstromlast werden also nacheinander die Phasenspannungen u_1, u_2 und u_3 gelegt, je nachdem welches Ventil gerade den Strom führt. Die Stromübergabe erfolgt nach Zünden des Folgeventils. Voraussetzung für die Stromübergabe ist, daß die Phasenspannung des neugezündeten Ventils höher ist als die des gerade stromführenden.

Ungesteuerter Gleichrichterbetrieb. Bei ungesteuerten Ventilen erfolgt die Stromübergabe im natürlichen Phasenschnittpunkt, in dem die Phasenspannung der nächsten Phase größer zu werden beginnt als die der vorhergehenden. Es ergibt sich als Gleichspannung u_d somit der in Bild 84.1 b auf den Kuppen der Phasenspannungen dick eingezeichnete Kurvenzug. Den arithmetischen Mittelwert der Gleichspannung erhält man durch Integrieren der Phasenspannung über den Zeitraum vom Beginn bis zum Ende der Stromführung. Es ergibt sich für ungesteuerten Gleichrichterbetrieb also

$$U_\mathrm{di} = \frac{1}{(2\pi)/3} \int\limits_{-\pi/3}^{+\pi/3} \sqrt{2}\, U \cos\omega t \; \mathrm{d}\omega t = \frac{1}{(2\pi)/3} \sqrt{2}\, U \sin\omega t \Big|_{-\pi/3}^{+\pi/3} = \frac{3}{\pi} \sqrt{2}\, U \sin\frac{\pi}{3} \quad (85.1)$$

Man nennt U_di die **idelle Leerlaufgleichspannung**, die man unter Vernachlässigung der ohmschen und induktiven Spannungsabfälle aus der Phasenspannung U auf der Sekundärseite des Stromrichtertransformators aus Gl. (85.1) berechnet.

Gl. (85.1) läßt sich auf Stromrichter mit beliebiger Pulszahl erweitern, wenn man q als **Kommutierungszahl** einer **Kommutierungsgruppe** einführt. Die Kommutierungszahl q bezeichnet also die Anzahl der während einer Netzperiode auftretenden Kommutierungsvorgänge innerhalb einer Gruppe von miteinander kommutierenden Ventilen. Die **Pulszahl** p ist die Gesamtzahl der nicht gleichzeitigen Kommutierungen einer Stromrichterschaltung während einer Periode des Wechselstromnetzes. Man erhält dann für die ideelle Leerlaufgleichspannung die Bestimmungsgleichung

$$U_\mathrm{di} = \frac{1}{(2\pi)/q} \int\limits_{-\pi/q}^{+\pi/q} \sqrt{2}\, U \cos\omega t \; \mathrm{d}\omega t = \frac{1}{(2\pi)/q} \sqrt{2}\, U \sin\omega t \Big|_{-\pi/q}^{+\pi/q} = \frac{q}{\pi} \sqrt{2}\, U \sin\frac{\pi}{q} \quad (85.2)$$

Diese Gleichung läßt sich noch verallgemeinern, wenn man – wie in der Stromrichtertechnik üblich – einen Faktor s einführt; dieser ist bei Mittelpunktschaltungen $s = 1$ und bei Brückenschaltungen $s = 2$. Man erhält dann als allgemeine Gleichung für die ideelle Leerlaufgleichspannung U_di

$$U_\mathrm{di} = s\, \frac{q}{\pi} \sqrt{2}\, U \sin\frac{\pi}{q} \quad (85.3)$$

Steuerwinkel. Wenn es sich um **steuerbare Ventile** handelt, erfolgt die Stromübergabe auf die nächste Phase erst nach Zündung des entsprechenden Ventils. Die Übergabe kann also verzögert werden, wenn das Folgeventil nicht im natürlichen Schnittpunkt der Phasenspannungen, sondern um den Winkel α später gezündet wird. Man spricht dann von **Anschnittsteuerung** des Stromrichters und nennt α den Steuerwinkel.

Bei einem Steuerwinkel α ergibt sich der in Bild **84.1**c eingezeichnete Verlauf der Gleichspannung u_d. Den Mittelwert der Gleichspannung kann man wieder durch Integrieren über die Phasenspannung wie bei Gl. (85.2) berechnen, jedoch mit Integrationsgrenzen, die um den Steuerwinkel α verschoben sind. Man erhält

$$U_{\mathrm{di}\,\alpha} = \frac{1}{(2\,\pi)/q} \int\limits_{-\frac{\pi}{q}+\alpha}^{+\frac{\pi}{q}+\alpha} \sqrt{2}\,U\cos\omega t\;\mathrm{d}\omega t = \frac{1}{(2\,\pi)/q}\,\sqrt{2}\,U\sin\omega t\;\Bigg|_{-\frac{\pi}{q}+\alpha}^{+\frac{\pi}{q}+\alpha} =$$

$$= \frac{q}{\pi}\,\sqrt{2}\,U\sin\frac{\pi}{q}\cos\alpha \tag{86.1}$$

und mit Einführung des Faktors s

$$U_{\mathrm{di}\,\alpha} = s\,\frac{q}{\pi}\,\sqrt{2}\,U\sin\frac{\pi}{q}\cos\alpha \tag{86.2}$$

Ein Vergleich der Gl. (85.2) und (86.1) bzw. (85.3) und (86.2) ergibt für die beim Steuerwinkel α auftretende ideelle Leerlaufgleichspannung $U_{\mathrm{di}\,\alpha}$

$$U_{\mathrm{di}\,\alpha} = U_{\mathrm{di}}\cos\alpha \tag{86.3}$$

Der Mittelwert der Gleichspannung ändert sich also nach der Kosinusfunktion des Steuerwinkels α.

4.1.2. Gleich- und Wechselrichterbetrieb

Der Steuerwinkel α kann von $\alpha = 0$ (ungesteuerter Gleichrichterbetrieb) ausgehend stetig gesteigert werden. Dabei ändert sich die Gleichspannung entsprechend der Kosinusfunktion mit zunehmendem Steuerwinkel α zunächst nur wenig. Bei weiterer Vergrößerung des Steuerwinkels wird dann der Mittelwert der Gleichspannung nach Gl. (86.3) bei $\alpha = 90\,°\mathrm{el}$ zu Null. Bei einer weiteren Verzögerung der Zündzeitpunkte der Folgeventile ($\alpha > 90\,°\mathrm{el}$) wird die Gleichspannung negativ und steigt mit zunehmender Zündverzögerung mit negativem Vorzeichen wieder an, bis sie bei $\alpha = 180°\mathrm{el} - \gamma$ den negativen Höchstwert erreicht.

Man nennt den Aussteuerungsbereich mit Steuerwinkeln von $90\,°\mathrm{el}\ldots180\,°\mathrm{el} - \gamma$ und negativem Gleichspannungsmittelwert Wechselrichterbetrieb. Im Gleichrichterbetrieb wird der Gleichstromlast über den Stromrichter Energie aus dem Wechselstromnetz zugeführt. Bei zunehmender Vergrößerung des Steuerwinkels kehrt unter Beibehaltung der von den Ventilen vorgeschriebenen Stromrichtung die Gleichspannung schließlich ihr Vorzeichen um. Damit kehrt sich auch die Richtung des Energieflusses um, d.h., im Wechselrichterbetrieb wird von der Gleichstromlast Energie über den Stromrichter ins Wechselstromnetz zurückgeführt. Der Stromrichter arbeitet in diesem Betriebszustand als netzgeführter Wechselrichter für die ins Wechselstromnetz zurückfließende Gleichstromleistung.

Die Kommutierungsspannung, das ist die Differenz zweier Phasenspannungen, hat im gesamten Bereich von $\alpha = 0\ldots180\,°\mathrm{el}$ das richtige Vorzeichen, da in diesem

Bereich die Phasenspannung der ablösenden Phase höher als die der vorhergehenden Phase ist. Bei weiterer Vergrößerung des Steuerwinkels α würde man nun in einen Betriebsbereich kommen, in dem die Kommutierungsspannung das „falsche" Vorzeichen hat, weil die Phasenspannung der ablösenden Phasen wieder kleiner wird als die der vorhergehenden. Dieser Bereich ist für die natürliche Kommutierung „verboten", da er zu Kurzschlüssen im Kommutierungskreis führt. Um einen genügenden Sicherheitsabstand zu diesem verbotenen Bereich zu haben, darf der Steuerwinkel α nicht ganz bis auf 180 °el gesteigert werden, sondern es muß im Wechselrichterbetrieb ein Sicherheitsabstand zum Schnittpunkt der Phasenspannungen eingehalten werden, der als Löschwinkel γ bezeichnet wird. Dieser Löschwinkel γ dient zur Sicherstellung der Kommutierung; hierauf wird später noch ausführlich eingegangen.

Bild **87.1** zeigt den Übergang eines Stromrichters in dreipulsiger Mittelpunktschaltung vom Gleichrichter- in den Wechselrichterbetrieb durch allmähliche Vergrößerung des Steuerwinkels α. Bei $\alpha = 0$ herrscht zunächst vollausgesteuerter Gleich-

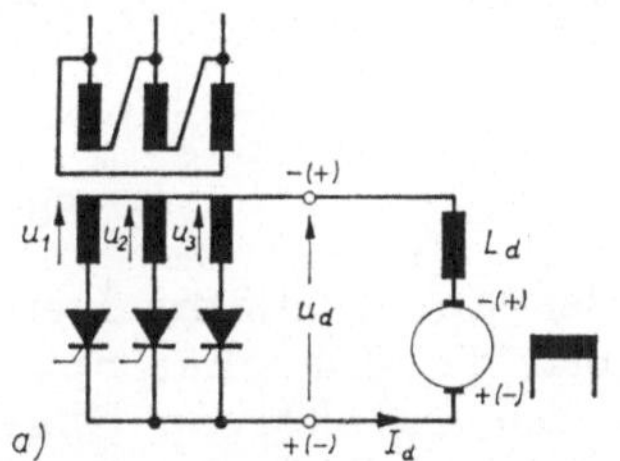

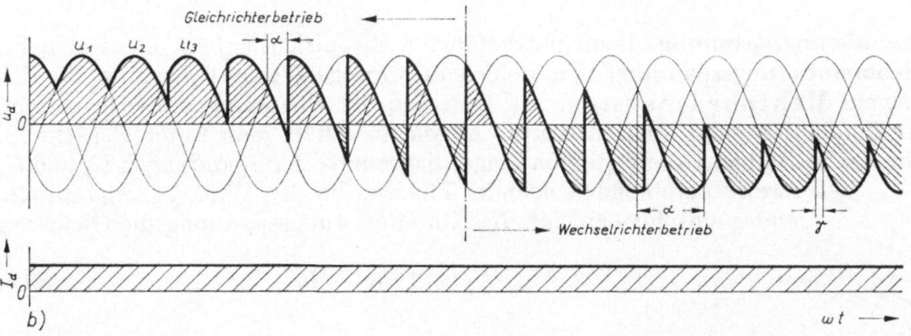

87.1
Allmählicher Übergang vom Gleichrichter- in den Wechselrichterbetrieb durch Vergrößern des Steuerwinkels α

richterbetrieb, bei Vergrößerung des Steuerwinkels (in Bild **87.1** um jeweils 15 °el) verringert sich die mittlere Gleichspannung bis auf Null bei $\alpha = 90°$; danach steigt sie mit entgegengesetztem Vorzeichen wieder an. Dabei kehrt der Mittelwert der Gleichspannung sein Vorzeichen um und erreicht seine maximal zulässige Höhe bei $\alpha = 180$ °el $- \gamma$. Dabei ist angenommen, daß der Gleichstrom I_d während der gesamten Zeit konstant bleibt. Die in Bild **87.1** als Gleichstrommaschine gezeichnete Last nimmt also im **Gleichrichterbetrieb Energie aus dem Drehstromnetz auf** und liefert im **Wechselrichterbetrieb Energie in das Drehstromnetz zurück.**

4.1.3. Kommutierung

Nachdem bei den obigen Betrachtungen Widerstände und Reaktanzen im Kommutierungskreis vernachlässigt wurden, soll nunmehr der Kommutierungsvorgang genauer untersucht werden.

Für den Stromverlauf während des Kommutierungsvorganges sind neben der Kommutierungsspannung u_k die im Kommutierungskreis vorhandenen Widerstände R_k und Reaktanzen L_k maßgebend. Mit den in Bild **83.1** im Kommutierungskreis eingezeichneten Widerständen und Reaktanzen geschieht die Kommutierung nach der Gleichung

$$u_1(t) - L_{k1} \frac{di_1}{dt} - R_{k1} i_1 = u_2(t) - L_{k2} \frac{di_2}{dt} - R_{k2} i_2 \qquad (88.1)$$

die mit $u_k(t) = u_2(t) - u_1(t)$ in der Form

$$u_k(t) = L_{k2} \frac{di_2}{dt} - L_{k1} \frac{di_1}{dt} + R_{k2} i_2 - R_{k1} i_1 \qquad (88.2)$$

geschrieben werden kann. Außerdem ist nach

$$i_1 + i_2 = I_d \qquad (88.3)$$

während des Kommutierungsvorganges die Summe der Ströme im Stromkreis 1 und 2 gleich dem Gleichstrom. Im allgemeinen kann man die ohmschen Spannungsabfälle im Kommutierungskreis gegenüber den induktiven Spannungsabfällen vernachlässigen, so daß im folgenden nur die Reaktanzen L_k im Kommutierungskreis berücksichtigt werden sollen.

Kommutierungsspannung. Beim netzgeführten Stromrichter handelt es sich bei der Kommutierungsspannung u_k um eine sinusförmige Wechselspannung, die sich bei einem Mehrphasensystem als Differenz der Spannungen zweier miteinander kommutierender Phasen ergibt. Allgemein erhält man unter Berücksichtigung des in Bild **88.1** dargestellten Zeigerdiagramms der Spannungen U_1 und U_2 zweier aufeinanderfolgender Phasen, die den Winkel $(2\pi)/q$ miteinander einschließen, für die Kommutierungsspannung die Gleichung

$$U_k = 2 \sin \frac{\pi}{q} \, U \qquad (88.4)$$

88.1 Zur Bestimmung der Kommutierungsspannung U_k

Daraus ergibt sich beispielsweise bei dem bisher betrachteten dreipulsigen Stromrichter die Kommutierungsspannung $U_k = 2 \sin 60° \cdot U = \sqrt{3}\, U$; die Kommutierungsspannung ist also gleich der verketteten Spannung des Dreiphasensystems.

Kurzschlußstrom. Vernachlässigt man die ohmschen Widerstände im Kommutierungskreis und nimmt man außerdem an, daß die Kommutierungsreaktanzen L_k in jedem der beiden Stromkreise gleich groß sind, so vereinfacht sich Gl. (88.2) für den Kommutierungsvorgang zu

$$u_\text{k} = 2\,L_\text{k}\,\frac{\mathrm{d}i_\text{k}}{\mathrm{d}t} \qquad (89.1)$$

In dieser Gleichung ist i_k der im Kommutierungskreis fließende **Kurzschlußstrom**, der nach der Beziehung

$$i_\text{k} = i_2 = I_\text{d} - i_1 \qquad (89.2)$$

mit den Strömen i_1 und i_2 in den beiden sich ablösenden Stromkreisen verknüpft ist.

Bei sinusförmig verlaufender Kommutierungsspannung $u_\text{k} = \sqrt{2}\cdot U_\text{k}\,\sin\omega t$ ergibt sich aus Gl. (89.1) für den Verlauf des Kurzschlußstromes im Kommutierungskreis

$$i_\text{k} = \frac{1}{2\,L_\text{k}}\int \sqrt{2}\,U_\text{k}\,\sin\omega t\;\mathrm{d}t \qquad (89.3)$$

Mit der Anfangsbedingung, daß im Zeitpunkt $t_0 = 0$ der Kurzschlußstrom $i_\text{k} = 0$ ist, erhält man daraus für den zeitlichen Verlauf des Kurzschlußstromes im Kommutierungskreis

$$i_\text{k} = \frac{\sqrt{2}\,U_\text{k}}{2\,\omega\,L_\text{k}}\,(1 - \cos\omega t) \qquad (89.4)$$

In Bild **89**.1 ist der Verlauf des Kurzschlußstromes i_k über der Zeit aufgetragen. Wird also der Kommutierungskurzschluß im Zeitpunkt $\omega t_0 = 0$ (Steuerwinkel $\alpha = 0$) eingeleitet, so beginnt der Kurzschlußstrom i_k nach einer Kosinusfunktion entsprechend Gl. (89.4) anzusteigen. Bei Aufrechterhaltung des

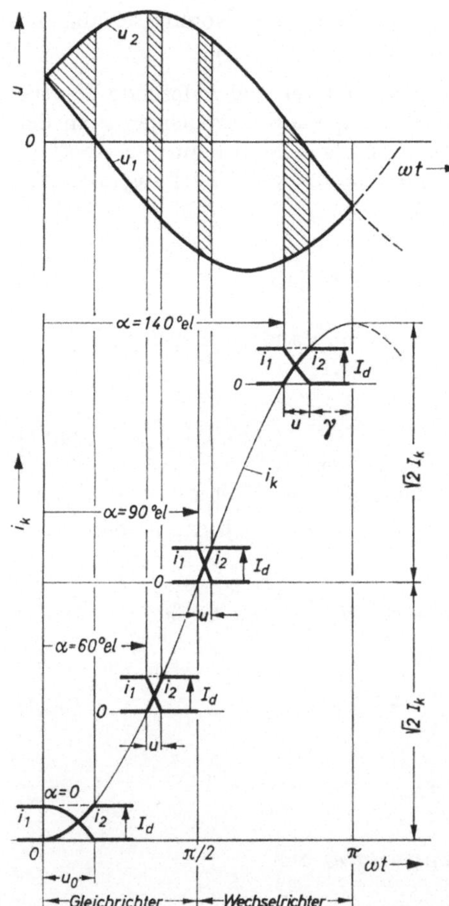

89.1 Verlauf der Kommutierungsströme in Abhängigkeit vom Steuerwinkel α

Kurzschlusses auch nach dem Ende des Kommutierungsvorganges würde der Kurzschlußstrom weiter ansteigen, und zwar bis auf seinen Maximalwert $2\sqrt{2}\,I_k$ mit $\sqrt{2}\,I_\text{k} = (\sqrt{2}\,U_\text{k})/(2\,\omega\,L_\text{k})$. In Wirklichkeit tritt bei ungestörtem Stromrichterbetrieb der Phasenkurzschluß nur während der **Kommutierungszeit** auf, bis der Strom in dem vorhergehenden Ventil zu Null wird und dieses sperrt. Je nach dem Steuerwinkel α ergeben sich für den zeitlichen Verlauf der Kommutierungsströme die entsprechenden Ausschnitte aus der Kurzschlußstromkurve in Bild **89**.1. Darin sind die Ströme zweier sich ablösender Phasen 1 und 2 für verschiedene Werte des Steuerwinkels α ($\alpha = 0$, 60°, 90° und 140 °el) eingezeichnet. Demnach läuft die Kommutierung, die bei $\alpha = 0$ zunächst verhältnismäßig langsam eingeleitet wird, mit wachsendem Steuerwinkel schneller ab, bis sie bei $\alpha = 90$ °el unter dem Maximum der Kommutierungsspannung u_k mit großer Stromsteilheit vor sich geht.

Bei weiterer Vergrößerung des Steuerwinkels α geht die Kommutierung im Wechselrichterbereich wieder langsamer vor sich.

Überlappung. Die Kommutierungszeit, während der zwei sich ablösende Ventile infolge der im Kommutierungskreis wirksamen Impedanzen gleichzeitig an der Stromführung beteiligt sind nennt man Überlappung u. Man kann die Überlappung mit Hilfe von Gl. (89.1) errechnen, indem man diese Gleichung über die Kommutierungszeit integriert und erhält dann

$$\int\limits^{u} u_k \, \mathrm{d}t = \int\limits^{u} 2\, L_k \, \frac{\mathrm{d}i_k}{\mathrm{d}t} \, \mathrm{d}t = 2\, L_k \int\limits^{u} \mathrm{d}i_k \tag{90.1}$$

Während der Kommutierungszeit bzw. Überlappung u ändert sich der Kommutierungsstrom i_k von 0 auf I_d. Damit wird aus Gl. (90.1)

$$\int\limits^{u} u_k \, \mathrm{d}t = 2\, L_k \, I_d \tag{90.2}$$

Bei dem Steuerwinkel α und sinusförmig verlaufender Kommutierungsspannung $u_k = \sqrt{2}\, U_k \sin\omega t$ berechnet man also die Überlappung u nach der Gleichung

$$\int\limits_{\alpha}^{\alpha + u} \sqrt{2}\, U_k \sin\omega t \, \mathrm{d}t = \frac{1}{\omega}\, \sqrt{2}\, U_k \cdot - \cos\omega t \, \Big|_{\alpha}^{\alpha + u} = 2\, L_k \, I_d \tag{90.3}$$

und erhält

$$\cos(\alpha + u) = \cos\alpha - \frac{2\, \omega\, L_k\, I_d}{\sqrt{2}\, U_k} \tag{90.4}$$

oder, mit $I_k = U_k/(2\,\omega\, L_k)$

$$\cos(\alpha + u) = \cos\alpha - \frac{I_d}{\sqrt{2}\, I_k} \tag{90.5}$$

Für $\alpha = 0$ ergibt sich die **Anfangsüberlappung** u_0 aus

$$\cos u_0 = 1 - \frac{I_d}{\sqrt{2}\, I_k} \tag{90.6}$$

Induktive Gleichspannungsänderung. Durch die Reaktanzen L_k im Kommutierungskreis entsteht, wie im folgenden gezeigt werden soll, eine induktive Gleichspannungsänderung, die den Mittelwert der abgegebenen Gleichspannung U_d herabsetzt. Diese induktive Gleichspannungsänderung, die in der Stromrichtertechnik mit D_x bezeichnet wird, soll mit Hilfe von Bild **91.1** berechnet werden.

Bild **91.1** a zeigt noch einmal die bereits behandelte dreipulsige Mittelpunktschaltung, die jedoch — im Gegensatz zu Bild **84.1** und Bild **87.1** — **Reaktanzen** L_k im Kommutierungskreis aufweist. Die gleichfalls im Kommutierungskreis auftretenden gestrichelt eingezeichneten **ohmschen Widerstände** R_k sollen hier noch vernachlässigt werden.

Während der Überlappungszeit u liegt die Kommutierungsspannung u_k an den beiden Kommutierungsinduktivitäten L_k, und zwar teilt sie sich bei gleichen Reaktanzen L_k in jeder Phase je zur Hälfte auf die beiden Reaktanzen auf. Die Gleichspannung u_d ist in Bild **91.1** b als Beispiel für voll ausgesteuerten Gleich-

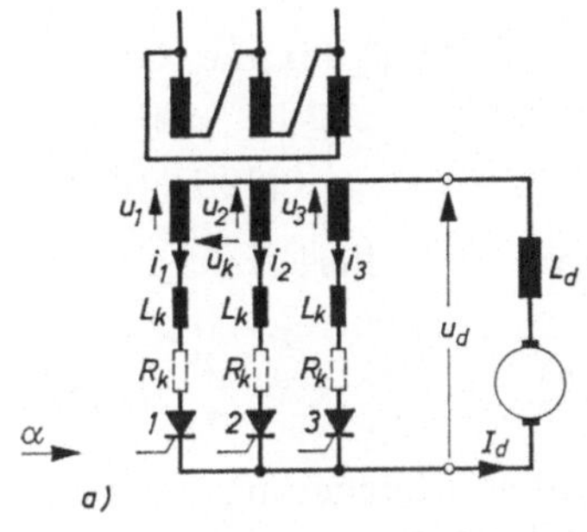

91.1 Kommutierungsvorgang bei einem netzgeführten Stromrichter

a) dreipulsige Mittelpunktschaltung
(I_d = const, $R_\mathrm{k} = 0$)
b) Strom- und Spannungsverlauf bei voller Aussteuerung (z.B. mit ungesteuerten Gleichrichterventilen
c) Gleichrichterbetrieb mit Anschnittsteuerung
d) Wechselrichterbetrieb nahe der Trittgrenze

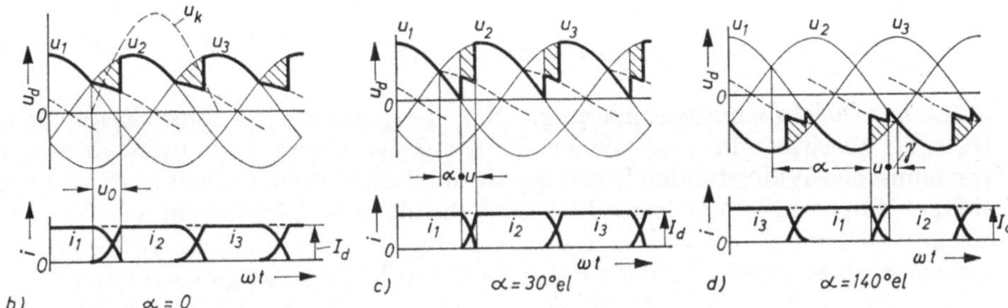

richterbetrieb und in Bild **91.1c** für den Steuerwinkel α im Gleichrichterbetrieb gezeichnet. Sie verläuft während der Kommutierungszeit u_0 (bzw. u) auf der gestrichelt eingezeichneten Linie zwischen den beiden Phasenspannungen und nach Abschluß der Kommutierung bis zum Beginn der nächsten Kommutierung auf der Phasenspannung des gerade stromführenden Ventiles. Durch den induktiven Spannungsabfall an den Kommutierungsreaktanzen verliert man also eine Gleichspannung entsprechend den zugehörigen Spannungszeitflächen. Nach Gl. (90.2) ist eine Spannungszeitfläche $1/2 \int\limits^u u_\mathrm{k}\, \mathrm{d}t = L_\mathrm{k} I_\mathrm{d}$. Die **induktive Gleichspannungsänderung** D_x kann nun mit Hilfe der Gleichung

$$D_\mathrm{x} = f\, s\, q\, L_\mathrm{k}\, I_\mathrm{d} \tag{91.1}$$

berechnet werden, wenn man berücksichtigt, daß in der Zeiteinheit $f\,s\,q$ Kommutierungen stattfinden. Hierin bedeuten f die Netzfrequenz und q die oben bereits eingeführte Kommutierungszahl einer Kommutierungsgruppe. Für s ist, wie ebenfalls bereits angegeben, bei Mittelpunktschaltungen 1 und bei Brückenschaltungen 2 einzusetzen.

Man kann die induktive Gleichspannungsänderung D_x auf die ideelle Leerlaufgleichspannung U_di beziehen und erhält dann die **relative induktive Gleichspannungsänderung**

$$d_\mathrm{x} = \frac{D_\mathrm{x}}{U_\mathrm{di}} = \frac{f\, s\, q\, L_\mathrm{k}\, I_\mathrm{d}}{U_\mathrm{di}} \tag{91.2}$$

Diese Gleichung kann unter Berücksichtigung von Gl. (85.2), (88.4) und (89.4) umgeformt werden:

$$d_\mathrm{x} = \frac{I_\mathrm{d}}{2\,\sqrt{2}\, I_\mathrm{k}} \tag{91.3}$$

Mit dieser Beziehung lassen sich auch die Gl. (90.5) und (90.6) für die Über-lappung umformen:

$$\cos(\alpha + u) = \cos\alpha - 2\,d_{\mathrm{x}} \quad \text{und} \quad \cos u_0 = 1 - 2\,d_{\mathrm{x}} \qquad (92.1)\ (92.2)$$

Für den Mittelwert der Gleichspannung U_{d} erhält man unter Berücksichtigung der induktiven Gleichspannungsänderung D_{x}

$$U_{\mathrm{d}} = U_{\mathrm{di}} - D_{\mathrm{x}} = U_{\mathrm{di}}\,(1 - d_{\mathrm{x}}) = U_{\mathrm{di}}\,\frac{1 + \cos u_0}{2} \qquad (92.3)$$

Diese Gleichung gilt für den Steuerwinkel $\alpha = 0$. Bei Anschnittsteuerung mit dem Steuerwinkel $\alpha \neq 0$ ergibt sich für den Mittelwert der Gleichspannung $U_{\mathrm{d}\,\alpha}$

$$U_{\mathrm{d}\,\alpha} = U_{\mathrm{di}}\cos\alpha - D_{\mathrm{x}} = U_{\mathrm{di}}\,(\cos\alpha - d_{\mathrm{x}}) = U_{\mathrm{di}}\,\frac{\cos\alpha + \cos(\alpha + u)}{2} \qquad (92.4)$$

Ohmsche Gleichspannungsänderung. Bei netzgeführten Stromrichtern großer Leistung überwiegt im allgemeinen die induktive Gleichspannungsänderung die von ohmschen Widerständen hervorgerufenen, bisher vernachlässigten Spannungs-abfälle. Man kann selbstverständlich auch die ohmsche Gleichspannungsänderung, die mit D_{r} bezeichnet wird, aus den Widerständen R_{k} im Kommutierungskreis berechnen. Man erhält für die ohmsche Gleichspannungsänderung

$$D_{\mathrm{r}} = R_{\mathrm{k}}\,I_{\mathrm{d}} \qquad (92.5)$$

Als weiterer Spannungsabfall tritt die Durchlaßspannung der Ventile in Erscheinung, die bei Verwendung von Thyristoren nur wenige Volt beträgt und daher häufig vernachlässigt werden kann.

Belastungskennlinie. Bild **92.1** zeigt die Belastungskennlinie eines netzgeführten Stromrichters bei voller Aussteuerung. Die Spannungsabfälle setzen sich aus der Durchlaßspannung U_{F} der Ventile, die in erster Näherung als stromun-

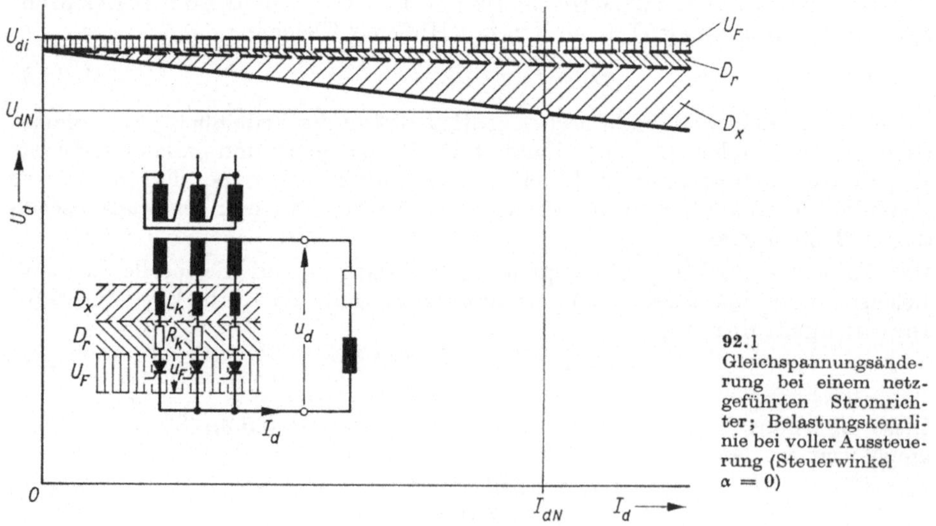

92.1
Gleichspannungsände-rung bei einem netz-geführten Stromrich-ter; Belastungskennli-nie bei voller Aussteue-rung (Steuerwinkel $\alpha = 0$)

abhängig angenommen werden kann, sowie der ohmschen Gleichspannungsänderung D_r und der induktiven Gleichspannungsänderung D_x, die beide linear vom Strom abhängen, zusammen. Bei Stromrichtern größerer Leistung beträgt die induktive Gleichspannungsänderung ein Mehrfaches (2...5fach) der ohmschen Gleichspannungsänderung.

Im Gleichrichterbetrieb bewirken die Spannungsabfälle eine Verminderung der abgegebenen Gleichspannung, im Wechselrichterbetrieb, bei dem die abgegebene Gleichspannung ihr Vorzeichen umkehrt, eine Erhöhung der Gleichspannung.

Löschwinkel. Der im Wechselrichterbetrieb sich ergebende Löschwinkel γ kann unter Berücksichtigung der Überlappung u bestimmt werden. Für den in Bild **89.1** rechts oben eingezeichneten Fall des Wechselrichterbetriebes mit dem Steuerwinkel $\alpha = 140\ °\mathrm{el}$ kann aus dem Verlauf des Kommutierungsstromes die Beziehung

$$I_\mathrm{d} = \sqrt{2}\, I_\mathrm{k} \cos\gamma - \sqrt{2}\, I_\mathrm{k} \cos (u + \gamma) \tag{93.1}$$

abgeleitet werden. Daraus ergibt sich

$$\cos (u + \gamma) = \cos\gamma - \frac{I}{\sqrt{2}\, I_\mathrm{k}} = \cos\gamma - 2\, d_\mathrm{x} \tag{93.2}$$

Hieraus kann der bei bekanntem Kurzschlußstrom I_k bzw. bekannter relativer Gleichspannungsänderung d_x im Wechselrichterbetrieb maximal einstellbare Steuerwinkel $\alpha = 180\ °\mathrm{el} - (u + \gamma)$ berechnet werden. Der Winkel $u + \gamma$ wird auch als Voreilwinkel β bezeichnet. Berücksichtigt man, daß der Löschwinkel γ auch bei Netzspannungsabsenkungen U/U_N und Überlastungen $I_\mathrm{d}/I_\mathrm{dN}$ erhalten bleiben soll, so kann der notwendige Voreilwinkel $\beta = u + \gamma$ aus

$$\cos\beta = \cos (u + \gamma) = \cos\gamma - 2\, d_\mathrm{x}\, \frac{I_\mathrm{d}}{I_\mathrm{dN}} \cdot \frac{U_\mathrm{N}}{U} \tag{93.3}$$

bestimmt werden.

Der Löschwinkel γ stellt den Zeitabschnitt dar, für den im Wechselrichterbetrieb nach Beendigung der Kommutierung und Sperrung des abgelösten Ventils negative Sperrspannung an dieses Ventil gelegt wird. Nach Durchlaufen des Löschwinkels γ geht die Sperrspannung am gelöschten Ventil durch Null und steigt anschließend auf positive Werte an. Damit die Löschung des Ventils sicher gewährleistet ist, muß der Löschwinkel γ größer als die Freiwerdezeit der verwendeten steuerbaren Ventile sein. Bei Thyristoren liegt diese Freiwerdezeit im allgemeinen unter 100 µs und ist somit erheblich kleiner als bei Quecksilberdampfgleichrichtern (s. Abschn. 5, Tafel **144.1**).

Unterschreitet der Löschwinkel auch nur für eine Kommutierung − z.B. infolge Spannungsabsenkung des Wechselstromnetzes oder Überlastung des Stromrichters − den Mindestwert, so tritt ein Kurzschluß zwischen den beiden sich ablösenden Wechselstromphasen auf, da das vorhergehende Ventil nicht mehr gelöscht werden kann, bevor die Kommutierungsspannung ihr Vorzeichen umkehrt und ein Kurzschlußstrom zwischen den beiden Stromrichterphasen einsetzt. Man spricht dann von einem „Kippen des Wechselrichters".

Bild **91.1** d zeigt den Spannungs- und Stromverlauf des dreipulsigen Stromrichters nahe an der Trittgrenze; bei ihrer Überschreitung besteht Kippgefahr. An den

Ventilen liegt dabei nach erfolgter Stromlöschung nur für den kurzen Zeitabschnitt des eingezeichneten Löschwinkels γ negative Sperrspannung.

4.1.4. Grundschaltungen

Für netzgeführte Stromrichter werden eine Reihe von Schaltungen verwendet, auf die im folgenden näher eingegangen werden soll. Man unterscheidet bei grober Einteilung Mittelpunktschaltungen, die auch als Einweg- oder Halbwellenschaltungen bezeichnet werden, und Brückenschaltungen, die auch Zweiweg- oder Vollwellenschaltungen genannt werden. In ihrer grundsätzlichen Arbeitsweise unterscheiden sich die Brückenschaltungen von den Mittelpunktschaltungen nicht, so daß es zunächst genügt, Spannungs- und Stromverlauf nur der Mittelpunktschaltungen zu betrachten.

Für Stromrichter mit Quecksilberdampfventilen wurden die Mittelpunktschaltungen bevorzugt, weil sie bei derselben Ventilzahl den doppelten Strom liefern. Die bei derselben Gleichspannung gegenüber Brückenschaltungen doppelt so große Spannungsbeanspruchung der Ventile kann wegen der hohen Spannungsfestigkeit der Quecksilberdampfgefäße in Kauf genommen werden. Mit der Einführung der Thyristoren haben wegen der begrenzten Spannungsfestigkeit der Halbleiterelemente die Brückenschaltungen die größere Bedeutung erlangt.

Dreiphasen-Sternschaltung. Bild **95**.1 zeigt die Strom- und Spannungsverhältnisse bei der Dreiphasen-Sternschaltung, einer dreipulsigen Mittelpunktschaltung. Bei der Bestimmung des Strom- und Spannungsverlaufes sind wieder idealisierte Verhältnisse vorausgesetzt, nämlich: Keine Widerstände und Reaktanzen im Kommutierungskreis ($R_\mathrm{k} = 0$; $L_\mathrm{k} = 0$), vollkommene Glättung des Gleichstromes I_d ($L_\mathrm{d} \to \infty$).

Bild **95**.1 a zeigt die Schaltung mit den Formelzeichen für Spannungen und Ströme. Daneben sind die Spannungs- und Stromverläufe für verschiedene Steuerwinkel α dargestellt. Bei vollausgesteuertem Gleichrichterbetrieb (Bild **95**.1 b für $\alpha = 0$) verläuft die Gleichspannung u_d, wie bereits oben besprochen, auf den Kuppen der entsprechenden Phasenspannungen u_1, u_2 und u_3. Der als vollkommen geglättet angenommene Gleichstrom I_d setzt sich aus den drei Ventilströmen i_1, i_2 und i_3 mit jeweils 120 °el Stromflußdauer zusammen. Bei dem hier angenommenen idealisierten Kommutierungsfall ohne Kommutierungsreaktanzen ergeben sich für die Ventilströme rechteckförmige Stromblöcke. In Wirklichkeit erfolgt die Kommutierung bei einem netzgeführten Stromrichter natürlich in endlicher Zeit und der Kommutierungsstrom verläuft so, wie in Bild **89**.1 und **91**.1 dargestellt.

Für die Thyristorspannung u_Al ergibt sich während der Stromführung die Durchlaßspannung, die in der Darstellung vernachlässigt werden kann. Nach erfolgter Stromabgabe legt sich an den Thyristor zunächst die verkettete Spannung mit der ablösenden Phase, nach erneuter Stromübergabe die verkettete Spannung mit der vorhergehenden Phase. Während bei einem Steuerwinkel $\alpha = 0$ die Sperrspannung am Thyristor (zumindest für den hier angenommenen Fall idealer Kommutierung) sich mit endlicher Steigung ausbildet, springt sie bei Anschnittsteuerung nach der Stromübergabe auf den Augenblickswert der verketteten Spannung.

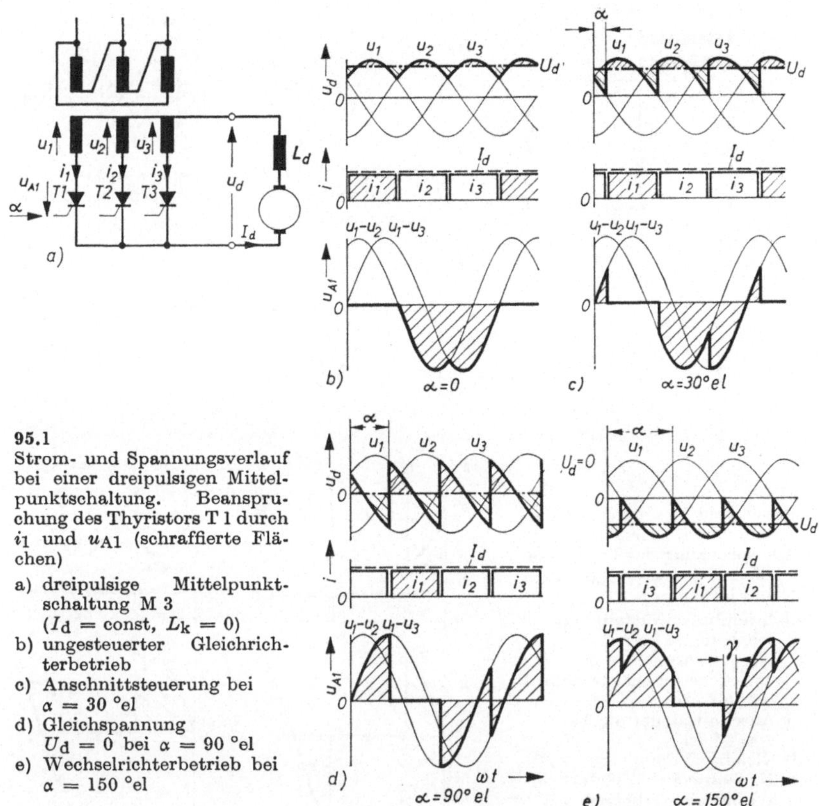

95.1
Strom- und Spannungsverlauf bei einer dreipulsigen Mittelpunktschaltung. Beanspruchung des Thyristors T 1 durch i_1 und u_{A1} (schraffierte Flächen)

a) dreipulsige Mittelpunktschaltung M 3
   (I_d = const, L_k = 0)
b) ungesteuerter Gleichrichterbetrieb
c) Anschnittsteuerung bei
   α = 30 °el
d) Gleichspannung
   U_d = 0 bei α = 90 °el
e) Wechselrichterbetrieb bei
   α = 150 °el

Bild **95.1** c zeigt Anschnittsteuerung im Gleichrichterbetrieb mit dem Steuerwinkel α = 30 °el, Bild **95.1** d Anschnittsteuerung mit α = 90 °el; hier ist der Mittelwert der Gleichspannung U_d = 0. Schließlich ist in Bild **95.1** e Wechselrichterbetrieb bei dem Steuerwinkel α = 150° dargestellt; der Mittelwert der Gleichspannung U_d ist dabei auf die negative Seite gewandert. Am Thyristor liegt nach der Stromübergabe nur noch für eine kurze Zeitdauer, entsprechend dem Löschwinkel γ, eine negative Sperrspannungsspitze, ehe die Sperrspannung entsprechend dem Verlauf der verketteten Spannung auf positive Werte ansteigt.

Zweiphasenschaltung. Eine Mittelpunktschaltung mit zwei Phasen, die sogenannte Zweiphasenschaltung (M 2) zeigt Bild **96.1**. Auch hier soll vollkommene Glättung des Wechselstromes und idealisierte Kommutierung ohne Reaktanzen vorausgesetzt werden. Die Wechselspannung auf der Sekundärseite des mittelangezapften Stromrichtertransformators ist in zwei um 180 °el gegeneinander versetzte Phasenspannungen u_1 und u_2 unterteilt. Somit lassen sich die oben abgeleiteten Gleichungen für die Berechnung der Gleichspannung U_d auch für die Zweiphasenschaltung anwenden.

Bild **96.1** b zeigt vollausgesteuerten Gleichrichterbetrieb mit dem Steuerwinkel α = 0. Die Gleichspannung u_d setzt sich in diesem Fall aus gleichgerichteten Sinus-

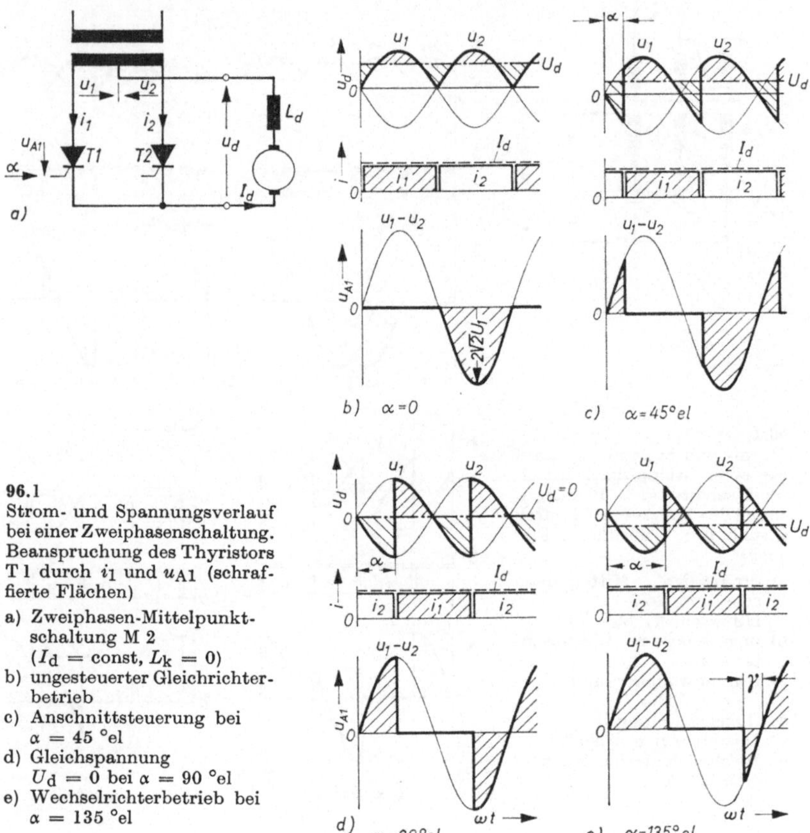

96.1
Strom- und Spannungsverlauf bei einer Zweiphasenschaltung. Beanspruchung des Thyristors T 1 durch i_1 und u_{A1} (schraffierte Flächen)

a) Zweiphasen-Mittelpunktschaltung M 2
   (I_d = const, L_k = 0)
b) ungesteuerter Gleichrichterbetrieb
c) Anschnittsteuerung bei
   α = 45 °el
d) Gleichspannung
   U_d = 0 bei α = 90 °el
e) Wechselrichterbetrieb bei
   α = 135 °el

halbschwingungen zusammen. In den beiden Thyristoren fließen rechteckförmige Stromblöcke mit 180 °el Stromflußdauer. Als Sperrspannung liegt am Thyristor die verkettete Spannung, das ist die doppelte Phasenspannung u_1 bzw. u_2. Bei Anschnittsteuerung, wie sie in Bild **96.1** c für den Steuerwinkel α = 45 °el gezeichnet ist, springt die Gleichspannung bei Zündung der Folgephase auf die entsprechende Phasenspannung. In ähnlicher Weise springt die Thyristorspannung nach erfolgter Stromabgabe auf den Augenblickswert der verketteten Spannung. Bild **96.1** d zeigt die Verhältnisse für den Steuerwinkel α = 90 ° el; hier wird der Mittelwert der Gleichspannung zu Null. Bild **96.1** e stellt den Wechselrichterbetrieb mit α = 135 °el dar. Nach der Stromführung liegt auch hier wieder während des Löschwinkels γ eine negative Sperrspannung am Thyristor.

Sechsphasen-Sternschaltung. In Bild **97.1** ist die Sechsphasen-Sternschaltung, eine Mittelpunktschaltung (M 6) dargestellt. Bei dieser Schaltung hat der Stromrichtertransformator auf der Sekundärseite sechs jeweils um 60 °el versetzte Wicklungen, die in Stern geschaltet sind. Jede der sechs Wicklungen ist über ein Ventil mit der einen Gleichstromseite verbunden, während die andere Gleichstromseite

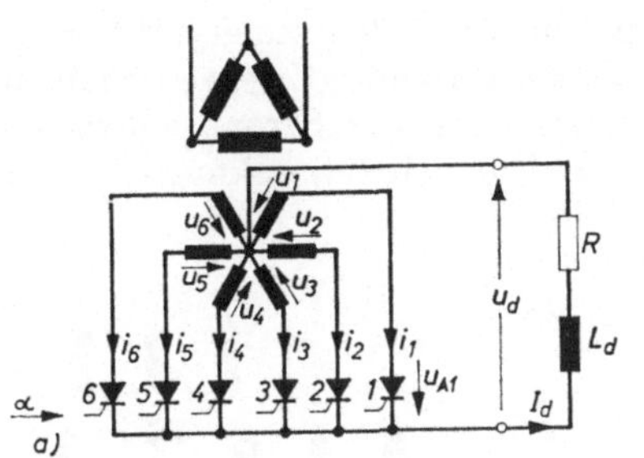
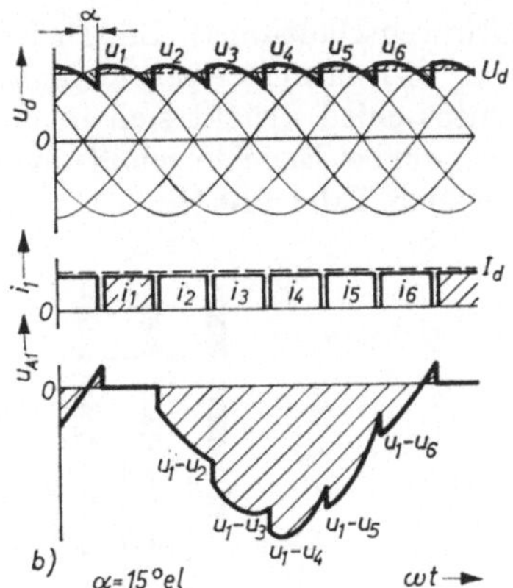

97.1 Stromrichter in Sechsphasen-Sternschaltung
 a) Schaltung
 b) Spannungs- und Stromverlauf bei Anschnittsteuerung

an den Transformatorsternpunkt angeschlossen wird. Bild **97.1** a zeigt die Schaltung mit den Formelzeichen für Spannungen und Ströme.

Der Verlauf der Gleichspannung u_d, der Ventilströme i_1 bis i_6 und der Spannung u_{A1} am Thyristor 1 für den Steuerwinkel $\alpha = 15$ °el ist in Bild **97.1** b dargestellt. Die Gleichspannung u_d ist bei der sechsphasigen Sternschaltung sechspulsig; entsprechend der Stromführungsdauer der einzelnen Ventile von 60 °el folgt sie der jeweiligen Phasenspannung u_1 bis u_6.

Die Sperrspannung am Thyristor setzt sich aus verschiedenen Teilabschnitten zusammen, die von der jeweiligen verketteten Spannung zur gerade stromführenden Phase gebildet werden.

Die Sechsphasen-Sternschaltung hat früher für sechsanodige Quecksilberdampfgefäße häufig Anwendung gefunden. Mit der Einführung der Thyristoren hat sie inzwischen wegen ihrer ungünstigen Stromflußdauer der Ventile von nur 60 °el an Bedeutung verloren.

Brückenschaltungen. Für Thyristoren werden vorzugsweise Brückenschaltungen verwendet. Da es sich hierbei eigentlich jedoch nur um die Reihenschaltung zweier Stromrichter in Mittelpunktschaltung handelt, kann auf eine besondere Behandlung der Brückenschaltungen hier verzichtet werden; es sei lediglich auf folgendes hingewiesen.

Das charakteristische Merkmal der Brückenschaltungen gegenüber den entsprechenden Mittelpunktschaltungen besteht darin, daß bei gleicher Höhe der geforderten Gleichspannung die Spannungsbeanspruchung der Ventile nur halb so groß ist wie bei den entsprechenden Mittelpunktschaltungen. Bei der oben für die ideelle Gleichspannung U_{di} abgeleiteten Gl. (85.3) drückt sich dieser Unterschied durch den Faktor s aus, für den bei Mittelpunktschaltungen 1 und bei Brückenschaltungen 2 einzusetzen ist.

Ein weiterer Unterschied zwischen Brückenschaltungen und Mittelpunktschaltungen besteht in der besseren Ausnutzung des Stromrichtertransformators, der bei Mittelpunktschaltungen auf der Sekundärseite nur von Stromblöcken in der einen Richtung durchflossen und damit schlecht ausgenutzt wird

(Einwegschaltung!). Bei Brückenschaltungen fließen auch auf der Sekundärseite des Stromrichtertransformators Wechselströme (Zweiwegschaltung!). Dieser Unterschied drückt sich in der Bauleistung der Stromrichtertransformatoren aus, die bei Brückenschaltungen kleiner als bei Mittelpunktschaltungen ist (s. hierzu auch Tafel **100**.1).

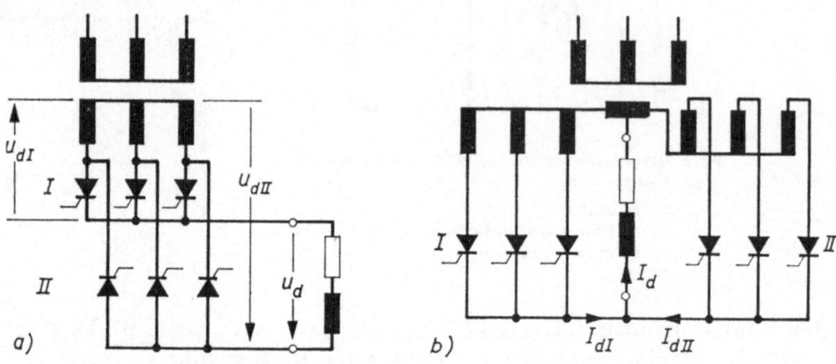

98.1 Reihen- und Parallelschaltung zweier Stromrichter in M 3-Schaltung
   a) Dreiphasen-Brückenschaltung
   b) Saugdrosselschaltung

Den Aufbau einer Brückenschaltung aus zwei in Reihe geschalteten Stromrichtern in Mittelpunktschaltung zeigt Bild **98**.1a. Man ersieht aus dieser Darstellung, daß man sich z.B. eine Dreiphasen-Brückenschaltung aus zwei an derselben Transformator-Sekundärwicklung liegenden Stromrichtern I und II in Dreiphasen-Mittelpunktschaltung, die auf der Gleichspannungsseite in Reihe geschaltet sind, zusammengesetzt denken kann. Für die resultierende Gleichspannung u_d gilt

$$u_\mathrm{d} = u_\mathrm{d\,I} + u_\mathrm{d\,II} \tag{98.1}$$

Da die beiden in Reihe geschalteten dreipulsigen Teilgleichspannungen $u_\mathrm{d\,I}$ und $u_\mathrm{d\,II}$ um 180 °el gegeneinander verschoben sind, ergibt sich für die resultierende Gleichspannung u_d in der Dreiphasen-Brückenschaltung eine **sechspulsige Welligkeit**.

Saugdrosselschaltung. Statt einer **Reihenschaltung** zweier Teilstromrichter kann auch eine **Parallelschaltung** vorgenommen werden, wie sie in Bild **98**.1b dargestellt ist. Hier werden zwei Teilstromrichter I und II durch Arbeiten auf eine gemeinsame Gleichstromlast parallel geschaltet, wodurch sich die Gleichströme $I_\mathrm{d\,I}$ und $I_\mathrm{d\,II}$ der beiden Teilstromrichter auf der Gleichstromseite addieren; also

$$I_\mathrm{d} = I_\mathrm{d\,I} + I_\mathrm{d\,II} \tag{98.2}$$

Da auch hier die dreipulsigen Gleichspannungen der beiden Teilstromrichter um 180 °el phasenversetzt sind, muß die Parallelschaltung über eine Induktivität, die **Saugdrossel**, vorgenommen werden, welche die Differenzspannung der beiden Teilstromrichter I und II aufnimmt. Die resultierende Gleichspannung ist bei der Saugdrosselschaltung wie bei der Brückenschaltung **sechspulsig**.

Die Saugdrosselschaltung eignet sich besonders für Anwendungen, bei denen hohe Ströme auf der Gleichstromseite gefordert werden. Bei gleicher Spannungsbeanspruchung der Ventile liefert sie allerdings nur die halbe Gleichspannung wie eine Brückenschaltung.

4.1.5. Strom- und Spannungsbeanspruchung der Thyristoren

Maximale Ventilspannung. Bei den behandelten Schaltungen netzgeführter Stromrichter tritt als S p e r r s p a n n u n g an den steuerbaren Ventilen die verkettete Spannung zwischen der Phase, in der das Ventil liegt, und der gerade stromführenden Phase auf. Bei zwei- und dreiphasigen Schaltungen ist diese verkettete Spannung gleich der K o m m u t i e r u n g s s p a n n u n g. Man erhält also für die maximal am Ventil auftretende Spannung $\hat{u}_\mathrm{A}$ die Beziehung

$$\hat{u}_\mathrm{A} = \sqrt{2}\, U_\mathrm{k} \tag{99.1}$$

die unter Berücksichtigung von Gl. (88.4) bzw. (85.3) in

$$\hat{u}_\mathrm{A} = \sqrt{2}\, 2 \sin \frac{\pi}{q}\, U = \frac{2}{s} \cdot \frac{\pi}{q}\, U_\mathrm{di} \tag{99.2}$$

umgeformt werden kann. Man ersieht auch aus dieser Gleichung, daß bei Brückenschaltungen mit $s = 2$ die Spannungsbeanspruchung der Ventile nur halb so groß ist wie bei Mittelpunktschaltungen mit $s = 1$.

Sprungspannung. Als Sprungspannung bezeichnet man d e n Augenblickswert der Sperrspannung, auf den die Ventilspannung nach erfolgter Stromübergabe springt. Die Sprungspannung ergibt sich als Augenblickswert der verketteten Spannung zwischen der Ventilphase und der ablösenden Phase im Augenblick der Stromlöschung. Die Sprungspannung u_spr ist vom Steuerwinkel α abhängig. Man berechnet sie bei der Überlappung u nach folgender Gleichung

$$u_\mathrm{spr} = \sqrt{2}\, U_\mathrm{k} \sin (\alpha + u) \tag{99.3}$$

Für $\sin (\alpha + u) = 1$ tritt der Scheitelwert der Sprungspannung (s. Bild **95.1** d und Bild **96.1** d) $\hat{u}_\mathrm{spr} = \sqrt{2}\, U_\mathrm{k}$ auf.

In Wirklichkeit springt die Thyristorspannung nicht, wie hier idealisiert angenommen, in unendlich kurzer Zeit exakt auf den nach Gl. (99.3) berechenbaren Wert der Sprungspannung, sie schwingt vielmehr mit einer g e d ä m p f t e n S c h w i n g u n g in diesen Wert ein. Die F r e q u e n z dieser Ausgleichsschwingung ist von den Induktivitäten im Kommutierungskreis und von der Beschaltungskapazität abhängig (s. Abschn. 2.1). Zur Vermeidung unzulässiger Spannungsspitzen muß diese Schwingung durch einen Widerstand in Reihe mit dem Beschaltungskondensator gedämpft werden. Nach den in Abschn. 2.1 angegebenen Formeln und Diagrammen können die passenden Werte für den Beschaltungskondensator C_B und den Dämpfungswiderstand R_B berechnet werden.

Ventilstrom. Der Ventilstrom hängt von der Stromflußdauer der verschiedenen Schaltungen ab. Bei Zweiphasenschaltungen beträgt die Stromflußdauer 180 °el, bei Dreiphasenschaltungen 120 °el und bei der Sechsphasen-Sternschaltung nur 60 °el. Da die Durchlaßverluste im Thyristor nach Gl. (64.2), Abschn. 3, sowohl vom arithmetischen Mittelwert $I_{A\,av}$ als auch vom Effektivwert $I_{A\,eff}$ abhängen, ist eine möglichst große Stromflußdauer günstig für die anzustrebende hohe Ausnutzung der Thyristoren. Von den Herstellerfirmen werden durchweg Kurvenblätter veröffentlicht, aus denen man die zulässige Strombelastbarkeit der Thyristoren bei verschiedenen Stromflußwinkeln entnehmen kann.

In Tafel 100.1 sind für die gebräuchlichsten Stromrichterschaltungen der Scheitelwert der auftretenden Ventilspannung $\hat{u}_A$, der Mittelwert und der Effektivwert des Ventilstromes I_A und der Stromflußwinkel δ angegeben. Außerdem enthält die Tafel Angaben über die Transformatorschaltung, die Transformatorbauleistung und die dem Netz entnommene Scheinleistung. Für die einzelnen Schaltungen sind auch die nach Gl. (85.3) berechnete ideelle

Tafel **100**.1: Die wichtigsten Stromrichterschaltungen

	Stromrichterschaltung	Transformatorschaltung	Gleichspannung $\dfrac{U_{di}}{U_2}$	Gleichspannung Welligkeit $w=\dfrac{\sqrt{\Sigma U_{\nu i}^2}}{U_{di}}$	Ventilspannung $\dfrac{\hat{u}_A}{U_2}$	Ventilspannung $\dfrac{\hat{u}_A}{U_{di}}$	Ventilstrom Stromflußwinkel δ in °el	Ventilstrom $\dfrac{I_{Aav}}{I_d}$	Ventilstrom $\dfrac{I_{Aeff}}{I_d}$	Transformator-Bauleistung $\dfrac{S_{Tr}}{U_{di}\,I_d}$	Netz-Scheinleistung $\dfrac{S}{U_{di}\,I_d}$
Mittelpunktschaltungen	Zweiphasenschaltung M2		$\dfrac{2\sqrt{2}}{\pi}$ = 0,90	2-pulsig 0,482	$2\sqrt{2}$ = 2,83	π = 3,14	180	$\dfrac{1}{2}$ = 0,5	$\dfrac{1}{\sqrt{2}}$ = 0,707	1,34	1,11
	3-Phasen-Sternschaltg. M3		$\dfrac{3\sqrt{6}}{2\pi}$ = 1,17	3-pulsig 0,183	$\sqrt{3}\cdot\sqrt{2}$ = 2,45	$\dfrac{2\pi}{3}$ = 2,09	120	$\dfrac{1}{3}$ = 0,333	$\dfrac{1}{\sqrt{3}}$ = 0,577	1,35 / 1,46	1,21
	6-Phasen-Sternschaltg. M6		$\dfrac{3\sqrt{2}}{\pi}$ = 1,35	6-pulsig 0,042	$2\sqrt{2}$ = 2,83	$\dfrac{2\pi}{3}$ = 2,09	60	$\dfrac{1}{6}$ = 0,167	$\dfrac{1}{\sqrt{6}}$ = 0,408	1,55	1,05
	Saugdrosselschaltung M6		$\dfrac{3\sqrt{6}}{2\pi}$ = 1,17	6-pulsig 0,042	$\sqrt{3}\cdot\sqrt{2}$ = 2,45	$\dfrac{2\pi}{3}$ = 2,09	120	$\dfrac{1}{6}$ = 0,167	$\dfrac{1}{2\sqrt{3}}$ = 0,289	1,26	1,05
Brückenschaltungen	2-Phasen-Brückenschaltg. B2		$\dfrac{4\sqrt{2}}{\pi}$ = 1,80	2-pulsig 0,482	$2\sqrt{2}$ = 2,83	$\dfrac{\pi}{2}$ = 1,57	180	$\dfrac{1}{2}$ = 0,5	$\dfrac{1}{\sqrt{2}}$ = 0,707	1,11	1,11
	3-Phasen-Brückenschaltg. B6		$\dfrac{3\sqrt{6}}{\pi}$ = 2,34	6-pulsig 0,042	$\sqrt{3}\cdot\sqrt{2}$ = 2,45	$\dfrac{\pi}{3}$ = 1,05	120	$\dfrac{1}{3}$ = 0,333	$\dfrac{1}{\sqrt{3}}$ = 0,577	1,05	1,05

Leerlaufgleichspannung U_{di} (bezogen auf die sekundäre Phasenspannung U_2) sowie ihre nach Gleichung

$$w = \frac{\sqrt{\Sigma U_{\nu i}^2}}{U_{di}}$$ (101.1)

berechnete **Welligkeit** w angegeben (für Steuerwinkel $\alpha = 0$).

Beispiel 4.1. Für einen **steuerbaren Gleichstromantrieb** wird ein Thyristorstromrichter benötigt, der die Dauerleistung $P_N = 1200$ kW bei einer Gleichspannung von $U_{dN} = 800$ V abgeben kann. Wie wird der Thyristorstromrichter ausgelegt?

Aus der Dauerleistung und der Nenngleichspannung errechnet man den Nenngleichstrom $I_{dN} = P_N/U_{dN} = 1200\ \text{kW}/800\ \text{V} = 1500$ A. Gewählt wird die Dreiphasen-Brückenschaltung, die eine für die Thyristoren günstige Spannungsbeanspruchung ergibt. Nach Tafel **100**.1 ist die maximale Ventilspannung bei dieser Schaltung $\hat{u}_A = 1{,}05 \cdot U_{di}$. Die ideelle Leerlaufgleichspannung U_{di} ist etwa 10% größer als die Nenngleichspannung; also wird $\hat{u}_A = 1{,}05 \cdot 1{,}1 \cdot 800\ \text{V} = 924$ V.

Aus den technischen Datenblättern muß nun ein geeigneter Thyristortyp ausgewählt werden. Es soll angenommen werden, daß ein Zellentyp mit 210 A Dauergrenzstrom und 1200 V Prüfspannung zur Verfügung steht. Von dem Dauergrenzstrom 210 A werden aus Sicherheitsgründen nur 140 A ausgenutzt. Das ergibt in der Dreiphasen-Brückenschaltung einen Gleichstrom von $3 \cdot 140\ \text{A} = 420$ A ohne Parallelschaltung von Thyristoren. Für den geforderten Gleichstrom $I_{dN} = 1500$ A sind 1500 A/420 A = 3,6, also 4 Thyristoren je Brückenzweig parallel zu schalten.

Zum Schutz gegen Überspannungen im Netz, die insbesondere bei Schaltvorgängen und in Störungsfällen auftreten können, ist es üblich, einen ausreichenden Sicherheitsfaktor zwischen der im Normalbetrieb auftretenden periodischen Spitzensperrspannung und der Prüfspannung der Thyristoren vorzusehen. Im vorliegenden Fall ist daher noch eine Reihenschaltung von 2 Thyristoren notwendig. Dann ergibt sich als Sicherheitsfaktor für die Sperrspannung $2 \cdot 1200\ \text{V}/924\ \text{V} = 2{,}6$. Werden Thyristoren mit höherer Prüfspannung als 1200 V, z.B. 2000 V (s. Abschn. 7.1.4), eingesetzt, so genügt ein Thyristor in Reihe für die geforderte Gleichspannung. Insgesamt sind bei Verwendung der 1200-V-Elemente also $2 \cdot 4 \cdot 6 = 48$ Thyristoren, bei Verwendung der 2000-V-Elemente $4 \cdot 6 = 24$ Thyristoren erforderlich. Das entspricht bei der verlangten Dauerleistung 1200 kW je Element 1200 kW/48 Thyristoren = 25 kW/Thyristor bzw. 1200 kW/24 Thyristoren = 50 kW/Thyristor (s. auch Abschnitt 7.1.4). Für einige Sekunden kann der Stromrichter etwa die doppelte Spitzenleistung abgeben, was z.B. für Walzwerksantriebe häufig notwendig sein kann.

Wenn es sich um einen nichtreversierbaren Antrieb ohne Nutzbremsung handelt, empfiehlt sich statt der vollgesteuerten Dreiphasen-Brückenschaltung mit zwei Thyristoren in Reihe eine halbgesteuerte Zu- und Gegenschaltung (Reihenschaltung einer gesteuerten und ungesteuerten Brücke, s. Abschn. 4.1.8).

4.1.6. Steuerverfahren

Die **Steuerung** eines netzgeführten Stromrichters gestattet es, die Zündzeitpunkte der steuerbaren Ventile festzulegen und damit den Betriebszustand und die abgegebene Gleichspannung zu bestimmen. Zur veränderbaren Einstellung des Steuerwinkels α werden **Zündimpulse** benötigt, die mit der Netzspannung synchronisiert sind und deren Phasenlage stetig verstellt werden kann [4.13; 4.14]. Im allgemeinen werden die Zündimpulse den Thyristoren über **Zündübertrager** zugeführt. Die erforderlichen Werte von Zündspannung bzw. Zündstrom hängen von den verwendeten Thyristoren ab, für die in den Datenblättern die erforderlichen Mindestwerte für Zündstrom und Zündspannung angegeben werden. Auch an die Steilheit der Zündimpulse werden bestimmte Anforderungen gestellt. Diese Fragen sind in Abschn. 2.4 ausführlich behandelt worden.

Impulsdauer. Die erforderliche Dauer der Zündimpulse hängt von der verwendeten Schaltung ab. Der Zündimpuls muß mindestens so lange wirken, bis der Thyristorstrom eingesetzt hat und der Haltestrom überschritten ist. Dazu würden in ohmschen Lastkreisen kurze Zündimpulse von 10...20 µs ausreichen. Sind im Kreis hohe Induktivitäten vorhanden, so wird der Stromanstieg im Thyristor stark verlangsamt, und der Zündimpuls muß entsprechend verlängert werden. Das gleiche gilt beim Einschalten der Thyristoren bei sehr niedriger Anodenspannung.

Bei netzgeführten Stromrichtern treten bei Zündvorgängen außerdem Schwingungen auf, die dem Thyristorstrom überlagert sind und dazu führen können, daß der Strom im Thyristor kurz nach dem ersten Durchschalten vorübergehend wieder erlischt. Um zu verhindern, daß der zu zündende Thyristor durch derartige Schwingungen nach dem Einschalten wieder gelöscht wird, verlängert man die Impulsdauer der Zündströme im allgemeinen auf etwa 0,2...0,6 ms.

Bei ein- und mehrphasigen Wechselstromstellern, die im vorhergehenden Abschnitt behandelt wurden, bemißt man den Steuerimpuls für die Zeit, in der bei ohmscher Last Strom fließen würde, nämlich für 180 °el $- \alpha$. Dadurch wird verhindert, daß durch Stromschwingungen Ventile unbeabsichtigt gelöscht werden, was insbesondere bei nachgeschalteten Transformatoren nicht geschehen darf. Außerdem wird bei einem Dauerzündimpuls mit der Breite 180 °el $- \alpha$ auch ein veränderlicher Verschiebungsfaktor, der Last, wie er z.B. bei Induktionsmaschinen auftreten kann, beherrscht.

Auch bei netzgeführten Stromrichtern mit Thyristoren genügt es im allgemeinen nicht, die steuerbaren Ventile nur mit kurzen Impulsen anzusteuern. So muß z.B. bei einer Dreiphasen-Brückenschaltung die Impulsdauer größer als 60 °el sein, damit beim Anfahren dieser Schaltung und bei Betrieb mit lückendem Strom auf jeder Brückenseite ein Ventil gezündet ist. In der Praxis wird diese Forderung im allgemeinen durch einen Doppelimpuls mit einem Abstand von 60 °el der beiden Teilimpulse erfüllt.

Das Auftreten von Zündimpulsen bei negativer Anodenspannung an den Thyristoren muß nach Möglichkeit vermieden werden, weil ein Thyristor, der Steuerstrom bei negativer Anodenspannung erhält, seinen Sperrstrom und damit seine Sperrverluste stark erhöht. Unter Umständen ist es erforderlich, durch besondere Maßnahmen, wie Reihendioden oder Zündsperren, das gleichzeitige Auftreten von negativer Anodenspannung und Steuerstrom am Thyristor zu verhindern.

Impulsverschiebung. Die Gleichspannung eines netzgeführten Stromrichters ändert sich nach Gl. (86.3) in Abhängigkeit vom Steuerwinkel α nach einer Kosinusfunktion. In Bild **103.**1 ist diese Abhängigkeit dargestellt. Um eine volle Durchsteuerung des netzgeführten Stromrichters vom vollausgesteuerten Gleichrichterbetrieb bis in den Wechselrichterbetrieb an der Kippgrenze zu erreichen, muß der Steuerwinkel α von 0...180 °el $- \gamma$ verstellt werden können, d.h. die Zündimpulse

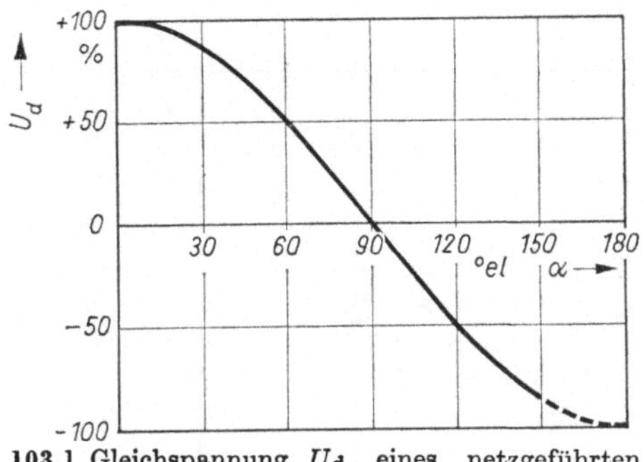

103.1 Gleichspannung U_d eines netzgeführten Stromrichters in Abhängigkeit vom Steuerwinkel α

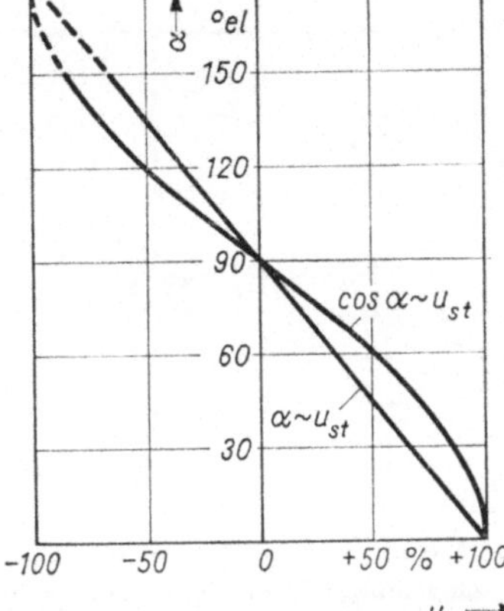

103.2 Mögliche Abhängigkeit des Steuerwinkels α von der Steuerspannung u_{st}

für die Thyristoren müssen in ihrer Phasenlage stetig in diesem Intervall einstellbar sein. Diese Einstellung des Steuerwinkels α kann, wie unten an einem Beispiel gezeigt wird, mit Hilfe einer Steuerspannung u_{st} erfolgen. Dabei kann der Zusammenhang zwischen der veränderlichen Gleichspannung u_{st} und dem Steuerwinkel α linear sein. Der Steuerwinkel α kann mit der Steuerspannung u_{st} aber auch nach einer anderen Funktion verknüpft sein, beispielsweise nach einer Kosinusfunktion. Beide Abhängigkeiten sind in Bild **103.2** dargestellt. Bei

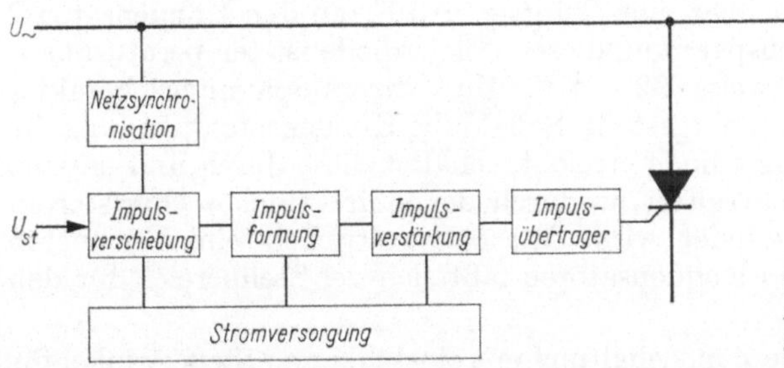

103.3
Aufbau der Steuerung für einen netzgeführten Stromrichter

linearer Abhängigkeit zwischen Steuerwinkel α und Steuerspannung u_{st} ändert sich die Gleichspannung u_d nach einer Kosinusfunktion in Abhängigkeit von der Steuerspannung u_{st}. Bei $\cos\alpha \sim u_{st}$ ändert sie sich linear mit der Steuerspannung.

Der Aufbau der Steuerung für einen netzgeführten Stromrichter ist in Bild **103.3** dargestellt. Durch die Netzsynchronisationsstufe wird die Beziehung zur Frequenz und Phasenlage des führenden Wechselstromnetzes hergestellt. In der Impulsverschiebungsstufe wird die gewünschte Einstellung der Phasenlage der Zündimpulse, abhängig von der angelegten Steuerspannung u_{st}, vorgenommen. Die Impulsformerstufe bestimmt Form und Dauer und die Impulsverstärkerstufe Steilheit und Betrag des Steuerstromes, der mit Hilfe von Impulsübertragern auf die Steuergitter der einzelnen Thyristoren gebracht wird.

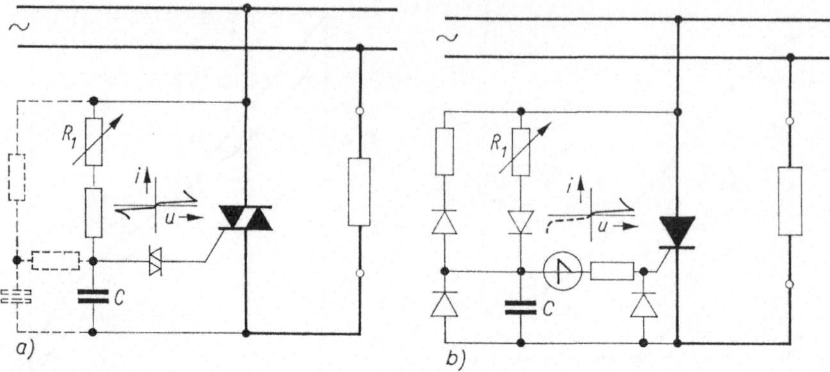

104.1 Einfache Schaltungen zur Impulsverschiebung
a) Zündschaltung mit Triggerdiode für bidirektionalen Thyristor
b) Zündschaltung mit Shockleydiode

Schaltungsbeispiele für Steuergeneratoren sind in Abschn. 2.4 behandelt worden. Zwei weitere einfache Schaltungen zur Verschiebung des Steuerimpulses zeigt Bild **104.1**.

In Bild **104.1** a ist eine Zündschaltung mit veränderlichem Anschnittwinkel für einen bidirektionalen Thyristor angegeben. Der Kondensator C wird zu Beginn jeder Spannungshalbwelle über den Widerstand R_1 aufgeladen. Dieser Widerstand kann verstellt und damit gleichzeitig der Zündzeitpunkt des bidirektionalen Thyristors eingestellt werden. Um Temperatureinflüsse auszuschalten, wird der Steueranschluß des Thyristors über eine Triggerdiode an den Kondensator C angeschlossen. Die Durchbruchspannung dieser Triggerdiode ist temperaturunabhängig und beträgt beispielsweise 32 ± 4 V. Ihre Strom-Spannungscharakteristik ist über dem Schaltsymbol dargestellt. Sobald die Kondensatorspannung die Durchbruchspannung der Triggerdiode erreicht, schaltet diese durch und entlädt den Kondensator auf das Steuergitter, wodurch der bidirektionale Thyristor in jeder Spannungshalbwelle gezündet wird. Mit den gestrichelt eingezeichneten zusätzlichen Widerständen und Kondensatoren läßt sich der Stellbereich für den Steuerwinkel erweitern.

Bild **104.1** b zeigt eine ähnliche Zündschaltung mit einstellbarem Steuerwinkel für einen Thyristor. Auch hier wird ein Kondensator C über einen veränderlichen Widerstand R_1 aufgeladen, bis er die Durchbruchspannung der Vierschichtendiode (sogenannte Shockleydiode) erreicht hat. Bei Erreichen der Durchbruchspannung schaltet diese Diode entsprechend ihrer im Bild angegebenen Kennlinie durch und zündet den Thyristor.

In beiden Schaltungen ist der Kondensator gleichzeitig Energiespeicher für den Steuerimpuls und bestimmt seine Dauer. Durch das Kippverhalten der verwendeten Triggerdioden wird eine ausreichende Steilheit des Zündstromes erzielt, was sich günstig auf das Einschaltverhalten der Thyristoren auswirkt. Die beiden in Bild **104.1** dargestellten Zündschaltungen eignen sich für einfache Anwendungen von Wechselstromstellern.

Für die Steuerung von netzgeführten Stromrichtern mittlerer und großer Leistungen werden an die Steuereinheiten höhere Anforderungen

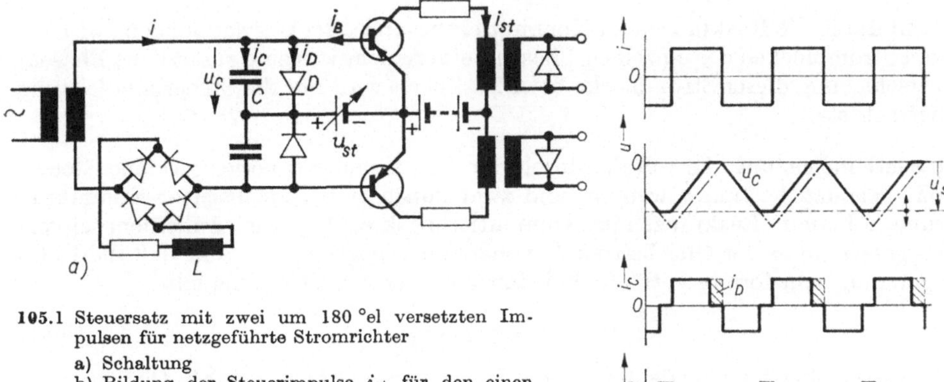

105.1 Steuersatz mit zwei um 180 °el versetzten Impulsen für netzgeführte Stromrichter

a) Schaltung
b) Bildung der Steuerimpulse i_{st} für den einen Impulsübertrager

gestellt. Hierfür sind eine Reihe verschiedener Verfahren zur **Impulsverschiebung** entwickelt worden.

Als ein Beispiel für die Ausführung eines Steuersatzes zur Erzeugung verschiebbarer Steuerimpulse zeigt Bild **105.1** a eine Schaltung, die zwei um 180 °el versetzte Steuerimpulse am Ausgang liefert. Bei diesem Verfahren wird über eine Glättungsdrossel L im Gleichstromzweig einer Diodenbrücke ein rechteckförmiger Strom i erzeugt, der an einem Kondensator C einen dreieckförmigen Spannungsverlauf u_C hervorruft. Sobald die Kondensatorspannung u_C größer wird als die einstellbare Steuerspannung u_{st}, fließt über die Emitter-Basis-Strecke des nachgeschalteten Transistors Steuerstrom i_B und schaltet diesen Transistor durch. Durch Veränderung der Steuerspannung u_{st} läßt sich die Breite des erzeugten Steuerimpulses i_{st} einstellen, wobei die Phasenlage der hinteren Impulsflanke erhalten bleibt. In Bild **105.1** b ist die Bildung der Steuerimpulse i_{st} für den einen der beiden Impulsübertrager dargestellt. Für den anderen erfolgt sie entsprechend mit einer Phasenversetzung von 180 °el.

Bei diesem Verfahren mit eingeprägtem Rechteckstrom und dreieckförmiger Kondensatorspannung ergibt sich ein linearer Zusammenhang zwischen Steuerspannung u_{st} und Zündwinkel α. Bei weiteren Verfahren wird die Steuerspannung mit einer sich sinusförmig ändernden Spannung verglichen, wobei sich die andere, in Bild **103.2** dargestellte Abhängigkeit $\cos\alpha \sim u_{st}$ ergibt.

4.1.7. Blindleistung

Durch die Anschnittsteuerung mit Steuerwinkel α entsteht bei netzgeführten Stromrichtern durch eine Phasenverschiebung der Ventilströme gegenüber der Phasenspannung im Wechselstromnetz Blindleistung, wie sie in ähnlicher Weise auch beim Wechselstromsteller auftritt (s. Abschn. 3.2.1). Bei netzgeführten Stromrichtern setzt sich die Blindleistung aus der **Steuerblindleistung** und der **Kommutierungsblindleistung** zusammen [4.3]. Die Steuerblindleistung wird vom Steuerwinkel α bestimmt und beruht auf der Phasenverschiebung der Ventilstromblöcke um diesen Steuerwinkel. Die Kommutierungsblindleistung entsteht durch die Reaktanzen im Kommutierungskreis, die Überlappungen zwischen den Stromblöcken der einzelnen Phasen hervorrufen, was eine zusätzliche Phasenverschiebung dieser Stromblöcke bewirkt. Zuerst wird nur die Steuerblindleistung betrachtet.

Steuerblindleistung. Es soll die durch den Steuerwinkel α hervorgerufene Steuerblindleistung bestimmt werden, und zwar zunächst bei idealisierter Kommutierung, d.h. ohne Reaktanzen im Kommutierungskreis ($L_\mathrm{k} = 0$). Außerdem sei vorausgesetzt, daß der Gleichstrom I_d vollkommen geglättet ist und daß die Netzspannung sinusförmig verläuft. Bei sinusförmiger Netzspannung gilt

$$\lambda = g\cos\varphi \qquad (106.1)$$

In dieser Gleichung bedeutet λ den **Leistungsfaktor**, der als Quotient aus **Wirkleistung** P und **Scheinleistung** S definiert ist:

$$\lambda = \frac{P}{S} \qquad (106.2)$$

Weiterhin bedeutet g den **Grundschwingungsgehalt** der als Quotient aus **Grundschwingungsstrom** $I_{1\mathrm{L}}$ und Effektivwert des gesamten Netzstromes I_L definiert ist:

$$g = \frac{I_{1\mathrm{L}}}{I_\mathrm{L}} \qquad (106.3)$$

Man findet den Grundschwingungsgehalt häufig noch als **Verzerrungsfaktor** v bezeichnet. Der **Verschiebungsfaktor** der Grundschwingung ist als Quotient aus der Wirkleistung der Grundschwingung und der Scheinleistung derselben Schwingung definiert:

$$\cos\varphi = \frac{P_1}{S_1} \qquad (106.4)$$

Nach Gl. (106.1) ist der totale Leistungsfaktor λ also um den Faktor g kleiner als der Verschiebungsfaktor $\cos\varphi$.

Bild **106.**1 zeigt den Verlauf des Netzstromes i_L bei einem sechspulsigen Stromrichter und die zugehörige Phasenspannung u des Netzes. Man entnimmt dem

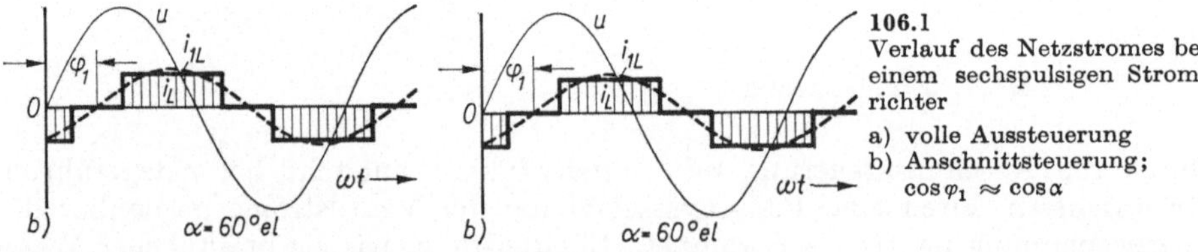

106.1
Verlauf des Netzstromes bei einem sechspulsigen Stromrichter
a) volle Aussteuerung
b) Anschnittsteuerung; $\cos\varphi_1 \approx \cos\alpha$

Bild, daß bei voller Aussteuerung (Steuerwinkel $\alpha = 0$) die Grundschwingung des Netzstromes $i_{1\mathrm{L}}$ mit der Phasenspannung in Phase ist, also keine Grundschwingungsblindleistung entsteht. Bei Anschnittsteuerung verschiebt sich der Stromblock um den Steuerwinkel α in Richtung positiver ωt-Werte, wodurch Blindleistung entsteht, wie es in Bild **106.**1 b für den Steuerwinkel $\alpha = 60$ °el gezeigt wird.

Für die Wirkleistung P eines Stromrichters mit vollkommen geglättetem Gleichstrom I_d ergibt sich

$$P_1 = U_{\mathrm{di}\,\alpha}\, I_\mathrm{d} = U_\mathrm{di}\, I_\mathrm{d}\cos\alpha \qquad (107.1)$$

da die Wirkleistung aus dem Produkt von Gleichspannung U_di und Gleichstrom I_d gebildet wird. Die Grundschwingungsscheinleistung S_1 ist unabhängig vom Steuerwinkel

$$S_1 = U_\mathrm{di}\, I_\mathrm{d} \qquad (107.2)$$

Da für $\alpha = 0$ keine Blindleistung auftritt, ist bei voller Aussteuerung die Grundschwingungsscheinleistung gleich der Wirkleistung. Aus Gl. (107.1) und (107.2) kann mit der Definitionsgleichung

$$Q_1 = \sqrt{S_1^2 - P_1^2} \qquad (107.3)$$

die Grundschwingungsblindleistung Q_1 bestimmt werden. Man erhält

$$Q_1 = U_\mathrm{di}\, I_\mathrm{d}\sqrt{1 - \cos^2\alpha} = U_\mathrm{di}\, I_\mathrm{d}\sin\alpha \qquad (107.4)$$

d.h., die Grundschwingungsblindleistung steigt nach einer Sinusfunktion mit dem Steuerwinkel α an.

Aus der Definitionsgleichung (106.4) für den Verschiebungsfaktor $\cos\varphi$ erhält man mit Gl. (107.1) und (107.2) die Beziehungen

$$\cos\varphi = \cos\alpha \qquad (107.5)$$

oder

$$\varphi = \alpha \qquad (107.6)$$

Diese Gleichungen besagen, daß der Verschiebungsfaktor gleich dem Kosinus des Steuerwinkels oder der Phasenverschiebungswinkel φ der Grundschwingung gleich dem Steuerwinkel α ist. Da nach Gl. (86.3) die Gleichspannung eines netzgeführten Stromrichters $U_\mathrm{d} \sim \cos\alpha$ ist, muß sie nach Gl. (107.5) auch proportional zu $\cos\varphi$ sein. Diese starre Beziehung zwischen der abgegebenen Gleichspannung U_d und dem Verschiebungsfaktor $\cos\varphi$ ist ein charakteristisches Merkmal netzgeführter Stromrichter mit natürlicher Kommutierung. Sie stellt eine gewisse Beschränkung dar, da mit zunehmender Anschittsteuerung die Grundschwingungsblindleistung im Wechselstromnetz stark ansteigt.

In Bild **107.1** sind die Verhältnisse bei einem netzgeführten Stromrichter mit natürlicher Kommutierung in Abhängigkeit vom Steuerwinkel α dargestellt. Die Gleichspannung U_d verläuft nach einer Kosinusfunktion des Steuerwinkels α, s. Gl. (86.3). Bei im gesamten

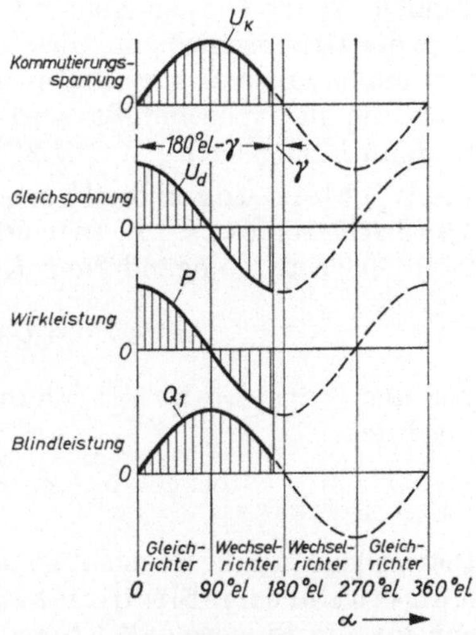

107.1 Steuerbereich eines netzgeführten Stromrichters bei natürlichei Kommutierung (Gleichstrom $I_\mathrm{d} =$ konst. und Überlappung $u = 0$)

Steuerbereich konstant angenommenem Gleichstrom I_d verläuft die Wirkleistung P nach der gleichen Funktion, s. Gl. (107.1). Die Grundschwingungsblindleistung Q_1 steigt sinusförmig mit dem Steuerwinkel α an, s. Gl. (107.4).

Durchläuft der Steuerwinkel α den Bereich von $0\ldots180\,°\mathrm{el} - \gamma$, so durchläuft der netzgeführte Stromrichter den gesamten Bereich vom vollausgesteuerten Gleichrichterbetrieb bis zum vollausgesteuerten Wechselrichterbetrieb mit dem Löschwinkel γ. In diesem gesamten Bereich wird dem Wechselstromnetz induktive Blindleistung entnommen. Die in Bild **107.**1 gestrichelt eingezeichneten beiden Quadranten von $180\ldots360\,°\mathrm{el}$, bei denen dem Wechselstromnetz kapazitive Blindleistung entnommen würde, sind mit natürlicher Kommutierung nicht zu beherrschen, weil in diesen Quadranten die Kommutierungsspannung u_k die falsche Polarität hat. Es hat nicht an Versuchen gefehlt, Schaltungen zu entwickeln, die es ermöglichen, auch in diesen Quadranten zu kommutieren. In Abschn. 5.3.6 wird gezeigt, daß es mit Hilfe der Zwangskommutierung möglich ist, dieses Problem zu lösen.

Kommutierungsblindleistung. Bei Berücksichtigung der von den Reaktanzen im Kommutierungskreis hervorgerufenen Überlappung u ergibt sich zusätzlich zur Steuerblindleistung auch noch Kommutierungsblindleistung. Um die Kommutierungsblindleistung exakt zu berechnen, müßte man zunächst den Verlauf des Kommutierungsstromes aus der Kommutierungsspannung und den Widerständen und Reaktanzen im Kommutierungskreis nach Gl. (88.2) und (88.3) berechnen. Bei bekanntem Stromverlauf können dann durch Fourier-Analyse Betrag und Phasenlage des Stromes der Grundschwingung ermittelt werden. Auf diese etwas aufwendige Berechnung soll hier jedoch verzichtet werden, da man die Kommutierungsblindleistung nach der folgenden Überlegung auf einfachere Weise bestimmen kann: Mit genügender Genauigkeit kann man annehmen, daß die Amplitude der Grundschwingung des Ventilstromblockes von der Überlappung u nicht beeinflußt wird, d. h. aber, daß auch die Grundschwingungsscheinleistung S_1 praktisch nicht beeinflußt wird, sondern sich angenähert wie bei idealisierter Kommutierung nach Gl. (107.2) berechnen läßt.

Die Wirkleistung P ergibt sich wieder als Produkt der Gleichspannung U_d und des Gleichstromes I_d, d. h., man erhält mit Gl. (92.4) für die Wirkleistung bei induktiver Gleichspannungänderung d_x

$$P = P_1 = U_{\mathrm{d}\alpha}\,I_\mathrm{d} = U_{\mathrm{di}}\,I_\mathrm{d}\,(\cos\alpha - d_\mathrm{x}) \tag{108.1}$$

Für den Verschiebungsfaktor $\cos\varphi$ erhält man daraus nach Gl. (106.4) den Ausdruck

$$\cos\varphi = \frac{P_1}{S_1} \approx \frac{U_{\mathrm{di}}\,I_\mathrm{d}\,(\cos\alpha - d_\mathrm{x})}{U_{\mathrm{di}}\,I_\mathrm{d}} = \cos\alpha - d_\mathrm{x} \tag{108.2}$$

Diese Gleichung berücksichtigt also außer der Steuerblindleistung auch die Kommutierungsblindleistung. Sie unterscheidet sich von Gl. (107.5), die nur für die Steuerblindleistung abgeleitet worden war, durch das zusätzliche Glied $-d_\mathrm{x}$. Für Wechselrichterbetrieb mit dem Löschwinkel γ erhält man für den Verschiebungsfaktor

$$\cos\varphi \approx \cos\gamma - d_\mathrm{x} \tag{108.3}$$

Nach dieser Gleichung kann die induktive Blindleistung bei größtmöglicher Aussteuerung im Wechselrichterbetrieb errechnet werden.

Ortskurve der Blindleistung. Man kann die Grundschwingungsblindleistung des Netzes in Abhängigkeit von der Gleichspannung bei konstantem abgegebenem Gleichstrom darstellen. Bezieht man die Grundschwingungsblindleistung auf die Grundschwingungsscheinleistung $U_{di}\,I_d$, so erhält man aus Gl. (107.4) den Ausdruck

$$\frac{Q_1}{U_{di}\,I_d} = \sin\alpha \tag{109.1}$$

In gleicher Weise kann man die Gleichspannung U_d auf die Leerlaufgleichspannung U_{di} beziehen und erhält aus Gl. (86.3)

$$\frac{U_{di\alpha}}{U_{di}} = \cos\alpha \tag{109.2}$$

Trägt man jetzt, wie in Bild **109.**1 ausgeführt, die bezogene Grundschwingungsblindleistung nach Gl. (109.1) über der bezogenen Gleichspannung nach Gl. (109.2) auf, so ergibt sich ein Halbkreis. Die rechte Seite des Halbkreises gilt für **Gleichrichterbetrieb**, die linke für **Wechselrichterbetrieb**, wobei der untere Teil wegen des erforderlichen Löschwinkels γ nicht eingestellt werden kann. Bei Berücksichtigung der Überlappung u bzw. der bezogenen induktiven Gleichspannungsänderung d_x, ergibt sich anstelle von Gl. (109.1) für die bezogene **Grundschwingungsblindleistung** der Ausdruck

$$\frac{Q_1}{U_{di}\,I_d} \approx \sqrt{1 - (\cos\alpha - d_x)^2} \tag{109.3}$$

und anstelle der Gl. (109.2) für die **bezogene Gleichspannung** der Ausdruck

$$\frac{U_{d\alpha}}{U_{di}} = \cos\alpha - d_x \tag{109.4}$$

Auch bei Berücksichtigung der Überlappung bewegt sich die Grundschwingungsblindleistung angenähert auf dem in Bild **109.**1 eingezeichneten Kreis. Die Anfangspunkte im Gleichrichterbetrieb und die erreichbaren Endpunkte im Wechselrichterbetrieb sind in Bild **109.**1 abhängig von der Anfangsüberlappung u_0 eingezeichnet.

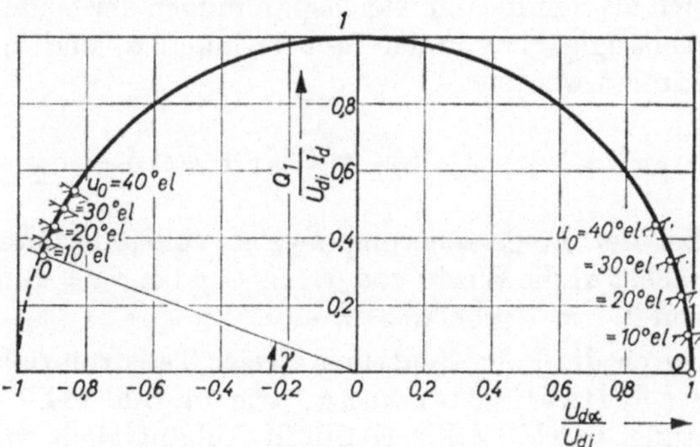

109.1
Blindleistung des Netzes in Abhängigkeit von der Gleichspannung bei konstantem abgegebenem Gleichstrom
Parameter: Überlappungswinkel u_0, Löschwinkel $\gamma = 20$ °el

Folgesteuerung. Zu einer Verminderung der dem Wechselstromnetz entnommenen Blindleistung kommt man durch eine **unsymmetrische Steuerung** der netzgeführten Stromrichter. Die sogenannte Folgesteuerung läßt sich in **den Fällen** anwenden, in denen mit Rücksicht auf die geforderte Höhe der Gleichspannung **Reihenschaltung von Thyristoren** erforderlich ist. Man kann dann zwei komplette **Teilstromrichter I und II** in Reihe schalten.

Die Folgesteuerung besteht nun darin, daß zunächst nur der **Teilstromrichter I** durch Anschnittsteuerung herabgesteuert wird, wenn eine Herabsetzung der Gleichspannung erforderlich ist, während der andere **Teilstromrichter II** voll ausgesteuert bleibt. Dabei kann der Teilstromrichter I von voller Aussteuerung über die Gleichspannung $U_{d\,I} = 0$ bis in den Wechselrichterbetrieb mit umgekehrter Gleichspannung gesteuert werden, wobei die beiden Teilspannungen $U_{d\,I}$ und $U_{d\,II}$ zu subtrahieren sind. Man nennt eine derartige Schaltung daher auch **Zu- und Gegenschaltung**.

Bild **110.1** zeigt die **Steuerkennlinien** zweier Stromrichter mit Folgesteuerung in Zu- und Gegenschaltung. Die Gleichspannung $U_{d\,I}$ des Teilstromrichters I wird durch den Steuerwinkel α von voller Aussteuerung im Gleichrichterbetrieb über Null auf volle Aussteuerung im Wechselrichterbetrieb (Löschwinkel γ) herabgesteuert, während die Spannung $U_{d\,II}$ vollausgesteuert bleibt. Als resultierende Steuerkennlinie ergibt sich dann ·die in Bild **110.1** dick ausgezogene Linie, die sich nach einer Kosinusfunktion mit dem Steuerwinkel α ändert.

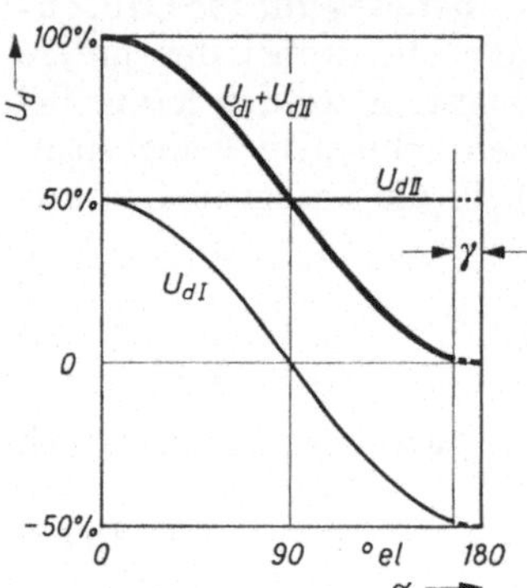

110.1
Steuerkennlinie zweier Stromrichter mit Folgesteuerung (Zu- und Gegenschaltung)
Überlappung $u = 0$

Wenn für die Gleichspannung nur ein Steuerbereich von $+\,100\%$ auf Null verlangt wird, genügt es, den einen Teilstromrichter mit **ungesteuerten Ventilen** als Diodengleichrichter auszuführen. Besteht die Forderung nach einem Steuerbereich für die Gleichspannung von $+\,100\%$ auf $-\,100\%$ so muß auch der zweite Teilstromrichter steuerbar sein. Er wird dann, nachdem der erste Teilstromrichter in den Wechselrichterbetrieb durchgesteuert ist, anschließend ebenfalls vom vollausgesteuerten Gleichrichterbetrieb in den Wechselrichterbetrieb gebracht. Die abgegebene Gleichspannung stellt sich als Summe der Gleichspannungen der beiden Teilstromrichter dar. Sie kann in Abhängigkeit von den Steuerwinkeln α_I und α_{II} durch die folgende Gleichung bestimmt werden:

$$U_{d\alpha} = U_{d\alpha\,I} + U_{d\alpha\,II} = \frac{U_{di}}{2}\,(\cos\alpha_I + \cos\alpha_{II}) \tag{110.1}$$

Bei der Folgesteuerung zweier vollsteuerbarer Teilstromrichter durchläuft zunächst α_I die Werte von $0\ldots\pi - \gamma$ bei $\alpha_{II} = 0$ und anschließend auch α_{II} die Werte von $0\ldots\pi - \gamma$ bei $\alpha_I = \pi - \gamma$.

Durch die Folgesteuerung zweier Teilstromrichter ergibt sich eine Verminderung der **Netzblindleistung**, wie in Bild **111.1** dargestellt. Die bezogene Blindleistung $Q_1/(U_{di}\,I_d)$ verläuft in Abhängigkeit von der bezogenen Gleichspannung

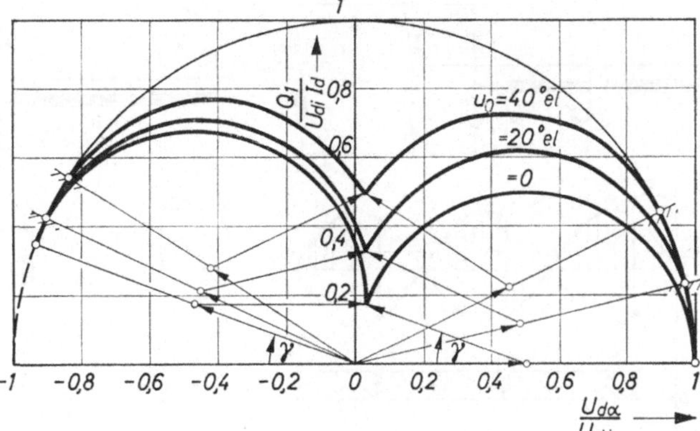

111.1
Verminderung der Netzblindleistung bei Folgesteuerung
zweier Teilstromrichter (Zu-
und Gegenschaltung)
Parameter: Überlappungs-
winkel u_0
Löschwinkel $\gamma = 20$ °el

$U_{d\alpha}/U_{di}$ auf einer Kurve, die sich aus zwei Teilkreisen zusammensetzt. Diese Teilkreise entstehen durch das nacheinander erfolgende Durchsteuern der beiden Teilstromrichter I und II. Die Konstruktion der beiden Teilkreise in Abhängigkeit von der Anfangsüberlappung u_0 und dem Löschwinkel γ ist in Bild **111.**1 durch dünne Hilfslinien angegeben. Wie man Bild **111.**1 entnimmt, läßt sich die Netzblindleistung bei nicht zu großer Überlappung durch die Folgesteuerung zweier Teilstromrichter ganz erheblich vermindern. Anstelle der Reihenschaltung zweier Teilstromrichter sind auch andere blindleistungssparende Verfahren vorgeschlagen worden, die auf einer unsymmetrischen Aussteuerung der Halbleiterventile, z.B. in einer Brückenschaltung, beruhen.

4.1.8. Unsymmetrische Schaltungen

Mit der Einführung der Thyristoren in die Stromrichtertechnik haben die sogenannten halbgesteuerten Brückenschaltungen Bedeutung gewonnen [4.12]. Bei diesen Schaltungen werden in der einen Hälfte der Brückenzweige steuerbare Ventile eingesetzt, während in der anderen Hälfte nur ungesteuerte Ventile verwendet werden. Der Vorteil der halbgesteuerten Brückenschaltungen besteht einmal in der kleineren Zahl von benötigten steuerbaren Ventilen, zum anderen ergibt sich eine Einsparung an Netzblindleistung, wie sie oben bei der Folgesteuerung beschrieben wurde.

Halbgesteuerte Zweiphasen-Brückenschaltung. Die halbgesteuerte Zweiphasen-Brückenschaltung kann mit zwei verschiedenen Schaltungen verwirklicht werden. In Bild **112.**1 ist die vollgesteuerte Brückenschaltung mit vier steuerbaren Ventilen in jedem Brückenzweig (Bild **112.**1a) den beiden verschiedenen Ausführungsformen einer halbgesteuerten Zweiphasen-Brückenschaltung gegenübergestellt. Die Spannungs- und Stromverläufe gelten wieder für den idealisierten Fall reaktanzfreier Kommutierungskreise und vollkommener Glättung des Gleichstromes. Bei der vollgesteuerten Brückenschaltung (Bild **112.**1a) ergibt sich ein Verlauf der Spannungen und Ströme, der der in Bild **96.**1 behandelten Zweiphasen-Mittelpunktschaltung entspricht mit dem Unterschied, daß bei der Brückenschal-

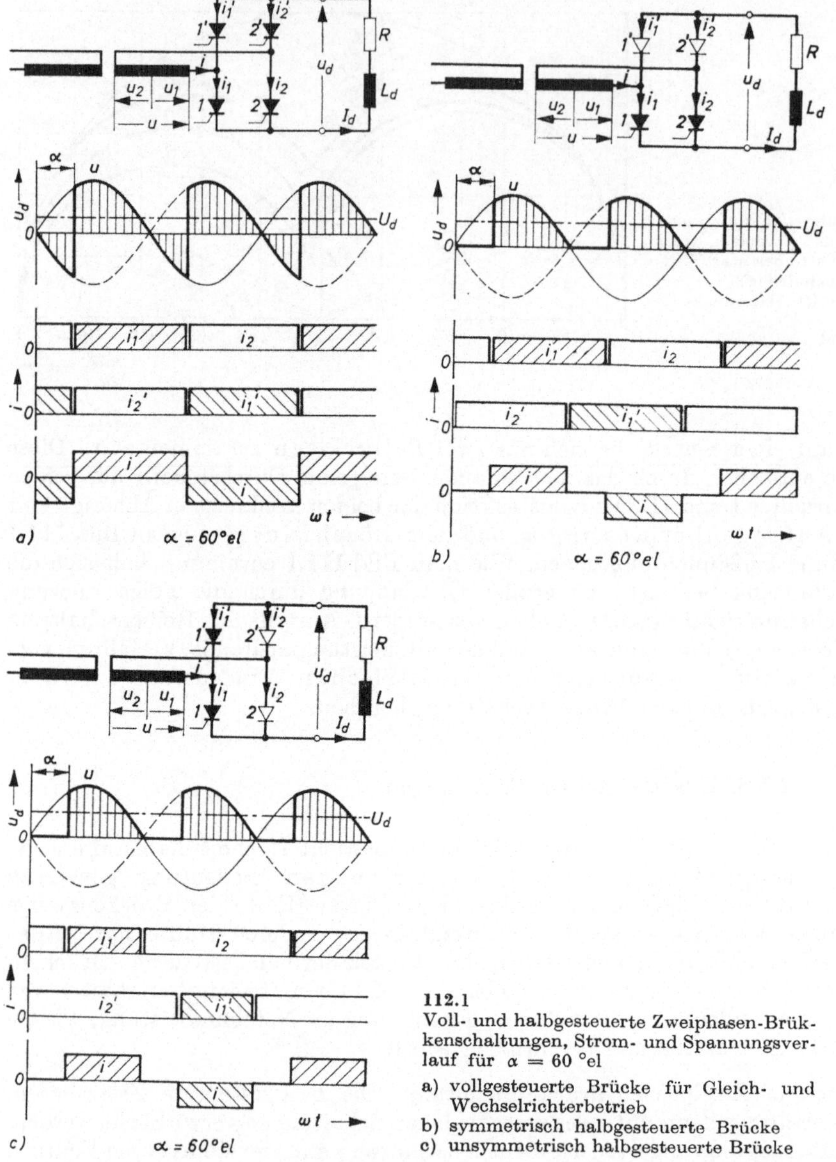

112.1
Voll- und halbgesteuerte Zweiphasen-Brük-
kenschaltungen, Strom- und Spannungsverlauf für $\alpha = 60$ °el

a) vollgesteuerte Brücke für Gleich- und
   Wechselrichterbetrieb
b) symmetrisch halbgesteuerte Brücke
c) unsymmetrisch halbgesteuerte Brücke

tung die doppelte Gleichspannung auftritt. Die vollgesteuerte Brücke kann, abhängig vom Steuerwinkel α, im **Gleich- und Wechselrichterbetrieb** arbeiten. Im Stromrichtertransformator bzw. im Wechselstromnetz fließt ein rechteckförmiger Wechselstrom ohne Lücken.

Bild **112.1**b zeigt eine **halbgesteuerte Zweiphasen-Brückenschaltung**,
bei der die beiden oberen Ventile 1′ und 2′ durch **ungesteuerte Dioden** ersetzt

sind (symmetrisch halbgesteuerte Brücke). Die Wirkungsweise der Schaltung entspricht der Reihenschaltung eines steuerbaren Teilstromrichters und eines ungesteuerten Diodengleichrichters. Für die abgegebene Gleichspannung erhält man somit nach Gl. (110.1) mit $\alpha_{II} = 0$ die Beziehung

$$U_{d\alpha} = \frac{U_{di}}{2}\,(\cos\alpha + 1) \tag{113.1}$$

Die ideelle Leerlaufgleichspannung der Schaltung kann nach Gl. (85.3) berechnet werden, wobei berücksichtigt werden muß, daß die Phasenspannung (u_1 oder u_2, in Bild **112.1** also $u/2$) in Gl. (85.3) einzusetzen ist.

Da die beiden Dioden keine positiven Sperrspannungen aufnehmen können, ergibt sich bei Anschnittsteuerung der in Bild **112.1**b eingezeichnete Verlauf der Gleichspannung u_d. In allen Ventilen fließen bei vollkommener Glättung rechteckförmige Stromblöcke, Stromflußdauer 180 °el. Die Phasenlage der Thyristorströme wird vom Steuerwinkel α bestimmt. Im Stromrichtertransformator fließen jedoch nur verkürzte Stromblöcke mit der Stromflußdauer 180 °el $-\alpha$. Die Grundschwingungsamplitude des Netzstromes ist gegenüber der Netzspannung weniger stark verschoben als bei der vollgesteuerten Brückenschaltung in Bild **112.1**a. Dadurch ergibt sich eine Einsparung von Netzblindleistung, die den in Bild **111.1** dargestellten Blindleistungsverhältnissen bei Folgesteuerung entspricht. Wegen der ungesteuerten Dioden ist ein Wechselrichterbetrieb der Schaltung nicht möglich. Bei Ansteuerung der Gleichspannung $U_d \to 0$ besteht für die steuerbaren Ventile, die dabei im Wechselrichterbetrieb arbeiten, Kippgefahr.

In der Schaltung nach Bild **112.1**c sind in den beiden rechten Brückenzweigen 2 und 2′ anstelle von steuerbaren Ventilen ungesteuerte Dioden eingesetzt. Da in dieser Schaltung die Stromflußdauer der gesteuerten und ungesteuerten Ventile unterschiedlich ist, nennt man sie auch unsymmetrisch halbgesteuerte Brücke. Der Verlauf der Gleichspannung u_d entspricht dem der symmetrisch halbgesteuerten Brücke in Bild **112.1**b. Auch hier sind wegen der ungesteuerten Ventile negative Augenblickswerte der Gleichspannung nicht möglich. Bei Anschnittsteuerung mit dem Steuerwinkel α verkürzen sich die Stromblöcke in den steuerbaren Ventilzweigen 1 und 1′ auf 180 °el $-\alpha$, während sie sich in den ungesteuerten Ventilzweigen 2 und 2′ entsprechend verlängern. Im Wechselstromnetz fließen wieder wie bei der symmetrisch halbgesteuerten Brücke in Bild **112.1**b Rechteckblöcke wechselnder Polarität mit der Stromflußdauer von 180 °el $-\alpha$. Auch hier tritt eine Verminderung der dem Wechselstrom entnommenen Blindleistung auf, die der in Bild **111.1** für Folgesteuerung dargestellten entspricht.

Halbgesteuerte Dreiphasen-Brückenschaltung. Bei der Dreiphasen-Brückenschaltung benötigt man ebenfalls weniger steuerbare Halbleiterventile, wenn man in der einen Brückenhälfte ungesteuerte Ventile einsetzt.

Bild **114.1**a zeigt eine derartige halbgesteuerte Dreiphasen-Brückenschaltung mit Dioden in den Brückenzweigen 1′, 2′ und 3′. Auch die Wirkungsweise dieser Schaltung übersieht man am einfachsten, wenn man sie als Reihenschaltung zweier Teilstromrichter, nämlich eines steuerbaren Teils I und eines nichtsteuerbaren Teils II, betrachtet. Die abgegebene Gleichspannung kann

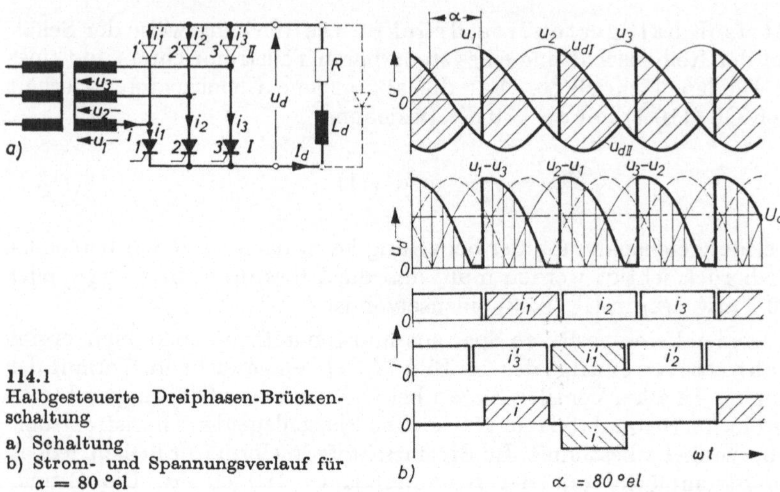

114.1
Halbgesteuerte Dreiphasen-Brückenschaltung
a) Schaltung
b) Strom- und Spannungsverlauf für
  $\alpha = 80\,°el$

nach Gl. (113.1) berechnet werden. In Bild **114.1** b sind die Spannungs- und Stromverläufe für den Steuerwinkel $\alpha = 80\,°el$ dargestellt. Die Gleichspannung u_d ergibt
sich als Summe der Gleichspannungen $u_{d\,I}$ und $u_{d\,II}$ der beiden Teilstromrichter I
und II. Die Teilgleichspannung $u_{d\,II}$ verläuft auf den Kuppen der Phasenspannungen, wie sie sich bei einem ungesteuerten Gleichrichter ergibt. Die Teilspannung $u_{d\,I}$
ist um den Steuerwinkel herabgesteuert. Die Gleichspannung u_d entsteht entsprechend der Stromflußdauer der einzelnen Ventilzweige aus der verketteten
Spannung zwischen diesen Ventilen. Auch hier kann die Gleichspannung wegen
der Nichtsteuerbarkeit der oberen Brückenhälfte keine negativen Augenblickswerte annehmen.

Bei vollkommener Glättung fließen in den einzelnen Ventilzweigen Stromblöcke
von 120 °el Stromflußdauer. Die Stromblöcke in den steuerbaren Ventilen sind
um den Steuerwinkel α phasenverschoben, während sie in den ungesteuerten
Dioden unabhängig vom Steuerwinkel α in ihrer vom Schnittpunkt der Phasenspannungen bestimmten Phasenlage stehenbleiben.

Den Stromverlauf im Stromrichtertransformator und damit im Drehstromnetz
erhält man durch Überlagerung der Stromblöcke der jeweils angeschlossenen beiden Ventilzweige mit einem gesteuerten und einem ungesteuerten Ventil, z.B.
den Strom i in der Phase *1* des Stromrichtertransformators aus $i = i_1 - i_1'$. In
Bild **114.1** b ist der rechteckförmige Wechselstrom i für $\alpha = 80\,°el$ eingezeichnet.

Bild **115.1** zeigt den Verlauf dieses Stromes im Stromrichtertransformator noch
einmal für verschiedene Steuerwinkel α. Bei voller Aussteuerung fließen
Wechselstromblöcke mit 120 °el Breite, von denen sich der eine bei Anschnittsteuerung zunächst nur um den Steuerwinkel α verschiebt. Wächst der Steuerwinkel über 60 °el, so beginnen sich die beiden Stromblöcke um $\alpha - 60°el$ zu verkürzen. Im Wechselrichterbetrieb mit $\alpha = 180\,°el - \gamma$ fließen im Drehstromnetz
nur kurze Stromblöcke mit der Breite γ.

Auch bei der halbgesteuerten Dreiphasen-Brückenschaltung ergibt sich eine
Einsparung an Netzblindleistung wie bei der Folgesteuerung. Als Nachteil

gegenüber der vollgesteuerten Dreiphasen-Brükkenschaltung ist festzustellen, daß bei der halbgesteuerten Schaltung eine **Dreipulsigkeit** der Gleichspannung auftritt. Außerdem läßt sich bei der halbgesteuerten Schaltung die Gleichspannung nicht umkehren. Bei Ansteuerung der Gleichspannung $U_\mathrm{d} \to 0$ besteht bei der halbgesteuerten Dreiphasen-Brückenschaltung **Kippgefahr**, da die Brückenhälfte mit den steuerbaren Ventilen in vollausgesteuerten Wechselrichterbetrieb gebracht werden müßte. Durch Anbringen einer zusätzlichen **Freilaufdiode** für den Strom in der Gleichstromlast kann man das Verhalten der Schaltung in dieser Hinsicht verbessern. Für Anwendungen, bei denen höhere Gleichspannungen gefordert werden, somit also ohnehin Reihenschaltung von Thyristoren erforderlich ist, bietet die Zu- und Gegenschaltung zweier Dreiphasenbrücken, von denen die eine steuerbar und die andere ungesteuert ausgeführt werden können, Vorteile gegenüber der halbgesteuerten Brückenschaltung.

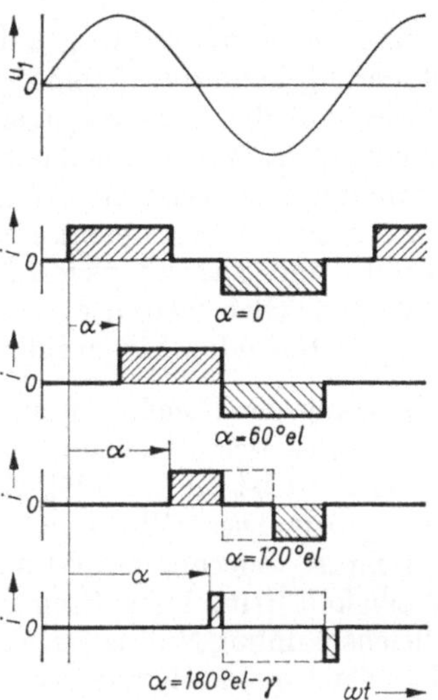

115.1
Verlauf des Stromes i im Stromrichtertransformator bei der halbgesteuerten Dreiphasen-Brückenschaltung in Abhängigkeit vom Steuerwinkel α

4.1.9. Oberschwingungen

Die Wirkungsweise der Stromrichter als **Schalter** und **Engergieumformer** **ohne mechanische Zwischenspeicher** wie bei Maschinenumformern bedingt **Oberschwingungen** in der Spannung und im Strom. Diese Oberschwingungen treten sowohl auf der **Wechselstromseite** als auch auf der **Gleichstromseite** auf. Auf der Wechselstromseite führen die Kommutierungsvorgänge und die nichtsinusförmigen Ströme auch zu einer **Verzerrung der Netzspannung.** Die **Rückwirkung von Stromrichtern** auf das Wechselstromnetz soll hier nicht eingehender behandelt werden, da es sich um ein Spezialgebiet der Stromrichtertechnik handelt, das z.B. in [B 5] und [B 7] ausführlich dargestellt ist.

Glättung des Gleichstromes. Bisher wurden alle Stromrichterschaltungen insofern idealisiert behandelt, als auf der Gleichstromseite eine **vollkomene Glättung** des Gleichstromes, also eine **große Glättungsdrossel** angenommen wurde. Diese Annahme gilt mit guter Annäherung für netzgeführte Stromrichter mittlerer und großer Leistung, die auf Gleichstrommaschinen arbeiten. Die **Zeitkonstante** im Gleichstromkreis ist bei derartigen Anlagen wegen der Induktivitäten der Gleichstrommaschinen im allgemeinen größer als 25 ms, so daß die Annahme vollkommen geglätteten Gleichstromes mit guter Annäherung zutrifft.

Bei Stromrichtern kleinerer Leistung und bei Arbeiten auf **ohmsche Verbraucher** ist die Voraussetzung eines geglätteten Stromes auf der Gleichstromseite natürlich nicht mehr erfüllt. Bei rein ohmscher Last verläuft der **Gleichstrom** zeitlich wie die Gleichspannung, in den Ventilen fließen also Stromblöcke mit sinusförmigen Kuppen, deren Stromflußdauer von der Phasenzahl abhängt. Bei Anschnittsteuerung kann der Strom auf der Gleichstromseite lücken, z.B. treten Stromlücken auf der Gleichstromseite bei ohmschen Verbrauchern auf, sobald bei zunehmendem Steuerwinkel α vorübergehend negative Augenblickswerte der Gleichspannung u_d vorkommen. Auch bei ungenügender Glättung auf der Gleichstromseite kann je nach Steuerzustand des Stromrichters Lückbetrieb einsetzen. Die Strom- und Spannungsverhältnisse im Lückbetrieb weichen von denen bei geglättetem Gleichstrom ab. Sie müssen für die entsprechende Schaltung aus der sich einstellenden Stromflußzeit der einzelnen Ventile bestimmt werden.

Welligkeit der Gleichspannung. Die Welligkeit der Gleichspannung u_d ist von der Pulszahl der Schaltung und vom Aussteuerungszustand abhängig. In Tafel **100.1** ist die nach Gl. (101.1) berechnete Welligkeit w der Gleichspannung angegeben. Diese Werte gelten für volle Aussteuerung (Steuerwinkel $\alpha = 0$). Bei Anschnittsteuerung erhöht sich die Welligkeit der Gleichspannung. Die maximale Welligkeit tritt beim Steuerwinkel $\alpha = 90\,°$el auf, bei dem der Mittelwert der Gleichspannung Null ist (s. auch Bild **241.1**). In geringem Maße wird die Welligkeit der Gleichspannung auch von den Reaktanzen im Kommutierungskreis und damit von der Überlappung u beeinflußt, und zwar nimmt die Welligkeit mit zunehmender Anfangsüberlappung u_0 geringfügig zu.

Stromoberschwingungen im Netz. Bei guter Glättung auf der Gleichstromseite werden dem speisenden Wechselstrom- bzw. Drehstromnetz vom Stromrichter rechteckförmige Wechselstromblöcke aufgedrückt, die außer der Grundschwingung eine Reihe von Oberschwingungen enthalten. Man kann diese Rechteckblöcke nach einer Fourier-Analyse in Grund- und Oberschwingungen zerlegen. Die Oberschwingungen nehmen dabei im allgemeinen bei wachsender Ordnungszahl ν mit dem Faktor $1/\nu$ ab. Je nach Pulszahl der Stromrichterschaltung und Schaltung des Stromrichtertransformators lassen sich bestimmte Oberschwingungen vollständig vermeiden. Auch hier sei auf die einschlägigen Stromrichterbücher [B 5; B 7; B 8] verwiesen.

Auf die Oberschwingungsströme im Netz haben Reaktanzen im Kommutierungskreis einen günstigen Einfluß, weil durch diese Reaktanzen die Stromanstiege im Kommutierungskreis abgeflacht werden, was zu einer erheblichen Verminderung insbesondere der Oberschwingungsströme höherer Ordnung führt. Außer der Erhöhung der Pulszahl der Stromrichterschaltung besteht eine andere Möglichkeit zur Verringerung der Oberschwingungsströme im Netz darin, daß Saugkreise, die z.B. auf die 5. und 7. Oberwelle abgestimmt sind, vorgesehen werden [4.4].

4.2.   Netzgeführter Umrichter

4.2.1. Umkehrstromrichter

Die Spannung der oben behandelten netzgeführten Stromrichter kann zwar mit Hilfe des Steuerwinkels α gesteuert werden, wobei sich das Vorzeichen der abgegebenen mittleren Gleichspannungen beim Übergang vom Gleich- in den Wechselrichterbetrieb umkehrt, wegen der einseitigen Ventilwirkung ist jedoch die Stromrichtung auf der Gleichstromseite eindeutig vorgegeben. Durch die Umkehr des Vorzeichens der Gleichspannung ist Energielieferung des netzgeführten Stromrichters in beiden Richtungen vom Wechselstromnetz an die Gleichstromseite und umgekehrt möglich. Dabei kann sich der Strom auf der Gleichstromseite jedoch nicht umkehren. Es gibt eine Reihe von Anwendungen netzgeführter Stromrichter, insbesondere in der Antriebstechnik, bei denen die Forderung nicht nur nach einer Umkehr der Gleichspannung, sondern auch des Gleichstromes besteht [4.16; 4.18]. Dies trifft beispielsweise bei Umkehrantrieben zu, bei denen ein Gleichstrommotor schnell reversiert werden muß, wobei der Strom im Motor seine Richtung ändert. Auf die verschiedenen Möglichkeiten zur Verwirklichung von Umkehrantrieben mit Gleichstrommaschinen wird in Abschn. 6.2 noch eingegangen.

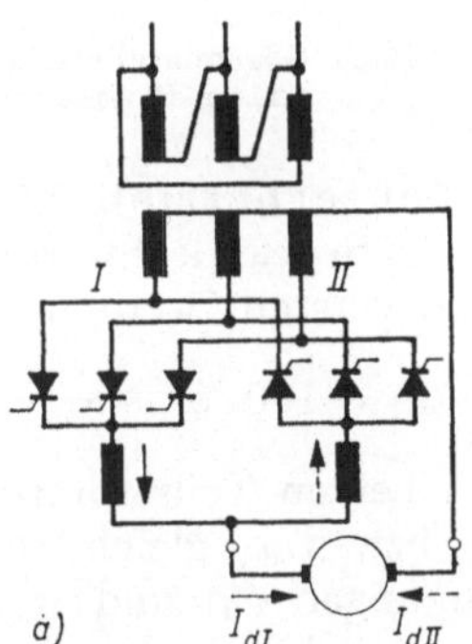
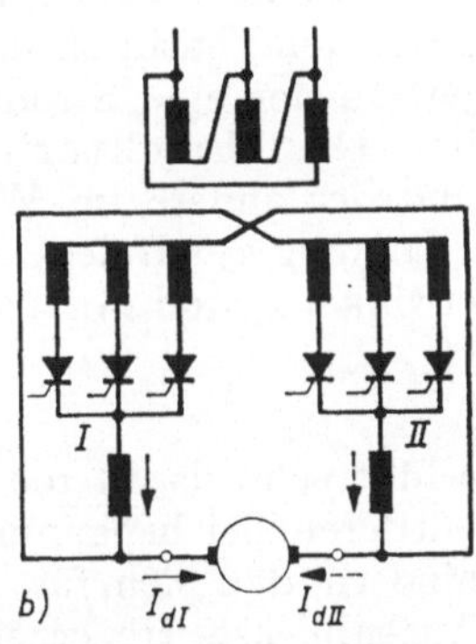

117.1
Schaltungen von Umkehrstromrichtern (M 3-Schaltung)
a) Gegenparallelschaltung
b) Kreuzschaltung

Die Forderung nach der Möglichkeit, den Strom auf der Gleichstromseite umzukehren, wird durch die sogenannten Umkehrstromrichter erfüllt. Ein derartiger Umkehrstromrichter entsteht durch die Parallelarbeit zweier einfacher Stromrichter mit entgegengesetzter Ventilrichtung. Da jeder der beiden gegenparallel geschalteten Stromrichter wechselweise in Gleich- und Wechselrichterbetrieb gesteuert werden kann, ist Spannungsumkehr auf der Gleichstromseite wie bei einem einfachen Stromrichter möglich. Da außerdem für jede der beiden Stromrichtungen ein eigener Stromrichter vorhanden ist, kann auch der Strom auf der Gleichstromseite seine Richtung ändern. Umkehrstromrichter formen also **Wechselstrom in Gleichstrom oder Gleichstrom in Wechselstrom** um, wobei sie **wechselweise** als Gleichrichter oder Wechselrichter arbeiten; sie gestatten **Energieaustausch** in beiden Richtungen [4.2].

Für die Verwirklichung von Umkehrstromrichtern lassen sich verschiedene Schaltungen anwenden. Bild **117.**1 zeigt zwei einfache Schaltungsbeispiele von Umkehrstromrichtern, und zwar ist in Bild **117.**1a die **Gegenparallelschaltung** zweier Stromrichter in dreipulsiger Mittelpunktschaltung und in Bild **117.**1b die sogenannte **Kreuzschaltung** dargestellt. Je nach Stromrichtung auf der Gleichstromseite wird der Gleichstrom I_d entweder vom Stromrichter I oder vom Stromrichter II geliefert.

Gegenparallelschaltung. Bei der Gegenparallelschaltung arbeiten zwei Stromrichter mit entgegengesetzter Ventilrichtung gemeinsam auf die Gleichstromlast.

In Bild **118.1** ist eine Gegenparallelschaltung zweier Stromrichter in Brückenschaltung dargestellt. Der Strom in der Gleichstromlast wird in der einen Richtung (ausgezogene Pfeile) vom Stromrichter I geliefert, in der anderen Richtung (gestrichelte Pfeile) vom Stromrichter II. Da beide Stromrichter I und II parallel auf dieselbe Gleichstromsammelschiene arbeiten, müssen sie in jedem Betriebszustand so ausgesteuert werden, daß sie möglichst gleich große Gleichspannungen $u_{\mathrm{d\,I}}$ bzw. $u_{\mathrm{d\,II}}$ abgeben. Das bedeutet aber wegen der umgekehrten Ventilrichtung, daß jeweils der eine Stromrichter im **Gleichrichterbetrieb**

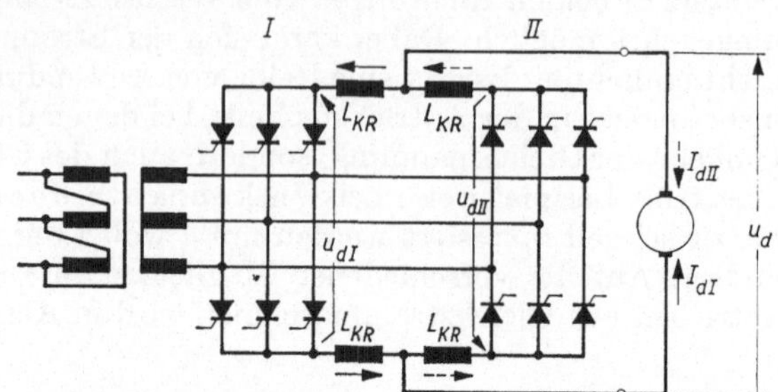

118.1 Gegenparallelschaltung zweier Stromrichter in Dreiphasen-Brückenschaltung

und der andere im **Wechselrichterbetrieb** ausgesteuert sein muß. Soll die Spannung u_d auf der Gleichstromseite geändert werden, so müssen die beiden Steuerwinkel α_I und α_II entsprechend verstellt werden, und zwar muß die Bedingung

$$\alpha_\mathrm{II} = 180\ ^\circ\mathrm{el} - \alpha_\mathrm{I} \tag{118.1}$$

erfüllt sein, damit die von den beiden Teilstromrichtern I und II abgegebenen mittleren Gleichspannungen $U_{\mathrm{d\,I}}$ bzw. $U_{\mathrm{d\,II}}$ gleich groß sind. Dabei ist nicht zu verhindern, daß sich für die Spannungen $u_{\mathrm{d\,I}}$ und $u_{\mathrm{d\,II}}$ voneinander abweichende Augenblickswerte ergeben, die von dem unterschiedlichen Verlauf der Gleichspannung im Gleich- und Wechselrichterbetrieb herrühren. Die Differenzspannung treibt einen **Kreisstrom** zwischen den beiden Teilstromrichtern, der entweder durch Reiheninduktivitäten, die sogenannten **Kreisstromdrosseln** L_KR, begrenzt werden muß oder dadurch vermieden wird, daß jeweils nur der gerade an der Stromführung beteiligte Teilstromrichter ausgesteuert wird, während die Zündimpulse des anderen Stromrichters gesperrt werden. Der Kreisstrom und seine Unterdrückung werden weiter unten noch ausführlich behandelt.

Kreuzschaltung. Eine andere häufig verwendete Schaltung zur Verwirklichung des Umkehrstromrichters ist die in Bild **118.2a** dargestellte Kreuzschaltung. Bei dieser Schaltung

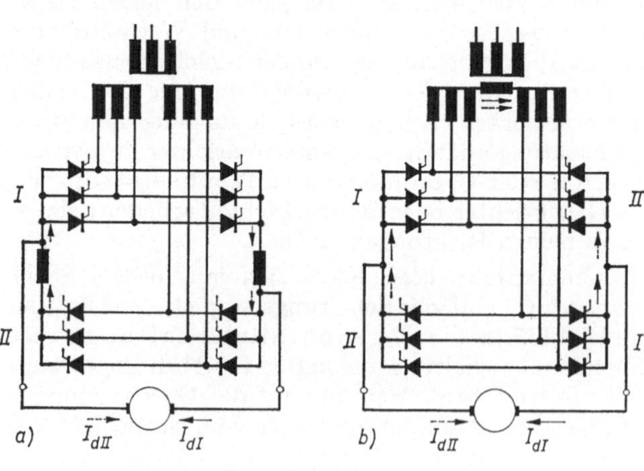

118.2 Weitere Schaltungen von Umkehrstromrichtern
   a) Kreuzschaltung
   b) H-Schaltung

sind die beiden gegenparallel arbeitenden Teilstromrichter an getrennten Sekundärwicklungen des Stromrichtertransformators angeschlossen. Ein Vorteil der Kreuzschaltung gegenüber der Gegenparallelschaltung besteht darin, daß, wie noch gezeigt werden soll, die Drosselspulen zur Unterdrückung des Kreisstromes kleiner sein können. Außerdem bietet die Kreuzschaltung größere Sicherheit gegen Phasenkurzschlüsse, die nur dann auftreten können, wenn in dem an der Stromführung nicht beteiligten Stromrichter zwei in Reihe liegende Brückenzweige gleichzeitig zünden. Als Nachteil muß jedoch ein größerer Stromrichtertransformator in Kauf genommen werden.

H-Schaltung. Eine dritte Variante für die Schaltung eines Umkehrstromrichters zeigt Bild **118.2** b. Diese Schaltung ist im Hinblick auf die Art der Verbindung von Stromrichterventilen und Transformatorwicklungen in [4.15] als H-Schaltung bezeichnet worden. Auch bei dieser Schaltung hat der Stromrichtertransformator wie bei der Kreuzschaltung zwei getrennte Sekundärwicklungen. Das Merkmal der H-Schaltung besteht in der Verbindung der beiden Sternpunkte der Sekundärwicklungen des Stromrichtertransformators über eine Drosselspule und in der Anordnung der Ventile der beiden Teilstromrichter I und II, die so geschaltet sind, daß in dieser Drosselspule sowohl der äußere Laststrom als auch jeder im Stromrichter auftretende Kreisstrom fließen muß. Dadurch ergeben sich günstige Bedingungen für die Begrenzung des Kreisstromes und den Schutz im Kurzschlußfall.

Kreisstrom. Die Entstehung eines Kreisstromes bei Umkehrstromrichtern soll mit Hilfe von Bild **119.1** näher erläutert werden. Dieses Bild zeigt noch einmal eine Gegenparallelschaltung zweier Stromrichter in dreipulsiger Mittelpunktschaltung wie in Bild **117.1**. Für einen willkürlich herausgegriffenen Zeitwert der Belastung, bei dem das Ventil 1 im Stromrichter I und das Ventil 2′ im Stromrichter II ge-

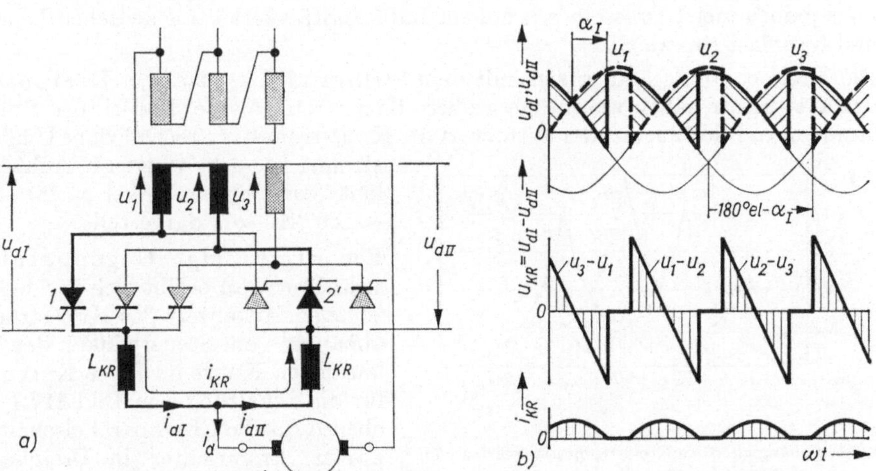

119.1 Kreisströme bei Umkehrstromrichtern
   a) Kreisstrompfad bei der Gegenparallelschaltung
   b) Kreisspannung u_{KR} und Kreisstrom i_{KR} bei $\alpha_I = 45\,°$el

zündet ist, wurde der Pfad des Kreisstromes i_{KR} dick ausgezogen gezeichnet. Der Kreisstrom i_{KR} fließt, im Gegensatz zum Gleichstrom i_d, nicht über die Gleichstromlast, sondern aus einem Stromrichtersystem in das andere. Er wird von der Differenzspannung der jeweils gezündeten Phasen getrieben und ist durch die Kreisstromdrosseln L_{KR} begrenzt. In Bild **119.**1 ist die den Kreisstrom i_{KR} treibende Kreisspannung u_{KR} für den angenommenen Steuerzustand $\alpha_I = 45\,°$el und, entsprechend Gl. (118.1), auch für $\alpha_{II} = 180°\,$el $-\alpha_I = 135\,°$el dargestellt. Diese Kreisspannung u_{KR} ergibt sich als Differenz der Augenblickswerte der Gleichspannungen $u_{d\,I}$ bzw. $u_{d\,II}$ der beiden Teilstromrichter I und II. Unter dem Einfluß der Kreisspannung bildet sich zwischen den beiden Stromrichtersystemen der Kreisstrom i_{KR} aus, s. Bild **119.**1. Dieser Kreisstrom wird von den im Kreisstrompfad vorhandenen Reaktanzen L_{KR} bestimmt.

Solange die durch Gl. (118.1) gegebene Bedingung $\alpha_{II} = 180\,°$el $-\alpha_I$ eingehalten wird, ist die Kreisspannung eine reine Wechselspannung. Wenn aber $\alpha_{II} < 180\,°$el $-\alpha_I$ ist, enthält die Kreisspannung eine Gleichspannungskomponente, die ihrerseits auch eine Gleichstromkomponente im Kreisstrom hervorruft, die nur von den ohmschen Spannungsabfällen im Kreisstrompfad begrenzt wird und daher unzulässig ist. Bei Betrieb mit $\alpha_{II} > 180\,°$el $-\alpha_I$ ist die mittlere Wechselrichterspannung größer als die Gleichrichterspannung. Da durch die Ventilrichtung die Ausbildung eines Gleichstromanteiles dieser Polarität im Kreisstrom verhindert wird, ist diese Betriebsweise grundsätzlich zulässig.

Da die Kreisstromdrosseln als induktive Spannungsteiler für die beiden Gleichspannungen $u_{d\,I}$ und $u_{d\,II}$ wirken, liegt an der Gleichstromlast die mittlere Spannung, gebildet aus den Augenblickswerten der beiden Teilspannungen. Das gilt jedoch nur, solange beide Kreisstromdrosseln ungefähr dieselbe Induktivität haben und solange die vom Laststrom durchflossene Drossel nicht teilweise gesättigt ist. Um den Kreisstrom niedrig zu halten, verwendet man im Kreisstromkreis jedoch meist Drosseln mit hohem Induktivitätsverhältnis zwischen Leerlauf und Nennlast (bis zu 5 : 1).

Die Kreisspannung ändert sich mit dem Steuerwinkel α_I bzw. α_{II}. Dreipulsige Schaltungen haben wesentlich größere Kreisströme als sechspulsige Schaltungen. In Bild **120.**1 ist der Mittelwert des Kreisstromes für verschiedene Umkehrstromrichterschaltungen in Abhängigkeit vom Steuerwinkel α für $\alpha_I = 180\,°$el $-\alpha_{II}$ dargestellt.

Für dreipulsige Gegenparallelschaltungen ergibt sich für den bezogenen Mittelwert des Kreisstromes, abhängig vom Steuerwinkel, der Verlauf nach Kurve a. Diese Kurve gilt für die Schaltung a in Bild **117.**1 und ebenso für die Gegenparallelschaltung zweier Stromrichter in Dreiphasen-Brückenschaltung nach Bild **118.**1. Auch hier kann sich der Kreisstrom jeweils zwischen dreipulsigen Teil-

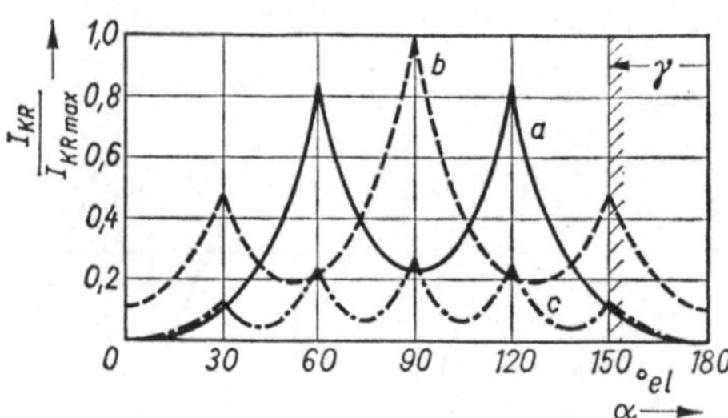

120.1 Abhängigkeit des Kreisstrommittelwertes vom Steuerwinkel α für
   a) dreipulsige Gegenparallelschaltung
   b) dreipulsige Kreuzschaltung
   c) sechspulsige Kreuzschaltung

stromrichtern ausbilden, solange die beiden parallel arbeitenden Stromrichter an einer gemeinsamen Transformatorsekundärwicklung angeschlossen sind.

Der Verlauf der Kurve b in Bild **120.**1 gilt für eine **dreipulsige Kreuzschaltung** nach Bild **117.**1 b.

Für die **sechspulsige Kreuzschaltung** ergibt sich eine wesentliche Verringerung des Kreisstromes, wie aus dem Verlauf der Kurve c in Bild **120.**1 zu entnehmen ist. Auch bei der Gegenparallelschaltung läßt sich eine **sechspulsige Rückwirkung** hinsichtlich des Kreisstromes nach Kurve c erreichen, wenn die Sekundärwicklung des Stromrichtertransformators in zwei um 180 °el gegeneinander versetzte Teilsterne aufgelöst wird [4.6].

Kreisstromfreie Schaltung. Bei größeren Leistungen werden Umkehrstromrichter vorwiegend **kreisstromfrei** betrieben. Voraussetzung hierfür ist, daß immer nur **ein** Teilstromrichter freigegeben wird, während die Zündimpulse des anderen gesperrt werden. Dazu ist eine Erfassung der **Stromrichtung** bzw. des **Stromnulldurchganges** im Gleichstromverbraucher erforderlich, damit die Steuerung „entscheiden" kann, welcher Stromrichter gerade angesteuert und welcher gesperrt werden muß.

Bild **121.**1 zeigt prinzipielle Möglichkeiten der Verwirklichung kreisstromfreien Betriebes. Dabei wird in der Schaltung a der **Strom auf der Gleichstromseite** gemessen, und nach jedem Nulldurchgang werden die Steuerimpulse des vorher stromführenden Teilstromrichters gesperrt und anschließend die des anderen Teilstromrichters freigegeben. Dazu ist eine gewisse **Totzeit** erforderlich. Technisch verwirklicht wird die Erfassung des Stromnulldurchganges meist auf die in Bild **121.**1 b dargestellte Weise; hier wird der **Strom auf der Drehstromseite** gemessen und anschließend über einen Diodengleichrichter summiert. Auch hier können nach jedem Stromnulldurchgang die freigegebenen bzw. gesperrten Steuerimpulse für die beiden Teilstromrichter vertauscht werden.

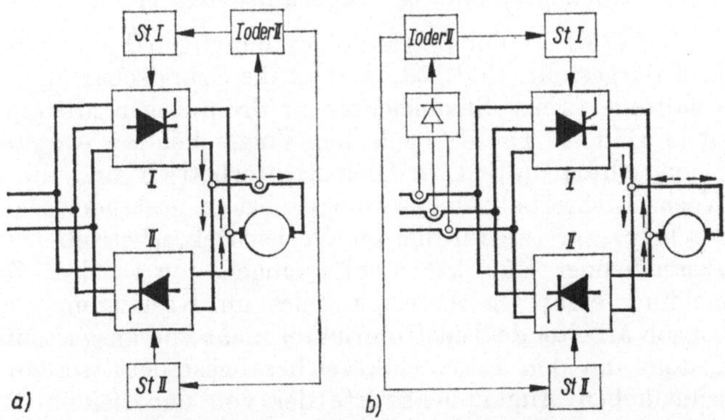

121.1 Kreisstromfreier Betrieb von Umkehrstromrichtern; Erfassung
a) des Stromnulldurchganges auf der Gleichstromseite
b) des Stromnulldurchganges auf der Drehstromseite

4.2.2. Direktumrichter

Die bisher behandelten Umkehrstromrichter können zur **Umformung von Wechselstrom** einer Frequenz f_1 in eine andere Frequenz f_2 verwendet werden, wenn man ihre Ausgangsspannung im Takt der gewünschten Ausgangsfrequenz f_2

periodisch umsteuert. Einen derartigen Stromrichter nennt man einen Umrichter. Da die Umformung der Frequenz durch direktes Umschalten der gerade passenden Phasenspannungen des Primärnetzes erfolgt, ohne daß ein Gleichstromzwischenkreis benutzt wird, spricht man von Direktumrichtern.

Die Verwendung steuerbarer Stromrichter für die Frequenzumformung ist bereits aus den dreißiger Jahren bekannt [B 3]. Schon damals wurden mit Quecksilberdampfgleichrichtern Umrichterversuchsanlagen in Betrieb genommen, die der Stromversorgung von Vollbahnen mit Einphasenstrom von $16^2/_3$ Hz aus dem allgemeinen 50-Hz-Drehstromnetz dienten. Die damaligen Umrichteranlagen erfüllten jedoch nicht alle in sie gesetzten Erwartungen, was in erster Linie durch den damals noch unvollkommenen Stand der Steuerungstechnik bedingt war. Mit den Fortschritten, die der Transistor auf dem Gebiet der Steuerungstechnik und der Thyristor als Leistungselement für die Energieelektronik brachten, haben die Umrichterschaltungen neuen Auftrieb erhalten [4.9].

Trapezumrichter. Steuert man einen Umkehrstromrichter periodisch im Takt der gewünschten Ausgangsfrequenz f_2 um, so ergibt sich auf der Ausgangsseite eine Wechselspannung mit einstellbarer Frequenz, die auf den Kuppen der Phasenspannungen verläuft, während sie bei der Umpolung der Ausgangsspannung auf der gerade stromführenden Phase zur anderen Seite überwechselt. Man nennt einen derartigen Umrichter wegen der annähernd trapezförmigen Kurvenform seiner Ausgangsspannung Trapezumrichter [4.7].

In Bild **123.**1 ist der Betrieb eines derartigen Trapezumrichters auf eine ohmsche Last dargestellt. Bild **123.**1 a zeigt die Grundschaltung, die aus der Gegenparallelschaltung zweier Stromrichter in dreipulsiger Mittelpunktschaltung aufgebaut ist (s. Bild **117.**1 a). Je nach dem Vorzeichen der Ausgangsspannung u werden die Stromrichtergruppe I in Gleichrichterbetrieb und die Stromrichtergruppe II in Wechselrichterbetrieb bzw. umgekehrt ausgesteuert. Dabei muß mit Rücksicht auf die Kippgrenze für den im Wechselrichterbetrieb arbeitenden Stromrichter ein ausreichender Löschwinkel γ eingehalten werden. Das bedingt, daß zur Vermeidung eines Gleichstromanteiles im Kreisstrom auch der im Gleichrichterbetrieb arbeitende Teilstromrichter nicht voll ausgesteuert sein darf, sondern mindestens um den Löschwinkel γ herabgesteuert werden muß. Wegen der unterschiedlichen Augenblickswerte der von den beiden Teilstromrichten I und II abgegebenen Spannungen sind auch beim Trapezumrichter Drosselspulen zur Begrenzung der Kreisströme erforderlich

Das Oszillogramm in Bild **123.**1 b zeigt die Strom- und Spannungsverhältnisse. Die Ausgangsspannung u wird von den Spannungsausschnitten der jeweils stromführenden Phasen gebildet. Solange die Ausgangsspannung ihr Vorzeichen nicht ändert, verläuft sie wie bei einem Gleichrichter mit kleinem Steuerwinkel α. Bei der Vorzeichenumkehr wechselt sie auf der entsprechenden Phasenspannung auf die andere Seite über. Bei ohmscher Last R bildet sich ein Strom i aus, der wie die Ausgangsspannung u verläuft; an der Stromführung ist dann jeweils nur der im Gleichrichterbetrieb ausgesteuerte Teilstromrichter beteiligt. Im Oszillogramm sind außerdem Spannung und Strom zweier entsprechender Thyristoren der beiden gegenparallel geschalteten Teilstromrichter I und II aufgezeichnet. Aus dem Verlauf der Spannung an den Thyristoren ersieht man den Steuerwinkel α im

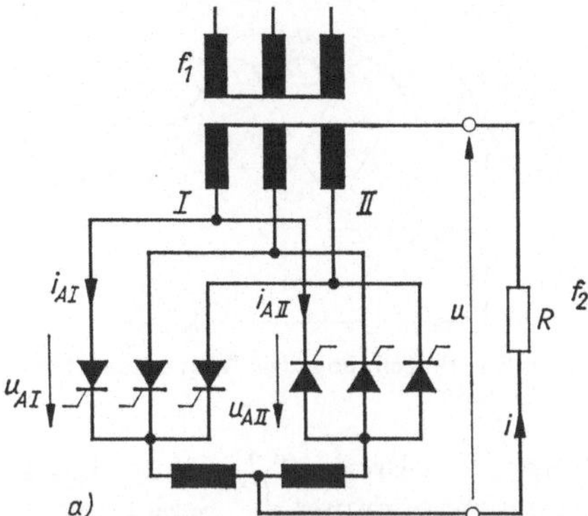

123.1
Betrieb eines Trapezumrichters auf eine ohmsche Last
a) Gegenparallelschaltung zweier M 3-Stromrichter
b) Oszillogramm
($f_1 = 50$ Hz, $f_2 = 5,5$ Hz)

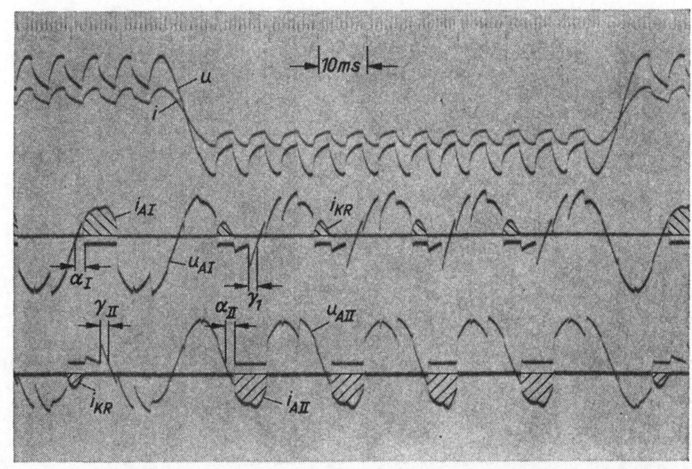

Gleichrichterbetrieb und den Löschwinkel γ im Wechselrichterbetrieb. Die maximal auftretende Sperrspannung in positiver und negativer Richtung ist gleich dem Scheitelwert der verketteten Transformatorspannung.

Der Strom im Thyristor setzt sich aus 120 °el-Blöcken zusammen, denen der Kreisstrom i_{KR} überlagert ist. Während der Zeitabschnitte, in denen der jeweilige Teilstromrichter nicht an der Führung des Laststromes beteiligt ist, fließt über die Thyristoren nur der Kreisstrom i_{KR}. Der Strombeanspruchung der Thyristoren in den einzelnen Stromrichterzweigen ist bei den Direktumrichtern also von dem jeweiligen Betriebszustand abhängig. Bei der Auslegung müssen auch die ungünstigen Belastungsfälle berücksichtigt werden.

Die Ausgangsfrequenz f_2 des Trapezumrichters wird von dem Takt der Umsteuerung der beiden Teilstromrichter bestimmt. Solange die Spannungsumschaltung auf einer Phasenspannung des Primärnetzes vorgenommen wird, kann die Ausgangsfrequenz f_2 nur in bestimmten Stufen verändert werden. Es ergibt sich für die möglichen Ausgangsfrequenzen f_2 beim Trapezumrichter ein Frequenzspektrum, das nun berechnet werden soll.

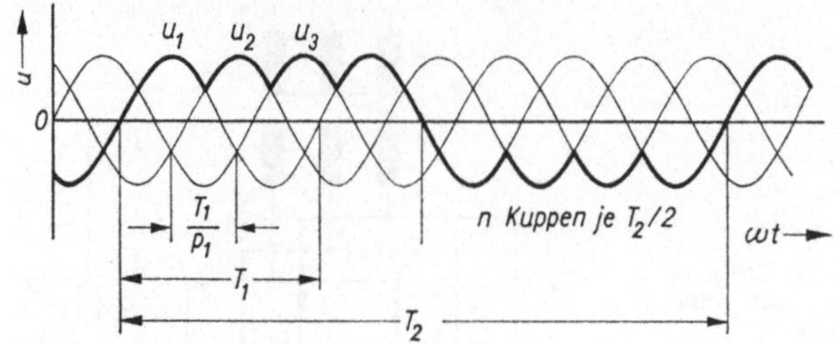

124.1 Zur Berechnung des Frequenzspektrums beim Trapezumrichter

In Bild **124.1** ist der idealisierte Verlauf der Ausgangsspannung u eines Trapezumrichters noch einmal dargestellt. Die Periodendauer T_2 der Ausgangsspannung wird durch die Kuppenzahl n je Halbperiode bestimmt. Abhängig von der Pulszahl p_1 der Umrichterschaltung hat jede Kuppe die Breite T_1/p_1. Aus Bild **124.1** läßt sich für die Periodendauer T_2 der Ausgangsspannung die Beziehung

$$T_2 = T_1 + 2\,(n-1)\,\frac{T_1}{p_1} \tag{124.1}$$

ableiten. Für das Verhältnis der Ausgangsfrequenz f_2 zur Eingangsfrequenz f_1 ergibt sich daraus

$$\frac{f_2}{f_1} = \frac{1}{1 + \dfrac{2\,(n-1)}{p_1}} \tag{124.2}$$

Man erhält die möglichen einstellbaren Ausgangsfrequenzen, wenn man in diese Gleichung für die Kuppenzahl n nacheinander ganze Zahlen 1, 2, 3 … einsetzt. In Bild **124.2** sind die aus Gl. (124.2) berechneten Ausgangsfrequenzen f_2, bezogen auf die Eingangsfrequenzen f_1, für eine dreipulsige Umrichterschaltung ($p_1 = 3$) und

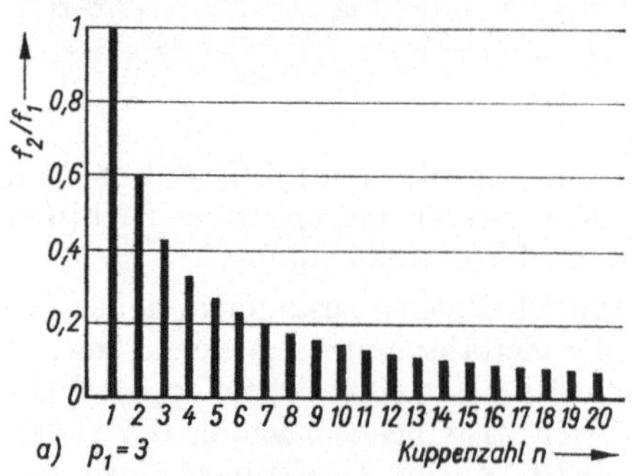
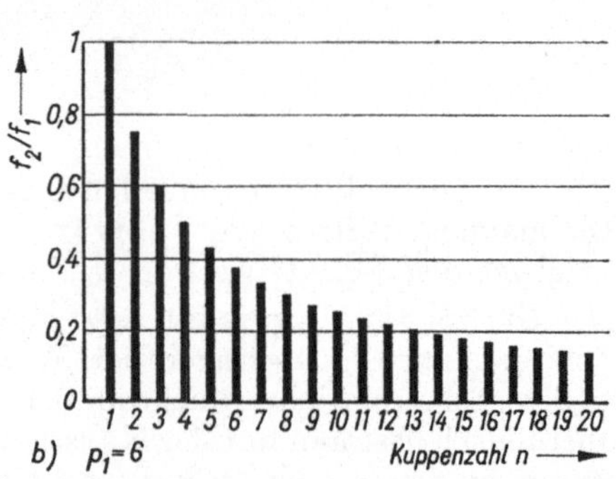

124.2 Mögliche Ausgangsfrequenzen f_2 beim Trapezumrichter bei einer
  a) dreipulsigen Schaltung
  b) sechspulsigen Schaltung

für eine sechspulsige Umrichterschaltung ($p_1 = 6$) aufgetragen. Die Darstellung zeigt, daß die Frequenzsprünge um so kleiner werden, je höher die Kuppenzahl ist. Um die Ausgangsfrequenz f_2 feinstufig einstellen zu können, empfiehlt es sich also, von einer möglichst hohen Eingangsfrequenz f_1 auszugehen.

Ein mehrphasiges Ausgangssystem erhält man beim Trapezumrichter, wenn man mehrere Gegenparallelschaltungen mit entsprechender gegenseitiger Phasenverschiebung arbeiten läßt. Dabei ergibt sich als Zusatzbedingung für ein symmetrisches Mehrphasensystem, daß die einzelnen Ausgangsphasen des Trapezumrichters gleichmäßig gegeneinander verschoben sein müssen. Nach Bild **124.**1 beträgt die Zahl z der Kuppen pro Periode T_2 der Ausgangsspannung

$$z = p_1 + 2 (n - 1) \tag{125.1}$$

Damit eine gleichmäßige Verschiebung der Ausgangsphasen möglich ist, muß diese Zahl durch die Pulszahl p_2 des Ausgangssystems teilbar sein. In Tafel **125.**1 sind die einstellbaren Ausgangsfrequenzen f_2 für einen Trapezumrichter in sechspulsiger Stromrichterschaltung angegeben. Dabei ist als Eingangsfrequenz $f_1 = 400$ Hz angenommen. Die Ausgangsfrequenzen f_2, bei denen ein symmetrisches Dreiphasensystem mit gleichmäßigem Phasenversatz am Ausgang möglich ist, sind in Tafel **125.**1 halbfett gedruckt.

Tafel **125.**1 Ausgangsfrequenzen f_2 bei einem sechspulsigen Trapezumrichter ($f_1 = 400$ Hz; $p_1 = 6$; $p_2 = 3$); bei den halbfett gedruckten Zahlenwerten für f_2 ist ein symmetrisches Dreiphasensystem möglich.

n	f_2/f_1	f_2 in Hz	n	f_2/f_1	f_2 in Hz
1	1	**400**	11	3/13	92,2
2	3/4	300	12	3/14	85,7
3	3/5	240	13	1/5	**80**
4	1/2	**200**	14	3/16	75
5	3/7	171,4	15	3/17	70,6
6	3/8	150	16	1/6	**66,7**
7	1/3	**133,3**	17	3/19	63,2
8	3/10	120	18	3/20	60
9	3/11	109,1	19	1/7	**57,1**
10	1/4	**100**	20	3/22	54,6

Freizügigkeit in der einstellbaren Ausgangsfrequenz erhält man beim Trapezumrichter, wenn man die Spannungsumpolung nicht nur auf den Phasenspannungen zuläßt, sondern bei vorübergehender Änderung der Steuerwinkel α_{I} bzw. α_{II} während der Umpolung bereits auf die nächste Phase kommutiert.

Steuerumrichter. Beim sogenannten Steuerumrichter wird die Spannung der beiden gegenparallel arbeitenden Teilstromrichter sinusförmig ausgesteuert, wobei die Steuerwinkel α_{I} bzw. α_{II} während jeder Halbwelle der Ausgangsspannung entsprechend verändert werden müssen. Bild **126.**1 zeigt den Verlauf der Spannungen bei einem sechspulsigen Steuerumrichter. Durch Änderung der Steuerwinkel α_{I} bzw. α_{II} wird die von den Stromrichtern I und II abgegebene Ausgangsspannung möglichst gut an einen sinusförmigen Sollwert angenähert. Auch hier arbeiten die beiden Teilstromrichter abwechselnd im Gleich- bzw. Wechselrichterbetrieb, wobei der Verschiebungsfaktor der Last die jeweilige Stromrichtung bestimmt. Die Differenzen in den Ausgangsspannungen u_{I} bzw. u_{II} der beiden Teilstromrichter bilden eine Kreisspannung u_{KR}, die in Bild **126.**1c dargestellt ist und sich mit dem jeweiligen Aussteuerungszustand ändert.

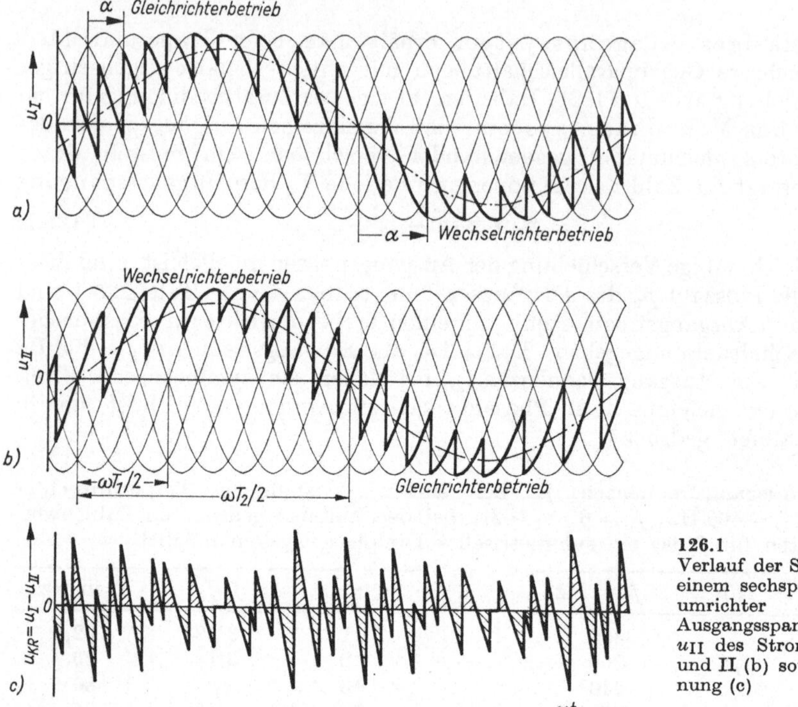

126.1
Verlauf der Spannungen bei einem sechspulsigen Steuerumrichter Ausgangsspannungen u_I bzw. u_II des Stromrichters I (a) und II (b) sowie Kreisspannung (c)

Der Vorteil des Steuerumrichters gegenüber dem Trapezumrichter besteht darin, daß seine Ausgangsspannung der Sinusform besser angenähert ist. Ein weiterer Vorteil entsteht dadurch, daß die abgegebene Frequenz f_2 **stetig verändert** werden kann, was grundsätzlich, wie oben bereits erwähnt, auch beim Trapezumrichter durch eine Zwischenkommutierung während der Umpolphase erreicht werden kann. Eine wesentliche Beschränkung des Steuerumrichters liegt darin, daß die Ausgangsfrequenz nur etwa bis zum **halben Wert der Eingangsfrequenz** gesteigert werden kann. Bei der Eingangsfrequenz 50 Hz kann also die Frequenz der abgegebenen Spannung nur bis maximal 25 Hz eingestellt werden. Ein weiterer Nachteil des Steuerumrichters besteht in seinem hohen **Blindstrombedarf.** Wie man den Spannungskurven u_I bzw. u_II in Bild **126.**1 entnehmen kann, wird der Steuerumrichter überwiegend im weit herabgesteuerten Gebiet betrieben, was nach Gl. (107.5) einen schlechten Verschiebungsfaktor bedeutet.

Die Spannungsbeanspruchung der Thyristoren entspricht beim Steuerumrichter denen netzgeführter Stromrichter mit Anschnittsteuerung im Gleich- und Wechselrichterbetrieb. Maximal tritt, abgesehen von Überspannungen, der Scheitelwert der verketteten Netz- bzw. Transformatorspannung auf. Die **Strombeanspruchung der Thyristoren** ist wie beim Trapezumrichter vom jeweiligen Betriebszustand abhängig. Auch hier muß die Auslegung nach dem ungünstigsten, dauernd auftretenden Betriebszustand erfolgen.

Der Steuerumrichter wird vorwiegend zur Speisung von **Drehfeldmaschinen** mit veränderlicher Frequenz eingesetzt [4.8]. Dazu ist ein **mehrphasiges Aus-**

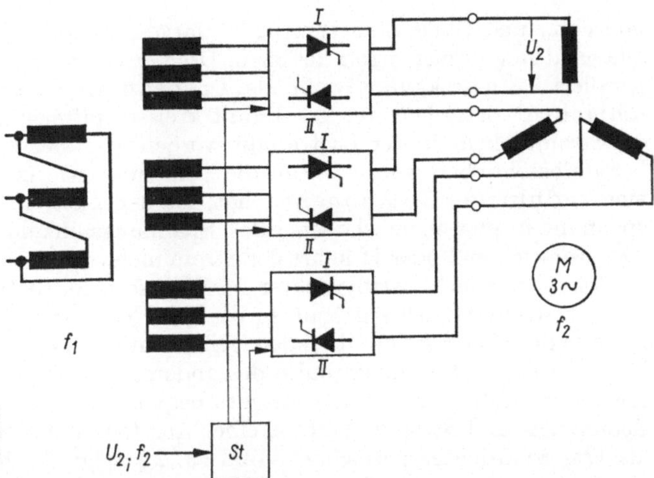

127.1
Steuerumrichter zur Speisung
eines Drehstrommotors mit
veränderlicher Frequenz und
Spannung

gangssystem erforderlich. Bild **127.**1 zeigt die Schaltung eines Steuerumrichters
mit dreiphasigem Ausgang zur Speisung eines Käfigläufermotors mit veränderlicher Frequenz und Spannung. Dabei wird jede der drei Umrichtereinheiten wie
in Bild **126.**1 ausgesteuert, jedoch mit einer Versetzung der einzelnen Phasen um
jeweils 120 °el (s. Abschn. 6.2).

Kreisstromfreie Schaltung. Auch bei den Direktumrichtern können zur völligen
Vermeidung des Kreisstromes kreisstromfreie Schaltungen verwendet werden.
Dabei wird jeweils nur der gerade an der Stromführung beteiligte Teilstromrichter ausgesteuert, während die Zündimpulse des anderen Teilstromrichters
gesperrt werden. In Bild **127.**2 ist der kreisstromfreie Betrieb bei einem Trapez-

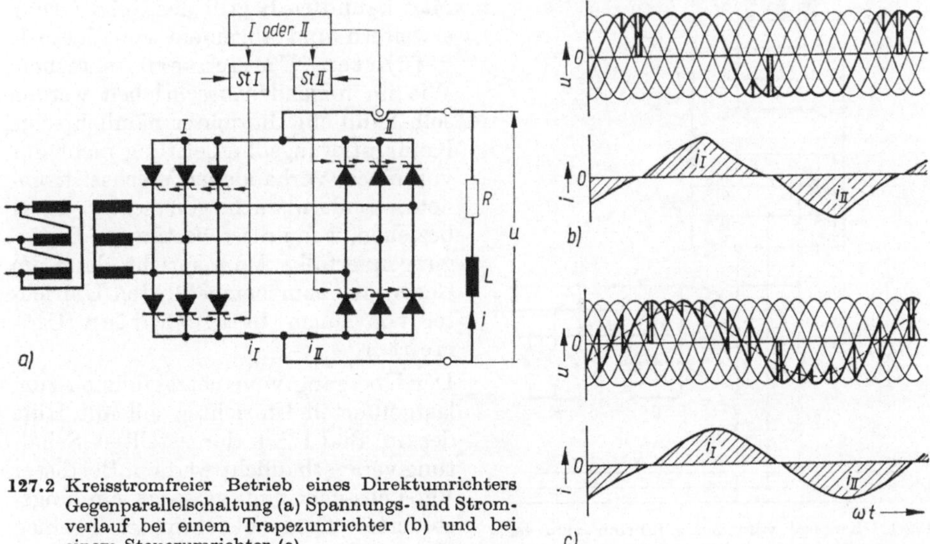

127.2 Kreisstromfreier Betrieb eines Direktumrichters
Gegenparallelschaltung (a) Spannungs- und Stromverlauf bei einem Trapezumrichter (b) und bei
einem Steuerumrichter (c)

umrichter und einem Steuerumrichter dargestellt. Bild **127.2**a zeigt die Gegenparallelschaltung zweier Stromrichter in Drehstrom-Brückenschaltung. Diese Gegenparallelschaltung kann sowohl als Trapezumrichter als auch als Steuerumrichter betrieben werden. Damit kreisstromfreier Betrieb möglich ist, muß die Stromumkehr in der Last erfaßt werden, wie dies beim Umkehrstromrichter bereits beschrieben wurde. Wenn die Belastung, wie in Bild **127.2** angenommen, eine induktive Komponente hat, ist der Laststrom i gegenüber der Lastspannung u phasenverschoben. Bei Spannungsumkehr durch Umsteuern der Teilstromrichter I oder II kehrt der Strom nicht sofort seine Richtung um, so daß zunächst derselbe Teilstromrichter im Wechselrichterbetrieb weiterarbeitet. Geht der Laststrom danach auf Null, so wird der Nulldurchgang erfaßt und die Zündimpulse des bisher stromführenden Teilstromrichters gesperrt. Nach einer kleinen Totzeit werden die Zündimpulse des anderen Teilstromrichters freigegeben, und die andere Halbwelle des Laststromes beginnt zu fließen. In Bild **127.2**b ist der Spannungs- und Stromverlauf bei einer Aussteuerung der Gegenparallelschaltung als Trapezumrichter gezeichnet. Bild **127.2**c zeigt die gleichen Verhältnisse bei einer Aussteuerung als Steuerumrichter.

4.3. Lastgeführter Umrichter

Die oben behandelten Umrichter sind netzgeführt, d.h. die Kommutierung des Laststromes von einem Ventil auf das ablösende Ventil geschieht unter dem Einfluß der Netzspannungen und im Takt mit der Netzfrequenz. Außerdem stellte das Netz die für die Kommutierung erforderliche Blindleistung zur Verfügung.

Man kann den Begriff der Netzführung erweitern und allgemein von fremdgeführten Umrichtern sprechen. Wie im folgenden beschrieben werden soll, kann ein Umrichter nämlich seine Kommutierungsblindleistung nicht nur von einem vorhandenen Wechselstromnetz, sondern auch von seiner Last beziehen, wenn diese bestimmte Bedingungen erfüllt. Man spricht dann im Gegensatz zum netzgeführten Umrichter von einem lastgeführten Umrichter.

Der Übergang vom netzgeführten zum lastgeführten Umrichter soll mit Hilfe der in Bild **128.1** dargestellten Schaltung veranschaulicht werden. Bei dieser Versuchsschaltung versorgt ein ungesteuerter Diodengleichrichter I einen Gleichstromzwischenkreis mit konstan-

128.1 Übergang vom netzgeführten zum lastgeführten Umrichter

ter Gleichspannung. Wenn zunächst angenommen wird, daß der Schalter S 1 geschlossen und der Schalter S 2 geöffnet ist, kann über den in Wechselrichterbetrieb gesteuerten Stromrichter II Energie aus dem Gleichstromzwischenkreis in das Drehstromnetz N 2 eingespeist werden. Sowohl der Gleichrichter I als auch der Wechselrichter II beziehen in diesem Betriebszustand ihre Kommutierungsenergie aus den beiden Drehstromnetzen N 1 und N 2, sie sind also netzgeführt. Beide Stromrichter nehmen induktiven Blindstrom aus den Drehstromnetzen auf. Schaltet man nun durch Schließen des Schalters S 2 eine einstellbare ohmisch-kapazitive Last zu, so läßt sich durch Veränderung dieser Belastung der dem Drehstromnetz N 2 entnommene Strom I auf Null regulieren. Die Kondensatoren kompensieren dann die vom Stromrichter II benötigte induktive Kommutierungsblindleistung, während die Widerstände die vom Wechselrichter zurückgespeiste Energie aufnehmen. Da dem Drehstromnetz N 2 im abgeglichenen Zustand kein Strom entnommen wird ($I = 0$), kann der Schalter S 1 geöffnet werden, ohne daß sich dadurch der Betriebszustand des Wechselrichters ändert. Der Wechselrichter erhält jetzt seine Kommutierungsblindleistung von der Last, d.h., er arbeitet als lastgeführter Umrichter. Voraussetzung für die Lastführung ist, daß die Last induktive Blindleistung zur Verfügung stellen kann, was der Fall ist, wenn der Laststrom eine genügend große kapazitive Komponente hat.

In Bild **129**.1 sind zwei Oszillogramme der Kommutierungsspannung u_k und des Anodenstromes i_A gegenübergestellt, die an einem lastgeführten Wechselrichter (Oszillogramm a) und an einem netzgeführten Wechselrichter (Oszillo-

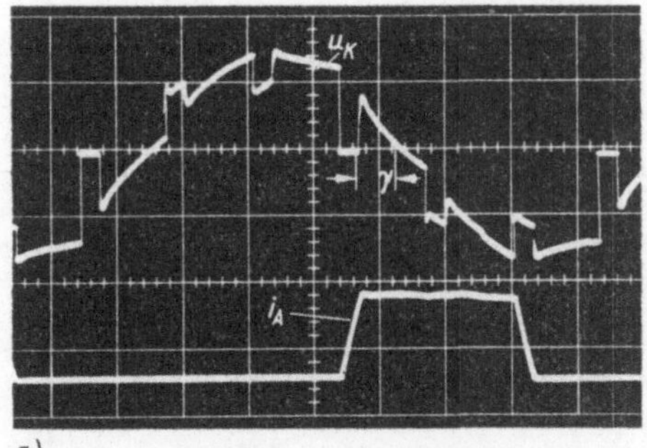

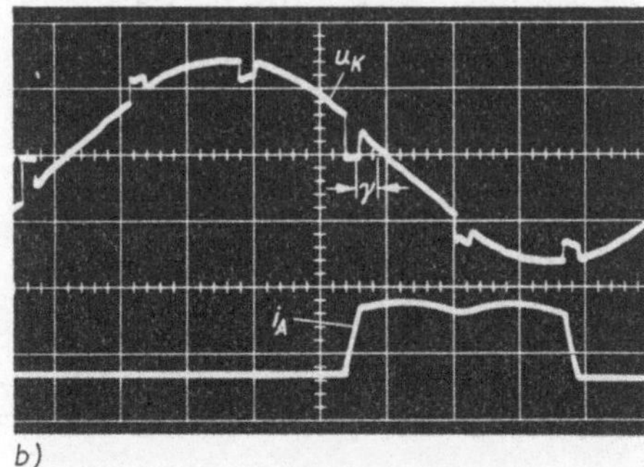

a)   b)

129.1 Oszillogramme der Kommutierungsspannung u_k und des Anodenstromes i_A (Thyristorstrom) beim selbstgeführten Wechselrichter

a) lastgeführter Wechselrichter   b) netzgeführter Wechselrichter

gramm b) aufgenommen wurden. Man sieht, daß die Verhältnisse beim last- und netzgeführten Umrichter ganz ähnlich sind. Für den lastgeführten Umrichter gelten die gleichen Gesetze wie für den netzgeführten, also $\varphi \approx \alpha$ und $U_d \sim U \cos\varphi$. Anstelle der Netzspannung ist für U beim lastgeführten Umrichter der Spannungsabfall des Wechselrichterstromes an der Last einzusetzen. Auch der lastgeführte Wechselrichter hat eine Kippgrenze, die überschritten wird, wenn die Last die für die Kommutierung erforderliche Blindleistung nicht mehr zu liefern vermag.

Die Frequenz des lastgeführten Wechselrichters ist nicht mehr starr an eine Netzfrequenz gebunden. Die Frequenz f_2 kann daher beim lastgeführten Umrichter getrennt vorgegeben und verändert werden. Lasten, die den vom Umrichter für die Kommutierung benötigten induktiven Blindstrom zu liefern vermögen, lassen sich mit Kondensatoren wie in Bild 128.1 oder mit Synchronmaschinen, deren Erregung entsprechend eingestellt wird, verwirklichen. Beide Fälle haben technisch eine gewisse Bedeutung erlangt und sollen im folgenden behandelt werden.

4.3.1. Stromrichtermotor

Eine Synchronmaschine ist im überregten Zustand in der Lage, an das Netz induktiven Blindstrom abzugeben. Sie kann daher auch die Kommutierungsblindleistung für einen lastgeführten Umrichter zur Verfügung stellen.

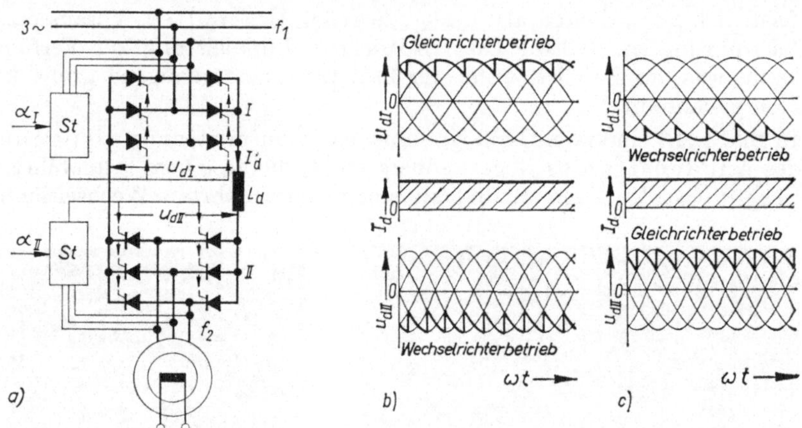

130.1 Lastgeführter Umrichterantrieb mit Synchronmaschine („Stromrichtermotor")
a) Schaltung
b) Motorbetrieb der Synchronmaschine
c) Generatorbetrieb der Synchronmaschine

In Bild 130.1a ist ein derartiger lastgeführter Umrichterantrieb mit einer Synchronmaschine dargestellt, der als Stromrichtermotor bezeichnet wird [4.1]. Bei dieser Schaltung wird der Gleichstromzwischenkreis über einen steuerbaren Stromrichter I aus einem Drehstromnetz gespeist. Der Stromrichter II ist lastgeführt und bezieht seine Kommutierungsleistung von der übererregten Synchronmaschine. Der Gleichstromzwischenkreis enthält eine Glättungsdrossel L_d, die als Energiespeicher wirkt und zur Entkopplung der beiden Stromrichter dient. Der lastgeführte Stromrichter II ist also vom Drehstromnetz vollkommen unabhängig. Die Synchronmaschine übernimmt die Funktionen des Netzes, nämlich Taktgebung und Lieferung der Kommutierungsblindleistung.

Die Sekundärfrequenz f_2, die die Drehzahl der Synchronmaschine bestimmt, ist zunächst noch frei. Man unterscheidet je nach der Art der Frequenzvorgabe fremdgesteuerten und selbstgesteuerten Betrieb. Bei der Fremdsteuerung wird die Frequenz f_2 von einem von der Maschine unabhängigen Taktgeber vorgegeben. Der Antrieb hat das Verhalten eines echten Synchronantriebes, bei dem die Maschinendrehzahl vom Taktgeber vorgegeben wird. Beim selbstgesteuerten Stromrichtermotor wird die Taktfrequenz von der Maschinenwelle abgenommen. Die Frequenz f_2 ist somit an die Motordrehzahl gebunden, und der Antrieb verhält sich ähnlich wie eine drehzahlgesteuerte Gleichstrommaschine, bei der die Drehzahl von der Stromrichterspannung und der Felderregung bestimmt wird (s. auch Abschn. 6.2.3).

Im Motorbetrieb bezieht die Synchronmaschine Energie aus dem Drehstromnetz. Der Stromrichter I arbeitet dann im Gleichrichterbetrieb, während der Stromrichter II als Wechselrichter ausgesteuert ist (Bild **130.**1 b). Eine Umkehr der Energierichtung kann, da die Stromrichtung im Gleichstromzwischenkreis durch die Ventilwirkung der beiden Stromrichter festgelegt ist, nur durch Spannungsumkehr im Gleichstromzwischenkreis erfolgen. Dabei wird der am Netz liegende Stromrichter I in Wechselrichterbetrieb und der lastgeführte Stromrichter II in Gleichrichterbetrieb umgesteuert (Bild **130.**1 c). In diesem Betriebszustand liefert die Synchronmaschine Energie an das Drehstromnetz, arbeitet also als Generator.

Schwierigkeiten bereitet bei einem derartigen lastgeführten Umrichter der Anlauf, da das führende Netz auf der Sekundärseite beim Anfahren der Synchronmaschine zunächst noch nicht vorhanden ist. Man ist daher gezwungen, für das Anfahren besondere Hilfseinrichtungen vorzusehen oder bei einem Umrichter mit „verstecktem" Zwischenkreis beim Anfahren zunächst noch von der Netzseite zu kommutieren [4.1].

Wegen der induktiven Blindstromlieferung an den lastgeführten Umrichter ist für derartige Antriebe eine Synchronmaschine erforderlich. Asynchronmaschinen können keinen induktiven Blindstrom liefern und daher als Stromrichtermotor nicht verwendet werden.

4.3.2. Schwingkreisumrichter

Der Blindstrombedarf für einen lastgeführten Umrichter kann statt von einer Synchronmaschine auch von Kondensatoren zur Verfügung gestellt werden. Diese Kondensatoren müssen im allgemeinen zur Last hinzugeschaltet werden. Beispielsweise können induktive Verbraucher durch Kondensatoren zu Reihen oder Parallelschwingkreisen ergänzt werden. Man spricht dann von einem Schwingkreisumrichter, der in der Nähe der Resonanzfrequenz der Last arbeitet [4.10; 4.17].

Bild **132.**1 zeigt einen derartigen Schwingkreisumrichter als Beispiel eines lastgeführten Umrichters mit einem Kondensator als Blindleistungserzeuger. Bei diesem Umrichter ist der induktive Wechselstromverbraucher durch Reihenschaltung eines Kompensationskondensators zu einem Reihenschwingkreis ergänzt. Der Lastkreis übernimmt dann die Führung des Wechselrichters, indem nach einer Halbperiode der Resonanzfrequenz der Laststrom von selbst umschwingt und damit die Kommutierung ermöglicht.

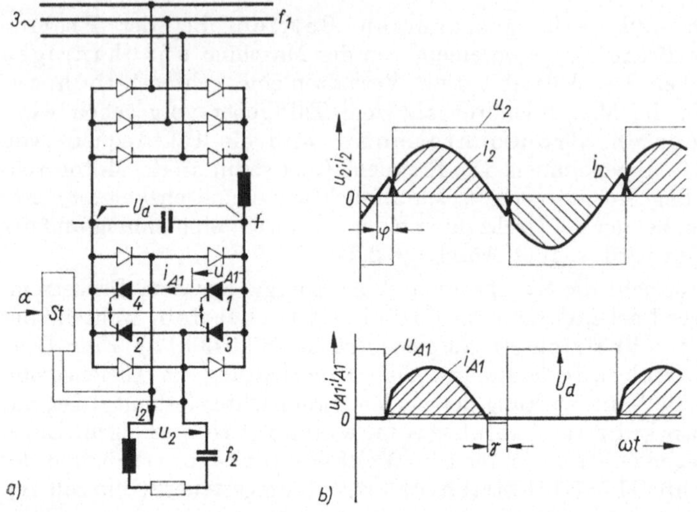

132.1
Lastgeführter Umrichter mit Kondensator als Blindleistungserzeuger („Schwingkreisumrichter")
a) Schaltung bei Reihenkompensation
b) Strom- und Spannungsverlauf an der Last und an einem Thyristor

Bild **132.1**b zeigt den Strom- und Spannungsverlauf an der Last und an einem Thyristor des Wechselrichters. Im eingeschwungenen Zustand fließt in der Last ein sinusförmig verlaufender Wechselstrom i_2. Dieser Wechselstrom ist um den Winkel φ gegenüber der vom Wechselrichter gelieferten rechteckförmig verlaufenden Wechselspannung u_2 voreilend phasenverschoben. Diese rechteckförmige Wechselspannung u_2 an der Last entsteht durch periodisches Umsteuern der entsprechenden Thyristorpaare 1 und 2 bzw. 3 und 4. Dabei fließt in den Thyristoren nach dem Umschalten der in Bild **132.1**b unten gezeichnete Teil der Laststromhalbwelle. Die entsprechenden Stromabschnitte, die von den Thyristoren geführt werden, bedeuten eine Energielieferung aus dem Gleichstromzwischenkreis an die Last. Nach dem Umschwingen kehrt der Laststrom i_2 seine Richtung um. Der Strom wird dabei zunächst von den antiparallel zu den Thyristoren geschalteten Dioden übernommen, was eine vorübergehende Energierücklieferung vom Verbraucher an den Gleichstromzwischenkreis bedeutet. Solange die Dioden den Laststrom führen, sind die abgelösten Thyristoren stromfrei und in negativer Richtung mit einer kleinen Sperrspannung, die der Durchlaßspannung der antiparallelen Dioden entspricht, beansprucht. Dabei können sie ihre Sperrfähigkeit für positive Sperrspannung wiedergewinnen, die beim Einschalten des anderen Thyristorpaares plötzlich wieder auftritt.

Bei Reihenkompensation, wie sie in Bild **132.1** angenommen ist, besteht die Lastspannung also aus Rechteckblöcken mit derselben Amplitude wie diejenige der Spannung U_d im Gleichstromzwischenkreis. An den kapazitiven und induktiven Scheinwiderständen des Reihenschwingkreises können je nach der Dämpfung durch die abgegebene Leistung erheblich höhere Reihenspannungen auftreten. Um die Thyristoren nicht mit dieser Kompensationsspannung, die ein Mehrfaches der Spannung im Gleichstromzwischenkreis betragen kann, zu beanspruchen, müssen die antiparallelen Rückstromdioden vorhanden sein, die den Laststrom vom Nulldurchgang bis zur Zündung der nächsten Thyristorgruppe führen können.

Man kann die induktive Last statt zu einem Reihenschwingkreis auch durch Parallelschaltung eines Kompensationskondensators zu einem Parallelschwingkreis ergänzen. Die antiparallelen Rückstromdioden können dann entfallen. Dagegen muß die Spannung im Gleichstromzwischenkreis schnell geändert werden können; dies erfordert einen steuerbaren Gleichrichter am Drehstromnetz. Bei der Parallelkompensation besteht der vom Wechselrichter abgegebene Strom aus Rechteckblöcken. Die der Last zugeführte Leistung muß über die Anpassung der Gleichstromzwischenkreisspannung mit der gerade benötigten Leistung im Gleichgewicht gehalten werden.

Der Schwingkreisumrichter, der hier als lastgeführter Umrichter mit natürlicher Kommutierung aus dem netz- bzw. fremdgeführten Umrichter entwickelt wurde, soll im folgenden Abschnitt, der die Stromrichter mit Zwangskommutierung behandelt, noch in weiteren Schaltungen untersucht werden (s. Abschn. 5.3.4).

10*

5.   Stromrichter mit Zwangskommutierung

Nachdem in Abschn. 4 die mit natürlicher Kommutierung arbeitenden Stromrichter, die das Hauptanwendungsgebiet der klassischen Stromrichtertechnik darstellten, beschrieben wurden, sollen hier Schaltungen mit Zwangskommutierung behandelt werden. Unter Zwangskommutierung werden Kommutierungsvorgänge verstanden, bei denen eine Zusatzspannung im Kommutierungskreis künstlich aufgebracht werden muß, weil keine natürlichen Kommutierungsspannungen vorhanden sind.

Bei elektrischen Maschinen wird die Zwangskommutierung bereits seit vielen Jahrzehnten mit Erfolg angewendet; denn die Stromübergabe bei Kommutatormaschinen geschieht im allgemeinen unter Zuhilfenahme der von den Wendepolen in den kommutierenden Spulen induzierten Wendespannung, welche die Kommutierung gegen die Reaktanzspannung erzwingt und so den Kohlebürsten die Stromwendung erleichtert. So wurde erst durch die Einführung der Wendepole der Bau von Kommutatormaschinen mit großen Leistungen möglich.

Auch bei Stromrichtern sind für die Zwangskommutierung Hilfsspannungen im Kommutierungskreis zur Löschung der Ventile erforderlich. Im Gegensatz zu Vakuumröhren und Transistoren, die den Strom über das Steuergitter kontinuierlich zu verstellen oder zu unterbrechen gestatten, kann der Laststrom bei den Thyristoren — ebenso wie bei ihren Vorläufern als Leistungselementen der Stromrichtertechnik, den Thyratrons und Quecksilberdampfgleichrichtern — nach einmal erfolgter Zündung nicht mehr über das Steuergitter beeinflußt werden. Die Stromunterbrechung muß bei den Thyristoren daher im Laststromkreis selbst erfolgen. Die dazu erforderliche Zusatzspannung im Kommutierungskreis wird meist mit Kondensatoren aufgebracht. Da diese Kondensatoren zur Löschung der Thyristoren verwendet werden, nennt man sie Löschkondensatoren oder auch Kommutierungskondensatoren. Kommutierungsschaltungen mit induktivem Energiespeicher zur Stromunterbrechung haben bisher kaum technische Anwendung gefunden.

Die grundlegenden Schaltungen von Stromrichtern mit Zwangskommutierung sind zu einem großen Teil schon in den dreißiger Jahren veröffentlicht und untersucht worden [5.1...5.10]. Die technische Verwirklichung dieses Zweiges der Stromrichtertechnik ist jedoch erst durch Thyristoren ermöglicht worden, da sich hier die guten dynamischen Eigenschaften der Thyristoren besonders günstig auswirken. Den wichtigsten Fortschritt brachte die kleine Freiwerdezeit der Thyristoren, die je nach Typ zwischen 10 und mehr als 100 µs liegt und damit wesentlich kleiner als bei Quecksilberdampfgleichrichtern oder Thyratrons ist (s. Tafel 144.1).

Im folgenden sollen die Schaltungen mit Zwangskommutierung im einzelnen behandelt werden. Dabei wird gezeigt, daß sich ganz neue Möglichkeiten für die

Lösung der Probleme der Umformung elektrischer Energie ergeben, und zwar sowohl der Umformung der Spannung wie auch der Frequenz, der Phasenzahl und Phasenfolge. Da die Schaltvorgänge und damit die Strom- und Spannungsänderung bei Schaltungen mit Zwangskommutierung im allgemeinen sehr schnell erfolgen, stellen diese besondere Anforderungen an die Thyristorelemente. Auch darauf soll im Anschluß an die Behandlung der Schaltungen im einzelnen eingegangen werden.

5.1. Halbleiterschalter für Gleichstrom

Das Schalten eines Gleichstroms unterscheidet sich von dem eines Wechselstromes vor allem dadurch, daß der Gleichstrom durch eine am Schalter aufzubringende Gegenspannung auf Null gebracht werden muß, während der seine Richtung periodisch ändernde Wechselstrom dabei jedesmal von selbst durch Null geht. Das Ein- und Ausschalten von Wechselstrom mit Thyristorschaltern bietet daher keine besonderen Schwierigkeiten, da es beim Ausschalten genügt, die Zündimpulse der Thyristoren zu sperren und den nächsten natürlichen Nulldurchgang des Stromes abzuwarten. Das Einschalten eines Gleichstromkreises mit einem Thyristorschalter bietet ebenfalls keine Schwierigkeiten; um den Gleichstrom wieder zu unterbrechen, ist am Halbleiterschalter jedoch eine Löscheinrichtung erforderlich. Es handelt sich beim einfachen Thyristorschalter für Gleichstrom also bereits um eine Schaltung mit Zwangskommutierung.

5.1.1. Einschalten

Das Einschalten eines Gleichstromkreises mit einem Halbleiterschalter geschieht durch Zünden des Thyristors. Bild 135.1 zeigt die Verhältnisse beim Einschalten eines Gleichstromkreises mit einer ohmisch-induktiven Belastung. Zur Berechnung des Strom- und Spannungsverlaufes soll der Thyristorschalter zunächst als ideales Schaltelement behandelt werden, d.h., Durchlaßspannungsabfall und Sperrstrom werden vernachlässigt. Außerdem sollen die endliche Schaltgeschwindigkeit beim Einschalten und die Sperrverzögerung beim Ausschalten zunächst noch außer acht gelassen werden.

Nach dem Zünden des Thyristors im Zeitpunkt t_0 gilt für den Stromkreis die Differentialgleichung

$$L \frac{\mathrm{d}i}{\mathrm{d}t} + R\,i = U_\mathrm{d} \tag{135.1}$$

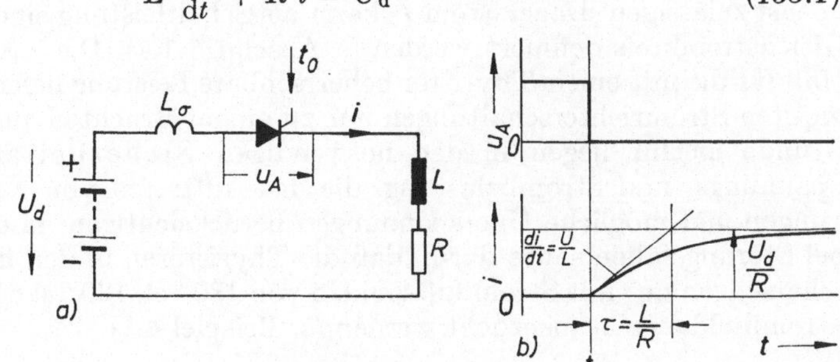

135.1
Einschalten eines ohmisch-induktiven Gleichstromkreises
a) Schaltung
b) Spannungs- und Stromverlauf

deren Lösung
$$i(t) = \frac{U_\mathrm{d}}{R}\left(1 - e^{-\frac{t-t_0}{\tau}}\right) \qquad (136.1)$$

mit $\tau = L/R$ ist. Der Strom im Gleichstromkreis steigt also nach einer e-Funktion mit der Zeitkonstante τ auf seinen Endwert U_d/R an.

Stromanstiegsgeschwindigkeit. Die Anstiegsgeschwindigkeit des Stromes ergibt sich durch Differenzieren der Gl. (136.1)

$$\frac{\mathrm{d}i}{\mathrm{d}t} = \frac{U_\mathrm{d}}{L}\, e^{-\frac{t-t_0}{\tau}} \qquad (136.2)$$

Die maximale Stromanstiegsgeschwindigkeit tritt im Einschaltaugenblick t_0 auf und beträgt

$$\left(\frac{\mathrm{d}i}{\mathrm{d}t}\right)_\mathrm{max} = \frac{U_\mathrm{d}}{L} \qquad (136.3)$$

Somit bestimmt die Induktivität im Kreis die Stromanstiegsgeschwindigkeit. Im allgemeinen ist die Induktivität im Lastkreis genügend groß, um die Stromanstiegsgeschwindigkeit im Halbleiterschalter auf ungefährliche Werte zu begrenzen. In Sonderfällen wie beim Schalten rein ohmscher Widerstände mit induktivitätsarmer Zuleitung ist jedoch die im Einschaltaugenblick auftretende Stromanstiegsgeschwindigkeit näher zu untersuchen.

Das gilt z.B. auch für die üblicherweise angewendete Beschaltung des Thyristors mit einem RC-Glied, bei dem der Reihenwiderstand R_B den Einschaltstrom begrenzt. Schaltungen mit Zwangskommutierung werden mit Rücksicht auf den schnellen Ablauf der Kommutierungsvorgänge und zur Vermeidung von Überspannungen an Streureaktanzen im allgemeinen besonders induktivitätsarm aufgebaut. Das bedeutet aber für die Einschaltvorgänge nach Gl. (136.3) große Stromanstiegsgeschwindigkeiten („harte" Schaltvorgänge) in den Thyristoren. Häufig müssen zur Begrenzung des Stromanstieges $\mathrm{d}i/\mathrm{d}t$ im Einschaltaugenblick zusätzliche Luftinduktivitäten oder sättigbare Drosseln in Reihe mit den Thyristoren vorgesehen werden. Darauf wird unten noch ausführlich eingegangen (s. Abschn. 5.3.7). Während man es bei Stromrichtern mit natürlicher Kommutierung im allgemeinen hinsichtlich der Stromanstiegsgeschwindigkeit mit „weichen" Schaltvorgängen zu tun hat, können bei Schaltungen mit Zwangskommutierung sehr „harte" Schaltvorgänge auftreten.

Schaltleistung. Das Produkt aus maximal schaltbarer Gleichspannung U_d und höchst zulässigem Dauerstrom I_d kann als Schaltleistung eines Thyristors in einem Gleichstromkreis definiert werden (s. Abschn. 7.1.4). Diese Schaltleistung, die ein Maß für die mit einem Thyristor beherrschbare Leistung liefert, kann jedoch in den meisten Stromrichterschaltungen nur zu einem Bruchteil ausgenutzt werden. Die Gründe hierfür liegen in den notwendigen Sicherheitsfaktoren bezüglich Spannungs- und Strombelastung, die das Auftreten von Netzspannungsschwankungen und mögliche Überspannungen berücksichtigen, in den Schutzproblemen bei Störungsfällen sowie darin, daß die Thyristoren in den meisten Stromrichterschaltungen nur mit Stromflußwinkeln von 180 °el, 120 °el oder mit noch kürzerer Stromflußdauer beansprucht werden (s. Beispiel 4.1).

5.1.2. Stromunterbrechung beim Ausschalten

Die Unterbrechung eines Gleichstromes mit einem Thyristorschalter ist nicht ohne
weiteres möglich, da der Anodenstrom zur Löschung des Thyristors unter den
Haltestrom sinken muß. Außerdem muß nach der Stromunterbrechung eine
Schonzeit mit negativer Anodenspannung wirksam werden, ehe man den
Thyristor wieder mit positiver Anodenspannung beanspruchen darf. Diese von der
Löschschaltung sichergestellte Schonzeit muß größer als die Freiwerdezeit des
Thyristors sein.

Im Gegensatz zu dieser Eigenschaft des Thyristors läßt sich ein Transistor mit
Hilfe des Steuerstroms sperren. Dabei wird im Transistor jedoch eine große
Leistung in Wärme umgesetzt, weil das Produkt aus Strom und Spannung vor-
übergehend hohe Werte annimmt.

Der Thyristor benötigt zur Stromunterbrechung eine besondere Löschschaltung, die praktisch meist durch einen Löschkondensator verwirklicht wird. Bevor
derartige Kondensatorlöscheinrichtungen genauer beschrieben werden, soll zunächst die Stromunterbrechung in einer Last mit induktiver Blindwiderstands-
komponente betrachtet werden.

Freilaufdiode. Eine momentane Stromunterbrechung im Lastkreis ist nur bei einem
ohmschen Verbraucher möglich. Bei einem induktiven Verbraucher ist in der
Induktivität L bekanntlich die magnetische Energie $1/2\,(L\,I^2)$ gespeichert,
die bei momentanem Unterbrechen des Stromes als Verlustleistung im Schalter
umgewandelt werden muß; dies würde in den meisten Fällen zu untragbaren Verlusten und Überspannungen im Schalter führen. Aus diesem Grund muß ein
Freilaufkreis parallel zur induktiven Last vorgesehen werden, in dem der Strom
nach Öffnung des Schalters bis zum Abklingen weiterfließen kann.

Der Freilaufkreis besteht im einfachsten Fall aus einer parallel zur Last liegenden
Freilaufdiode. Diese Freilaufdiode läßt sich jedoch nur auf der Verbraucherseite
oder dort anbringen, wo die Induktivitäten räumlich konzentriert vorliegen. Die
Streuinduktivitäten der Gleichstromquelle und Gleichstromzuleitungen z. B. können von einem Freilaufkreis also nicht überbrückt werden. Die in ihnen gespeicherte
magnetische Energie muß beim Ausschalten deshalb vom Gleichstromschalter
selbst aufgenommen werden.

Bild 137.1 zeigt das Ausschalten eines induktiven Gleichstromverbrauchers, der mit der Freilaufdiode D überbrückt ist. Die Gleichstromquelle ein-

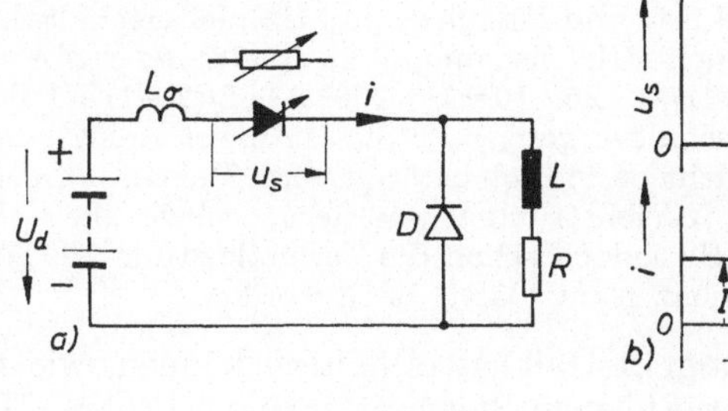
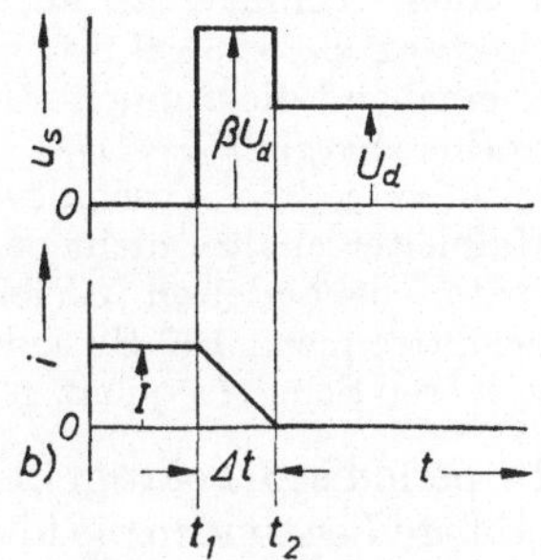

137.1
Ausschalten eines ohmisch-
induktiven Gleichstrom-
kreises mit einem steuer-
baren Halbleiterschalter
(Transistor oder ausschalt-
barer Thyristor)
a) Schaltung
b) Spannungs- und Strom-
   verlauf

schließlich der Zuleitungen zum Halbleiterschalter habe die **Streuinduktivität** L_σ. Zunächst werde hier angenommen, daß es sich um einen stetig steuerbaren Halbleiterschalter, also z. B. einen Transistor handelt. Ein solcher stetig steuerbarer Halbleiterschalter darf wie ein verstellbarer („steuerbarer" Widerstand) betrachtet werden. Dieser steuerbare Widerstand möge beim Ausschalten nun so verstellt werden, daß der Strom in der Ausschaltzeit Δt linear vom Anfangswert I auf Null abfällt. Da die Freilaufdiode den Lastkreis kurzschließt, sobald die Spannung am Schalter über die Gleichspannung U_d ansteigt, kann die dazu erforderliche **Schalterspannung** u_s nach folgender Gleichung berechnet werden:

$$u_\mathrm{s}(t) = U_\mathrm{d} - L_\sigma \frac{\mathrm{d}i}{\mathrm{d}t} = U_\mathrm{d} + L_\sigma \frac{I}{\Delta t} = \mathrm{const} \tag{138.1}$$

Die Spannung u_s ist bei linear abfallendem Strom konstant. Während des Abschaltvorganges wird im Halbleiterschalter die **Energie**

$$P_\mathrm{Q} = \frac{1}{2}\, U_\mathrm{s}\, I\, \Delta t = \frac{1}{2}\, U_\mathrm{d}\, I\, \Delta t + \frac{1}{2}\, L_\sigma\, I^2 \tag{138.2}$$

umgewandelt. Diese Gleichung zeigt, daß sich die im Schalter umgewandelte Energie aus zwei Anteilen zusammensetzt, und zwar einem von der Abschaltzeit Δt abhängigen Anteil $1/2\,(U_\mathrm{d}\, I\, \Delta t)$ und einem zweiten Anteil $1/2\,(L_\sigma\, I^2)$, der die magnetische Energie der Streureaktanz darstellt und **von der Ausschaltzeit** Δt **im Schalter unabhängig ist.** Führt man die Schalterspannung

$$U_\mathrm{s} = \beta\, U_\mathrm{d} \tag{138.3}$$

als zugelassene **Überspannung** $\beta\, U_\mathrm{d}$ ein, so läßt sich Gl. (138.2) umformen in:

$$P_\mathrm{Q} = \frac{1}{2}\, L_\sigma\, I^2 \left(\frac{1}{\beta - 1} + 1\right) = \frac{1}{2}\, L_\sigma\, I^2\, \frac{\beta}{\beta - 1} \tag{138.4}$$

Nach dieser Gleichung kann die vom Halbleiterschalter bei der Stromunterbrechung aufgenommene Energie berechnet werden. Bei einem Transistor wird diese Energie als Verlustenergie im Element selbst umgesetzt. Das gleiche würde für einen **ausschaltbaren Thyristor** gelten, der durch einen Stromstoß auf das Steuergitter **gelöscht werden kann** (s. Abschn. 1.4.3). Hierin aber liegen bestimmte Schwierigkeiten bei der Entwicklung und dem Einsatz solcher ausschaltbaren Thyristoren für größere Leistungen begründet.

Beispiel 5.1. Hier soll die Größenordnung der eben genannten Schaltverluste gezeigt werden. Nimmt man an, daß der abzuschaltende Strom $I = 200$ A und die Streureaktanz $L_\sigma = 25\,\mu\mathrm{H}$ ist, und läßt man am Halbleiterschalter beim Abschalten vorübergehend die doppelte Gleichspannung zu ($\beta = 2$), so ergibt sich nach Gl. (138.4) die Verlustenergie $P_\mathrm{Q} = (1/2) \cdot 25 \cdot 10^{-6}\,\mathrm{H} \cdot 200^2\,\mathrm{A}^2 \cdot 2/(2-1) = 1\,\mathrm{Ws}$. Diese Verlustenergie tritt bei jedem Abschaltvorgang auf. Sie ist meist unkritisch, solange nämlich der Halbleiterschalter nicht periodisch betätigt wird. Bei periodischem Einsatz, z. B. in den später behandelten Gleichstrompulswandlern, würde diese Verlustenergie bei der Schaltfrequenz 100 Hz jedoch schon die Verlustleistung 100 W ergeben und bei noch größeren Schaltfrequenzen unzulässig hoch werden.

In periodisch betätigten Halbleiterschaltern können, wie Beispiel 5.1 zeigt, für größere Leistungen die über ein Steuergitter ausschaltbaren Halbleiterschalter nicht mehr eingesetzt werden. Bei Verwendung von Thyristoren mit Kondensatorlöschung braucht diese Leistung nicht als Verlustleistung im Schalter selbst umgewandelt zu werden. Sie kann vielmehr als elektrische Energie auch im Löschkondensator aufgenommen und später wieder abgegeben werden.

Löschvorgang. Die Unterbrechung des Stromes in einem Thyristor mit einem Löschkondensator ist in Bild **139**.1 dargestellt. Bei der in Bild **139**.1 a gezeichneten Schaltung liegt der Löschkondensator C parallel zum Thyristor. Dieser Kondensator möge auf die Spannung U_C mit der eingezeichneten Polarität aufgeladen sein. Schließt man im Zeitpunkt t_1 den eingezeichneten Hilfsschalter, der im allgemeinen durch einen zweiten Hilfsthyristor verwirklicht wird, so entlädt sich der

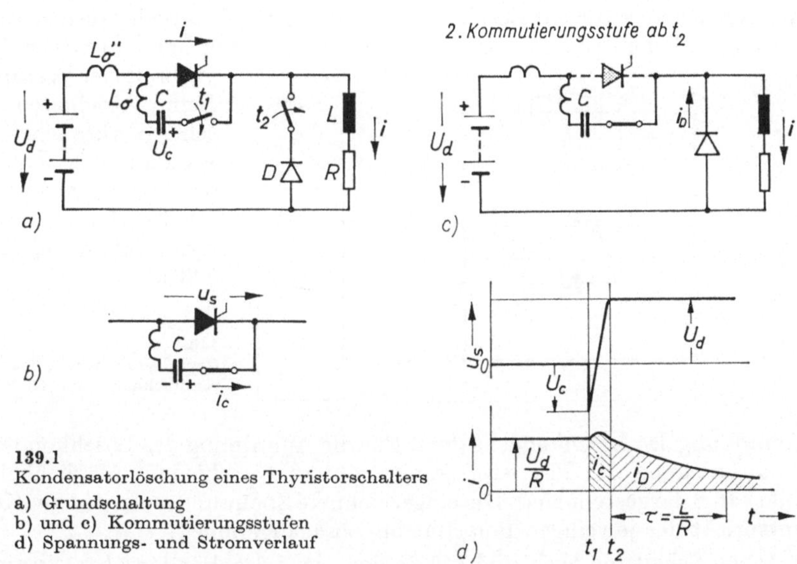

139.1
Kondensatorlöschung eines Thyristorschalters
a) Grundschaltung
b) und c) Kommutierungsstufen
d) Spannungs- und Stromverlauf

Löschkondensator zunächst auf den stromführenden Thyristor und unterbricht dessen Strom in sehr kurzer Zeit. Der Stromanstieg im Löschkondensator und damit die Zeitspanne bis zur Unterbrechung des Stromes im Hauptthyristor wird nur von der Streureaktanz L_σ' bestimmt. Nach Gl. (136.3) tritt dabei die maximale Stromanstiegsgeschwindigkeit $(\mathrm{d}i/\mathrm{d}t)_{max} = U_C/L_\sigma'$ auf. Sie ist kritisch für die Beanspruchung des Hilfsthyristors im Einschaltzeitpunkt. Wegen der Sperrträgheit unterbricht der Hauptthyristor den Strom nicht im Nulldurchgang des Stromes i, vielmehr reißt der Thyristorstrom erst nach 1...2 µs bei negativen Stromwerten so gut wie momentan ab. Damit hierdurch keine Überspannungen hervorgerufen werden, ist eine RC-Beschaltung erforderlich (s. Abschn. 2.1).

Nach dem Löschen des Thyristorstromes fließt der Laststrom i, der von der Induktivität L aufrechterhalten wird, zunächst über den Löschkondensator weiter, wodurch dieser umgeladen wird. Während der ersten Kommutierungsstufe von t_1 bis t_2 führt also der Löschkreis weiterhin den Laststrom. Sobald aber die Kondensatorspannung unter dem Einfluß dieses Stromes größer als die Gleichspannung U_d zu werden beginnt, übernimmt die Freilaufdiode D im Zeitpunkt t_2 den Laststrom, was einer **z w e i t e n   K o m m u t i e r u n g s s t u f e** entspricht. Danach klingt der **S t r o m   i n   d e r   L a s t** nach der e-Funktion

$$i = \frac{U_d}{R}\, e^{-\frac{t-t_2}{\tau}} \tag{140.1}$$

über die Freilaufdiode ab. Der Strom im Gleichstromverbraucher wird also nicht momentan unterbrochen, vielmehr kann er zunächst über den Freilaufkreis weiterfließen.

Der grundsätzliche Aufbau eines **T h y r i s t o r s c h a l t e r s   f ü r   G l e i c h s t r o m** ist in Bild **140.1** vereinfacht dargestellt. Im Laststromkreis besteht ein solcher Schalter aus einem Thyristor mit Löscheinrichtung und Freilaufdiode, die das Auftreten von unzulässig hohen Schalterspannungen beim Unterbrechen induktiver Gleichstrom-

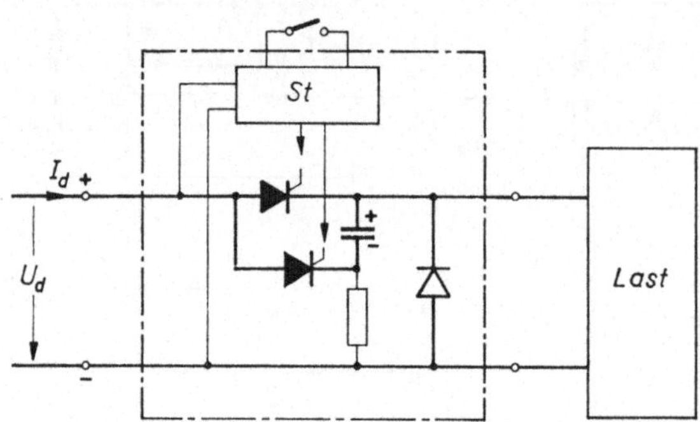

verbraucher verhindern soll. Beim Abschalten rein ohmscher Verbraucher kann diese Freilaufdiode entfallen. Ein derartiger einfacher Thyristorschalter kann den Strom nur in einer Richtung führen [5.25; 5.26].

140.1
Grundsätzlicher Aufbau eines Thyristorschalters für Gleichstrom

Anordnung des Löschkondensators. Für die Anordnung des Löschkondensators zur Unterbrechung des Thyristorstromes gibt es verschiedene Möglichkeiten, die in Bild **140.2** dargestellt sind. Die eingezeichnete Spannungspolarität am Kondensator entspricht der jeweiligen Polarität im Löschaugenblick.

1. In der Schaltung nach Bild **140.2** a liegt der Löschkondensator C **p a r a l l e l   z u m   T h y r i s t o r**; diese Löschschaltung wurde oben betrachtet. Bei ihr tritt am Thyri-

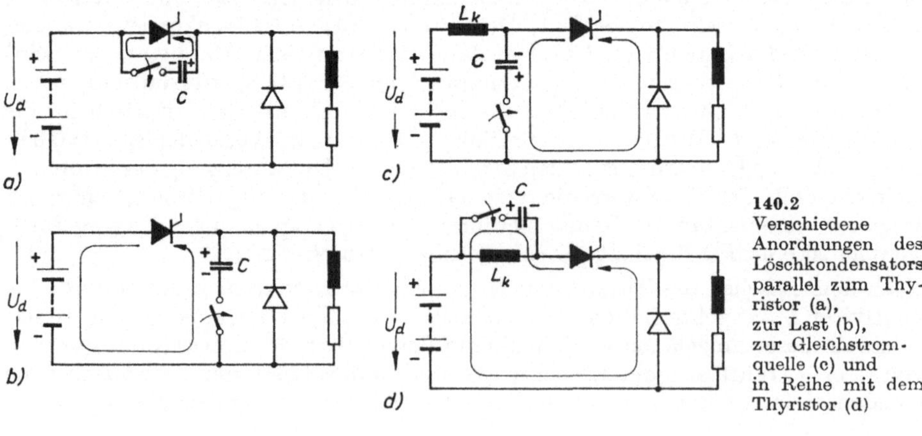

140.2
Verschiedene Anordnungen des Löschkondensators parallel zum Thyristor (a), zur Last (b), zur Gleichstromquelle (c) und in Reihe mit dem Thyristor (d)

stor keine Überspannung auf. Dagegen wird die Freilaufdiode im Löschaugenblick
kurzzeitig mit der Summe aus Gleichspannung und Kondensatorlöschspannung
beansprucht. Die Stromübergabe vom Thyristor an die Freilaufdiode erfolgt, wie
bereits bei Bild **139**.1 beschrieben wurde, in zwei Stufen zunächst auf den Löschkreis und dann auf die Freilaufdiode.

2. Statt den Löschkondensator parallel zum Thyristor anzuordnen, kann man ihn
wie in Bild **140**.2b auch parallel zur Last schalten. Damit der Thyristorstrom
beim Schließen des Hilfsschalters unterbrochen wird, muß bei dieser Schaltung die
Kondensatorspannung vor dem Löschen größer als die Gleichspannung sein. Auch
bei dieser Schaltung erfolgt die Stromübergabe in zwei Stufen über den Löschkondensator auf die Freilaufdiode.

3. Bei der in Bild **140**.2c dargestellten Schaltung liegt der Löschkondensator parallel
zur Gleichstromquelle. Nach dem Schließen des Hilfsschalters wird der Stromstoß aus dem Löschkondensator über die Freilaufdiode auf den zu löschenden
Thyristor geleitet. Somit erfolgt die Stromübergabe vom Thyristor auf die Freilaufdiode in einer einzigen Kommutierungsstufe. Da der Kondensator im Löschaugenblick die entgegengesetzte Polarität — verglichen mit der Gleichspannung — hat,
muß zwischen Löschkondensator und Gleichstromquelle eine Induktivität L_k vorhanden sein, die verhindert, daß der Löschkondensator sich ungehindert sofort
über die Gleichstromquelle umlädt.

4. In der Schaltung nach Bild **140**.2d liegt der Löschkondensator in Reihe mit
dem Thyristor. Dabei muß die Löschspannung entweder über einen Transformator
in den Kreis eingekoppelt werden oder der Löschkondensator liegt, wie hier im Bild
dargestellt, parallel zu einer Induktivität L_k. Auch bei dieser Schaltung wird der
Löschstromstoß dem Thyristor über die Freilaufdiode zugeführt.

Als Beispiel für die Anordnung des Löschkondensators parallel zur Gleichstromquelle zeigt Bild **141**.1 eine Schaltung zur Unterbrechung eines Gleichstromkreises.
Parallel zum Löschkondensator C liegt ein
Entladewiderstand, der den Löschkondensator bis auf die Spannung Null entlädt. Der
Gleichstrom wird durch Zünden des Thyristors T eingeschaltet. Zur Unterbrechung des
Gleichstromes wird der Hilfsthyristor T 1 gezündet. Da die Kondensatorspannung zu Beginn des Löschvorganges noch Null ist, legt
sich an die linke Hälfte der angezapften Induktivität L_k die Gleichspannung U_d. Diese
Spannung wird transformatorisch auch in der

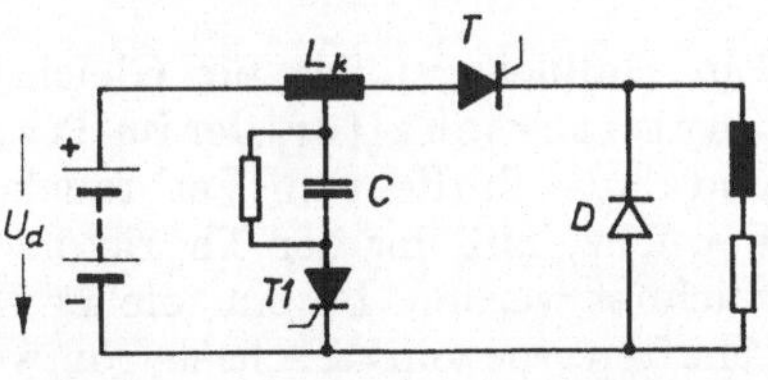

141.1
Beispiel für die Anordnung des Löschkondensators parallel zur Gleichstromquelle

rechte Drosselhälfte induziert und treibt einen Löschstromstoß über den Kondensator und die Freilaufdiode D auf den Hauptthyristor T.

Die beschriebenen Halbleiterschalter für Gleichstrom lassen sich nicht nur zum
einmaligen Ein- und Ausschalten eines Gleichstromverbrauchers einsetzen, sondern können auch periodisch betätigt werden; hierdurch läßt sich die von der
Gleichstromlast aufgenommene Leistung stetig steuern. Man erhält auf diese Weise
Halbleitersteller für Gleichstrom, die auch als Gleichstrompulswandler bezeichnet werden und im folgenden beschrieben werden sollen.

5.2. Halbleitersteller für Gleichstrom

Die Leistungsabgabe einer Gleichstromquelle mit konstanter Spannung an einen Verbraucher, z.B. eine Gleichstrommaschine, steuerte man bisher mit Vorwiderständen, die unter Verwendung mechanischer Schalter mehrfach umgeschaltet wurden.

Dieses häufig angewendete Verfahren ist in zweierlei Hinsicht unbefriedigend. Erstens treten in den Vorwiderständen Verluste auf, und zweitens unterliegen die für die Umschaltung benötigten mechanischen Schalter dem Verschleiß und bedürfen regelmäßiger Wartung. Zur Vermeidung der Verluste in den Widerständen hat es nicht an Versuchen gefehlt, die Leistungsaufnahme im Verbraucher anstatt durch das Einschalten von Vorwiderständen durch periodisches Ein- und Ausschalten der Gleichspannung mit mechanischen Schaltern zu verwirklichen [5.11]. Dabei wurde zur Erleichterung der Stromunterbrechung bereits von dem Hilfsmittel einer Freilaufdiode parallel zur Gleichstromlast Gebrauch gemacht. Es hat sich bei diesen Versuchen jedoch gezeigt, daß mechanische Schalter dem hierbei erforderlichen periodischen Schaltbetrieb nicht gewachsen sind und daß insbesondere die für dieses Verfahren erforderlichen Schaltfrequenzen mit mechanischen Schaltern nicht erreicht werden konnten. Ersetzt man die mechanischen Schalter jedoch durch Thyristoren, so erhält man einen **Halbleitersteller für Gleichstrom**, der im Idealfall verlustlos arbeitet und, da es sich bei den Thyristoren und ihrer Steuerung um „ruhende Schaltelemente" handelt, **verschleißfrei und ohne Wartung** betrieben werden kann. Derartige Gleichstromsteller mit Thyristoren haben in den letzten Jahren in zunehmendem Maß Eingang in die elektrische Energietechnik gefunden [5.16; 5.20; 5.27; 5.32; 5.33].

5.2.1. Gleichstrompulswandler

Ein Halbleitersteller für Gleichstrom enthält einen **periodisch betätigten Thyristorschalter**, der im Takt der Schaltfrequenz ein- und ausgeschaltet wird, und dadurch die vom Verbraucher aufgenommene Leistung steuert. Die Schaltfrequenz, mit der der Thyristorschalter arbeitet, soll als **Pulsfrequenz** f_p bezeichnet werden. Da ein solcher Halbleitersteller für Gleichstrom ähnliche Eigenschaften wie ein Wechselstromwandler hat, wird er auch **Gleichstrompulswandler** genannt.

Berechnung des Löschkondensators. Die beim Halbleiterschalter für Gleichstrom bereits in Abschn. 5.1 behandelte Löschung eines Thyristors durch einen Stromstoß aus einem Löschkondensator ist in Bild **143**.1 noch einmal dargestellt. Nach dem Schließen des Hilfsschalters im Zeitpunkt t_1 entlädt sich der Löschkondensator C auf den Laststrom führenden Hauptthyristor T und unterbricht dessen Strom im Zeitpunkt t_2. In diesem Zeitpunkt legt sich die Kondensatorspannung U_C als negative Sperrspannung an den Thyristor. Der Kondensator führt danach weiterhin den von der Glättungsdrossel L aufrechterhaltenen Laststrom I. Die Glättungsdrossel soll zunächst als unendlich groß angenommen werden. Unter dem Einfluß des konstanten Laststromes lädt sich der Löschkondensator linear um, und seine

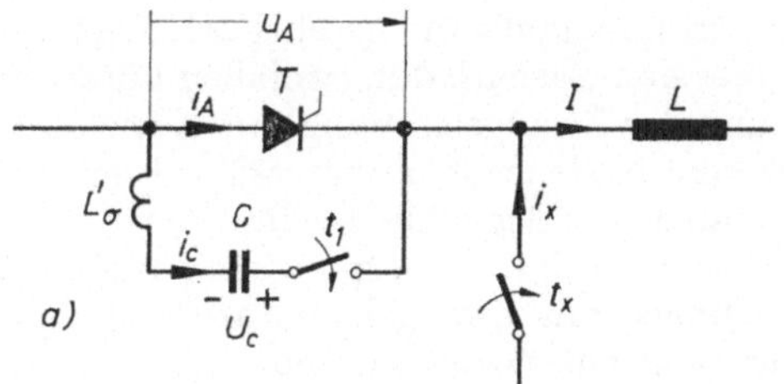

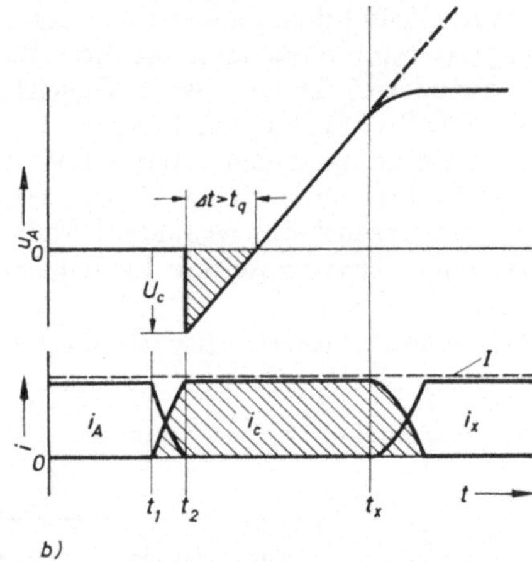

143.1 Löschung eines Thyristors mit einem Kondensator

a) Grundschaltung
b) Spannungs- und Stromverlauf (gezeichnet für $L \to \infty$)

Spannung würde auf unzulässig hohe positive Werte ansteigen, wenn ihm nicht im Zeitpunkt t_x durch einen **Hilfszweig** — beim Gleichstrompulswandler durch die Freilaufdiode — der Laststrom „abgenommen" würde.

Am Thyristor liegt nach der Stromunterbrechung für den Zeitraum Δt negative Sperrspannung, ehe die Kondensatorspannung wieder auf positive Werte ansteigt. Dieser Zeitraum Δt wird als **Schonzeit** bezeichnet und muß größer als die Freiwerdezeit t_q des Thyristors sein, damit dieser seine Sperrfähigkeit wiedergewinnen kann, bevor die Kondensatorspannung positive Werte annimmt. Aus der Beziehung

$$\frac{\mathrm{d}u_\mathrm{C}}{\mathrm{d}t} = \frac{i_\mathrm{C}}{C} \tag{143.1}$$

kann die Schonzeit unter der Voraussetzung konstanten Kondensatorstromes I berechnet werden:

$$\Delta t = \frac{C\,U_\mathrm{C}}{I} \tag{143.2}$$

Hieraus folgt

$$C = \frac{I\,\Delta t}{U_\mathrm{C}} \tag{143.3}$$

Mit der Bedingung $\Delta t > t_q$ kann aus Gl. (143.3) die Größe des benötigten Löschkondensators berechnet werden. Dabei ist für I der größte auftretende Laststrom und für U_C die Kondensatorspannung im Löschaugenblick, die bei den meisten Löschschaltungen gleich der Gleichspannung U_d bzw. U_1 ist, einzusetzen. Die Schonzeit Δt muß um den **Sicherheitsfaktor** (z.B. 1,5) größer als die Freiwerdezeit t_q des zu löschenden Thyristors sein. Wie man aus Gl. (143.3) erkennt, wächst die Kapazität des benötigten Löschkondensators C proportional zur Schonzeit bzw. Freiwerdezeit des zu löschenden Halbleiterelementes.

Auch mit Thyratrons und Quecksilberdampfgleichrichtern sind Schaltungen mit Kondensatorlöschung untersucht worden [5.7]. Die praktische Verwirklichung ist bei diesen Gefäßen in vielen Fällen jedoch an ihrer verhältnismäßig großen Freiwerdezeit und dem dadurch bedingten großen Löschaufwand gescheitert. Erst die Thyristoren ermöglichen mit ihrer gegenüber den Gasentladungsgefäßen kürzeren Freiwerdezeit die technische Verwirklichung der Zwangslöschung mit Kondensatoren. In Tafel 144.1 sind die Eigenschaften verschiedener steuerbarer Gleichrichterelemente einander gegenübergestellt. Wie man dieser Gegenüberstellung entnimmt, liegt die Freiwerdezeit der Thyristoren um beinahe eine Zehnerpotenz niedriger als bei den Gasentladungsgefäßen. Für Schaltungen mit Zwangskommutierung sind besondere Thyristoren mit kleiner Freiwerdezeit entwickelt worden.

Tafel 144.1 Eigenschaften verschiedener steuerbarer Gleichrichterelemente

Gleichrichter-Typ	Sperrspannung V	Anodenstrom (Mittelwert) A	Brennspannung V	Freiwerdezeit µs
Thyratron	100...20000	1...45	7...17	50...400
Ignitron	800...20000	30...600	10...15	100...200
Quecksilber-dampf-gleichrichter	800...3000...150000	30...1000	17...30...50	100...200...400
Thyristor	200...3000	1...500	1,5	10...30...150

Beispiel 5.2. Zur Unterbrechung des Stromes 100 A mit einer Löschkondensatorspannung 400 V benötigt man bei Verwendung eines Thyristors mit 30 µs Freiwerdezeit, der mit einem Sicherheitszuschlag eine Schonzeit von etwa 50 µs braucht, einen Löschkondensator mit der Kapazität

$$C = \frac{100\,\text{A} \cdot 50\,\mu\text{s}}{400\,\text{V}} = 12{,}5\ \mu\text{F}$$

Je nach dem Betrag der Gleichspannung ist also zur Unterbrechung des Thyristorstromes pro Ampere nur ein Bruchteil eines Mikrofarad an Löschkapazität erforderlich.

Da der Gleichstrompulswandler im Takt der Pulsfrequenz gelöscht wird, die von einigen hundert bis zu mehreren tausend Hertz betragen kann, sind als Löschkondensatoren im allgemeinen Kondensatoren in einer besonderen Bauart erforderlich. Daher sind für diese Anwendung die sogenannten Mittelfrequenzkondensatoren entwickelt worden.

Transformationsgesetz. Grundschaltung und zeitlicher Verlauf der Spannungen und Ströme eines Gleichstrompulswandlers sind in Bild 145.1 dargestellt. Auch hier wurde auf der Lastseite zur Vereinfachung noch eine sehr große Glättungsdrossel L angenommen. Die Verbraucherseite (Index 2) ist mit der Gleichspannungsquelle U_1 über den löschbaren Thyristorschalter S verbunden. Dieser Thyristorschalter hat eine Kondensatorlöscheinrichtung, die das periodische Löschen des Schalters ermöglicht. Zur Vereinfachung wird in den folgenden Bildern für einen löschbaren Thyristorschalter teilweise das in Bild 145.1 über dem Thyristorschalter S gezeichnete Thyristorsymbol mit zwei Steueranschlüssen verwendet.

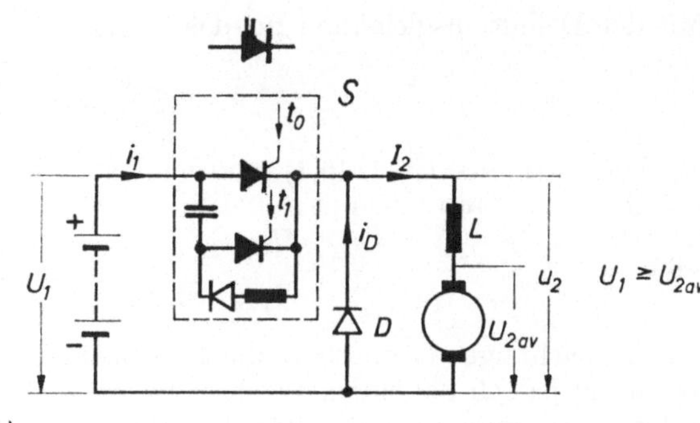

145.1
Gleichstrompulswandler
a) Schaltung
b) zeitlicher Verlauf der Spannungen und Ströme für $L \to \infty$

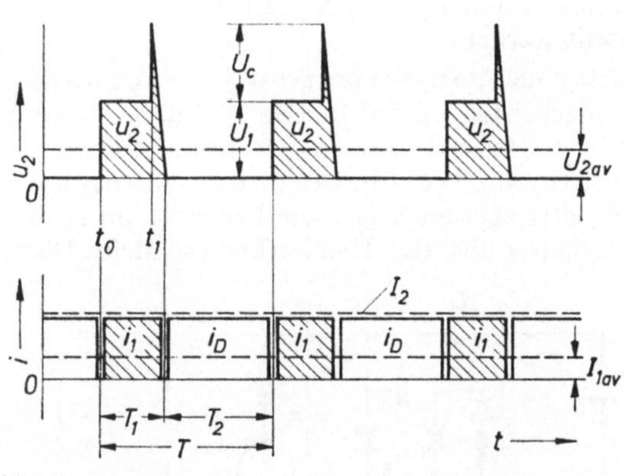

Bei periodischer Aussteuerung des löschbaren Halbleiterschalters S durch periodisches Zünden des Hauptthyristors im Zeitpunkt t_0 und des Löschthyristors im Zeitpunkt t_1 ergeben sich auf der Verbraucherseite pulsförmige Spannungsblöcke, deren Amplitude gleich der Gleichspannung U_1 und deren Breite gleich der Einschaltzeit T_1 ist. Außerdem tritt im Löschaugenblick kurzzeitig eine Spannungsspitze am Verbraucher auf, die vom Löschkondensator erzeugt wird, der beim Löschen mit der Gleichspannung U_1 in Reihe liegt. Die mittlere Gleichspannung $U_{2\,\mathrm{av}}$ berechnet man als Produkt aus Einschaltverhältnis $T_1/(T_1 + T_2)$ und Gleichspannung U_1:

$$U_{2\,\mathrm{av}} = \frac{1}{T} \int_0^T u_2 \, \mathrm{d}t = \frac{T_1}{T_1 + T_2} \, U_1 \tag{145.1}$$

Bei Vernachlässigung der Schaltverluste läßt sich eine Energiebilanz von Eingangs- und Ausgangsseite (Index 1 bzw. 2) des Gleichstrompulswandlers aufstellen:

$$\frac{1}{T} \int_0^T u_1 \, i_1 \, \mathrm{d}t = \frac{1}{T} \int_0^T u_2 \, i_2 \, \mathrm{d}t \tag{145.2}$$

Unter der Voraussetzung einer großen Glättungsdrossel kann der Strom auf der Verbraucherseite $i_2 = I_2 = \mathrm{const}$ angenommen werden. Aus Gl. (145.2) erhält man

$$\frac{U_1}{T} \int_0^T i_1 \, \mathrm{d}t = \frac{I_2}{T} \int_0^T u_2 \, \mathrm{d}t \tag{145.3}$$

oder

$$U_1 \, I_{1\,\mathrm{av}} = U_{2\,\mathrm{av}} \, I_2 \tag{145.4}$$

Mit der Definitionsgleichung für das **Einschaltverhältnis**

$$\lambda = \frac{T_1}{T_1 + T_2} = \frac{T_1}{T} \tag{146.1}$$

ergeben sich aus Gl. (145.1) und (145.4) die Transformationsgleichungen des Gleichstrompulswandlers

und

$$U_{2\,\mathrm{av}} = \lambda\, U_1 \tag{146.2}$$

$$I_{1\,\mathrm{av}} = \lambda\, I_2 \tag{146.3}$$

Diese Gleichungen erinnern an die Transformationsgleichungen bei Wechselstrom. Während jedoch bei einem Wechselstromtransformator die Übersetzung als Verhältnis der primären und sekundären Wicklungszahlen **konstant** ist bzw. nur durch Umschalten von Anzapfungen geändert werden kann, kann beim Gleichstrompulswandler das Einschaltverhältnis λ **stufenlos** zwis hen Null und Eins verstellt werden.

Es tritt eine **Transformation von Spannungs- und Strommittelwerten** auf; hierbei fließen auf der Seite 1 der höheren Gleichspannung U_1 pulsförmige Stromblöcke i_1, während auf der Seite 2 mit kleinerem Gleichspannungsmittelwert $U_{2\,\mathrm{av}}$ pulsförmige Spannungsblöcke u_2 auftreten, gleichzeitig aber ein kontinuierlicher Strom I_2 fließt, der sich bei gesperrtem Halbleiterschalter über den Freilaufkreis schließt. Damit der Gleichstromquelle U_1 pulsförmige Stromblöcke entnommen werden können, darf die innere Induktivität dieser Gleichstromquelle nur sehr klein sein. Wenn diese Bedingung nicht erfüllt ist, müssen **Pufferkondensatoren** verwendet werden, von deren Berechnung unten noch ausführlich zu sprechen sein wird.

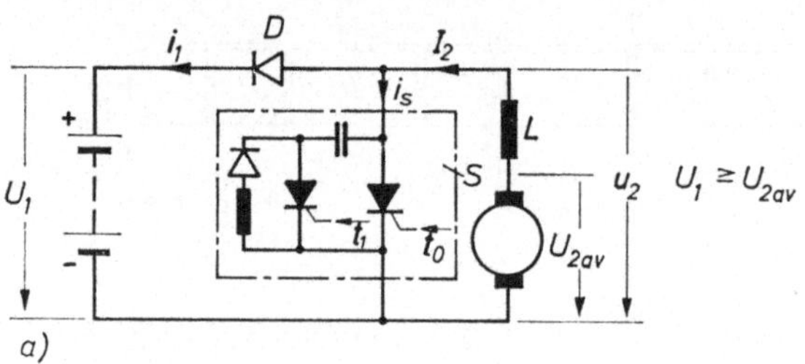

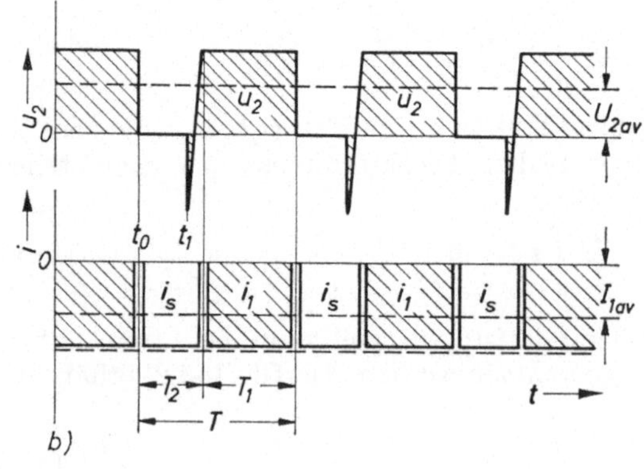

146.1 Energierücklieferung beim Gleichstrompulswandler
a) Schaltung
b) zeitlicher Verlauf der Spannungen und Ströme
   für $L \to \infty$

Energierücklieferung. Bei der in Bild **145.**1 dargestellten Schaltung eines Gleichstrompulswandlers wird die Energie von der Gleichstromquelle an den Verbraucher geliefert; diese Schaltung muß abgewandelt werden, wenn die Energierichtung umgekehrt werden soll, d. h. wenn Strom aus einer Gleichstromquelle mit kleinerer Spannung in eine solche mit größerer Spannung fließen soll. Diese Schaltung zur Energierücklieferung ist in Bild **146.**1 gezeichnet. Sie benötigt die gleichen Halbleiterelemente wie die Schaltung nach Bild **145.**1, nämlich einen löschbaren Thyristorschalter S und eine ungesteuerte Diode D. Der Thyristorschalter S liegt bei dieser Schaltung parallel zur Gleichspannungsseite u_2. Wird der Hauptthyristor im Zeitpunkt t_0 gezündet, so steigt der Strom I_2 an; hierdurch wird in der Glättungsdrossel, die zur Vereinfachung wieder sehr groß angenommen werden soll, magnetische Energie gespeichert. Nach dem Löschen des Halbleiterschalters S fließt der Strom über die Diode D gegen die höhere Gleichspannung U_1 in die Gleichstromquelle zurück; dabei bringt die Glättungsdrossel die erforderliche Differenzspannung auf. Beim Wiederzünden übernimmt der Halbleiterschalter erneut den Strom und die Sperrdiode D verhindert einen Kurzschluß der Gleichspannungsquelle U_1 über den Halbleiterschalter.

Auch bei dieser Schaltung zur Energierücklieferung treten pulsförmige Spannungsblöcke auf der Seite mit dem kleineren Gleichspannungsmittelwert und pulsförmige Stromblöcke auf der anderen Seite auf. Die Transformationsgesetze nach Gl. (146.2) und (146.3) gelten auch für diese Schaltung. Wegen der Energiespeicherwirkung in der Glättungsdrossel L erlaubt sie die Energielieferung gegen eine höhere Gleichspannung, was z. B. bei der Nutzbremsung von Gleichstrommotoren bis zu sehr kleinen Drehzahlen praktisch ausgenutzt wird (s. Abschn. 6.2.1).

Mehrquadrantenbetrieb. Die oben behandelten Schaltungen des Gleichstrompulswandlers mit der Möglichkeit der Energielieferung entweder in der einen ode; anderen Richtung ermöglichen nur den sogenannten Einquadrantenbetriebr hierbei ist das Vorzeichen des Stromes und der Spannung an der Last vorgegeben und kann nicht geändert werden.

Die in Bild **145.**1 und **146.**1 dargestellten Schaltungen lassen sich jedoch kombinieren, so daß auch Mehrquadrantenbetrieb verwirklicht werden kann. In

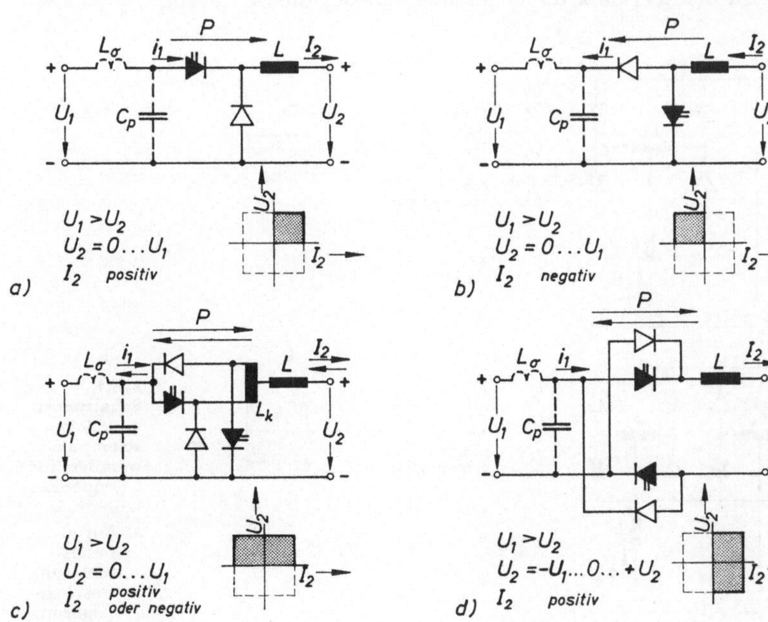

147.1
Schaltungen des Gleichstrompulswandlers für Einquadrantenbetrieb (a und b) und für Zweiquadrantenbetrieb mit Stromumkehr (c) und Spannungsumkehr (d)

Bild **147**.1 sind vier Schaltungen von Gleichstrompulswandlern gezeichnet. Die Schaltungen a und b stellen den bereits beschriebenen Einquadrantenbetrieb dar.

Durch Kombinieren dieser beiden Schaltungen erhält man die in Bild **147**.1c dargestellte Schaltung für Zweiquadrantenbetrieb, die eine Stromumkehr ermöglicht; hierbei wird zur Entkopplung der löschbaren Thyristoren von den antiparallelen ungesteuerten Dioden eine mittelangezapfte Kommutierungsdrossel L_k erforderlich, die das sofortige Abfließen des Löschstromstoßes über die antiparallele Diode verhindert. Diese Querdrossel wird unten bei der Behandlung der Umrichterschaltungen noch eingehender untersucht (s. Abschn. 5.3).

Bild **147**.1d zeigt eine Schaltung, die die Umkehr der Spannung U_2 auf der Verbraucherseite zuläßt. Solange beide löschbaren Thyristorschalter gezündet sind, liegt positive Gleichspannung U_1 an der Verbraucherseite. Wird aber ein Thyristorschalter gelöscht, so kann der Laststrom im Freilauf über die andere Diode weiterfließen. Wenn auch noch der zweite Thyristorschalter unterbrochen wird, muß der Laststrom über beide Dioden gegen die Gleichspannung U_1 fließen. Dabei kehren sich Energierichtung und Spannung U_2 auf der Verbraucherseite um. Die Schaltungen c und d ermöglichen also eine Umkehr der Energieflußrichtung; jedoch besteht noch die Beschränkung, daß entweder die Spannung (Schaltung c) oder der Strom (Schaltung d) ihre Richtung nicht ändern können.

Bild **148**.1 zeigt erweiterte Schaltungen von Gleichstrompulswandlern für Vierquadrantenbetrieb. In der Schaltung a wird die eine Lastseite an den Mittelpunkt der Spannungsquelle U_1 angeschlossen. Je nach Spannungsrichtung auf der Verbraucherseite fließt der Strom entweder über die obere oder untere Hälfte der Gleichspannungsquelle. Die Erweiterung zu einer Brückenschaltung stellt die Schaltung b dar. In beiden Schaltungen können sowohl die Spannung U_2 als auch

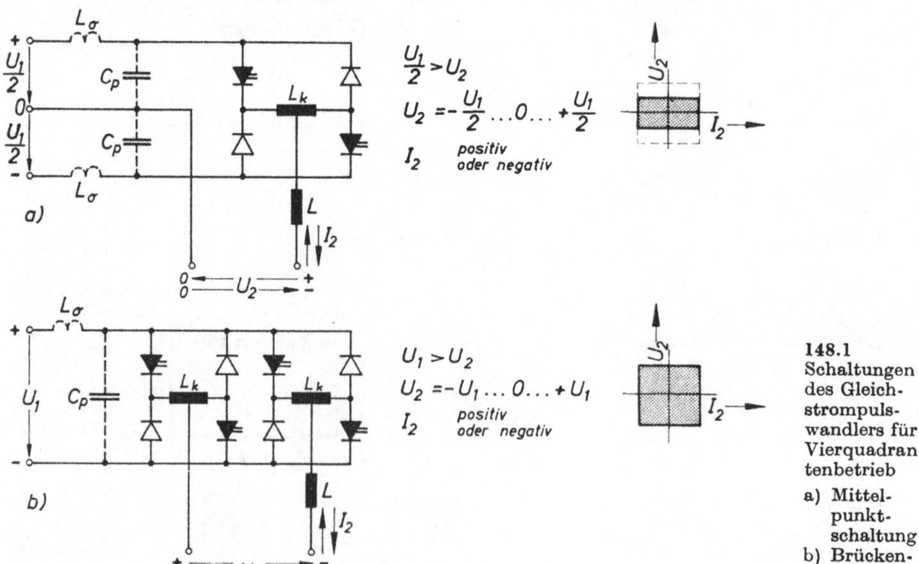

148.1 Schaltungen des Gleichstrompulswandlers für Vierquadrantenbetrieb

a) Mittelpunktschaltung

b) Brückenschaltung

der Strom I_2 auf der Verbraucherseite beide möglichen Richtungen annehmen; sie ermöglichen also vollen Vierquadrantenbetrieb. Es handelt sich bei diesen Schaltungen bereits um echte Wechselrichter- bzw. Umrichterschaltungen, wenn man die Thyristoren im Takt der Frequenz f_2 auf der Verbraucherseite umschaltet. Derartige Umrichterschaltungen zur Erzeugung veränderlicher Frequenz werden in Abschn. 5.3 noch ausführlich behandelt.

Glättungsdrossel. Der Gleichstrompulswandler benötigt für die Umwandlung von Spannungen und Strömen mindestens einen Energiespeicher, nämlich eine Glättungsdrossel auf der Seite mit dem kleineren Gleichspannungsmittelwert. Diese Glättungsdrossel wurde bisher als genügend groß vorausgesetzt, um die Annahme vollkommen geglätteten Laststromes zu rechtfertigen.

Praktisch ist diese Bedingung in vielen Fällen hinreichend genau erfüllt, beispielsweise, wenn es sich bei der Last um Gleichstrommaschinen handelt, die in ihrer Anker- und Feldwicklung eine natürliche Induktivität enthalten. In manchen Fällen kann es aber notwendig werden, eine zusätzliche Glättungsdrossel in Reihe mit der Last zu schalten und diese Drossel zu berechnen. Die Stromänderungsgeschwindigkeit auf der Lastseite kann mit Hilfe der folgenden Gleichung ermittelt werden:

$$L \frac{di_2}{dt} + R\,i_2 = U_1 - U_2 \tag{149.1}$$

In dieser Gleichung ist L die Gesamtinduktivität des Lastkreises, R der ohmsche Widerstand und $U_1 - U_2$ die Differenz zwischen Gleichspannung U_1 und Gegenspannung U_2 auf der Lastseite. Die Gl. (149.1) gilt, solange der Halbleiterschalter des Gleichstrompulswandlers Strom führt. Bei Unterbrechung dieses Schalters fließt der Laststrom über die Freilaufdiode. Dann gilt die Differentialgleichung:

$$L \frac{di_2}{dt} + R\,i_2 = -U_2 \tag{149.2}$$

Nach diesen Gleichungen kann bei vorgegebener Pulsfrequenz und Stromschwankungsbreite Δi_2 die im Lastkreis erforderliche Glättungsinduktivität bemessen werden.

Beispiel 5.3. Ein Gleichstrompulswandler, dessen Gleichspannung $U_1 = 400$ V und dessen Nennstrom $I_{2N} = 200$ A beträgt, soll mit der Pulsfrequenz $f_p = 1000$ Hz betrieben werden. Eine Stromschwankungsbreite Δi_2 von 20 % des Nennstromes soll maximal zulässig sein. Wie groß ist die auf der Lastseite erforderliche Glättungsdrossel L?

Bei Vernachlässigung des ohmschen Widerstandes R folgen aus Gl. (149.1) und (149.2)

$$L = \frac{(U_1 - U_2)\,T_1}{\Delta i_2} \quad \text{bzw.} \quad L = \frac{U_2\,T_2}{\Delta i_2}$$

Die größte Stromschwankungsbreite tritt bei $T_1 = T_2 = T/2 = 1/(2\,f_p)$ auf, wenn $U_2 = U_1/2$ ist (s. Abschn. 5.2.3). Für die Induktivität L der Glättungsdrossel ergibt sich also

$$L = \frac{U_1\,T}{4\,\Delta i_2} = \frac{U_1}{4\,f_p\,\Delta i_2} = \frac{400\ \text{V}}{4 \cdot 1000\ \text{Hz} \cdot 0{,}2 \cdot 200\ \text{A}} = 2{,}5\ \text{mH}$$

Wenn der Verbraucher eine kleinere Induktivität besitzt, muß die Gesamtinduktivität im Lastkreis durch eine zusätzliche Glättungsdrossel auf diesen Wert erhöht werden.

Pufferkondensator. Wenn die Gleichspannungsquelle U_1 eine nennenswerte innere Induktivität hat, ist ein Pufferkondensator erforderlich, der die vom Gleichstrompulswandler benötigten pulsförmigen Stromblöcke zu liefern vermag. Praktisch haben, abgesehen von Akkumulatorenbatterien, alle Gleichstromquellen so große innere Induktivitäten, daß ein Pufferkondensator parallel zu den Gleichstromschienen erforderlich ist, wenn ein Gleichstrompulswandler betrieben werden soll. Besonders groß ist die innere Induktivität der Gleichstromquelle, wenn sie von einem Gleichstromgenerator gespeist wird, oder wenn, wie bei der Fahrdrahtspeisung von elektrischen Triebfahrzeugen, die Zuleitung eine große Induktivität besitzt. Aber auch bei Netzgleichrichtern ist die Streuinduktivität des Netzes und des Stromrichtertransformators im allgemeinen bereits zu groß, um auf einen Pufferkondensator verzichten zu können.

Beispiel 5.4. Mit Hilfe der in Bild 150.1 gezeichneten Schaltung soll die innere Induktivität L' eines Gleichrichters aus den Kurzschlußspannungen u_k berechnet werden. Die Kurzschlußspannung $u_{k\,\mathrm{Netz}}$ ergibt sich aus der Netzreaktanz L_{Netz}, wenn die ohmschen Spannungsabfälle vernachlässigt werden.

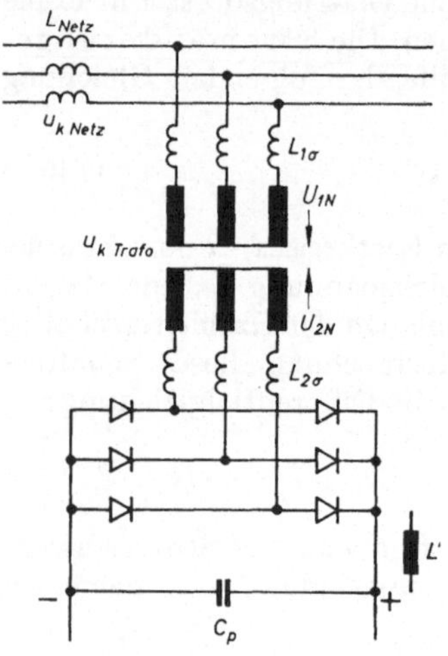

150.1 Zur Bestimmung der inneren Induktivität L' eines Gleichrichters aus den Kurzschlußspannungen u_k

$$u_{k\,\mathrm{Netz}} = \frac{2\,\pi\,f\,L_{\mathrm{Netz}}\,I_{1\,\mathrm{N}}}{U_{1\,\mathrm{N}}} \tag{150.1}$$

Entsprechend gilt für die Kurzschlußspannung $u_{k\,\mathrm{Trafo}}$ des Stromrichtertransformators:

$$u_{k\,\mathrm{Trafo}} = \frac{2\,\pi\,f\,(L_{1\sigma} + L'_{2\sigma})\,I_{1\,\mathrm{N}}}{U_{1\,\mathrm{N}}} \tag{150.2}$$

Auf die Sekundärseite bezogen, erhält man aus diesen Gleichungen für die **Reaktanz** L'_{Netz} einer **Netzphase**

$$L'_{\mathrm{Netz}} = \frac{u_{k\,\mathrm{Netz}}}{2\,\pi\,f} \cdot \frac{U_{2\,\mathrm{N}}}{I_{2\,\mathrm{N}}} \tag{150.3}$$

und für die **Reaktanz einer Transformatorphase**

$$L'_{\mathrm{Trafo}} = L'_{1\sigma} + L_{2\sigma} = \frac{u_{k\,\mathrm{Trafo}}}{2\,\pi\,f} \cdot \frac{U_{2\,\mathrm{N}}}{I_{2\,\mathrm{N}}} \tag{150.4}$$

Da bei einem Gleichrichter in Dreiphasen-Brückenschaltung immer zwei Netz- bzw. Transformatorphasen gleichzeitig an der Stromführung beteiligt sind, ergibt sich aus Gl. (150.3) und (150.4) für die **Ersatzinduktivität** L' auf der Gleichstromseite

$$L' = 2\,(L'_{\mathrm{Netz}} + L'_{\mathrm{Trafo}}) = 2\,\frac{u_{k\,\mathrm{Netz}} + u_{k\,\mathrm{Trafo}}}{2\,\pi\,f} \cdot \frac{U_{2\,\mathrm{N}}}{I_{2\,\mathrm{N}}} \tag{150.5}$$

Nach Gl. (85.3) können anstelle der Transformatorphasenspannung U_2 die ideelle Gleichspannung

$$U_{\mathrm{di}} = \frac{3\,\sqrt{6}}{\pi}\,U_2$$

und für den Transformatorphasenstrom I_2 der Gleichstrom

$$I_{\mathrm{d}} = \sqrt{\frac{3}{2}}\,I_2$$

in Gl. (150.5) eingeführt werden, und man erhält für die **Ersatzinduktivität** L' bei der Dreiphasen-Brückenschaltung

$$L' = \frac{u_{k\,\text{Netz}} + u_{k\,\text{Trafo}}}{6f} \cdot \frac{U_{di}}{I_{d\,N}} \tag{151.1}$$

Beträgt z.B. $(u_{k\,\text{Trafo}} + u_{k\,\text{Netz}}) \cdot 100\,\% = 3\,\%$, so ergibt sich bei der Gleichspannung $U_{di} = 400\,\text{V}$ und dem Gleichstrom $I_{d\,N} = 200\,\text{A}$ die Ersatzreaktanz auf der Gleichstromseite

$$L' = \frac{0{,}03}{6 \cdot 50\,\text{Hz}} \cdot \frac{400\,\text{V}}{200\,\text{A}} = 0{,}2\,\text{mH}$$

Diese Induktivität ist bereits zu groß, um die vom Pulswandler benötigten Stromblöcke ohne Pufferkondensator vom Gleichrichter zu liefern.

Die **Kapazität des benötigten Pufferkondensators** C_p soll jetzt berechnet werden. Zur Vereinfachung soll angenommen werden, daß der Gleichstrompulswandler der Gleichstromquelle rechteckförmige Stromblöcke mit der Amplitude I und der Breite T_1 im Takt der Pulsfrequenz $f_p = 1/T$ entnimmt, s. Bild **151.1**. Bei

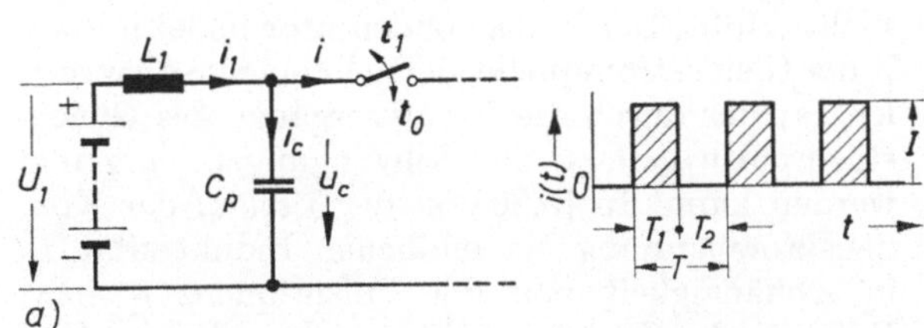
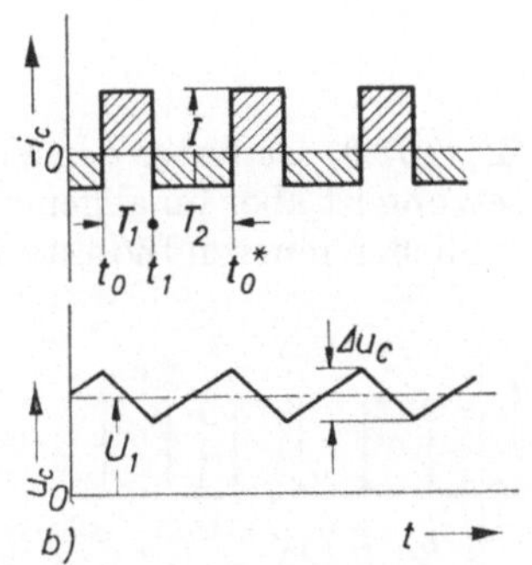

151.1 Strom- und Spannungsverlauf am Pufferkondensator für $L_1 \rightarrow \infty$

großer innerer Induktivität L_1 der Gleichspannungsquelle U_1 liefert der Pufferkondensator den reinen Wechselanteil dieses Stromes, während aus der Gleichspannungsquelle U_1 über die Induktivität L_1 nur der Gleichanteil fließt. Es ergibt sich damit der in Bild **151.1** b gezeichnete Strom- und Spannungsverlauf am Pufferkondensator; Δu_C als Schwankung der Spannung u_C am Pufferkondensator C_p definiert. Sie kann aus der Kapazität des Pufferkondensators C_p, den Ein- und Ausschaltzeiten T_1 und T_2 und dem Pulswandlerstrom I berechnet werden:

$$\Delta u_C = \frac{1}{C_p} \cdot \frac{T_1\,T_2}{T_1 + T_2} \cdot I \tag{151.2}$$

Umgekehrt läßt sich aus dieser Gleichung bei einer vorgegebenen zulässigen Spannungsschwankung Δu_C auch die erforderliche Kapazität des Pufferkondensators berechnen. Nach Gl. (151.2) tritt bei konstanter Pulsfrequenz f_p bzw. Pulsperiode $T = T_1 + T_2$ die **maximale Spannungsschwankung** bei $T_1 = T_2 = T/2$ auf. Man erhält also für den Pufferkondensator die **Dimensionierungsgleichung**

$$C_p = \frac{T}{4} \cdot \frac{I}{\Delta u_{C\,\text{zul}}} \tag{151.3}$$

Aus dieser Beziehung kann bei gegebener zulässiger Spannungsschwankung $\Delta u_{C\,\text{zul}}$ der Löschkondensator berechnet werden.

In Bild **152.**1 ist der Zusammenhang zwischen Kondensatorspannungsschwankung Δu_C und Pufferkapazität C_p, bezogen auf den Pulswandlerstrom, in einem Diagramm dargestellt; die Pulsfrequenz f_p ist Parameter. In doppeltlogarithmischer Darstellung ergeben sich Geraden für die Abhängigkeit der Spannungsschwankung Δu_C von dem Quotienten C_p/I. Beispielsweise würde man nach diesem Diagramm bei der zugelassenen Spannungsschwankung 100 V und der Pulsfrequenz 500 Hz die Pufferkapazität 5 µF pro Ampere Pulswandlerstrom benötigen.

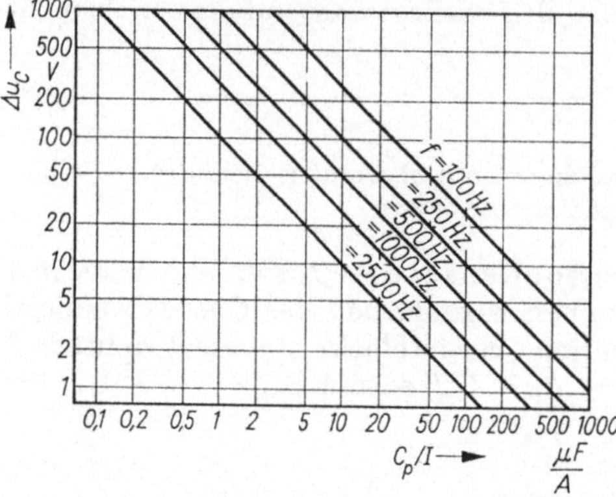

152.1
Diagramm zur Bestimmung des Pufferkondensators C_p in Abhängigkeit von der zugelassenen Spannungsschwankung Δu_C für $L_1 \to \infty$

Gl. (151.3) ist unter der Voraussetzung $L_1 \to \infty$ abgeleitet worden. Diese Voraussetzung ist aber im allgemeinen nicht erfüllt. Der Pufferkondensator bildet mit der endlichen inneren Induktivität L_1 der Gleichstromquelle vielmehr einen Schwingkreis, der durch die Schaltvorgänge des Gleichstrompulswandlers zu Schwingungen angeregt werden kann. In [5.30] ist der Verlauf der Kondensatorspannung bei endlicher Induktivität L_1 in Abhängigkeit von der Pulsfrequenz f_p bzw. Pulsperiode T untersucht worden. Unter Vernachlässigung der Dämpfung ($R = 0$) gelten für die in Bild **151.**1 a gezeichnete Schaltung die Gleichungen:

$$U_1 = L_1 \frac{di_1}{dt} + \frac{1}{C_p} \int i_C \, dt \tag{152.1}$$

und

$$i_1 = i_C + i \tag{152.2}$$

Der Lösungsansatz für den Kondensatorstrom i_C lautet

$$i_C = \hat{i}_C \sin(\nu_0 t - \varphi_i) \quad \text{mit} \quad \nu_0 = \frac{1}{\sqrt{L_1 C_p}} \tag{152.3}$$

Als Randbedingung wird vorausgesetzt, daß in den Zeitpunkten des Schaltens der Strom in der Induktivität L_1 und die Spannung am Pufferkondensator C_p keine Sprünge macht. In Bild **152.**2 ist der dann auftretende Verlauf von Strom und Spannung am Pufferkondensator dargestellt, und

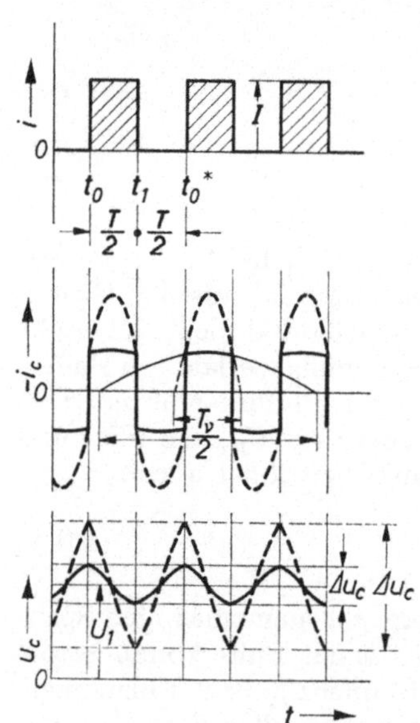

152.2
Strom- und Spannungsverlauf am Pufferkondensator bei endlichem Wert der Induktivität L_1; Pulsfrequenz f_p > Eigenfrequenz f_v

zwar gilt das Bild für $T_1 = T_2 = T/2$ − hierfür tritt wieder die maximale Spannungsschwankung am Pufferkondensator auf − sowie eine Pulsfrequenz f_p, die größer als die **Eigenfrequenz** f_ν des Schwingkreises ist, der aus der inneren Induktivität und der Kapazität des Pufferkondensators gebildet wird. Diese Eigenfrequenz f_ν kann nach Gleichung

$$f_\nu = \frac{\nu_0}{2\,\pi} = \frac{1}{2\,\pi\,\sqrt{L_1\,C_p}} \tag{153.1}$$

berechnet werden. Je näher die Pulsfrequenz f_p an die Eigenfrequenz f_ν herankommt, um so höher werden die Amplituden der dadurch angeregten Strom- und Spannungsschwingungen. Nach [5.30] ergibt sich für die maximale Spannungsschwankung am Pufferkondensator

$$\Delta u_C = \sqrt{\frac{L_1}{C_p}}\ I \tan \frac{\nu_0\,T}{4} \tag{153.2}$$

Diese Gleichung liefert für $(\nu_0 T)/4 = \pi/2$, d.h. $f_p = f_\nu$ unendliche Werte für die Kondensatorspannung. Für $L_1 \to \infty$ geht sie in die Gl. (151.2) bzw. (151.3) über.

Bei der Bemessung des benötigten Pufferkondensators mit Hilfe des in Bild **152**.1 dargestellten Diagramms ist also zusätzlich zu prüfen, ob man mit der Pulsfrequenz noch weit genug oberhalb der Eigenfrequenz des Pufferkreises liegt. Bei Fahrdrahtspeisung von Gleichstromfahrzeugen ändert sich die Leitungsinduktivität mit dem jeweiligen Abstand des Fahrzeuges von den Einspeisepunkten der Fahrdrahtleitung. Hier kann es vorteilhaft sein, auf dem Fahrzeug eine zusätzliche feste Glättungsinduktivität vor dem Pufferkondensator vorzusehen [5.27]. Der Pufferkondensator kann im Zusammenwirken mit der Induktivität der Gleichstromquelle jedoch nicht nur durch die Pulsfrequenz, die im allgemeinen wesentlich höher als die Eigenfrequenz liegt, zu Schwingungen angeregt werden, sondern auch durch Sollwertänderungen des Laststromes I. In diesem Fall muß **Gegenkopplung der Kondensatorspannung** auf den Regelkreis des Gleichstrompulswandlers vorgesehen werden [5.16; 5.30]. Auch eine Dämpfung des Pufferkondensators mit ohmschen Widerständen ist bis zu einem bestimmten Grade möglich. Auf jeden Fall muß man aus Sicherheitsgründen durch das Anbringen eines hochohmigen **Entladewiderstandes** parallel zum Pufferkondensator dafür sorgen, daß dieser beim Abschalten der Gleichstromversorgung in kurzer Zeit entladen wird.

Bei Gleichspannung unter 400 V können **Elektrolytkondensatoren** als Pufferkondensatoren verwendet werden. Es ist jedoch darauf zu achten, daß die für diese Kondensatoren zulässigen Gleichspannungsschwankungen nicht überschritten werden. Die zugelassenen Spannungsschwankungen sind im allgemeinen viel kleiner als sie für den Gleichstrompulswandler selbst zugelassen werden könnten. Die Kapazität des Pufferkondensators richtet sich bei Verwendung von Elektrolytkondensatoren daher nicht nach dem Diagramm in Bild **152**.1, sondern nach den in den Kondensatorlisten angegebenen zulässigen Spannungsschwankungen. Bei großen Kondensatorbatterien kann es notwendig sein, einen niederohmigen **Schutzwiderstand** in Reihe zu schalten, der beim Einschalten des Gleichrichters den ersten Ladestromstoß begrenzt. Für Gleichspannungen, die größer als 400 V sind und für Gleichstrompulswandler größerer Leistung werden als Pufferkapazität **MP-Kondensatoren** eingesetzt.

5.2.2. Kondensatorlöschung

In den meisten Schaltungen mit Zwangskommutierung wird der Löschstromstoß zur Unterbrechung des Thyristorstromes einem Löschkondensator entnommen. Der Löschstrom muß nämlich in sehr kurzer Zeit aufgebracht werden, was am besten mit einem Kondensator verwirklicht werden kann. Durch die hohen und steilen Löschstromstöße, die sich mit Pulsfrequenz von einigen hundert bis über tausend Hertz wiederholen, treten im Löschkondensator besonders hohe Beanspruchungen auf, die übliche 50-Hz-Kondensatoren nicht ohne weiteres aushalten; dann werden Mittelfrequenz-Kondensatoren erforderlich.

5.2.2.1. Löschschaltungen. Es sind eine Reihe verschiedener Kondensatorlöschschaltungen bekanntgeworden, von denen die wichtigsten in Bild **154**.1 dargestellt

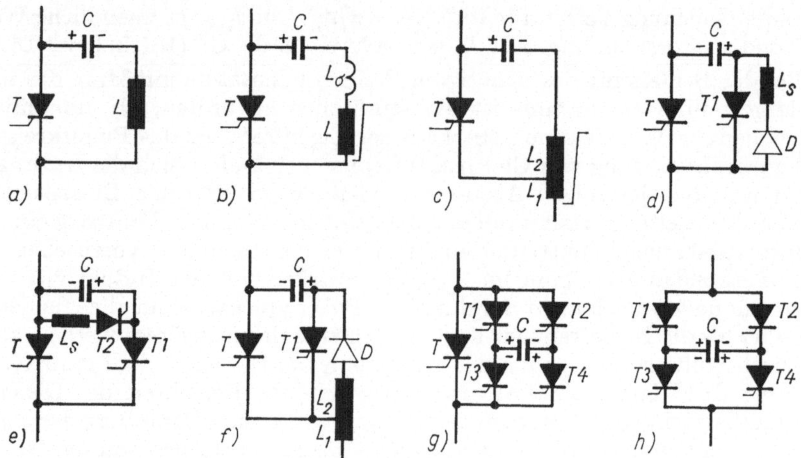

154.1 Verschiedene Kondensatorlöschschaltungen
  a) Löschkondensator mit Umschwingdrossel
  b) Löschkondensator mit sättigbarer Umschwingdrossel
  c) Morgan-Schaltung
  d) Löschthyristor und Umschwingdrossel mit Sperrdiode
  e) Löschthyristor und Umschwingdrossel mit Umschwingthyristor
  f) Umschwingschaltung mit laststromabhängiger Kondensatoraufladung
  g) Gegentaktlöschung mit Hilfsthyristoren
  h) Gegentaktlöschung der Hauptthyristoren

sind. Bei periodischem Betrieb wird an jede Kondensatorlöschschaltung die Forderung gestellt, daß der Löschkondensator selbsttätig auf die zum Löschen notwendige Polarität auf- bzw. umgeladen wird. Im einfachsten Fall wird der Löschkondensator über einen ohmschen Widerstand aufgeladen (s. Bild **140**.1). Wegen der bei jedem Auf- bzw. Umladevorgang im Vorwiderstand umgewandelten Verlustenergie ist diese Methode bei periodischem Betrieb jedoch unwirtschaftlich und läßt sich bei höheren Frequenzen praktisch nicht verwirklichen. Die in Bild **154**.1 dargestellten Kondensatorlöschschaltungen arbeiten daher alle mit einer im Idealfalle verlustlosen Aufladung des Löschkondensators.

1. Ein einfaches Löschverfahren besteht darin, daß man parallel zum Thyristor T einen LC-Schwingkreis schaltet: Schaltung a. Der Löschkondensator sei auf die eingezeichnete Polarität aufgeladen. Dann lädt er sich beim Einschalten des Thyristors über die Induktivität L um. Beim Zurückschwingen des Stromes im LC-Schwingkreis wird der Thyristorstrom unterbrochen, vorausgesetzt, daß die Amplitude des Schwingkreisstromes größer als der Laststrom im Thyristor ist. Da die Einschaltdauer des Thyristors zwischen 1/2 und 3/4 der Periodendauer des LC-Schwingkreises liegt und bei gegebenem Laststrom konstant ist, kann die Spannung am Verbraucher bei dieser einfachen Anordnung nur durch Änderung der Pulsfrequenz beeinflußt werden.

2. Verwendet man eine Umschwingdrossel mit sättigbarem Eisenkern von rechteckförmiger Hystereseschleife, so erhält man Schaltung b, die als Morgan-Schaltung allgemein bekanntgeworden ist [5.13]. Bei ungesättigter Drossel mit der Induktivität L wird das Umschwingen des Löschkondensators nach Zündung des Thyristors T zunächst verzögert und dadurch die Einschaltdauer des Thyristors verlängert. Nach der Ummagnetisierung der sättigbaren Drossel schwingt der Kondensator C mit der Streuinduktivität L_σ des Löschkreises um und unterbricht den Thyristorstrom nach erneuter Ummagnetisierung der Drossel L.

3. Schaltung c zeigt eine Erweiterung der Morgan-Schaltung, bei der durch Anzapfung der sättigbaren Drossel nach dem Autotransformatorprinzip eine stromabhängige Aufladung des Löschkondensators erzielt wird. Durch Vormagnetisierung der Sättigungsdrossel kann die Einschaltdauer des Thyristors zusätzlich beeinflußt werden.

4. In der Schaltung d wird der Löschstromstoß aus dem Kondensator durch Zünden eines Hilfsthyristors T 1 eingeleitet. Während des Löschvorganges lädt sich der Kondensator um, wie oben bereits bei der Kondensatorlöschung nach Bild **143.**1 beschrieben wurde. Beim Wiederzünden des Hauptthyristors T schwingt der Löschkondensator C über die Hilfsdrossel L_s auf die für das Löschen erforderliche eingezeichnete Polarität um. Die Sperrdiode D verhindert das erneute Zurückschwingen der Kondensatorspannung [5.7; 5.12]. Diese sogenannte ,,Umschwingschaltung" wird weiter unten noch als Beispiel für die Berechnung derartiger Löschschaltungen im einzelnen untersucht.

5. und 6. Die Schaltungen e und f stellen zwei Varianten dieser Umschwingschaltung dar. Bei Schaltung e erfolgt die Umladung des Löschkondensators auf die Löschpolarität nicht beim Einschalten über den Hauptthyristor T, sondern über einen parallel zum Löschkondensator angeordneten Hilfskreis aus der Drossel L_s und einem zweiten Hilfsthyristor T 2, der es gestattet, nach abgeschlossener Löschung des Hauptthyristors den Löschkondensator unabhängig vom Wiedereinschalten des Hauptthyristors T zu einem beliebigen Zeitpunkt durch Zünden des zweiten Hilfsthyristors T 2 auf Löschpolarität umschwingen zu lassen.

Bei der Schaltung f wird der Löschkondensator über eine angezapfte Drossel umgeladen [5.14]. Dadurch wird die Aufladung des Löschkondensators laststromabhängig. Die Spannung, auf die der Löschkondensator dabei aufgeladen wird, hängt davon ab, welche Spannung größer ist: Die durch den in L_1 fließenden Laststrom induzierte Spannung oder die beim vorhergehenden Löschvorgang über den Hilfsthyristor T 1 am Löschkondensator aufgebaute Umschwingspannung. Bei großen Strömen wächst die vom Laststrom induzierte Spannung und damit die

Löschspannung. Dadurch wird die nach Gl. (143.2) gegebene Abnahme der Schonzeit mit wachsendem Laststrom vermindert. Dabei tritt allerdings an den Thyristoren eine höhere Spannungsbeanspruchung auf.

7. und 8. Die Notwendigkeit des Umschwingens des Kondensators über eine Drossel zur Vorbereitung des nächsten Löschvorganges entfällt bei den Gegentaktlöschschaltungen g und h [5.20]. Bei Schaltung g arbeiten vier Löschthyristoren T 1 bis T 4 „über Kreuz" auf den Löschkondensator, wobei jeder Umladevorgang des Kondensators zur Löschung des Hauptthyristors T ausgenutzt wird, ohne daß zwischendurch eine Umladung erforderlich ist.

Bei der Schaltung h führen die vier Thyristoren T 1 bis T 4 auch den Hauptstrom. Der Laststrom fließt abwechselnd über die Thyristorpaare T 1 und T 3 bzw. T 2 und T 4. Durch Zünden des Thyristors T 2 wird der Strom im Thyristor T 1 unterbrochen. Umgekehrt unterbricht der Thyristor T 1 über den Löschkondensator den Strom im Thyristor T 2. Da bei diesen Gegentaktlöschschaltungen jeder Umladevorgang des Kondensators zur Löschung ausgenutzt wird, ergibt sich am Löschkondensator bei gleicher Pulsfrequenz nur die halbe Umladefrequenz wie bei den Umschwingschaltungen.

Man kann den Löschstromstoß auf die Thyristoren auch über einen Übertrager in den Hauptstromkreis induzieren. Dann wird die Löschspannung entweder einem Löschkondensator oder einem Kommutierungsgenerator entnommen. Die Schwierigkeiten derartiger Schaltungen mit transformatorisch eingekoppeltem Löschstrom bestehen jedoch darin, daß der Laststrom den Übertrager vormagnetisiert, und daß durch die Streuinduktivität und durch die erforderliche Rückmagnetisierung des Übertragers nach dem Löschen des Hauptthyristors Überspannungen hervorgerufen werden.

5.2.2.2. Berechnung eines Löschvorganges. Am Beispiel der Umschwingschaltung soll nun ein Löschvorgang durchgerechnet werden. Hierfür wird die mathematische Behandlung einfacher ungedämpfter und gedämpfter Schwingungen gefordert. Die Thyristoren und Dioden werden zunächst als ideale Schaltelemente betrachtet, d.h., die endliche Schaltgeschwindigkeit beim Einschalten, der Durchlaßspannungsabfall, die Sperrträgheit beim Ausschalten und der Rückstrom bleiben unberücksichtigt. Dadurch werden die in den eigentlichen Schaltaugenblicken, die sich in Bruchteilen von Mikrosekunden bis zu einigen Mikrosekunden abspielen, an den Thyristoren und Dioden auftretenden Schaltbeanspruchungen zwar nicht erfaßt (s. Abschn. 5.3.7), die Vorgänge in den einzelnen Stromzweigen des Gleichstrompulswandlers jedoch genügend genau wiedergegeben.

Bei der Berechnung des Löschvorganges ist es notwendig, in einzelne Zeitabschnitte zwischen zwei aufeinanderfolgenden Schaltvorgängen zu unterteilen, da die mathematischen Ansätze nach jedem neuen, von einem Halbleiterelement hervorgerufenen Schaltvorgang neu formuliert werden müssen.

Exakte Berechnung. Zunächst soll der Löschvorgang mit der getroffenen Vereinfachung idealer Schaltelemente exakt berechnet werden, was einigen mathematischen Aufwand erfordert; anschließend wird dann gezeigt, wie man bei richtig getroffenen Vereinfachungen zu einfachen Näherungsformeln kommt, die trotzdem hinreichend genaue Ergebnisse liefern können.

In Bild **157.**1 ist die für die Berechnung des Löschvorganges in einem Gleichstrompulswandler zugrunde gelegte Schaltung dargestellt. Der Einschaltvorgang, der durch Zünden des Thyristors im Zeitpunkt t_0 eingeleitet wird, wurde bereits beim Gleichstromschalter mathematisch behandelt, s. Bild **135.**1 und Gl. (135.1)$\cdots$(136.3).

Der Löschvorgang beim Ausschalten wird durch Schließen des Hilfsschalters im Zeitpunkt t_1 eingeleitet. Im ersten Kommutierungsabschnitt von t_1 bis t_2 steigt der Strom im Löschkreis bis auf den Wert des Laststromes, für den hier $i(t_1) = U_d/R$ angenommen ist, und unterbricht den Strom im Thyristor. Danach fließt im zweiten Kommutierungsabschnitt von t_2 bis t_3 der Laststrom über den Löschkondensator, wodurch dieser umgeladen wird.

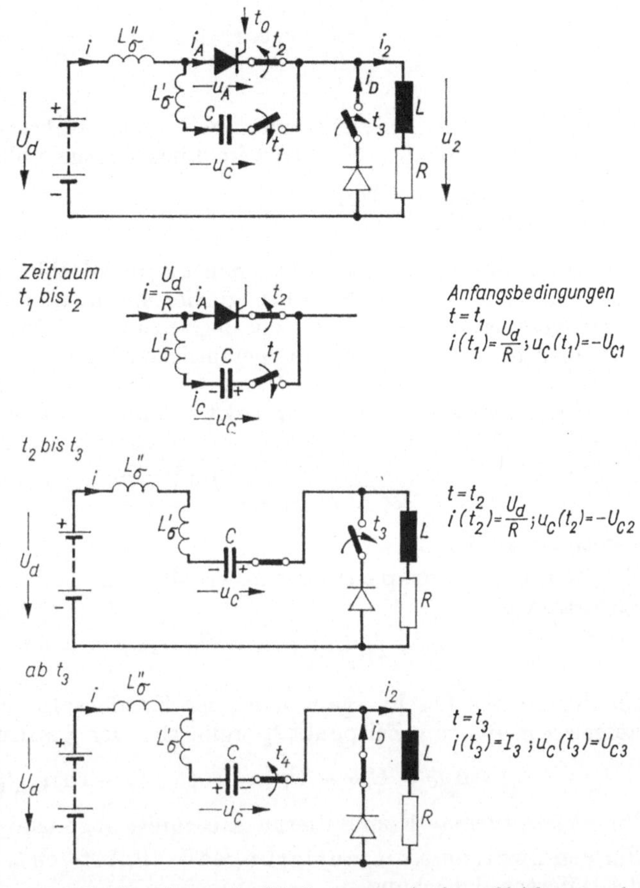

157.1 Zur Berechnung des Löschvorganges in einem Gleichstrompulswandler

Dieser Kommutierungsabschnitt wird im Zeitpunkt t_3 durch das Einsetzen des Stromes in der Freilaufdiode abgeschlossen.

Den ersten Kommutierungsabschnitt von t_1 bis t_2 kann man mit der Differentialgleichung

$$L_\sigma' \frac{di_C}{dt} + \frac{1}{C} \int i_C \, dt = 0 \tag{157.1}$$

berechnen. Als Lösung ergibt sich für den Kondensatorstrom i_C die Gleichung

$$i_C = \frac{U_{C1}}{\sqrt{\dfrac{L_\sigma'}{C}}} \sin \nu_0 \, (t - t_1) \tag{157.2}$$

die eine ungedämpfte Schwingung mit der Kreisfrequenz $\nu_0 = 1/\sqrt{L_\sigma' C}$ darstellt. Durch Differenzieren erhält man daraus

$$\frac{\mathrm{d}i_C}{\mathrm{d}t} = \frac{U_{C1}}{\sqrt{\dfrac{L'_\sigma}{C}}}\, \nu_0 \cos\nu_0\,(t - t_1) = \frac{U_{C1}}{L'_\sigma}\cos\nu_0\,(t - t_1) \qquad (158.1)$$

wonach der Anstieg des Stromes im Löschkreis berechnet werden kann. Der maximale Stromanstieg tritt im Einschaltaugenblick t_1 auf

$$\left(\frac{\mathrm{d}i_C}{\mathrm{d}t}\right)_{\max} = \frac{U_{C1}}{L'_\sigma} \qquad (158.2)$$

Diese Gleichung zeigt, daß der Stromanstieg im Löschkreis — bei Vernachlässigung der ohmschen Widerstände — nur von der Streureaktanz L'_σ begrenzt wird. Unter Umständen ist es erforderlich, zur Begrenzung der Stromanstiegsgeschwindigkeit auf einen für die Thyristoren ungefährlichen Wert eine zusätzliche Reaktanz im Löschkreis vorzusehen. Der Strom im Thyristor wird unterbrochen, sobald $i_C = i = U_d/R$ wird. Der Zeitpunkt t_2 kann also aus der Gleichung

$$t_2 - t_1 = \sqrt{L'_\sigma\, C}\ \arcsin \frac{U_d \sqrt{\dfrac{L'_\sigma}{C}}}{U_{C1}\, R} \qquad (158.3)$$

berechnet werden.

Die Kondensatorspannung u_C erhält man durch Integrieren des Kondensatorstromes i_C

$$u_C = \frac{1}{C}\int i_C\, \mathrm{d}t = -\,U_{C1}\cos\nu_0\,(t - t_1) \qquad (158.4)$$

Zu Beginn des Löschvorganges ist der Kondensator auf die Spannung $-\,U_{C1}$ aufgeladen. Bis zum Zeitpunkt t_2 ergibt sich der Spannungsverlust

$$\Delta u_C = U_{C1} - U_{C2} = -\,U_{C1}\,[1 - \cos\nu_0\,(t_2 - t_1)] \qquad (158.5)$$

Damit ist der erste Kommutierungsabschnitt abgeschlossen.

Für den zweiten Kommutierungsabschnitt von t_2 bis t_3 gilt nach Bild 157.1 die Differentialgleichung

$$(L + L_\sigma)\,\frac{\mathrm{d}i}{\mathrm{d}t} + R\,i + \frac{1}{C}\int i\, \mathrm{d}t = U_d \qquad (158.6)$$

mit den Anfangsbedingungen $i(t_2) = U_d/R$ und $u_C(t_2) = -\,U_{C2}$, wobei zur Vereinfachung $L_\sigma = L'_\sigma + L''_\sigma$ eingeführt wird. Als Lösung dieser Differentialgleichung und somit für den Verlauf des Stromes ergibt sich eine gedämpfte Schwingung

$$i = \frac{U_d}{R \sin\varphi_\mathrm{i}}\ \mathrm{e}^{-\frac{t - t_2}{\tau}}\ \sin\left[\nu\,(t - t_2) + \varphi_\mathrm{i}\right] \qquad (158.7)$$

mit der Zeitkonstante

$$\tau = \frac{2\,(L + L_\sigma)}{R}$$

und der Kreisfrequenz

$$\nu = \sqrt{\frac{1}{(L + L_\sigma)\, C} - \left[\frac{R}{2\,(L + L_\sigma)}\right]^2}$$

Der Winkel φ_i ist die Phasenverschiebung dieser Schwingung gegenüber dem Zeitpunkt t_2, er kann durch die folgenden Operationen bestimmt werden. Durch Differenzieren von Gl. (158.7) erhält man für den **Stromanstieg** im Zeitpunkt t_2

$$\frac{\mathrm{d}i}{\mathrm{d}t}\,(t_2) = \frac{U_\mathrm{d}\,\nu\,\cos\varphi_i}{R\,\sin\varphi_i} - \frac{U_\mathrm{d}}{R\tau} = \frac{U_\mathrm{d}\,\nu}{R\,\tan\varphi_i} - \frac{U_\mathrm{d}}{R\,\tau} \tag{159.1}$$

Andererseits muß der Stromanstieg gleich sein dem Quotienten aus der Summe aller im Zeitpunkt t_2 im Kreis wirksamen Spannungen und der Summe aller Induktivitäten

$$\frac{\mathrm{d}i}{\mathrm{d}t}\,(t_2) = \frac{U_\mathrm{d} + U_{\mathrm{C}2} - R\,i(t_2)}{L + L_\sigma} = \frac{U_{\mathrm{C}2}}{L + L_\sigma} \tag{159.2}$$

Durch Gleichsetzen von Gl. (159.1) und (159.2) erhält man

$$\varphi_i = \arc\tan\left[\frac{U_\mathrm{d}}{U_\mathrm{d} + 2\,U_{\mathrm{C}2}}\,\nu\,\tau\right] \tag{159.3}$$

Die **Kondensatorspannung** u_C ergibt sich durch Integrieren des Kondensatorstromes i_C

$$u_\mathrm{C} = \frac{1}{C}\int i_\mathrm{C}\,\mathrm{d}t = \frac{U_\mathrm{d} + U_{\mathrm{C}2}}{\sin\varphi_\mathrm{u}}\,\mathrm{e}^{-\frac{t-t_2}{\tau}}\,\sin\left[\nu\,(t - t_2) - \varphi_\mathrm{u}\right] + U_\mathrm{d} \tag{159.4}$$

Die Ableitung der Beziehung für den Phasenverschiebungswinkel φ_u kann ähnlich geschehen wie für φ_i. Durch Differenzieren der Gl. (159.4) erhält man für die Änderung der Kondensatorspannung im Zeitpunkt t_2

$$\frac{\mathrm{d}u_\mathrm{C}}{\mathrm{d}t}\,(t_2) = \frac{(U_\mathrm{d} + U_{\mathrm{C}2})\,\nu\,\cos\varphi_\mathrm{u}}{\sin\varphi_\mathrm{u}} + \frac{U_\mathrm{d} + U_{\mathrm{C}2}}{\tau} \tag{159.5}$$

Andererseits muß, da im Zeitpunkt t_2 über den Kondensator der Strom U_d/R fließt, die Beziehung

$$\frac{\mathrm{d}u_\mathrm{C}}{\mathrm{d}t}\,(t_2) = \frac{1}{C}\,i\,(t_2) = \frac{1}{C}\cdot\frac{U_\mathrm{d}}{R} \tag{159.6}$$

gelten. Nach Gleichsetzen der Gl. (159.5) und (159.6) ergibt sich dann

$$\varphi_\mathrm{u} = \arc\tan\left[\frac{U_\mathrm{d} + U_{\mathrm{C}2}}{\left(\dfrac{\tau}{R\,C} - 1\right)U_\mathrm{d} - U_{\mathrm{C}2}}\,\nu\,\tau\right] \tag{159.7}$$

Bei einer gedämpften Schwingung ist die Kondensatorspannung gegenüber dem Kondensatorstrom um mehr als 90 °el, nämlich um $\pi/2 + \delta$ verschoben. Der Winkel δ kann aus der Beziehung

$$\delta = \arc\tan\frac{1}{\nu\,\tau} \tag{159.8}$$

berechnet werden. Diese Beziehung kann durch Umformen aus den Gl. (159.3) und (159.7) gewonnen werden. In [B 4] wird die Berechnung von Schwingungsvorgängen systematisch behandelt.

Die Thyristorspannung u_A kann aus folgender Gleichung exakt berechnet werden:

$$u_A = L'_\sigma \frac{di}{dt} + u_C \tag{160.1}$$

Praktisch genügt es, bei der Spannungsbeanspruchung des Thyristors die Kondensatorspannung u_C zu berücksichtigen und das Glied $L'_\sigma \cdot di/dt$ zu vernachlässigen. Die Schonzeit Δt am Thyristor erhält man durch Nullsetzen der Gl. (160.1). Der Strom in der Freilaufdiode setzt im Zeitpunkt t_3 ein, sobald die Bedingung

$$u_2 = R\,i + L\,\frac{di}{dt} \leqq 0 \tag{160.2}$$

erfüllt ist. Damit beginnt der dritte Kommutierungsabschnitt. Nach dem Einsetzen der Freilaufdiode klingt der Laststrom nach einer e-Funktion ab:

$$i_2 = I_3\,e^{-\frac{t-t_3}{L/R}} \tag{160.3}$$

Für den Löschkreis gilt nach dem Einsetzen der Freilaufdiode die Differentialgleichung

$$L_\sigma \frac{di}{dt} + \frac{1}{C} \int i\,dt = U_d \tag{160.4}$$

deren Lösung

$$i = \frac{I_3}{\cos\varphi_1}\cos\left[v_0\,(t-t_3) + \varphi_1\right] \tag{160.5}$$

mit $v_0 = 1/\sqrt{L_\sigma C}$ eine ungedämpfte Schwingung beschreibt. Für den Phasenverschiebungswinkel φ_1 dieser Schwingung erhält man

$$\varphi_1 = \arctan\frac{U_{C3} - U_d}{v_0\,L_\sigma\,I_3} \tag{160.6}$$

Die Kondensatorspannung u_C ergibt sich durch Integrieren des Kondensatorstromes i_C

$$u_C = \frac{1}{C}\int i_C\,dt = \frac{I_3}{v_0\,C\cos\varphi_1}\sin\left[v_0\,(t-t_3) + \varphi_1\right] + U_d \tag{160.7}$$

Den Scheitelwert $\hat{u}_C$ der Kondensatorspannung erhält man aus Gl. (160.6) und (160.7)

$$\hat{u}_C = U_d + \frac{I_3}{v_0\,C\cos\varphi_1} = U_d + \sqrt{\frac{L_\sigma}{C}\,I_3^2 + (U_{C3} - U_d)^2} \tag{160.8}$$

Praktisch gilt für die Kondensatorspannung U_{C3} beim Einsetzen der Freilaufdiode die Näherung $U_{C3} \approx U_d$, womit sich Gl. (160.8) zu

$$\hat{u}_C \approx U_d + \sqrt{\frac{L_\sigma}{C}}\,I_3 \tag{160.9}$$

vereinfacht. Wie diese Gleichung zeigt, tritt am Löschkondensator nach dem Abschluß des Löschvorganges eine Überspannung auf, die von der in den Streureaktanzen $L_\sigma = L'_\sigma + L''_\sigma$ aufgespeicherten magnetischen Energie herrührt und, wie das unten behandelte Rechenbeispiel zeigt, beträchtliche Werte annehmen kann. Diese Spannungserhöhung am Löschkondensator führt zu einer entsprechenden Überspannung am Thyristor.

Wird der Löschkondensator über einen Hilfsthyristor geschaltet, so kann der Strom im Kondensator seine Richtung nicht umkehren. Die Kondensatorspannung bleibt dann mit ihrem Maximum $\hat{u}_C$ erhalten.

Beispiel 5.5. Die oben abgeleiteten Gleichungen sollen nun zur Berechnung des Spannungs- und Stromverlaufes beim Löschen eines Gleichstrompulswandlers angewendet werden. In dem vorliegenden Rechenbeispiel sind für den Gleichstrompulswandler die folgenden Werte angenommen worden: Gleichspannung $U_d = 400$ V, Widerstand $R = 2\ \Omega$, Gesamtinduktivität $L + L_\sigma = 1$ mH, Streuinduktivitäten $L'_\sigma = 8\ \mu$H und $L''_\sigma = 16\ \mu$H.

Bei der Schonzeit 50 µs wird dazu ein Löschkondensator C benötigt, der sich nach Gl. (143.3) berechnet:

$$C = \frac{200\ \text{A} \cdot 50\ \mu\text{s}}{400\ \text{V}} = 25\ \mu\text{F}$$

Mit diesen Werten ergibt sich für den Gleichstrompulswandler der in Bild **161.1** dargestellte Löschvorgang. Der darin wiedergegebene Strom- und Spannungsverlauf ist nach den oben abgeleiteten Gleichungen für die einzelnen Kommutierungsabschnitte berechnet.

Der Thyristorstrom i_A wird im ersten Kommutierungsabschnitt von t_1 bis t_2 in 4,06 µs gelöscht. Dabei steigt der Strom im Löschkondensator nahezu linear an. Im Zeitpunkt t_2 legt sich an den Thyristor die Spannung u_A, die nach Gl. (160.1) bestimmt wurde und praktisch mit der nach Gl. (159.4) berechneten Kondensatorspannung u_C übereinstimmt.

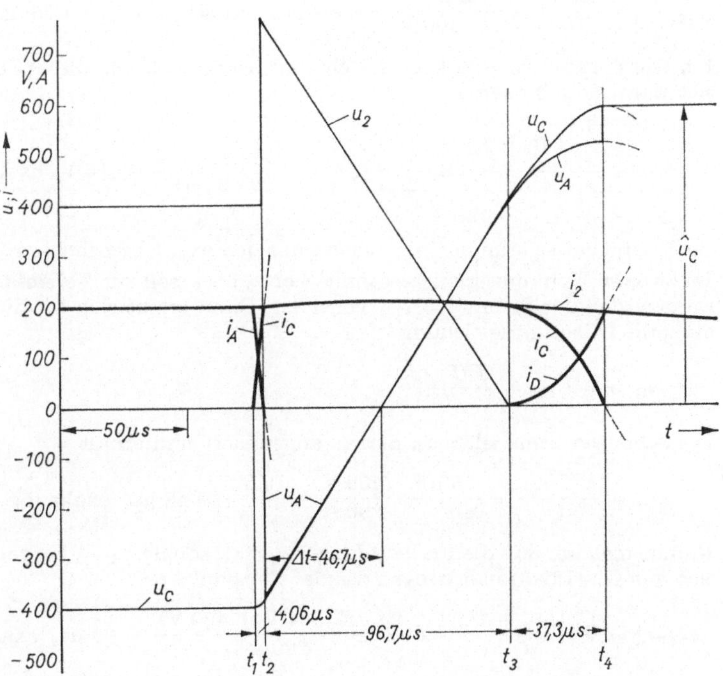

161.1
Berechneter Strom- und Spannungsverlauf beim Löschvorgang eines Gleichstrompulswandlers

Aus ihrem Nulldurchgang ergibt sich die Schonzeit $\Delta t = 46{,}7$ µs. Der Kondensatorstrom i_C steigt unter dem Einfluß der Löschspannungsspitze etwas an. Sobald die nach Gl. (160.2) ermittelte Lastspannung u_2 zu Null wird, setzt im Zeitpunkt t_3 die Freilaufdiode ein. Die Kondensatorspannung steigt jedoch nach Gl. (160.7) auch nach t_3 noch weiter an, bis sie im Zeitpunkt t_4 nach 37,3 µs mit 593,8 V ihren Scheitelwert erreicht, der nach Gl. (160.8) bzw. (160.9) berechnet wurde. In diesem Zeitpunkt ist die Stromübergabe an die Freilaufdiode abgeschlossen.

Das Rechenbeispiel zeigt, daß schon bei verhältnismäßig kleinen Streureaktanzen im Gleichstrom- und Löschkreis am Kondensator am Ende des Löschvorganges erhebliche Überspannungen (Spannungserhöhung 193,8 V) auftreten können. Aus diesem Grund müssen bei größeren Reaktanzen der Gleichstromquelle Pufferkondensatoren vorgesehen werden.

Vereinfachte Berechnung. Mit der oben durchgeführten Berechnung des Löschvorganges eines Gleichstrompulswandlers sollte gezeigt werden, daß man mit den bekannten Methoden der Berechnung von gedämpften und ungedämpften Schwingungen die Vorgänge in Kommutierungsschaltungen rechnerisch beherrschen kann. In vielen Fällen ist jedoch eine derartige mit einigem Aufwand verbundene exakte Berechnung gar nicht erforderlich. Man kann vielmehr durch richtig gewählte Vereinfachungen die interessierenden Größen mit guter Näherung wesentlich einfacher ermitteln. Dies soll jetzt an demselben Rechenbeispiel gezeigt werden.

Beispiel 5.6. Für den ersten Kommutierungsabschnitt in Beispiel 5.5 von t_1 bis t_2 soll vereinfachend angenommen werden, daß die Kondensatorspannung $u_C \approx -U_{C1} = -U_d = \text{const}$ ist. Man erhält dann für den Zeitabschnitt $t_2 - t_1$ die Näherung

$$t_2 - t_1 \approx \frac{L_6' \, I}{U_d} = \frac{8 \, \mu\text{H} \cdot 200 \, \text{A}}{400 \, \text{V}} = 4 \, \mu\text{s}, \quad \text{exakt} \quad t_2 - t_1 = 4{,}06 \, \mu\text{s} \tag{162.1}$$

Für den Spannungsverlust am Löschkondensator während dieses Zeitabschnittes ergibt sich daraus die Näherung

$$\Delta u_C \approx \frac{\frac{1}{2} \, I \, (t_2 - t_1)}{C} = \frac{1}{2} \, \frac{L_6' \, I^2}{C \, U_d} = \frac{200 \, \text{A} \cdot 4 \, \mu\text{s}}{2 \cdot 25 \, \mu\text{F}} = 16 \, \text{V}, \text{ exakt } \Delta u_C = 16{,}4 \, \text{V}$$
$$\tag{162.2}$$

Beide Ergebnisse stimmen sehr genau mit den exakt berechneten Werten überein.

Im zweiten Kommutierungsabschnitt von t_2 bis t_3 soll zur Vereinfachung angenommen werden, daß der Strom $i = I = \text{const}$ ist. Dann ergibt sich für die Kondensatorspannung die Näherungsgleichung:

$$u_C \approx -U_{C2} + \frac{I \, (t - t_2)}{C} \tag{162.3}$$

Die Schonzeit ermittelt man daraus angenähert und erhält

$$\Delta t \approx \frac{C \, U_{C2}}{I} = \frac{25 \, \mu\text{F} \cdot (400 \, \text{V} - 16 \, \text{V})}{200 \, \text{A}} = 48 \, \mu\text{s}, \text{ exakt } \Delta t = 46{,}66 \, \mu\text{s} \tag{162.4}$$

Nimmt man an, daß die Freilaufdiode einsetzt, sobald $u_C = U_d$ geworden ist, so ergibt sich aus Gl. (162.3) näherungsweise der Zeitpunkt t_3:

$$t_3 - t_2 \approx \frac{C(U_{C2} + U_d)}{I} = \frac{25 \, \mu\text{F} \, (384 \, \text{V} + 400 \, \text{V})}{200 \, \text{A}} = 98 \, \mu\text{s}, \text{ exakt } t_3 - t_2 = 96{,}7 \, \mu\text{s}$$
$$\tag{162.5}$$

Auch hier stimmen die näherungsweise ermittelten Werte sehr gut mit den exakt berechneten überein. Das gilt jedoch nur, solange die Annahme konstanten Laststromes I während des Löschvorganges wie im vorliegenden Beispiel angenähert erfüllt ist. Später soll gezeigt werden, daß der Laststrom bei anderen Betriebszuständen des Gleichstrompulswandlers im Löschaugenblick beträchtlich überschwingen kann.

Energiebilanz. Die am Kondensator nach Beendigung des Löschvorganges auftretende Überspannung kann anstatt nach Gl. (160.8) bzw. (160.9) auch aus der Aufstellung einer Energiebilanz bestimmt werden. Da derartige Energiebilanzbetrachtungen für die Berechnung von elektrischen Vorgängen in manchen Fällen mit Vorteil angewandt werden, sollen sie hier ebenfalls durchgeführt werden.

Im Zeitpunkt t_3 beträgt die Kondensatorenergie $(1/2)\, C\, U_\mathrm{d}^2$ und die in den Streureaktanzen gespeicherte magnetische Energie $(1/2)\, L_\sigma\, I^2$. Im Zeitpunkt t_4 ist die elektrische Energie des Kondensators auf $(1/2)\, C\, (U_\mathrm{d} + \Delta u_\mathrm{C})^2$ angewachsen, während die magnetische Energie in der Streureaktanz zu Null geworden ist.

Während des Zeitabschnittes von t_3 bis t_4 hat die Gleichstromquelle jedoch **zusätzliche Energie** geliefert, die aus der Gleichung

$$U_\mathrm{d} \int_{t_3}^{t_4} i \, \mathrm{d}t = U_\mathrm{d}\, \Delta Q = U_\mathrm{d}\, C\, \Delta u_\mathrm{C} = U_\mathrm{d}\, C\, (\hat{u}_\mathrm{C} - U_\mathrm{d}) \qquad (163.1)$$

bestimmt werden kann. Dann läßt sich die folgende **Energiebilanz** aufstellen:

$$\frac{1}{2}\, C\, \hat{u}_\mathrm{C}^2 = \frac{1}{2}\, C\, U_\mathrm{d}^2 + \frac{1}{2}\, L_\sigma\, I^2 + C\, U_\mathrm{d}\, (\hat{u}_\mathrm{C} - U_\mathrm{d}) \qquad (163.2)$$

Beispiel 5.7. Aus Gl. (163.2) ergibt sich für den Scheitelwert $\hat{u}_\mathrm{C}$ der Kondensatorspannung die Gleichung

$$\hat{u}_\mathrm{C} = U_\mathrm{d} + \sqrt{\frac{L_\sigma}{C}}\, I \qquad (163.3)$$

die der oben aus dem zeitlichen Verlauf der Kondensatorspannung abgeleiteten Gl.(160.9) entspricht. Mit den Zahlenwerten aus Beispiel 5.6 erhält man

$$\hat{u}_\mathrm{C} = 400\ \mathrm{V} + \sqrt{\frac{24\ \mu\mathrm{H}}{25\ \mu\mathrm{F}}} \cdot 200\ \mathrm{A} \approx (400 + 196)\ \mathrm{V} \approx 596\ \mathrm{V}, \ \text{exakt}\ u_\mathrm{C} = 593{,}8\ \mathrm{V}$$

Beispiel 5.7 zeigt, daß mit berechtigt angesetzten Näherungsgleichungen sehr gute Übereinstimmung mit den exakt berechneten Werten für den Löschvorgang erzielt werden kann. Bei der Berechnung derartiger Schaltungen lassen sich häufig die folgenden Überlegungen mit Nutzen anwenden:

1. Die **Kontinuitätsbedingungen** für den Strom in einer Induktivität und die Spannung an einem Kondensator verlangen, daß beide Größen auch in Schaltaugenblicken keine Sprünge machen können.

2. Der **Stromanstieg** in dem betrachteten Stromkreis ergibt sich aus der Summe der wirksamen Spannungen, geteilt durch die Induktivität des Stromkreises, $\Delta i / \Delta t = \Sigma u / L$.

3. Den **Spannungsanstieg** an einem Kondensator erhält man aus dem Verhältnis von Strom zu Kapazität, $\Delta u / \Delta t = I / C$.

4. Durch das Aufstellen von Energiebilanzen am Anfang und Ende eines Kommutierungsabschnittes erspart man sich oft das Lösen von Differentialgleichungen.

Überschwingen des Laststromes. In den Beispielen 5.5 bis 5.7 eines Gleichstrompluswandlers ist das Überschwingen des Laststromes unter dem Einfluß der Löschspitze der Kondensatorspannung nur sehr gering. Bei anderen Betriebszuständen des Gleichstrompulswandlers, insbesondere bei Betrieb mit kleinen Lastströmen in der Nähe des Leerlaufes, kann das Überschwingen aber stärker in Erscheinung treten. Für eine Schaltung des Gleichstrompulswandlers nach Bild **164.**1 kann der Strom i nach dem Löschzeitpunkt t_1 aus der Differentialgleichung

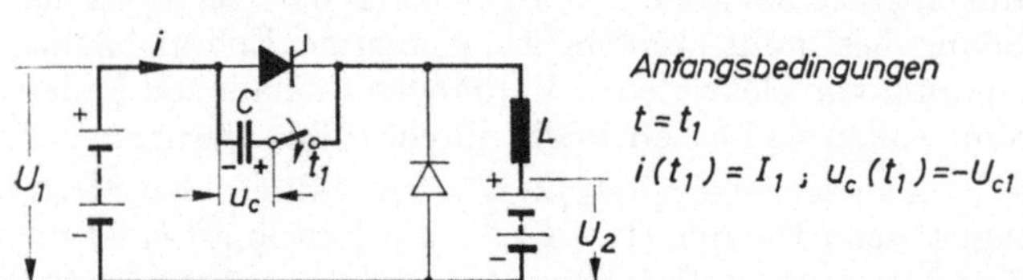

164.1 Zur Berechnung des Stromüberschwingens im Löschzeitpunkt bei Reihenschaltung von Löschkondensator und Gleichstromquelle

$$\frac{1}{C} \int i \, \mathrm{d}t + L \frac{\mathrm{d}i}{\mathrm{d}t} = U_1 - U_2 \tag{164.1}$$

bestimmt werden. Die Anfangsbedingungen lauten $i(t_1) = I_1$ und $u_\mathrm{C}(t_1) = -U_{\mathrm{C}1}$. Als Lösung dieser Differentialgleichung erhält man

$$i = \frac{I_1}{\sin \varphi_1} \sin \left[\nu_0 \left(t - t_1\right) + \varphi_1\right] \tag{164.2}$$

mit $\nu_0 = 1/\sqrt{L/C}$. Der Strom verläuft bei der hier getroffenen Vernachlässigung der ohmschen Widerstände also nach einer ungedämpften Schwingung. Der **Phasenverschiebungswinkel** φ_1 ist

$$\varphi_1 = \arctan \frac{\nu_0 \, L \, I_1}{U_{\mathrm{C}1} + U_1 - U_2} \tag{164.3}$$

Für den Scheitelwert $\hat{\imath}$ des Stromes ergibt sich daraus

$$\hat{\imath} = \frac{I_1}{\sin \varphi_1} = I_1 + \Delta i = I_1 \sqrt{1 + \left(\frac{U_{\mathrm{C}1} + U_1 - U_2}{\sqrt{L/C} \cdot I_1}\right)^2} \tag{164.4}$$

Bezieht man die **Stromerhöhung** Δi auf den **Nennstrom** I_N, so erhält man

$$\frac{\Delta i}{I_\mathrm{N}} = \sqrt{\left(\frac{I_1}{I_\mathrm{N}}\right)^2 + \left(\frac{U_{\mathrm{C}1} + U_1 - U_2}{\sqrt{L/C} \cdot I_\mathrm{N}}\right)^2} - \frac{I_1}{I_\mathrm{N}} \tag{164.5}$$

Nach dieser Gleichung ist die Stromerhöhung Δi im Löschzeitpunkt um so größer, je kleiner die Gegenspannung U_2 auf der Lastseite ist. Diese Gegenspannung U_2 erhöht sich bei dem Widerstand R auf der Lastseite um $R\,I_1$. Außerdem ist die Stromerhöhung im Leerlaufbetrieb ($I_1 \to 0$) größer als bei Lastbetrieb. Schließlich bestimmt die Lastinduktivität L das Stromüberschwingen im Löschzeitpunkt. Bei größer Induktivität auf der Lastseite ist die Stromänderung klein, während sie mit abnehmender Induktivität wächst.

Beispiel 5.8. Für die Werte $U_1 = U_{C1} = 400\ \text{V}$, $I_N = 200\ \text{A}$, $L = 1\ \text{mH}$ und $C = 25\ \mu\text{F}$ ist in Bild 165.1 die bezogene Stromänderung $\Delta i / I_N$ in Abhängigkeit vom Spannungsverhältnis U_2/U_1 aufgetragen; Parameter ist I_1/I_N. Bei großem Überschwingen des Stromes verkleinert sich die wirksame Schonzeit Δt am zu löschenden Thyristor, so daß bei der Berechnung des Löschkondensators nach Gl. (143.3) für den Strom I ein entsprechender Zuschlag angesetzt werden muß.

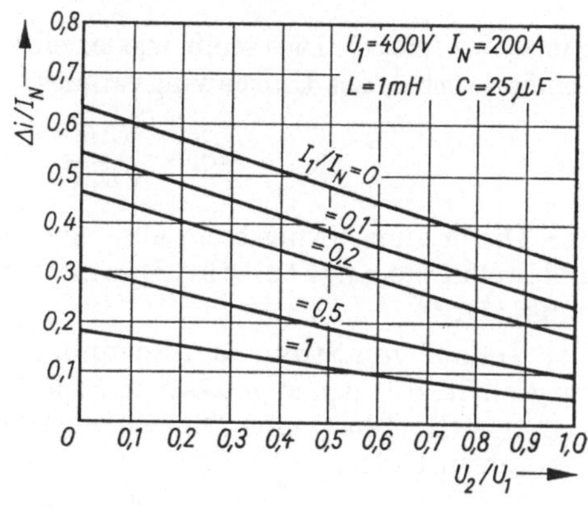

165.1 Überschwingen des Laststromes beim Löschen eines Gleichstrompulswandlers

5.2.2.3. Kondensatoraufladung.

Entsprechend den Erläuterungen zu den in Bild 154.1 dargestellten Kondensatorlöschschaltungen muß der Löschkondensator bei den Umschwingschaltungen nach jeder Löschung — zur Vorbereitung der nächsten Löschung — wieder auf die zum Löschen notwendige Polarität umgeladen werden. Das geschieht bei der Schaltung nach Bild 154.1d beim Zünden des Hauptthyristors T durch Umschwingen über eine Umschwingdrossel, wobei die Sperrdiode ein Zurückschwingen der Kondensatorspannung verhindert. In Bild 165.2 ist die Umladung des Löschkondensators über den Umschwingkreis beim Einschalten des Hauptthyristors dargestellt. Für den Umschwingkreis gilt nach dem Zünden des Hauptthyristors T im Zeitpunkt t_0 die Differentialgleichung

$$L_\text{s}\,\frac{\text{d}i_\text{C}}{\text{d}t} + \frac{1}{C}\int i_\text{C}\,\text{d}t = 0 \qquad (165.1)$$

Ihre Lösung lautet

$$i_\text{C} = \frac{U_\text{CO}}{\sqrt{L_\text{s}/C}}\,\sin v_0\,(t - t_0) \qquad (165.2)$$

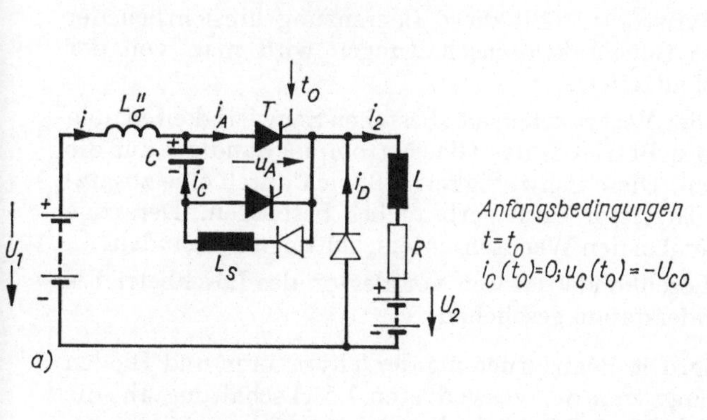

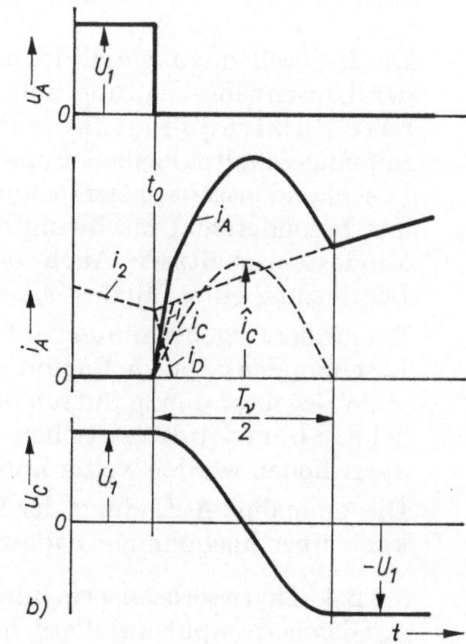

165.2 Umladung des Löschkondensators über den Umschwingkreis beim Einschalten des Hauptthyristors

12*

mit $r_0 = 1/\sqrt{L_\mathrm{s}\,C}$. Dies stellt wieder eine ungedämpfte Sinusschwingung mit dem Scheitelwert $\hat{\imath}_\mathrm{C}$ des Umschwingstromes

$$\hat{\imath}_\mathrm{C} = \frac{U_{\mathrm{C}0}}{\sqrt{L_\mathrm{s}/C}} \tag{166.1}$$

dar. Dieser Umschwingstrom überlagert sich im Hauptthyristor dem Laststrom i_2 und stellt eine **zusätzliche Beanspruchung** des Thyristors im Einschaltzeitpunkt dar.

Der Verlauf von Strom und Spannung im Einschaltzeitpunkt ist in Bild **165.**2 b dargestellt. Für den zugelassenen Scheitelwert $\hat{\imath}_{\mathrm{C}\,\mathrm{zul}}$ des Umschwingstromes erhält man aus Gl. (166.1) eine Dimensionierungsformel für die **Induktivität** L_s der **Umschwingdrossel**

$$L_\mathrm{s} = \frac{U_{\mathrm{C}0}^2}{\hat{\imath}_{\mathrm{C}\,\mathrm{zul}}^2}\, C \tag{166.2}$$

Die **halbe Schwingungszeit** $T_\mathrm{v}/2$ des Umschwingvorganges folgt aus

$$\frac{T_\mathrm{v}}{2} = \pi\, \sqrt{L_\mathrm{s}\,C} = \frac{\pi\, C\, U_{\mathrm{C}0}}{\hat{\imath}_{\mathrm{C}\,\mathrm{zul}}} \tag{166.3}$$

Beispiel 5.9. Für die Werte in Beispiel 5.8, nämlich $U_1 = 400\ \mathrm{V}$, $I = 200\ \mathrm{A}$ und $C = 25\ \mu\mathrm{F}$ ergibt sich bei dem zugelassenen Scheitelwert des Umschwingstromes $\hat{\imath}_{\mathrm{C}\,\mathrm{zul}} = I = 200\ \mathrm{A}$ mit $U_{\mathrm{C}0} = U_1$ für die Umschwingdrossel die Induktivität

$$L_\mathrm{s} = \frac{400^2\ \mathrm{V}^2 \cdot 25\ \mu\mathrm{F}}{200^2\ \mathrm{A}^2} = 100\ \mu\mathrm{H}$$

und die Halbschwingungszeit

$$\frac{T_\mathrm{v}}{2} = \frac{\pi \cdot 25\ \mu\mathrm{F} \cdot 400\ \mathrm{V}}{200\ \mathrm{A}} = 157\ \mu\mathrm{s}$$

Die Halbschwingungszeit des aus L_s und C gebildeten Schwingkreises begrenzt bei der Umschwingschaltung außer der Freiwerdezeit der Thyristoren die **erreichbare Pulsfrequenz**, da der Hauptthyristor mindestens für die Halbschwingungszeit eingeschaltet bleiben muß, um das vollständige Umschwingen der Spannung am Löschkondensator sicherzustellen. Bei der in Bild **154.**1 e dargestellten Schaltung mit besonderem Umschwingthyristor entfällt diese Begrenzung hinsichtlich der Mindesteinschaltzeit. Auch bei Gegentaktlöschschaltungen wird man von der Begrenzung einer Mindesteinschaltzeit frei.

Bei großer Gegenspannung auf der Verbraucherseite bestehen Schwierigkeiten, den Löschkondensator zu Beginn des Betriebes des Gleichstrompulswandlers auf die volle Gegenspannung aufzuladen. Diese Schwierigkeit läßt sich durch eine zusätzliche **Sperrdiode** zwischen Thyristor und Verbraucher beseitigen. Derartige Sperrdioden werden weiter unten bei den Wechselrichterschaltungen behandelt.

Die einmalige Aufladung der Löschkondensatoren vor Beginn des Löschbetriebes kann über hochohmige Ladewiderstände geschehen.

5.2.2.4. Thyristorbeanspruchung. Die Beanspruchung der Thyristoren und Dioden in Gleichstrompulswandlern hängt von der verwendeten Löschschaltung ab; die Sperrspannung kann je nach Schaltung höher als die Gleichspannung sein.

Beispielsweise tritt bei der in Beispiel 5.5 bis 5.7 berechneten Löschschaltung an der Freilaufdiode im Löschzeitpunkt kurzzeitig ungefähr die doppelte Gleichspannung als Sperrspannung auf. Bei anderen Löschschaltungen werden auch die Haupt- und Löschthyristoren mit einem für die Schaltung charakteristischen **Überspannungsfaktor** beansprucht. Außer der statischen Belastung mit Strom und Spannung ergeben sich beim Gleichstrompulswandler noch zusätzliche Beanspruchungen der Thyristoren und Dioden durch den Schaltbetrieb mit Pulsfrequenz. Diese zusätzlichen Beanspruchungen können in hohen $(\mathrm{d}i/\mathrm{d}t)$-**Werten** bestehen, die von den Reaktanzen der Schaltkreise bestimmt werden und sich aus den abgeleiteten Gleichungen abschätzen lassen. Außerdem treten durch die **Sperrträgheit** der Dioden und Thyristoren zusätzliche Schalteffekte auf, die zu Überspannungen führen können, wenn sie nicht durch entsprechende Beschaltungsglieder bedämpft werden. Diese für die Schaltungen mit Zwangskommutierung charakteristischen Beanspruchungen der Thyristoren und Dioden sollen in Abschn. 5.3.7 gesondert behandelt werden.

5.2.3. Steuerungs- und Regelungsverfahren

Der Mittelwert der Gleichspannung auf der Ausgangsseite des Gleichstrompulswandlers kann durch Änderung des **Einschaltverhältnisses** λ stetig verändert werden.

Steuerung des Einschaltverhältnisses

Nach der Definitionsgleichung (146.1) ist λ das Verhältnis der Einschaltzeit T_1 zur Pulsperiode T. Das Einschaltverhältnis kann auf verschiedene Weise verändert werden:

1. Pulsbreitensteuerung. Arbeitet man mit **konstanter Pulsfrequenz** f_p, d.h. auch mit **konstanter Pulsperiode** T, so kann λ nur durch Änderung der **Einschaltzeit** T_1 beeinflußt werden. Man nennt dieses Verfahren Pulsbreitensteuerung.

In Bild **167.**1a ist die Änderung des Gleichspannungsmittelwertes $U_{2\,\mathrm{av}}$ durch Änderung der Einschaltzeit T_1 dargestellt. An sich kann der Gleichspannungsmittelwert stetig zwischen 0 und U_1 verstellt werden. Oft ergeben sich durch die verwendete Gleichstrompulswandlerschaltung jedoch Beschränkungen für die kleinste mögliche Einschaltzeit (z.B. Mindesteinschaltzeit bei der Umschwingschaltung) und manchmal auch für die größte mögliche Einschaltzeit, wenn der Löschkondensator bei dauernd

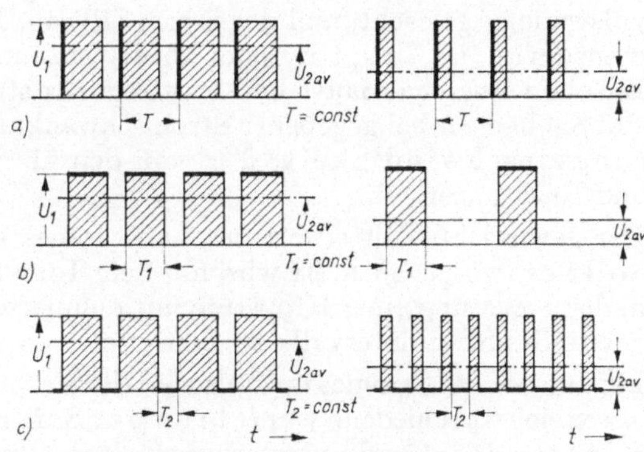

167.1 Pulsverfahren zur Einstellung des Gleichspannungsmittelwertes $U_{2\,\mathrm{av}}$ an der Last

a) Pulsbreitensteuerung
b) und c) Pulsfolgesteuerung

eingeschaltetem Hauptthyristor allmählich seine Spannung verliert, wodurch der Stellbereich an der oberen und unteren Grenze etwas eingeschränkt werden kann.

2. Pulsfolgesteuerung. Eine andere Möglichkeit, den Gleichspannungsmittelwert zu beeinflussen, besteht in der Änderung der Pulsfrequenz. Man nennt diese Verfahren auch Pulsfolgesteuerung. Dabei kann entweder die Einschaltzeit T_1 oder die Ausschaltzeit T_2 konstant gehalten werden, s. Bild **167.1**b und c. Nach dem Verfahren der Pulsfolgesteuerung mit konstanter Einschaltzeit arbeiten z. B. die in Bild **154.1** angegebenen Schaltungen a und b.

Stromregelung

Statt mit fester Pulsfrequenz oder mit konstanter Ein- oder Ausschaltdauer zu arbeiten, kann man auch die Ein- und Ausschaltzeit des Gleichstrompulswandlers abhängig vom Augenblickswert des Stromes bestimmen und erhält so eine direkte Zweipunktregelung des Laststromes.

Zweipunktregelung des Laststromes. Bild **168.1** zeigt ein Stromregelverfahren, bei dem der Laststrom i in einem zugelassenen Stromintervall Δi hin- und her-

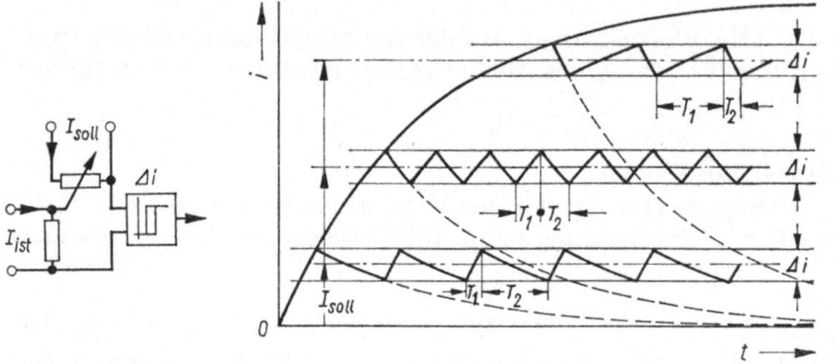

168.1
Zweipunktregelung
des Laststromes

pendelt. Sobald der Strom die **obere** Stromgrenze erreicht, wird der Gleichstrompulswandler gelöscht, und der Strom fällt ab. Bei Erreichen der **unteren** Stromgrenze wird der Hauptthyristor wieder gezündet und der Strom steigt erneut an. Ein- und Ausschaltdauer und Pulsfrequenz stellen sich bei diesem Verfahren frei ein. Sie hängen bei gegebener Stromschwankungsbreite Δi von der **Stromänderungsgeschwindigkeit**, d.h. von den im Stromkreis wirksamen Spannungen und Reaktanzen, ab.

Der gewünschte Mittelwert des Laststromes wird bei diesem Regelverfahren als **Sollwert** vorgegeben. Er wird mit dem **Istwert** des Laststromes verglichen und in der Steuerung einer Kippstufe mit definierter Schleifenbreite zugeführt, die die Breite des Stromintervalls Δi bestimmt.

Der Istwert des Stromes muß also auf der Verbraucherseite gemessen werden. Dazu lassen sich verschiedene **Verfahren der Stromerfassung** anwenden. **Ohmsche Nebenwiderstände** werden wegen der in ihnen auftretenden Verluste und wegen der fehlenden Potentialtrennung zwischen Lastkreis und Steuerkreis nur in Sonderfällen eingesetzt. Da es sich um einen Gleichstrom mit überlagerter Pulsfrequenz handelt, können normale Wechselstromwandler nicht benutzt werden. Man verwendet deshalb entweder Gleichstromwandler nach Krämer oder Hall-meßsonden. Bei Verwendung von Gleichstromwandlern muß die Glättungsinduktivität auf der Bürdenseite mit dem zu messenden primären Gleichstrom verkoppelt werden, damit schnelle Stromänderungen im Gleichstromkreis auf der Bürdenseite unverzögert abgebildet werden können. Außerdem müssen die Sekundärwicklungen der Gleichstromwandler gut isoliert sein, weil hier wegen der höheren Windungszahl bei schnellen Gleichstromänderungen im Primärkreis hohe Spannungen auftreten können.

Pulsfrequenz. Bei Zweipunktregelung des Stromes innerhalb eines vorgegebenen Stromintervalls Δi hängen die Ein- und Ausschaltzeiten und damit die sich ergebende Pulsfrequenz vom jeweiligen Betriebszustand ab. Für einen Gleichstrompulswandler nach Bild **164**.1 berechnet man zunächst die Einschaltzeit

$$T_1 = \frac{L\,\Delta i}{U_1 - U_2} \tag{169.1}$$

und dann die Ausschaltzeit T_2

$$T_2 = \frac{L\,\Delta i}{U_2} \tag{169.2}$$

Daraus erhält man für die sich einstellende Pulsfrequenz f_p die Beziehung

$$f_\mathrm{p} = \frac{1}{T} = \frac{1}{T_1 + T_2} = \frac{U_1}{L\,\Delta i} \cdot \frac{U_2}{U_1}\left(1 - \frac{U_2}{U_1}\right) \tag{169.3}$$

Diese Abhängigkeit der Pulsfrequenz f_p von der Gegenspannung U_2 auf der Lastseite ist in Bild **169**.1 mit bezogenen Größen aufgetragen. Die Pulsfrequenz ändert sich demnach parabelförmig mit dem Betriebszustand und erreicht ihr Maximum, wenn die Gegenspannung U_2 auf der Lastseite gleich der halben Gleichspannung U_1 auf der Speiseseite ist. In diesem Betriebszustand ergeben sich gleich große Ein- und Ausschaltzeiten T_1 und T_2. Die dabei auftretende **maximale Pulsfrequenz** $f_{\mathrm{p\,max}}$ ist

$$f_{\mathrm{p\,max}} = \frac{U_1}{4\,L\,\Delta i} \tag{169.4}$$

169.1
Abhängigkeit der Pulsfrequenz f_p vom Spannungsverhältnis U_2/U_1 bei Zweipunktregelung des Stromes für $R\,\Delta i \ll U_1$

Die **größte Stromanstiegsgeschwindigkeit** ergibt sich jedoch nicht bei der höchsten Pulsfrequenz, sondern bei der Gegenspannung $U_2 \to 0$. Der steilste Stromabfall tritt bei der Gegenspannung $U_2 \to U_1$ auf.

Bei einem Widerstand R auf der Lastseite ist der Spannungsabfall $R\,I$ an diesem Widerstand zur Gegenspannung U_2 zu addieren. Man erhält dann für die **Pulsfrequenz** f_p die Näherung

$$f_\mathrm{p} \approx \frac{U_1}{L\,\Delta i} \cdot \frac{U_2 + R\,I}{U_1}\left(1 - \frac{U_2 + R\,I}{U_1}\right) \tag{169.5}$$

Diese Gleichung beinhaltet eine Verschiebung der durch Gl. (169.3) dargestellten Parabel um $(R\,I)/U_1$ nach links. Sie ist in Bild **169**.1 für einen diskreten Wert $R > 0$ gestrichelt eingezeichnet.

Wenn statt des Stromintervalls Δi die Pulsfrequenz f_p vorgegeben wird, ändert sich die Stromschwankungsbreite Δi mit dem Betriebszustand des Gleichstrompulswandlers. Aus Gl. (169.5) kann man für die bei vorgegebener Pulsfrequenz auftretende Stromschwankungsbreite Δi die Näherungsgleichung

$$\frac{\Delta i}{\Delta i_{\max}} \approx \frac{U_2 + R\,I}{U_1}\left(1 - \frac{U_2 + R\,I}{U_1}\right) \quad (170.1)$$

ableiten, die gleichfalls eine Parabel darstellt (s. Bild **170.1**).

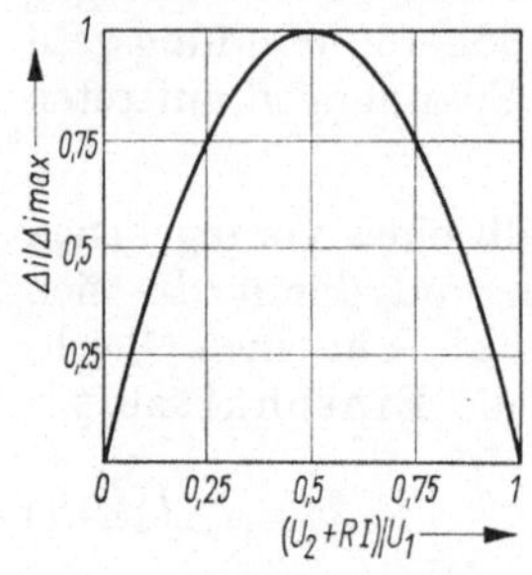

170.1 Schwankungsbreite des Laststromes bei konstanter Pulsfrequenz f_p in Abhängigkeit vom Spannungsverhältnis $(U_2 + R\,I_2)/U_1$ für $R\,\Delta i \ll U_1$

Gegentaktbetrieb

Bei Parallelbetrieb mehrerer Gleichstrompulswandler mit konstanter Pulsfrequenz ergibt sich eine bessere Ausnutzung und damit eine Verkleinerung des Pufferkondensators, wenn man die einzelnen Gleichstrompulswandler im Gegentakt

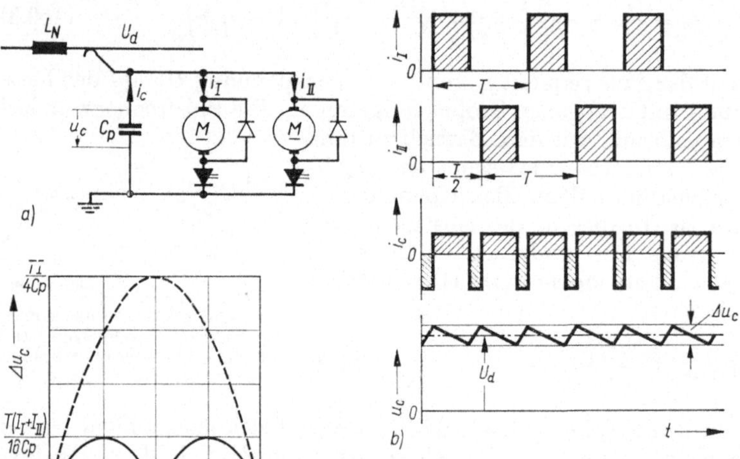

170.2 Erzeugung der doppelten Pulsfrequenz am Pufferkondensator durch Gegentaktbetrieb zweier Gleichstrompulswandler

zueinander arbeiten läßt. Das bedeutet bei der Parallelarbeit von beispielsweise zwei Einheiten eine zeitliche Verschiebung der beiden Steuerungen um $T/2$. Durch diese Verschiebung der Steuerung wird am Pufferkondensator die doppelte Pulsfrequenz erzeugt (s. Bild **170.2**). Der dem Pufferkondensator entnommene Strom i_C setzt sich aus den Strömen i_I und i_II der beiden im Gegentaktbetrieb arbeitenden Gleichstrompulswandler zusammen. In Bild **170.2**c ist die dabei am Pufferkondensator auftretende Spannungsschwankung Δu_C in Abhängigkeit vom Einschaltverhältnis $\lambda = T_1/T$ aufgetragen. Es ergibt sich eine aus zwei Teilparabeln zusammengesetzte Funktionskurve, die bei $\lambda = 0{,}25$ bzw. $\lambda = 0{,}75$ ihre beiden Maxima erreicht. Zum Vergleich ist die sich bei nicht gegenseitig verschobener gleichzeitiger Aussteuerung der beiden Gleichstrompulswandler ergebende Spannungsschwankung am Pufferkondensator gestrichelt miteingezeichnet. Bei Gegentaktsteuerung ist ein **Pufferkondensator** C_p erforderlich, dessen Kapazität

$$C_p = \frac{T}{16} \cdot \frac{I_I + I_{II}}{\Delta u_{C\,\mathrm{zul}}} \tag{171.1}$$

nur ein Viertel des bei unversetzter Steuerung benötigten Pufferkondensators, der nach Gl. (151.3) ausgelegt werden müßte, beträgt.

Steuerungselemente

Die Steuerungseinrichtung für einen Gleichstrompulswandler muß zu bestimmten Zeitpunkten Zündimpulse für die Haupt- und Löschthyristoren liefern. Diese Zeitpunkte werden von der Art der verwendeten Steuerung — z.B. einer Pulsbreitensteuerung — oder der Art der Regelung — z.B. einer Zweipunkt-Stromregelung — bestimmt. Im Gegensatz zu **analogen Steuereinrichtungen** für netzgeführte Stromrichter (s. Abschn. 4.1.6), die nur eine Phasenverschiebung der Zündimpulse gegen die führende Netzspannung verlangen, müssen die Zündzeitpunkte beim Gleichstrompulswandler mit Hilfe von logischen Entscheidungen innerhalb der Steuerungseinrichtung bestimmt werden. Dabei müssen von der Steuerung vorgegebene Sollwerte und gegebenenfalls Rückmeldungen von Strom- und Spannungszuständen im Gleichstrompulswandlerkreis verarbeitet werden. Solche Steuereinrichtungen werden meistens in **digitaler Bauweise** ausgeführt. Dabei werden **binäre** Schaltglieder mit zwei möglichen Ausgangsspannungen in Form von **UND**-Gliedern, **ODER**-Gliedern, **NICHT**-Gliedern und anderen logischen Verknüpfungen zur digitalen Informationsverarbeitung verwendet.

Derartige binäre Schaltglieder sind aus Dioden und Transistoren aufgebaut. Kompliziertere Steuerungen können durch Zusammenstellung einfacher Schaltglieder hergestellt werden. In neuester Zeit beginnt sich im Bau digitaler Steuerungen die **Modultechnik** und **Mikrominiaturisierung** einzuführen, wodurch die räumlichen Abmessungen auch komplizierter Steuerungen weiter verkleinert werden.

Ein Beispiel für den **prinzipiellen Aufbau** einer einfachen **digitalen Steuerung** für einen Gleichstrompulswandler ist in Bild **172.1** dargestellt. Die Steuerung eignet sich für einen Gleichstrompulswandler in Umschwingschaltung entsprechend der Schaltung in Bild **154.**1 d.

Der Laststrom i wird nach dem oben beschriebenen Zweipunktregelverfahren auf einen vorgegebenen Sollwert I_{soll} geregelt. Die Abweichung des Stromistwertes vom eingestellten Stromsollwert wird der **Kippstufe** 1 zugeführt, deren Schleifenbreite die **Schwankungsbreite** Δi des Laststromes bestimmt. Eine ordnungsgemäße Löschung des Hauptthyristors T ist nur dann sicher gewährleistet, wenn der Löschkondensator C auf eine genügend hohe Spannung aufgeladen ist. Aus diesem

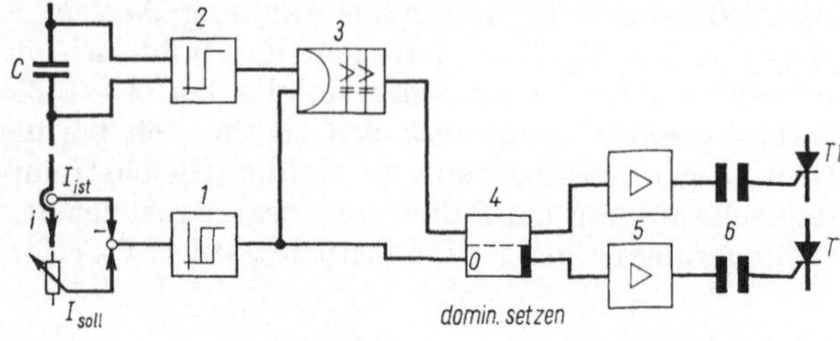

172.1
Prinzipieller Aufbau der digitalen Steuerung für einen Gleichstrompulswandler in Umschwingschaltung mit Spannungsüberwachung am Löschkondensator und Stromregelung
C Löschkondensator
T Hauptthyristor
T 1 Löschthyristor
1 Kippstufe mit definierter Schleifenbreite
2 Kippstufe mit kleiner Schleifenbreite
3 Mindestzeitglied
4 Speicherglied
5 Impulsverstärker
6 Impulsübertrager

Grund wird bei der in Bild **172.1** dargestellten Steuerung die Spannung am Löschkondensator überwacht und die Zündung des Hauptthyristors T nur dann freigegeben, wenn ausreichend Spannung am Löschkondensator vorhanden ist. Sobald also die Kippstufe 1 anzeigt, daß der Istwert des Stromes zu klein ist, und außerdem die Kippstufe 2 ausreichend Spannung am Löschkondensator meldet, wird der Hauptthyristor T über das Mindestzeitglied 3 und das Speicherglied 4 gezündet, während der Hilfsthyristor T 1 gesperrt wird.

Durch das Mindestzeitglied 3, das unabhängig von seinen Eingangssignalen seinen Ausgang nach einmal erfolgter Freigabe für eine Mindestzeit offenhält, wird das ordnungsgemäße Umschwingen des Kondensators auf seine Löschpolarität sichergestellt. Die Mindestzeit muß also etwas größer eingestellt sein als die nach Gl. (166.3) berechenbare Halbschwingungszeit des Umschwingkreises. Wenn der Löschkondensator C auf die entgegengesetzte Polarität umschwingt, verschwindet das Ausgangssignal an der Kippstufe 2. Der Zündimpuls für den Hauptthyristor T wird über die Rückführung des Speichergliedes 4 jedoch aufrechterhalten, bis bei Erreichen der oberen Stromgrenze das Ausgangssignal der Kippstufe 1 verschwindet und das Speicherglied 4 abfällt. Dadurch wird der Zündimpuls für den Hauptthyristor T gesperrt und der Löschthyristor T 1 gezündet.

Der Zündimpuls wird über Impulsverstärker 5 und Impulsübertrager 6 auf die Thyristoren gegeben. Dabei können z.B. die in Abschn. 2.4.2 beschriebenen Verfahren mit tastbaren Impulsgeneratoren angewendet werden; hierdurch wird erreicht, daß die Thyristoren so lange gezündet bleiben, wie das Ausgangssignal des Speichergliedes 4 am Impulsverstärker 5 ansteht. Eine ausführliche Beschreibung der digitalen Steuerungen für Gleichstrompulswandler findet man in [5.30].

5.2.4. Pulsgesteuerter Widerstand

Eine Sonderform des Gleichstrompulswandlers erhält man, wenn der löschbare Thyristorschalter parallel oder in Reihe zu ohmschen Widerständen angeordnet wird. Hierdurch ergibt sich die Möglichkeit, den wirksamen Widerstand in Abhängigkeit vom Einschaltverhältnis des Thyristorschalters einzustellen. Man nennt eine derartige Anordnung einen pulsgesteuerten Widerstand. Dabei handelt es sich natürlich um ein verlustbehaftetes Pulsverfahren, da in dem ohmschen Widerstand Stromwärmeverluste auftreten.

Parallelschaltung. Schaltet man den löschbaren Thyristorschalter parallel zu einem ohmschen Widerstand R, so erhält man die in Bild **173.**1 a dargestellte Schaltung, bei der der wirksame Widerstand R^* abhängig vom Einschaltverhältnis des Thyristorschalters zwischen den Werten Null (bei dauernd eingeschaltetem

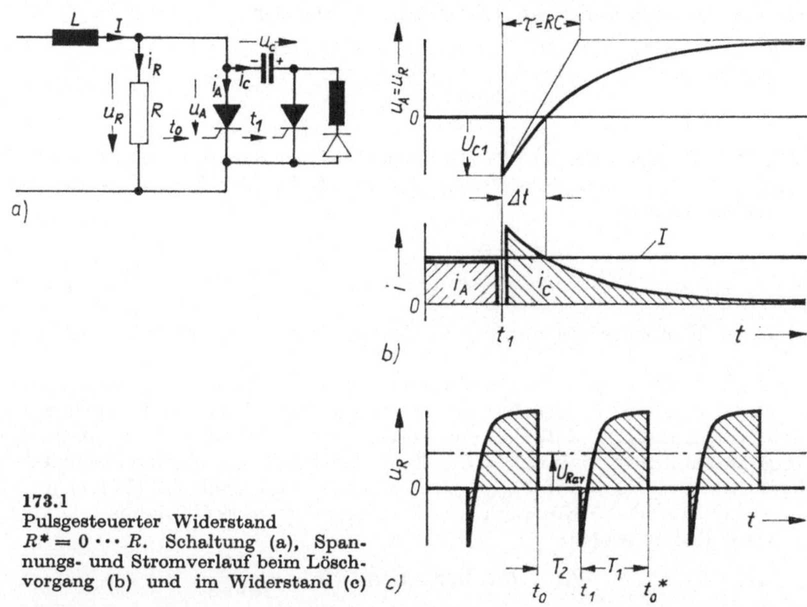

173.1
Pulsgesteuerter Widerstand
$R^* = 0 \cdots R$. Schaltung (a), Spannungs- und Stromverlauf beim Löschvorgang (b) und im Widerstand (c)

Thyristor) und R (bei dauernd gesperrtem Thyristor) stetig verändert werden kann. Zur Glättung des Laststromes I wird zu diesem Zweck in Reihe mit dem pulsgesteuerten Widerstand ein Energiespeicher in Form einer Induktivität L erforderlich.

Der Löschvorgang beim pulsgesteuerten Widerstand verläuft etwas anders als beim normalen Gleichstrompulswandler, weil ein Teil des Kondensatorstromes beim Zünden des Hilfsthyristors im Zeitpunkt t_1 über den Widerstand R abfließt. Der Strom im Löschkondensator kann mit Hilfe der Beziehung

$$i_C = \left(I + \frac{U_{C1}}{R} \right) e^{-\frac{t-t_1}{\tau}} \tag{173.1}$$

mit $\tau = R\,C$ berechnet werden. Die Spannung u_R am Widerstand nach dem Löschzeitpunkt t_1 ist

$$u_R = R\,i_R = R\,I - (R\,I + U_{C1})\,e^{-\frac{t-t_1}{\tau}} \tag{173.2}$$

Bei der Parallelschaltung von löschbarem Thyristor und Widerstand ist diese Spannung gleich der Thyristorspannung u_A. Die höchste am Thyristor auftretende Spannung $R\,I_{max}$ kann also einfach bestimmt werden.

Mit der Bedingung $u_\mathrm{A} = u_\mathrm{R} = 0$ für das Ende der Schonzeit Δt erhält man aus Gl. (173.2) für die **Schonzeit**

$$\Delta t = R\,C \ln\left(1 + \frac{U_{C1}}{R\,I}\right) \tag{174.1}$$

und für den erforderlichen **Löschkondensator**

$$C = \frac{\Delta t}{R \ln\left(1 + \dfrac{U_{C1}}{R\,I}\right)} \tag{174.2}$$

Beispiel 5.10. Nach Gl. (174.2) ergibt sich bei der Schonzeit $\Delta t = 50\ \mu\mathrm{s}$, dem Widerstand $R = 20\ \Omega$ und dem Strom $I = 200\ \mathrm{A}$ für die Kapazität des erforderlichen Löschkondensators

$$C = \frac{50\ \mu\mathrm{s}}{2\ \Omega \ln\left(1 + \dfrac{400\ \mathrm{V}}{2\ \Omega\ 200\ \mathrm{A}}\right)} = 36\ \mu\mathrm{F}$$

wenn die Kondensatorspannung im Löschzeitpunkt t_1 mit $U_{C1} = R\,I = 400\ \mathrm{V}$ eingesetzt wird.

Nach Gl. (143.3) würde für dieselben vorgegebenen Werte bei einem normalen Gleichstrompulswandler ein Löschkondensator von nur $25\ \mu\mathrm{F}$ erforderlich sein. Unter der zulässigen Annahme, daß sich der Löschkondensator nach dem Abschluß des Löschvorganges auf die Spannung $R\,I$ auflädt und sich beim Wiedereinschalten des Hauptthyristors verlustlos auf $U_{C1} = R\,I$ umlädt, sind nach Gl. (174.1) und (174.2) die Schonzeit Δt und die Kapazität des Löschkondensators C unabhängig vom Laststrom konstant und betragen:

$$\Delta t = R\,C \ln 2 \quad \text{bzw.} \quad C = \frac{\Delta t}{R \ln 2}$$

Der effektiv wirksame Widerstand R^* kann bei konstant angenommenem Laststrom I aus dem Mittelwert $U_{R\,\mathrm{av}}$ der Spannung am Widerstand berechnet werden.

$$R^* = \frac{T_1}{T}\,R - \frac{\tau}{T}\left(1 - e^{-\frac{T_1}{\tau}}\right)\left(R + \frac{U_{C1}}{R}\right) \tag{174.3}$$

Wenn die Zeitkonstante $\tau = R\,C \ll T$ ist, vereinfacht sich Gl. (174.3) zu

$$R^* \approx \frac{T_1}{T}\,R = \lambda\,R \tag{174.4}$$

wobei λ zwischen Null und Eins geändert wird, so daß der wirksame Widerstand R^* auf Werte zwischen Null und R eingestellt werden kann. Schaltet man einen **Kondensator zu dem Widerstand in Reihe** und überbrückt diese Reihenschaltung mit einem löschbaren Thyristor, so läßt sich der Stellbereich für den wirksamen Widerstand R^* auf Unendlich erweitern, da der Reihenkondensator bei dauernd gesperrtem Thyristorschalter keinen Reststrom zuläßt.

Reihenschaltung. Die Reihenschaltung aus einem löschbaren Thyristorschalter und einem Widerstand R ist in Bild **175.1** dargestellt. Für diese Schaltung ist die **Schonzeit**

$$\Delta t = R\,C \ln\left(1 + \frac{U_{C1}}{U}\right) \tag{174.5}$$

bzw. die Kapazität des erforderlichen Löschkondensators

$$C = \frac{\Delta t}{R \ln \left(1 + \dfrac{U_{C1}}{U}\right)} \tag{175.1}$$

Entsprechend Gl. (174.3) erhält man hier für den effektiv wirksamen Widerstand

$$R^* = \frac{R}{\dfrac{T_1}{T} + \dfrac{\tau}{T}\left(1 - e^{-\frac{T_2}{\tau}}\right)\left(1 + \dfrac{U_{C1}}{U}\right)} \tag{175.2}$$

Wenn $\tau \ll T$ ist, vereinfacht sich diese Gleichung zu

$$R^* \approx \frac{R}{\dfrac{T_1}{T}} = \frac{R}{\lambda} \tag{175.3}$$

Wenn das Einschaltverhältnis λ die Werte von Eins bis Null durchläuft, ändert sich der wirksame Widerstand R^* also von R bis Unendlich.

Bei der Schaltung eines pulsgesteuerten Widerstandes nach Bild **175**.1 darf die Spannungsquelle U wie beim Gleichstromwandler keine nennenswerte Induktivität

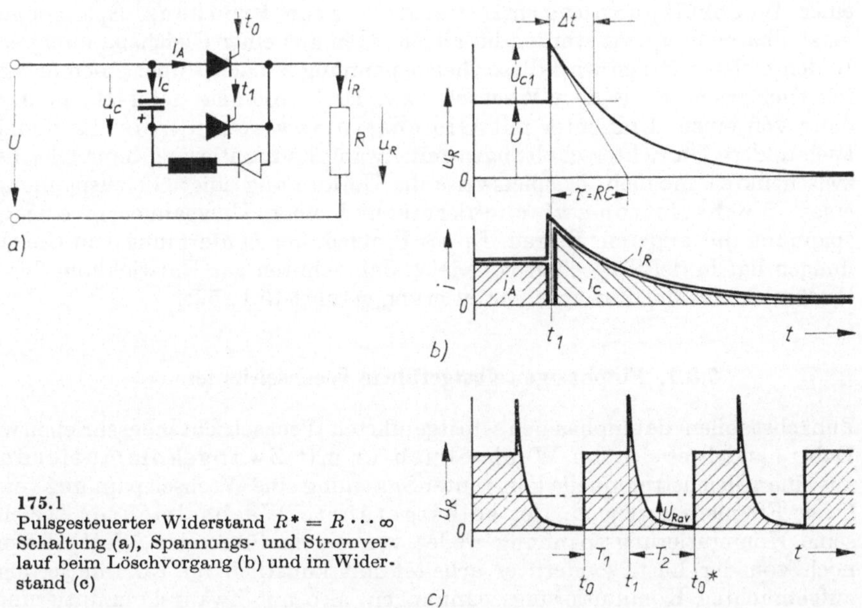

175.1
Pulsgesteuerter Widerstand $R^* = R \cdots \infty$
Schaltung (a), Spannungs- und Stromverlauf beim Löschvorgang (b) und im Widerstand (c)

besitzen. Andererseits benötigt der Widerstand R wegen seiner kleinen Reaktanz auch keine Freilaufdiode. Da kein Energiespeicher vorhanden ist, ändert sich der Strom auf der Spannungsseite U sprungweise wie der Strom i_R im Widerstand.
Die Reihenschaltung eines Widerstandes mit einem löschbaren Thyristorschalter wird, wie in Abschn. 5.3.3 noch beschrieben wird, benutzt, um einen Ballast-

widerstand als zusätzliche Belastung bei Bedarf auf der Einspeisungsseite eines Umrichters mit Zwangskommutierung zu- und abzuschalten.

5.3. Umrichter mit Zwangskommutierung

In Abschn. 4.2 sind netzgeführte Umrichter behandelt; dabei sind Umrichter oben als Stromrichterschaltungen definiert worden, die Wechselstrom mit der Frequenz f_1 in eine andere Frequenz f_2 umformen. Mit der Anwendung der Zwangskommutierung ergeben sich für Umrichterschaltungen neue Möglichkeiten zur Lösung des allgemeinen Problems der Umformung elektrischer Energie. Dabei kann es sich sowohl um die Umformung der Frequenz und der Spannung wie auch der Phasenzahl oder der Phasenfolge handeln. Derartige Umformungen elektrischer Energie wurden bisher vorwiegend durch elektrische Maschinen, Umspanner und Stromrichter mit natürlicher Kommutierung vorgenommen. Hier sollen jetzt Umrichter mit Zwangskommutierung behandelt werden, mit denen die Umformung elektrischer Energie auch in solchen Fällen durchgeführt werden kann, in denen Stromrichter mit natürlicher Kommutierung keine Schaltungsmöglichkeiten bieten.

Die wichtigste Aufgabe für Umrichter mit Zwangskommutierung ist die Erzeugung einer Wechselspannung mit verstellbarer Frequenz. Spannungen mit verstellbarer Frequenz werden im allgemeinen aus einer Gleichspannung erzeugt. In den meisten Fällen wird diese Gleichspannung zunächst über einen netzgeführten Gleichrichter aus dem Wechsel- bzw. Drehstromnetz gebildet; man spricht dann von einem Umrichter mit Gleichstromzwischenkreis. Es sind jedoch auch andere Umrichterschaltungen mit Zwangskommutierung ohne Gleichstromzwischenkreis möglich, beispielsweise die Umformung einer Gleichspannung über einen Wechselstromzwischenkreis und einen Umspanner in eine Gleichspannung mit anderem Betrag. Dieses Problem der Umformung von Gleichspannungen hat in der Tat schon vor vielen Jahrzehnten zur Entwicklung der ersten Wechselrichter mit Zwangskommutierung geführt [5.1; 5.2].

5.3.1. Einphasige selbstgeführte Wechselrichter

Zunächst sollen die einphasigen selbstgeführten Wechselrichter beschrieben werden. Dabei handelt es sich um Wechselrichter mit Zwangskommutierung, die aus einer Gleichstromquelle konstanter Spannung eine Wechselspannung veränderlicher Frequenz erzeugen. Der selbstgeführte Wechselrichter bezieht also seine Kommutierungsspannung weder von einem führenden Wechselstromnetz noch von der Last, sondern er arbeitet mit künstlich im Kommutierungskreis aufgebrachten Kommutierungsspannungen, also mit Zwangskommutierung, und weicht somit von den in Abschn. 4.2 und 4.3 behandelten netz- bzw. lastgeführten Umrichtern ab.

Parallelwechselrichter mit ohmscher Last

Der sogenannte Parallelwechselrichter mit Kondensatorlöschung ist bereits seit langem bekannt. Seine Grundschaltung wurde zuerst im Jahre 1923 von Alexanderson angegeben [5.1]. Schon vorher waren ähnliche Schaltungen mit mechanischen Unterbrecherkontakten als sogenannte „Polwechsler" oder „Pendelumformer" zur Erzeugung von Wechselstrom aus einer Gleichstrombatterie für Rufanlagen in der Fernsprechtechnik verwendet worden. Die Bezeichnung Parallelwechselrichter bezieht sich auf die Anordnung des Kommutierungskondensators; ihm steht gegenüber der Reihenwechselrichter.

Grundschaltung. Bild **177.**1 a zeigt die Grundschaltung des Parallelwechselrichters. Es handelt sich dabei um eine **zweipulsige Mittelpunktschaltung** mit mittelangezapftem Transformator; die Zwangslöschung geschieht über den zwischen den beiden steuerbaren Ventilen T 1 und T 2 liegenden Kommutierungskondensator C.

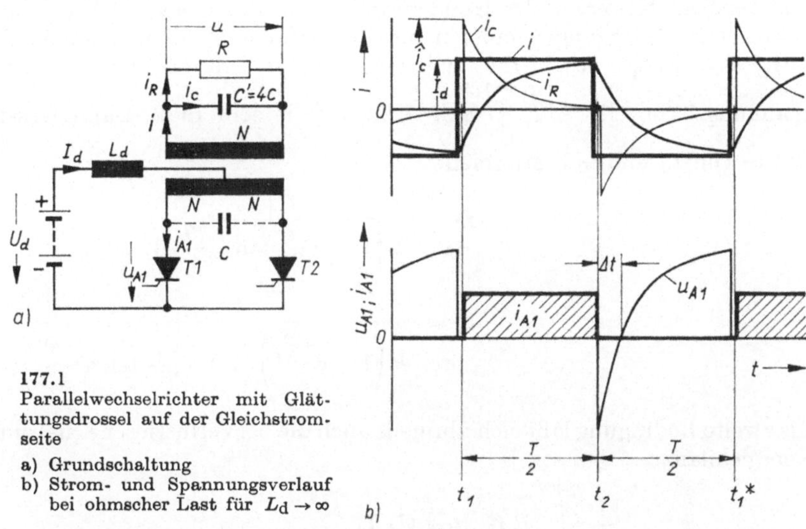

177.1
Parallelwechselrichter mit Glättungsdrossel auf der Gleichstromseite

a) Grundschaltung
b) Strom- und Spannungsverlauf
   bei ohmscher Last für $L_\mathrm{d} \to \infty$

Diese beiden steuerbaren Ventile T 1 und T 2 werden im Takt der gewünschten Frequenz abwechselnd gezündet, wodurch auf der Wechselspannungsseite des Transformators eine Wechselspannung u erzeugt wird; hierbei wird das gerade stromführende Ventil beim Zünden des anderen Ventils durch einen Stromstoß aus dem **Löschkondensator** C gelöscht, wonach das neu gezündete Ventil die Stromführung übernimmt. In Bild **177.**1 b ist der Verlauf von Strom und Spannung bei einem Parallelwechselrichter mit ohmscher Last aufgezeichnet.

Berechnung des Strom- und Spannungsverlaufes. Wenn man zur Vereinfachung zunächst auf der Gleichstromseite eine unendlich große Glättungsdrossel L_d annimmt, lassen sich die Verhältnisse bei ohmscher Belastung auf einfache Weise berechnen. Setzt man einen idealen Stromrichtertransformator (mit den in Bild **177.**1 eingetragenen Windungszahlen $2\,N : N$) voraus, so kann der zwischen den steuerbaren Ventilen T 1 und T 2 liegende Kommutierungskondensator C auch als auf der Wechselspannungsseite parallel zum ohmschen Widerstand R liegend angenommen werden. Da dieser auf die Wechselspannungsseite bezogene Kommutierungskondensator C' nur an der halben Wechselspannung liegt, gilt $C' = 4\,C$. Werden die beiden steuerbaren Ventile T 1 und T 2 in den Zeitpunkten t_1 bzw. t_2 mit einem zeitlichen Abstand von $T/2$ abwechselnd gezündet, so kann für den Strom i_R in der ohmschen Last der Ansatz

$$i_R = I_d - \hat{\imath}_C \, e^{-\frac{t-t_1}{\tau}} \tag{178.1}$$

und für den Kondensatorstrom i_C der Ansatz

$$i_C = \hat{\imath}_C \, e^{-\frac{t-t_1}{\tau}} \tag{178.2}$$

mit $\tau = R \, C' = R \, 4 \, C$ gemacht werden. In diesen Ansätzen sind der Gleichstrom I_d und der Scheitelwert $\hat{\imath}_C$ des Kondensatorstromes zunächst noch unbekannt. Zwei zusätzliche Bedingungen müssen noch eingeführt werden, nämlich, daß erstens $i_R(t_1) = - i_R (t_2 = t_1 + T/2)$ und zweitens für den Mittelwert einer Wechselspannungshalbwelle $2/T \int_{t_1}^{t_1 + (T/2)} u \, \mathrm{d}t = U_d$ erfüllt sein muß. Dann lassen sich die Werte von I_d und $\hat{\imath}_C$ bestimmen:

$$I_d = \frac{U_d}{R \left(1 - \dfrac{4 \, \tau}{T} \tanh \dfrac{T}{4 \, \tau} \right)} \tag{178.3}$$

$$\hat{\imath}_C = \frac{2 \, U_d}{R \left(1 + e^{-\frac{T}{2\tau}} \right) \left(1 - \dfrac{4 \, \tau}{T} \tanh \dfrac{T}{4 \, \tau} \right)} \tag{178.4}$$

Als zweite Bedingung läßt sich übrigens auch die bei verlustloser Schaltung geltende Energiebilanz

$$\frac{1}{T} \int_{t_1}^{t_1 + T} R \, i_R^2 \, \mathrm{d}t = U_d \, I_d$$

heranziehen; dies führt zu den gleichen Ergebnissen wie Gl. (178.3) bzw. (178.4). Die **Wechselspannung** u an der ohmschen Last kann nun in der Form

$$u = R \, i_R = R \, I_d - R \, \hat{\imath}_C \cdot e^{-\frac{t-t_1}{\tau}} = U_d \, \frac{1 + e^{-\frac{T}{2\tau}} - 2 \, e^{-\frac{t-t_1}{\tau}}}{\left(1 + e^{-\frac{T}{2\tau}} \right) \left(1 - \dfrac{4 \, \tau}{T} \tanh \dfrac{T}{4 \, \tau} \right)} \tag{178.5}$$

geschrieben werden. Diese Spannung liegt, im Verhältnis der Windungszahlen $2 \, N : N$ übersetzt, während der Sperrperiode abwechselnd an den beiden steuerbaren Ventilen T 1 bzw. T 2, also ist u_{T1} bzw. $u_{T2} = 2 \, u$. Die **Schonzeit** Δt, die größer als die Freiwerdezeit t_q der Ventile sein muß, kann aus Gl. (178.5) für $u = 0$ errechnet werden:

$$\frac{\Delta t}{T} = \frac{\tau}{T} \ln \frac{2}{1 + e^{-\frac{T}{2\tau}}} \tag{178.6}$$

Nach Gl. (178.5) ändert sich die vom Wechselrichter abgegebene Wechselspannung mit der Belastung. In Bild **179.**1 ist der Spannungsverlauf eines Parallelwechselrichters bei Änderung der ohmschen Belastung dargestellt. Die Kurven sind nach Gl. (178.5) für verschiedene Parameterwerte $(R\,C')/T = \tau/T$ berechnet. Wie man sieht, wächst die Ausgangsspannung des Wechselrichters mit kleiner werdender Belastung stark an und geht im Grenzfall bei Vernachlässigung der Verluste im Wechselrichter bei Leerlauf gegen Unendlich. Dies ist ein schwerwiegender Nachteil des Parallelwechselrichters in seiner einfachsten Form mit Ventilen für nur eine Stromrichtung, wie in [5.1; 5.2] zuerst angegeben. Der zweite entscheidende Mangel

des Parallelwechselrichters in dieser Ausführung besteht darin, daß er induktiven Blindstrom nur in sehr beschränktem Maße zu liefern vermag, daß auf der Belastungsseite also eigentlich nur ohmsche Widerstände angeschlossen werden dürfen. Wenn die Belastung eine induktive Komponente hat, muß der dann benötigte induktive Blindstrom zusätzlich vom Kommutierungskondensator aufgebracht werden, wodurch dieser erheblich größer wird. In der Literatur findet man die mathematische Behandlung der Vorgänge im Parallelwechselrichter, auch bei endlicher Glättungsdrossel L_d und kleiner induktiver Lastkomponente, beispielsweise in [5.6].

Der Parallelwechselrichter in seiner bisher behandelten einfachsten Schaltung benötigt eine Glät-

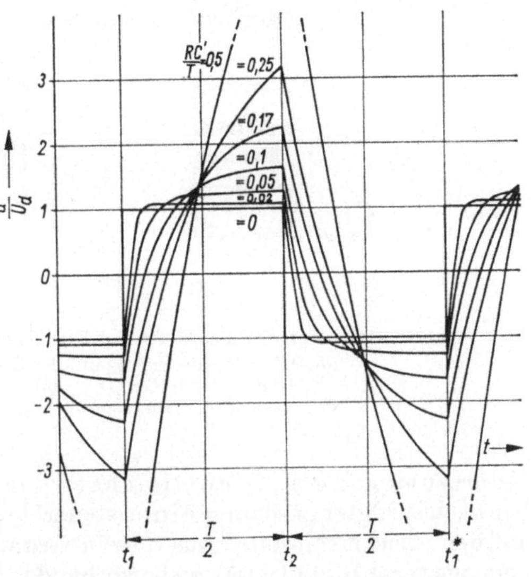

179.1 Spannungsverlauf beim Parallelwechselrichter ohne Rückstromdioden bei Änderung der ohmschen Belastung

tungsdrossel L_d auf der Gleichstromseite. Im Idealfall, bei unendlich großer Glättungsdrossel, fließt also auf der Gleichstromseite ein vollkommen geglätteter Gleichstrom I_d, der von den Kommutierungsvorgängen im Wechselrichter nicht beeinflußt wird. Der eigentliche Kommutierungsvorgang, d.h. die Umkehr des Stromes nach der Stromübergabe auf das Folgeventil, findet auf der Wechselstromseite statt, und zwar unverzüglich, sobald das Folgeventil gezündet und dadurch das vorhergehende Ventil gelöscht wurde. Glättungsdrossel auf der Gleichstromseite und Kommutierung auf der Wechselstromseite sind ein charakteristisches Kennzeichen für einen bestimmten Typ von Stromrichtern, zu denen auch die in Abschn. 4 behandelten Stromrichter mit natürlicher Kommutierung gehören, s. [5.28].

Parallelwechselrichter mit induktiver Last

Um zu einem selbstgeführten Wechselrichter mit weitgehend lastunabhängiger Ausgangsspannung, der außerdem auch beliebigen Blindstrom zu liefern vermag,

zu gelangen, müssen dem einfachen Parallelwechselrichter zusätzliche Schaltungs-
elemente hinzugefügt werden.

Bild **180.**1 zeigt die Entwicklungsstufen des Parallelwechselrichters. In Bild **180.**1a
ist zunächst noch einmal die einfachste Schaltung mit zwei steuerbaren Ventilen
für nur eine Stromrichtung und mit einer Glättungsdrossel auf der Gleichstromseite dargestellt.

Bild **180.**1b zeigt die Anordnung von antiparallelen Rückstromdioden D1
und D2. Diese Schaltung hat auf der Gleichstromseite keine Glättungsdrossel mehr.
Dafür kann eine Induktivität auf der Wechselstromseite vorhanden sein.
Wie unten noch ausführlicher beschrieben wird, geschieht bei dieser Schaltung die

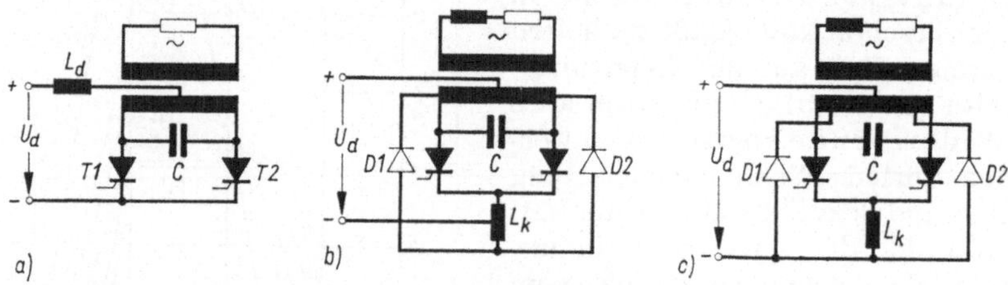

180.1 Entwicklungsstufen des Parallelwechselrichters
  a) Glättungsdrossel L_d auf der Gleichstromseite
  b) Rückstromdioden D1 und D2 und Kommutierungsdrossel L_k
  c) Transformatoranzapfung zur Kreisstromunterdrückung

Kommutierung auf der Gleichstromseite; der Strom ändert also unmittelbar nach erfolgter Löschung eines steuerbaren Ventils, T1 oder T2, seine Richtung
auf der Gleichstromseite. Aus diesem Grund darf auf der Gleichstromseite keine
nennenswerte Induktivität mehr vorhanden sein. Unter Umständen ist ein Pufferkondensator erforderlich.

Bei dem Umrichter mit Rückstromdioden nach Schaltung b wird statt des Gleichstromes — wie bei Schaltung a — die Wechselspannung aufgedrückt, wodurch
auch bei Leerlauf definierte Spannungsverhältnisse herrschen.

Rückstromdioden. Die entscheidende Verbesserung besteht beim Parallelwechselrichter darin, parallel zu den steuerbaren Ventilen ungesteuerte Dioden für die
umgekehrte Stromrichtung anzuordnen. Diese Rückstromdioden wurden erstmalig
von Petersen angegeben [5.5]. Sie werden deswegen auch als Petersendioden
bezeichnet. Durch die Anordnung derartiger Rückstromdioden wird der Wechselrichter in die Lage versetzt, Ströme beliebiger Phasenlage zu liefern, wodurch das
Problem der Blindstromerzeugung für induktive Verbraucher gelöst und außerdem
auch eine Umkehr der Energierichtung ermöglicht wird, wobei Energie von
der Lastseite in die Gleichstromquelle fließen kann. Die Anordnung der antiparallelen Rückstromdioden beim selbstgeführten Wechselrichter entspricht dem
Umkehrstromrichter mit zwei antiparallel arbeitenden netzgeführten Stromrichtern
(s. Abschn. 4.2.1). Da hierdurch auch beim selbstgeführten Wechselrichter eine
Umkehr der Energierichtung möglich ist, wird aus dem Wechselrichter durch die
Rückstromdioden bereits ein echter Umrichter.

Kommutierungsdrossel. Um zu vermeiden, daß sich der Löschkondensator im Löschaugenblick über die antiparallelen Rückstromdioden ungehindert entladen kann, ist eine Kommutierungsdrossel mit der Induktivität L_k erforderlich. Diese Kommutierungsdrossel begrenzt den während des Löschvorganges über die Freilaufdiode abfließenden Strom. Durch die Kommutierungsdrossel wird jedoch die Stromübergabe von den gesteuerten Ventilen auf die Rückstromdioden erschwert. Aus diesem Grund werden häufig **Kommutierungsdrosseln mit Mittelanzapfung**, wie in Bild **180.**1 b, angewendet; dann braucht sich bei der Stromübergabe von beispielsweise dem steuerbaren Ventil T 1 auf die ungesteuerte Diode D 2 in der Kommutierungsdrossel L_k nur der **Streufluß** zwischen den beiden Drosselhälften zu ändern.

Kreisstromunterdrückung. Eine weitere Schwierigkeit der Kommutierungsdrosseln besteht darin, daß sich darin **Kreisströme**, die über die gesteuerten und ungesteuerten Ventile fließen, ausbilden können. Derartige Kreisströme können in manchen Fällen hohe Werte annehmen und zusätzliche Verluste im Wechselrichter und zusätzliche Beanspruchungen der Ventile verursachen.

Bei Wechselrichtern kleinerer Leistung werden manchmal ohmsche Reihenwiderstände zur Begrenzung des Kreisstromes eingebaut. Bei Wechselrichtern mittlerer und großer Leistung ist diese verlustbehaftete Methode jedoch nicht mehr anwendbar. Die Schaltung nach Bild **180.**1 c zeigt eine Möglichkeit der Kreisstromunterdrückung durch **Anschluß der antiparallelen Rückstromdioden an eine Anzapfung des Stromrichtertransformators** [5.10]. Bei dieser Schaltung muß der sich in der Kommutierungsdrossel ausbildende Kreisstrom gegen die Teilspannung zwischen Anzapfung und Anschluß der steuerbaren Ventile fließen. Dadurch wird der Kreisstrom schnell abgebaut und die in der Kommutierungsdrossel gespeicherte magnetische Energie an die Gleichstromquelle bzw. den Verbraucher zurückgeliefert.

Entsprechend den in Bild **180.**1 dargestellten Stufen entwickelte sich der Parallelwechselrichter bereits in den dreißiger Jahren, in der Ära der Quecksilberdampfgefäße und Thyratrons. Mit dem Eindringen der Thyristoren in die Energieelektronik haben diese Schaltungen neue Bedeutung erlangt und ihre endgültige praktische Verwirklichung gefunden [5.15].

Kommutierungsvorgang. Der Ablauf des Kommutierungsvorganges beim Parallelwechselrichter mit Rückstromdioden ist in Bild **182.**1 in verschiedenen, nacheinander ablaufenden **Kommutierungsstufen** dargestellt. Zunächst möge der **Thyristor T 1** den Laststrom führen und der Löschkondensator C auf die Spannung $2\,U_d$ mit der eingezeichneten Polarität aufgeladen sein. Zündet man nun den Thyristor T 2, so wird der Thyristor T 1 sofort gelöscht, und der **Löschkondensator C** übernimmt den Laststrom, unter dessen Einfluß der Kondensator umgeladen wird. Gleichzeitig fließt durch den Löschkondensator ein zusätzlicher Strom über den Thyristor T 2, die Kommutierungsdrossel L_k und die Diode D 1; dieser Strom beschleunigt die Umladung des Löschkondensators. Der betreffende Strompfad ist in Bild **182.**1 b mit gestrichelten Pfeilen markiert.

Sobald der Löschkondensator C genügend weit umgeladen ist, beginnt der Strom aus dem Kondensator in die **Rückstromdiode D 2** zu kommutieren. Ohne

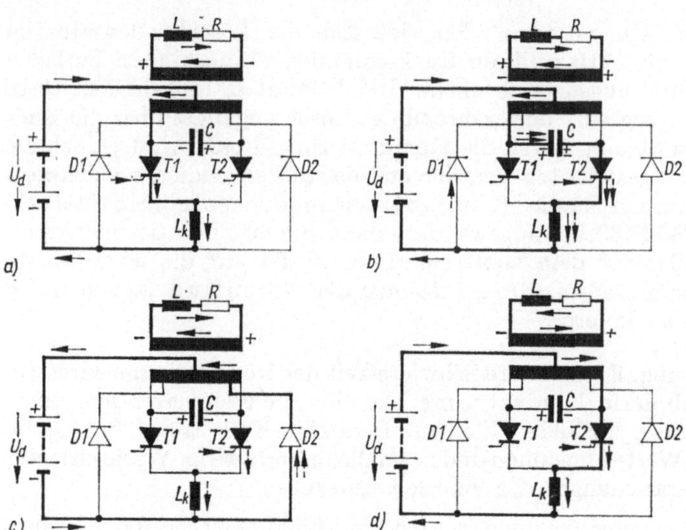

182.1 Kommutierungsvorgang beim Parallelwechselrichter mit Rückstromdioden bei ohmisch-induktiver Belastung

Anzapfung des Stromrichtertransformators würde dieser Kommutierungsvorgang bei der Spannung $u_C = 2\,U_d$ einsetzen. Durch den Anschluß der Dioden an eine Transformatoranzapfung lädt sich der Löschkondensator noch etwas höher auf. Nach erfolgter Stromübergabe an die Rückstromdiode D 2 kann über die Kommutierungsdrossel L_k und den Thyristor T 2 ein Kreisstrom fließen, dessen Pfad in Bild 182.1 c mit gestrichelten Pfeilen bezeichnet ist. Da dieser Kreisstrom gegen die Spannung der Transformatoranzapfung fließen muß, klingt er rasch ab.

Bei der Übergabe des Stromes vom Löschkondensator C auf die Rückstromdiode D 2 kehrt der Strom auf der Gleichstromseite seine Richtung um. Man kann daher sagen, daß dieser Stromrichtertyp gleichstromseitig kommutiert.

Kehrt schließlich auch der Strom auf der Verbraucherseite seine Richtung um, so erlischt der Strom in der Rückstromdiode D 2, und der Thyristor T 2 übernimmt den in der neuen Richtung fließenden Laststrom. Diesen Zustand zeigt Bild 182.1 d.

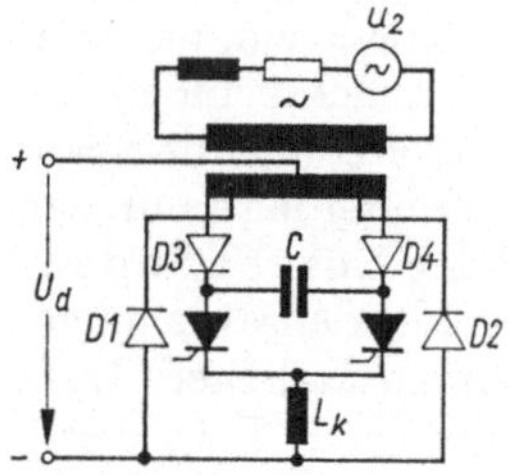

182.2 Sperrdioden D 3 und D 4 zur Aufrechterhaltung der Spannung am Löschkondensator bei Gegenspannung

Sperrdioden. In manchen Fällen kann insbesondere bei einer aktiven Gegenspannung auf der Verbraucherseite der Löschkondensator einen Teil seiner Spannung nach erfolgter Umladung auf die doppelte Gleichspannung verlieren. Das kann auf einfache Weise dadurch vermieden werden, daß sogenannte Sperrdioden in Reihe mit den Thyristoren geschaltet werden, hinter denen der Löschkondensator angeschlossen wird, wodurch ein unbeabsichtigtes Entladen des Kondensators nach einmal erfolgter Aufladung verhindert wird. Eine derartige Schaltung mit zwei Sperrdioden D 3 und D 4 zeigt Bild 182.2.

Grundschaltungen von Parallelwechselrichtern

Neben der bisher ausschließlich behandelten Schaltung des Parallelwechselrichters mit mittelangezapftem Stromrichtertransformator sind weitere Schaltungen des einphasigen selbstgeführten Wechselrichters möglich. In Bild **183**.1 sind die drei wichtigsten Grundschaltungen angegeben. Zur besseren Unterscheidung vom Pufferkondensator C_p sind in diesem und den folgenden Bildern die Lösch- bzw. Kommutierungskondensatoren mit C_k bezeichnet.

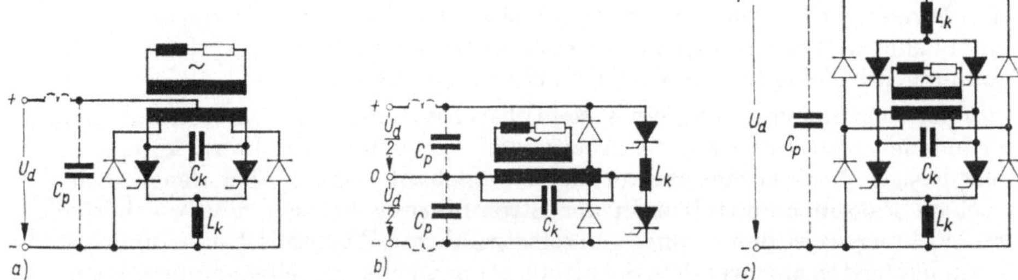

183.1 Schaltungsmöglichkeiten eines einphasigen Wechselrichters mit Zwangskommutierung
    a) Belastung bzw. Transformator mit Mittelanzapfung
    b) Gleichstromquelle mit Mittelanzapfung
    c) Brückenschaltung

Die Schaltung nach Bild **183**.1 a zeigt noch einmal die zweipulsige Mittelpunktschaltung mit Mittelanzapfung des Stromrichtertransformators.

Schaltung b zeigt eine weitere zweipulsige Mittelpunktschaltung mit Mittelanzapfung der Gleichspannungsquelle. Bei dieser Schaltung fließt der Strom abwechselnd über die obere bzw. untere Hälfte der Gleichstromquelle. Im übrigen verhält sich die Schaltung mit Mittelanzapfung der Gleichstromquelle genauso wie die mit Mittelanzapfung des Transformators. Sie entspricht der Schaltung eines Gleichstrompulswandlers für Vierquadrantenbetrieb in Bild **148**.1 a.

Eine zweipulsige Brückenschaltung für einen einphasigen selbstgeführten Wechselrichter ist in Bild **183**.1 c dargestellt. Sie entspricht der Schaltung in Bild **148**.1 b eines Gleichstrompulswandlers für Vierquadrantenbetrieb.

Wie bei den netzgeführten Stromrichtern ist auch hier für die Brückenschaltung die doppelte Anzahl von Thyristoren bzw. Dioden erforderlich. Die Halbleiterelemente werden bei der Brückenschaltung jedoch nur mit der einfachen Gleichspannung beansprucht, im Gegensatz zu den Mittelpunktschaltungen, bei denen die doppelten Spannungsbeanspruchungen auftreten. Somit ist die Ausnutzung der Halbleiterelemente bei allen drei Schaltungsvarianten gleich. Bei größeren Leistungen wird heute wegen der niedrigeren Spannungsbeanspruchung der Halbleiterelemente und besseren Ausnutzung des Stromrichtertransformators bei selbstgeführten Wechselrichtern vorwiegend die Brückenschaltung angewendet.

5.3.2. Mehrphasige selbstgeführte Wechselrichter

Für viele Anwendungen, beispielsweise für den Antrieb von Drehfeldmaschinen (s. Abschn. 6.2), werden mehrphasige selbstgeführte Wechselrichter benötigt.

Am einfachsten erreicht man eine Mehrphasigkeit, indem man mehrere einphasige Wechselrichter mit entsprechender Phasenverschiebung arbeiten läßt und die Ausgangsspannung der Einzelwechselrichter über einen mehrphasigen Stromrichtertransformator zusammenfaßt.

Beispielsweise benötigt man bei diesem Verfahren für die Schaffung eines **dreiphasigen Drehstromsystems** drei selbstgeführte einphasige Wechselrichter, die um 120 °el verschoben ausgesteuert werden, nach der Schaltung in Bild **148.1** b bzw. Bild **183.1** c. Liegt die Aufgabe vor, die Frequenz in einem weiten Bereich zu verändern, so wird durch den Stromrichtertransformator am Ausgang des Wechselrichters eine **untere Frequenzgrenze** vorgegeben, da ein Transformator nicht Spannungen beliebig kleiner Frequenz übertragen kann.

Statt der Zusammensetzung eines Mehrphasensystems aus mehreren unabhängig voneinander phasenverschoben arbeitenden Einzelwechselrichtern können auch mehrphasige Wechselrichterschaltungen aufgebaut werden, bei denen sich die einzelnen Phasen unmittelbar in der Stromführung ablösen, und die bezüglich ihrer Wirkungsweise den einphasigen selbstgeführten Wechselrichtern ähnlich sind. Die am häufigsten angewendete Schaltung für mehrphasige selbstgeführte Wechselrichter ist die **Dreiphasen-Brückenschaltung**, die im folgenden in mehreren Varianten behandelt wird. Die verschiedenen Ausführungsformen unterscheiden sich hinsichtlich der verwendeten **Lösch-** bzw. **Kommutierungsschaltung**, während die Grundelemente für jeden Brückenzweig, nämlich ein **löschbarer Thyristor** und eine **antiparallele Rückstromdiode**, bei allen Schaltungen in gleicher Weise vorhanden sind.

Phasenfolgelöschung. Bild **184.**1 a zeigt die Schaltung eines Umrichters mit Zwangskommutierung in Dreiphasen-Brückenschaltung. Jeder der sechs Brückenzweige besteht aus einem Thyristor und einer antiparallelen Rückstromdiode. Die Löschung

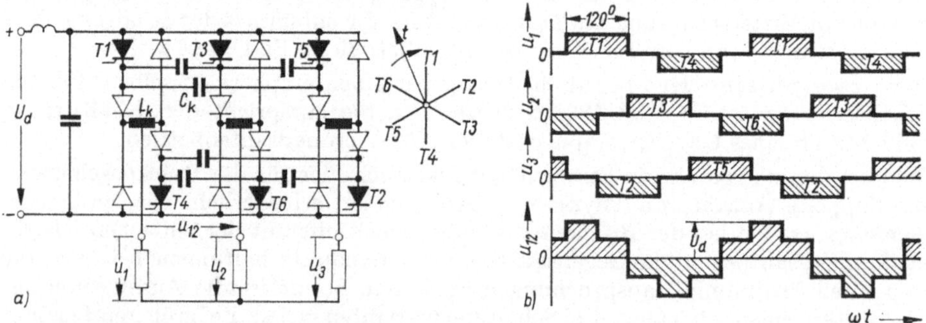

184.1 Umrichter mit Zwangskommutierung in Dreiphasen-Brückenschaltung
   a) Schaltung
   b) Spannungsverlauf bei ohmscher Last (Zünddauer 120 °el)

der Thyristoren erfolgt über die **zwischen den Phasen angeordneten Kommutierungskondensatoren** C_k [5.18; 5.21]. Um zu verhindern, daß diese Kondensatoren bei Gegenspannung der Last ihre Löschspannung verlieren können, sind **Sperrdioden** in Reihe mit den Thyristoren geschaltet. Zur Entkopplung der Thyristoren von den antiparallelen Rückstromdioden dienen die Querdrosseln L_k, an deren Mittelanzapfung die Drehstromlast angeschlossen wird.

Die Anordnung der Löschkondensatoren zwischen den Phasen entspricht derjenigen beim vorher behandelten Parallelwechselrichter (s. z.B. Bild **182.2**). Löschung jedes Thyristors wird durch das Zünden des Thyristors der Folgephase bewirkt. Die Aussteuerung der Thyristoren T 1 bis T 6 in den einzelnen Brückenzweigen wird nach der in Bild **184.1** a rechts gekennzeichneten zeitlichen Reihenfolge vorgenommen. Jeder Thyristor wird im Takt der Arbeitsfrequenz mit einem Zündimpuls von 120 °el gezündet, damit auch eine Last mit veränderlichem Verschiebungsfaktor (z.B. ein Drehstrommotor) betrieben werden kann. Die Phasenfolge des Drehspannungssystems am Ausgang des Wechselrichters läßt sich durch Änderung der Zündfolge für die Thyristoren kontaktlos umkehren.

Die **Kurvenform der Ausgangsspannung** kann bei ohmscher Belastung des Wechselrichters leicht bestimmt werden. In Bild **184.1** b ist der Spannungsverlauf der drei Phasenspannungen u_1, u_2, und u_3 an einer symmetrischen ohmschen Belastung aufgetragen, außerdem eine verkettete Spannung u_{12}, die sich aus der Differenz der Phasenspannungen $u_1 - u_2$ ergibt. Bei der hier angenommenen ohmschen Last ergeben sich für die Phasenspannungen Wechselspannungsblöcke mit 120 °el Breite, die für die einzelnen Phasen um jeweils 120 °el gegeneinander versetzt sind. Für die verkettete Spannung erhält man die gezeichnete **Treppenkurve** mit zwei Spannungsstufen $U_\mathrm{d}/2$ bzw. U_d. Da jede Phase durch das Zuschalten der Folgephase gelöscht wird, läßt sich die Breite dieser Spannungsblöcke, d.h. der Mittelwert der abgegebenen Spannung, in dieser einfachen Schaltung nicht steuern.

Bei einer Last mit **induktiver Komponente** kann man die Kurvenform der Wechselrichterspannung bei der Phasenfolgelöschung nicht so einfach bestimmen, da diese Spannung von der Augenblicksrichtung des Stromes abhängt. Bei induktiver Belastung fließt nämlich nach dem Zünden der Folgephase — für eine vom Verschiebungsfaktor der Last abhängige Zeitspanne — noch Strom über die entsprechende Rückstromdiode. Als Beispiel für den sich dabei im Wechselrichter einstellenden Strom- und Spannungsverlauf zeigt Bild **186.1** Oszillogramme eines Umrichters bei Betrieb eines **Asynchronmotors**. Oszillogramm a wurde beim **Antreiben** des Motors über den Umrichter bei 85 Hz aufgenommen. Die Phasenströme I_1, I_2 und I_3 im Umrichter bzw. Motor haben in diesem Betriebszustand **Lücken**. Während dieser Stromlücken wird die Phasenspannung U_1 von der Gegenspannung des Motors mitbestimmt, wobei sich der oben in Oszillogramm a aufgezeichnete Verlauf der Phasenspannung einstellt. Oszillogramm b zeigt das **Nutzbremsen** des Motors über den Umrichter ebenfalls bei 85 Hz, wobei die Bremsenergie aus der Maschine über den Umrichter in den Gleichstromzwischenkreis zurückgeliefert wird. Bei diesem Betriebszustand treten in den Phasenströmen keine Nullpausen auf, und es ergibt sich für die Phasenspannung der oben in Oszillogramm b geschriebene treppenförmige Verlauf mit zwei Spannungsstufen $U_\mathrm{d}/3$ bzw. $2/3\ U_\mathrm{d}$. Diese Verhältnisse bei der Spannungsbildung werden in Abschn. 5.3.3 noch ausführlich untersucht.

Summenlöschung. Eine andere Löschschaltung zeigt Bild **187.1** a. Bei dieser Schaltung können die einzelnen Brückenzweige des Wechselrichters von **einem einzi-**

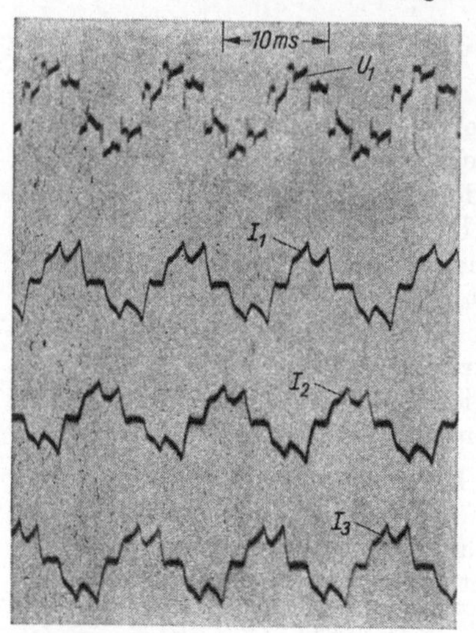
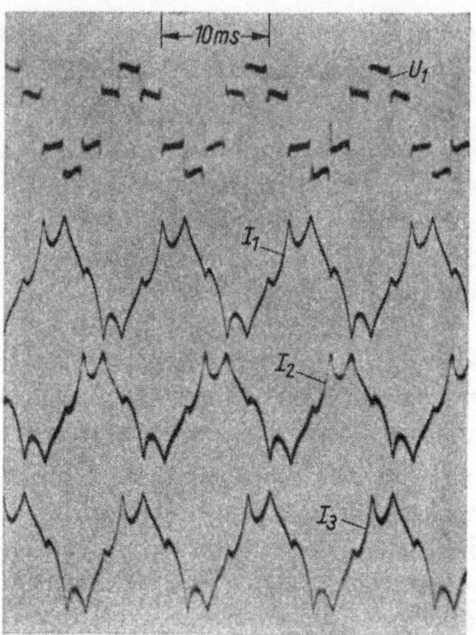

186.1 Oszillogramme eines Umrichters mit Zwangskommutierung in Dreiphasen-Brükkenschaltung
a) Antreiben eines Asynchronmotors bei 85 Hz
b) Nutzbremsen eines Asynchronmotors bei 85 Hz
U_1 Phasenspannung; I_1, I_2, I_3 Phasenströme

gen Löschkondensator C_k gelöscht werden [5.18]. Dieses Löschverfahren mit einem gemeinsamen Löschkondensator soll als Summenlöschung bezeichnet werden.

Die Stromunterbrechung in den Thyristoren T 1, T 3 und T 5 der oberen Brücken- hälfte erfolgt durch Zündung der Löschthyristoren T 7 und T 8. Dabei entlädt sich der Löschkondensator C_k über die unteren Rückstromdioden D 4, D 6 und D 2 auf den gerade stromführenden Thyristor und löscht diesen. In Bild 187.1 a ist der Löschkreis zur Unterbrechung des Thyristors T 1 gestrichelt eingezeichnet. Ent- sprechend können die Thyristoren T 4, T 6 und T 2 der unteren Brückenhälfte durch Zünden der Löschthyristoren T 9 und T 10 gelöscht werden. Da die Spannung am Löschkondensator bei jedem Löschvorgang ihre Polarität wechselt, muß abwech- selnd eine Löschung in der oberen und unteren Brückenhälfte erfolgen.

Der Löschkondensator C_k ist parallel zur Gleichstromquelle U_d angeordnet (s. auch Schaltung in Bild 140.2 c). Deshalb müssen Schutzdrosseln L_{k1} bzw. L_{k2} zwischen Löschkondensator und Gleichstromquelle vorhanden sein, da im Löschaugenblick kurzzeitig die Polarität der Gleichstromschiene im Wechselrichter umgekehrt wird. In diesen Schutzdrosseln tritt bei jedem Löschvorgang ein unerwünschter Strom- anstieg auf. Die dadurch in den Schutzdrosseln gespeicherte magnetische Energie wird über die Sekundärwicklungen und die Abschneidedioden D 7 bzw. D 8 in die Gleichstromquelle zurückgeliefert. Dabei werden von den Schutzdrosseln auf der Wechselrichterseite Überspannungen erzeugt, die um so kleiner sind, je höher das Windungszahlverhältnis zwischen Primär- und Sekundärwicklung der Schutzdrosseln gewählt wird. Die Spannungsbeanspruchung der Abschneidedioden D 7 bzw. D 8 wächst mit diesem Windungszahlverhältnis.

Phasenlöschung. Eine Löschschaltung mit insgesamt drei Löschkondensatoren C_k, von denen jeder für die abwechselnde Löschung eines oberen bzw. unteren Brücken-

zweiges benutzt wird, ist in Bild **187.**1b dargestellt [5.22]. Da hierbei jeweils ein Löschkondensator für die Stromunterbrechung der Thyristoren einer Phase des Wechselrichters benötigt wird, soll dieses Schaltungsprinzip als Phasenlöschung bezeichnet werden.

Der Löschkreis für den Thyristor T 1 ist in Bild **187.**1b gestrichelt eingezeichnet. Die Stromunterbrechung in diesem Thyristor erfolgt durch Zünden des Löschthyristors T 7. Um zu vermeiden, daß sich der Löschkondensator C_k ungehindert über die Rückstromdiode D 1 entladen kann, ist eine Kommutierungsdrossel L_k in Reihe mit dem Löschkondensator geschaltet. Diese **Reihenkommutierungsdrossel** L_k begrenzt den Löschstrom, der als eine sinusförmige Halbschwingung auftritt. Der Scheitelwert dieses Halbschwingungsstromes muß größer als der größte auftretende Laststrom sein, der unterbrochen werden soll. Ein derartiger Löschvorgang mit einer Reihenkommutierungsdrossel wird weiter unten berechnet. Auch bei dieser Schaltung muß die Löschung abwechselnd im oberen und unteren Zweig einer Brückenphase erfolgen, da der Löschkondensator nach jeder Löschung seine Polarität umkehrt. Durch die Reihenkommutierungsdrossel werden am

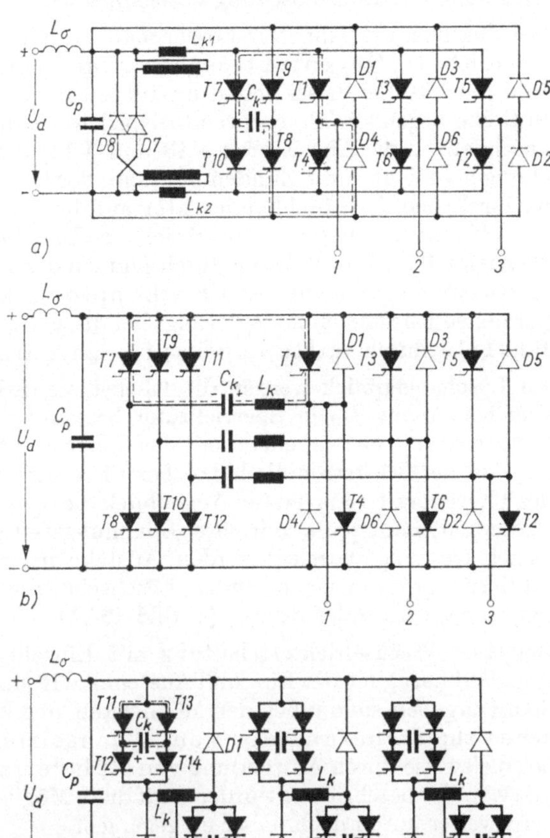

187.1

Schaltungsbeispiele von Umrichtern mit Zwangskommutierung in Dreiphasen-Brückenschaltung

a) gemeinsamer Löschkondensator C_k für Thyristor T 1 ... T 6 (Summenlöschung)

b) je ein Löschkondensator C_k für Thyristor T 1 und T 4, T 3 und T 6, T 5 und T 2 (Phasenlöschung)

c) Löschkondensator C_k in jedem Brückenzweig (Einzellöschung)

Löschkondensator Spannungen erzeugt, die größer als die Gleichspannung U_d sind, wodurch sich eine **zusätzliche Spannungsbeanspruchung der Thyristoren ergibt.**

Einzellöschung. Bild **187.**1c zeigt eine Umrichterschaltung, bei der jeder Brückenzweig eine **eigene Löscheinrichtung** enthält [5.24]. Dieses Schaltungsprinzip wird daher als Einzellöschung bezeichnet.

Bei der hier gezeichneten Löschschaltung handelt es sich um die oben bereits beschriebene **Gegentaktlöschung** der Hauptthyristoren (s. Schaltung in Bild **154.**1h). Bei dieser Schaltung führen abwechselnd die beiden links bzw. rechts in Reihe liegenden Thyristoren (beispielsweise die Thyristoren T 11 und T 12 und anschließend die Thyristoren T 13 und T 14) den Laststrom. Die Stromunterbrechung geschieht durch Zünden nur eines der beiden gerade stromlosen Thyristoren, wodurch sich der Löschkondensator auf den parallelen stromführenden Thyristor entlädt und dessen Strom unterbricht. In Bild **187.**1c ist der **Löschkreis** für den Thyristor T 11, dessen Strom durch Zünden des Thyristors T 13 unterbrochen wird, gestrichelt eingezeichnet. Die **Entkopplung** des Thyristorzweiges von den antiparallelen Rückstromdioden erfolgt bei dieser Schaltung wie bei der Schaltung von Bild **184.**1 durch **mittelangezapfte Querdrosseln** L_k.

Im Löschaugenblick werden die Rückstromdioden kurzzeitig mit der doppelten Gleichspannung U_d in Sperrichtung beansprucht, da die Spannung des Löschkondensators vorübergehend mit der Gleichspannung in Reihe liegt. Beispielsweise liegt an der Rückstromdiode D 4 beim Löschen des Thyristors T 11 durch Zünden des Thyristors T 13 im ersten Augenblick die Spannung $U_d + U_C \approx 2\,U_d$. Die Rückstromdioden müssen also in ihrer Spannungsfestigkeit mindestens für die doppelte Gleichspannung ausgelegt werden. Anstelle der in Bild **187.**1c gezeichneten Gegentaktlöschung können auch andere Löschschaltungen, beispielsweise die Umschwingschaltung, verwendet werden (s. Bild **154.**1).

Bei einer Wechselrichterschaltung mit Einzellöschung erhält man völlige Freizügigkeit bezüglich der Ein- und Ausschaltzeitpunkte der einzelnen Brückenzweige. Somit ergeben sich außer der Möglichkeit der Frequenzänderung auch Möglichkeiten zur **Steuerung der vom Wechselrichter abgegebenen** Spannung, beispielsweise durch Anwendung von **Pulsverfahren**, wie sie beim Gleichstrompulswandler beschrieben wurden. Auf diese Möglichkeiten der Spannungssteuerung wird weiter unten noch näher eingegangen.

Löschvorgang mit Querdrossel. Der Ablauf eines Löschvorganges, bei dem Thyristor und antiparallele Rückstromdiode durch eine mittelangezapfte Querdrossel L_k entkoppelt werden, soll jetzt genauer untersucht werden. Bild **189.**1a zeigt noch einmal die in Bild **187.**1c dargestellte Wechselrichterschaltung mit **Einzellöschung** der einzelnen Brückenzweige; zur Betrachtung eines Löschvorganges soll angenommen werden, daß der Laststrom über ein Thyristorpaar T 1 (oben links) durch die Phase 1 und die Phase 3 der Last und über ein Thyristorpaar T 2 (unten rechts) in die Gleichstromquelle zurückfließt. Die Stromunterbrechung soll im Thyristorschalter T 1 (oben links) geschehen. An den Lösch- bzw. Kommutierungsvorgängen sind dann anschließend die Rückstromdioden D 1 und D 4 beteiligt. Alle so beteiligten Stromkreise sind in der Schaltung in Bild **189.**1a dick gezeichnet.

Zur Untersuchung des Löschvorganges im Thyristorschalter T 1 kann also der in Bild **189.**1b gezeichnete **vereinfachte Kommutierungskreis** betrachtet werden. Hierbei sind die Phasen 1 und 3 des Verbrauchers zu einer gemeinsamen

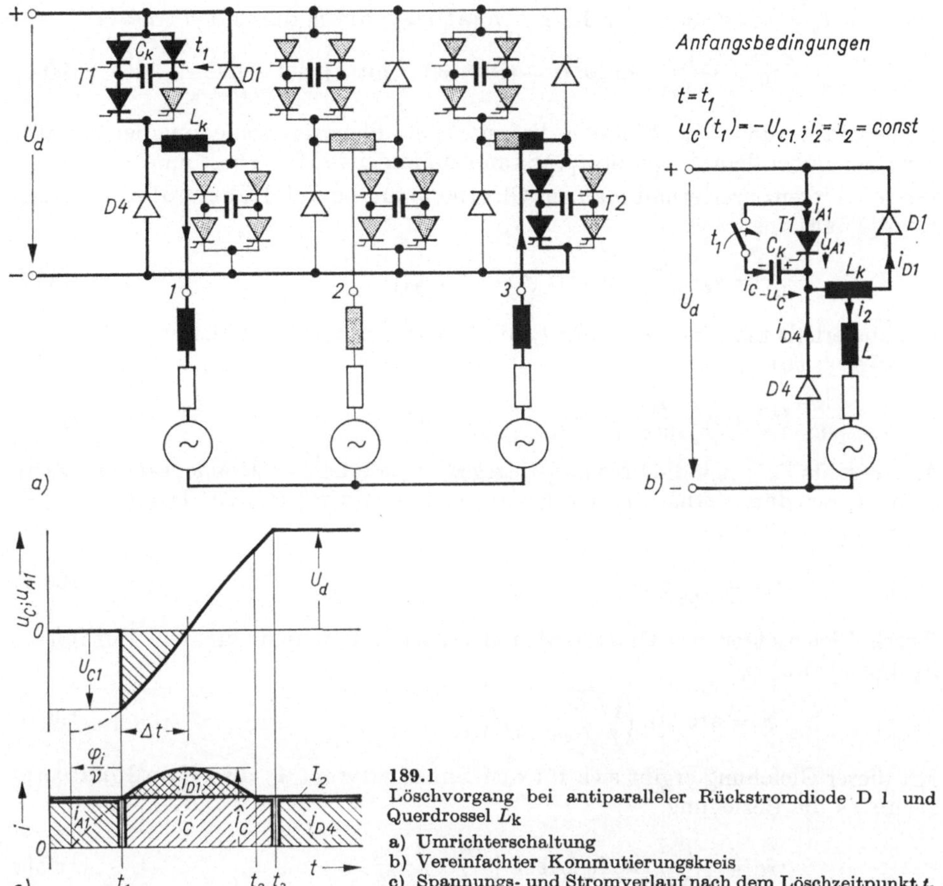

189.1
Löschvorgang bei antiparalleler Rückstromdiode D 1 und Querdrossel L_k
a) Umrichterschaltung
b) Vereinfachter Kommutierungskreis
c) Spannungs- und Stromverlauf nach dem Löschzeitpunkt t_1

Belastung zusammengefaßt; dies ist zulässig, da der Thyristorschalter T 2 während des gesamten betrachteten Löschvorganges leitend bleibt.

Mit den Anfangsbedingungen im Zeitpunkt $t = t_1$ (s. Bild **189.1**b), in dem der Löschvorgang durch Schließen des Hilfsschalters bzw. Zünden eines Löschthyristors eingeleitet wird, können die Vorgänge berechnet werden. Zur Vereinfachung soll angenommen werden, daß auf der Lastseite eine genügend große Induktivität L vorhanden ist, so daß während des Kommutierungsvorganges der Laststrom $i_2 = I_2 = $ const gesetzt werden kann. Der Strom i_C im Löschkondensator ergibt sich als Summe des Laststromes I_2 und des über die antiparallele Rückstromdiode D 1 abfließenden Leckstromes i_{D1}:

$$i_C = I_2 + i_{D1} \qquad (189.1)$$

Der Kondensator bewirkt also zusammen mit der Induktivität der Querdrossel L_k eine Schwingung, wobei dem Kondensatorstrom der Laststrom überlagert ist.

Für $i_2 = I_2 = $ const kann der **Kondensatorstrom** i_C durch den Ansatz

$$i_\mathrm{C} = \frac{I_2}{\sin\varphi_\mathrm{i}} \sin\left[\nu_0\,(t - t_1) + \varphi_\mathrm{i}\right] \quad \text{mit} \quad \nu_0 = \frac{1}{\sqrt{L_\mathrm{k}\,C_\mathrm{k}}} \tag{190.1}$$

dargestellt werden. Der Winkel φ_i bedeutet eine Phasenverschiebung der Schwingung gegenüber dem Zeitpunkt t_1, er kann auf folgende Weise bestimmt werden. Durch Differenzieren erhält man aus Gl. (190.1) für die **zeitliche Ableitung des Kondensatorstromes**

$$\frac{\mathrm{d}i_\mathrm{C}}{\mathrm{d}t} = \nu_0\,\frac{I_2}{\sin\varphi_\mathrm{i}}\,\cos\left[\nu_0\,(t - t_1) + \varphi_\mathrm{i}\right] \tag{190.2}$$

Hieraus erhält man im Zeitpunkt t_1 die **Stromanstiegsgeschwindigkeit im Kondensator**

$$\frac{\mathrm{d}i_\mathrm{C}}{\mathrm{d}t}\,(t_1) = \nu_0\,\frac{I_2}{\sin\varphi_\mathrm{i}}\,\cos\varphi_\mathrm{i} \tag{190.3}$$

Andererseits läßt sich die Stromanstiegsgeschwindigkeit im Kondensator im Zeitpunkt t_1 aus dem Verhältnis der Kondensatorspannung U_C1 zur Induktivität L_k im Stromkreis bestimmen

$$\frac{\mathrm{d}i_\mathrm{C}}{\mathrm{d}t}\,(t_1) = \frac{U_\mathrm{C1}}{L_\mathrm{k}} \tag{190.4}$$

Durch Gleichsetzen der Gl. (190.3) und (190.4) erhält man für den **Verschiebungswinkel** φ_i

$$\varphi_\mathrm{i} = \arctan\left(\sqrt{\frac{L_\mathrm{k}}{C_\mathrm{k}}} \cdot \frac{I_2}{U_\mathrm{C1}}\right) \tag{190.5}$$

Mit dieser Gleichung ergibt sich für den **Scheitelwert** $\hat{\imath}_\mathrm{C}$ des Kondensatorstromes die Beziehung

$$\hat{\imath}_\mathrm{C} = \frac{I_2}{\sin\varphi_\mathrm{i}} = I_2\,\sqrt{1 + \left(\frac{U_\mathrm{C1}}{I_2}\right)^2 \frac{C_\mathrm{k}}{L_\mathrm{k}}} \tag{190.6}$$

Der Kondensatorstrom kann also bei gegebenen Werten von Laststrom I_2 und Spannung am Löschkondensator U_C1 sowie den Daten für Löschkondensator C_k und Querdrossel L_k berechnet werden. Die **Spannung** u_C **am Löschkondensator** erhält man durch Integrieren der Gl. (190.1)

$$u_\mathrm{C} = \frac{1}{C}\int i_\mathrm{C}\,\mathrm{d}t = -\,\frac{\sqrt{L_\mathrm{k}/C_\mathrm{k}}\;I_2}{\sin\varphi_\mathrm{i}}\,\cos\left[\nu_0\,(t - t_1) + \varphi_\mathrm{i}\right] \tag{190.7}$$

In Bild **189.**1c ist der Spannungs- und Stromverlauf während des Löschvorganges dargestellt. Solange die Kondensatorspannung negativ ist, liegt am zu löschenden Thyristor T 1 negative Sperrspannung. Die zur Verfügung stehende **Schonzeit** kann aus Gl. (190.7) also durch Nullsetzen ermittelt werden, und man erhält

$$\Delta t = \sqrt{L_\mathrm{k}\,C_\mathrm{k}}\,\arctan\left(\sqrt{\frac{C_\mathrm{k}}{L_\mathrm{k}}} \cdot \frac{U_\mathrm{C1}}{I_2}\right) \tag{190.8}$$

Bei gegebenen Werten von maximalem Laststrom $I_{2\,\mathrm{max}}$ und Löschkondensatorspannung U_C1 stellen die Gl. (190.6) und (190.8) die **Dimensionierungsglei-**

chungen für den Löschkondensator C_k und die Querdrossel L_k dar. Da C_k und L_k in beiden Gleichungen vorkommen, liefern die Gl. (190.6) und (190.8) zueinandergehörende Wertepaare für C_k und L_k.

Der Scheitelwert $\hat{\imath}_C$ des Kondensatorstromes erreicht im Leerlauf für $I_2 \to 0$ sein Maximum mit

$$\hat{\imath}_{CO} = \frac{U_{C1}}{\sqrt{L_k/C_k}} \tag{191.1}$$

Dieser Scheitelwert $\hat{\imath}_{CO}$ des Kondensatorstromes soll auf den maximal zu löschenden Laststrom $I_{2\,max}$ bezogen und als Leerlaufüberschwingfaktor β_0 bezeichnet werden. Dann erhält man für den Leerlaufüberschwingfaktor β_0 die Definitionsgleichung

$$\beta_0 = \frac{\hat{\imath}_{CO}}{I_{2\,max}} \tag{191.2}$$

Mit dieser Definitionsgleichung und Gl. (191.1) läßt sich Gl. (190.6) umformen in

$$\hat{\imath}_C = I_2 \sqrt{1 + \left(\frac{\beta_0\,I_{2\,max}}{I_2}\right)^2} \tag{191.3}$$

Auf ähnliche Weise kann Gl. (190.8) umgeformt werden in

$$\Delta t = \sqrt{L_k\,C_k}\ \text{arc tan}\ \frac{\beta_0\,I_{2\,max}}{I_2} \tag{191.4}$$

Die kleinste Schonzeit Δt_{min} tritt beim größten Laststrom $I_2 = I_{2\,max}$ auf. Man erhält also aus Gl. (191.4) für die kleinste auftretende Schonzeit die folgende Beziehung, die unter Benutzung der Definitionsgleichung für den Leerlaufüberschwingfaktor β_0 noch umgeformt wurde.

$$\Delta t_{min} = \sqrt{L_k\,C_k}\ \text{arc tan}\,\beta_0 = C_k\,\frac{U_{C1}}{\beta_0\,I_{2\,max}}\,\text{arc tan}\,\beta_0 = L_k\,\frac{\beta_0\,I_{2\,max}}{U_{C1}}\,\text{arc tan}\,\beta_0 \tag{191.5}$$

Damit ergeben sich als Dimensionierungsgleichungen für den erforderlichen Löschkondensator

$$C_k = \frac{\beta_0\,I_{2\,max}\,\Delta t_{min}}{U_{C1}\,\text{arc tan}\,\beta_0} \tag{191.6}$$

und für die erforderliche Querdrossel

$$L_k = \frac{U_{C1}\,\Delta t_{min}}{\beta_0\,I_{2\,max}\,\text{arc tan}\,\beta_0} \tag{191.7}$$

Diese beiden Gleichungen sind in Bild **192**.1 in bezogener Darstellung mit dem Leerlaufüberschwingfaktor β_0 als unabhängige Veränderliche aufgetragen. Die Darstellung zeigt, daß der erforderliche Löschkondensator C_k mit größer werdendem Leerlaufüberschwingfaktor β_0 zunächst verhältnismäßig langsam ansteigt, während die Induktivität der erforderlichen Querdrossel L_k mit zunehmendem β_0 zunächst sehr steil abfällt. Bei der Auslegung einer Löschschaltung mit Querdrossel ist es daher günstig, einen Leerlaufüberschwingfaktor zu wählen, der etwa bei Eins liegt, wobei ein Optimum für die Werte des erforderlichen Löschkondensators C_k und der erforderlichen Querdrossel L_k angestrebt werden muß.

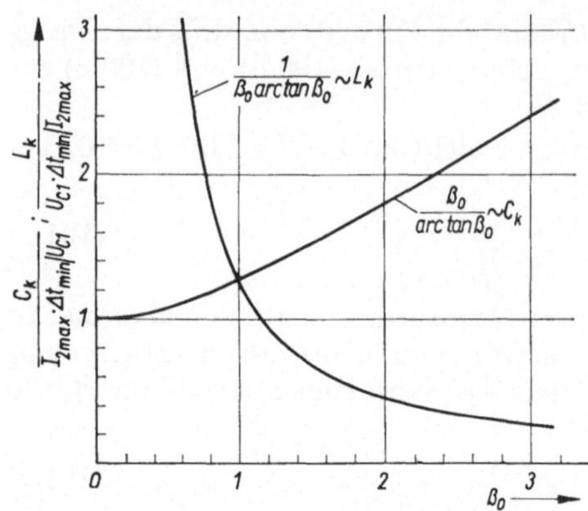

192.1 Erforderlicher Löschkondensator C_k und erforderliche Querdrossel L_k in Abhängigkeit vom Leerlaufüberschwingfaktor β_0; $\beta_0 = i_{C0}/I_{2\,max}$

Beispiel 5.11. Für eine Wechselrichterschaltung mit dem maximalen Laststrom $I_{2\,max} = 800\,\text{A}$, der Löschspannung $U_{C1} = 500\,\text{V}$ und der Mindestschonzeit $\Delta t_{min} = 50\,\mu\text{s}$ sollen der erforderliche Löschkondensator C_k und die Querdrossel L_k bestimmt werden. Bei günstiger Wahl des Leerlaufüberschwingfaktors $\beta_0 = 1$ ergibt sich aus Bild **192.1**

$$\frac{\beta_0}{\text{arc tan}\,\beta_0} = 1{,}27 = \frac{4}{\pi}$$

und daraus für die erforderliche Kapazität des Löschkondensators

$$C_k = \frac{4}{\pi}\cdot\frac{800\,\text{A}\cdot 50\,\mu\text{s}}{500\,\text{V}} = 102\ \mu\text{F}$$

Dieser Wert ist um 27% größer als bei einem Gleichstrompulswandler mit denselben Strom- und Spannungswerten, dessen Löschkondensator nach Gl. (143.3) zu berechnen wäre.

In gleicher Weise wie oben erhält man mit

$$\frac{1}{\beta_0\ \text{arc tan}\,\beta_0} = 1{,}27 = \frac{4}{\pi}$$

für die Induktivität der erforderlichen Querdrossel

$$L_k = \frac{4}{\pi}\cdot\frac{500\,\text{V}\cdot 50\,\mu\text{s}}{800\,\text{A}} \approx 40\ \mu\text{H}$$

Löschvorgang mit Reihenkommutierungsdrossel. Jetzt soll ein Löschvorgang berechnet werden, bei dem die Kommutierungsdrossel L_k in Reihe mit dem Kommutierungskondensator C_k liegt. Dazu ist in Bild **193.1** a zunächst noch einmal die bereits in Bild **187.1** b dargestellte Umrichterschaltung mit Reihenkommutierungsdrossel wiedergegeben. Bei der Untersuchung des Löschvorganges soll wieder angenommen werden, daß die Thyristoren T 1 und T 2 gerade stromführend sind und der Thyristor T 1 durch Zünden des Löschthyristors T 7 gelöscht wird; dabei fließt ein Teil des Löschstromes über die antiparallele Freilaufdiode D 1 ab. Nach erfolgter Stromunterbrechung und Umladung des Löschkondensators übernimmt die Rückstromdiode D 4 den Laststrom. Die an den einzelnen Stufen des Kommutierungsvorganges beteiligten Stromkreise sind in Bild **193.1** a durch dick ausgezogene Linien markiert.

Bild **193.1** b zeigt den **vereinfachten Kommutierungskreis**, mit dessen Hilfe der Löschvorgang berechnet werden soll. Es gelten die angegebenen Anfangsbedingungen $u_C(t_1) = -U_{C1}$ und $i_2 = I_2 = \text{const}$; im Lastkreis wird also wieder eine genügend große Induktivität L vorausgesetzt. Auch bei diesem Kommutierungskreis gilt für den **Kondensatorstrom** i_C die Gl. (189.1). Sie kann durch den Ansatz

$$i_C = \frac{U_{C1}}{\sqrt{L_k\,C_k}}\ \sin\nu_0(t - t_1) \tag{192.1}$$

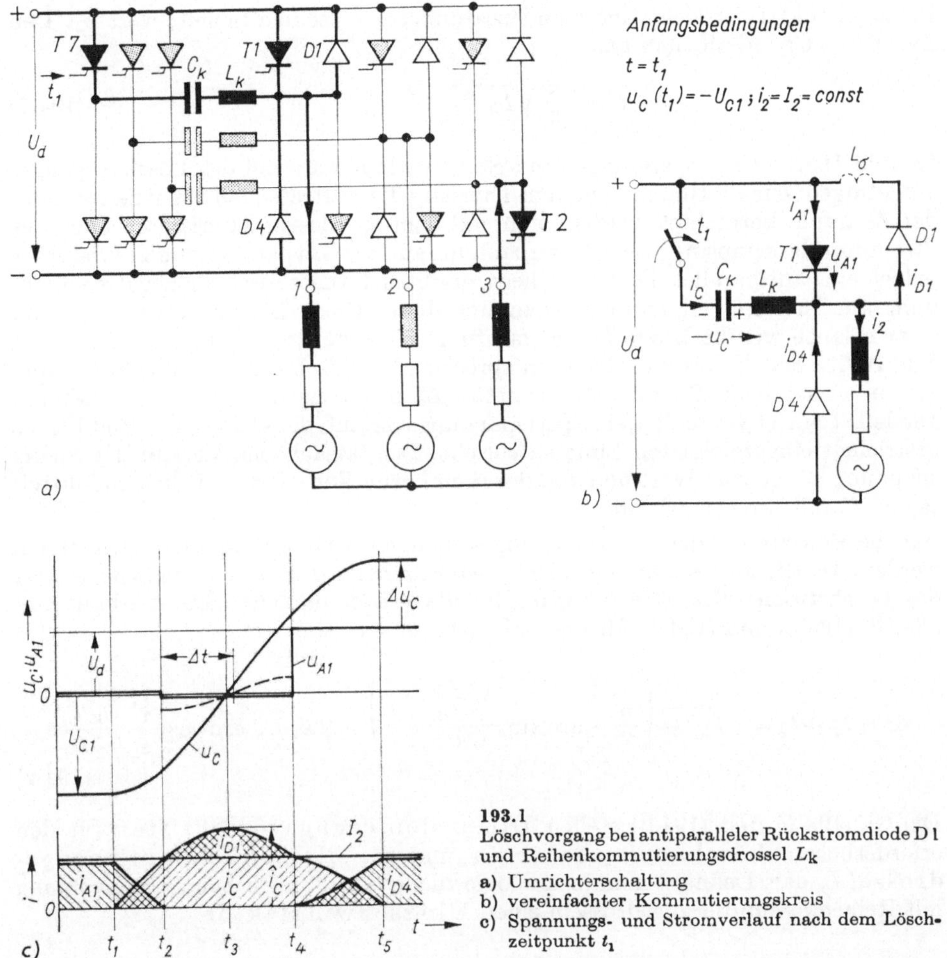

193.1
Löschvorgang bei antiparalleler Rückstromdiode D 1
und Reihenkommutierungsdrossel L_k

a) Umrichterschaltung
b) vereinfachter Kommutierungskreis
c) Spannungs- und Stromverlauf nach dem Löschzeitpunkt t_1

mit $\nu_0 = 1/\sqrt{L_k C_k}$ gelöst werden. Der **Scheitelwert** $\hat{\imath}_C$ des **Kondensator-stromes** ist

$$\hat{\imath}_C = \frac{U_{C1}}{\sqrt{L_k C_k}} \tag{193.1}$$

Der Strom im Löschkondensator steigt also sinusförmig an und erreicht im Zeit-punkt t_2 den Betrag des Laststromes I_2, wodurch der Strom im Thyristor T 1 unterbrochen wird. Den **Zeitpunkt** t_2 berechnet man aus Gl. (192.1) mit $i_C(t_2) = I_2$, also

$$t_2 - t_1 = \sqrt{L_k C_k}\ \text{arc sin}\ \frac{\sqrt{\dfrac{L_k}{C_k}}\ I_2}{U_{C1}} \tag{193.2}$$

Im Zeitpunkt t_3 erreicht der Kondensatorstrom i_C seinen Scheitelwert $\hat{i}_C$. Den Zeitpunkt t_3 erhält man aus

$$t_3 - t_1 = \frac{\pi}{2} \sqrt{L_k\, C_k} \tag{194.1}$$

In Bild **193.**1c sind Spannungs- und Stromverlauf während des Löschvorganges aufgetragen. Zur Bestimmung der am Thyristor T 1 auftretenden Schonzeit Δt muß der Zeitraum betrachtet werden, während dem an diesem Thyristoren nach der Stromunterbrechung negative Sperrspannung auftritt. Da parallel zum Thyristor T 1 jedoch eine antiparallele Diode D 1 liegt, ergibt sich theoretisch als negative Spannung am Thyristor die Durchlaßspannung dieser Diode D 1 von etwa 1,5 V und zwar solange wie die Diode D 1 Strom führt. Das würde in der Darstellung von Bild **193.**1c dem Zeitraum t_2 bis t_4 entsprechen. Praktisch ergibt sich jedoch durch die unvermeidliche **Streuinduktivität** L_σ im Kreis der parallelgeschalteten Diode D 1 am Thyristor T 1 ein Sperrspannungsverlauf, der etwa der in Bild **193.**1c gestrichelt eingezeichneten Linie entspricht. Der tatsächliche Verlauf der Sperrspannung hängt vom Wert und von der räumlichen Verteilung der Streuinduktivität im Parallelkreis stark ab.

Für die Berechnung der zur Verfügung stehenden Schonzeit Δt soll angenommen werden, daß die Sperrspannung am Thyristor im Zeitpunkt t_3, d.h. im Scheitelwert des Löschstromstoßes, ihre Richtung bereits wieder umkehrt. Dann erhält man aus Gl. (193.2) und (194.1) für die **Schonzeit**

$$\Delta t = t_3 - t_2 = \sqrt{L_k\, C_k}\left(\frac{\pi}{2} - \arcsin \frac{\sqrt{\frac{L_k}{C_k}}\, I_2}{U_{C1}}\right) = \sqrt{L_k\, C_k}\ \arccos \frac{\sqrt{\frac{L_k}{C_k}}\, I_2}{U_{C1}} \tag{194.2}$$

Die Gl. (193.1) und (194.2) stellen **Dimensionierungsvorschriften** für den erforderlichen **Löschkondensator** C_k und die **Reihenkommutierungsdrossel** L_k dar. Definiert man in Analogie zu Gl. (191.2) auch beim Löschvorgang mit Reihenkommutierungsdrosseln einen **Überschwingfaktor**

$$\beta = \frac{\hat{i}_C}{I_{2\,max}} \tag{194.3}$$

so erhält man aus Gl. (194.2) für die Schonzeit Δt die Beziehung

$$\Delta t = \sqrt{L_k\, C_k}\ \arccos \frac{I_2}{\beta\, I_{2\,max}} \tag{194.4}$$

Damit der größte vorkommende Laststrom $I_{2\,max}$ noch unterbrochen werden kann, muß der Scheitelwert $\hat{i}_C$ des Löschkondensators größer als dieser Strom sein, d.h. der Überschwingfaktor muß $\beta > 1$ sein. Die **kleinste Schonzeit** Δt_{min} tritt wieder bei $I_2 = I_{2\,max}$ auf

$$\Delta t_{min} = \sqrt{L_k\, C_k}\ \arccos \frac{1}{\beta} = C_k\, \frac{U_{C1}}{\beta\, I_{2\,max}}\ \arccos \frac{1}{\beta} = L_k\, \frac{\beta\, I_{2\,max}}{U_{C1}}\ \arccos \frac{1}{\beta} \tag{194.5}$$

Aus dieser Gleichung erhält man durch Umformen die Dimensionierungsgleichungen für die Kapazität des **Kommutierungskondensators**

$$C_k = \frac{\beta\, I_{2\,\mathrm{max}}\, \Delta t_{\mathrm{min}}}{U_{C1}\, \mathrm{arc\, cos}\, \dfrac{1}{\beta}} \qquad (195.1)$$

und für die Induktivität der **Reihenkommutierungsdrossel**

$$L_k = \frac{U_{C1}\, \Delta t_{\mathrm{min}}}{\beta\, I_{2\,\mathrm{max}}\, \mathrm{arc\, cos}\, \dfrac{1}{\beta}} \qquad (195.2)$$

Diese Gleichungen sind in bezogener Darstellung in Bild **195.1** wiedergegeben. Auch hier ergeben sich, abhängig vom gewählten Überschwingfaktor β, einander zugehörige Wertepaare für C_k und L_k. Für den Kommutierungskondensator C_k tritt ein Minimum mit dem zugehörigen Überschwingfaktor

$$\beta \cos \frac{1}{\sqrt{\beta^2 - 1}} = 1 \qquad (195.3)$$

auf. Gl. (195.3) ergibt für den Überschwingfaktor $\beta \approx 1{,}5$. Für diesen Wert von β liefern die Kurven in Bild **195.1** das Wertepaar

$$\frac{\beta}{\mathrm{arc\, cos}\, 1/\beta} = 1{,}79 \quad \text{und} \quad \frac{1}{\beta\, \mathrm{arc\, cos}\, 1/\beta} = 0{,}79$$

Mit Hilfe dieser Zahlen können bei gegebenen Strom- und Spannungswerten die für eine Löschschaltung mit Reihenkommutierungsdrossel erforderlichen Kondensatoren und Kommutierungsdrosseln berechnet werden.

Ein Vergleich der Diagramme in Bild **192.1** und **195.1** zeigt, daß bei der Reihenkommutierungsdrossel größere Löschkondensatoren benötigt werden, während sich für die Kommutierungsdrosseln bei beiden Schaltungen etwa die gleichen Werte ergeben. Das gilt selbstverständlich nur, solange die bei der Ableitung der Gl. (194.2) für die Schonzeit gemachte Voraussetzung gilt, daß diese nur bis zum Scheitelwert des Löschstromstoßes gerechnet werden kann.

Sobald der Strom im Löschkondensator im Zeitpunkt t_4 kleiner als der Laststrom I_2 wird, erlischt der Strom in der antiparallelen Diode D 1. Die Rückstromdiode D 4 beginnt einen Teil des Laststromes zu übernehmen,

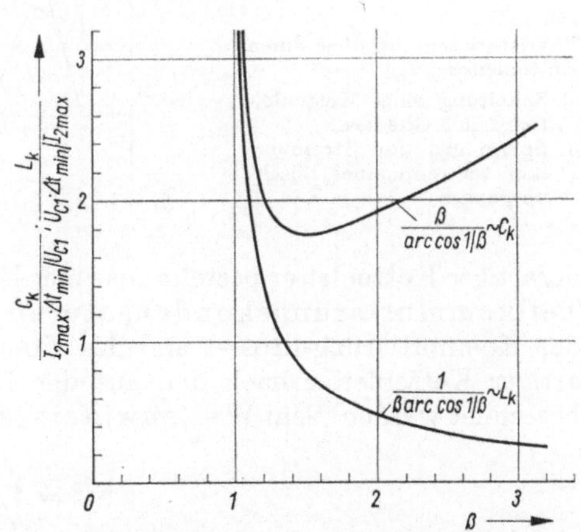

195.1 Erforderlicher Löschkondensator C_k und erforderliche Kommutierungsreihendrossel L_k in Abhängigkeit vom Überschwingfaktor β; $\beta = i_C / I_{2\mathrm{max}}$

bis im Zeitpunkt t_5 diese letzte Kommutierungsstufe abgeschlossen ist. Dabei lädt sich der Kommutierungskondensator um Δu_C höher als die Gleichspannung U_d auf. Der Betrag dieser sich im eingeschwungenen Betrieb einstellenden Überspannung Δu_C wird von der Dämpfung des Löschkreises bestimmt.

Löschvorgang mit Kettenleiter. Der Löschstrom kann anstatt mit den bisher behandelten Querdrosseln bzw. Reihenkommutierungsdrosseln in konzentrierter Bauweise auch durch einen Kettenleiter begrenzt werden (s. Bild **196.1**). Ein

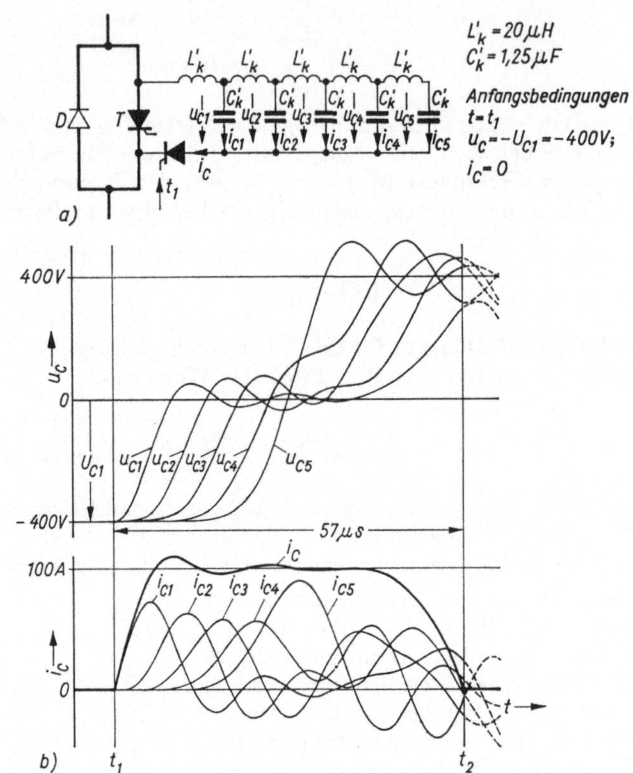

196.1
Thyristorlöschung über einen Kettenleiter
a) Schaltung eines Kettenleiters mit 5 Gliedern
b) Spannungs- und Stromverlauf während eines Löschvorganges

derartiger Kettenleiter besteht aus einer Reihe von Teilinduktivitäten L'_k und Teilkommutierungskondensatoren C'_k. Bei genügend feiner Unterteilung der Kommutierungsdrossel und des Kommutierungskondensators kann ein derartiger Kettenleiter nach den aus der Leitungstheorie bekannten Gleichungen berechnet werden. Sein Wellenwiderstand Z ist bekanntlich

$$Z = \sqrt{\frac{L'_k}{C'_k}} \tag{196.1}$$

Bei einer Aufladung aller Teilkapazitäten C'_k auf die Anfangsspannung U_{C1} liefert ein solcher Kettenleiter bei Kurzschluß der Eingangsanschlüsse einen angenähert rechteckförmigen Stromblock definierter Amplitude und Dauer. Die Amplitude des Stromblockes kann aus der Anfangsspannung und dem Wellenwiderstand bestimmt werden:

$$\hat{i}_C = \frac{U_{C1}}{Z} = \frac{U_{C1}}{\sqrt{L'_k/C'_k}} \qquad (197.1)$$

Die Laufzeit Δt erhält man bei n gleichen Gliedern des Kettenleiters aus der Beziehung

$$\Delta t = 2\, n\, \sqrt{L'_k\, C'_k} \qquad (197.2)$$

Die Gl. (197.1) und (197.2) gelten um so genauer, je feiner der Kettenleiter in einzelne Teilglieder unterteilt ist. Um die Löschung des Thyristors T sicher zu gewährleisten, müssen der Scheitelwert des Löschstromes $\hat{i}_C > I_{2\,max}$ und die Laufzeit Δt größer als die Freiwerdezeit sein. Durch Umformen von Gl. (197.1) und (197.2) ergeben sich für C'_k und L'_k die Dimensionierungsgleichungen

$$n\, C'_k = \frac{\hat{i}_C\, \Delta t}{2\, U_{C1}} \qquad (197.3)$$

und
$$n\, L'_k = \frac{U_{C1}\, \Delta t}{2\, \hat{i}_C} \qquad (197.4)$$

Mit Hilfe dieser Gleichungen können die Einzelglieder des Kettenleiters berechnet werden.

Nach Gl. (197.3) ist die erforderliche Gesamtkapazität $n\, C'_k$ beim Kettenleiter nur halb so groß wie bei einem Gleichstrompulswandler mit konzentriertem Löschkondensator. Dabei muß jedoch berücksichtigt werden, daß beim Kettenleiter $\hat{i}_C > I_{2\,max}$ ist und daß außerdem aus Gründen, auf die hier nicht näher eingegangen werden soll, nicht die ganze Laufzeit des Kettenleiters als Schonzeit am Thyristor zur Verfügung steht.

Zur Veranschaulichung der Vorgänge sind in Bild **196.1** b für einen Kettenleiter mit fünf Gliedern Spannungs- und Stromverlauf an den einzelnen Teilkondensatoren C'_k aufgezeichnet. Der zeitliche Verlauf der Kondensatorströme und -spannungen i_C und u_C während eines Löschvorganges für Bild **196.1** wurde mit einer elektronischen Rechenmaschine berechnet.

5.3.3. Spannungssteuerung und Kurvenformverbesserung

Für viele Anwendungen besteht die Forderung, den Betrag der vom Wechselrichter abgegebenen Spannung zu ändern. Beispielsweise verlangt der Betrieb von Drehfeldmaschinen über Umrichter mit veränderlicher Frequenz an den Maschinen Klemmenspannungen, die mit steigender Frequenz etwa linear anwachsen, worauf in Abschn. 6.2 noch näher eingegangen wird. Zur Steuerung der vom Umrichter mit Zwangskommutierung abgegebenen Wechselspannung lassen sich verschiedene Verfahren anwenden. Die Spannungssteuerung kann

> auf der Gleichstromseite,
> im Wechselrichter selbst oder
> auf der Wechselstromseite

vorgenommen werden.

Bei dem ersten Verfahren wird die Spannung des Gleichstromzwischenkreises geändert. Das zweite Verfahren beruht darauf, daß die abgegebene Spannung im Wechselrichter selbst durch Anschnittsteuerung oder Pulsverfahren beeinflußt wird. Bei dem dritten Verfahren wird die abgegebene Wechselspannung umgeformt und zwar entweder über Transformatoren mit verstellbarem Übersetzungsverhältnis oder durch Reihenschaltung mehrerer Wechselrichterspannungen, deren Phasenlage zueinander durch entsprechende Verschiebung der steuernden Größen geändert werden kann. Die aufgeführten Verfahren sollen jetzt einzeln behandelt werden.

Gleichstromzwischenkreis. Abgesehen von Sonderfällen, in denen ein Wechselrichter mit Zwangskommutierung aus einer Akkumulatorenbatterie betrieben wird, muß die Gleichstromversorgung für den Wechselrichter aus dem Wechselstrom- bzw. Drehstromnetz über einen Gleichstromzwischenkreis gebildet werden. In Bild **198.**1 sind verschiedene Möglichkeiten zur Speisung des Gleichstromzwischenkreises aus einem Drehstromnetz dargestellt.

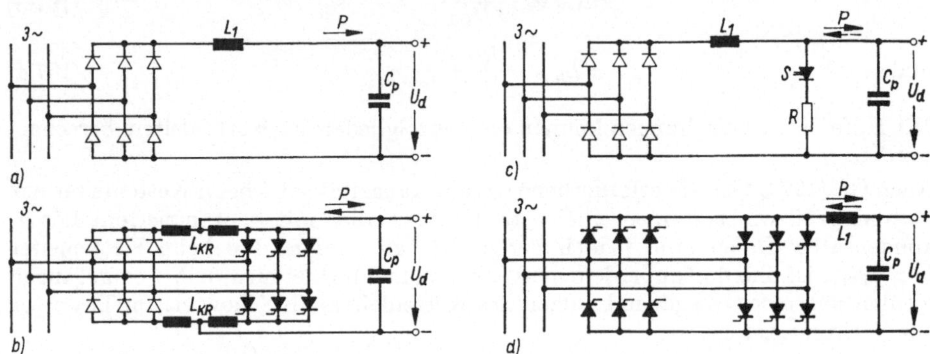

198.1 Verschiedene Möglichkeiten zur Speisung des Gleichstromzwischenkreises
    a) ungesteuerter Gleichrichter (nur eine Energierichtung)
    b) ungesteuerter Gleichrichter mit antiparallelem Wechselrichter
    c) ungesteuerter Gleichrichter mit pulsgesteuertem Ballastwiderstand
    d) Umkehrstromrichter (Spannung U_d veränderlich)

1. Die einfachste Ausführung zeigt Bild **198.**1 a. Hier wird der Gleichstromzwischenkreis über einen ungesteuerten Gleichrichter gespeist. Da ein ungesteuerter Gleichrichter Energie nur in einer Richtung vom Drehstromnetz an den Gleichstromzwischenkreis zu liefern vermag, kann bei dieser Art der Speisung der Wechselrichter Energie bzw. Leistung P nur an die Belastung abgeben, während Rückarbeit von der Lastseite über den Wechselrichter an den Gleichstromzwischenkreis nicht möglich ist.

2. Eine derartige Rückarbeit wird erst möglich, wenn, wie in Bild **198.**1 b, dem ungesteuerten Gleichrichter ein netzgeführter Wechselrichter für die entgegengesetzte Stromrichtung parallel geschaltet wird. Dieser netzgeführte Wechselrichter übernimmt dann die Stromführung über den Gleichstromzwischenkreis an das Drehstromnetz. Wegen des Kreisstromes muß in diesem Fall der ungesteuerte Gleichrichter über einen Spartransformator angeschlossen werden, was der Einfachheit wegen in Bild **198.**1 b nicht eingezeichnet wurde. In vielen Anwendungsfällen tritt Rückarbeit nur vorübergehend auf. Außerdem wird oft nur ein Teil der Ge-

samtleistung zurückgespeist, weil auf der Lastseite und im Umrichter selbst Verluste auftreten, die einen Teil der rückzuführenden Energie aufzehren. Aus diesem Grund braucht der netzgeführte Wechselrichter nur für einen von den Anwendungsbedingungen abhängigen Bruchteil der Nennleistung ausgelegt zu werden.

3. Eine weitere Möglichkeit zur kurzzeitigen Energieaufnahme des Gleichstromzwischenkreises zeigt die Schaltung in Bild **198.**1c; hier wird ein **Ballastwiderstand** R im Bedarfsfall mit Hilfe eines löschbaren Thyristorschalters S zugeschaltet. In diesem Ballastwiderstand kann dann die von der Last über den Umrichter an den Gleichstromzwischenkreis zurückgespeiste Energie in Wärme verwandelt werden. Der löschbare Thyristorschalter S wird betätigt, sobald die Spannung im Gleichstromzwischenkreis infolge des Rückstromes auf den Pufferkondensator C_p über einen bestimmten einstellbaren Wert ansteigt.

Die Schaltung mit pulsgesteuertem Ballastwiderstand eignet sich besonders für Anwendungen, bei denen Rückarbeit — beispielsweise zum Abbremsen eines Motors — nur kurzzeitig auftritt. In solchen Fällen kann man den Energieverlust im Ballastwiderstand in Kauf nehmen.

4. Die Schaltungen nach Bild **198.**1a bis c gestatten wegen des ungesteuerten Gleichrichters keine Steuerung der Spannung U_d im Gleichstromzwischenkreis. Wird eine verstellbare Gleichspannung U_d benötigt, so muß ein **steuerbarer Gleichrichter** zur Speisung des Gleichstromzwischenkreises verwendet werden (s. Bild **198.**1d). Auch hier ist ein antiparalleler netzgeführter Wechselrichter erforderlich, wenn für den Gleichstromzwischenkreis Rückarbeitsfähigkeit verlangt wird. Die Spannung U_d des Gleichstromzwischenkreises kann bei dieser Schaltung durch **Anschnittsteuerung** des Umkehrstromrichters verändert werden (s. Abschn. 4.2).

In allen Fällen wird ein **Pufferkondensator** C_p im Gleichstromzwischenkreis benötigt. Dieser Pufferkondensator ermöglicht die auf der Gleichstromseite stattfindenden Kommutierungsvorgänge, die mit schnellen Stromänderungen auf der Gleichstromseite verbunden sind. Der Pufferkondensator C_p wird dabei nur mit **Oberschwingungsströmen** beansprucht. Beispielsweise treten bei einem Wechselrichter in Dreiphasen-Brückenschaltung, die eine sechspulsige Schaltung darstellt, im Pufferkondensator die 6. Oberschwingung der Arbeitsfrequenz des Wechselrichters und noch höhere Harmonische auf. Die **Grundschwingungsblindleistung** wird im Wechselrichter selbst zwischen den einzelnen Phasen ausgetauscht und erscheint **nicht** am Pufferkondensator. Der Pufferkondensator dient natürlich auch zur Glättung der Oberwelligkeit der Gleichrichterspannung. Zur Verbesserung dieser Glättung kann es insbesondere bei Anschnittsteuerung günstig sein, eine Vordrossel L_1 zwischen Gleichrichter und Pufferkondensator vorzusehen.

Die Steuerung der Ausgangsspannung des Wechselrichters durch **Änderung der Spannung im Gleichstromzwischenkreis** bietet den Vorteil, daß die Kurvenform der Wechselrichterspannung bei Spannungsänderungen erhalten bleibt und Schwankungen der Versorgungsspannung im Gleichstromzwischenkreis ausgeglichen werden können. Probleme ergeben sich bei diesem Verfahren der Spannungssteuerung jedoch dadurch, daß bei den meisten Wechselrichterschaltungen die für den Kommutierungsvorgang am Löschkondensator zur Verfügung stehende Spannung der Gleichspannung U_d proportional ist. Dadurch treten bei weiter Herabsetzung der Gleichspannung U_d im Wechselrichter Kommutierungsschwierigkeiten auf. Damit auch bei relativ kleinen Teilspannungen im Gleichstromzwischenkreis der volle Laststrom gelöscht werden kann, müssen dann die Kommutierungseinrichtungen überdimensioniert werden. Eine andere Möglichkeit besteht darin, die Löschkondensatoren laststromabhängig oder über eine vom Gleichstromzwischenkreis unabhängige Fremdspannung aufzuladen [B 19]. Ein Nachteil der Spannungssteuerung im Gleichstromzwischenkreis besteht darin, daß durch die Anschnittsteuerung des netzgeführten Gleichrichters im speisenden Drehstromnetz ein schlechter Verschiebungsfaktor $\cos\varphi < 1$ auftritt, und daß im Gleichstromzwischenkreis außerdem höhere Oberschwingungen erzeugt werden. Dieser Nachteil läßt sich vermeiden, wenn zur Spannungssteuerung im Gleichstromzwischenkreis die Anschnittsteuerung vermieden und durch einen Stelltransformator vor einem ungesteuerten Gleichrichter ersetzt wird.

Anschnittsteuerung im Wechselrichter. Die zweite Möglichkeit zur Steuerung der Wechselrichterausgangsspannung besteht in der Beeinflussung dieser Spannung im Wechselrichter selbst. Dabei läßt sich — ähnlich wie bei der Anschnittsteuerung durch Zündverzögerung bei netzgeführten Stromrichtern — die Breite der vom Wechselrichter mit Zwangskommutierung gebildeten rechteckförmigen Spannungsblöcke durch Verkürzung der Zünddauer bzw. durch phasenverschobene

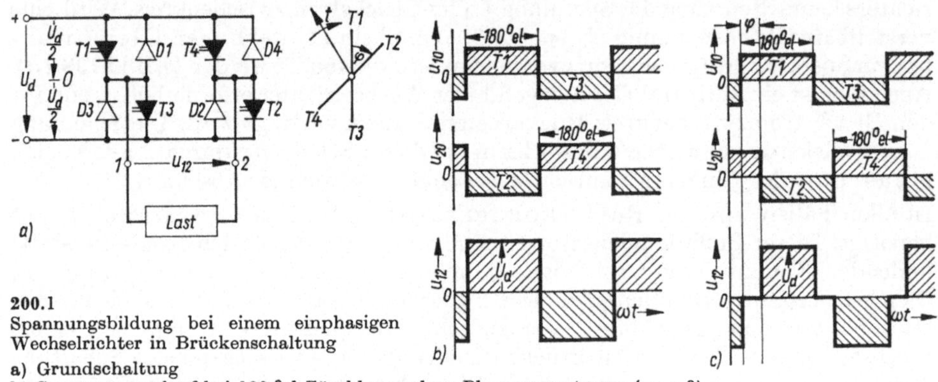

200.1
Spannungsbildung bei einem einphasigen Wechselrichter in Brückenschaltung

a) Grundschaltung
b) Spannungsverlauf bei 180 °el Zünddauer ohne Phasenversetzung ($\varphi = 0$)
c) Spannungssteuerung durch Phasenversetzung φ

Zündung entsprechender Wechselrichterzweige verändern. Man kann somit bei diesem Verfahren auch beim Wechselrichter mit Zwangskommutierung von einer Anschnittsteuerung sprechen. Durch die Verkürzung der Spannungsblöcke wird die abgegebene Spannung verringert. Leider treten dabei mit zunehmender Herabsteuerung gleichzeitig die Oberschwingungen gegenüber der Grundschwingung in der Ausgangsspannung mehr und mehr in den Vordergrund.

Bild **200.**1 zeigt die Spannungsbildung bei einem einphasigen Wechselrichter in Brückenschaltung. Zunächst wird angenommen, daß die Thyristorpaare T 1 und T 2 bzw. T 3 und T 4 gleichzeitig gezündet werden, und zwar abwechselnd im Takt der Arbeitsfrequenz jeweils für die Dauer von 180 °el. Dann ergibt sich mit

$$u_{12} = u_{10} - u_{20} \tag{200.1}$$

für die Wechselspannung u_{12} an der Last der im Bild **200.**1 b gezeigte rechteckförmige Verlauf mit 180 °el Blockbreite. Verschiebt man die Aussteuerung des Thyristors T 2

gegenüber dem Thyristor T 1 bzw. des Thyristors T 4 gegenüber dem Thyristor T 3
um den Winkel φ, so verkürzt sich der Wechselspannungsblock an der Last um den
Winkel φ auf die Breite 180 °el $- \varphi$ (s. Bild **200.1** c). Mit zunehmender Vergrößerung
des Phasenwinkels φ verkürzt sich also der Spannungsblock, bis er bei $\varphi = 180$ °el
ganz verschwindet. Da hierbei, wie später in Bild **203.**1 noch gezeigt wird, die Oberschwingungen in der Wechselrichterspannung u_{12} gegenüber der Grundschwingung
immer mehr zunehmen, eignet sich dieses einfache Verfahren der Anschnittsteuerung nur für einen begrenzten Spannungsstellbereich.

Die Spannungsbildung bei einem Wechselrichter in Dreiphasen-Brückenschaltung zeigt Bild **201.1**. Zündet man die Thyristoren T 1 bis T 6 in der in

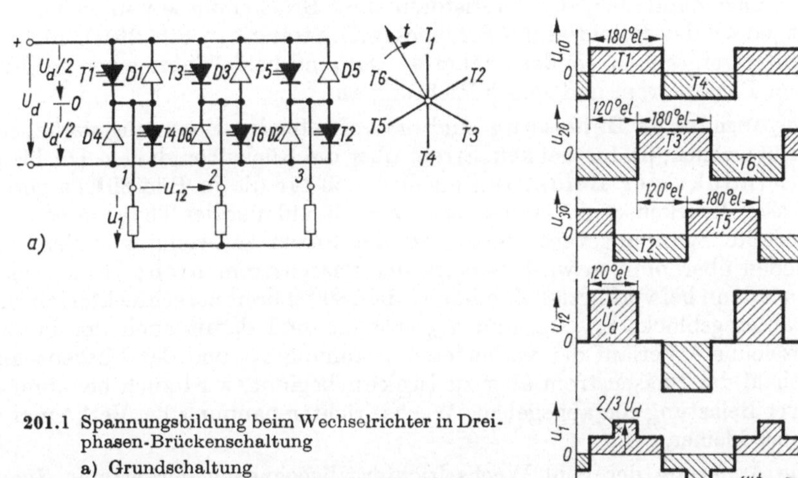

201.1 Spannungsbildung beim Wechselrichter in Dreiphasen-Brückenschaltung

a) Grundschaltung
b) Spannungsverlauf bei 180 °el Zünddauer

Bild **201.1** a, rechts dargestellten zeitlichen Reihenfolge für jeweils 180 °el, so ergibt
sich der in Bild **201.1** b gezeichnete Spannungsverlauf. Die verkettete Spannung u_{12}
an der Last, für die ebenfalls die Gl. (200.1) gilt, besteht beim Wechselrichter in
Dreiphasen-Brückenschaltung bei 180 °el Zünddauer also aus 120 °el breiten Span-
nungsblöcken. Entsprechend können die beiden anderen verketteten Wechselspannungen u_{23} und u_{31} mit Hilfe der Beziehungen

$$u_{23} = u_{20} - u_{30} \tag{201.1}$$

und
$$u_{31} = u_{30} - u_{10} \tag{201.2}$$

bestimmt werden. Allgemein gilt für die drei verketteten Spannungen

$$u_{12} + u_{23} + u_{31} = 0 \tag{201.3}$$

Bei symmetrischer Belastung können die Phasenspannungen u_1, u_2 und u_3 aus
den verketteten Spannungen gebildet werden:

$$u_1 = \frac{1}{3}\,(u_{12} - u_{31}) = u_{10} - \frac{1}{3}\,(u_{10} + u_{20} + u_{30}) \tag{201.4}$$

$$u_2 = \frac{1}{3}\,(u_{23} - u_{12}) = u_{20} - \frac{1}{3}\,(u_{10} + u_{20} + u_{30}) \tag{202.1}$$

$$u_3 = \frac{1}{3}\,(u_{31} - u_{23}) = u_{30} - \frac{1}{3}\,(u_{10} + u_{20} + u_{30}) \tag{202.2}$$

Beispielsweise erhält man für die Phasenspannung u_1 den in Bild **201.**1 b unten gezeichneten treppenförmigen Verlauf mit den beiden Spannungsstufen $U_\mathrm{d}/3$ bzw. $2\,U_\mathrm{d}/3$ (s. Oszillogramm in Bild **186.**1 b).

Auch beim dreiphasigen Wechselrichter kann man die abgegebene Wechselspannung durch Verkürzung der Zünddauer für die einzelnen Thyristoren herabsetzen. Bei einer Zünddauer der Thyristoren einer Brückenphase von weniger als 180 °el ist jedoch das Potential des Stranges (z. B. Strang 1 in Bild **201.**1) nicht mehr eindeutig vorgegeben, sondern hängt — während beide Thyristoren gesperrt sind — vom Phasenstrom und seiner Richtung ab.

Bei ohmscher Belastung sind die auftretenden Spannungsverhältnisse leicht zu übersehen, da hierbei kein Strom über die Rückstromdioden D 1 bis D 6 fließt. Bei induktiver Belastung ergeben sich für die in Bild **201.**1 a gezeigte Dreiphasen-Brückenschaltung bei verkürzter Zünddauer der Thyristoren insofern verwickelte Spannungsverhältnisse, als der Strom zeitweilig von den Rückstromdioden übernommen wird. Solange der Phasenstrom nicht lückt, bleiben aber auch dann bei verkürzter Zünddauer die 180 °el breiten rechteckförmigen Wechselspannungsblöcke u_{10}, u_{20} und u_{30} erhalten und damit auch der in Bild **201.**1 b gezeichnete Verlauf der verketteten Spannung u_{12} und der Phasenspannung u_1. Sobald der Phasenstrom aber zu lücken beginnt, wird auch bei ohmisch-induktiver Belastung die abgegebene Wechselrichterspannung bei Verkürzen der Zünddauer kleiner.

Die Änderung der vom Wechselrichter abgegebenen verketteten Spannung u_{12} infolge der Verkürzung der Zünddauer ist in Bild **203.**1 dargestellt. Dieses Bild zeigt die in der Spannung u_{12} enthaltenen Grund- und Oberschwingungen, abhängig von der Zünddauer. Die Amplituden $\hat{u}_\nu$ der Grund- und Oberschwingungen können durch eine Fourier-Entwicklung der jeweiligen vom Wechselrichter gebildeten treppenförmigen Spannungsform ermittelt werden.

Für eine rechteckförmige Wechselspannung mit 180 °el-Blockbreite und der Amplitude U_d führt eine Fourier-Analyse auf die Gleichung

$$u(\omega t) = U_\mathrm{d}\,\frac{4}{\pi}\left(\sin\omega t + \frac{1}{3}\sin 3\,\omega t + \frac{1}{5}\sin 5\,\omega t + \frac{1}{7}\sin 7\,\omega t + \cdots\right) \tag{202.3}$$

Gl. (202.3) zeigt, daß die Amplituden der Oberschwingungen mit wachsender Ordnungszahl ν um den Faktor $1/\nu$ abnehmen. Für eine rechteckförmige Wechselspannung mit der Blockbreite $180°\mathrm{el} - \varphi$ (s. Bild **200.**1 c) führt die Fourier-Entwicklung auf die Gleichung

$$u(\omega t) = U_\mathrm{d}\,\frac{4}{\pi}\left(\cos\frac{\varphi}{2}\sin\omega t + \frac{1}{3}\cos 3\,\frac{\varphi}{2}\sin 3\omega t + \frac{1}{5}\cos 5\,\frac{\varphi}{2}\sin 5\omega t + \right.$$
$$\left. + \frac{1}{7}\sin 7\,\frac{\varphi}{2}\sin 7\omega t + \ldots\right) \tag{202.4}$$

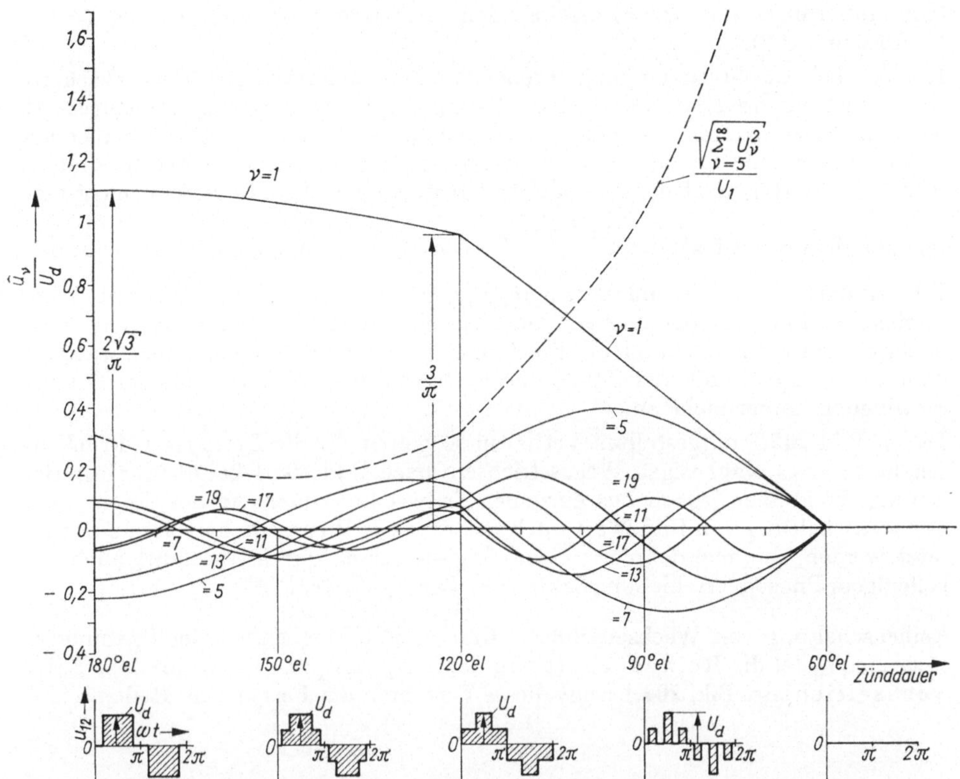

203.1 Grund- und Oberschwingungen der verketteten Spannung u_{12} eines Wechselrichters in Dreiphasen-Brückenschaltung in Abhängigkeit von der Zünddauer bei ohmscher Belastung

Nach dieser Gleichung erhält man beispielsweise für 120 °el breite Wechselspannungsblöcke als Scheitelwert der Grundschwingung

$$\hat{u}_1 = \frac{4}{\pi} \cos 30° \, U_\mathrm{d} = \frac{2\sqrt{3}}{\pi} \, U_\mathrm{d} = 1{,}1 \, U_\mathrm{d} \tag{203.1}$$

Für den Effektivwert ergibt sich also

$$U_1 = \frac{2}{\pi} \sqrt{\frac{3}{2}} \, U_\mathrm{d} = 0{,}78 \, U_\mathrm{d} \tag{203.2}$$

Mit dem Faktor 0,78 kann man bei gegebener Spannung U_d des Gleichstromzwischenkreises die maximal abgebbare verkettete Wechselrichterspannung berechnen, wobei allerdings zusätzlich die auftretenden Spannungsabfälle berücksichtigt werden müssen. Diese Spannungsabfälle setzen sich aus der Durchlaßspannung der Thyristoren und Dioden, aus ohmschen Spannungsabfällen im Gleichstromzwischenkreis, im Wechselrichter und auf den Zuleitungen sowie aus induktiven Spannungsabfällen, die an den Reaktanzen im Wechselrichter und auf den Wechselstromleitungen auftreten, zusammen. Insbesondere

Kommutierungs- und Querdrosseln rufen induktive Spannungsverluste hervor (s. Abschn. 6.2.2).

Die sich bei Anschnittsteuerung ergebenden Treppenkurven der Wechselrichterspannung können aus einzelnen rechteckförmigen Teilspannungen zusammengesetzt werden, deren Grund- und Oberschwingungen sich nach Gl. (202.4) berechnen lassen. Die so für Grund- und Oberschwingungen berechneten Werte sind in Bild **203.**1 in Abhängigkeit von der Z ü n d d a u e r angegeben. In diesem Diagramm ist außerdem der Effektivwert $\sqrt{\sum_{\nu=5}^{\infty} U_\nu^2}$ aller Oberschwingungen, bezogen auf den Effektivwert U_1 der Grundschwingung, gestrichelt eingezeichnet. Dieser Wert erreicht bei 150 °el Zünddauer ein Minimum und steigt bei Verkürzung der Zünddauer unter 120 °el sehr rasch an. Die Amplituden der Oberschwingungen wachsen dann mit kleiner werdender Zünddauer im Verhältnis zur Amplitude der Grundschwingung immer mehr an.

Die in Bild **203.**1 dargestellten Verhältnisse gelten für die Dreiphasen-Brückenschaltung eines einphasigen Wechselrichters nach Bild **201.**1 bei o h m s c h e r Belastung. Es können jedoch aus einzelnen Teilwechselrichtern in der einphasigen Brückenschaltung von Bild **200.**1 auch mehrphasige Wechselrichter zusammengesetzt werden, die eine definierte Spannungssteuerung durch Anschnitt auch bei beliebigem Phasenverschiebungsfaktor der Last gestatten.

Reihenschaltung von Wechselrichtern. Eine andere Möglichkeit der Spannungssteuerung bietet die R e i h e n s c h a l t u n g der Ausgangsspannungen einzelner T e i l wechselrichter. Bild **204.**1 zeigt dieses Verfahren am Beispiel der Reihenschal-

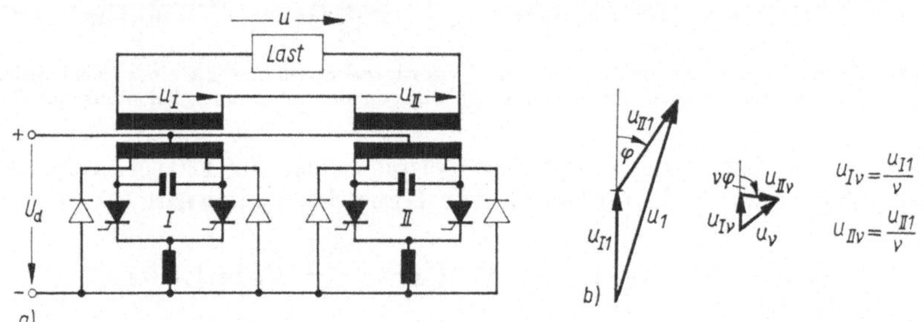

204.1 Spannungssteuerung durch Reihenschaltung von zwei Wechselrichtern mit Phasenversetzung
   a) Schaltung
   b) Zeigerdiagramm der Spannungen für Grund- und Oberschwingungen

tung zweier einphasiger Parallelwechselrichter I und II. Werden beide Teilwechselrichter in demselben Takt gesteuert, so addieren sich die Ausgangsspannungen u_I und u_II ohne Spannungsverluste. Bei p h a s e n v e r s c h o b e n e r A u s s t e u e r u n g des Teilwechselrichters II ergibt die sich in Bild **200.**1 c gezeigte Spannungsbildung an der Last.

Man kann die Summierung der Teilspannungen u_I und u_II auch mit Hilfe von Z e i g e r d i a g r a m m e n darstellen, wobei jedoch für die Grundschwingung und jede

auftretende Oberschwingung ein besonderes Diagramm gezeichnet werden muß.
Die Zeigerdiagramme sind in Bild **204.**1 b für die Grundschwingung u_1 und eine
Oberschwingung u_ν gezeichnet. Nach Gl. (202.4) beträgt die Amplitude der ν-ten
Oberschwingung

$$\hat{u}_\nu = \frac{\hat{u}_1}{\nu} \cdot \frac{\cos \nu \dfrac{\varphi}{2}}{\cos \dfrac{\varphi}{2}} \qquad (205.1)$$

Bei einer Phasenverschiebung um den Winkel φ ergibt sich für das Vektordiagramm
der ν-ten Oberschwingung eine Drehung um den Winkel $\nu\,\varphi$.
Die Spannungssteuerung durch phasenversetzte Summierung der Ausgangsspannungen mehrerer Teilwechselrichter kann auch bei mehrphasigen Schaltungen
Anwendung finden. Der Nachteil sowohl dieses Verfahrens wie auch allgemein der
Anschnittsteuerung besteht darin, daß bei Teilaussteuerung alle Wechselrichterzweige bezüglich Spannung und Strom voll beansprucht bleiben und der Ober-
schwingungsgehalt der Ausgangsspannung mit zunehmender Herabsteuerung stark
zunimmt.

Pulssteuerung. Das beim Gleichstrompulswandler beschriebene Pulsverfahren kann
auch beim Wechselrichter mit Zwangskommutierung zur Steuerung der Ausgangsspannung verwendet werden [5.18; 5.20]. Das Prinzip einer derartigen Spannungssteuerung nach dem Pulsverfahren besteht darin, die löschbaren Thyristoren in den
einzelnen Wechselrichterzweigen während einer Halbperiode der Arbeitsfrequenz
m e h r m a l s z u - u n d a b z u s c h a l t e n, wodurch der Mittelwert der abgegebenen
S p a n n u n g abhängig vom E i n s c h a l t v e r h ä l t n i s stufen loseingestellt werden
kann.

Dieses Prinzip der Pulssteuerung eines Wechselrichters soll mit Hilfe von Bild **205.**1
näher erläutert werden. Dieses Bild zeigt verschiedene mögliche Schaltzustände
eines Wechselrichters in Dreiphasen-Brückenschaltung. Im Fall a sei angenommen,
daß die beiden Thyristoren T 1 und T 2 gezündet sind. Dann liegt die Gleichspannung U_d als treibende Spannung an den Phasen 1 und 3 der Last, in die der Strom
vom Gleichstromzwischenkreis über die Thyristoren T 1 und T 2 fließt. Löscht
man den Thyristor T 2, so fließt bei induktiver Lastkomponente der Laststrom

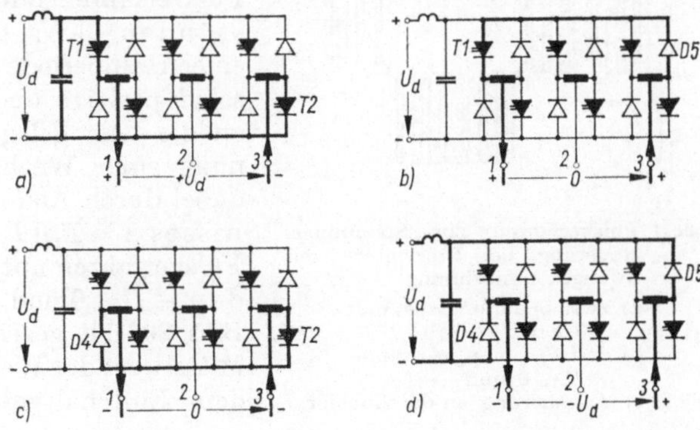

205.1
Verschiedene Schaltzustände eines
Wechselrichters
a) treibende Spannung
b) und c) Freilauf
d) Gegenspannung

über den Thyristor T 1 und die Rückstromdiode D 5 zunächst im Freilauf weiter, wobei an den Lastanschlüssen 1 und 3 die Spannung Null auftritt; dieser Zustand ist in Bild **205.**1 b dargestellt. Entsprechend fließt der Laststrom im Freilauf über den Thyristor T 2 und die Rückstromdiode D 4, wenn der Thyristor T 1 gelöscht wird (Fall c). Wird auch der zweite Thyristor noch gelöscht, so muß der Laststrom zunächst über die Rückstromdioden D 4 und D 5 gegen die Spannung U_d in den Gleichstromzwischenkreis zurückfließen. Dabei tritt an den Lastklemmen 1 und 3 eine Gegenspannung $- U_d$ auf; diesen Schaltzustand zeigt Bild **205.**1 d.

Diesen Überlegungen zufolge sind drei Spannungszustände an der Last möglich, und zwar treibende Spannung $+ U_d$, Freilauf mit $U = 0$ und Gegenspannung $- U_d$. Bei treibender Spannung an der Last und Stromführung durch zwei Thyristoren fließt Energie von der Gleichstromseite in die Last. Bei Stromführung eines Thyristors und einer Diode im Freilauf tritt kein Energieaustausch zwischen Last und Gleichstromzwischenkreis auf. Bei Stromführung über zwei Rückstromdioden wird Energie von der Lastseite in den Gleichstromzwischenkreis zurückgeliefert. Daraus lassen sich für die Stromverteilung auf Thyristoren und Dioden folgende Regeln ableiten:

Bei ohmscher Last fließt der Strom nur über die Thyristoren, bei induktiver Last fließt die erste Hälfte der Stromhalbwelle über die Thyristoren, während die zweite Hälfte der Stromhalbwelle von den Rückstromdioden geführt wird. Die Rückstromdioden ermöglichen also die Blindstromlieferung. Bei reiner Energierücklieferung von der Lastseite an den Gleichstromzwischenkreis wird der Strom nur von den Rückstromdioden geführt. Diese Gegebenheiten müssen bei der Auslegung der Thyristoren- und Diodenzweige berücksichtigt werden.

Verschiedene Pulsverfahren zur Spannungssteuerung bei Wechselrichtern mit Zwangskommutierung sind in Bild **206.**1 gegenübergestellt. Bei dem unter a dargestellten Pulsverfahren mit nur zwei Spannungszuständen $+ U_d$ und $- U_d$ werden während einer Halbperiode der Arbeitsfrequenz abwechselnd positive und negative Spannungsblöcke an die Last gelegt. Der Mittelwert der Spannung einer Wechselspannungshalbwelle kann dabei durch Ändern des Einschaltverhältnisses $\lambda = T_1/(T_1 + T_2)$ gesteuert werden. Ein Pulsverfahren mit drei Spannungszuständen $+ U_d$, 0 und $- U_d$ am Verbraucher ist in Bild **206.**1 b gezeichnet. Auch hier kann der Mittelwert der Wechselspannungshalbwelle mit dem Einschaltverhältnis λ verstellt werden.

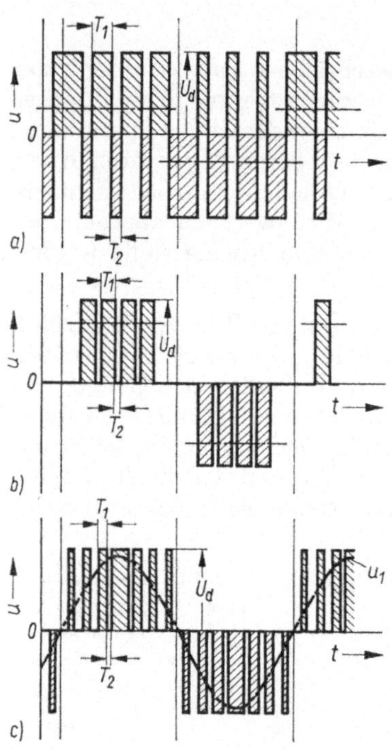

206.1 Pulsverfahren zur Spannungssteuerung bei Umrichtern mit Zwangskommutierung
a) zwei Spannungszustände $+ U_d$ und $- U_d$
b) drei Spannungszustände $+ U_d$, 0 und $- U$
c) Annäherung an die Sinusform

Pulsverfahren mit drei Spannungszuständen $+U_\mathrm{d}$, 0 und $-U_\mathrm{d}$ haben gegenüber solchen mit nur zwei Spannungszuständen $+U_\mathrm{d}$ und $-U_\mathrm{d}$ den Vorteil, daß die Energie nicht unerwünscht zwischen Verbraucher und Gleichstromzwischenkreis pulsiert und daß die Stromänderungen bei Stromabfall langsamer ablaufen.

Eine bessere Annäherung an die sinusförmige Grundschwingung erreicht man mit dem in Bild **206.1**c dargestellten Pulsverfahren, das nicht mit konstantem Einschaltverhältnis arbeitet, sondern die Breite der angelegten Spannungsblöcke dem Verlauf des sinusförmigen Spannungssollwertes anpaßt. Dieses Verfahren ist als Unterschwingungsverfahren bekannt geworden [5.22]. Hierbei treten in der pulsförmigen Wechselspannung an der Last im Idealfall außer der Grundschwingung nur Oberschwingungen der gewählten Pulsfrequenz und noch höherer Ordnungszahlen auf. Somit erhält man bei Induktivitäten auf der Belastungsseite bereits eine sehr gute Annäherung der Stromkurve an die gewünschte Sinusform.

Ein derartiges Pulsverfahren befreit von einem Nachteil, den Stromrichterschaltungen beispielsweise gegenüber Maschinenumformer haben, nämlich dem Vorhandensein von Oberschwingungen niedrigerer Ordnungszahl, das seine Ursache in der gegenüber Maschinen kleineren Phasen- bzw. Pulszahl der Stromrichter hat.

Stromregelung. Man kann die Pulsverfahren auch zu einer direkten Zweipunktregelung des Laststromes ausnutzen. Derartige Zweipunkt-Stromregelungen nach dem Pulsverfahren sind bereits beim Gleichstrompulswandler in Abschn. 5.2.3 beschrieben worden. Nach dem gleichen Verfahren läßt sich auch der Wechselstrom auf der Lastseite eines Wechselrichters auf einen vorgegebenen Sollwert regeln.

Bei einem dreiphasigen Verbraucher kann der Laststrom in jeder der drei Phasen auf einen 120 °el-Rechteckblock vorgegebener Amplitude geregelt werden, wie es das Oszillogramm in Bild **207.1** zeigt. In diesem Oszillogramm ist oben die Phasenspannung u_1 aufgezeichnet. Diese wird nach dem Pulsverfahren durch Zu- und Abschalten der löschbaren Thyristoren in den einzelnen Brückenzweigen so gesteuert, daß der unten im Oszillogramm abgebildete Phasenstrom i_1 innerhalb

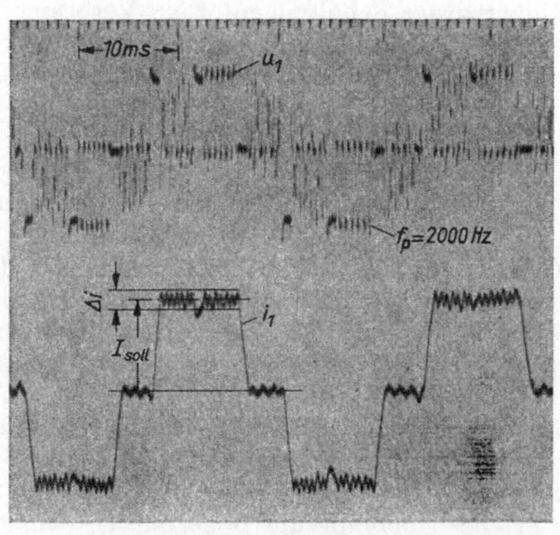

207.1 Oszillogramme der Spannung u_1 und des Stromes i_1 eines Wechselrichters mit Pulssteuerung bei Stromregelung auf einen vorgegebenen Sollwert I_soll

eines Stromintervalls Δi jeweils für etwa 120 °el auf den einstellbaren Stromsollwert I_soll geregelt wird. Hierbei stellt sich die Pulsfrequenz f_p nach dem jeweiligen Betriebszustand frei ein. Sie beträgt bei dem oszillographierten Vorgang maximal 2000 Hz. Die Pulsfrequenz wird wesentlich von den Reaktanzen auf der Verbraucherseite und dem zugelassenen Stromintervall Δi bestimmt.

Anstatt einen rechteckförmigen Stromsollwert vorzugeben, kann man den Strom nach dem Pulsverfahren auch anhand eines sinusförmigen Stromsollwertes regeln. Bild **208.**1 zeigt ein entsprechendes Oszillogramm; hier wurde der Laststrom i nach dem Pulsverfahren auf den sinusförmig vorgegebenen Stromsollwert I_{soll} geregelt. Bei diesem Verfahren stellt sich die pulsförmige Wechselrichterspannung u selbsttätig mit der in Bild **206.**1 c abgebildeten variablen Pulsbreite ein.

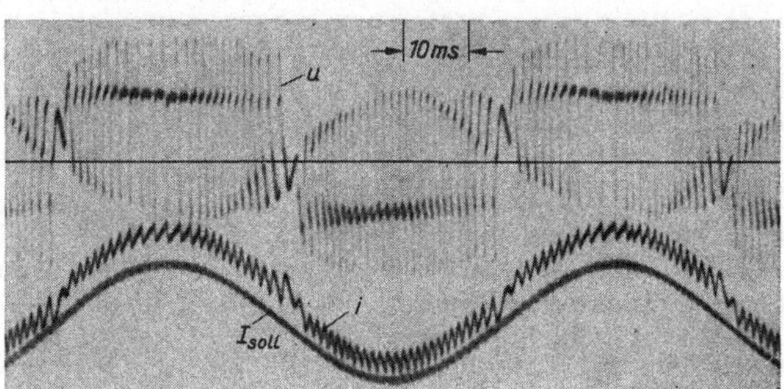

208.1
Stromregelung auf einen sinusförmigen Sollwert nach dem Pulsverfahren

u Wechselrichterspannung
i Laststrom
I_{soll} Stromsollwert

Höherpulsige Schaltungen. Eine Verbesserung der Kurvenform der vom Wechselrichter abgegebenen Wechselspannung kann auch durch Übergang zu höherpulsigen Schaltungen erreicht werden. Dieses Verfahren zur Verminderung der Oberschwingungen wird bei netzgeführten Stromrichtern mit natürlicher Kommutierung häufig angewendet (s. Abschn. 4.1.9). Anstelle der dort üblichen Parallelschaltung netzgeführter Stromrichter, deren Phasen gegeneinander verschoben sind, ist bei Umrichtern mit Zwangskommutierung Parallelschaltung der Ausgangsspannungen nicht ohne weiteres möglich. Das hat seinen Grund darin, daß diese Stromrichter auf der Gleichstromseite keine Glättungsdrossel haben. Die von einem derartigen gleichstromseitig kommutierenden Umrichter erzeugten Wechselspannungen sind daher so starr, daß phasenverschobene Teilspannungen oder Spannungen unterschiedlicher Kurvenform nicht ohne weiteres parallelgeschaltet werden können. Eine Parallelschaltung ist nur über Ausgleichsinduktivitäten möglich, an denen bei phasenverschobenen Spannungen auch ein kleiner Teil der Grundschwingungsspannung liegt. Aus diesem Grunde wendet man bei Stromrichtern mit Zwangskommutierung bei Übergang auf höherpulsige Schaltungen die Reihenschaltung von Teilspannungen an. Auf diese Weise lassen sich treppenförmige Spannungskurven erzeugen, in denen Oberschwingungen niedriger Ordnungszahl (beispielsweise $\nu = 5$ und 7) nicht mehr enthalten sind.

Den Aufbau eines zwölfpulsigen Umrichters durch Reihenschaltung der Ausgangsspannung zweier sechspulsiger Umrichter zeigt Bild **209.**1. Die Ausgangsspannungen u_{I} und u_{II} der beiden sechspulsigen Umrichter I und II sind auf der Wechselstromseite über Transformatoren in Reihe geschaltet. Der Stromrichtertransformator I ist primärseitig im Stern geschaltet, während der Transformator II primärseitig im Dreieck geschaltet ist. Das Windungszahlverhältnis des Transformators I ist N_1/N_2, das des Transformators II $\sqrt{3}\,N_1/N_2$. Durch die unter-

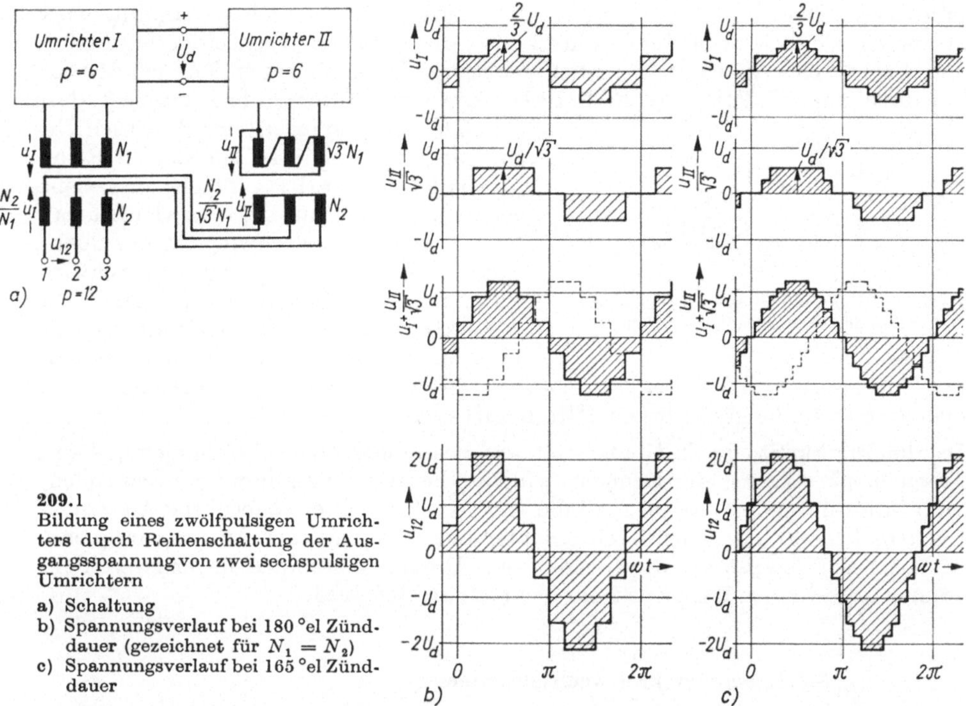

209.1
Bildung eines zwölfpulsigen Umrichters durch Reihenschaltung der Ausgangsspannung von zwei sechspulsigen Umrichtern
a) Schaltung
b) Spannungsverlauf bei 180 °el Zünddauer (gezeichnet für $N_1 = N_2$)
c) Spannungsverlauf bei 165 °el Zünddauer

schiedliche Schaltung der beiden Ausgangstransformatoren ergeben sich auf der Sekundärseite auch Phasenspannungen mit unterschiedlicher Kurvenform, die in Bild **209.**1b für eine Zünddauer der Thyristoren von 180 °el dargestellt sind.

Diese beiden Teilspannungen u_I und $u_\mathrm{II}/\sqrt{3}$ addieren sich auf der Sekundärseite des Stromrichtertransformators zu der in Bild **209.**1b ebenfalls gezeigten treppenförmigen Summenphasenspannung mit drei Spannungsstufen unterschiedlicher Amplitude. Die gleiche Kurvenform ergibt sich auch für die verkettete Ausgangsspannung u_{12}, die aus zwei um 120 °el gegeneinander versetzten Phasenspannungen leicht gebildet werden kann. Eine Fourier-Analyse für diese Kurvenform zeigt, daß die Oberschwingungen 5. und 7. Ordnung verschwinden, und daß die niedrigsten auftretenden Oberschwingungen von 11. und 13. Ordnung sind, wie es einer zwölfpulsigen Schaltung entspricht.

Bei Anschnittsteuerung der beiden sechspulsigen Umrichter ergibt sich bei einer Zünddauer von 165 °el der in Bild **209.**1c dargestellten Spannungsverlauf. Dieser Spannungsverlauf ist der sinusförmigen Grundschwingung noch besser angepaßt, weil die 11. und 13. Oberschwingung bei diesem Aussteuerungszustand der Teilwechselrichter besonders klein sind. Statt durch Reihenschaltung von Teilwechselrichtern kann die Verbesserung der Spannungskurvenform auch durch Schaltungen mit Anzapfungen am Ausgangstransformator auf der Wechselspannungsseite verwirklicht werden, wodurch sich ebenfalls Treppenkurven mit verschiedenen Spannungsamplituden erreichen lassen [B 14].

Filterkreise. Die Verbesserung der Kurvenform der Wechselrichterspannung wird in manchen Fällen auch durch Filterkreise, die zwischen Wechselrichterausgang und Verbraucher geschaltet werden, realisiert. Im einfachsten Fall handelt es sich dabei um LC-Filter (s. Bild **210.**1). Ein solches Filter wird so ausgelegt, daß die Oberschwingungen der Wechselrichterspannung möglichst von der in Reihe geschalteten Induktivität L_F ausgesiebt werden, während an der Parallelkapazität C_F die Grundschwingung der Spannung liegt. Zur Dämpfung von Schwingungsvorgängen höherer Ordnungszahl im Filterkreis können Dämpfungswiderstände R_1 und R_2 vorgesehen werden.

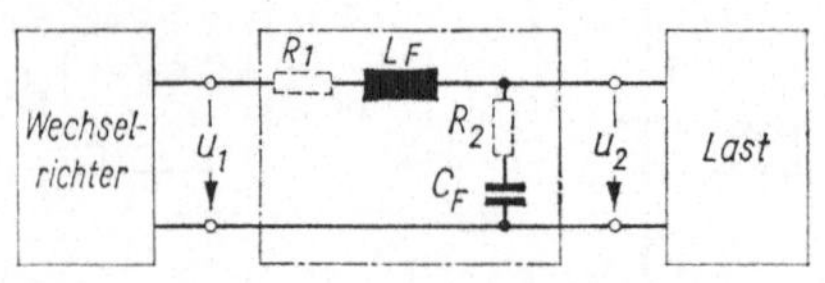

210.1 LC-Filter zur Verbesserung der Kurvenform der Wechselrichterspannung

Zur Verbesserung der Filtereigenschaften lassen sich Kaskadenschaltungen mit mehreren in Reihe geschalteten Filtern aufbauen [B 14].

Da die Filterkreise nach Möglichkeit auf bestimmte Oberschwingungen, deren Frequenz ein v-faches der Grundschwingung beträgt, abgestimmt werden sollen, setzt ihre Anwendung voraus, daß die vom Wechselrichter abgegebene Ausgangsfrequenz konstant ist. Für Wechselrichter mit veränderlicher Ausgangsfrequenz, wie sie beispielsweise für den Betrieb von Drehfeldmaschinen benötigt werden, können abgestimmte Filter deshalb nicht verwendet werden.

5.3.4. Schwingkreiswechselrichter

Bei den Schwingkreiswechselrichtern besteht der Lastkreis aus einem Parallel- oder Reihenschwingkreis. Die im allgemeinen ohmisch-induktive Belastung muß also durch Hinzufügen eines Kondensators zu einem Schwingkreis ergänzt werden. Die Resonanzfrequenz des Schwingkreises bestimmt dann die Arbeitsfrequenz des Wechselrichters. Umgekehrt kann durch Hinzufügen eines Reihen- oder Parallelkondensators der Lastkreis in Resonanz mit der Arbeitsfrequenz des Wechselrichters gebracht werden. In Abschn. 4.3.2 sind Schwingkreisumrichter bereits kurz behandelt worden; die Kommutierung dieser Umrichter wurde dort als von der Lastseite geführt betrachtet, wobei es sich — wie beim netzgeführten Umrichter — um einen natürlichen Kommutierungsvorgang handelt. Allgemein können die Schwingkreiswechselrichter je nach der Betrachtungsweise sowohl den Stromrichtern mit natürlicher Kommutierung als auch denen mit Zwangskommutierung zugeordnet werden. Aus diesem Grunde sollen die Schwingkreiswechselrichter noch einmal ausführlicher in diesem Abschnitt beschrieben werden, der Stromrichter mit Zwangskommutierung behandelt.

Bei den Schwingkreiswechselrichtern kann man zwischen Wechselrichtern mit Schwingkreisen als Last, die als lastgeführte Umrichter wie die an einem Wechselstromnetz betriebenen Wechselrichter betrachtet werden können, und Wechselrichtern mit Thyristoren als Schaltern in Schwingkreisen unterscheiden; bei der letztgenannten Gruppe von Schaltungen werden Schwingkreise abwechselnd von Thyristoren geschaltet, wobei jeweils eine Stromhalbschwingung über den Thyristorschalter fließt.

Zunächst sollen die Wechselrichter mit Schwingkreisen im Lastkreis behandelt werden [5.19]. Obwohl diese Wechselrichter wie die an einem Wechselstromnetz betriebenen Umrichter behandelt werden können, unterscheiden sie sich von den letzteren jedoch wesentlich dadurch, daß die Spannung des von der Last gebildeten „Netzes" stark von der Belastung abhängig ist. Die dem Schwingkreis zugeführte Energie kann durch Verschieben des Zündzeitpunktes der Thyristoren eingestellt werden. Auf diese Weise läßt sich die Schwingungsamplitude sowohl in weiten Grenzen ändern als auch auf einen Sollwert einregeln. Bei Belastungsänderungen, insbesondere bei momentaner Verringerung der Dämpfung des Schwingkreises, muß sehr schnell nachgeregelt werden, damit Spannungs- bzw. Stromüberhöhungen und die daraus sich ergebende Gefährdung der Thyristoren vermieden werden.

Die Arbeitsfrequenz liegt in der Nähe der Resonanzfrequenz des Lastschwingkreises. Die obere Frequenzgrenze wird im wesentlichen durch die Freiwerdezeit t_q der Thyristoren bestimmt. Als Richtwert kann gelten, daß die Freiwerdezeit 10% der Periodendauer nicht überschreiten sollte. Daraus ergibt sich für die obere Grenzfrequenz

$$f_{\max} \leqq \frac{1}{10\,t_q} \tag{211.1}$$

Aus dieser Gleichung erhält man z.B. bei der Freiwerdezeit $t_q = 30\,\mu s$ als obere Grenzfrequenz 3,3 kHz.

Man unterscheidet bei den hier besprochenen Wechselrichtern zwischen solchen, die mit einem **Parallelschwingkreis** und solchen, die mit einem **Reihenschwingkreis** belastet sind.

Parallelschwingkreis als Last. Bei den Wechselrichtern mit Belastung durch einen Parallelschwingkreis hat der **Thyristorstrom** angenähert rechteckförmigen Verlauf, während der Verlauf der **Thyristorsperrspannung** dem Abschnitt einer Sinusschwingung von 180 °el entspricht. Da der Parallelschwingkreis **keine** **sprunghaften Spannungsänderungen** zuläßt, benötigt der Wechselrichter eine **Glättungsinduktivität** in der Gleichstromzuleitung. In Bild **211.1** sind die

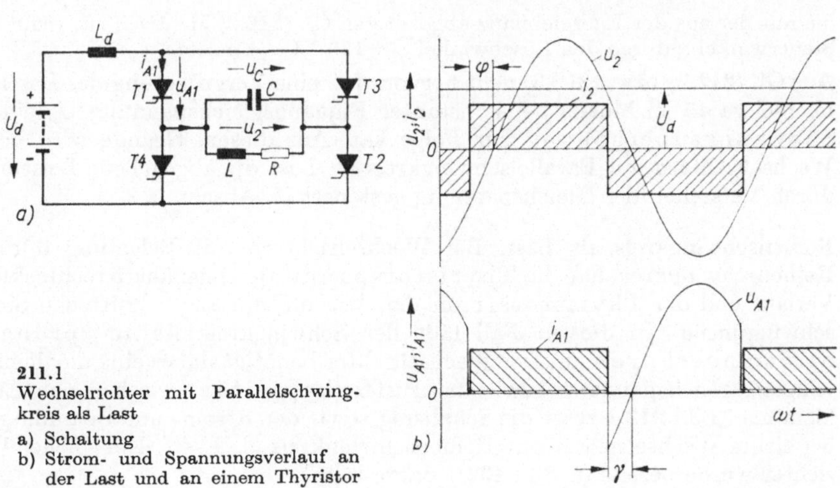

211.1
Wechselrichter mit Parallelschwingkreis als Last
a) Schaltung
b) Strom- und Spannungsverlauf an der Last und an einem Thyristor

Schaltung eines Wechselrichters mit Parallelschwingkreis als Last sowie der Strom- und Spannungsverlauf dargestellt. Jeder der Thyristoren T 1 bis T 4 wird abwechselnd im gesperrten Zustand mit der sinusförmig verlaufenden Kondensatorspannung $u_C = u_2$ als Sperrspannung beansprucht. Der Betrag dieser Spannung kann aus einem Vergleich der von der Gleichstromseite gelieferten Energie mit der auf der Wechselstromseite umgewandelten Energie bestimmt werden. Für eine Halbperiode erhält man

$$U_d\, I_d\, \frac{T}{2} = I_d \int\limits_{-\gamma}^{\pi-\gamma} \hat{u}_C \sin\omega t\; dt \tag{212.1}$$

woraus sich für den **Scheitelwert der Kondensatorspannung** die folgende Beziehung zwischen Gleichspannung U_d und Löschwinkel γ ergibt:

$$\hat{u}_C = \frac{\pi}{2\cos\gamma}\, U_d \tag{212.2}$$

Zu dem gleichen Ergebnis muß die Betrachtungsweise eines derartigen Schwingkreiswechselrichters als lastgeführter Wechselrichter führen. Für einen lastgeführten Umrichter muß wie für einen netzgeführten Umrichter Gl. (86.3) anwendbar sein, also $U_{d\alpha} = U_{di}\cos\alpha$, bei der hier betrachteten Brückenschaltung liefert Tafel **100**.1 für die ideelle Leerlaufgleichspannung

$$U_{di} = \frac{4}{\pi}\, \sqrt{2}\, U_2 = \frac{4}{\pi}\, \hat{u}_2$$

(Die gesamte Wechselspannung ist bei der Betrachtungsweise der Schaltung als Zweiphasen-Brückenschaltung wie in Tafel **100**.1 gleich der doppelten Phasenspannung $2\,U_2$.) Man erhält also für den Scheitelwert der Kondensatorspannung die Gleichung

$$\hat{u}_C = \frac{\pi}{2}\, U_{di} = \frac{\pi}{2\cos\alpha}\, U_{d\alpha} \tag{212.3}$$

die mit der aus der Energiebilanz abgeleiteten Gl. (212.2) identisch ist, wenn man den Steuerwinkel α durch den Löschwinkel $\gamma = 180\,°\text{el} - \alpha$ ersetzt.

Aus Gl. (212.2) bzw. (212.3) geht hervor, daß eine Vergrößerung des Löschwinkels über etwa 45 °el hinaus bei konstanter Eingangsgleichspannung U_d eine starke **Spannungsüberhöhung** zur Folge hat. Aus diesem Grunde wird bei diesen Wechselrichtern mit Parallelschwingkreis als Last die abgegebene Leistung meist durch Verstellen der Gleichspannung gesteuert (s. Abschn. 4.3.2).

Reihenschwingkreis als Last. Bei Wechselrichtern mit Belastung durch einen Reihenschwingkreis hat die **Thyristorspannung** angenähert rechteckförmigen Verlauf und der **Thyristorstrom** den Verlauf von angeschnittenen Sinushalbschwingungen. In diesem Fall läßt der Schwingkreis **keine sprunghaften Stromänderungen** zu. Der Wechselrichter benötigt daher eine möglichst starre Eingangsgleichspannung bzw. eine **Pufferkapazität** zwischen den Eingangsklemmen. Bild **213**.1 zeigt die Schaltung sowie den Strom- und Spannungsverlauf bei einem Wechselrichter mit Reihenschwingkreis als Last. (Ein solcher Wechselrichter wurde bereits in Bild **132**.1 dargestellt.)

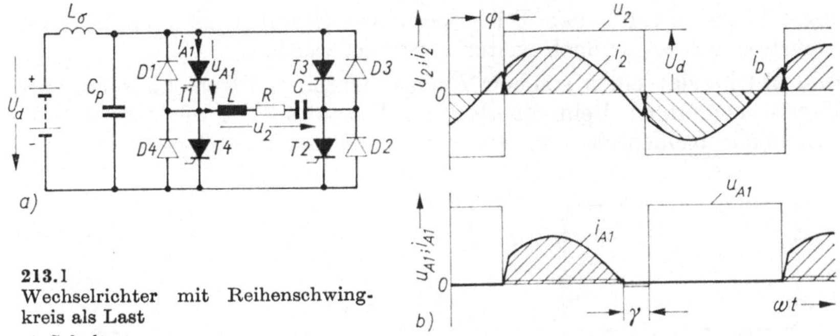

213.1
Wechselrichter mit Reihenschwingkreis als Last
a) Schaltung
b) Strom- und Spannungsverlauf an der Last und an einem Thyristor (s. Bild **132.**1)

Auch bei diesem Wechselrichter kann man aus der Bilanz der zwischen Gleich- und Wechselstromseite während einer Halbperiode umgewandelten Energie

$$U_\mathrm{d}\, I_\mathrm{d}\, \frac{T}{2} = U_\mathrm{d} \int\limits_{\gamma}^{\pi+\gamma} \hat{\imath}_2 \sin\omega t \; dt \tag{213.1}$$

den Scheitelwert des Laststromes

$$\hat{\imath}_2 = \frac{\pi}{2\cos\gamma}\, I_\mathrm{d} \tag{213.2}$$

bestimmen. Da der vom Wechselrichter aufgenommene Gleichstrom in diesem Fall einer Änderung des Wechselrichterbetriebszustandes augenblicklich folgen kann, ist eine leichte Stellmöglichkeit für die Ausgangsleistung durch Verändern des Löschwinkels γ gegeben. Während der Löschzeit kann der Schwingkreisstrom über die den Thyristoren antiparallel geschalteten Rückstromdioden weiter- fließen. Bei dieser Schaltung muß beachtet werden, daß die Dioden eine Beanspru- chung der Thyristoren mit negativer Sperrspannung verhindern. Das kann eine be- trächtliche Verlängerung der Freiwerdezeit zur Folge haben (s. Bild **229.**1a). Außerdem entsteht beim Zünden der Thyristoren an den jeweils in Reihe liegenden Thyristoren, die vorher Strom geführt haben, ein steiler Anstieg der positiven Anodenspannung, der zu einem unerwünschten Durchzünden dieser Thyristoren und damit zum „Kippen" des Wechselrichters führen kann. Diesem Verhalten muß durch in Reihe liegende Schutzdrosseln und Beschaltung der Thyristoren entgegen- gewirkt werden.

Thyristoren als Schalter in Schwingkreisen. Bei diesen Wechselrichterschaltungen werden die Thyristoren als Schalter in Schwingkreisen verwendet. Nach jedem Schaltvorgang wird der Schwingkreis in einer Halbschwingung umgeladen. Hierbei wird für jede der beiden Halbwellen des Lastwechselstromes unterschiedlicher Polarität mindestens ein Thyristorschalter erforderlich. Derartige Wechselrichter- schaltungen sind bereits Anfang der dreißiger Jahre als Reihenwechselrichter mit Quecksilberdampfgleichrichtern und Thyratrons ausgeführt worden [5.3]. Wegen der guten dynamischen Eigenschaften der Thyristoren bieten diese Schal- tungen heute die Möglichkeit, Schwingkreiswechselrichter bis zu Frequenzen von ungefähr 25 kHz zu bauen. Durch besondere Schaltungsmaßnahmen kann die Ausgangsfrequenz sogar noch weiter gesteigert werden.

Bild **214**.1 zeigt einen solchen Wechselrichter mit Reihenkondensator und zwei Thyristorschaltern. Beim Zünden des Thyristors T 1 wird der aus L_1, R und C bestehende Reihenschwingkreis über die Gleichspannungsquelle U_{d1} geschlossen.

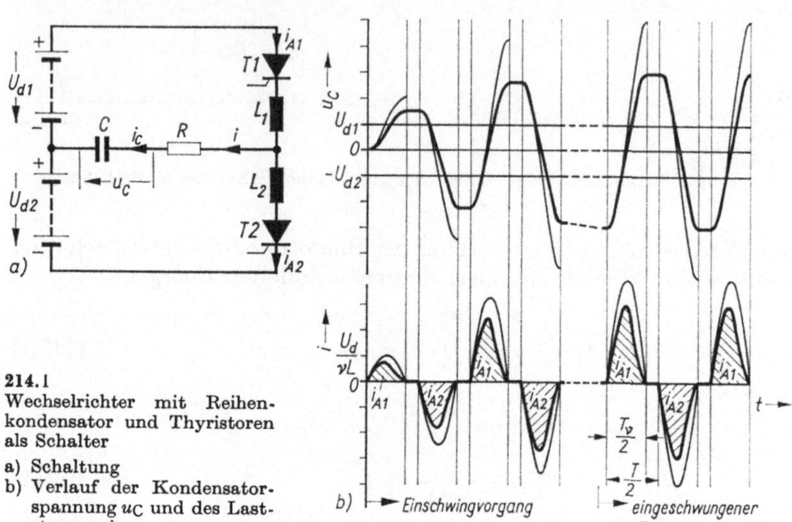

214.1
Wechselrichter mit Reihenkondensator und Thyristoren als Schalter

a) Schaltung
b) Verlauf der Kondensatorspannung u_C und des Laststromes i

Im Schwingkreis beginnt der Strom i zu fließen, dessen zeitlicher Verlauf einer gedämpften Sinusschwingung folgt. Wird der Thyristor T 1 im Zeitpunkt t_0 gezündet, so wird der zeitliche Verlauf des Kondensatorstromes i_C durch den folgenden Ansatz beschrieben

$$i_C(t) = \frac{U_d + U_{C0}}{\nu L}\, \mathrm{e}^{-\frac{t-t_0}{\tau}} \sin\nu(t - t_0) \quad \text{mit} \quad \nu = \sqrt{\frac{1}{LC} - \left(\frac{R}{2L}\right)^2} \quad \text{und} \quad \tau = \frac{2L}{R} \tag{214.1}$$

Die Halbschwingungszeit $T_\nu/2$ ist also

$$\frac{T_\nu}{2} = \frac{\pi}{\nu} = \frac{\pi}{\sqrt{\dfrac{1}{LC} - \left(\dfrac{R}{2L}\right)^2}} \tag{214.2}$$

Die Kondensatorspannung u_C hat gleichfalls den Verlauf einer gedämpften Kosinusschwingung, deren Nullage jedoch um die Spannung U_{d1} bzw. U_{d2} verschoben ist. Die folgende Gleichung beschreibt den zeitlichen Verlauf der Kondensatorspannung:

$$u_C(t) = -\frac{U_d + U_{C0}}{\cos\delta}\, \mathrm{e}^{-\frac{t-t_0}{\tau}} \cdot \cos\left[\nu\,(t - t_0) - \delta\right] + U_d \tag{214.3}$$

Die Kondensatorspannung ist gegenüber dem Strom um etwas mehr als $\pi/2$, nämlich um $\pi/2 + \delta$ zu späteren Zeitpunkten hin verschoben; δ kann nach Gl. (159.8) aus ν und τ bestimmt werden.

Nach der ersten Halbschwingung, wenn der Strom durch Null geht, löscht der Thyristor, und der Kondensator bleibt aufgeladen. Nach einer Pause, während welcher der Thyristor T 1 mit der Differenz zwischen Kondensatorspannung und Gleichspannung U_{d1} in negativer Sperrichtung beansprucht wird, kann der Thyristor T 2 gezündet werden. Der aus L_2, R und C bestehende Schwingkreis wird wieder geschlossen und die Kondensatorspannung schwingt auf einen negativen Wert um. Im Nulldurchgang des Stromes löscht der Thyristor T 2. Nach einer weiteren Pause wird wieder der Thyristor T 1 gezündet usw. Im stationären Endzustand erreicht die Kondensatorspannung jeweils den Scheitelwert

$$\hat{u}_C = U_d \frac{1 + e^{-\frac{d}{2}}}{1 - e^{-\frac{d}{2}}} \tag{215.1}$$

Darin ist d die Dämpfung der Schwingkreise

$$d = \frac{2\,\pi}{\nu\,\tau} = \frac{2\,\pi}{\sqrt{\dfrac{4\,L}{R^2 C} - 1}} \tag{215.2}$$

In Bild **214.1** b sind Kondensatorspannung u_C und Laststrom i für $e^{-\frac{d}{2}} = 0{,}5$ gezeichnet. Dabei erreicht der Kondensator im eingeschwungenen Zustand maximal die Spannung $3\,U_d$ ($U_d = U_{d1} = U_{d2}$).

Die Schwingkreise führen also jeweils eine vollständige Halbschwingung aus. Dabei hat der Schwingkreisstrom die Kurvenform einer gedämpften Sinusschwingung, die Kondensatorspannung die Form einer gedämpften Kosinusschwingung. Die Thyristoren löschen im natürlichen Nulldurchgang des Stromes. Die zwischen den einzelnen Halbschwingungen eingeschobenen Pausen müssen lang genug sein, um den Thyristoren ausreichende Schonzeit zur Wiedererlangung ihrer positiven Sperrfähigkeit zu gewähren.

Die obere Grenze für die Resonanzfrequenz f_ν der Schwingkreise ist durch die endliche Zündausbreitungszeit t_{gs} und die kritische Spannungssteilheit $(du_D/dt)_L$ gegeben. Damit die Einschaltverluste der Thyristoren in Grenzen bleiben, sollte die Halbschwingungsdauer $T_\nu/2$ mindestens doppelt so groß wie die Zündausbreitungszeit t_{gs} sein. Für die Resonanzfrequenz f_ν gilt daher die Bedingung

$$f_\nu < \frac{1}{4\,t_{gs}} \tag{215.3}$$

Die zweite Bedingung für die obere Grenze der Resonanzfrequenz ergibt sich aus der kritischen Spannungssteilheit an den verwendeten Thyristoren. Da die Thyristorsperrspannung bei diesen Schaltungen entsprechend Gl. (214.3) kosinusförmigen Verlauf hat, lautet diese Bedingung

$$f_\nu < \frac{(du_D/dt)_L}{2\,\pi \cdot \hat{u}_C} \tag{215.4}$$

Beispiel 5.12. Für eine Siliciumscheibe mit dem angenommenen Durchmesser 5 mm und der Zündausbreitungsgeschwindigkeit 0,1 mm/μs ergäbe sich die Zündausbreitungszeit $t_{\mathrm{gs}} = 50$ μs. Dies entspricht nach Gl. (215.3) einer oberen Grenze für die Resonanzfrequenz von 5 kHz.

Gl. (215.4) liefert beispielsweise bei einem für $(du_{\mathrm{D}}/dt)_{\mathrm{L}}$ angenommenen Wert von 100 V/μs und bei einem Scheitelwert der Kondensatorspannung $\hat{u}_{\mathrm{C}} = 600$ V als obere Grenze für die Resonanzfrequenz 26,5 kHz. Bei dem hier betrachteten Beispiel ist also die Zündausbreitungszeit kritischer als die Spannungsanstiegsgeschwindigkeit.

Wie Gl. (215.1) zeigt, hängt der Scheitelwert der Kondensatorspannung bei der Grundschaltung nach Bild **214.**1a sehr stark von der Dämpfung des Schwingkreises ab. Bei geringer Belastung des Wechselrichters kann die Kondensatorspannung ein Vielfaches der Betriebsgleichspannung U_{d} erreichen, so daß gegebenenfalls die Spannungsfestigkeit der Thyristoren überschritten wird. Diese Schaltung eignet sich daher nur für Anwendungsfälle mit nahezu konstanter Belastung.

Selbststabilisierende Schaltungen. Für andere Fälle kann man die Schaltung entsprechend Bild **216.**1a erweitern. Hier schalten die Thyristoren T 3 und T 4 den eigentlichen Lastschwingkreis, während die Thyristoren T 1 und T 2 in den

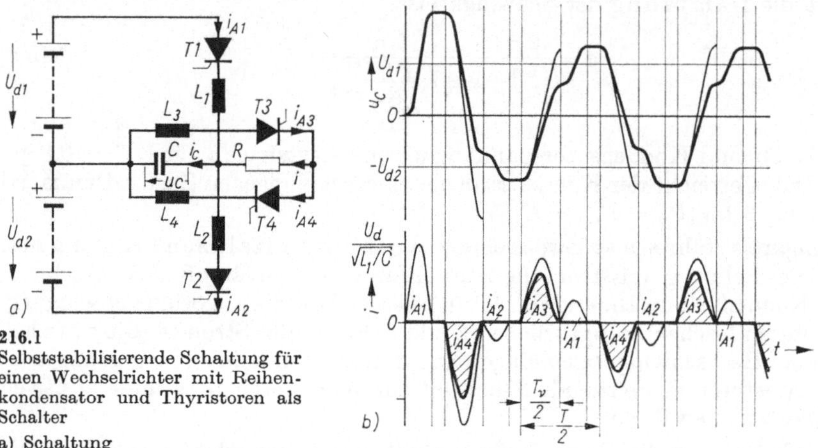

216.1
Selbststabilisierende Schaltung für einen Wechselrichter mit Reihenkondensator und Thyristoren als Schalter
a) Schaltung
b) Verlauf der Kondensatorspannung u_{C} und des Laststromes i

Pausen zwischen den Halbschwingungen des Lastschwingkreises den Kondensator C über die Induktivitäten L_1 und L_2 aus der Gleichspannungsquelle nachladen. Bei dieser Schaltung erreicht der Kondensatorspannungsscheitelwert $\hat{u}_{\mathrm{C}}$ beim Einschalten des Wechselrichters durch Zünden des Thyristors T 1 oder T 2 höchstens die doppelte Betriebsgleichspannung $U_{\mathrm{d}} = U_{\mathrm{d}1} = U_{\mathrm{d}2}$. Im eingeschwungenen Zustand tritt unter Vernachlässigung der Dämpfung im Nachladestromkreis nur noch die Spannung

$$\hat{u}_{\mathrm{C}} = U_{\mathrm{d}}\,\frac{2}{1 + e^{-d/2}} \tag{216.1}$$

auf; eine Spannungsüberhöhung bei Schwachlastbetrieb des Wechselrichters ist also ausgeschlossen. Bild **216.**1b zeigt den Verlauf der Kondensatorspannung u_{C} und des Laststromes i. Der Nachteil dieser selbststabilisierenden Schaltung gegenüber der Grundschaltung besteht darin, daß zwischen den Halbschwingungen des Last-schwingkreises zusätzliche Pausen für die Nachladung des Kondensators einge-schoben werden müssen.

Eine Weiterentwicklung dieser selbststabilisierenden Schaltung ist in Bild **217.**1 a dargestellt [5.29]. Hier ist in den Lastschwingkreis, der aus Kondensator C, Induktivität L und Last R besteht, eine Schaltdrossel SD eingefügt, die im gesättigten Zustand jeweils eine Halbschwingung des Laststromes durchläßt. Zwischen die Halbschwingungen ist die Ummagnetisierungszeit der Schalt-drossel SD als Pausenzeit eingeschoben, während der nur ein relativ kleiner Strom

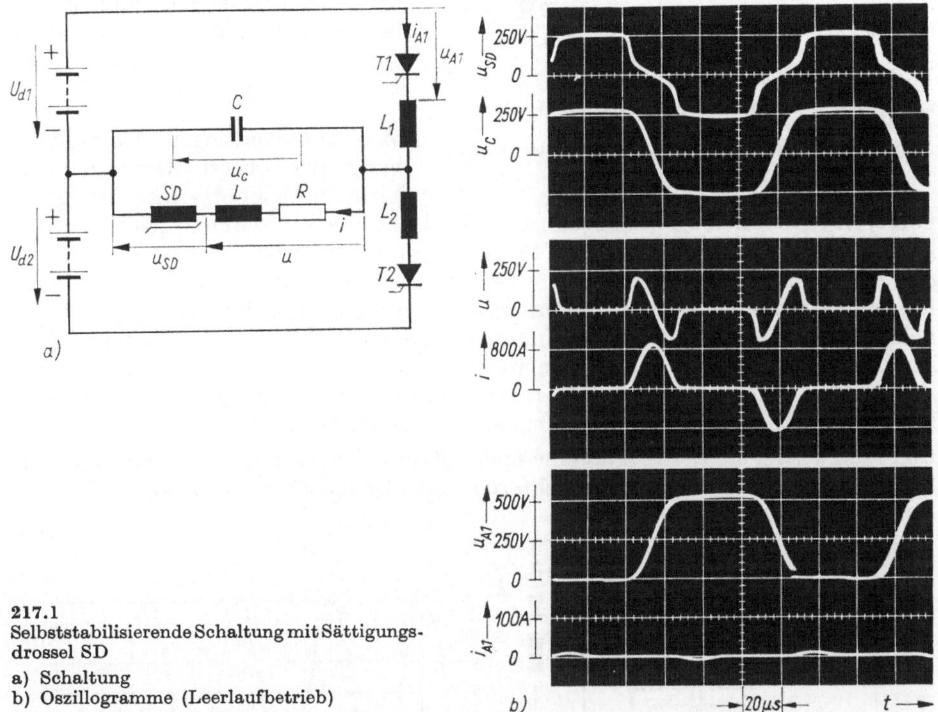

217.1
Selbststabilisierende Schaltung mit Sättigungs-drossel SD
a) Schaltung
b) Oszillogramme (Leerlaufbetrieb)

fließt. Zu Beginn dieser Pausenzeit kann der Kondensator C also über die Thyri-storen T 1 und T 2 nachgeladen werden.

Bild **217.**1 b zeigt Oszillogramme eines derartigen Mittelfrequenzwechselrichters mit Sättigungsdrossel im Leerlaufbetrieb. Die Thyristoren T 1 und T 2 werden, wie das Oszillogramm unten zeigt, in Durchlaßrichtung mit der doppelten Kondensator-spannung beansprucht. Die Halbschwingungsdauer beträgt etwa 20 µs; dies ent-spricht der Resonanzfrequenz $f_v = 25$ kHz. Wegen der von der Schaltdrossel ein-geschobenen Nullpausen liegt die Arbeitsfrequenz des Wechselrichters jedoch nur bei etwa einem Drittel dieses Wertes.

Eine andere Möglichkeit zur Stabilisierung der Schaltung besteht darin, antiparallel zu den Thyristoren Rückstromdioden anzuordnen [5.31]. In Bild **218.1** sind zwei Varianten einer derartigen Schaltung mit Rückstromdioden gezeichnet. Ihre

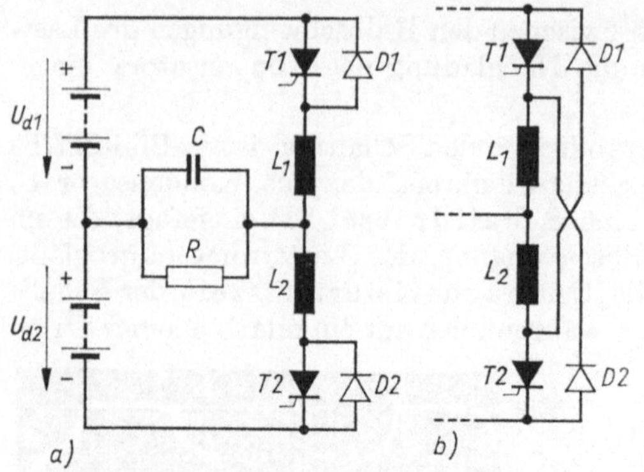

218.1 Selbststabilisierende Schaltung mit Rückstromdioden
parallel zu den Thyristoren (a) oder zu den
Drosseln und Thyristoren (b)

Wirkungsweise entspricht weitgehend der in Bild **213.**1 dargestellten
Schaltung, insbesondere wenn die
Freilaufdioden in der in Bild **218.**1 b
gezeigten Weise angeschlossen werden. Durch die Hinzufügung der
Rückstromdioden wird die Wechselrichterspannung unabhängig von
der Belastung; es ist beispielsweise
auch Leerlaufbetrieb möglich. Außerdem kann die Energieaufnahme
sehr schnell und ohne Erzeugung von
Überspannungen gesteuert werden.

Mehrfachschaltungen. Eine Erhöhung der oberen Grenzfrequenz
kann durch Mehrfachschaltung mit
zeitlich verschoben arbeitenden Teilwechselrichtern erreicht werden
[5.17]. Bei den oben besprochenen Schaltungen mit Thyristoren bzw. Schaltdrosseln als Schaltern in Schwingkreisen besteht der Laststrom i aus einzelnen sinusförmigen Halbschwingungen, die mit einem von der Freiwerdezeit der Thyristoren
abhängigen Mindestabstand aufeinander folgen können. In Anwendungsfällen,
in denen eine möglichst hohe Frequenz erwünscht ist, kann dieser Abstand stören.
Zur Abhilfe können jedoch mehrere Teilwechselrichter zusammengesetzt und so
betrieben werden, daß sich ein lückenloser Laststrom ergibt.

Bild **218.**2 a zeigt ein Beispiel für eine solche Mehrfachschaltung mit drei zeitlich verschoben arbeitenden Teilwechselrichtern in einer Grundschaltung nach Bild **214.**1 a.

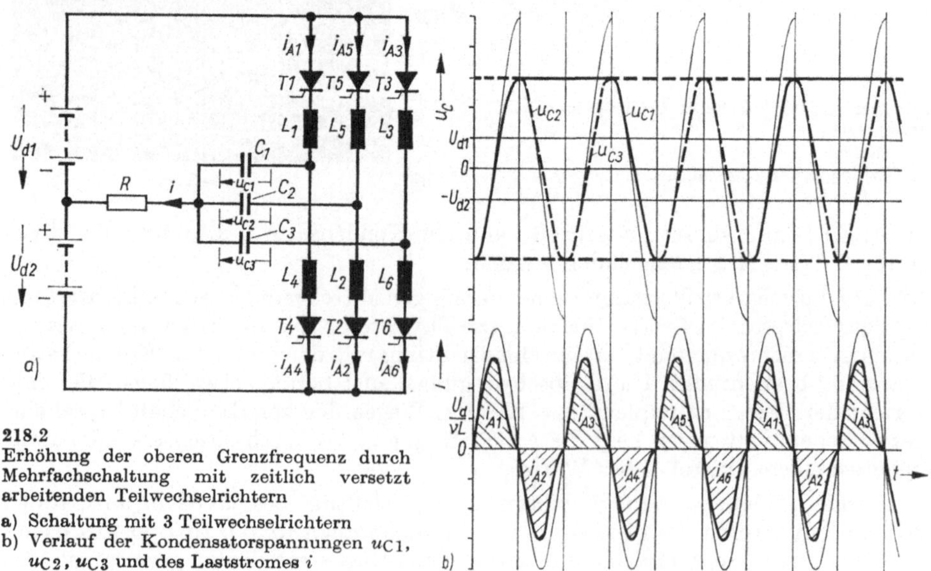

218.2
Erhöhung der oberen Grenzfrequenz durch
Mehrfachschaltung mit zeitlich versetzt
arbeitenden Teilwechselrichtern

a) Schaltung mit 3 Teilwechselrichtern
b) Verlauf der Kondensatorspannungen u_{C1},
u_{C2}, u_{C3} und des Laststromes i

Der sich dabei ergebende zeitliche Verlauf der Kondensatorspannungen u_{C1}, u_{C2} und u_{C3} sowie des Laststromes i ist in Bild **218**.2b dargestellt. Die Thyristorschalter werden in der zeitlichen Reihenfolge T 1, T 2, T 3, T 4, T 5 und T 6, T 1 usw. gezündet. In der Last R entsteht ein Strom mit der dreifachen Grundfrequenz, verglichen mit der Frequenz der drei Teilwechselrichter.

Mit solchen Mehrfachschaltungen lassen sich Frequenzen bis etwa 100 kHz erzeugen, wobei die einzelnen Thyristoren bezüglich der auftretenden Schonzeit nur mit einem Bruchteil der Lastfrequenz beansprucht werden. Allerdings gelten immer noch die Bedingungen in den Gl. (215.3) und (215.4).

5.3.5. Direktumrichter mit Zwangskommutierung

Die oben in Abschn. 5.3 behandelten Umrichter mit Zwangskommutierung bilden die Wechselspannung veränderlicher Frequenz aus einer Gleichspannungsquelle. Bei Speisung aus dem Wechsel- bzw. Drehstromnetz muß dabei also zunächst über einen netzgeführten Gleichrichter ein Gleichstromzwischenkreis gebildet werden, aus dem der Wechselrichter gespeist wird. Nun ist es theoretisch durchaus möglich, Umrichterschaltungen mit Zwangskommutierung auch ohne Gleichstromzwischenkreis aufzubauen. Man spricht dann von einem Direktumrichter.

Solche Direktumrichter mit natürlicher Kommutierung sind in Abschn. 4.2.2 als Trapez- bzw. Steuerumrichter behandelt worden. Diese Umrichter mit natürlicher Kommutierung unterliegen jedoch dadurch einer gewissen Beschränkung, daß die Umschaltvorgänge zwischen den einzelnen Phasen an das augenblickliche Vorhandensein einer geeigneten Kommutierungsspannung gebunden sind. Mehr Freizügigkeit erhält man, wenn man bei derartigen Direktumrichtern die Zwangskommutierung einführt, d.h. die Thyristoren mit Kondensatorlöscheinrichtungen versieht. Man erhält dadurch die Möglichkeit, unabhängig von den Augenblickswerten der einzelnen Phasenspannungen zu beliebigen Zeitpunkten zwischen den Phasen hin- und herzuschalten. Damit entfällt beispielsweise die beim Steuerumrichter durch die Netzfrequenz gegebene obere Frequenzgrenze, die bei dieser Umrichterart mit natürlicher Kommutierung bei etwa der halben Speisefrequenz liegt.

Bild **220**.1a zeigt die Grundschaltung eines Direktumrichters mit Zwangskommutierung zur Erzeugung eines Dreiphasen-Spannungssystems veränderlicher Frequenz. Dabei ist jede Phase 1′, 2′ und 3′ des Sekundärsystems mit jeder Phase 1, 2 und 3 des Primärnetzes über einen löschbaren Thyristorschalter für beide Stromrichtungen verbunden. In der Grundschaltung sind die Löscheinrichtungen an jedem Thyristor durch zwei Steueranschlüsse symbolisch dargestellt. Prinzipiell ist es mit dieser Schaltung möglich, zu beliebigen Zeitpunkten zwischen den Phasen 1, 2 und 3 des Primärnetzes hin- und herzuschalten, wobei sich beispielsweise für die drei Phasenspannungen u_1', u_2' und u_3' des Sekundärsystems der in Bild **220**.1b dick gezeichnete Spannungsverlauf ergibt. Die verkettete Spannung erhält man aus der Differenz zweier entsprechender Phasenspannungen. In Bild **220**.1b ist unten der Verlauf einer verketteten Spannung u_{12}' im Sekundärsystem wieder-

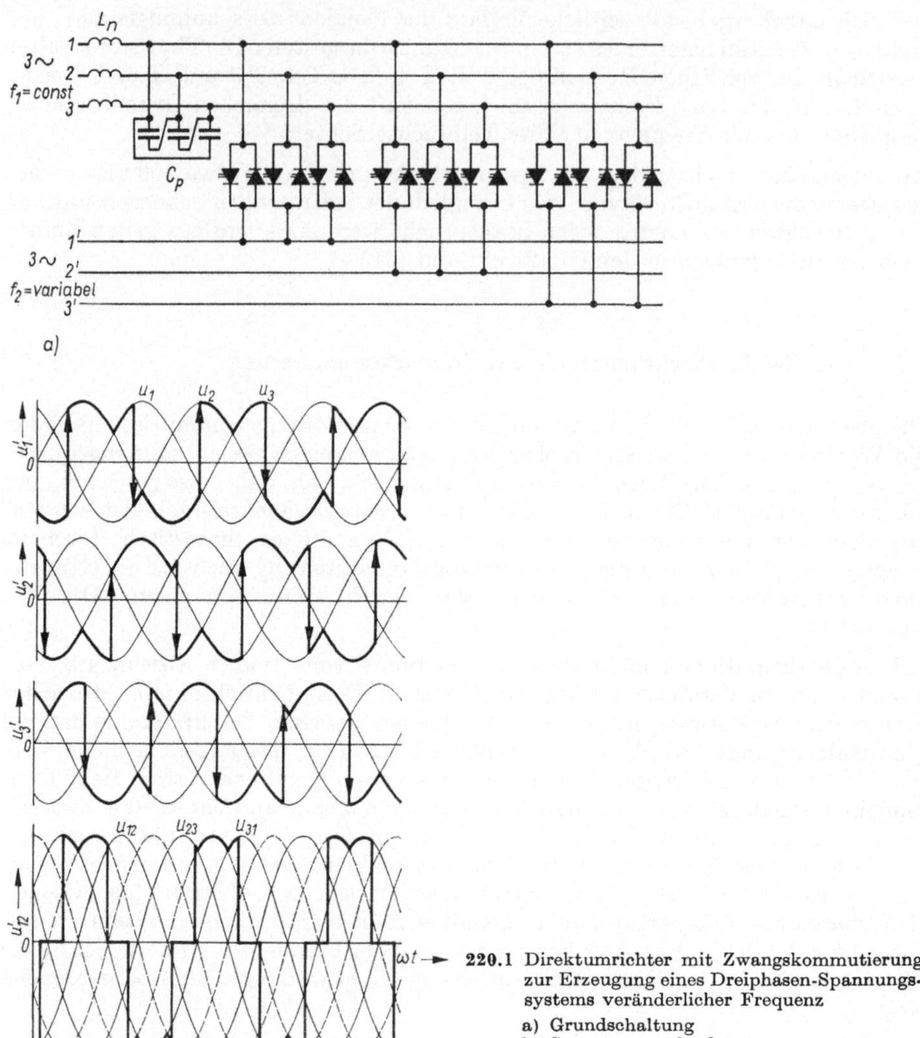

220.1 Direktumrichter mit Zwangskommutierung zur Erzeugung eines Dreiphasen-Spannungssystems veränderlicher Frequenz
a) Grundschaltung
b) Spannungsverlauf

gegeben. Wie man sieht, verläuft diese Spannung auf den Kuppen der Sinuswelle wie die von einer Dreiphasen-Brückenschaltung gebildete Gleichspannung.

Die Zwangslöschung der die einzelnen Phasen des Primär- und Sekundärnetzes verbindenden Thyristorschalter macht Kondensatoren auf der Seite des Primärnetzes erforderlich, die dem Pufferkondensator bei einem Gleichstromzwischenkreis entsprechen. Praktische Verwirklichung haben Direktumrichter mit Zwangskommutierung wegen ihres hohen Aufwandes an löschbaren Thyristorschaltern und wegen der erforderlichen Pufferkondensatoren auf der Primärnetzseite bisher noch nicht gefunden.

5.3.6. Leistungsfaktorverbesserung durch Zwangskommutierung

Man kann die Zwangskommutierung auch dazu heranziehen, um den Blindleistungsbedarf netzgeführter Gleich- und Wechselrichter herabzusetzen. In Abschn. 4.1.7 sind die Blindleistungsverhältnisse bei netzgeführten Stromrichtern eingehend behandelt. Dabei ergab sich, daß netzgeführte Gleich- und Wechselrichter bei Anschnittsteuerung induktiven Blindstrom aus dem Wechsel- bzw. Drehstromnetz aufnehmen, der um so größer ist, je mehr sich der Steuerwinkel α dem Wert 90 °el nähert. Es sind deshalb schon frühzeitig Vorschläge gemacht worden, durch Einführung einer Zwangskommutierung den Leistungsfaktor bei netzgeführten Gleich- und Wechselrichtern zu verbessern [5.4; 5.8; 5.9]. Durch die Zwangslöschung soll ermöglicht werden, daß die Kommutierung auch in den für

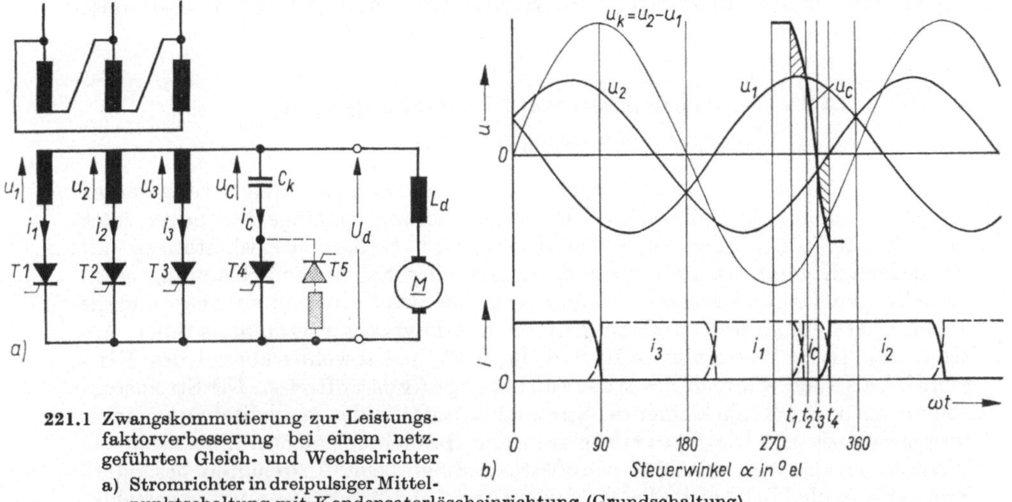

221.1 Zwangskommutierung zur Leistungsfaktorverbesserung bei einem netzgeführten Gleich- und Wechselrichter
a) Stromrichter in dreipulsiger Mittelpunktschaltung mit Kondensatorlöscheinrichtung (Grundschaltung)
b) Spannungs- und Stromverlauf

die natürliche Kommutierung unzugänglichen Quadranten von $\alpha = 180$ °el bis 360 °el erfolgen kann. In diesen beiden Quadranten wäre kapazitive Blindleistungsaufnahme, d.h. induktive Blindleistungserzeugung durch den Stromrichter, möglich (s. Bild 107.1).

Bild 221.1 zeigt dieses Prinzip der Zwangskommutierung zur Leistungsfaktorverbesserung. Es handelt sich bei der hier gezeigten Schaltung um eine dreipulsige Mittelpunktschaltung. Die Kondensatorlöscheinrichtung gestattet die Stromübergabe zwischen den einzelnen Phasen 1, 2 und 3 zu beliebigen Zeitpunkten, und zwar auch dann, wenn die Spannung der Folgephase niedriger als die der gerade stromführenden ist. In Bild 221.1 b ist eine Stromübergabe von Phase 1 auf Phase 2 für diesen Fall gezeichnet. Die Kommutierung erfolgt in zwei Stufen, zunächst von Phase 1 auf den Kommutierungskondensator C_k und später — nach Umladung des Kommutierungskondensators unter dem Einfluß des Laststromes — in einer zweiten Stufe vom Kommutierungskondensator auf Phase 2. Damit der Kommutierungskondensator C_k für den nächsten Löschvorgang wieder die richtige Polarität hat, muß er zwischen zwei Löschvorgängen über den in Bild 221.1 a mit

schraffierten Bauelementen gezeichneten Kreis umgeladen werden. Hierauf soll
jedoch nicht näher eingegangen werden. Außer der in Bild **221**.1 gezeichneten
Grundschaltung sind eine Reihe weiterer Schaltungen zur Zwangskommutierung
bei netzgeführten Stromrichtern vorgeschlagen worden [5.8; 5.9].

Die Schwierigkeit bei der Verwirklichung derartiger Schaltungen besteht darin,
daß der **Kommutierungsvorgang auf der Wechselstromseite** erfolgen
muß. Wegen der hier immer vorhandenen **Streureaktanzen** ist ein großer
Löschkondensator erforderlich. Außerdem werden durch die der Wechselspannung
überlagerten Kondensatorspannungsspitzen **Überspannungen** erzeugt, die die
Thyristoren zusätzlich belasten. Praktisch haben daher derartige Schaltungen zur
Leistungsfaktorverbesserung auch nach dem Aufkommen der Thyristoren noch
keine Anwendung gefunden. Bessere Möglichkeiten zur Blindleistungserzeugung
bieten Schaltungen mit **Zwangskommutierung auf der Gleichstromseite**
(s. Abschn. 6.3.3).

5.3.7. Thyristorbeanspruchung in Schaltungen mit Zwangskommutierung

Bei den in Abschn. 5.3 behandelten Schaltungen mit Zwangskommutierung werden
die Thyristoren durch die schnellen Kommutierungsvorgänge besonders stark
beansprucht [5.23]. Abgesehen von den wie bei Stromrichterschaltungen mit
natürlicher Kommutierung auftretenden statischen Strom- und Spannungsbeanspruchungen werden besondere Anforderungen an das **Schaltverhalten** und die
anderen **dynamischen Eigenschaften** der Thyristoren gestellt (s. auch Ab-
schn. 1.2). Hohe Werte von $\mathrm{d}i/\mathrm{d}t$ und $\mathrm{d}u/\mathrm{d}t$ können sowohl während des **Ein-
schalt-** als auch während des **Ausschaltvorganges** auftreten. Die Stromsteil-
heit ist um so größer, je kleiner die Streuinduktivität in den geschalteten Kommu-
tierungskreisen ist. Die **Sperrträgheit** der Halbleiterelemente, die sowohl bei
Thyristoren als auch bei Dioden auftritt, bedingt beim Ausschalten besondere
Probleme. Schließlich spielt die **Freiwerdezeit** der Thyristoren unter verschiedenen Betriebsbedingungen bei Schaltungen mit Zwangskommutierung eine
wichtige Rolle.

Man hat deshalb spezielle Thyristortypen für das Schalten bei schnellen Strom-
und Spannungsänderungen entwickelt. Diese werden in Anlehnung an den engli-
schen und amerikanischen Sprachgebrauch häufig als **Inverter-Thyristoren**
bezeichnet. Sie unterscheiden sich von den normalen Thyristoren, wie sie bei
Schaltungen mit natürlicher Kommutierung vorwiegend eingesetzt werden, durch
ihre besseren dynamischen Eigenschaften, insbesondere durch höhere zulässige
$\mathrm{d}i/\mathrm{d}t$- und $\mathrm{d}u/\mathrm{d}t$-Werte, sowie durch eine garantierte obere Grenze für die Freiwerdezeit t_q. Da diese Werte in beträchtlichem Maße von den Betriebsbedingungen
abhängen, unter denen der Thyristor in einer Schaltung eingesetzt wird, werden
die dynamischen Eigenschaften für diese Thyristoren häufig in Diagrammen mit
Kurvenscharen für verschiedene Parameter wie Frequenz, Kurvenform des Stromes usw. angegeben. Die kritischen Beanspruchungen bei den Inverter-Thyristoren
ergeben sich beim Übergang in das Gebiet höherer Frequenzen von einigen hundert
bis zu mehreren tausend Hertz und in das Gebiet größerer Leistungen mit Kommu-
tierungsströmen bis zu 1000 A und darüber.

Einschaltverhalten

Der Einschaltvorgang bei einem Thyristor ist bereits in Abschn. 1.2.1 ausführlich behandelt worden. Wegen der endlichen Einschaltzeit tritt im Thyristor kurzzeitig eine hohe Einschaltverlustleistung auf, die sich zu den normalen Durchlaßverlusten addiert und bei unzulässiger Höhe zu einer Zerstörung des Halbleiterelementes führen kann. Amplitude und Steilheit des Zündimpulses haben einen wichtigen Einfluß auf den weiteren Ablauf des Einschaltvorganges und damit auf die im Thyristor umgewandelten Einschaltverluste. Der Zündvorgang breitet sich im Thyristor — ausgehend von der Stelle, an welche die Steuerelektrode angeschlossen ist — mit endlicher Geschwindigkeit (etwa 0,1 mm/µs) über die Siliciumscheibe aus. Das Einschaltverhalten wird also auch wesentlich vom Ort des Steuerelektrodenanschlusses bestimmt. Wird die Steuerelektrode am Rand der Siliciumscheibe angebracht, so spricht man von einem „Randgate", bei Anschluß in der Mitte von einem „Zentralgate".

Der Stromanstieg nach erfolgter Zündung im Thyristor wird in Schaltungen mit Zwangskommutierung im wesentlichen durch die im Kommutierungskreis vorhandenen Streureaktanzen bestimmt. Bei kleinen Streureaktanzen im Kommutierungskreis ergeben sich im Einschaltaugenblick hohe di/dt-Werte. Bei Vorhandensein einer RC-Beschaltung ruft diese Beschaltung im Thyristor beim Einschalten eine zusätzliche Einschaltbeanspruchung hervor, da der Beschaltungskondensator sich über den in Reihe liegenden Dämpfungswiderstand auf den Thyristor entlädt (s. Abschn. 2.1).

Die während des Einschaltvorganges auftretende Einschaltverlustleistung ergibt sich als Produkt aus den Augenblickswerten der Thyristorspannung u_A und des Thyristorstromes i_A

$$P_T = u_A\, i_A \qquad\qquad (223.1)$$

Durch Integrieren der Einschaltverlustleistung erhält man die Einschaltverlustarbeit

$$W_T = \int P_T\, \mathrm{d}t = \int u_A\, i_A\, \mathrm{d}t \qquad\qquad (223.2)$$

Lineare Einschaltdrosseln. Die Stromanstiegsgeschwindigkeit im Thyristor kann durch das Einfügen zusätzlicher Induktivitäten im Kommutierungskreis herabgesetzt werden. Hierzu genügen bereits kleine Induktivitäten in der Größenordnung von einigen Mikrohenry. Der für eine bestimmte zulässige Stromanstiegsgeschwindigkeit (di/dt)$_{\mathrm{zul}}$ erforderliche Induktivitätswert kann aus Gl. (158.2) bestimmt werden. Da es sich nur um kleine Induktivitäten in der Größenordnung von Streureaktanzen handelt, können sie durch Luftspulen mit nur wenigen Windungen realisiert werden. Die Begrenzung des Stromanstieges mit linearen Induktivitäten bedingt jedoch die Schwierigkeit, daß bei Ausschaltvorgängen Überspannungen erzeugt werden (s. z.B. Abschn. 5.2.2).

Sättigbare Einschaltdrosseln. In vielen Fällen benutzt man Einschaltdrosseln mit nichtlinearer Charakteristik, die einen Kern aus sättigbarem Eisen haben (s. Bild **41.2**). Eine solche Sättigungsdrossel in Reihe mit dem Thyristor verzögert den Stromanstieg nach dem Einschalten zunächst für eine bestimmte Zeit, und zwar solange, bis der Eisenkern sich zu sättigen beginnt und daraufhin die

Drossel den Strom freigibt. Dadurch wird der Thyristor im Einschaltaugenblick entlastet.

Bild **224.**1 zeigt typische Oszillogramme der Thyristorspannung u_A und des Thyristorstromes i_A beim Einschalten. Es handelt sich hier um große Leistungsthyristoren, die eine Spannung von 500 V einschalten, worauf ein Strom von über 1000 A zu fließen beginnt. Die dabei auftretende maximale Stromsteilheit beträgt mehr als 200 A/µs. Die Oszillogramme der Einschaltvorgänge a, b und c wurden mit einem **Inverter-Thyristor** aufgenommen. Oszillogramm d zeigt den Einschaltvorgang bei einem **Thyristor mit Querfeldemitter** (s. Abschn. 1.4). Bei allen oszillographierten Einschaltvorgängen geht nach dem Ablauf der Zündverzugszeit die eigentliche Durchschaltzeit in weniger als einer halben Mikrosekunde von-

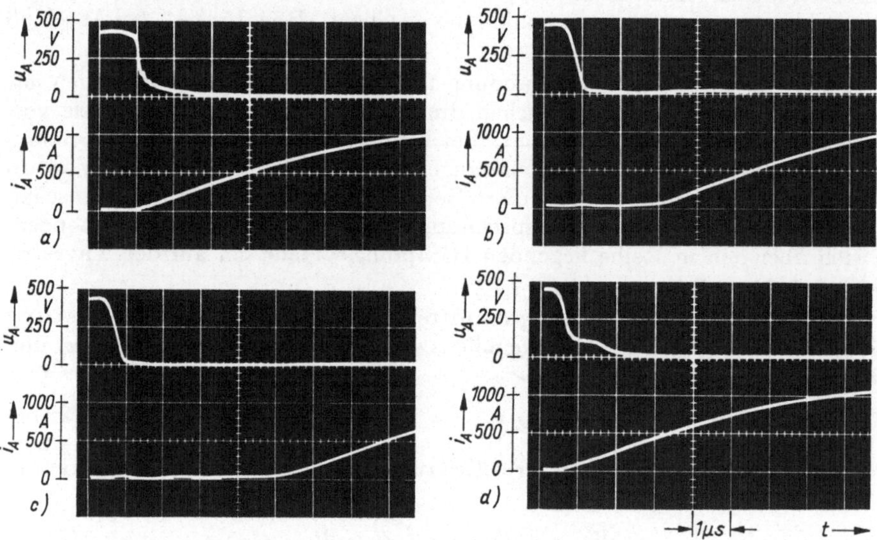

224.1 Oszillogramme der Thyristorspannung u_A und des Thyristorstromes i_A beim Einschalten
  a) ohne Einschaltdrossel
  b) mit Einschaltdrossel von 2 µs Stufenlänge
  c) mit Einschaltdrossel von 4 µs Stufenlänge
  d) mit Querfeldemitter

statten. Danach folgt die Zündausbreitungszeit, während der erst ein Teil der Siliciumscheibe, der immer größer wird, den Laststrom führt. Dadurch ergibt sich eine Thyristorspannung u_A, die noch deutlich über der statischen Durchlaßspannung U_F liegt. Die Verzögerung des Stromeinsatzes durch Einschaltdrosseln mit unterschiedlicher Stufenlänge ist in den Oszillogrammen b und c zu erkennen.

Der zeitliche Verlauf der Einschaltverlustleistung P_T in den Thyristoren wurde durch Auswertung der Oszillogramme von Bild **224.**1 und ähnlicher Oszillogramme mit höherer Spannungsauflösung durch Multiplizieren der Augenblickswerte von Thyristorspannung und Thyristorstrom nach Gl. (223.1) gewonnen; er ist in Bild **225.**1 für die vier verschiedenen Fälle dargestellt (s. auch Bild **14.**1). Wie diese Darstellung zeigt, wird während des Einschaltvorganges im Thyristor vorübergehend eine sehr hohe Verlustleistung umgewandelt, die kurzzeitig mehr als 10 kW betragen kann. Man nennt den höchsten auftretenden Augenblickswert der Verlustleistung die **Einschaltverlustspitze**. Die praktischen Erfahrungen mit Thyristoren in Schaltungen mit Zwangskommutierung haben gezeigt, daß diese Einschaltverlustspitze von den Thyristoren besser vertragen wird, wenn sie durch Sättigungsdrosseln zu späteren Zeitpunkten hin verschoben wird, in denen schon ein größerer Siliciumquerschnitt in der Nähe des Steuerelektrodenanschlusses an der Stromführung beteiligt ist. Auch Thyristoren mit Querfeldemitter haben sich bewährt.

Die Fläche unter den Verlustkurven in Bild **225.1** stellt die **Einschaltverlustarbeit** dar, die die Thyristoren zusätzlich erwärmt. Sie muß bei der Auslegung, insbesondere

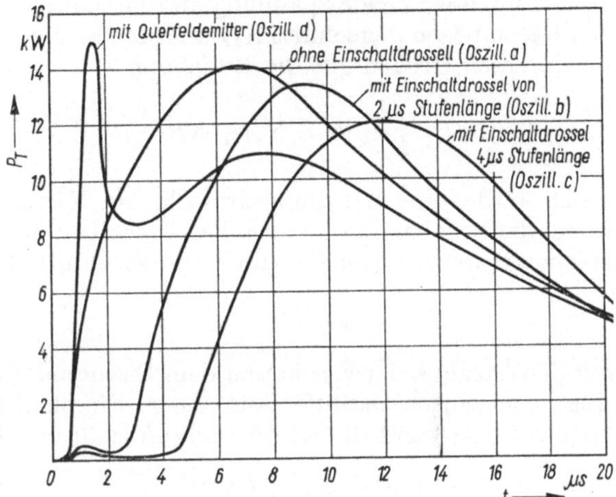

225.1 Zeitlicher Verlauf der Einschaltverlustleistung P_T bei verschiedenen Einschaltdrosseln und mit Querfeldemitter, entsprechend den Oszillogrammen a) bis d) in Bild **224.1**

bei Betrieb mit höheren Frequenzen, außer den statischen Durchlaßverlusten berücksichtigt werden.

Als Kernmaterial für die Sättigungsdrosseln werden **Ringbandkerne** aus weichmagnetischen Spezialwerkstoffen, wie Nickeleisen, oder Ferritkerne verwendet. In Bild **225.2** sind typische **Hystereseschleifen** von Nickeleisen und Ferriten aufgezeichnet. **Nickeleisen** hat eine angenähert rechteckförmige Hystereseschleife mit einer **Sättigungsinduktion** von über 1,5 T und einer **Koerzitivkraft** H_C von 20 bis 30 A/m. Bei **Ferriten** liegt die Sättigungsinduktion wesentlich niedriger. Man erreicht Werte von 0,4 bis 0,45 T. Außerdem verläuft die Hystereseschleife wesentlich flacher als bei Nickeleisen. Die Remanenzinduktion ist daher im Verhältnis zur Sättigungsinduktion bei Ferriten sehr viel niedriger als bei Nickeleisen, was für den ohne Rückmagnetisierung ausnutzbaren Induktionshub wichtig ist. Wegen der schnellen Strom- und Spannungsänderungen in den Schaltzeitpunkten, die hohen Schaltfrequenzen entsprechen, müssen bei

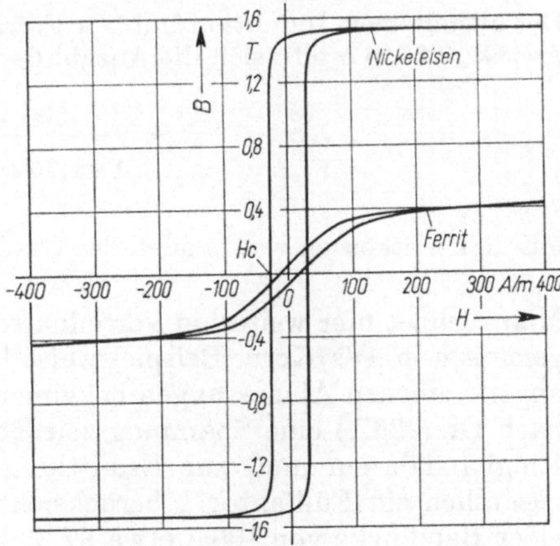

225.2 Typische Hystereseschleifen von Nickeleisen und Ferriten

Verwendung von Ringbandkernen kleine Blechdicken von 100 µm und darunter verwendet werden, damit die Wirbelströme im Eisen klein bleiben.

Für die Berechnung einer Sättigungsdrossel benötigt man die von der Sättigungsdrossel aufzunehmende Spannung im Einschaltaugenblick u_L, die Windungszahl N, den Gesamteisenquerschnitt A_Fe und den ausnutzbaren Induktionshub ΔB. Zwischen diesen Größen gilt die Beziehung

$$\int u_\mathrm{L}\, \mathrm{d}t = N A_\mathrm{Fe}\, \Delta B \qquad (226.1)$$

Meist werden die Sättigungsdrosseln als **Einwindungsdrosseln** ausgeführt, wobei die Ringbandkerne oder Ferritscheiben über einen zylinderförmigen Leiter geschoben werden. Der Gesamteisenquerschnitt A_Fe ergibt sich aus der Gleichung

$$A_\mathrm{Fe} = n\, a_\mathrm{Fe} \qquad (226.2)$$

mit der Anzahl n der Kerne und dem Eisenquerschnitt a_Fe eines einzelnen Kernes. Aus der gewünschten Stufenlänge Δt der Einschaltdrossel und der einzuschaltenden Spannung U_d kann die erforderliche Anzahl von Ferritkernen errechnet werden:

$$n = \frac{U_\mathrm{d}\, \Delta t}{N\, a_\mathrm{Fe}\, \Delta B} \qquad (226.3)$$

Beispiel 5.13. Eine Einwindungseinschaltdrossel mit Ferritkernen soll berechnet werden. Verlangt sei die Stufenlänge 4 µs. Die Gleichspannung U_d, die eingeschaltet werden soll und die während der Stufenlänge Δt als Spannung u_L an der Sättigungsdrossel auftritt, betrage 500 V.

Verwendet man Ferritkerne mit dem Außendurchmesser 50 mm, dem Innendurchmesser 15 mm und der Dicke 10 mm, so ist der Eisenquerschnitt je Kern

$$a_\mathrm{Fe} = \frac{(5-1,5)\ \mathrm{cm}}{2}\cdot 1\ \mathrm{cm} = 1,75\ \mathrm{cm}^2$$

Der ausnutzbare Induktionshub für Ferritkerne beträgt nach Bild **225.**2 etwa 0,43 T. Aus Gl. (226.3) ergibt sich die Anzahl der erforderlichen Kerne

$$n = \frac{500\ \mathrm{V}\cdot 4\ \mathrm{\mu s}}{1\cdot 1,75\ \mathrm{cm}^2\cdot 0,43\ \dfrac{\mathrm{Vs}}{\mathrm{m}^2}} \approx 26$$

Mit 26 Ferritkernen wurde auch das Oszillogramm c in Bild **224.**1 aufgenommen.

Man rechnet hier weiterhin vorteilhafterweise mit der Spannungszeitfläche/Kern, gemessen in µVs/Kern. Beispielsweise hat ein Ferritkern mit den in Beispiel 5.13 angenommenen Abmessungen bei einem ausgenutzten Induktionshub von 0,43 T nach Gl. (226.1) eine Spannungszeitfläche je Kern von etwa 75 µVsec/Kern. Bei Ringbandkernen muß zur Ermittlung des wirksamen Eisenquerschnittes noch zusätzlich ein Füllfaktor k berücksichtigt werden. Dieser Füllfaktor beträgt bei einer Banddicke von 100 µ etwa 87%, bei 50 µ etwa 78% und bei 30 µ etwa 72%. Durch Vormagnetisierung der Kerne läßt sich die doppelte Sättigungsinduktion als Induktionshub ausnutzen. Eine Vorerregung wirkt sich besonders bei Kernmaterialien mit hoher Remanenz günstig aus.

Der mittlere Stufenstrom während der Ummagnetisierung der Schaltdrossel kann aus der Koerzitivkraft H_C und der Länge l_{Fe} des mittleren Eisenweges bestimmt werden:

$$i_{Stufe} = \frac{l_{Fe}\, H_C}{N} \qquad (227.1)$$

Dabei ist jedoch wegen der schnellen Ummagnetisierung die **dynamische Koerzitivkraft**, die größer als die **statische** ist, maßgebend. Der während der stromschwachen Pause fließende Stufenstrom beeinflußt die Zündausbreitungsvorgänge im Thyristor. Deshalb sollte ein bestimmter Mindeststromwert nicht unterschritten werden. Durch parallel zur Sättigungsdrossel geschaltete Widerstände kann dieser Wert heraufgesetzt werden.

Ausschaltverhalten

Beim Ausschalten von Thyristoren unterbricht der Strom bekanntlich nicht in seinem natürlichen Nulldurchgang, sondern er fließt zunächst ungehindert in negativer Richtung weiter, ehe er nach der **Sperrverzugszeit** plötzlich abreißt. Dieses Ausschaltverhalten ist in Abschn. 1.2.2 bereits ausführlich beschrieben worden. Die **Sperrverzugsladung** Q_{rr} ist nach Bild **17.1** um so größer, je höher die Amplitude des vorausgegangenen Durchlaßstromes und je größer die Stromsteilheit beim Ausschalten ist. Durch das momentane Abreißen des Stromes am Ende der Sperrverzugszeit können Überspannungen am Thyristor hervorgerufen werden, die durch geeignete Beschaltungsmaßnahmen unterdrückt werden müssen (s. Abschn. 2.1).

Die sich beim Löschvorgang ergebende Stromsteilheit im Thyristor kann, ähnlich wie beim Einschaltvorgang, mit zusätzlichen Induktivitäten verringert werden. Dabei rufen **lineare Induktivitäten** jedoch Überspannungen hervor. Bild **227.1** zeigt übereinander geschriebene Oszillogramme des Thyristorstromes beim Ausschalten mit drei verschiedenen Stromsteilheiten. Man erkennt deutlich, daß die von der Sperrträgheit hervorgerufene negative Stromspitze um so größer ist, je steiler der Strom vorher abfiel. Der Schutz gegen Überspannungen beim Abreißen des negativen Stromes ist natürlich um so leichter, je niedriger dieser Strom ist.

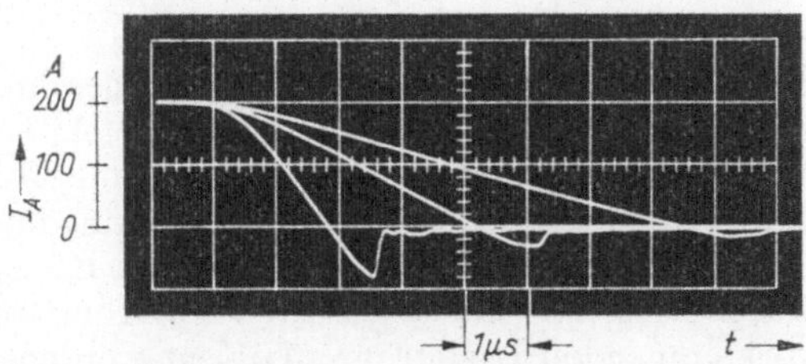

227.1 Oszillogramm des Thyristorstromes i_A beim Ausschalten mit drei verschiedenen Stromsteilheiten

Statt mit linearen Induktivitäten kann man den Rückstrom im Ausschaltzeitpunkt auch durch **sättigbare Reihendrosseln** begrenzen. Dabei wird der Rückstrom von der Sättigungsdrossel auf den nach Gl. (227.1) berechenbaren Wert des Stufenstromes begrenzt. Die Sättigungsdrossel übernimmt dann die Kommutierungsspannung bis zum Ablauf der Sperrverzugszeit des Thyristors. Da während dieser Zeit über den Thyristor lediglich der kleine Stufenstrom der Sättigungsdrossel fließt, kann die Sperrverzugszeit ein Vielfaches der Sperrverzugszeit ohne Drossel betragen. Auch hier läßt sich durch parallelgeschaltete Widerstände der Stufenstrom der Drossel künstlich vergrößern. Mit den Thyristoren in Reihe geschaltete Sättigungsdrosseln können gleichzeitig sowohl den Einschalt- als auch den Ausschaltvorgang günstig beeinflussen. Durch den Rückstrom beim Ausschalten wird der **ausgenutzte Induktionshub**, besonders bei Kernmaterial mit hoher Remanenz, stark vergrößert.

Auch während des Ausschaltvorganges treten im Thyristor zusätzliche Verluste auf. Die **Ausschaltverluste** können jedoch im Gegensatz zu den Einschaltverlusten gegenüber den normalen Durchlaßverlusten im allgemeinen vernachlässigt werden.

Der Effekt der **Sperrträgheit** tritt in gleicher Weise wie bei Thyristoren auch bei **Dioden** auf, wenn deren Durchlaßstrom mit großer Steilheit abfällt. Daher muß bei Schaltungen mit Zwangskommutierung auch die Sperrträgheit der Rückstrom- und Sperrdioden berücksichtigt werden. Da die Sperrträgheit erheblich stören kann, sind spezielle Diodentypen mit besonders kleiner Sperrverzugsladung, d. h. besonders kurzer Sperrverzugszeit, entwickelt worden.

Schonzeit

Als Schonzeit ist oben die Zeitspanne Δt bezeichnet worden, die nach dem Unterbrechen des Thyristorstromes vergeht, ehe wieder positive Sperrspannung an den Thyristor gelegt wird. Diese Schonzeit ist eine charakteristische Größe der betreffenden Löschschaltung und kann sich mit dem **Betriebszustand** ändern. Die Schonzeit muß aber auch im ungünstigsten Betriebszustand, bei dem sie ihren kleinsten Wert annimmt, stets größer als die **Freiwerdezeit** t_q des Thyristors sein. Nach Gl. (143.2) wird die von der Schaltung dem Thyristor zur Verfügung gestellte Schonzeit durch die Größe des **Kommutierungskondensators**, der **Kommutierungsspannung** und des zu unterbrechenden **Stromes** bestimmt. Dabei können sich je nach Schaltung einige Varianten ergeben, wenn ein Teil des Löschstromes über antiparallele **Rückstromdioden** abfließen kann, s. Gl. (190.8) und (194.2).

Bei den meisten in diesem Abschnitt beschriebenen Löschschaltungen handelt es sich um eine **spannungsabhängige Aufladung** des Kommutierungskondensators; die Spannung am Kommutierungskondensator, die für den Löschvorgang zur Verfügung steht, ist also der Spannung im Gleichstromzwischenkreis proportional und weitgehend unabhängig von der Höhe des zu unterbrechenden Laststromes. Bei derartigen Schaltungen muß der Kommutierungskondensator für den größten vorkommenden Laststrom ausgelegt werden.

Bei einer anderen Gruppe von Löschschaltungen erfolgt eine **stromabhängige Aufladung** des Kommutierungskondensators. Die Spannung am Löschkondensator steigt dabei also proportional mit dem Laststrom an. Ein Beispiel für eine derartige stromabhängige Aufladung ist die Schaltung in Bild **154.**1f. Die stromabhängige Aufladung des Kommutierungskondensators hat den Vorteil, daß mit wachsendem Laststrom auch die nach Gl. (143.2) notwendige höhere Kondensatorspannung zur Verfügung steht. Gewisse Nachteile bestehen bei dieser Gruppe von Löschschaltungen darin, daß am Kommutierungskondensator bei hohen Lastströmen **Überspannungen** hervorgerufen werden, die die Thyristoren und Dioden über die Spannung im Gleichstromzwischenkreis hinaus beanspruchen. Außerdem ist die für den nächsten Löschvorgang zur Verfügung stehende Kommutierungsspannung vom Wert des beim vorhergehenden Löschvorgang unterbrochenen Stromes abhängig; auf einen niedrigen Stromwert darf also ohne Zwischenwerte nicht ein hoher Wert folgen.

Die Freiwerdezeit der Thyristoren ist von einer ganzen Reihe von Parametern abhängig, z. B. von der Sperrschichttemperatur, von der negativen Sperrspannung während der Schonzeit und vom vorhergegangenen Durchlaßstrom. In Bild **229**.1 ist die typische Abhängigkeit der Freiwerdezeit t_q von diesen Werten angegeben. Die Darstellung zeigt, daß die Freiwerdezeit mit zunehmender Sperrschichttemperatur ϑ_J beträchtlich ansteigt. Bei der Auslegung des Kommutierungskondensators muß der ungünstigste Fall mit der höchsten Sperrschichttemperatur zugrunde gelegt werden. Auch die Höhe der negativen Sperrspannung während der Schonzeit hat einen großen Einfluß auf die Freiwerdezeit, allerdings erst dann, wenn ein Mindestwert von etwa 50 V unterschritten wird [1.16]. Dieser Fall tritt in Schaltungen auf, bei denen die Rückstromdioden direkt parallel

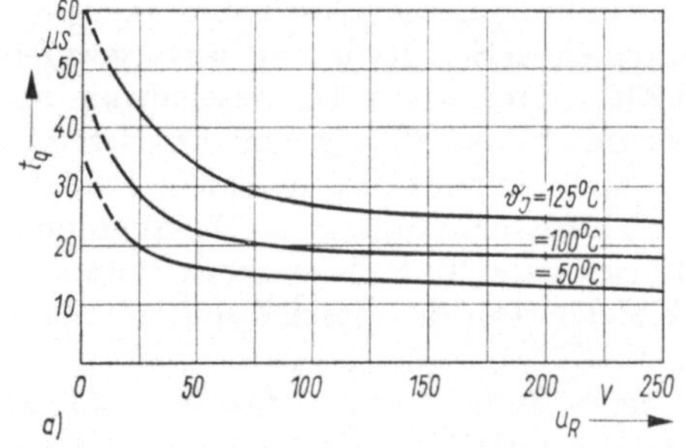
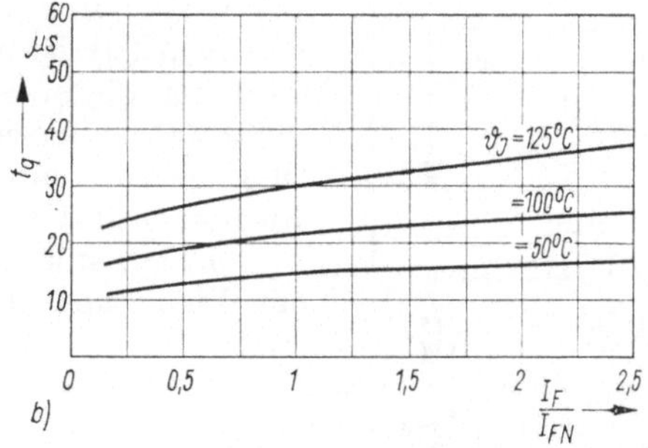

229.1 Typische Abhängigkeit der Freiwerdezeit t_q
    a) von der negativen Sperrspannung u_R
    b) vom Durchlaßstrom I_F
    mit der Sperrschichttemperatur ϑ_J als Parameter

zu den Thyristoren angeordnet sind (s. z. B. die Schaltungen in Bild **193**.1 und Bild **196**.1). Hier wird die Höhe der negativen Sperrspannung nicht nur von dem Durchlaßspannungsabfall der Dioden sondern wesentlich auch von den Streureaktanzen im Paralleldiodenzweig bestimmt.

Außer den in Bild **229**.1 dargestellten Parametern wird die Freiwerdezeit der Thyristoren noch von weiteren Faktoren beeinflußt, von denen der wichtigste die Spannungsanstiegsgeschwindigkeit beim Wiederanlegen positiver Sperrspannung ist. Aus diesem Grund ist der für die Freiwerdezeit eines Thyristors ermittelte Wert bis zu einem bestimmten Grad von dem verwendeten Meßverfahren abhängig. Ein solches Meßverfahren zur Bestimmung der Freiwerdezeit wird in Abschn. 9.2.2 angegeben (s. Bild **324**.1).

Spannunganstiegsgeschwindigkeit

Die zulässige Anstiegsgeschwindigkeit der positiven Sperrspannung an einem Thyristor ist nach oben durch die kritische Spannungssteilheit begrenzt, bei der der Thyristor ohne Steuerimpuls durchzündet. Daher wird die maximal zulässige Spannungsanstiegsgeschwindigkeit $(du_D/dt)_L$ in den Thyristordatenblättern angegeben. Sie liegt für normale Thyristoren in einem Bereich von etwa 20 bis 50 V/µs, für Inverter-Thyristoren sind höhere Werte zulässig. Eine Schaltung zur Messung der kritischen Spannungssteilheit des Thyristors wird in Abschn. 9.2.2 angegeben (s. Bild **322.**1).

Potentialsprünge, die mit hohen Spannungsanstiegsgeschwindigkeiten an den Thyristoren verbunden sind, werden durch Schaltvorgänge in anderen Halbleiterelementen der Schaltung hervorgerufen. Die Schaltvorgänge in den Thyristoren spielen sich in sehr kurzen Zeiträumen von der Größenordnung 1 µs und darunter ab. Beispielsweise beträgt die Durchschaltzeit bei den Einschaltvorgängen in Bild **224.**1 nur etwa eine halbe Mikrosekunde. In ähnlicher Weise wie beim Einschalten von Thyristoren können auch durch die Sperrträgheit beim Ausschalten von Thyristoren und Dioden steile Potentialsprünge in der Schaltung erzeugt werden. Die dabei auftretenden Spannungsanstiegsgeschwindigkeiten sind in Schaltungen mit Zwangskommutierung besonders hoch, weil die Lösch- und Kommutierungskreise im allgemeinen besonders reaktanzarm aufgebaut sind.

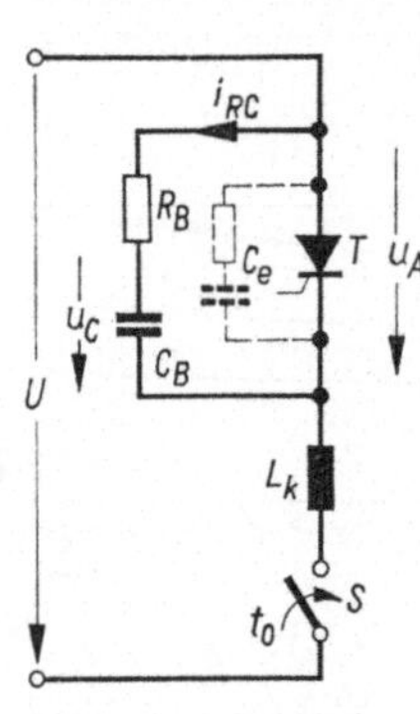

230.1
Zur Berechnung der Spannungsanstiegsge-schwindigkeit an einem Thyristor

Zur Berechnung der Spannungsanstiegsgeschwindigkeit, die an einem Thyristor durch einen Schaltvorgang hervorgerufen wird, soll die in Bild **230.**1 dargestellte Ersatzschaltung benutzt werden. Parallel zum Thyristor T liegt eine RC-Beschaltung. Auch wenn das nicht zutrifft, ist in jedem Fall die Eigenkapazität C_e des Thyristors vorhanden. Die Spannung u_A am Thyristor ergibt sich dann als Summe der Spannungen am Widerstand und Kondensator des Beschaltungsgliedes

$$u_A = u_R + u_C = R_B\, i_{RC} + \frac{1}{C_B} \int i_{RC}\, \mathrm{d}t \qquad (230.1)$$

Durch Differenzieren erhält man für die zeitliche Änderung der Thyristorspannung die Gleichung

$$\frac{\mathrm{d}u_A}{\mathrm{d}t} = \frac{\mathrm{d}u_R}{\mathrm{d}t} + \frac{\mathrm{d}u_C}{\mathrm{d}t} = R_B\, \frac{\mathrm{d}i_{RC}}{\mathrm{d}t} + \frac{i_{RC}}{C_B} \qquad (230.2)$$

Sie setzt sich gleichfalls aus zwei Anteilen, nämlich der Spannungsänderung am Widerstand und am Kondensator zusammen. Wird der Schalter S im Zeitpunkt t_0 geschlossen, so beginnt ein Ausgleichsstrom i_{RC} zu fließen, der sich aus der Differentialgleichung auf die gleiche Weise berechnen läßt, wie es in Abschn. 5.2.2 bei der Berechnung eines Löschvorganges in einem Gleichstrompulswandler ausführlich durchgeführt wurde. Die exakte Berechnung setzt allerdings voraus, daß die Kommutierungsinduktivität L_k bekannt ist, was bei praktischen Schaltungen durchaus nicht immer der Fall ist, da es sich bei den in Frage kommenden Reaktanzen teilweise um Leitungs- und Streureaktanzen handelt. Auf die Berechnung des Stromes, die auf eine gedämpfte Schwingung führt (s. Gl. (158.7)), soll hier verzichtet werden.

Eine Abschätzung der Spannungsanstiegsgeschwindigkeit am Thyristor T kann auf folgende Weise erfolgen: Nimmt man an, daß im Schaltzeitpunkt t_0 die Kondensatorspannung $u_C = U_{C0}$ und der Strom im Beschaltungsglied $i_{RC} = 0$ sind, so ergibt sich die Spannungsanstiegsgeschwindigkeit $\mathrm{d}u_R/\mathrm{d}t$ am Beschaltungswiderstand aus der Gleichung

$$\frac{\mathrm{d}u_R}{\mathrm{d}t}(t_0) = \left(\frac{\mathrm{d}u_R}{\mathrm{d}t}\right)\mathrm{max} = R_B\, \frac{\mathrm{d}i_{RC}}{\mathrm{d}t}(t_0) = \frac{R_B\,(U - U_{C0})}{L_k} \qquad (230.3)$$

Sie wird also nur durch die Kommutierungsinduktivität L_k begrenzt. Zur Abschätzung der oberen Grenze der Spannungsänderung du_C/dt am Beschaltungskondensator soll der Widerstand R_B vernachlässigt werden. Dann ergibt sich für den Strom i_C eine ungedämpfte Schwingung, deren Scheitelwert nach der Gleichung

$$\hat{i}_C = \frac{U - U_{C0}}{\sqrt{L_k/C_B}} \tag{231.1}$$

berechnet werden kann. Für die maximale Spannungsänderung $(du_C/dt)_{max}$ erhält man also aus Gl. (230.2) und (231.1) die Beziehung

$$\left(\frac{du_C}{dt}\right)\text{max} = \frac{\hat{i}_C}{C_B} = \frac{U - U_{C0}}{\sqrt{L_k\,C_B}} < \frac{du_C}{dt} \tag{231.2}$$

Der tatsächliche Wert du_C/dt der Spannungsänderung am Beschaltungskondensator bei Berücksichtigung der Dämpfung durch den Widerstand R_B ist auf jeden Fall kleiner.

Aus Gl. (230.3) und (231.2) läßt sich die maximal am Thyristor auftretende Spannungsanstiegsgeschwindigkeit abschätzen.

Beispiel 5.14. Für eine Schaltung mit den Daten $U = 500$ V, $U_{C0} = 0$ bei der Kommutierungsinduktivität $L_k = 50$ µH und einem Beschaltungsglied mit $C_B = 0{,}25$ µF und $R_B = 10$ Ω erhält man für die maximale Spannungsänderung am Beschaltungswiderstand

$$\left(\frac{du_R}{dt}\right)\text{max} = \frac{10\ \Omega \cdot 500\ \text{V}}{50\ \mu\text{H}} = 100\ \text{V}/\mu\text{s}$$

und für die Spannungsänderung am Beschaltungskondensator

$$\left(\frac{du_C}{dt}\right)\text{max} = \frac{500\ \text{V}}{\sqrt{50\ \mu\text{H} \cdot 0{,}25\ \mu\text{F}}} \approx 140\ \text{V}/\mu\text{s}$$

Die Berechnung der tatsächlichen Spannungsanstiegsgeschwindigkeit in ausgeführten Schaltungen kann außerordentlich schwierig sein, weil sich verschiedene Effekte überlagern können und die Streureaktanzen und auch Streukapazitäten nicht bekannt sind. Treten in einer Schaltung zu hohe Spannungssteilheiten auf, muß man versuchen, sie durch Vergrößern des Beschaltungskondensator und Einfügen zusätzlicher Reaktanzen herabzusetzen.

6. Stromrichteranwendungen

In den Abschn. 3, 4 und 5 wurden die Stromrichterschaltungen beschrieben. In diesem Abschnitt soll das Zusammenwirken der Stromrichter mit ihrer jeweiligen Belastung behandelt werden. Dabei ergeben sich nämlich, je nach der Art der angeschlossenen Last, ganz verschiedene Anforderungen an die Stromrichter. Arbeitsweise und Eigenschaften einer Stromrichterschaltung müssen also stets im Zusammenwirken mit dem Verbraucher betrachtet werden.

Man kann die Belastungen für Stromrichter in drei Gruppen unterteilen, und zwar in

1. passive Belastungen, die üblicherweise keine eingeprägten Gegenspannungen haben,

2. Antriebsmaschinen, in denen je nach Betriebszustand veränderliche Gegenspannungen auftreten können und

3. Netze mit konstanten Gegenspannungen.

Bei den Stromrichteranlagen der ersten Gruppe mit passiven Belastungen handelt es sich z. B. um Anlagen für Beleuchtung, Heizung, induktive Erwärmung und Härtung.

Die Stromrichteranlagen der zweiten Gruppe haben in den letzten Jahrzehnten schon mit Quecksilberdampfgleichrichtern einen ungewöhnlichen Aufschwung genommen. Hauptsächlich handelte es sich dabei bisher aber um geregelte Antriebe mit Gleichstrommaschinen, die in der Industrie und auch auf Fahrzeugen im Schienenverkehr eingesetzt werden. Durch die neuen Schaltungsmöglichkeiten mit Thyristoren beginnen sich nun auch geregelte Antriebe mit Drehstrommotoren in die Praxis einzuführen.

Unter Stromrichtern im Netzbetrieb der dritten Gruppe sollen hier beispielsweise Ladegleichrichter, Notstromaggregate oder auch die Anlagen der Hochspannungs-Gleichstromübertragung verstanden werden. Auch Umrichter mit Zwangskommutierung können auf ein Drehstromnetz arbeiten, wobei sich neue Möglichkeiten der Blindstromerzeugung, Phasenwandlung und elastischen Netzkupplung ergeben.

Bedingt durch die Besonderheiten, die sich aus dem Zusammenwirken der genannten Stromrichteranlagen mit den verschiedenen Belastungsarten ergeben, ist es nützlich, zunächst noch einmal alle in Abschn. 3, 4 und 5 behandelten Stromrichterschaltungen in einer Systematik zusammenzustellen. Dabei soll die Einteilung wieder nach der Art des Kommutierungsvorganges geschehen; Tafel **233**.1 zeigt diese Einteilung der Stromrichterschaltungen.

a) In Tafel **233**.1 sind links die Stromrichter ohne Kommutierungsvorgänge gezeichnet. Es handelt sich um die Wechselstromschalter und

Tafel **233**.1 Einteilung der Stromrichterschaltungen nach der Kommutierung

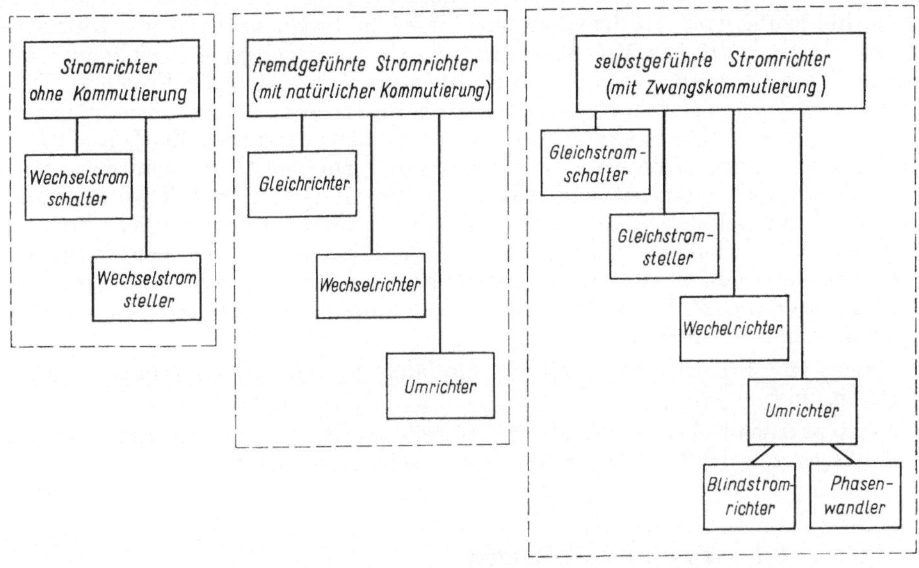

-steller; hier geht der Wechselstrom nach jeder Halbperiode auf natürliche Weise durch Null (s. Abschn. 3).

b) In der Mitte der Tafel **233**.1 sind die **Stromrichter mit natürlicher Kommutierung** aufgeführt. Hierbei handelt es sich um **anschnittgesteuerte Gleichrichter**, die bei Vergrößerung des Steuerwinkels auch als **Wechselrichter** arbeiten können, und mit denen sich in Kombinationsschaltungen auch **Umkehrstromrichter** und **Umrichterschaltungen** aufbauen lassen (s. Abschn. 4). Die Kommutierung geschieht bei diesen Stromrichtern unter dem Einfluß der Netz- oder Lastspannungen; man spricht daher von **fremdgeführten Stromrichtern**, die entweder vom **Netz** oder von der **Last** geführt werden. In diesem Zusammenhang wird manchmal auch von **primärnetzgeführten** oder **sekundärnetzgeführten** Umrichtern gesprochen [6.5].

c) Die Gruppe der **Stromrichter mit Zwangskommutierung** ist in Tafel **233**.1 rechts aufgeführt. Hierzu gehören die **Halbleiterschalter für Gleichstrom** und die periodisch arbeitenden **Halbleitersteller**, die auch **Gleichstrompulswandler** genannt werden. Weiter gehören zu dieser Gruppe die selbstgeführten **Wechselrichter** und **Umrichter** (s. Abschn. 5). Wie weiter unten noch beschrieben werden soll, können selbstgeführte Umrichter auch zur **Blindstromerzeugung** oder **Phasenwandlung** verwendet werden. Bei allen diesen Schaltungen erfolgt die Kommutierung durch eine zusätzlich in der Schaltung aufgebrachte Kommutierungsspannung; man spricht daher von **selbstgeführten Umrichtern**.

Stromrichterantriebe mit Drehfeldmaschinen, deren Stromrichter als Ersatz des mechanischen Kommutators aufgefaßt werden kann, unterscheidet man weiterhin häufig nach Art der Steuerung: Wird die Frequenz durch den Umrichter unabhängig von der Maschinendrehzahl vorgegeben, so spricht man von einem fremdgesteuerten Stromrichterantrieb. Wird die Frequenz durch den Umrichter proportional zur Maschinendrehzahl vorgegeben, so spricht man von einem selbstgesteuerten Stromrichterantrieb [6.3]. Der selbstgesteuerte Antrieb erfordert also einen Geber auf der Maschinenwelle, damit Umrichterfrequenz und Maschinendrehzahl fest miteinander gekoppelt werden können. Ein derartiger selbstgesteuerter Stromrichterantrieb entspricht hinsichtlich seiner Funktion weitgehend einer Gleichstrommaschine, bei der sich gleichfalls der Kommutierungsvorgang selbsttätig der Maschinendrehzahl über den Kommutator anpaßt. Der vollständige Ersatz des Kommutators einer Gleichstrommaschine erfordert also

erstens eine Stromrichterschaltung, die fähig ist, den Ankerstrom zu kommutieren, und

zweitens einen Geber auf der Maschinenwelle, der die Kommutierungszeitpunkte abhängig von der Läuferdrehzahl bzw. -stellung bestimmt.

6.1. Passive Belastungen

Unter passiven Belastungen für Stromrichter sollen, wie bereits erwähnt, Verbraucher verstanden werden, die auf der Lastseite keine aktiven Gegenspannungen erzeugen. Es handelt sich also um ohmsche oder ohmisch-induktive Verbraucher. Da im Zusammenwirken von Stromrichtern mit passiven Belastungen gewöhnlich keine besonderen Probleme auftreten, kann diese Gruppe sehr kurz behandelt werden. Im folgenden sollen daher die verschiedenen Anwendungen mit passiver Belastung nur aufgeführt werden [6.45].

Beleuchtung. Zur stufenlosen Einstellung der Helligkeit von Beleuchtungsanlagen können Wechselstromsteller verwendet werden. Für einfache und billige Haushaltgeräte werden bidirektionale Thyristoren eingesetzt (s. Bild **60.1**). Für Verbraucher größerer Leistung, z.B. Bühnenbeleuchtungen, verwendet man Wechselstromsteller mit antiparallelen Thyristoren. Bei Leuchtstofflampen ergeben sich Vorteile bei Speisung mit Mittelfrequenz (z.B. 3000 Hz), weil dann die Lichtausbeute besser ist und sich außerdem ein flackerfreies und etwas weißeres Licht ergibt. Zu diesem Zweck können statische Wechselrichter eingesetzt werden, die Ausgangsfrequenzen von einigen tausend Hertz liefern. Ein gewisses Problem stellen bei solchen Mittelfrequenzwechselrichtern die unter Umständen lästigen Geräusche dar, die durch schalldämpfende Umkleidung der Wechselrichtergehäuse unterdrückt werden können.

Heizung. Auch zur Steuerung von Heizgeräten können antiparallele Thyristoren als Wechsel- bzw. Drehstromsteller verwendet werden. Die Heizleistung wird dann durch Anschnittsteuerung kontaktlos gesteuert bzw. geregelt.

Für die elektrische Heizung von Reisezugwagen der Deutschen Bundesbahn mit Diesellokomotiven werden Trapezumrichter eingesetzt. Der Dieselmotor treibt

einen Drehstromgenerator, dessen Ausgangsspannung von einem Trapezumrichter
(s. Abschn. 4.2.2) in eine einphasige $16^2/_3$-Hz-Wechselspannung umgeformt wird;
hierdurch wird die Verwendung eines einheitlichen Heizsystems sowohl für E-Loks
mit $16^2/_3$-Hz-Fahrdrahtspeisung wie auch für Diesellokomotiven möglich.

Netzgeführte Gleichrichter mit Anschnittsteuerung werden auch zur
Speisung von Lichtbogenöfen eingesetzt, wobei die Anschnittsteuerung eine
schnelle Regelung des Lichtbogenstromes erlaubt.

Induktive Erwärmung und Härtung. Zur induktiven Erwärmung und Härtung
verwendet man je nach Anwendungsfall Frequenzen von 20 Hz bis 25 kHz. Mittel-
frequenzwechselrichter lassen sich für Frequenzen bis etwa 25 kHz bauen
(s. Abschn. 5.3.4). Auch netzgeführte Stromrichter können in Frequenz-
vervielfachungs-Schaltungen Vielfache der Netzfrequenz, beispielsweise die
dreifache Netzfrequenz, erzeugen. Bei diesen Schaltungen muß die Last wie
beim selbstgeführten Schwingkreiswechselrichter durch Kondensatoren zu einem
Parallelschwingkreis ergänzt werden, der auf die erzeugte vervielfachte Netzfrequenz abgestimmt wird. Bei wechselnden Lastbedingungen müssen Kondensatoren zu- und abgeschaltet werden.

Magnetspeisung. Netzgeführte Thyristorstromrichter werden auch für die
Erzeugung von Magnetfeldern, deren Erregerströme schnell geändert werden sollen,
eingesetzt. Das Letztere gilt insbesondere auch für die Felderregung von Gleich-
strom- und Synchronmaschinen. Bei derartigen Erregerschaltungen handelt es sich
stets um Lastkreise mit großer Induktivität. Daher ist eine genügend große
Spannungsreserve vorzusehen, um schnelle Änderungen des Erregerstromes vornehmen zu können. Zu beachten ist, daß die stark induktive Last den Stromeinsatz
verzögert. Damit sichergestellt ist, daß die Thyristoren während der Zeit, in der die
Steuerimpulse anstehen, mindestens ihren dynamischen Haltestrom erreichen,
müssen entweder genügend breite Steuerimpulse vorhanden sein (s. Abschn. 2.4.1)
oder ohmsche Grundlastwiderstände parallel zum Erregerfeld geschaltet werden.

Man verwendet häufig halbgesteuerte Brückenschaltungen, die den Vorteil
bieten, daß die Dioden einen Freilaufkreis bilden, über den der Erregerstrom auch
nach dem Öffnen der Wechselstromseite weiterfließen kann. Der Erregerstrom
klingt dann jedoch nur mit der Zeitkonstanten des Erregerkreises ab. Zur schnellen
Entregung ist eine vollgesteuerte Brückenschaltung erforderlich, die
vorübergehend in Wechselrichterbetrieb gesteuert werden kann. In Sonderfällen
können auch Gleichstrompulswandlerschaltungen zur Felderregung von
Maschinen verwendet werden.

Bei Synchronmaschinen hat man rotierende Erregerschaltungen entwickelt.
Hier laufen Halbleiterdioden und teilweise auch Thyristoren mit dem Rotor um,
und man erhält schleifringlose Anordnungen.

6.2.   Stromrichterantriebe

Das Hauptanwendungsgebiet der Thyristoren liegt heute bei den Stromrichter-
antrieben. Hierbei handelt es sich um Antriebe, deren Drehzahl verstellt werden
muß, in der Industrie und auf dem Gebiet der Traktion.

Stromrichtergespeiste Gleichstrommaschinen mit Quecksilberdampfgleichrichtern sind bereits seit etwa zwei Jahrzehnten mit großem Erfolg in
Betrieb. In Neuanlagen wurden die Quecksilberdampfgleichrichter inzwischen von
Thyristoren verdrängt. Durch Reihen- und Parallelschaltung von Thyristorelementen und ganzen Stromrichtereinheiten können Gleichstromantriebe mit Thyristorstromrichtern bis hinauf ins Grenzleistungsgebiet der Gleichstrommaschinen gebaut werden, s. Abschn. 7.3 und [6.36].

Durch die neuen Möglichkeiten der Thyristorelektronik lassen sich auch für Drehfeldmaschinen drehzahlgesteuerte Stromrichterschaltungen verwirklichen [6.23;
6.33]. Die Bemühungen, kommutatorlose Drehfeldmaschinen, deren Drehzahl an
die Speisefrequenz gebunden sind, durch Stromrichter drehzahlgesteuert zu betreiben, sind schon alt. Bereits im Jahre 1934 wurde eine Schaltung mit Thyratrons
zur Drehzahlsteuerung eines 400-PS-Synchronmotors angegeben, der eine Vorstufe
des Stromrichtermotors darstellt [6.1]. Weitere Versuche mit Quecksilberdampfgleichrichtern zur Speisung von Stromrichtermotoren schlossen sich an. Technisch
konnten sich die damaligen Stromrichtermotoren jedoch nicht durchsetzen, unter
anderem deswegen, weil die Steuerungstechnik noch nicht weit genug entwickelt
war. Nach der Einführung der Transistoren in die Steuerungstechnik und der
Thyristoren in die Leistungselektronik wurde die Speisung von Drehfeldmaschinen
mit veränderlicher Frequenz über Thyristorumrichter technisch realisierbar. Seitdem können sowohl Käfigläufermotoren als auch Synchronmaschinen für
drehzahlgeregelte Antriebe betrieben werden. Der Aufwand einer Umrichterschaltung ist für eine Drehfeldmaschine jedoch größer als für eine Gleichstrommaschine.

Das Zusammenwirken des Stromrichters mit einer Antriebsmaschine stellt sowohl
an den Stromrichter als auch an die elektrische Maschine besondere Anforderungen.
Beispielsweise muß der Stromrichter bei kurzzeitiger, vom Antrieb geforderter
Überlast für diese Spitzenleistung ausgelegt werden. Dabei sind die unterschiedlichen thermischen Zeitkonstanten zu beachten, die im allgemeinen für
Thyristorstromrichter sehr viel kleiner sind als für die Antriebsmaschinen. Bei
Stromrichtern mit Zwangskommutierung sind die Kommutierungseinrichtungen so auszulegen, daß sie für den höchsten vorkommenden Belastungs-
fall ausreichen, auch wenn dieser nur kurzzeitig auftritt. Ein weiterer Gesichts-
punkt, der bei der Auslegung der Stromrichterschaltung beachtet werden muß, ist
die Energierücklieferung beim Abbremsen des Antriebsmotors. Der Stromrichter muß dann in der Lage sein, Energie vom Antrieb aufzunehmen und entweder
ins Netz zurückzuspeisen oder in einem Ballastwiderstand in Wärme umzuwandeln,
wenn die Energierücklieferung nur kurzzeitig auftritt. Auch für die elektrischen
Maschinen ergeben sich bei Stromrichterspeisung spezielle Probleme, die z. B. von
den vom Stromrichter erzeugten Strom- und Spannungsoberschwingungen
hervorgerufen werden.

6.2.1. Kommutatormaschinen

Einige typische Stromrichterantriebe mit Gleichstrommaschinen sind in Tafel **237.1**
zusammengestellt [6.41]. Links sind Schaltungen mit natürlicher Kommutierung angegeben, rechts Schaltungen mit Zwangskommutierung.

Tafel **237.1** Stromrichterantriebe mit Gleichstrommaschinen
      a) einpulsige Schaltung für Universalmotoren
      b) halbgesteuerte Brückenschaltung
      c) anschnittgesteuerter Gleich- bzw. Wechselrichter
      d) Umkehrstromrichter
      e) pulsgesteuerter Anlaßwiderstand
      f) Gleichstrompulswandler
      g) Nutzbremsschaltung
      h) kombinierte Fahr- und Nutzbremsschaltung

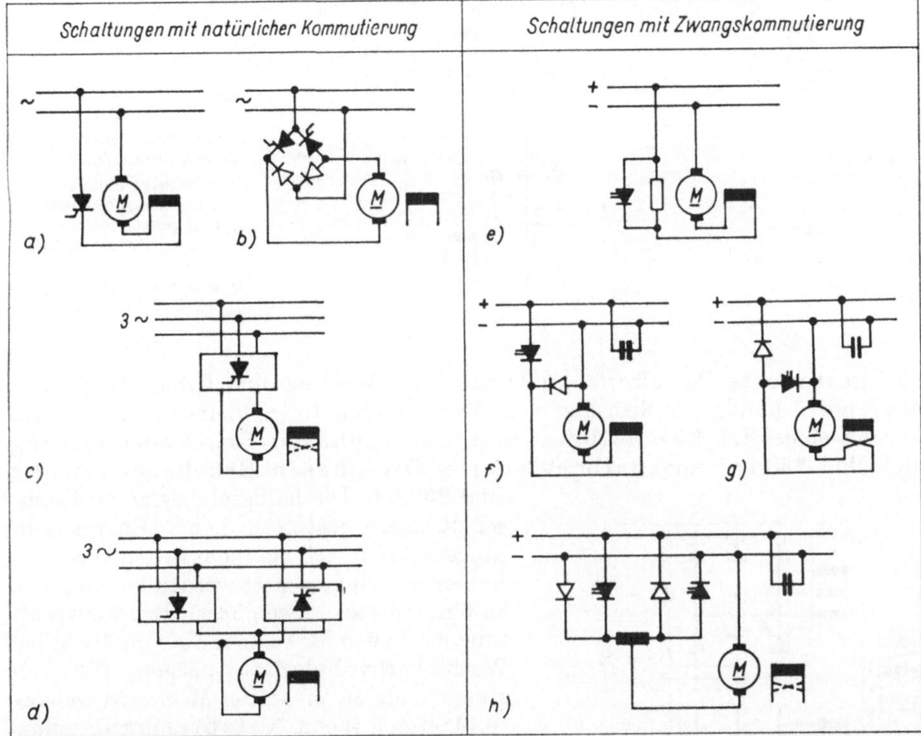

Universalmotoren. Die Schaltung a in Tafel **237.1** zeigt eine einfache einpulsige Anordnung mit nur einem Thyristor, wie sie für Universalmotoren kleiner Leistung Anwendung findet. Die Spannungs- und Stromwelligkeit einer solchen einpulsigen Schaltung ist natürlich besonders hoch.

Nichtreversierbare Antriebe. Weitere einfache Thyristorschaltungen zur Steuerung von Gleichstrommotoren sind in Bild **238.1** dargestellt. Bild **238.1** a zeigt noch einmal eine einpulsige Schaltung mit einem anschnittgesteuerten Thyristor; der Motor kann zur besseren Glättung des Ankerstromes mit einer Freilaufdiode überbrückt werden. Das fremderregte Motorfeld wird über eine Diodenbrücke gespeist.

In der zweipulsigen Schaltung nach Bild **238.1** b wird der Wechselstrom zunächst über eine Diodenbrücke gleichgerichtet, anschließend werden die gleichgerichteten

Stromhalbwellen über einen Thyristor gesteuert. Bei dieser Schaltung muß der Motor durch eine **Freilaufdiode** überbrückt sein, damit Anschnittsteuerung durch den Thyristor möglich ist. Außerdem darf nur eine sehr kleine Streuinduktivität in dem von Gleichrichterbrücke, Thyristor und Freilaufdiode gebildeten Stromkreis vorhanden sein.

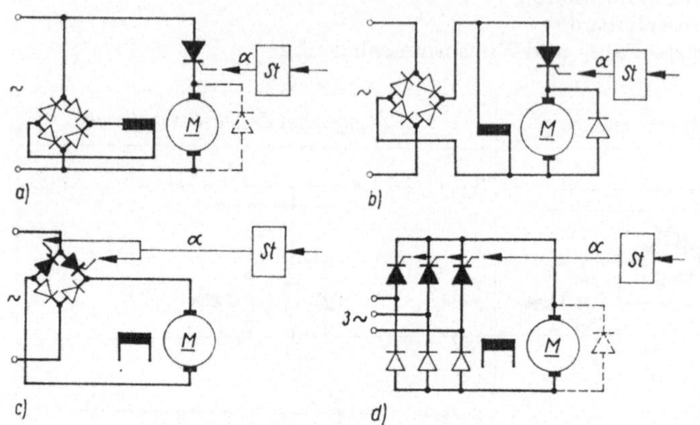

238.1
Einfache Thyristorschaltungen zur Steuerung von Gleichstrommotoren

a) einpulsige Schaltung
b) zweipulsige Schaltung
c) halbgesteuerte Zweiphasen-Brückenschaltung
d) halbgesteuerte Dreiphasen-Brückenschaltung

Halbgesteuerte Brückenschaltungen für Wechsel- und Drehstromeinspeisung werden häufig zur Speisung von Gleichstrommotoren kleiner und mittlerer Leistung eingesetzt. Eine **halbgesteuerte Zweiphasen-Brückenschaltung** zeigt Bild **238.1**c, eine **halbgesteuerte Dreiphasen-Brückenschaltung** Bild **238.1**d. Die halbgesteuerten Brückenschaltungen gestatten keine Energierichtungsumkehr, weil sie nicht in den Wechselrichterbetrieb gesteuert werden können. Die halbgesteuerte Zweiphasen-Brückenschaltung wird auch für Vollbahnlokomotiven bei Wechselstrom-Fahrdrahtspeisung für Leistungen bis zu mehreren Megawatt gebaut [6.14; 6.21]. Wenn **Netzbremsung** gefordert wird, muß aus dem oben erwähnten Grund eine **vollgesteuerte Brückenschaltung** verwendet werden. Bei induktiver Last wird die halbgesteuerte Dreiphasen-Brückenschaltung mit einer Freilaufdiode ausgeführt, die die Kommutierung der Thyristoren erleichtert und außerdem die Brückenschaltung von dem im Freilaufkreis

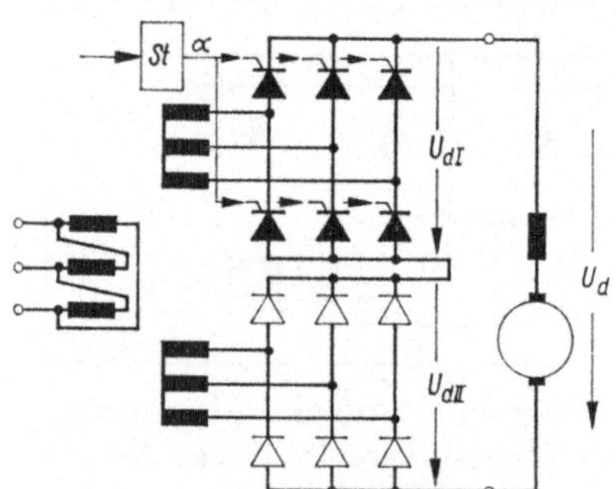

238.2 Reihenschaltung eines gesteuerten und eines ungesteuerten Thyristorstromrichters für einen nichtreversierbaren Gleichstromantrieb (Zu- und Gegenschaltung)

fließenden Strom entlastet. Bei halbgesteuerten Schaltungen ohne Freilauf kann bei weiter Herabsteuerung der Gleichspannung Kippen auftreten.

Für die Speisung nichtreversierbarer Antriebe mittlerer und großer Leistung läßt sich die in Bild **238.2** gezeichnete **Reihenschaltung eines gesteuerten und eines ungesteuerten Thyristorstromrichters** einsetzen. Die aus der

Summe der beiden Teilgleichspannungen U_{dI} und U_{dII} gebildete Gleichspannung U_d kann von beinahe Null auf ihren vollen Wert gesteuert werden. Dazu wird der steuerbare Teilstromrichter I zunächst im Wechselrichterbetrieb ausgesteuert; hierbei subtrahieren sich die beiden Teilspannungen, während sie sich bei Aussteuerung im Gleichrichterbetrieb addieren. Die Steuerkennlinie einer derartigen sogenannten **Zu- und Gegenschaltung** ist in Bild **110.**1 dargestellt. Auch bei dieser Schaltung ist keine Netzbremsung möglich.

Umkehrantriebe. Das Umkehren der Drehrichtung der Gleichstrommaschine kann durch eine Richtungsumkehr entweder des **Ankerstromes** oder des **Feldstromes** bewirkt werden. Bei stromrichtergespeisten Gleichstromantrieben werden drei Verfahren angewendet, und zwar die **Ankerumschaltung**, die **Feldumkehr** und die **Gegenparallelschaltung** zweier Stromrichter, die eine Richtungsumkehr des Ankerstromes ermöglichen. In Bild **239.**1 sind diese drei bei Umkehrantrieben

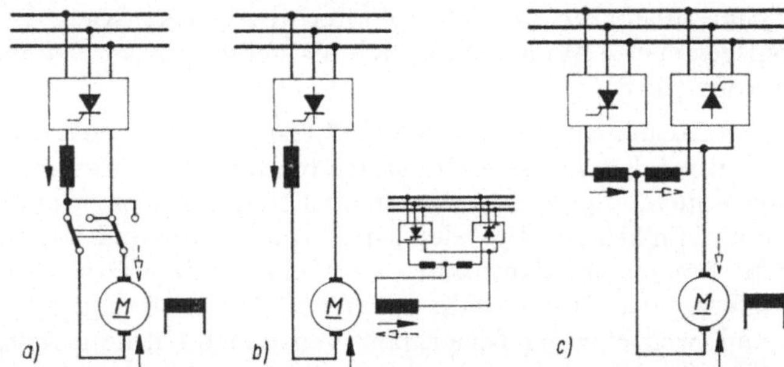

239.1
Stromrichter für Umkehrantriebe

a) Ankerumschaltung
b) Feldumkehr
c) Umkehrstromrichter

verwendeten Möglichkeiten dargestellt. Die **Ankerumschaltung** (Bild **239.**1a) ist mit nur einem Stromrichter zwar sehr wirtschaftlich, benötigt jedoch einen mechanischen Ankerumschalter, der bei häufiger Betätigung dem Verschleiß unterliegt und der Wartung bedarf. Der Ankerumschalter polt den Ankerkreis im stromlosen Zustand um. Dadurch entsteht eine **Totzeit**, die bei Umschaltung mit Schützen allerdings unter 100 Millisekunden liegt. Bild **239.**1b zeigt die **Umkehr des Feldstromes**, die heute meist über Stromrichter vorgenommen wird. Die dritte Möglichkeit für einen Umkehrantrieb mit der **Gegenparallelschaltung** zweier Stromrichter im Ankerkreis ist in Bild **239.**1c dargestellt. Bei schnellem Drehmomentwechsel wird heute meist diese Schaltung angewendet. Sie kann, wie in Abschn. 4.2.1 beschrieben, entweder mit **Kreisstrom**, der durch Kreisstromdrosseln begrenzt werden muß, oder **kreisstromfrei** betrieben werden; hierbei erhält jeweils nur der stromführende Thyristorstromrichter Steuerimpulse. Auch bei der kreisstromfreien Schaltung werden zur Begrenzung des Stromanstieges im Lastkreis Induktivitäten vorgesehen, um einen besseren Schutz der Thyristoren gegen Überströme im Störungsfall zu erreichen. Diese Drosseln übernehmen gleichzeitig eine zusätzliche Glättung des Gleichstromes.

Gleichstrompulswandler-Antriebe. Wenn Gleichstrommaschinen aus einer Gleichstromsammelschiene konstanter Spannung oder aus einer Batterie zu betreiben sind, können Gleichstrompulswandler-Schaltungen eingesetzt werden. Früher wurde diese Aufgabe ausschließlich mit mechanischen Schaltern durch stufenweise umschaltbare Anfahrwiderstände und — bei Antrieben mit mehreren Motoren — auch durch Umgruppieren der Motoren in Reihen- und Parallelschaltung gelöst. Demgegenüber ermöglicht der Gleichstrompulswandler kontaktlose Steuerungen, die den Mittelwert der Motorspannung und damit den Motorstrom stufenlos, also stetig einzustellen gestatten.

In Tafel **237.1** sind rechts einige Schaltungsbeispiele für den Betrieb von Gleichstrommaschinen aus einer Gleichspannungsquelle über Gleichstrompulswandler zusammengestellt. Außer den abgebildeten Schaltungen sind noch eine Reihe weiterer Kombinationen möglich (s. Abschn. 5.2). Bei der Schaltung e handelt es sich um das Anfahren eines Gleichstrommotors über einen pulsgesteuerten Widerstand. Hierbei kann der wirksame Widerstandswert stetig zwischen dem vollen Widerstand und Null in Abhängigkeit vom Einschaltverhältnis λ eingestellt werden. Der Anfahrwiderstand kann bei Motoren mittlerer und größerer Leistung auch in mehrere Stufen unterteilt werden; dann wird jeder Teilwiderstand von einem löschbaren Thyristorschalter überbrückt. Nach der Umschaltung kann der pulsgesteuerte Widerstand auch als veränderbarer Bremswiderstand benutzt werden [6.18].

Die Schaltungen f und g in Tafel **237.1** zeigen Gleichstrompulswandler für Fahr- und Bremsbetrieb eines Gleichstromreihenschlußmotors. Hier werden der Gleichstromquelle pulsförmige Stromblöcke entnommen, wie dies bei Akkumulatorbatterien möglich ist. Bei Gleichstromquellen mit induktivem Innenwiderstand, wie z.B. bei einem Fahrdraht, wird ein Pufferkondensator erforderlich. Der Pufferkondensator entfällt bei der Anfahrsteuerung mit pulsgesteuertem Widerstand, weil hier der Gleichspannungsquelle ein kontinuierlicher Gleichstrom entnommen wird.

Eine mögliche Kombination der Fahr- und Bremsschaltung mit Thyristoren und Dioden zeigt die Schaltung h in Tafel **237.1**. Sie gestattet kontaktlosen Übergang vom Fahr- in den Bremsbetrieb (Drehmomentumkehr). Zur Umkehr der Drehrichtung ist bei dieser Schaltung noch eine Feldumkehr erforderlich. Schaltungen des Gleichstrompulswandlers für einen echten Vierquadrantenbetrieb sind in Bild **148.1** dargestellt.

Gleichstrompulswandler lassen sich auch zur getrennten Stromregelung im Anker- und Feldkreis einer Gleichstrommaschine einsetzen. Eine derartige Schaltung zeigt Bild **240.1**. Hierbei können Ankerstrom I und Feldstrom i_e über Gleichstrompulswandler unabhängig voneinander eingestellt werden. Durch geeignete Ausbildung der Steuerung kann ohne Zuhilfenahme mechanischer Schaltgeräte jede gewünschte Kennlinie des fremderregten Motors erzielt werden, bei einem Fahrzeugmotor beispielsweise Hauptschlußcharakteristik während des Anfahrens und stetig veränderliche Feldschwächung bei voller Ankerspannung im oberen Drehzahlbereich.

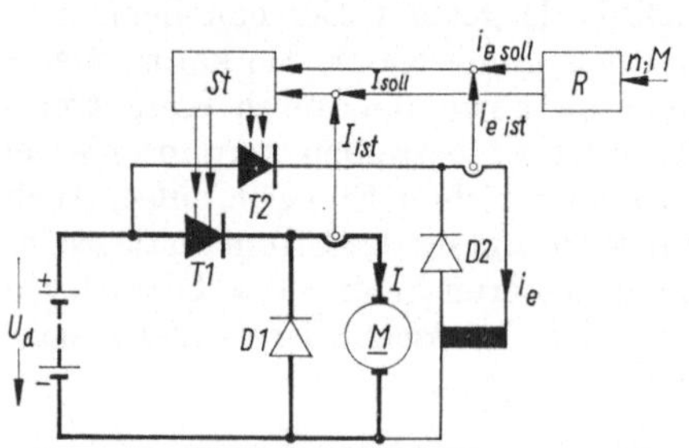

240.1 Gleichstrompulswandler zur getrennten Stromregelung im Anker- und Feldkreis einer Gleichstrommaschine

Strom- und Spannungsoberschwingungen. Bei Stromrichterspeisung treten Oberschwingungen der Spannung und des Stromes der Gleichstrommaschine auf. Bei netzgeführten Stromrichtern werden die Oberschwingungen in der Gleichspannung mit zunehmender Anschnittsteuerung immer größer. Dagegen nehmen die Oberschwingungen der Gleichspannung mit wachsender Pulszahl stark ab. In Bild **241**.1 ist die Welligkeit der Gleichspannung in Abhängigkeit von der Aus-

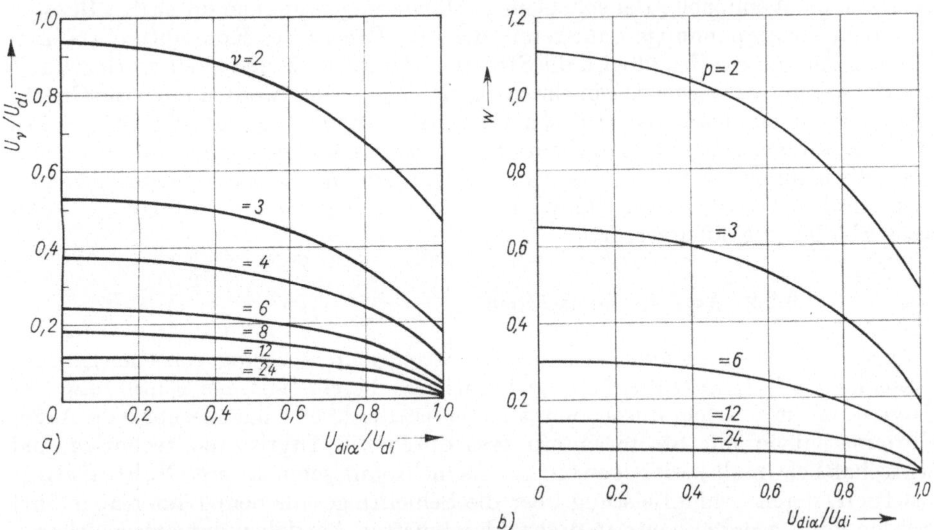

241.1   Welligkeit der Gleichspannung in Abhängigkeit von der Aussteuerung und Pulszahl
  a) Effektivwert $U\nu$ der ν-ten Oberschwingung, b) Welligkeitsfaktor w

steuerung und Pulszahl nach [B 5] aufgetragen. Das Diagramm a zeigt den auf die ideelle Leerlaufgleichspannung U_{di} bezogenen Effektivwert U_ν der ν-ten Spannungsoberschwingung in Abhängigkeit von der Aussteuerung $U_{di\,\alpha}/U_{di}$. Die Überlappung u ist nicht berücksichtigt. Bei einer p-pulsigen Schaltung können die Ordnungszahlen ν der auftretenden Spannungsoberschwingungen mit Hilfe der folgenden Gleichung bestimmt werden:

$$\nu = k\,p \quad \text{mit} \quad k = 1, 2, 3 \text{ usw.} \tag{241.1}$$

Bei einer zweipulsigen Schaltung treten also Oberschwingungen mit der doppelten, vierfachen, achtfachen usw. Netzfrequenz auf, bei einer sechspulsigen Schaltung Oberschwingungen der sechsfachen, zwölffachen, achtzehnfachen usw. Netzfrequenz. Die Oberschwingungsspannung mit einer bestimmten Frequenz ist — falls sie überhaupt auftritt — bei allen Schaltungen, unabhängig von der Pulszahl, gleich groß. In Bild **241**.1 b ist der Welligkeitsfaktor w, der als Verhältnis des Effektivwertes $\sqrt{\sum U_{\nu i}^2}$ aller Spannungsoberschwingungen zur ideellen Leerlaufgleichspannung U_{di} definiert ist (s. Tafel **100**.1), in Abhängigkeit von der Aussteuerung aufgetragen. Man sieht, daß der Welligkeitsfaktor w mit zunehmender Pulszahl stark abnimmt. Ähnliche Diagramme gelten für halbgesteuerte Brückenschaltungen.

Die Spannungsoberschwingungen verursachen Oberschwingungen mit derselben Ordnungszahl im Strom der Gleichstrommaschine. Das führt zu zusätzlichen

Kupferverlusten. In vielen Fällen ist zur Glättung des Gleichstromes eine zusätzliche Glättungsdrossel in Reihe mit der Maschine erforderlich. Bei kleinen Gleichstrommaschinen werden durch die Stromwelligkeit lediglich größere Verluste hervorgerufen. Bei größeren Maschinen wird die Kommutierung durch die Welligkeit gestört, weil höhere Spannungen unter den Bürsten auftreten. Bei diesen Maschinen muß der Wendefeldkreis entdämpft werden und zwar durch Blechen der Wendepole. Bei schnellen Feldänderungen können unter den Bürsten trotzdem hohe Spannungen auftreten, die zum Feuern des Kommutators führen können. Aus diesem Grund wird die Stromänderungsgeschwindigkeit im Regelkreis des Stromrichters begrenzt. Für die Stromrichterspeisung werden moderne Gleichstrommaschinen heute nach diesen Gesichtspunkten ausgelegt [6.2; 6.6; 6.25]. Außer Zusatzverlusten und Kommutierungsschwierigkeiten werden von den Stromoberschwingungen Pendelmomente hervorgerufen, die zu mechanischen und akkustischen Schwingungen führen können. Durch geeignete Maßnahmen kann aber Abhilfe geschaffen werden.

6.2.2. Asynchronmaschinen

Während sich in der Antriebstechnik die Stromrichterspeisung von Gleichstrommaschinen mit Quecksilberdampfgleichrichtern bereits vor der Einführung der Thyristoren mit Erfolg durchgesetzt hatte, ist die Drehzahlsteuerung von Asynchronmaschinen mit Stromrichtern erst durch die Thyristoren technisch und wirtschaftlich realisierbar geworden. Asynchronmaschinen mit Schleifringläufern, deren Schlupfleistung über die Schleifringe aus dem Läufer abgeführt werden kann, werden heute in drehzahlgesteuerten Antrieben mit umschaltbaren Läuferwiderständen und auch mit Transduktoren eingesetzt. Der robuste Käfigläufer hat sich für einen Betrieb mit ungefähr konstanter Drehzahl an Drehstromnetzen mit fester Frequenz praktisch überall dort durchgesetzt, wo keine Drehzahlsteuerung verlangt wird.

Für die Thyristorstromrichter zum Betrieb von Asynchronmaschinen mit steuerbarer Drehzahl ergeben sich also verschiedene Problemstellungen, je nachdem ob die Drehzahlsteuerung von Schleifringläufermotoren oder von Käfigläufermotoren vorgenommen werden soll. Bei Schleifringläufermotoren genügt es, zur Einstellung der gewünschten Drehzahl die im Läuferkreis abgeführte Schlupfleistung über Stromrichter zu verändern, während die Ständerfrequenz konstant bleiben kann. Der wirtschaftliche Betrieb von Käfigläufermotoren ist in einem weiten Drehzahlbereich dagegen nur durch Ändern der Ständerfrequenz möglich; dazu können netz- oder selbstgeführte Thyristorumrichter verwendet werden. Außer der Frequenzänderung im Ständer ist gleichzeitig die Anpassung der Ständerspannung an die jeweilige Drehzahl notwendig.

Schleifringläufermotoren

Bei Asynchronmaschinen kann man die dem Läufer über den Luftspalt zugeführte Leistung P_δ aufteilen in einen Anteil mechanischer Leistung $(1-s)\,P_\delta$, der an der Maschinenwelle abgegeben wird, und einen Anteil elektrischer Leistung $s\,P_\delta$ im Läuferkreis:

$$P_\delta = (1-s)\,P_\delta + s\,P_\delta \tag{242.1}$$

Aus diesem Gesetz von der Aufteilung der Luftspaltleistung folgt, daß proportional mit dem Schlupf s, der bekanntlich als Verhältnis von Läuferfrequenz f_2 zu Ständerfrequenz f_1 definiert ist

$$s = \frac{f_2}{f_1} \tag{243.1}$$

die Energie im Läuferkreis wächst. Beim Schleifringläufermotor muß also um so mehr elektrische Energie über die Schleifringe aus dem Läufer abgeführt werden, je weiter die Drehzahl von der synchronen Drehzahl n_0 entfernt ist. Im Stillstand ($s = 1$) wird die gesamte Luftspaltleistung über die Schleifringe abgeführt. Wird der Motor mit einer dem Ständerdrehfeld entgegengesetzten Drehzahl betrieben, so steigen der Schlupf s und damit die Schlupfleistung noch weiter an.

Tafel **243**.1 Stromrichterantriebe mit Schleifringläufermotoren
        a) Drehstromsteller im Ständerkreis
        b) Stromrichterkaskade im Läuferkreis
        c) pulsgesteuerter Widerstand im Läuferkreis

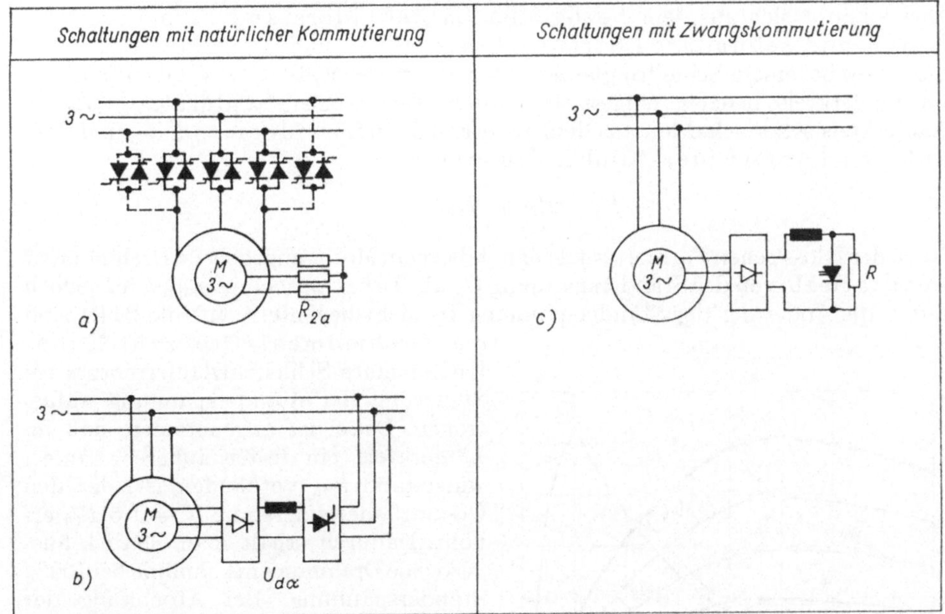

Tafel **243**.1 zeigt Stromrichterantriebe mit Schleifringläufermotoren [6.26]. Auf der linken Seite sind zwei Schaltungen mit natürlicher Kommutierung abgebildet; der unter a abgebildete Drehstromsteller mit antiparallelen Thyristoren in den Ständerzuleitungen des Motors ist zur Vereinfachung auch unter der Gruppe mit natürlicher Kommutierung aufgeführt, obwohl Kommutierungsvorgänge im eigentlichen Sinn bei dieser Schaltung nicht vorkommen.

Spannungssteuerung im Ständerkreis. Mit der Schaltung a in Tafel **243**.1 kann eine Spannungssteuerung im Ständerkreis des Schleifringläufermotors durch Anschnittsteuerung der antiparallelen Thyristoren vorgenommen werden. Wenn auch eine kontaktlose Umkehr der Drehrichtung verlangt wird, müssen die beiden gestrichelt gezeichneten Thyristorpaare zusätzlich vorgesehen werden, um die Umkehr des Drehfeldes zu ermöglichen.

Aus dem **Ersatzschaltbild** (s. Bild **249**.2) der **Asynchronmaschine** läßt sich bei Vernachlässigung des Ständerwiderstandes R_1 für das vom Motor abgegebene **Drehmoment** M die Gleichung

$$\frac{M}{M_{\text{kipp}}} = \frac{2}{\dfrac{s}{s_{\text{kipp}}} + \dfrac{s_{\text{kipp}}}{s}} \left(\frac{U_1}{U_{1\,\text{N}}}\right)^2 \tag{244.1}$$

ableiten, die als Kloss'sche Formel bekannt ist. In dieser Gleichung bedeuten M_{kipp} das **Kippmoment** und s_{kipp} den **Kippschlupf** nach

$$s_{\text{kipp}} = \frac{R_2'}{X_{1\sigma} + X_{2\sigma}'} = \frac{R_2'}{X_{\text{k}}} \tag{244.2}$$

Dieser ergibt sich aus dem **bezogenen Läuferwiderstand** R_2' und den **primären und sekundären Streureaktanzen** $X_{1\sigma}$ und $X_{2\sigma}'$. Der Kippschlupf kann also bei einem Schleifringläufermotor durch Vergrößern des Widerstandes R_2 im Läuferkreis beliebig eingestellt werden. Der **Gesamtwiderstand** R_2 im Läuferkreis setzt sich dann aus dem **inneren Läuferwiderstand** R_{2i} und dem **äußeren Läuferwiderstand** R_{2a} zusammen:

$$R_2 = R_{2i} + R_{2a} \tag{244.3}$$

Nach der Kloss'schen Formel (244.1) hängt das vom Motor abgegebene Drehmoment **quadratisch** von der Ständerspannung U_1 ab. Der Kippschlupf s_{kipp} wird jedoch durch die Änderung der Ständerspannung U_1 nicht beeinflußt. In Bild **244**.1 sind die **Drehmoment-Drehzahl-Kennlinien** eines Schleifringläufermotors bei Steuerung der Ständerspannung aufgetragen. Dabei ist angenommen, daß im Läuferkreis ein fester äußerer Läuferwiderstand R_{2a} vorhanden ist, der den Gesamtläuferwiderstand R_2 auf 5 R_{2i} erhöht. Dadurch erhält man die dick ausgezogene Drehmomentkennlinie bei 100 % Ständerspannung. Bei Absenkung der Ständerspannung ergeben sich nach Gl. (244.1) entsprechend niedriger liegende Drehmomentkurven, die jeweils für konstante Spannung U_1 gelten. Gestrichelt eingezeichnet sind die Drehmomentkurven, die konstantem Strom entsprechen. Man sieht, daß bei abnehmender Drehzahl die mit einem bestimmten Strom verfügbaren Drehmomente stark abfallen.

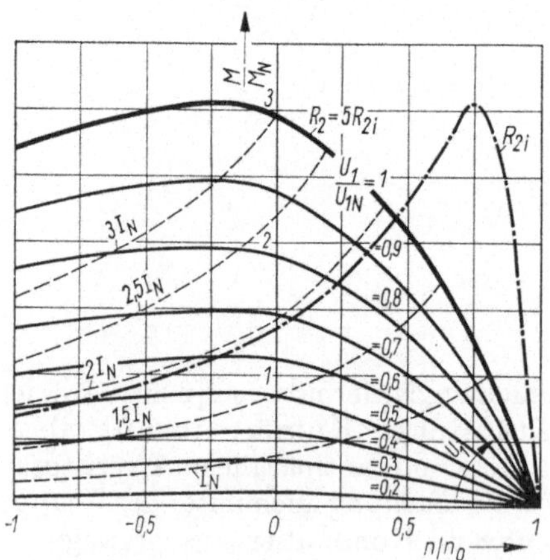

244.1 Drehmoment-Drehzahl-Kennlinien eines Schleifringläufermotors bei Steuerung der Ständerspannung (s. Schaltung a in Tafel **243**.1)

Bei Änderung der Ständerspannung durch Anschnittsteuerung des Drehstromstellers ergeben sich für jeweils konstantgehaltenen Steuerwinkel α etwas andere Drehmomentkurven, weil die Ständerspannung nicht nur vom Steuerwinkel α, sondern auch vom $\cos\varphi$ des Lastkreises abhängt, der sich mit der Motordrehzahl ändert (s. Abschn. 3.2.2). Man kann die Drehzahl von Käfigläufermotoren nach dem angegebenen Verfahren auch mit antiparallelen Thyristoren in den Ständerzuleitungen steuern [6.4; 6.12; 6.22]. Dieses Verfahren ist wegen der im Läuferkreis auftretenden Verluste jedoch auf Motoren kleiner Leistung begrenzt.

Stromrichterkaskade im Läuferkreis. Bei der in Tafel **243**.1 dargestellten Schaltung b wird die von den Schleifringen abgeführte Schlupfleistung gleichgerichtet, geglättet und über einen netzgeführten Wechselrichter ins Drehstromnetz zurückgeliefert.

Man nennt diese Schaltung auch untersynchrone Stromrichterkaskade, weil der Schleifringläufermotor immer unterhalb seiner synchronen Drehzahl n_0 betrieben wird. Die sich bei Gegenspannung im Läuferkreis, wie sie die Stromrichterkaskade aufweist, ergebenden Drehmoment-Drehzahl-Kennlinien sind in Bild **245**.1 dargestellt. Wird die Spannung $U_{d\alpha}$ des netzgeführten Wechselrichters durch Einstellung des Steuerwinkels auf $\alpha = 90\ °$el gegen Null gesteuert, so ergibt sich die in Bild **245**.1 dick ausgezogene Drehmomentkurve, die gegenüber der strichpunktierten Kurve für kurzgeschlossenen Läuferkreis wegen der ohmschen und induktiven Spannungsabfälle in der Stromrichterkaskade etwas stärker geneigt ist. Bei Vergrößerung des Steuerwinkels liefert der netzgeführte Wechselrichter eine Gegenspannung im

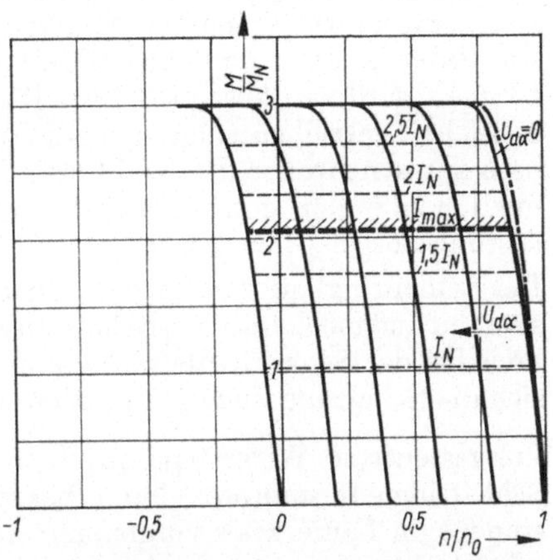

245.1 Drehmoment-Drehzahl-Kennlinien eines Schleifringläufermotors mit Gegenspannung im Läuferkreis (untersynchrone Stromrichterkaskade, s. Schaltung b in Tafel **243**.1)

Läuferkreis, wodurch sich die Drehmomentkurven nach links zu kleineren Drehzahlen hin verschieben. Die im Läuferkreis induzierte Phasenspannung U_2 ändert sich proportional mit dem Schlupf s

$$U_2 = s\,U_2\,(s = 1) = \left(1 - \frac{n}{n_0}\right) U_2\,(s = 1) \tag{245.1}$$

In dieser Gleichung ist mit $U_2\,(s = 1)$ die Läuferphasenspannung im Stillstand bezeichnet. Wird die Läuferspannung U_2 z. B. über eine Dreiphasen-Brückenschaltung gleichgerichtet, so erhält man die Gleichspannung $U_{di} = \left(3\sqrt{6}/\pi\right) U_2$ (s. Tafel **100**.1). Sie muß der vom Wechselrichter gelieferten Gleichspannung $U_{d\alpha}$ das Gleichgewicht halten. Demnach werden die Drehmomentkurven um den Betrag

$$\frac{\Delta n}{n_0} = \frac{\pi}{3\sqrt{6}} \cdot \frac{U_{d\alpha}}{U_2\,(s = 1)} \tag{245.2}$$

17*

in Abhängigkeit von der eingestellten Wechselrichterspannung $U_{d\alpha}$ verschoben. Die in Bild **245.**1 waagerecht eingezeichneten gestrichelten Drehmomentkurven gelten für konstanten aufgenommenen Strom. Mit Rücksicht auf die Stromrichter muß dieser Strom auf einen maximal zulässigen Wert I_{max} begrenzt werden.

Die Ströme im Läuferkreis sind nicht sinusförmig und haben eine mit der Drehzahl veränderliche, in der Nähe der synchronen Drehzahl sehr niedrige Frequenz. Das muß bei der Auslegung des Gleichrichters berücksichtigt werden. Die Oberschwingungen im Läuferkreis reagieren mit den Ständerströmen und verursachen Pendelmomente. Wegen der von den Oberschwingungsströmen hervorgerufenen Zusatzverluste rechnet man bei der untersynchronen Stromrichterkaskase mit einer Minderausnutzung von 10 ... 15% des Schleifringläufermotors.

In der Nähe der synchronen Drehzahl ist die Wechselrichterspannung nur klein. Der netzgeführte Wechselrichter arbeitet dann mit dem Steuerwinkel $\alpha \approx 90\ °$el. Das bedeutet aber, daß hohe Blindleistung aus dem speisenden Drehstromnetz bezogen wird (s. Abschn. 4.1.7). Die untersynchrone Stromrichterkaskade wird meist bei Antrieben eingesetzt, die nur einen kleinen Drehzahlstellbereich unterhalb der synchronen Drehzahl erfordern. Die Stromrichterkaskade braucht dann nur für eine dem gewünschten einstellbaren Drehzahlbereich proportionale Teilleistung ausgelegt zu werden.

Der Schleifringläufermotor wird über eine getrennte Anfahrschaltung mit Widerständen und mechanischen Schaltern angefahren. Da die Schlupfleistung im Läuferkreis bei der Stromrichterkaskade ins speisende Netz zurückgeliefert wird, eignet sich die Schaltung auch für mittlere und große Leistungen.

Pulsgesteuerter Widerstand im Läuferkreis. Die Einstellung der Drehzahl von Schleifringläufermotoren kann bekanntlich auch durch Verändern des Widerstandes im Läuferkreis vorgenommen werden. Dieses Verfahren hat sich mit umschaltbaren Widerständen und auch mit Transduktoren im Läuferkreis in der Antriebstechnik, insbesondere bei Kransteuerungen, durchgesetzt. Mit Hilfe von Thyristorschaltern anstelle von mechanischen Schaltgeräten kann die Widerstandsänderung im Läuferkreis auch kontaktlos vorgenommen werden. Als Beispiel für ein solches kontaktloses Verfahren ist in Tafel **243.**1, Schaltung c ein pulsgesteuerter Widerstand im Läuferkreis dargestellt. Durch Änderung des Einschaltverhältnisses λ kann der effektive Widerstand R^* nach dem in Abschn. 5.2.4 beschriebenen Verfahren stufenlos zwischen den Werten 0 und R eingestellt werden. Nach der Theorie der Asynchronmaschine gilt

$$s' = s\ \frac{R_{2i} + R_{2a}}{R_{2i}} \tag{246.1}$$

d.h., bei Vergrößerung des Läuferkreiswiderstandes durch einen zusätzlichen äußeren Widerstand R_{2a} wird der sich dann ergebende Schlupf s' gegenüber dem ursprünglichen Schlupf s ohne äußeren Läuferwiderstand vergrößert.

Gl. (246.1) gilt streng und allgemein. Man kann nach Bild **247.**1 also die ursprüngliche Drehmomentkurve eines Asynchronmotors (strichpunktierte Linie) mit kurzgeschlossenem Läuferkreis durch Ändern des äußeren Läuferwiderstandes in der Weise beeinflussen, daß die sich einstellenden Schlupfwerte s' bei demselben Drehmoment um so größer werden, je größer der äußere Läuferwiderstand gemacht wird. Dabei kann die Widerstandsänderung laut Schaltung c in Tafel **243**.1 nach Gleichrichtung und Glättung des Läuferstromes an einem einzigen pulsgesteuerten Widerstand erfolgen. Der bei Pulssteuerung gegebene **effektive Widerstand** $R*$ kann durch einen Leistungsvergleich auf einen für die einzelnen Phasen des Läuferkreises wirksamen Widerstand R_{2a} umgerechnet werden:

$$P_2 = 3\,R_{2i}\,I_2^2 + R*\,I_d^2 \triangleq 3\,(R_{2i} + R_{2a})\,I_2^2 \tag{247.1}$$

Hieraus erhält man

$$R* = 3\,R_{2a}\left(\frac{I_2}{I_d}\right)^2 \tag{247.2}$$

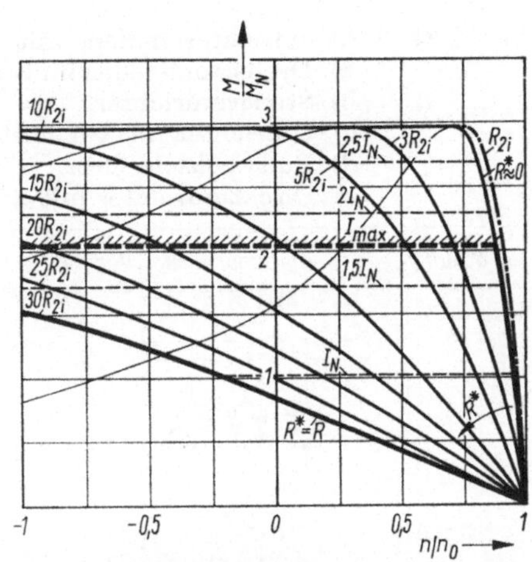

247.1 Drehmoment-Drehzahl-Kennlinien eines Schleifringläufermotors mit pulsgesteuertem Widerstand im Läuferkreis (s. Schaltung c in Tafel **243**.1)

Für einen Gleichrichter mit **Dreiphasen-Brückenschaltung** im Läuferkreis gilt $(I_2/I_d)^2 = 2/3$. Damit erhält man aus Gl. (247.2) die Beziehung

$$R* = 2\,R_{2a} \tag{247.3}$$

Der erforderliche Widerstand R ergibt sich aus dem kleinsten, im Stillstand geforderten einstellbaren Moment. Bei der Dreiphasen-Brückenschaltung stellt sich im Stillstand auf der Gleichstromseite bei dauernd gesperrtem Thyristorschalter ein **kleinster Gleichstrom** $I_{d\,min}$ ein, der aus der **Läuferphasenspannung** $U_2\,(s = 1)$ berechnet werden kann:

$$I_{d\,min}\,(s = 1) = \frac{U_d\,(s = 1)}{R} = \frac{\frac{3\,\sqrt{6}}{\pi}\,U_2\,(s = 1)}{R} \tag{247.4}$$

Aus $I_{d\,min}$ ergibt sich durch Umrechnung auf den Motorphasenstrom das sich dabei einstellende kleinste Anfahrmoment M_{min}.

Mit Rücksicht auf den löschbaren Thyristorschalter muß der Läuferstrom nach oben begrenzt werden. Ist der im Thyristor dauernd fließende maximale Strom $I_{d\,max}$, so folgt die **Spannungsbeanspruchung** aus $R\,I_{d\,max}$. Für Schleifringläufermotoren mittlerer Leistung sind mehrere pulsgesteuerte Widerstandsstufen in Reihe möglich. Um den vollen Drehzahl-Drehmoment-Quadranten auszufahren, kann der **pulsgesteuerte Widerstand** im Läuferkreis mit einer **Anschnittsteuerung** über antiparallele Thyristoren im Ständerkreis kombiniert werden [6.18].

Käfigläufermotoren

Stromrichterantriebe mit Käfigläufermotoren sind in Tafel **248**.1 zusammengestellt. Schaltung a zeigt hier noch einmal das einfache Verfahren zur Steuerung eines Asynchronmotors mit **Drehstromsteller im Ständerkreis**, das bereits bei den Schleifringläufermotoren beschrieben wurde [6.46]. Wegen der im Läuferkreis nach

Tafel 248.1 Stromrichterantriebe mit Käfigläufermotoren
a) Drehstromsteller im Ständerkreis
b) Steuerumrichter
c) Umrichter mit Gleichstromzwischenkreis
d) Pulswechselrichter
e) Direktumrichter mit Zwangskommutierung

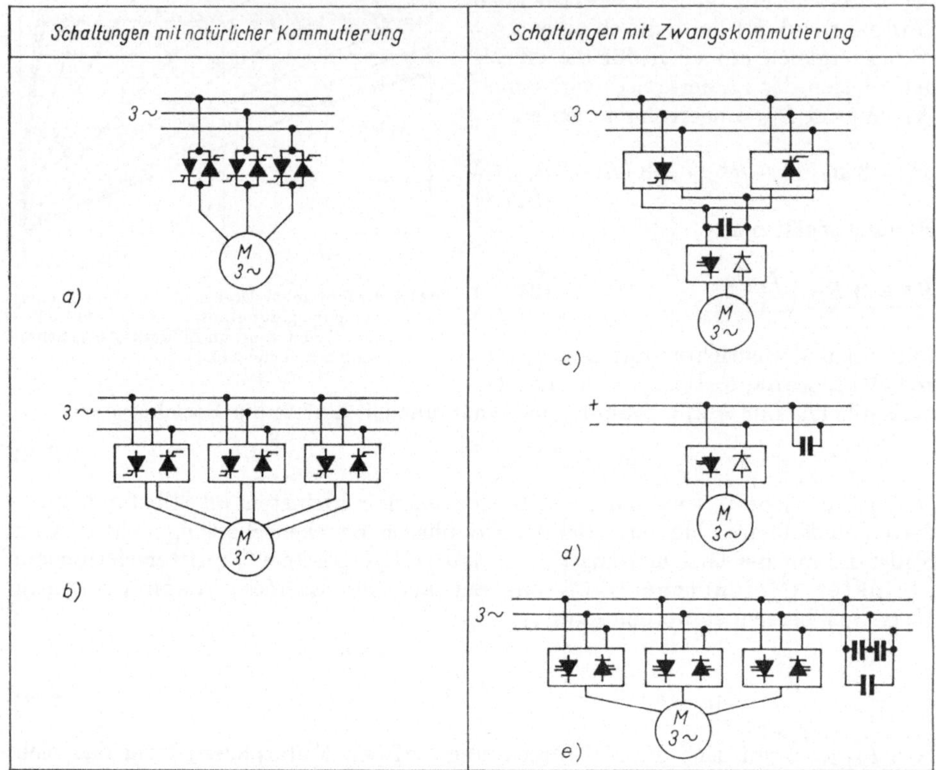

Gl. (242.1) auftretenden Schlupfleistung eignet es sich nur für kleine Käfigläufermotoren und für Antriebe, von denen im unteren Drehzahlbereich nicht dauernd
hohe Drehmomente verlangt werden. Ein Sonderfall für die Anwendung dieser
Schaltung sind die unter Wasser betriebenen Käfigläufermotoren, deren Läufer
besonders gut gekühlt wird. Für Motoren kleiner Leistung kann man anstelle der
drei antiparallelen Thyristorsteller in den drei Ständerleitungen auch Sparschaltungen mit antiparallelen Dioden und drei Thyristoren im Sternpunkt der
Motorwicklung oder aber unsymmetrische Steuerungen mit Thyristorstellern in nur
zwei Ständerphasen verwenden (s. Bild **70.**1). Derartige Verfahren benutzt man
auch bei Käfigläufermotoren mit Kondensatorhilfsphase.

Frequenzsteuerung. Die in Tafel **248.**1 unter b bis e abgebildeten Schaltungen stellen
Umrichter dar, bei denen der Käfigläufermotor mit veränderlicher Frequenz
und veränderlicher Spannung gespeist wird. Die Speisung von Käfigläufermotoren mit veränderlicher Frequenz über Umrichter ist seit dem Aufkommen der

Thyristoren intensiv bearbeitet worden [6.8; 6.9; 6.15; 6.16; 6.19; 6.20; 6.24; 6.27; 6.28; 6.30; 6.32; 6.34]. Ziel dieser Entwicklung ist der Einsatz des robusten, einfachen und wartungsfreien Käfigläufermotors, der eine ideale Maschine für drehzahlgesteuerte bzw. -geregelte Antriebe darstellt, auch in all jenen Fällen, die bisher der Gleichstrommaschine vorbehalten waren.

Schaltung b zeigt einen **Steuerumrichter**, der für jede der drei Motorphasen aus je zwei netzgeführten Stromrichtern aufgebaut ist (s. Abschn. 4.2.2). Um den Stromrichteraufwand herabzusetzen, kann man auch **zweiphasige Käfigläufermotoren** bauen, die nur zwei Umkehr-Stromrichtereinheiten bedingen.

Unter den Schaltungen mit **Zwangskommutierung** handelt es sich bei Schaltung c um einen **Umrichter mit Gleichstromzwischenkreis**, der über netzgeführte Gleich- und Wechselrichter aus einem Drehstromnetz gespeist wird; hierdurch wird die Umkehr der Energierichtung möglich (s. Abschn. 5.3.2 und 5.3.3).

Schaltung d zeigt den Betrieb eines Käfigläufermotors über einen selbstgeführten Umrichter aus einer Gleichspannungsquelle, z.B. einer Akkumulatorbatterie. Die Spannung kann nach einem der in Abschn. 5.3.3 beschriebenen Pulsverfahren gesteuert werden.

Schaltung e stellt einen **Direktumrichter mit Zwangskommutierung** dar; jede Motorphase ist direkt über löschbare Thyristorschalter mit allen Phasen des speisenden Netzes verbunden. Diese Schaltung ist bisher praktisch noch nicht verwirklicht worden (s. Abschn. 5.3.5).

Zunächst sollen jetzt die **Eigenschaften des Käfigläufermotors** bei veränderlicher Speisefrequenz untersucht werden, da sein Verhalten bei veränderlicher Frequenz sich stark von dem bei konstanter Netzfrequenz und -spannung unterscheidet [6.10]. In Bild **249**.1 sind die für den Betriebszustand eines Käfigläufermotors maßgebenden elektrischen und mechanischen Größen angegeben. Dem Asynchronmotor wird vom Netz die **Ständerspannung** U_1 mit der **Frequenz** f_1 zugeführt. An der Welle gibt er das mechanische **Drehmoment** M bei der **Drehzahl** n ab. Dabei entstehen im Motor der **Strom** I und der **magnetische Fluß** Φ. Aufgabe der Steuerung bzw. Regelung des Asynchronmotors ist es, für die auf der Antriebsseite geforderten Werte von Drehmoment und Drehzahl die Ständerspannung und -frequenz so zu regeln, daß der Motor bei minimalen Verlusten optimal ausgenutzt wird.

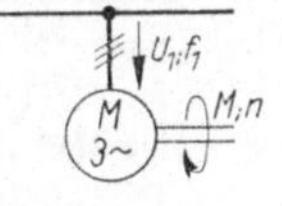

249.1
Elektrische und mechanische Kenngrößen einer Asynchronmaschine

Spannungsbedarf. In erster Näherung verlangt der Käfigläufermotor eine proportional der Speisefrequenz sich ändernde Klemmenspannung U_1. Diese setzt sich, wie das **Ersatzschaltbild der Asynchronmaschine 249**.2 zeigt, aus der bei konstantem Fluß frequenzproportionalen inneren Spannung E und dem Spannungsabfall an der Ständerwicklung zusammen. Demnach ergibt sich in komplexer Schreibweise für die **Motorspannung** U_1 die Gleichung

$$\underline{U}_1 = \underline{I}_1 R_1 + \underline{I}_1 \mathrm{j}\, 2\pi f_1 L_{1\sigma} + \underline{I}_\mu \mathrm{j}\, 2\pi f_1 L_{1\mathrm{h}} \quad (249.1)$$

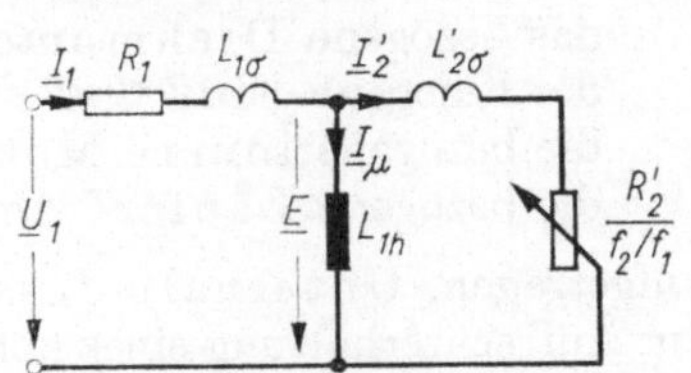

249.2 Ersatzschaltbild der Asynchronmaschine

Führt man den Fluß

$$\underline{\Phi} = \underline{I}_\mu\, L_{1\mathrm{h}} \tag{250.1}$$

ein, so erhält man

$$\underline{U}_1 = \underline{I}_1\, R_1 + \underline{I}_1\, \mathrm{j}\, 2\,\pi\, f_1\, L_{1\sigma} + \mathrm{j}\, 2\,\pi\, f_1\, \underline{\Phi} \tag{250.2}$$

Abgesehen von dem ohmschen Anteil des Ständerspannungsabfalls $I_1 R_1$, ist die Motorspannung der Ständerfrequenz f_1 proportional. Bei Verringerung der Drehzahl auf niedrige Werte tritt dieser ohmsche Spannungsabfall zunehmend in Erscheinung. Bild **250**.1 zeigt den Spannungsbedarf von Drehfeldmaschinen in Abhängigkeit von der Ständerfrequenz f_1. Mit wachsendem Drehmoment, d. h. mit wachsendem Ständerstrom erhöht sich der Spannungsbedarf zur Deckung des ohmschen Spannungsabfalls. Die Spannungskurven in Bild **250**.1 gelten sowohl für Asynchronmaschinen als auch für Synchronmaschinen.

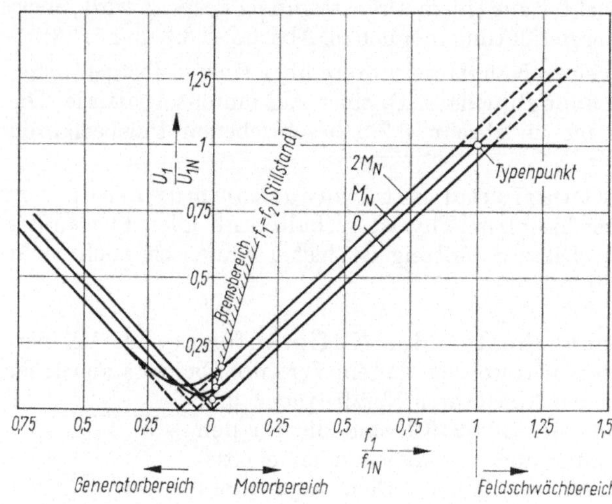

250.1
Spannungsbedarf von Drehfeldmaschinen bei konstantem Fluß in Abhängigkeit von der Speisefrequenz

Typenpunkt. Immer ist die vom Umrichter erzeugte Wechselspannung nach oben begrenzt, so daß eine Steigerung der Motorspannung mit wachsender Drehzahl nur bis zu dieser Maximalspannung des Umrichters möglich ist. Oberhalb dieses in Bild **250**.1 durch den Typenpunkt gekennzeichneten Bereiches arbeitet der Motor bei **konstanter Spannung mit geschwächtem Feld**.

Die Kennlinien eines Käfigläufermotors im **Feldschwächbereich** oberhalb des Typenpunktes bei konstanter Klemmenspannung $U_{1\mathrm{N}}$ und konstantem Ständerstrom $I_{1\mathrm{N}}$ sind in Bild **251**.1 dargestellt. In diesem Diagramm sind, in Abhängigkeit von der bezogenen **Ständerfrequenz** $f_1/f_{1\mathrm{N}}$

das bezogene **Drehmoment** M/M_N
der bezogene **Fluß** Φ/Φ_N im Luftspalt der Maschine
die bezogene **innere Motorspannung** E/E_N
die bezogene **Läuferfrequenz** $f_2/f_{2\mathrm{N}}$

aufgetragen. **Unterhalb des Typenpunktes** steht genug Umrichterspannung zur Aufrechterhaltung eines konstanten Flusses Φ in der Maschine zur Verfügung, wobei ein konstantes Drehmoment M_N abgegeben wird. Die Läuferfrequenz f_2 ist in diesem Bereich ebenfalls konstant, während die innere Motorspannung E proportional zur Frequenz ansteigt. **Oberhalb des Typenpunktes** reicht die Umrichterspannung nicht mehr zur Aufrechterhaltung des vollen magnetischen Flusses Φ in der Maschine aus. Die Maschine arbeitet hier mit konstanter Klemmenspannung U_1, und die innere Motorspannung E fällt infolge des mit wachsender Frequenz stärker in Erscheinung tretenden **induktiven Spannungsabfalls** zu höheren Frequenzen etwas ab. Dadurch verringert sich der Fluß in der Maschine mit wachsender Frequenz etwas stärker als hyperbolisch. Das vom Motor entwickelte Drehmoment M fällt mit zunehmender Drehzahl ebenfalls ab, und zwar wegen der zunehmenden Läuferfrequenz f_2 etwas stärker als der Fluß Φ.

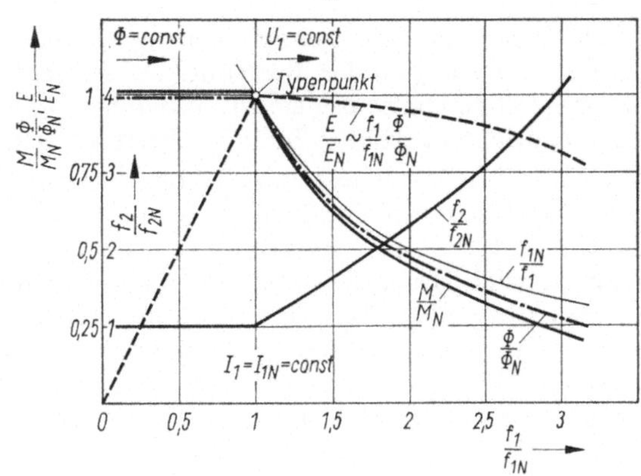

251.1 Kennlinien eines Käfigläufermotors im Feldschwächbereich oberhalb des Typenpunktes bei konstanter Klemmenspannung U_{1N} und konstantem Ständerstrom $I_1 = I_{1N}$

Der **Ständerstrom** I_1 kann oberhalb des Typenpunktes bei konstanter Klemmenspannung nur durch Erhöhung der Läuferfrequenz f_2 konstant gehalten werden. Würde man die Läuferfrequenz f_2 auch im Feldschwächgebiet wie im Bereich unterhalb des Typenpunktes konstant halten, so würde der Ständerstrom I_1 mit wachsender Drehzahl nach einer Hyperbelfunktion abnehmen und damit das Drehmoment noch stärker abfallen. Die Erhöhung der Läuferfrequenz beim Asynchronmotor entspricht der Feldschwächung bzw. Feldumschaltung eines Gleichstrommotors im oberen Drehzahlbereich. Bis zum Typenpunkt kann der Asynchronmotor bei vorgegebenem Strom mit **konstantem Drehmoment** betrieben werden, und die Leistung nimmt mit wachsender Drehzahl proportional zu. Oberhalb des Typenpunktes wird der Motor mit **konstanter Leistung** gefahren, wobei die mit der wachsenden Frequenz wirksamer werdenden induktiven Spannungsabfälle die Leistung sogar wieder etwas herabsetzen.

Als **Typenpunkt** eines Stromrichterantriebes mit Drehfeldmaschinen ergibt sich also **die Drehzahl bzw. Frequenz, für die die Motorspannung bei Nennbelastung** (I_N bzw. M_N) **so groß wie die maximal vom Umrichter abgegebene Wechselspannung wird.**

Spannungsabfall im Umrichter. Die verkettete Wechselspannung eines Umrichters in Dreiphasen-Brückenschaltung ist nach Abschn. 5.3.3

$$U_1 = \frac{2}{\pi} \sqrt{\frac{3}{2}}\, U_\mathrm{d} = 0{,}78\, U_\mathrm{d}$$

In dieser Gleichung stellt U_1 die Grundschwingung der verketteten Umrichterspannung dar. Bei der Ableitung dieser Beziehung sind Spannungsabfälle im Umrichter nicht berücksichtigt worden. Tatsächlich treten im Umrichter jedoch **ohmsche und induktive Spannungsabfälle** auf, wodurch die abgegebene

Wechselspannung bei Energielieferung an den Motor abgesenkt wird, während bei Generatorbetrieb der Maschine die Umrichterspannung ansteigt. Der Spannungsabfall im Umrichter selbst muß daher bei der Bestimmung des Typenpunktes eines Umrichterantriebes berücksichtigt werden.

Für einen Umrichter mit Zwangskommutierung in Dreiphasen-Brückenschaltung nach Bild **252.**1a soll der Spannungsabfall berechnet werden. Die Spannungsabfälle im Umrichter werden durch ohmsche Widerstände und Induktivitäten hervorgerufen. Dazu kommt der Durchlaßspannungsabfall in den Halbleiterelementen selbst. Zur Vereinfachung soll angenommen werden, daß der Spannungsabfall jedes der vier nacheinander vom Wechselstrom einer Phase durchflossenen Thyristor- und Diodenzweige gleich groß ist und sich aus der Durchlaßspannung U_F und den Spannungsabfällen an den ohmschen Widerständen R_1 und

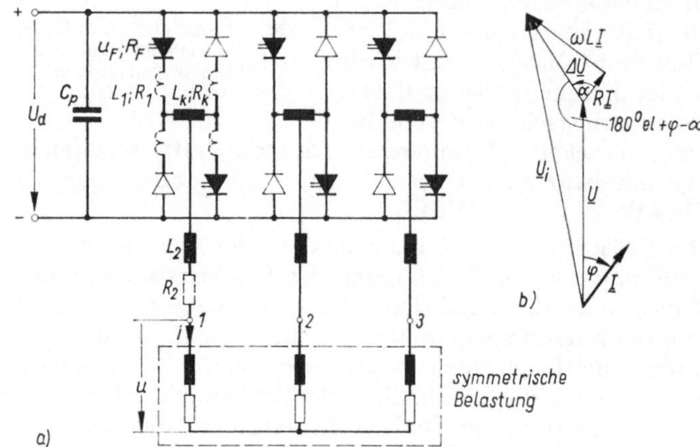

252.1
Spannungsabfall bei einem Umrichter mit Zwangskommutierung

a) Dreiphasen-Brückenschaltung
b) Vektordiagramm für die Grundschwingungen von Strom und Spannungen

den Induktivitäten L_1 jedes Ventilzweiges zusammensetzt. Weiterhin trägt die Querdrossel zum Wechselspannungsabfall bei. Da abwechselnd die linke und rechte Hälfte der Querdrossel vom Wechselstrom durchflossen wird, sind für den wirksamen Widerstand $0{,}5\,R_k$ und für die wirksame Induktivität — je nach Verkettung der beiden Drosselhälften — $0{,}25$ bis $0{,}5\,L_k$ in Rechnung zu stellen. Sodann sind Widerstände R_2 und Induktivitäten L_2 in den Zuleitungen zu den Anschlußklemmen 1, 2 und 3 zu berücksichtigen. Gesamtinduktivität L und Gesamtwiderstand R einer Wechselrichterphase können also aus den Teilinduktivitäten bzw. -widerständen bestimmt werden:

$$L = L_1 + 0{,}25 \ldots 0{,}5\,L_k + L_2 \tag{252.1}$$

$$R = R_F + R_1 + 0{,}5\,R_k + R_2 \tag{252.2}$$

In Gl. (252.2) stellt R_F einen Ersatzwiderstand für den Durchlaßspannungsabfall U_F der Thyristoren und Dioden dar.

Nach dem in Bild **252.**1b für die Strom- und Spannungsgrundschwingungen gezeichneten Zeigerdiagramm wird an den Widerständen R und Induktivitäten L vom Strom I der Spannungsabfall ΔU hervorgerufen, der die ideelle Phasenspannung U_i herabsetzt. Die tatsächlich abgegebene Phasenspannung U des Umrichters soll nun bestimmt werden. Mit den Definitionsgleichungen

$$\varrho = \frac{R\,I_N}{U} \tag{253.1}$$

und

$$\varepsilon = \frac{\omega\,L\,I_N}{U} \tag{253.2}$$

wird der bezogene Spannungsabfall

$$\frac{\Delta U}{U} = \sqrt{\varrho^2 + \varepsilon^2} \tag{253.3}$$

Setzt man

$$\alpha = \text{arc tan}\ \frac{\omega\,L}{R} = \text{arc tan}\ \frac{\varepsilon}{\varrho} \tag{253.4}$$

so folgt aus dem Zeigerdiagramm nach dem Kosinussatz

$$\frac{U_i}{U} = \sqrt{1 + \varrho^2 + \varepsilon^2 + 2\sqrt{\varrho^2 + \varepsilon^2}\,\cos(\alpha - \varphi)} \tag{253.5}$$

Führt man hier die ideelle Phasenspannung

$$U_i = \frac{\sqrt{2}}{\pi}\,U_d = 0{,}45\,U_d \tag{253.6}$$

ein, die um den Faktor $1/\sqrt{3}$ kleiner ist als der in Gl. (203.2) für die verkettete Spannung angegebene Wert, so ergibt sich für die vom Umrichter unter Berücksichtigung der Spannungsabfälle gelieferte Phasenspannung U

$$U = \frac{\sqrt{2}\,U_d}{\pi} \cdot \frac{1}{\sqrt{1 + \varrho^2 + \varepsilon^2 + 2\sqrt{\varrho^2 + \varepsilon^2}\,\cos(\alpha - \varphi)}} \tag{253.7}$$

Die verkettete Umrichterspannung ist um den Faktor $\sqrt{3}$ größer.

Den Spannungsabfall auf der Wechselstromseite des Umrichters mit Zwangskommutierung erhält man also wie bei einem Transformator aus einem Zeigerdiagramm als Summe von ohmschen und induktiven Spannungsabfällen, die aufeinander senkrecht stehen und deren Richtung sich mit der Phasenlage des Stromes, d.h. mit dem $\cos\varphi$ der Last ändert. Der von den Kommutierungsvorgängen hervorgerufene Spannungsabfall ist hier unberücksichtigt geblieben. Das ist in erster Näherung zulässig, weil diese Vorgänge bei Zwangskommutierung sich in vergleichsweise sehr kurzen Zeitabschnitten abspielen. Hierin unterscheidet sich der Umrichter mit Zwangskommutierung von dem netzgeführten Umrichter, dessen induktive und ohmsche Gleichspannungsänderung in Abschn. 4.1.3 berechnet wurde, s. Gl. (91.1) und (92.5).

Der induktive Spannungsabfall ε des Umrichters mit Zwangskommutierung ist von den Reaktanzen auf der Wechselstromseite des Umrichters abhängig und läßt sich nach Gl. (252.1) und (253.2) aus den Teilreaktanzen berechnen. Für Umrichter mittlerer Leistung gilt etwa $\varepsilon = 0{,}10$. Der ohmsche Spannungsabfall ϱ kann aus dem Wirkungsgrad des Umrichters abgeschätzt werden.

Beispiel 6.1. Mit den angenommenen Werten $\varepsilon = 0{,}10$ und $\varrho = 0{,}05$ erhält man für einen Asynchronmotor mit dem Verschiebungsfaktor $\cos\varphi = 0{,}85$ als Korrekturfaktor der Umrichterspannung in Gl. (253.7) den Wert 0,912. Die Grundschwingung der Phasenspannung des Umrichters ist unter Berücksichtigung der Spannungsabfälle bei Nennstrom also

$$U = 0{,}45 \cdot 0{,}912\ U_\mathrm{d} = 0{,}411\ U_\mathrm{d}$$

und die verkettete Spannung

$$\sqrt{3} \cdot U = 0{,}78 \cdot 0{,}912\ U_\mathrm{d} = 0{,}712\ U_\mathrm{d}$$

Zusätzlich tritt natürlich auch im Gleichstromzwischenkreis ein Spannungsabfall auf. Die Gleichspannung U_d ist also entsprechend der in Bild **92.**1 dargestellten Belastungskennlinie eines netzgeführten Stromrichters zu ermitteln.

Drehmoment. Das von einer elektrischen Maschine entwickelte Drehmoment

$$M = k\,\vec{\Phi}\cdot\vec{I}_1 = k\,\vec{\Phi}\cdot\vec{I}_2 = k\,\Phi\,I_1\sin\left(\vec{\Phi},\vec{I}_1\right) = k\,\Phi\,I_2\sin\left(\vec{\Phi},\vec{I}_2\right) \tag{254.1}$$

ist das vektorielle Produkt aus dem Fluß Φ und dem Strom I_1 im Ständer oder dem Strom I_2 im Läufer der Maschine. Diese allgemein für alle elektrischen Maschinen gültige Gleichung zeigt, daß sich große Drehmomente im gesamten Drehzahlbereich dann erreichen lassen, wenn der Fluß Φ in der Maschine voll erhalten bleibt oder sogar über den Nennfluß hinaus erhöht wird. Demnach kann auch ein Käfigläufermotor bei Speisung mit veränderlicher Frequenz im gesamten Drehzahlbereich wie eine Gleichstrommaschine große Drehmomente entwickeln, solange die Umrichterspeisung ausreicht, den vollen Fluß in der Maschine aufrechtzuerhalten.

In Bild **255.**1 ist der Verlauf des bezogenen Drehmomentes M/M_N, der abgegebenen bzw. aufgenommenen bezogenen Leistung P/P_N und der Läuferfrequenz f_2 eines sechspoligen 45-kW-Käfigläufermotors bei Speisung mit veränderlicher Frequenz aufgetragen. Der rechte Quadrant gilt für Motorbetrieb, der linke für Generatorbetrieb der Maschine. Die Kurven sind für sinusförmigen Stromverlauf aus den bekannten Maschinendaten mit Hilfe einer elektronischen Rechenmaschine ermittelt. An einer Umrichteranlage gemessene Kurven zeigen einen ähnlichen Verlauf. Unterhalb des Typenpunktes im Bereich des Nennflusses oder eines noch höheren Maschinenflusses bleiben die Drehmomente bei vorgegebenem Strom nahezu konstant. Die leichte Steigung mit abnehmender Drehzahl ist durch die Abnahme der Reibungsverluste bedingt. Die Schlupffrequenz f_2 (in Bild **255.**1 lang gestrichelt gezeichnet) ist in diesem Bereich unabhängig von der Drehzahl konstant und steigt etwa linear mit dem vorgegebenen Ständerstrom an.

Für die Nenngleichspannung U_d im Gleichstromzwischenkreis sind bei der Berechnung des Diagrammes 500 V angenommen worden. Damit ergibt sich bei Nennstrom unter Berücksichtigung der Spannungsabfälle eine verkettete Umrichterspannung von etwa 360 V. Sobald mit steigender Drehzahl diese volle Umrichterspannung erreicht wird, fallen die Drehmomente bei weiterer Steigung der Drehzahl ab. Dabei muß die Schlupffrequenz f_2 angehoben werden, damit der jeweils vorgegebene Motorstrom aufrechterhalten bleibt. Unterhalb des Feldschwächbereiches

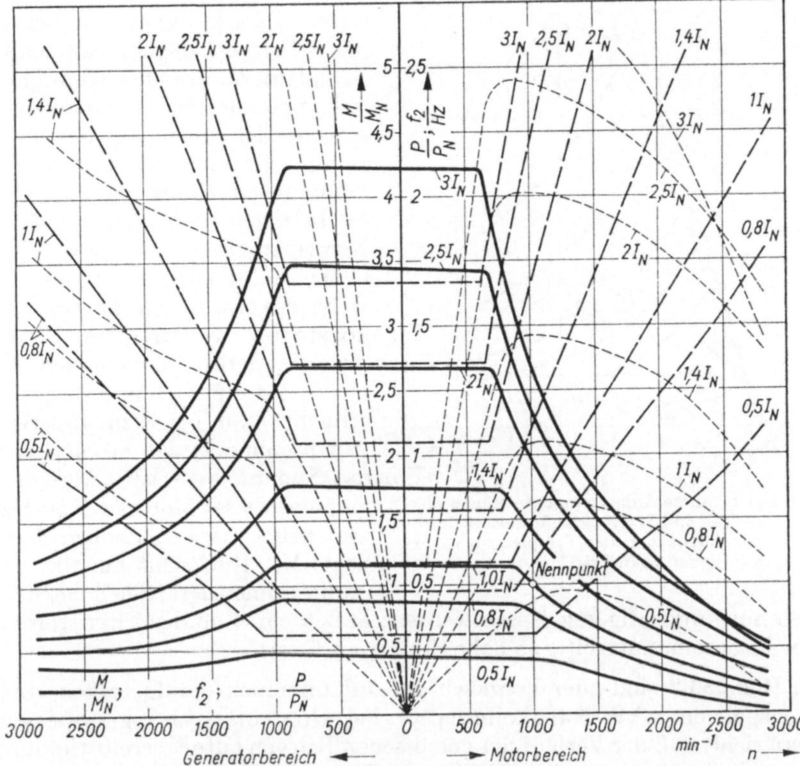

255.1 Verlauf des Drehmomentes M/M_N, der abgegebenen bzw. aufgenommenen Leistung P/P_N an der Maschinenwelle und der Läuferfrequenz f_2 eines sechspoligen 45-kW-Käfigläufermotors bei Umrichterspeisung mit veränderlicher Frequenz (Parameter: Ständerstrom I)
Nenndaten des Motors: $P_N = 45\ \mathrm{kW}$; $M_N = 440\ \mathrm{Nm}$; $n_N = 987\ \mathrm{min^{-1}}$; $U_N = 380$ bzw. $220\ \mathrm{V}$; $I_N = 85{,}7$ bzw. $148\ \mathrm{A}$; $\cos\varphi_N = 0{,}88$

wird die Schlupffrequenz f_2 so eingestellt, daß sich bei vorgegebenem Ständerstrom für das Drehmoment ein Maximum ergibt. Für große Stromwerte gilt als zusätzliche Bedingung, daß der Maschinenfluß nicht mehr als 20% über den Leerlaufnennfluß Φ_{0N} ansteigen darf, um eine unzulässige Eisenbeanspruchung an den hoch gesättigten Stellen des magnetischen Kreises zu vermeiden. Im Generatorbetrieb der Maschine beginnt der Feldschwächbereich wegen der Umkehrung der Spannungsabfälle später als im Motorbereich.

Die an der Maschinenwelle abgegebene bzw. aufgenommene Leistung P (in Bild 255.1 kurz gestrichelt gezeichnet) steigt unterhalb des Typenpunktes linear mit der Drehzahl an. Im Feldschwächbereich fällt sie infolge der induktiven Spannungsabfälle bei hohen Drehzahlen wieder ab.

In Bild 256.1 sind die berechneten Anlaufmomente desselben sechspoligen 45-kW-Käfigläufermotors in Abhängigkeit von der Läuferfrequenz f_2, die im Stillstand der Ständerfrequenz f_1 entspricht, mit verschiedenen sinusförmigen Ständer-

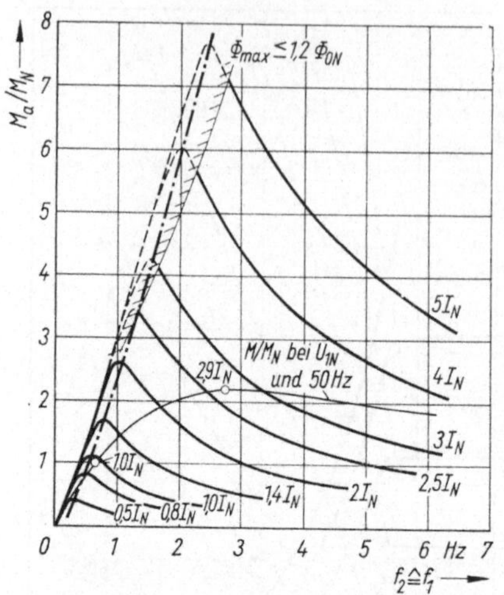

256.1 Berechnete Anlaufmomente eines sechspoligen 45-kW-Käfigläufermotors in Abhängigkeit von der Frequenz bei verschiedenen Ständerströmen

strömen als Parameter aufgetragen. Auch diese Kurven zeigen, daß man in einem Käfigläufermotor bei Umrichterspeisung mit veränderlicher Frequenz bei entsprechender Steigerung des Stromes kurzzeitig sehr hohe Drehmomente erzeugen kann, die ein Mehrfaches des Nennmomentes betragen und auch weit über dem bei Nennspannung und fester Frequenz üblichen Kippmoment liegen. Bei dieser Betriebsweise treten die bei Speisung mit konstanter Netzfrequenz während des Anlaufes gefürchteten hohen Blindströme nicht auf. Mit fünffachem Nennstrom erreicht man bei dem 45-kW-Motor ein Anlaufmoment, das siebenmal größer als das Nennmoment ist, während das Kippmoment dieses Motors bei 50-Hz-Speisung nur beim etwa 2,2fachen Nennmoment liegt. Mit Rücksicht auf die Motorerwärmung können derartige hohe Ströme natürlich nur kurzzeitig zugelassen werden; außerdem muß der Thyristorumrichter in der Lage sein, kurzzeitig so hohe Ströme zu liefern.

In Bild **256**.2 sind zum Vergleich die Anlaufmomente aufgetragen, die an einem sechspoligen 4-kW-Käfigläufermotor bei Umrichterspeisung gemessen wurden. Man sieht, daß der Verlauf der gemessenen Kurven gute Übereinstimmung mit den berechneten Kurven in Bild **256**.1 zeigt. Der 4-kW-Käfigläufermotor mit Umrichterspeisung gibt bei fünffachem Nennstrom und optimal gewählter Frequenz das 6,5fache Nennmoment als Anlaufmoment ab.

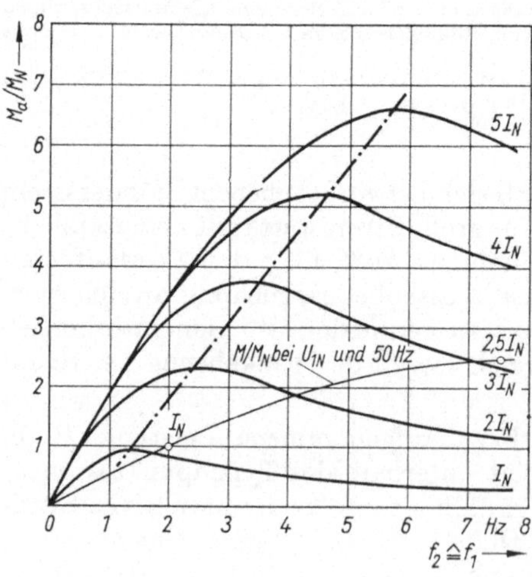

256.2 Gemessene Anlaufmomente eines sechspoligen 4-kW-Käfigläufermotors bei Umrichterspeisung

Drehzahlsteuerung im quasistationären Betrieb

Die Eigenschaften des umrichtergespeisten Käfigläufermotors, die sich aus dem Zusammenwirken von Umrichter und Motor ergeben, werden durch die Art der Steuerung bestimmt. Je nach den Anforderungen des Antriebes lassen sich hohes Drehmoment, hohe Drehzahl, genaue Drehzahlregelung oder hohe Verstellgeschwindigkeit erreichen. Zunächst sollen die Anforderungen an die Regelkreise bei niedriger Verstellgeschwindigkeit untersucht werden.

Bei einem solchen quasistationären Betrieb laufen eine oder mehrere Drehfeldmaschinen an einem umrichtergespeisten Netz mit veränderlicher Frequenz
und Spannung; Frequenz und Spannung werden entsprechend der gewünschten
Drehzahl vorgegeben. Diese einfachste Betriebsweise frequenzgesteuerter Käfigläufermotoren bewirkt die Steuerung der Drehzahl durch die Änderung der
Frequenz. Das Verfahren läßt sich bei solchen Antrieben anwenden, die eine
verhältnismäßig geringe Verstellgeschwindigkeit erfordern. Die Frequenz der
Sammelschienenspannung darf dabei nur so schnell verändert werden, daß die
Drehzahl der Motoren und der angekuppelten Arbeitsmaschinen folgen kann,
ohne daß der Kippschlupf überschritten wird.

Drehzahlsteuerung im dynamischen Betrieb

Wenn man schnelle Drehzahländerungen erzielen will, regelt man am günstigsten
diejenigen Größen des Käfigläufermotors, die bei Drehzahländerung nahezu konstant bleiben. Das sind die Läuferfrequenz
und der Strom. Bild **257.**1 zeigt ein Regel-
schema, bei dem die Schlupffrequenz f_2
des Käfigläufermotors vorgegeben und der
Ständerstrom I_1 geregelt wird. Die Ständerfrequenz f_1 ergibt sich als Summe der
Drehfrequenz f und der Läuferfrequenz f_2

$$f_1 = f \pm f_2 \qquad (257.1)$$

Das positive Vorzeichen von f_2 gilt für
Motorbetrieb und das negative Vorzeichen
für Generatorbetrieb bzw. Bremsbetrieb. Der Strom I_2 im Käfigläufer

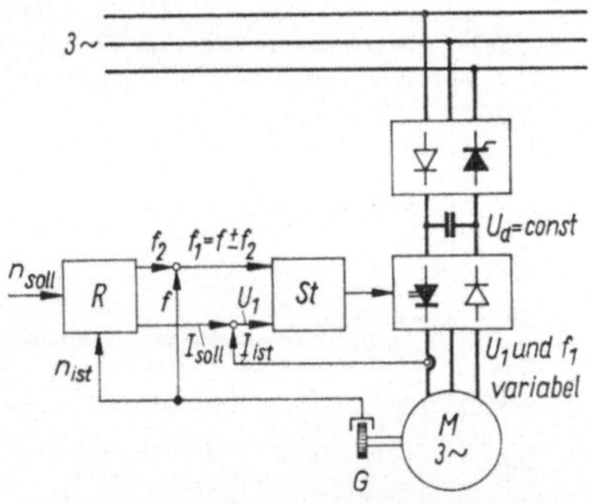

257.1 Dynamischer Vierquadrantenbetrieb
eines Käfigläufermotors mit Stromregelung und Schlupffrequenzvorgabe

$$I_2 = \frac{U_2}{\sqrt{R_2^2 + (2\,\pi\,f_2\,L_{2\sigma})^2}} \sim \frac{f_2\,\Phi}{\sqrt{R_2^2 + (2\,\pi\,f_2\,L_{2\sigma})^2}} \qquad (257.2)$$

ist proportional dem Fluß Φ und der Läuferfrequenz f_2, wenn man bei kleiner Läuferfrequenz den induktiven Blindwiderstand $2\,\pi\,f_2\,L_{2\sigma}$ vernachlässigt. Der Ständerstrom I_1 setzt sich aus der Summe von Magnetisierungsstrom I_μ und
bezogenem Läuferstrom I_2' zusammen:

$$\underline{I}_1 = \underline{I}_\mu + \underline{I}_2' \qquad (257.3)$$

Regelt man den Ständerstrom I_1 bei vorgegebener Läuferfrequenz f_2 auf einen
konstanten Wert, so ergibt sich aus Gl. (257.2) und (257.3), daß der Magnetisierungsstrom I_μ und damit der Fluß Φ unabhängig von der Motordrehzahl konstant
bleiben. Daraus folgt, daß bei vorgegebener Schlupffrequenz und geregeltem
Ständerstrom auf eine direkte Flußregelung verzichtet werden kann. Die Vorgabe
der Schlupffrequenz kann nach Bild **257.**1 in der Weise erfolgen, daß die Drehfrequenz f mit einem Geber G auf der Welle des Motors erfaßt und zu ihr mit
Hilfe einer digitalen Modulationsstufe die gewünschte Schlupffrequenz f_2 addiert
bzw. subtrahiert wird [6.17].

Die Vorgabe der Schlupffrequenz f_2 und des Ständerstromes I_1 entspricht einer Vorgabe des vom Motor abgegebenen **Drehmomentes**. In vielen Fällen wird ein Antrieb mit **Drehzahlregelung** verlangt. Diese kann nach Bild **257.**1 der Drehmomentregelung überlagert werden. Dabei wird im **Regler R** der erforderliche Strom- und Läuferfrequenzsollwert durch Vergleich der Istdrehzahl mit der gewünschten Solldrehzahl aus der Drehzahlabweichung gebildet.

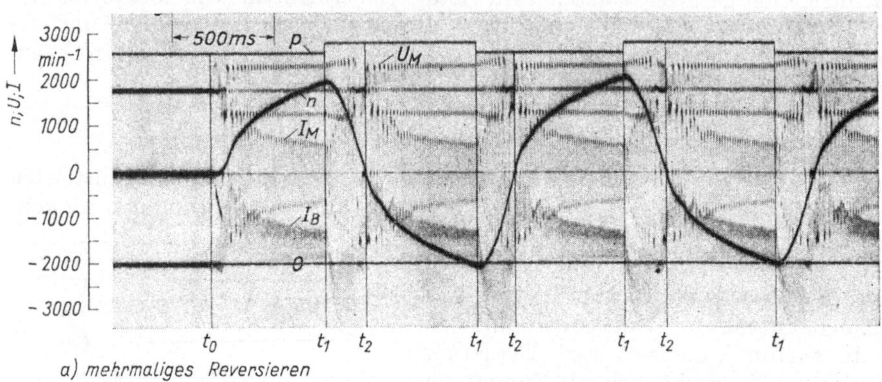

a) mehrmaliges Reversieren

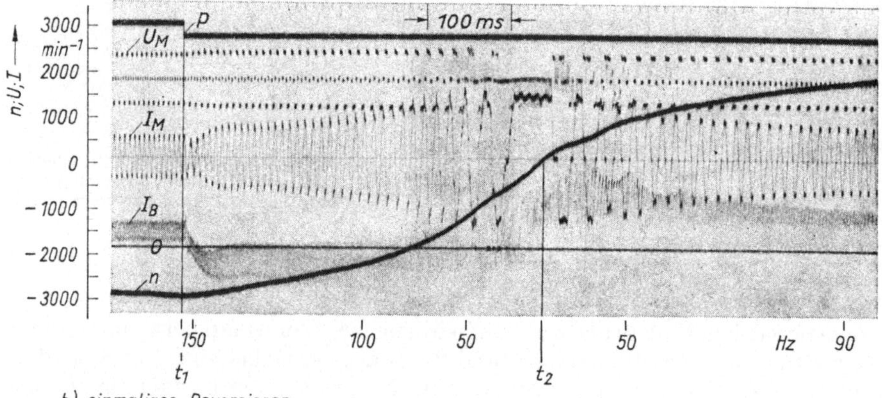

b) einmaliges Reversieren

258.1 Oszillogramme des dynamischen Betriebs eines sechspoligen 18-kW-Käfigläufermotors
U_M Motorspannung
I_M Motorstrom
I_B Strom im Gleichstromzwischenkreis
n Drehzahl
p Umschaltimpuls zum Umsteuern von Antrieben auf Nutzbremsen

Bild **258.**1 zeigt Oszillogramme, die an einem sechspoligen 18-kW-Käfigläufermotor bei Umrichterspeisung mit Stromregelung und Schlupffrequenzvorgabe entsprechend dem in Bild **257.**1 dargestellten Steuerverfahren aufgenommen wurden. Der sechspolige Motor hat die Nenndrehzahl 980 min^{-1} und wurde nur mit dem eigenen Trägheitsmoment 0,034 kgm² und einer Tachomaschine belastet. Die Oszillogramme zeigen das Umsteuern des Käfigläufermotors von $n \approx 2000\ \text{min}^{-1}$, dem

Doppelten der Nenndrehzahl, auf dieselbe Drehzahl mit entgegengesetzter Drehrichtung. Beim Abbremsen kehrt sich die Energierichtung im Gleichstromkreis um; dies ist im Oszillogramm aus der Richtungsumkehr des aufgenommenen Gleichstromes I_B zu erkennen.

Oszillogramm a zeigt mehrmaliges Reversieren des Motors bei kleiner zeitlicher Auflösung. Das Abbremsen aus doppelter Nenndrehzahl auf Null erfolgt in weniger als 0,2 s, der Hochlauf in entgegengesetzter Richtung dauert etwas länger, da der Motor wegen der auf etwa 300 V begrenzten Wechselrichterspannung etwa ab 40 Hz mit geschwächtem Fluß arbeitet. Die Läuferfrequenz f_2 wird während des gesamten Reversiervorganges konstant vorgegeben. Sie wird jeweils mit dem in den Oszillogrammen mitgeschriebenen Impuls p trägheitslos von Fahr- auf Bremsbetrieb umgesteuert.

Oszillogramm b zeigt einen Umsteuervorgang mit größerer zeitlicher Auflösung. Hier ist der Pulsbetrieb des Wechselrichters bei kleiner Drehzahl unterhalb des Motortypenpunktes deutlich zu erkennen. In diesem Bereich erfolgt die Stromregelung nach dem im Abschn. 5.3.3 beschriebenen Zweipunktverfahren. Bei derartigen schnellen Frequenzänderungen neigt auch der Asynchronmotor zu mechanischen und elektrischen Schwingungen, die durch geeignete Beaufschlagung der Steuerung unterdrückt werden müssen. Dazu ist eine theoretische Untersuchung des Verhaltens von Käfigläufermotoren im dynamischen Betrieb notwendig, worüber bereits Veröffentlichungen vorliegen [6.13].

Bei anderen Regelverfahren für Drehfeldmaschinen wird der Fluß im Luftspalt der Maschine durch Hallsonden gemessen und als Istwert in den Regelkreis zurückgeführt. Im Schrifttum sind eine Reihe verschiedener Regelverfahren bekanntgeworden [6.9; 6.15; 6.27], auf die hier jedoch nicht näher eingegangen werden kann.

Strom- und Spannungsoberschwingungen

Bei Umrichterspeisung treten in der Spannung und im Strom der Asynchronmaschine Oberschwingungen auf. Diese Oberschwingungen rufen zusätzliche Verluste in der Maschine hervor. Außerdem werden Pendelmomente erzeugt, die sich dem zeitlich konstanten Drehmoment überlagern. Unter Umständen kann auch die Geräuschentwicklung der Maschine beträchtlich erhöht werden.

Der Anteil der Oberschwingungen in der Maschinenspannung und im -strom hängt nicht nur von der Pulszahl des Stromrichters, sondern auch vom Steuerverfahren ab (s. Abschn. 5.3.3). Allgemein gilt, daß die Kurvenform der Spannung beim Übergang zu höherpulsigen Schaltungen sich immer mehr der Sinusform annähert. Bei Maschinen großer Leistung wird man daher nach Möglichkeit höherpulsige Schaltungen (mindestens zwölfpulsig) wählen, bei mittleren und kleineren Leistungen werden sechspulsige Umrichterschaltungen zur Speisung von Asynchronmaschinen eingesetzt. Bild **260**.1 und Bild **260**.2 zeigen als Beispiele Spannung und Strom von Käfigläufermotoren bei Umrichterspeisung. Bei dem Oszillogramm in Bild **260**.1 handelt es sich um die Speisung aus einem Trapezumrichter (s. Abschn. 4.2.2). Bild **260**.2 zeigt links Umrichterspeisung mit Regelung des Motorstromes nach dem Pulsverfahren unterhalb des Typenpunktes und rechts Umrichterspeisung mit vorgegebener Spannung oberhalb des Typenpunktes. Unterhalb des Typenpunktes wird der Motorstrom I_M auf den vorgegebenen

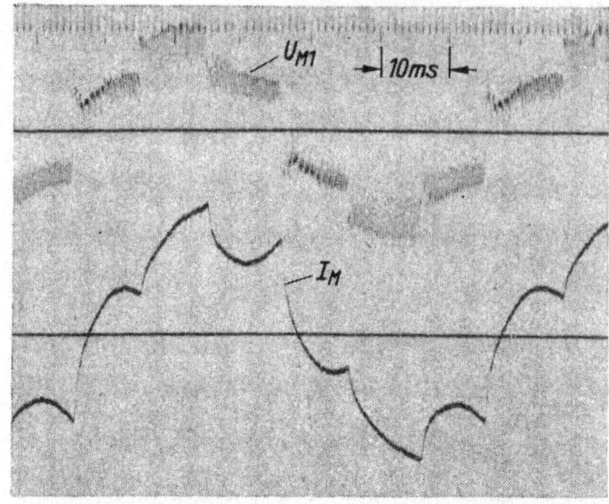

260.1 Phasenspannung und Strom eines Käfigläufermotors bei Speisung aus einem Trapezumrichter mit natürlicher Kommutierung (Eingangsfrequenz $f_1 = 400$ Hz; Ausgangsfrequenz $f_2 = 16^2/_3$ Hz)

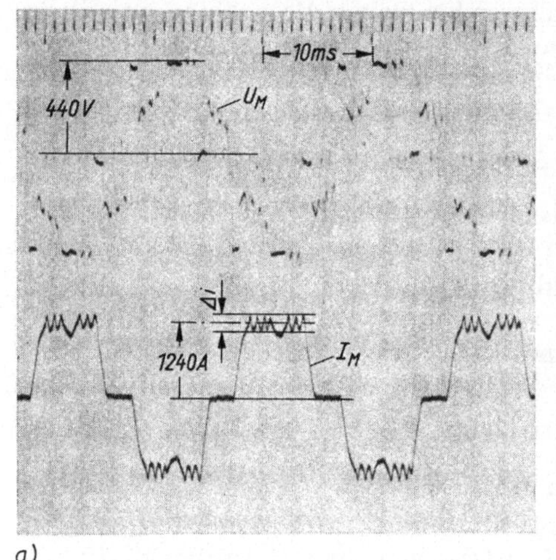

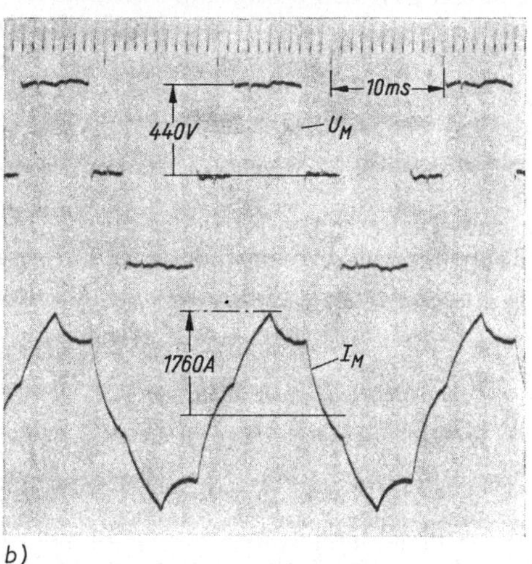

a)   b)

260.2 Spannung und Strom eines 500-kW-Käfigläufermotors bei Speisung aus einem Umrichter mit Zwangskommutierung und Pulssteuerung

a) unterhalb des Typenpunktes (Pulsfrequenz $f_p = 1400$ Hz)
b) oberhalb des Typenpunktes

Stromsollwert geregelt. Dabei stellt sich an den Motorklemmen eine Spannung U_M ein, die mit der Pulsfrequenz f_p im Bereich von $+ U_d \ldots - U_d$ schwankt. Oberhalb des Typenpunktes ergibt sich bei nichtlückendem Strom ein rechteckförmiger Spannungsverlauf von jeweils 120°el Blockbreite (s. Abschn. 5.3.3).

Es handelt sich hier sowohl bei dem Trapezumrichter als auch bei dem selbstgeführten Umrichter mit Gleichstromzwischenkreis um eine sechspulsige Schaltung. Bei Trapezumrichterspeisung werden dem Motor rechteckförmige Spannungsblöcke angelegt, denen als Welligkeit der Gleichspannung die sechsfache Eingangsfrequenz überlagert ist. Das gleiche gilt oberhalb des Typenpunktes bei Speisung aus einem Umrichter mit Zwangskommutierung. Unterhalb des Typenpunktes tritt am Motor zusätzlich die Pulsfrequenz auf. Das Verhalten von Asynchronmaschinen bei derartig geformten Speisespannungen ist theoretisch und experimentell untersucht worden [6.11; 6.38; 6.40].

Die Spannungsoberschwingungen lassen sich durch harmonische Analyse des Spannungsverlaufes errechnen. Für rechteckförmige Spannungen kann eine Fourier-Zerlegung nach Gl. (202.3) bzw. (202.4) durchgeführt werden. Im allgemeinen treten in der Spannung nur ungradzahlige Oberschwingungen auf; hinzu kommt, daß alle durch 3 teilbaren Harmonischen ausfallen. Spannungsoberschwingungen rufen in der Maschine entsprechende Stromoberschwingungen gleicher Ordnungszahl hervor, die mit Hilfe des Ersatzschaltbildes der Asynchronmaschine (s. Bild **249**.2) bestimmt werden können. Dabei ist zu beachten, daß für alle Oberschwingungsströme der Schlupf, d.h. der Quotient $f_{2\nu}/f_{1\nu} \approx 1$ ist, so daß die ohmschen Widerstände R_1 und R_2' vernachlässigt werden können. Die Asynchronmaschine stellt also für die Oberschwingungsströme in grober Näherung eine Reaktanz $L_k = L_{1\sigma} + L_{2\sigma}'$ dar. Diese Kurzschlußreaktanz L_k bestimmt bei gegebener Kurvenform der Maschinenspannung den Anteil der einzelnen Oberschwingungsströme. Der Effektivwert des Gesamtstromes I kann aus dem Grundschwingungsstrom I_1 und der Summe aller Oberschwingungsströme berechnet werden

$$I = \sqrt{I_1^2 + I_5^2 + I_7^2 + I_{11}^2 + I_{13}^2} + \cdots = \sqrt{I_1^2 + \sum_{\nu=5}^{\infty} I_\nu^2} \qquad (261.1)$$

Es ergibt sich je nach der Kurvenform des Stromes eine Erhöhung des Effektivwertes I des Gesamtstromes gegenüber dem Effektivwert I_1 der Grundschwingung um einige Prozent.

Zusatzverluste. Durch den erhöhten Effektivwert des Stromes, von dem nur der Grundschwingungsstrom zur Bildung des Nutzdrehmomentes beiträgt, werden zusätzliche Kupferverluste im Ständer und Läufer der Maschine hervorgerufen. Die Kupferverluste wachsen stärker als mit dem Quadrat des Stromeffektivwertes an, weil sich in den Kupferleitern der Maschine, besonders im Käfigläufer, bei den Stromharmonischen mit wachsender Ordnungszahl zunehmend Stromverdrängungseffekte bemerkbar machen. Die Kupferverluste Q_{Cu} sind

$$Q_{Cu} = R_1 I_1^2 + \sum_{\nu} R_\nu I_\nu^2 \qquad (261.2)$$

Für den Widerstand R_ν, der für die ν-te Stromharmonische wirksam ist, gilt

$$R_\nu = k_\nu R_1 > R_1 \qquad (261.3)$$

Der Faktor k_ν hängt von der Auslegung der Ständerwicklung und des Käfigläufers ab und wächst mit steigenden Ordnungszahlen.

Außer den Kupferverlusten steigen infolge verzerrter Spannungskurvenform auch die Eisenverluste in der Maschine an. Die Eisenverluste setzen sich bekanntlich aus Hysterese- und Wirbelstromverlusten zusammen. Beide Anteile erhöhen sich bei verzerrter Spannungskurvenform.

Die Verluste eines sechspoligen 45-kW-Käfigläufermotors bei Netz- und Umrichterspeisung, sind in Tafel **262**.1 einander gegenübergestellt. Bei Netzspeisung mit sinusförmiger Spannung gelten für diesen Motor im Nennbetrieb die in der oberen Spalte eingetragenen Werte. Darunter sind bei Umrichterspeisung ermittelte

Tafel **262**.1 Verluste eines sechspoligen 45-kW-Käfigläufermotors bei Netz- und Umrichterspeisung ($U_N = 220$ V, $I_N = 148$ A)

Ständerschaltung Läufer	Speisung Kurvenform	$\dfrac{I}{I_{1N}}$	$\dfrac{U}{U_{1N}}$	$\dfrac{f_1}{\text{Hz}}$	$\dfrac{f_2}{f_{2N}}$	$\dfrac{Q_{Cu}}{Q_N}$	$\dfrac{Q_{Fe}}{Q_N}$	$\dfrac{Q_{Reibg}}{Q_N}$	$\dfrac{\Sigma Q}{P_N}$	η
Dreieck Normal- oder Sonderläufer	Netz sinusförmig	1	1	50	1	0,53	0,29	0,18	10,4 %	90,6 %
Dreieck Normalläufer	Umrichter (wie Osz. a in Bild **260**.2)	1,05	1,18	50	1	1,36		0,18	16,0 %	86,2 %
Dreieck Sonderläufer	Umrichter (wie Osz. a in Bild **260**.2)	1,05	1,18	50	1	1,01		0,18	12,6 %	88,8 %

Werte angegeben; sie gelten für einen Betriebszustand unterhalb des Typenpunktes mit Stromregelung (Spannungs- und Stromverlauf etwa wie in Bild **260**.2a). Dabei ergeben sich eine Erhöhung des Effektivwertes des Motorstromes um 5% und eine Erhöhung des Effektivwertes der Motorspannung um 18%. Die Ständerfrequenz beträgt in allen Fällen 50 Hz. Bei gleicher Läuferfrequenz wachsen bei dem untersuchten Motor mit serienmäßigem Normalläufer (Aluminium-Doppelkäfig) die Kupferverluste Q_{Cu} und die Eisenverluste Q_{Fe} um ungefähr 65%. Da die Reibungsverluste Q_{Reibg} in beiden Fällen gleichbleiben, ergibt sich daraus ein Anstieg der Gesamtverluste im Motor um 54%; dies entspricht einer Verschlechterung des Motorwirkungsgrades η von 90,6% auf 86,2%. Bei Verwendung eines stromverdrängungsarmen Sonderläufers (Kupfer-Rechteckstäbe) erhöhen sich die Gesamtverluste bei Umrichterspeisung nur um 19%, was einer Verschlechterung des Motorwirkungsgrades von 90,6% auf 88,8% entspricht. Bei der Wahl des Motortyps für einen drehzahlgesteuerten Antrieb mit Umrichterspeisung muß die Erhöhung der Verluste berücksichtigt werden.

Man kann die durch die verzerrte Spannungskurvenform auftretenden Zusatzverluste wenigstens teilweise dadurch wieder ausgleichen, daß man bei Umrichterspeisung den Fluß in der Maschine dem jeweiligen Betriebszustand optimal anpaßt, was bei Betrieb an einem starren Netz mit konstanter Frequenz und Spannung nicht möglich ist. Bei Umrichterspeisung besteht in dieser Hinsicht zumindest unterhalb des Typenpunktes größere Freizügigkeit, da die vom Umrichter der Maschine zur Verfügung gestellte Spannung mit Hilfe der Steuerung eingestellt werden kann.

In Bild **263**.1 sind die bezogenen Verluste $\Sigma Q/Q_N$ eines Käfigläufermotors bei Umrichterspeisung in Abhängigkeit von der abgegebenen Leistung P/P_N qualitativ aufgetragen. Kurve 1 zeigt zum Vergleich den Verlauf der Verlustkurve bei Netzspeisung mit sinusförmiger Spannung. Dabei ist angenommen, daß der Motor mit seiner Nennspannung U_N betrieben wird. Im Leerlauf treten Reibungs-

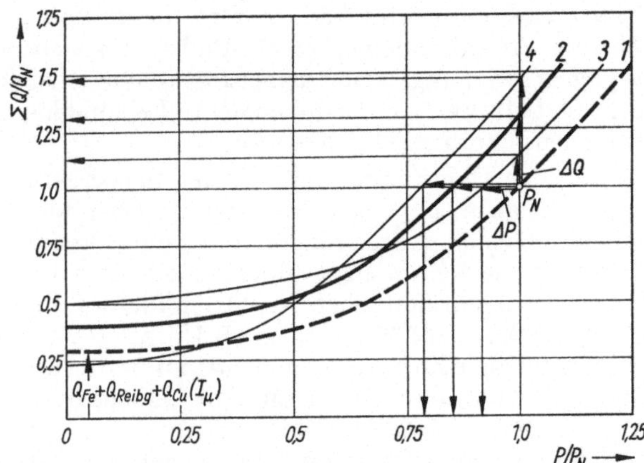

263.1
Verluste eines Käfigläufermotors
bei Umrichterspeisung
Kurve 1
Speisung mit sinusförmiger Netz-
spannung
Kurve 2
Umrichterspeisung mit 1,0 U_N
Kurve 3
Umrichterspeisung mit 1,1 U_N
Kurve 4
Umrichterspeisung mit 0,9 U_N

und Eisenverluste auf, außerdem durch den Magnetisierungsstrom I_μ hervorgerufene Kupferverluste. Bei Belastung des Motors steigen diese Kupferverluste
mit größer werdendem Strom etwa quadratisch an. Bei Umrichterspeisung mit
Nennspannung U_N steigen die Verluste im gesamten Leistungsbereich gegenüber
Netzspeisung an (Kurve 2).

Bei Umrichterspeisung kann man die Spannung jedoch etwas höher oder etwas
niedriger als die auf die jeweilige Speisefrequenz bezogene Motornennspannung
wählen. Macht man die Spannung etwas kleiner als die Nennspannung, so ergeben
sich im Leerlauf zunächst kleinere Gesamtverluste, weil der Magnetisierungsstrom
zurückgeht und die Eisenverluste abnehmen. Bei Steigerung der Belastung ergibt
sich bei Unterspannung jedoch bald ein ungünstiges Verhalten dadurch, daß der
Motor wegen des geschwächten Maschinenflusses größere Ströme zur Drehmomenterzeugung benötigt (Kurve 4). Erhöht man dagegen die Motorspannung etwas über
die Nennspannung (Kurve 3), so vergrößern sich zwar im Leerlauf die Anfangs-
verluste, diese werden jedoch mit zunehmender Belastung durch die geringeren
zur Drehmomenterzeugung benötigten Ströme mehr als ausgeglichen. Man hat somit bei Umrichterspeisung die Möglichkeit, die Zusatzverluste je nach Betriebszustand des Motors zu verringern, wodurch unter Umständen ein Teil der in
Tafel **262.**1 angegebenen Zusatzverluste kompensiert werden kann.

Zusatzmomente. Außer Zusatzverlusten erzeugen die Harmonischen im Strom und
im Fluß der Maschine zusätzliche Momente. Dabei handelt es sich einmal um
Pendelmomente, die dem konstanten Nutzdrehmoment überlagert sind; diese
Pendelmomente werden durch eine Reaktion der Oberschwingungsströme mit der
Grundschwingung des Flusses hervorgerufen. Es handelt sich bei den Pendel-
momenten um reine Wechselmomente, deren zeitlicher Mittelwert Null ist.
Bei sechspulsigen Schaltungen pulsieren die Pendelmomente mit der sechsfachen
Ständerfrequenz. Sie werden hauptsächlich von den Ständerströmen fünfter und
siebenter Ordnungszahl hervorgerufen, deren Strombeläge beide mit einer Relativ-
geschwindigkeit von $6\,\omega_1\,t$ gegenüber dem Grunddrehfeld umlaufen. Aus der
phasenrichtigen Überlagerung beider Oberschwingungsfelder ergibt sich das
resultierende Pendelmoment mit sechsfacher Grundfrequenz. Die Amplituden

dieses Pendelmomentes hängen also direkt von den Anteilen der fünften und siebenten Stromharmonischen ab. Da bei vorgegebener Kurvenform der Spannung die Oberschwingungsströme nahezu unabhängig von der Motorbelastung sind, sind auch die auftretenden Pendelmomente lastunabhängig, d.h., sie sind bei Leerlauf etwa ebenso groß wie bei Nennlast.

Die von den Oberschwingungsströmen hervorgerufenen zeitlich konstanten Zusatzdrehmomente sind dagegen außerordentlich klein. Konstante Drehmomente können sich nämlich nur aus dem Produkt von Fluß- und Stromharmonischen gleicher Ordnungszahl ausbilden. Zum Beispiel ist das Kippmoment der fünften Stromharmonischen bei Stromkurvenformen wie in den Oszillogrammen von Bild **260.**1 und **260.**2 kleiner als 1% des Nennmomentes. Außerdem ist zu beachten, daß diese Zusatzdrehmomente mit abwechselndem Vorzeichen auftreten, so daß sie sich teilweise vom Grundschwingungsdrehmoment subtrahieren, teilweise zu diesem addieren. Die durch Drehfelder höherer Ordnungszahlen hervorgerufenen zeitlich konstanten Drehmomente können also praktisch vernachlässigt werden.

6.2.3. Synchronmaschinen

Bei einer Synchronmaschine sind Ständerfrequenz f_1 und Drehzahl n nach der Gleichung

$$n = \frac{f_1}{p} \tag{264.1}$$

mit p als Polpaarzahl der Maschine, fest miteinander verknüpft, jedenfalls solange die Synchronmaschine im Läuferkreis mit Gleichstrom erregt wird. Dann ist die Läuferfrequenz $f_2 = 0$. Eine Drehzahlsteuerung ist bei Synchronmaschinen also nur durch eine Änderung der Ständerfrequenz f_1 möglich.

In Tafel **265.**1 sind einige Stromrichterschaltungen für die Drehzahlsteuerung von Synchronmaschinen angegeben [6.43; 6.44]. Schaltung a zeigt den bereits in Abschn. 4.3.1 behandelten klassischen Stromrichtermotor, der über die Reihenschaltung zweier Stromrichter gespeist wird, von denen der eine vom Primärnetz und der andere von der Synchronmaschine selbst, d.h. vom Sekundärnetz geführt wird. Gewisse Schwierigkeiten treten beim Anlauf des Stromrichtermotors auf, weil im Stillstand auf der Maschinenseite noch keine Kommutierungsspannungen zur Verfügung stehen [6.35]. Schaltung b in Tafel **265.**1 zeigt die Erregung eines dreiphasigen Schleifringläufers mit eingeprägten Wechselströmen über einen Steuerumrichter. Durch die mehrphasige Erregung mit Wechselströmen veränderlicher Frequenz wird die Maschinendrehzahl von der festen Ständerfrequenz unabhängig.

Bei den Schaltungen a und b in Tafel **265.**1 handelt es sich um Stromrichter mit natürlicher Kommutierung. Die Schaltungen c und d zeigen daneben Umrichter mit Zwangskommutierung zum Betrieb von Synchronmaschinen mit veränderlicher Drehzahl, und zwar Schaltung c einen Einzelantrieb und Schaltung d einen Mehrmotorenantrieb; im letzteren Fall liegt eine Gruppe von Motoren an dem vom Umrichter geschaffenen Netz veränderlicher Frequenz und Spannung. Bei einem Einzelantrieb kann die Frequenz entweder unabhängig von der Maschi-

Tafel **265.**1 Stromrichterantriebe mit Synchronmaschinen
       a) klassischer Stromrichtermotor
       b) Erregung mit eingeprägten Wechselströmen über Steuerumrichter
       c) Umrichter mit Gleichstromzwischenkreis
       d) Umrichter mit Gleichstromzwischenkreis für Mehrmotorenantriebe

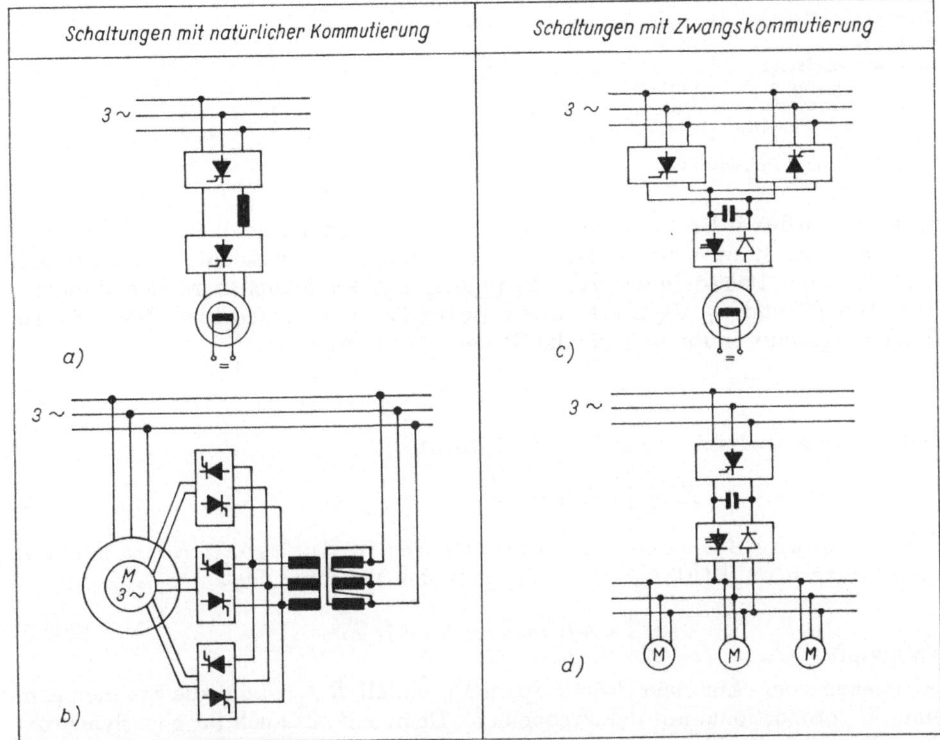

nendrehzahl oder proportional zur Maschinendrehzahl vorgegeben werden. Im
ersten Fall spricht man von einem fremdgesteuerten, im zweiten Fall von
einem selbstgesteuerten Antrieb. Mehrmotorenantriebe werden fremdgesteuert
ausgeführt.

Bei einer Asynchronmaschine können nach Bild **249.**1 und **249.**2 zwei elektrische
Größen, nämlich die Ständerfrequenz f_1 und die Ständerspannung U_1 über
den Umrichter gesteuert bzw. geregelt werden. Bei der Synchronmaschine tritt
zusätzlich zur Ständerfrequenz f_1 und zur Ständerspannung U_1 eine dritte Stell-
größe, nämlich der Erregerstrom i_e auf. Daraus erwachsen bei der Synchronmaschine zusätzliche Aufgaben für die Steuerung.

Die elektrischen Kenngrößen einer Synchronmaschine sind in Bild **266.**1 dargestellt.
Bild **266.**1a zeigt das Ersatzschaltbild mit dem Widerstand R der Ständerwicklung, der Streureaktanz L_σ, der Hauptreaktanz L_h und der vom Polrad
induzierten Spannung E_p. In Bild **266.**1b ist das aus dem Ersatzschaltbild abge-
leitete Zeigerdiagramm für Motorbetrieb gezeichnet. Der Magnetisierungsstrom
I_μ ergibt sich als Summe aus Ständerstrom I_1 und Erregerstrom I_e. Der Winkel φ

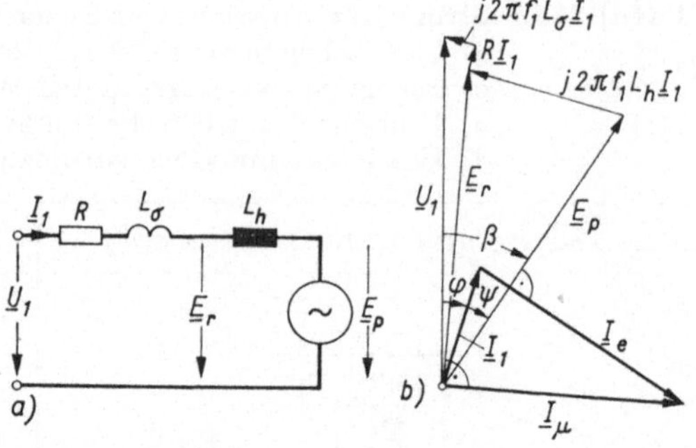

266.1
Elektrische Kenngrößen einer Synchronmaschine
a) Ersatzschaltbild
b) Zeigerdiagramm für Motorbetrieb
  φ Phasenwinkel zwischen U_1 und I_1
  ψ innerer Phasenwinkel zwischen I_1 und E_p
  β Last- oder Polradwinkel

gibt die **äußere Phasenverschiebung** zwischen Ständerspannung U_1 und Ständerstrom I_1 an; ψ ist der **innere Phasenwinkel** zwischen Ständerstrom I_1 und der vom Polrad induzierten Spannung E_p; schließlich wird der Winkel β zwischen U_1 und E_p als **Last- oder Polradwinkel** bezeichnet. Nach diesem Zeigerdiagramm ergibt sich für die **Ständerspannung**

$$\underline{U}_1 = R\,\underline{I}_1 + \mathrm{j}\,2\,\pi\,f_1\,(L_\sigma + L_\mathrm{h})\,\underline{I}_1 + \underline{E}_\mathrm{p} \tag{266.1}$$

mit der **vom Polrad induzierten Spannung**

$$\underline{E}_\mathrm{p} = \mathrm{j}\,2\,\pi\,f_1\,L_\mathrm{h}\,\underline{I}_\mathrm{e} \tag{266.2}$$

Die **Spannung des resultierenden Feldes im Luftspalt** E_r ist mit dem **resultierenden Fluß** Φ_r im Luftspalt der Maschine nach

$$\underline{E}_\mathrm{r} = \mathrm{j}\,2\,\pi\,f_1\,L_\mathrm{h}\,\underline{I}_\mu = \mathrm{j}\,2\,\pi\,f_1\,\underline{\Phi}_\mathrm{r} \tag{266.3}$$

verknüpft.

Abgesehen vom ohmschen Ständerspannungsabfall $R\,I_1$, steigt die Ständerspannung U_1 proportional mit der Frequenz f_1. Demnach gilt auch für eine Synchronmaschine der in Bild **250.1** dargestellte Zusammenhang zwischen Ständerspannungsbedarf und Speisefrequenz. Auch die Synchronmaschine kann oberhalb des Typenpunktes bei entsprechender Steigerung der Umrichterfrequenz mit geschwächtem Feld und Überdrehzahlen betrieben werden. Für das von einer Synchronmaschine entwickelte **Drehmoment** gilt — wie für alle elektrischen Maschinen — die Gl. (254.1). Aus dem Zeigerdiagramm der Synchronmaschine folgt dann die Beziehung

$$M \sim I_1\,I_\mathrm{e}\,\cos\psi \tag{266.4}$$

Sie sagt aus, daß das Drehmoment proportional dem Produkt von Ständerstrom I_1, Erregerstrom I_e und dem Kosinus des inneren Phasenwinkels ψ ist. Bei gegebenen Ständer- und Erregerströmen ergibt sich also das größte Drehmoment an der Welle einer Synchronmaschine, wenn der innere Phasenwinkel ψ verschwindet.

Fremdgesteuerte Synchronmaschine. Bei der fremdgesteuerten Synchronmaschine wird die Umrichterfrequenz **unabhängig von der Maschinendrehzahl** vorgegeben bzw. geändert. Es besteht also keine Rückführung zwischen Maschinendrehzahl und Ständerfrequenz. Auch bei der am starren Netz arbeitenden Synchronmaschine handelt es sich um einen Sonderfall einer fremdgesteuerten Synchronmaschine. Bekanntlich stellt sich bei dieser Betriebsweise der Polradwinkel β nach dem der Maschine abverlangten Drehmoment selbsttätig ein. Das Drehmoment steigt bis $\beta = 90\ °\text{el}$ nach einer Sinusfunktion an. Dann kippt die fremdgesteuerte Synchronmaschine und fällt außer Tritt.

Selbstgesteuerte Synchronmaschine. Bei der selbstgesteuerten Synchronmaschine wird die Ständerfrequenz proportional zur Maschinendrehzahl vorgegeben; die Drehzahl muß also mit Hilfe eines Gebers erfaßt werden, der die Umrichterfrequenz bestimmt. Das bedeutet, daß Ständerspannung U_1 bzw. Ständerstrom I_1 abhängig von der Läuferstellung weitergeschaltet werden. Dadurch wird es möglich, entweder den Polradwinkel β zwischen Ständerspannung U_1 und E_p oder auch den inneren Phasenwinkel ψ zwischen Ständerstrom I_1 und E_p vorzugeben.

Das maximale Drehmoment stellt sich nach Gl. (266.4) bei $\psi = 0$ ein. Es ist daher vorteilhaft, ungefähr diesen Wert für den inneren Phasenwinkel ψ einzustellen. Ständerstrom I_1 und Erregerstrom I_e stehen im Zeigerdiagramm dann aufeinander senkrecht. Somit ergeben sich bei Synchronmaschinen die gleichen Verhältnisse wie bei Gleichstrommaschinen, bei denen diese Zuordnung zwischen Anker- und Erregerdurchflutung der Bürstenstellung in der neutralen Zone entspricht [6.7].

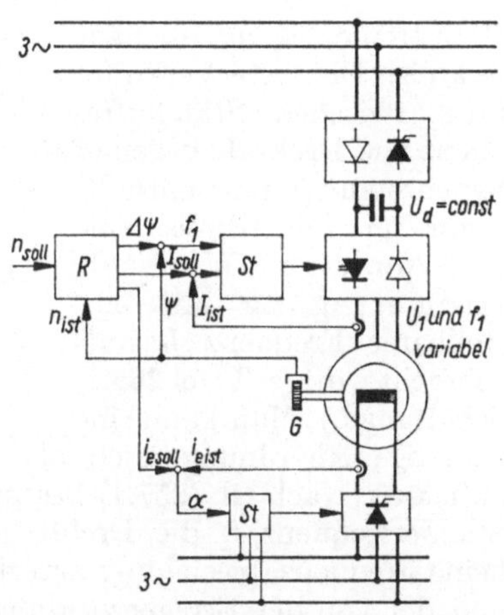

267.1 Steuerschema für eine selbstgesteuerte Synchronmaschine mit Ständer- und Erregerstromregelung

Bild **267.1** zeigt ein mögliches Steuerschema für eine selbstgesteuerte Synchronmaschine mit Ständer- und Erregerstromregelung. Ständerstrom I_1 und Erregerstrom i_e werden über Stromrichter auf vorgegebene Sollwerte geregelt. Die Läuferstellung muß mit Hilfe eines Gebers G auf der Maschinenwelle gemessen und in den Steuerkreis eingeführt werden. Bei Vorgabe der Phasenlage des Ständerstromes zur Läuferstellung läßt sich dann der innere Phasenwinkel ψ auf einem gewünschten Wert erhalten. Durch geeignete Wahl der Werte von I_1, i_e und ψ können das abgegebene Drehmoment und die aufgenommene Blindleistung der Synchronmaschine eingestellt werden.

Die verschiedenen Möglichkeiten der Umrichterspeisung von Drehfeldmaschinen mit veränderlicher Frequenz sind in Bild **268.1** noch einmal zusammengestellt. Schaltung a zeigt den quasistationären Betrieb von Käfigläufermotoren, Schaltung b den quasistationären Betrieb von Synchronmotoren. In beiden Fällen werden Spannung und Frequenz des Sekundärnetzes unabhängig von der Maschinendrehzahl vom Umrichter vorgegeben. Es handelt sich also um fremdgesteuerte Antriebe. Die Verstellung der Frequenz darf nur so schnell erfolgen, daß die Maschinen in ihrer Drehzahl folgen können, ohne zu kippen bzw. außer Tritt zu fallen. Schaltung c zeigt den dynamischen Betrieb eines Käfigläufermotors, bei dem die Drehzahl von einem Geber erfaßt und in die Steuerung zurückgeführt wird. Dieses Verfahren wurde ausführlich beschrieben (s. Bild **257.1** und

258.1). Schaltung d eignet sich zum dynamischen Betrieb eines Synchronmotors. Auch hier wird die Maschinendrehzahl gemessen und dient dann zur Vorgabe der Ständerfrequenz f_1. Der Erregerstrom kann bei der hier dargestellten Schaltung über einen Gleichstrompulswandler eingestellt werden. Die Schaltungen c und d sind selbstgesteuerte Antriebe.

Drehstromerregung im Läuferkreis. Die feste Verknüpfung zwischen Ständerfrequenz und Drehzahl bei einer Synchronmaschine entfällt, wenn im Läuferkreis eine mehrphasige Wechselstromerregung mit einstellbarer Frequenz f_2 aufgebracht wird (s. Tafel **265.**1, Schaltung b). Man kann eine

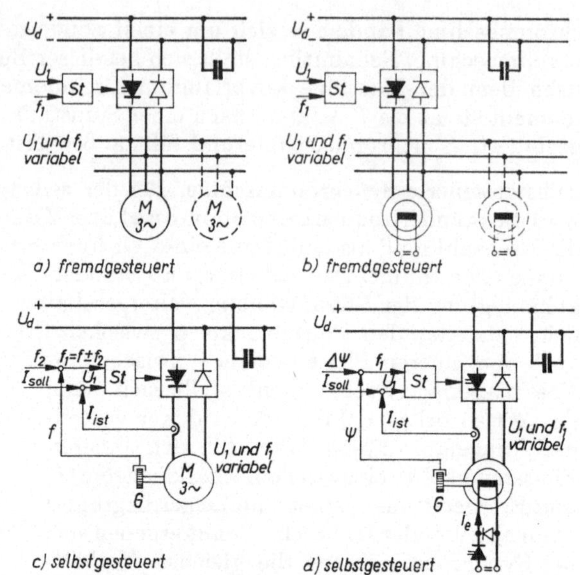

268.1 Umrichterspeisung von Drehfeldmaschinen mit veränderlicher Frequenz
quasistationärer Betrieb von Käfigläufermotoren (a) und Synchronmotoren (b) sowie dynamischer Betrieb eines Käfigläufermotors (c) und eines Synchronmotors (d)

derartige Anordnung auch als doppelt gespeiste Asynchronmaschine auffassen. Nach Gl. (257.1) bestimmt dabei die Läuferfrequenz f_2 bei konstanter Ständerfrequenz f_1 die Drehfrequenz f und damit die Drehzahl n. Da jedoch keine Frequenzabweichung zwischen der vom Ständer induzierten Läuferfrequenz und der von der Erregerwicklung dem Läufer eingeprägten Frequenz auftreten darf, hat die Anordnung das Verhalten einer Synchronmaschine. Auch das in Gl. (242.1) dargestellte Gesetz von der Aufteilung der Luftspaltleistung kann angewendet werden. Es besagt, daß als Wirkleistung für die Drehstromerregung im Läuferkreis die Schlupfleistung $s \cdot P_\delta$ aufgebracht werden muß, und zwar wird sie im untersynchronen Bereich über den Stromrichter ins Drehstromnetz zurückgespeist und im übersynchronen Bereich zusätzlich in den Läuferkreis eingespeist. Die Wechselströme im Erregerkreis können für jede Phase durch zwei aufeinander senkrecht stehenden Komponenten dargestellt werden, wodurch sich der primäre Wirk- und Blindstrom praktisch unabhängig voneinander einstellen lassen [6.31].

Strom- und Spannungsoberschwingungen. Hinsichtlich der Strom- und Spannungsoberschwingungen bei Umrichterspeisung gelten für Synchronmaschinen ähnliche Gesichtspunkte wie für Asynchronmaschinen. Wegen der größeren für die Oberschwingungsströme wirksamen Reaktanzen treten jedoch bei der Synchronmaschine bei vorgegebener Spannungskurvenform kleinere Oberschwingungsströme als bei der Asynchronmaschine auf. Das kann im Betrieb mit hohen Drehzahlen für die Synchronmaschine gegenüber der Asynchronmaschine Vorteile bringen. Die Asynchronmaschine muß nämlich mit Rücksicht auf die Stromoberschwingungen mit einem bestimmten Mindestwert für die Streureaktanz ausgelegt werden, deren induktiver Spannungsabfall bei höheren Speisefrequenzen zunehmend störend in Erscheinung tritt.

Bei Gruppenantrieben kleiner Leistung mit Reluktanzmaschinen oder Synchronmaschinen mit Permanentmagneten im Läufer ergibt sich bei Umrichterspeisung eine beträchtliche Verringerung für das Intrittfallmoment. Durch Übergang auf höherpulsige Schaltungen kann dieser schädliche Effekt verringert werden.

6.3. Netzbetrieb von Stromrichtern

Neben der Speisung von passiven Belastungen und der Speisung von elektrischen Maschinen zur Drehzahlsteuerung stellt der Netzbetrieb von Stromrichtern die dritte Gruppe wichtiger Anwendungen dar. Dabei handelt es sich um die Kupplung zweier elektrischer Netze über einen Stromrichter, der den Energieaustausch zwischen diesen beiden Netzen steuert. Der sich einstellende Strom wird von der Differenzspannung zwischen beiden Netzen getrieben und von ohmschen Widerständen und Reaktanzen im Stromrichter, in den Verbindungsleitungen und in den gekuppelten Netzen begrenzt. In den meisten Fällen sind die ohmschen Widerstände, welche die Verluste im Stromrichter und auf den Leitungen bestimmen, und auch die Reaktanzen so klein, daß zusätzlich strombegrenzende Wirk- oder Blindwiderstände zwischen die beiden gekuppelten Netze eingefügt werden müssen, im allgemeinen Reihendrosseln. Bei Störungen bestimmen diese Widerstände und Reaktanzen den Kurzschlußstrom. In Sonderfällen können sogar Schutzwiderstände vorgesehen werden, die im Störungsfall mit Hilfe von löschbaren Thyristorschaltern eingeschaltet werden und den Strom auf ungefährliche Werte begrenzen.

Der Netzbetrieb von Stromrichtern umfaßt ein größeres Gebiet verschiedener Anwendungen. Diese reichen vom steuerbaren Gleichrichter zur Ladung von Batterien über Notstromaggregate zur unterbrechungslosen Aufrechterhaltung der Stromversorgung wichtiger Verbraucher bis zur Kupplung von Gleich- und Wechselstromnetzen. Bei der Hochspannungs-Gleichstromübertragung sind außerordentlich große Leistungen zu beherrschen. Der Betrieb von Umrichtern mit Zwangskommutierung am Drehstromnetz bietet neue Möglichkeiten wie Blindstromerzeugung und Phasenwandlung.

6.3.1. Ladegleichrichter

Steuerbare Gleichrichter mit Thyristoren werden für die Ladung von Akkumulatorbatterien verwendet. Bei der Ladung muß — insbesondere während der Endphase des Ladevorganges — verhindert werden, daß die Batterie in den Gasungszustand kommt. Das geschieht durch eine Konstantstrom- und Konstantspannungsregelung, bei der die Batterie zunächst mit konstantgeregeltem Strom aufgeladen und später, in der Endphase des Ladevorganges, die inzwischen angestiegene Ladespannung begrenzt wird.

Man hat für den Einsatz in solchen Ladegleichrichtern spezielle Thyristoren entwickelt, die eine besonders dünne Siliciumscheibe haben. Dadurch ergibt sich ein sehr niedriger Durchlaßspannungsabfall und damit ein guter Wirkungsgrad für die Ladeeinrichtung. Allerdings wird der geringe Durchlaßspannungsabfall dieser Thyristoren durch eine verminderte Sperrspannungsfestigkeit erkauft. Die maximal zulässige Sperrspannung kann beispielsweise nur 800 V betragen. Diese Spannung reicht jedoch für Ladegleichrichter in den meisten Fällen aus. Wegen des kleinen Durchlaßspannungsabfalls ist bei diesen Thyristoren auch ein höherer Kurzschlußstrom zulässig.

6.3.2. Notstromaggregate

In Fällen, in denen die Stromversorgung wichtiger Verbraucher, unabhängig von Störungen des öffentlichen Netzes, sichergestellt werden muß, können Notstromaggregate mit Thyristoren verwendet werden. In anderen Fällen besteht die Notwendigkeit, für Verbraucher, die nicht an ein Versorgungsnetz angeschlossen werden können, ein eigenes elektrisches Netz zu schaffen. Das ist z.B. bei beweglichen Verbrauchern wie Flugzeugen der Fall oder wenn elektrische Energie in unzugänglichen Gegenden, z.B. für Sendestationen, benötigt wird. Auch hier können zur Umformung der elektrischen Energie auf die gewünschte Frequenz und Spannung Thyristorumrichter eingesetzt werden.

Ein hierzu häufig verwendetes System besteht aus einer Antriebsmaschine, die einen Drehstromgenerator antreibt. Dieser Drehstromgenerator liefert ein mehrphasiges Spannungssystem, meist mit Mittelfrequenz von hundert bis zu einigen tausend Hertz. Zur Vermeidung von Schleifringen kann der Generator über eine bürstenlose Erregereinrichtung mit umlaufenden Dioden erregt werden. Das mehrphasige Spannungssystem kann dann mit Hilfe eines Steuerumrichters (s. Abschn. 4.2.2) in ein System der geforderten Frequenz und Spannung umgerichtet werden. Der Vorteil der Anordnung besteht darin, daß die vom Steuerumrichter gelieferte Ausgangsfrequenz auch dann konstant gehalten werden kann, wenn die Drehzahl der Antriebsmaschine und damit die vom Drehstromgenerator gelieferte Frequenz schwankt. Das ist beispielsweise bei Flugzeugen der Fall, deren Mittelfrequenzgenerator direkt von der Strahlturbine angetrieben wird. Für andere Anwendungen werden auch Gasturbinen und Dieselmotoren als Antriebsmaschinen verwendet.

Selbstgeführte Thyristorumrichter mit Zwangskommutierung werden eingesetzt, um die unterbrechungslose Stromversorgung wichtiger Verbraucher auch in Fällen von Netzstörungen sicherzustellen [6.37]. Dabei handelt es sich beispielsweise um Anlagen zur Datenverarbeitung und -speicherung, weil auch bei einer kurzzeitigen Stromunterbrechung die elektronisch gespeicherten Informationen nicht verloren gehen dürfen. Andere Anwendungen finden gesicherte Stromversorgungsanlagen in Reaktoranlagen, in der chemischen Industrie oder auch in Krankenhäusern. Diese Notstromanlagen bestehen aus ein- oder mehrphasigen Thyristorwechselrichtern, die parallel zum Versorgungsnetz im Leerlaufbetrieb dauernd mitlaufen. Eine bereitgestellte Batterie kann bei Netzausfall für einige Minuten den vollen Lastbetrieb übernehmen, um die Zeit zu überbrücken, bis die für einen länger andauernden Netzausfall bereitgestellten Dieselnotstromaggregate angelaufen sind. Bei größeren Anlagen arbeiten mehrere Wechselrichter im Parallelbetrieb; hierdurch wird sichergestellt, daß bei Ausfall eines Teilwechselrichters infolge innerer Störung die übrigen Wechselrichter den vollen Lastbetrieb aufrechterhalten können. Bei dieser Betriebsart kann von dem bereits erwähnten Schutzwiderstand in Reihe mit jedem Teilwechselrichter Gebrauch gemacht werden, der im Normalbetrieb von gezündeten Thyristoren überbrückt ist. Im Störungsfall werden die Parallelthyristoren über eine Kondensatorlöscheinrichtung gesperrt, und auf diese Weise der unterbrechungslose Weiterbetrieb der übrigen Wechselrichter ermöglicht.

Bei Notstromaggregaten werden im allgemeinen hohe Anforderungen an die abgegebene Ausgangsspannung in bezug auf Sinusform und Konstanz gestellt. Dazu sind u. a. häufig besondere Filterkreise erforderlich. Wenn damit gerechnet werden muß, daß die Spannung der speisenden Akkumulatorbatterie je nach Belastung und Entladezustand stark schwankt, müssen die Thyristorumrichter diese Spannungsschwankungen ausregeln können. Hierfür werden Schaltungen erforderlich, die eine Spannungssteuerung bzw. -regelung gestatten (s. Abschn. 5.3.3).

6.3.3. Umrichter mit Zwangskommutierung im Netzbetrieb

Betreibt man Drehfeldmaschinen über Thyristorumrichter, wie in Abschn. 6.2.2 und 6.2.3 beschrieben, so ändert der von der Maschine aufgenommene Strom je nach Betriebszustand seine Phasenlage. Im Motorbetrieb liefert der Umrichter Energie an die Maschine, während im Generatorbetrieb die Maschine Energie über den Umrichter in das speisende Netz zurückschickt. Die Asynchronmaschine nimmt dabei sowohl im motorischen als auch im generatorischen Betrieb induktiven Blindstrom auf, der vom Umrichter zur Verfügung gestellt werden muß. Bei der Synchronmaschine kann durch Übererregung auch der Bereich kapazitiver Blindstromaufnahme durch die Maschine eingestellt werden. Auch diesen kapazitiven Blindstrom vermag der Umrichter abzugeben. Der Umrichter ist also in der Lage, je nach Betriebszustand der Maschine Strom in allen vier Quadranten des Zeigerdiagramms zu liefern.

Statt mit dem Umrichter eine Maschine zu betreiben, kann man ihn auch auf ein Wechsel- oder Drehstromnetz arbeiten lassen. In Bild **272**.1 ist der Netzbetrieb eines Umrichters mit Zwangskommutierung dargestellt. Bei dem hier gewählten Schaltungsbeispiel handelt es sich um einen Umrichter in Dreiphasen-Brückenschaltung mit Phasenlöschung, wie er in Abschn. 5.3.2 bereits beschrieben wurde (s. Schaltung b in Bild **187**.1) Ein derartiger Umrichter soll an ein Drehstromnetz mit starren eingeprägten sinusförmigen Phasenspannungen u_{1n}, u_{2n} und u_{3n} angeschlossen werden. In jeder der drei Phasen zwischen Umrichter und Netz sind Reiheninduktivitäten L und ohmsche Widerstände R angenommen.

Stromverlauf. Um den Strom, der zwischen Drehstromnetz und Umrichter fließt, zu bestimmen, muß der Spannungsabfall Δu betrachtet werden, der sich mit den in Bild **272**.1a eingezeichneten Spannungspfeilen als Differenz zwischen der

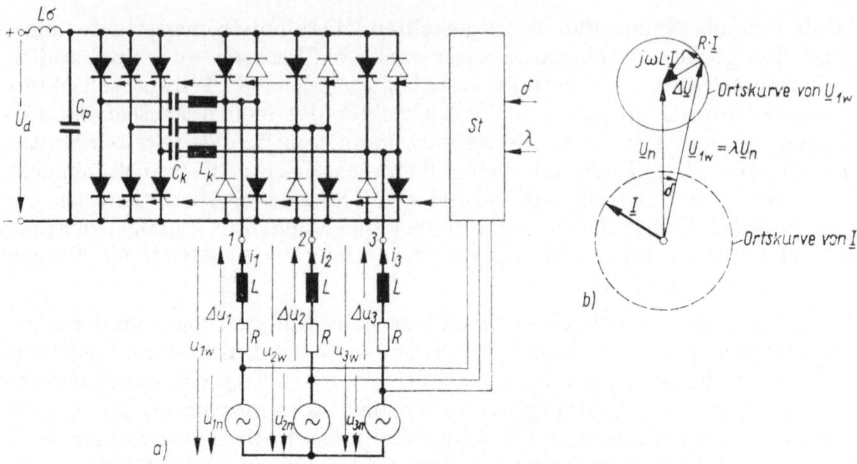

272.1 Netzbetrieb eines Umrichters mit Zwangskommutierung

 a) Umrichter in Dreiphasen-Brückenschaltung am Drehstromnetz
 b) Zeigerdiagramm für die Grundschwingungen von Strom und Spannungen

sinusförmigen Spannung u_n einer Netzphase und der Spannung u_w einer Umrichterphase

$$\Delta u = u_n - u_w \tag{272.1}$$

ergibt. Dieser Spannungsabfall Δu tritt an den zwischen Umrichter und Netz liegenden Widerständen und Reaktanzen auf und wird von dem zwischen Umrichter und Netz fließenden Phasenstrom i hervorgerufen. Es gilt also

$$\Delta u = R\,i + L\,\frac{\mathrm{d}i}{\mathrm{d}t} \tag{272.2}$$

Aus dieser Gleichung kann bei gegebener Netz- und Wechselrichterspannung und bei bekannten Widerständen und Reaktanzen der sich einstellende Strom i bestimmt werden.

Betrachtet man zunächst nur die Grundschwingungen der Spannungen und Ströme, so kann der Strom I mit Hilfe des in Bild **272.1**b gezeichneten Zeigerdiagramms bestimmt werden. In diesem Diagramm stellt $U_{1\,w}$ die Grundschwingung der Umrichterspannung dar. Es soll angenommen werden, daß die Amplitude der Umrichterspannung nach einem der in Abschn. 5.3.3 beschriebenen Verfahren zur Spannungssteuerung mit Hilfe der Steuerung im Umrichter selbst eingestellt werden kann.

Das Spannungsamplitudenverhältnis

$$\lambda = \frac{U_{1\,w}}{U_n} \tag{272.3}$$

wird als Quotient aus der Spannung der Grundschwingung $U_{1\,w}$ der Umrichterspannung und der sinusförmigen Netzspannung U_n definiert. Die Phasenlage der Umrichterspannung kann mit Hilfe der Steuerung ebenfalls eingestellt werden; der Winkel zwischen den Spannungszeigern U_n und $U_{1\,w}$

$$\delta = \sphericalangle\,(\vec{U}_n,\ \vec{U}_{1\,w}) \tag{272.4}$$

ist der Steuerwinkel. Nach dem Zeigerdiagramm gilt für den Spannungsabfall ΔU die Gleichung

$$\Delta \underline{U} = R\,\underline{I} + \mathrm{j}\,\omega\,L\,\underline{I} \tag{273.1}$$

Hieraus läßt sich die Grundschwingung des Stromes I leicht bestimmen,
wenn die Werte für R und L bekannt sind. Für eine in Bild **272.1**b gestrichelt eingezeichnete kreisförmige Ortskurve von I erhält man die ausgezogene Ortskurve
der Umrichterspannung $U_{1\,\mathrm{w}}$, die gleichfalls auf einem Kreis liegt, der von ΔU
um den Endpunkt der Netzspannung U_n beschrieben wird. Durch Änderung des
Spannungsamplitudenverhältnisses λ und des Steuerwinkels δ kann der komplexe
Zeiger der Umrichterspannung auf einer derartigen Ortskurve bewegt werden.

Im allgemeinen können die ohmschen Widerstände R gegenüber den Reaktanzen L
vernachlässigt werden. Eine Untersuchung des Zeigerdiagramms für diesen Fall
zeigt, daß dann bei einer Änderung des Spannungsamplitudenverhältnisses
λ die Blindkomponente und bei einer Änderung des Steuerwinkels δ die
Wirkkomponente des Grundschwingungsstromes beeinflußt werden.

Außer der Grundschwingung des Stromes, die mit Hilfe des Zeigerdiagramms
ermittelt werden kann, treten wegen der nichtsinusförmigen Umrichterspannung
Stromoberschwingungen auf. Diese Oberschwingungen können bei starren
Netz- und Umrichterspannungen nur durch eingefügte Reaktanzen L begrenzt
werden. Bei Vernachlässigung des ohmschen Widerstandes R kann der zeitliche
Verlauf des Stromes aus dem zeitlichen Verlauf der Spannungsdifferenz Δu
zwischen Netzspannung u_n und Umrichterspannung u_w nach der folgenden
Gleichung berechnet werden:

$$i(t) = \frac{1}{L}\int \Delta u\,\mathrm{d}t = \frac{1}{L}\int (u_\mathrm{n} - u_\mathrm{w})\,\mathrm{d}t \tag{273.2}$$

Führt man in diese Gleichung die Kurzschlußspannung u_k

$$u_\mathrm{k} = \frac{\omega\,L\,I_{1\,\mathrm{N}}}{U_\mathrm{n}} = \frac{\omega\,L\,\hat{\imath}_{1\,\mathrm{N}}}{\hat{u}_\mathrm{n}} \tag{273.3}$$

ein, so erhält man für den Strom

$$i(t) = \frac{\omega\,\hat{\imath}_{1\,\mathrm{N}}}{u_\mathrm{k}\,\hat{u}_\mathrm{n}}\int (u_\mathrm{n} - u_\mathrm{w})\,\mathrm{d}t \tag{273.4}$$

Die Formelzeichen $I_{1\,\mathrm{N}}$ bzw. $\hat{\imath}_{1\,\mathrm{N}}$ bedeuten Effektiv- bzw. Scheitelwert der Grundschwingung des Nennstromes.

Der Umrichter liefert nach Abschn. 5.3.3 treppenförmige Spannungen, die sich der
Sinusform um so besser annähern, je höherpulsig die Schaltung ist. Für eine sechspulsige Umrichterschaltung ist in Bild **274.1** und in Bild **275.1** der sich bei verschiedenen Betriebszuständen ergebende Stromverlauf aufgezeichnet. Bild **274.1** zeigt
die Verhältnisse bei Änderung des Steuerwinkels δ. Für das Spannungsamplitudenverhältnis λ ist hier der Wert 1 angenommen, d.h., die Grundschwingungsamplitude der treppenförmigen Umrichterspannung ist gleich der Amplitude der
sinusförmigen Netzspannung. Verschiebt man die Phasenlage der treppenförmigen
Wechselrichterspannung u_w um den Winkel δ, so ergeben sich die in Bild **274.1** unten
für verschiedene Steuerwinkel δ gezeichneten Ströme i. Die Darstellung zeigt, daß

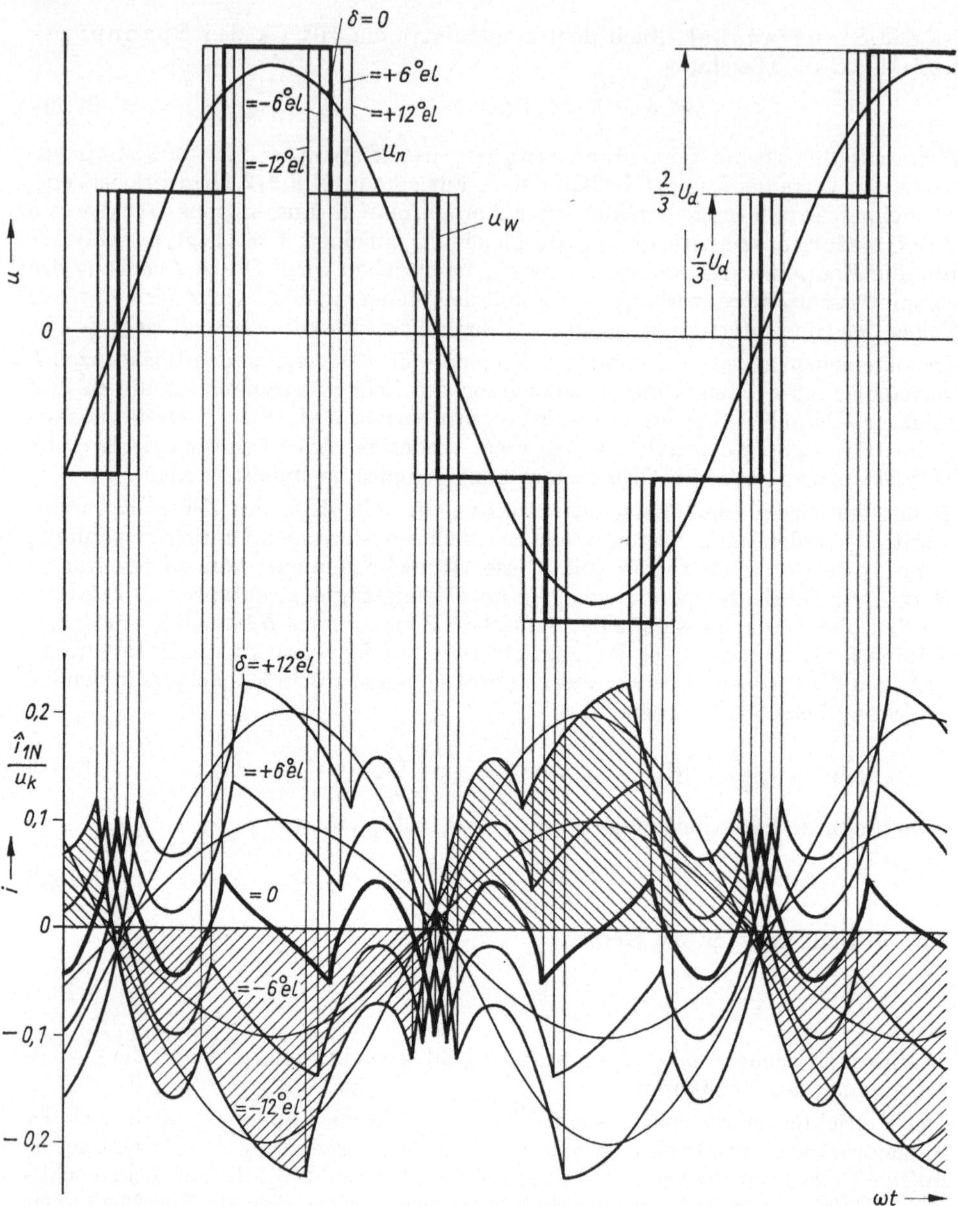

274.1 Netzbetrieb eines Umrichters mit Zwangskommutierung
Steuerung des Wirkstromes durch Änderung des Steuerwinkels δ (Spannungsamplitudenverhältnis λ = 1)

275.1 Netzbetrieb eines Umrichters mit Zwangskommutierung
Steuerung des Blindstromes durch Änderung des Spannungsamplitudenverhältnisses λ (Steuerwinkel δ = 0)

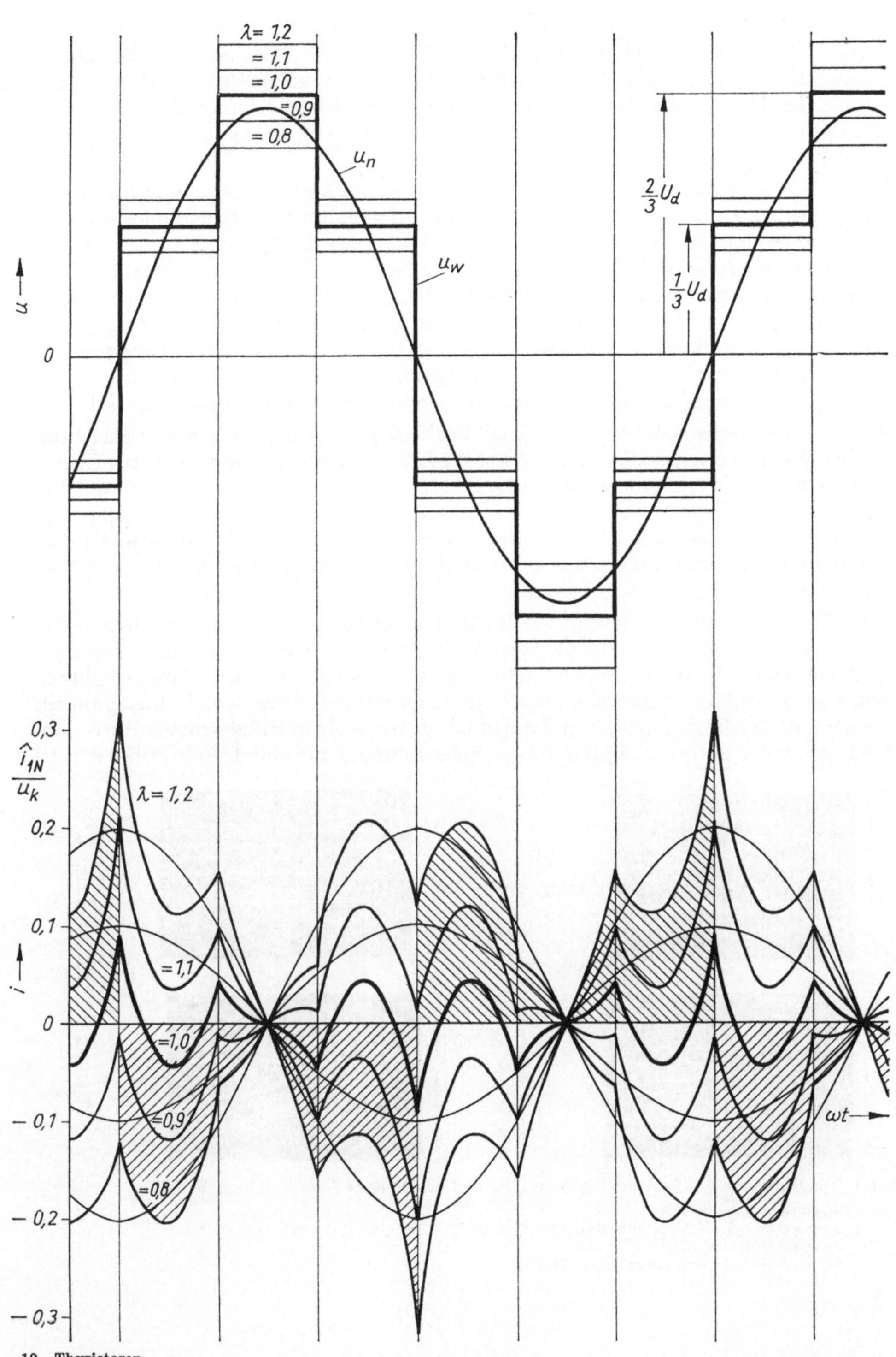
λ= 1,2
= 1,1
= 1,0
= 0,9
= 0,8
u_n
u_W
2/3 U_d
1/3 U_d
u
0
0,3
î_1N / u_k
λ= 1,2
0,2
= 1,1
0,1
= 1,0
0
= 0,9
i
- 0,1
= 0,8
ωt
- 0,2
- 0,3

dabei die Wirkkomponente des Grundschwingungsstromes beeinflußt wird, und zwar ergibt sich ein stufenloser Übergang von Energieabgabe des Drehstromnetzes bei nacheilender Wechselrichterspannung ($\delta > 0$) zu Energieaufnahme des Drehstromnetzes bei voreilender Wechselrichterspannung ($\delta < 0$). Die Beträge der Oberschwingungsströme bleiben hierbei, unabhängig vom Steuerwinkel δ, erhalten.

Bild **275.**1 zeigt die entsprechenden Verhältnisse bei Änderung des Spannungsamplitudenverhältnisses λ und konstant gehaltenem Steuerwinkel $\delta = 0$. Hier ändert sich die Blindkomponente des Grundschwingungsstromes, und zwar ebenfalls stufenlos zwischen kapazitivem und induktivem Bereich. Die Oberschwingungsströme nehmen hierbei mit dem Spannungsamplitudenverhältnis λ zu bzw. ab. Bei einer sechspulsigen Umrichterschaltung muß die Kurzschlußspannung u_k etwa 20% betragen, damit die Oberschwingungsströme im Verhältnis zum Nennstrom nicht zu groß werden. Bei einer zwölfpulsigen Umrichterschaltung treten entsprechend kleinere Oberschwingungsströme auf.

Je nachdem, ob es sich um eine augenblickliche Energielieferung vom Umrichter an das Drehstromnetz oder die umgekehrte Energierichtung handelt, übernehmen entweder die Thyristoren oder die antiparallelen Dioden den Strom im Umrichter. Die Thyristoren führen die Stromabschnitte, die einer Energielieferung vom Gleichstromzwischenkreis mit der Spannung U_d über den Umrichter an das Drehstromnetz entsprechen. Diese Stromabschnitte sind in Bild **274.**1 und **275.**1 schraffiert.

Bild **276.**1 zeigt vier Oszillogramme der Umrichterspannung u_w und des Stromes i, die beim Arbeiten eines sechspulsigen Umrichters auf ein Drehstromnetz aufgenommen wurden. Rechts neben den Oszillogrammen sind für den jeweiligen Betriebszustand die entsprechenden Zeigerdiagramme für die Grundschwingungen gezeichnet. Oszillogramm a zeigt die Aufnahme induktiven Blindstromes durch den Umrichter, der in diesem Fall auf das Drehstromnetz wie eine Induktivität wirkt.

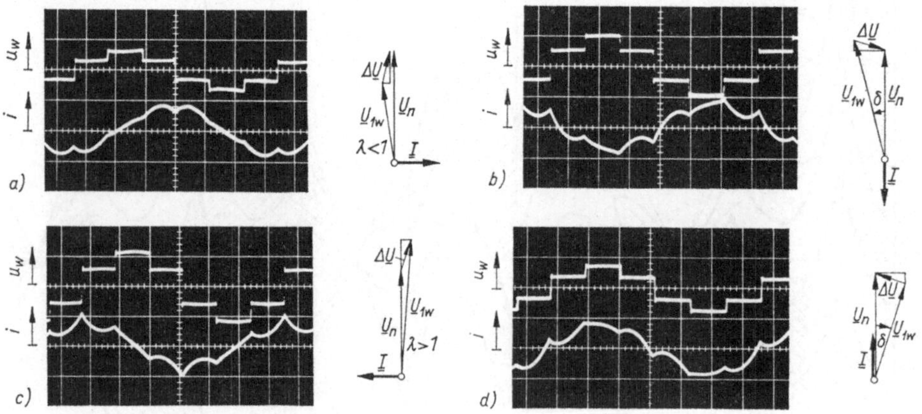

276.1 Oszillogramme der Umrichterspannung u_w und des Stromes i bei Netzbetrieb
a) $\cos\varphi = 0$, induktiv
b) $\cos\varphi = -1$, Energieaufnahme des Netzes
c) $\cos\varphi = 0$, kapazitiv
d) $\cos\varphi = 1$, Energieabgabe des Netzes

Oszillogramm b zeigt Energieaufnahme des Drehstromnetzes; der Strom fließt dabei im Umrichter nur über die Thyristoren. In Oszillogramm c nimmt der Umrichter kapazitiven Blindstrom aus dem Drehstromnetz auf, wirkt auf dieses also wie ein Kondensator. In Oszillogramm d schließlich gibt das Drehstromnetz Energie an den Umrichter ab. Hier fließt der Strom im Umrichter über die Rückstromdioden. Die vier Betriebszustände können, wie die Zeigerdiagramme zeigen, durch Änderung des Spannungsamplitudenverhältnisses λ und des Steuerwinkels δ stetig ineinander übergeführt werden.

Blindstromrichter. Nach dem Vorhergesagten vermag der Umrichter mit Zwangskommutierung am Drehstromnetz beliebige Ströme in allen vier Quadranten zu liefern. Einen Sonderfall stellt die Erzeugung reinen Blindstromes dar, wie er in Bild **275.1** und in den Fällen a und c von Bild **276.1** dargestellt wurde. Für reine Blindstromlieferung muß die Bedingung

$$U_\mathrm{d}\, I_\mathrm{d} = 0 \tag{277.1}$$

erfüllt sein, weil der Gleichstromzwischenkreis des Umrichters in diesem Fall im Mittel keine Leistung abgibt bzw. aufnimmt. Diese Bedingung wird für den hier beschriebenen Umrichtertyp dadurch erfüllt, daß der Gleichstrom $I_\mathrm{d} = 0$ ist. Im Gleichstromzwischenkreis fließen also bei reinem Blindstrombetrieb als Wechselströme nur Stromoberschwingungen. Dadurch entfällt die Notwendigkeit einer Energieversorgung für den Gleichstromzwischenkreis. Er braucht bei reinem Blindstrombetrieb nur noch aus einem Pufferkondensator C_p zu bestehen, der die Oberschwingungsströme aufnimmt. Die Verluste im Umrichter und auf den Leitungen werden dabei aus dem Drehstromnetz gedeckt.

Bild **277.1** zeigt die Grundschaltung eines Umrichters mit Zwangskommutierung zur Blindstromerzeugung. Die aufgenommene Blindleistung Q kann hier über die Steuerung St mit Hilfe des Steuerwinkels δ vorgegeben werden. Bei kleinen Änderungen des Steuerwinkels stellt sich am Kondensator C_p die Gleichspannung U_d selbsttätig ein. Die Amplitude der abgegebenen Umrichterspannung U_w wird hierdurch geändert; d.h., es ergibt sich indirekt auf Grund kleiner Änderungen des Steuerwinkels δ auch eine Änderung des Spannungsamplitudenverhältnisses λ, wie es für die Einstellung des Blindstromes notwendig ist. Bild **277.1**b zeigt das Zeigerdiagramm für die Grundschwingungen der Ströme und Spannungen. Die ausgezogenen Spannungs- und Stromzeiger gelten für kapazitive Stromaufnahme des Umrichters, die gestrichelten Zeiger für induktive Strom-

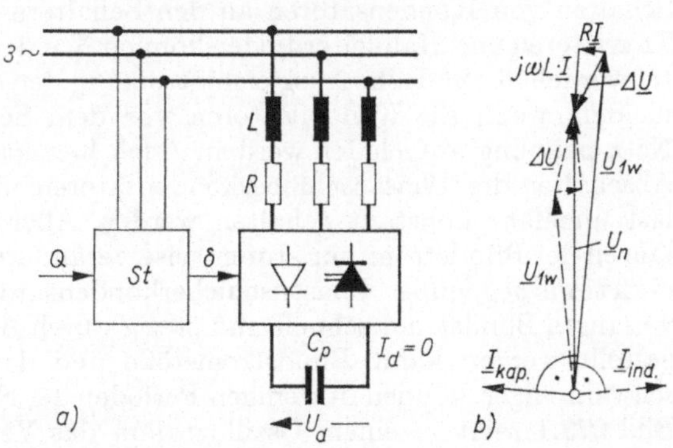

277.1 Umrichter mit Zwangskommutierung zur Blindstromerzeugung

a) Schaltung

b) Zeigerdiagramm

aufnahme. Die ohmschen Widerstände R wirken stabilisierend auf die Einstellung der Blindstromaufnahme mit Hilfe von Änderungen des Steuerwinkels δ.

Ein Umrichter mit Zwangskommutierung, bei dem der **Kommutierungsvorgang auf der Gleichstromseite** erfolgt, ist also in der Lage, aus einem Drehstromnetz **kapazitiven Blindstrom** aufzunehmen, d.h. **induktiven Blindstrom** an das Drehstromnetz abzugeben. Wie in Abschn. 4.1.7 ausführlich behandelt wurde, sind Stromrichter mit natürlicher Kommutierung hierzu nicht fähig. Sie entnehmen bei Anschnittsteuerung dem Wechsel- bzw. Drehstromnetz stets **induktive Blindleistung.** Durch die Einführung der **Zwangskommutierung** wurde es zwar möglich, auch netzgeführte Umrichter in dem Bereich der beiden Stromquadranten, die kapazitive Blindleistungsaufnahme repräsentieren, zu betreiben (s. Abschn. 5.3.6). Praktisch ist dieses Verfahren jedoch nur mit großem Aufwand an Kommutierungsmitteln zu verwirklichen, weil hier der **Kommutierungsvorgang auf der Wechselstromseite** erfolgt, wo immer größere Streureaktanzen vorhanden sind.

Im Gegensatz zum wechselstromseitig kommutierenden Stromrichter tritt bei dem hier betrachteten **gleichstromseitig kommutierenden Stromrichter** keine Stromübergabe von Phase zu Phase auf. Jede Phase führt vielmehr nichtlückenden, angenähert sinusförmigen Strom. Der Kommutierungsvorgang erfolgt unabhängig von der Nachbarphase zwischen den gesteuerten und ungesteuerten Ventilen jeder Phase über den **Glättungskondensator.** Dieser Glättungskondensator führt auch im reinen Blindstrombetrieb nur Oberschwingungsströme, während sich die Grundschwingungen der Blindströme in den einzelnen Phasen aufheben. Er kann daher als Gleichspannungskondensator ausgelegt werden, wobei die auftretenden Oberschwingungsströme innerhalb der für den Kondensator zugelassenen Strom- bzw. Spannungswelligkeit liegen müssen.

Die Kompensation induktiver Blindströme wird in der Praxis meistens mit **Kondensatoren** durchgeführt. Bei wechselnden Blindlastverhältnissen ist es hierbei jedoch erforderlich, über mechanische Schalter einen Teil der Kondensatoren zu- bzw. abzuschalten. Dabei treten wegen der hohen Stromspitzen beim Schalten von Kondensatoren an den Schaltern hohe Beanspruchungen auf. Mit Thyristoren und Halbleiterdioden können Kondensatoren auch kontaktlos geschaltet werden [6.42]. Hohe Ausgleichsströme in den Schaltzeitpunkten lassen sich vermeiden, wenn die Kondensatoren vor dem Schalten auf den Scheitelwert der Netzspannung aufgeladen werden. Auch hier kann durch gruppenweises Zu- und Abschalten der Phasenschieberkondensatoren die dem Netz entnommene Blindlast ungefähr konstant gehalten werden. Allerdings läßt sich nach diesem Verfahren der Blindstrom nur stufenweise verändern. Ein Vorteil von **Blindstromrichtern** gegenüber Phasenschieberkondensatoren besteht also darin, daß der verlangte Blindstrom schnell und stetig durch Änderung des Steuerwinkels δ eingestellt werden kann. Blindstromstöße und damit verbundene Netzspannungsschwankungen können in wenigen Perioden der Netzspannung ausgeregelt werden. Bild **279.**1 zeigt in einem Oszillogramm das Verhalten eines Blindstromrichters am Drehstromnetz bei schneller Änderung des Steuerwinkels δ. Man sieht, daß die Blindströme i_1, i_2 und i_3 in den drei Phasen des Drehstromsystems bei einer plötzlichen Vergrößerung des Steuerwinkels $(\delta_2 > \delta_1)$ im Zeitpunkt t_1 nach etwa zwei Perioden bereits ihren neuen größeren Wert annehmen. Dabei steigt die Gleich-

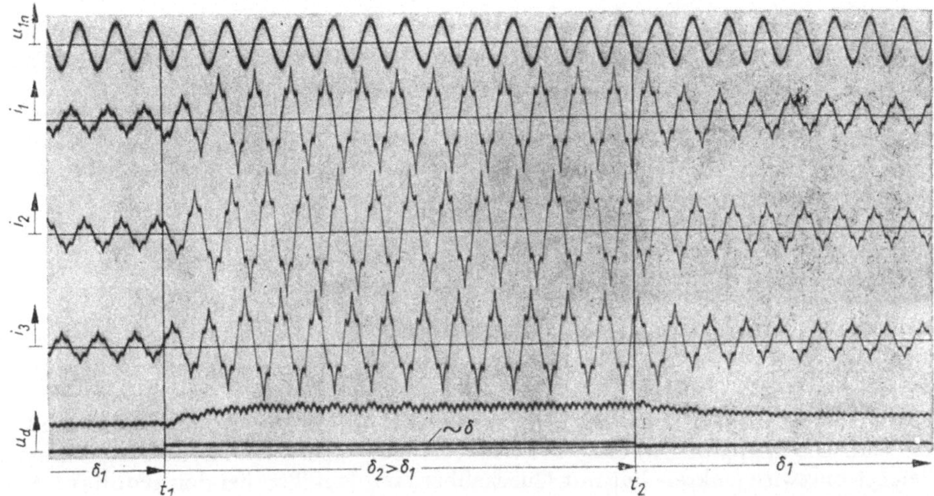

279.1 Verhalten eines Blindstromrichters am Drehstromnetz bei schneller Änderung des Steuerwinkels δ
u_{1n} Netzspannung der Phase 1 (220 V)
i_1, t_2, i_3 Strom in den Phasen 1, 2, 3 (120 A bei δ_1; 200 A bei δ_2
u_d Gleichspannung am Pufferkondensator (370 V bei δ_1)

spannung U_d am Pufferkondensator an. Bei Verringerung des Steuerwinkels auf den ursprünglichen Wert δ_1 im Zeitpunkt t_2 stellt sich nach einigen Perioden wieder der ursprüngliche Blindstrom ein, wobei die Gleichspannung am Pufferkondensator wieder zurückgeht.

Phasenwandler. Ein Blindstromrichter in der hier beschriebenen Schaltung kann nicht nur zur Blindstromlieferung, sondern auch zur Phasenwandlung oder zur Symmetrierung von Schieflast an einem Drehstromnetz bei gleichzeitiger Lieferung des Blindstromes verwendet werden. Beispielsweise lassen sich bei einer einphasigen induktiven Belastung, die an zwei Phasen eines Drehstromnetzes angeschlossen ist, durch Parallelschaltung eines Blindstromrichters die dem Drehstromnetz entnommenen Ströme symmetrieren; hierbei wird außerdem der Blindstrombedarf der induktiven Last aus dem Glättungskondensator des Blindstromrichters gedeckt. Die Wirklast wird durch kleine Änderungen der Steuerwinkel δ_1, δ_2 und δ_3 der einzelnen Umrichterphasen, die etwas unsymmetrisch ausgesteuert werden, symmetriert. Um die Leistungspulsation der einphasigen Last aufzubringen, schwankt bei dieser Anwendung als Phasenwandler die Spannung am Glättungskondensator des Blindstromrichters wie die Blindleistung der induktiven einphasigen Last mit der doppelten Grundfrequenz, während sie bei symmetrischer Belastung des Blindstromrichters mit der sechsfachen Grundfrequenz pulsieren würde. Man kann mit derartigen Schaltungen auch die Phasenzahl beispielsweise von drei auf sechs umwandeln und das Problem der Phasenwandlung allgemein lösen. Darauf soll hier jedoch nicht näher eingegangen werden.

Die oben angeführten Beispiele für den Einsatz des Umrichters mit Zwangskommutierung im Netzbetrieb zeigen, daß sich hier eine Reihe von neuen Möglichkeiten für die Stromrichtertechnik ergeben [5.28; 6.39]. Bisher werden diese Aufgaben in der Elektrotechnik mit anderen Mitteln gelöst, die Blindstromlieferung beispielsweise durch Kondensatoren und die Phasenwandlung durch rotierende Umformer. Wieweit sich die Stromrichtertechnik mit ihren neuen Möglichkeiten auch hier in die Praxis einführen wird, hängt nicht nur von der technischen Realisierbarkeit, sondern auch vom wirtschaftlichen Aufwand der Schaltungen und der künftigen Thyristorentwicklung ab.

6.3.4. Netzkupplung

Die Aufgabe, zwei Netze miteinander zu kuppeln, d.h. den Energieaustausch zwischen diesen beiden Netzen entweder nur in einer oder auch in beiden Richtungen zu ermöglichen, läßt sich mit Umrichtern allgemein lösen. Dabei können die beiden Netze bezüglich Spannung, Phasenzahl und Frequenz unterschiedlich sein. Die Kupplung zweier Wechselstromnetze über Stromrichter und einen Gleichstromzwischenkreis hat mit Quecksilberdampfgefäßen bei der Hochspannungs-Gleichstromübertragung bis zu Übertragungsleistungen von vielen hundert Megawatt ihre technische Verwirklichung gefunden. Bei diesen Quecksilberdampfstromrichtern für die Hochspannungs-Gleichstromübertragung handelt es sich um Stromrichter mit natürlicher Kommutierung, die ihre Kommutierungsblindleistung aus beiden vorhandenen Drehstromnetzen beziehen. Noch allgemeingültiger läßt sich das Problem der Netzkupplung durch Stromrichter mit Zwangskommutierung lösen, weil diese nicht auf das Vorhandensein natürlicher Kommutierungsspannungen in den beiden zu kuppelnden Netzen angewiesen sind.

Kupplung von Gleichstromnetzen. Zwei Gleichstromnetze mit unterschiedlicher Spannung können über einen Wechselrichter mit Zwangskommutierung, der zunächst eine der Gleichspannungen in Wechsel- oder Drehstrom umformt, gekuppelt werden. Diese Wechsel- oder Drehspannung wird anschließend über Umspanner auf einen gewünschten Wert transformiert und über einen Gleichrichter auf das andere Gleichspannungsnetz geschaltet. Man kann eine solche Anordnung einen Umrichter mit Wechselstrom- oder Drehstromzwischenkreis nennen. Auch Gleichstrompulswandler-Schaltungen lassen sich zur Transformierung von Gleichspannungsmittelwerten und zur Kupplung zweier Gleichstromnetze unterschiedlicher Spannung einsetzen. Bei der Kupplung zweier Gleichspannungsquellen mit sehr unterschiedlichen Spannungswerten wird auch in Gleichstrompulswandler-Schaltungen ein Übertrager zur Spannungsanpassung verwendet. Praktisch treten solche Probleme der Umwandlung einer hohen Gleichspannung in eine niedrigere auf, wenn z.B. auf einem Fahrzeug aus einer Gleichstrom-Fahrdrahtleitung eine Hilfsbatterie geladen werden soll.

Kupplung von Drehstromnetzen. Die Aufgabe, zwei Drehstromnetze über Stromrichter zu kuppeln, ergibt sich — wie bereits erwähnt — bei der Hochspannungs-Gleichstromübertragung. Das Prinzip einer derartigen Übertragung ist in Bild **281**.1 dargestellt. Es handelt sich dabei um die elastische Kupplung der beiden Drehstromnetze I und II über Stromrichter mit natürlicher Kommutierung, von denen der eine den Drehstrom des energieliefernden Netzes in

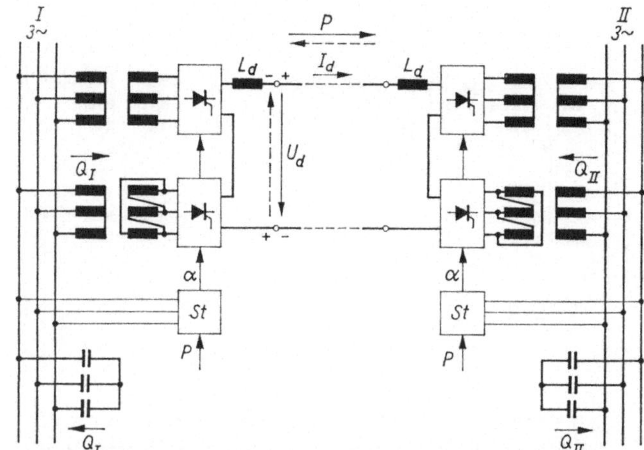

281.1
Elastische Kupplung zweier
Drehstromnetze über Strom-
richter mit natürlicher Kom-
mutierung (Hochspannungs-
Gleichstromübertragung)

Gleichstrom umformt (Gleichrichterbetrieb) und der andere diesen, auf der Über-
tragungsleistung über große Entfernungen transportierten Gleichstrom wieder in
Drehstrom umformt (Wechselrichterbetrieb) und in das energieaufnehmende
Drehstromnetz einspeist. Die von den Stromrichtern für die Kommutierung benötigte Blindleistung Q_I bzw. Q_{II} muß von den beiden Drehstromnetzen geliefert
werden können. Die Stromrichtung auf der Gleichstromseite wird durch die Ventilwirkung der Stromrichter bestimmt. Bei **Umkehr der Energierichtung** muß
also die Gleichspannung U_d umgepolt werden. Dazu ist es erforderlich, die beiden
Stromrichter von Gleich- in Wechselrichterbetrieb bzw. von Wechsel- in Gleichrichterbetrieb umzusteuern. Hierbei tritt wegen der Kapazität der Übertragungs-
leitung eine erhebliche Ladeleistung auf. Auch kann mit Rücksicht auf Polarisa-
tionserscheinungen im Dielektrikum der Umsteuervorgang nicht beliebig schnell
vorgenommen werden.

Um die **Spannungs- und Stromoberschwingungen** klein zu halten, werden
höherpulsige Schaltungen verwendet. Bei der in Bild **281**.1 gezeichneten Anordnung
wird eine **zwölfpulsige Rückwirkung** auf die beiden Drehstromnetze durch
eine Parallelschaltung zweier um 30 °el versetzter Stromrichter erzielt, die auf des
Gleichspannungsseite in Reihe geschaltet werden. Zur Glättung des Gleichstromes
sind auf der Gleichstromseite **Glättungsdrosseln** L_d erforderlich.

Bisher sind derartige Stromrichteranlagen zur Hochspannungs-Gleichstromübertragung mit Quecksilberdampfgefäßen ausgeführt worden. Diese Quecksilberdampfgefäße wurden speziell für die Hochspannungs-Gleichstromübertragung für
sehr hohe Sperrspannungen bis zu 200 kV entwickelt. Es werden jedoch bereits
Untersuchungen über den Einsatz von Thyristoren auch auf dem Gebiet der
Hochspannungs-Gleichstromübertragung gemacht [6.29] (s. a. Abschn. 7.3.2).

Bild **282**.1 zeigt die elastische Kupplung zweier Drehstromnetze über **Stromrichter mit Zwangskommutierung**. Es handelt sich wieder um **zwölfpulsige Schaltungen**. Bei diesem Umrichtertyp müssen die Wechselstromseiten
über phasenversetzte Transformatoren in Reihe geschaltet werden, während die
Gleichspannungsseiten parallel geschaltet sind. Statt einer Glättungsdrossel be-

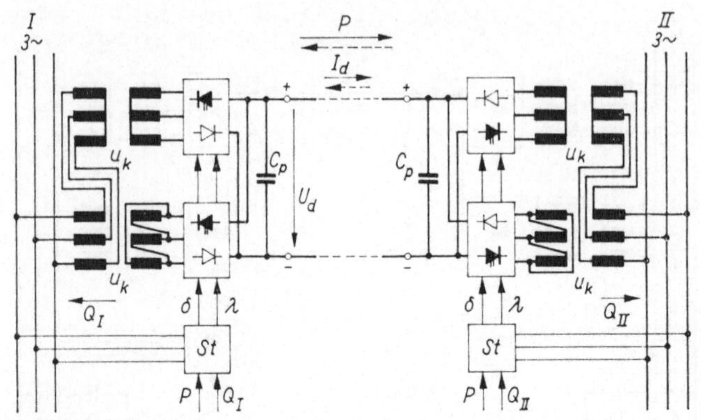

282.1
Elastische Kupplung zweier Drehstromnetze über Stromrichter mit Zwangskommutierung (Möglichkeit der Blindstromlieferung an beide Drehstromnetze)

nötigen diese Umrichter **Pufferkondensatoren** C_p auf der Gleichstromseite. Die beiden Drehstromnetze brauchen den Umrichtern mit Zwangskommutierung keinen induktiven Blindstrom zur Verfügung zu stellen, vielmehr sind beide Umrichter — unabhängig voneinander — zur Lieferung beliebiger Blindleistung Q_I bzw. Q_II an beide Drehstromnetze in der Lage. Die **Umkehr der Energierichtung** wird hier durch eine Umkehr der Richtung des Gleichstromes I_d bewirkt. Die Gleichspannung U_d braucht hierfür also nicht umgepolt zu werden. Auch bei Netzspannungsschwankungen können die übertragene Energie und die Blindströme für beide Netze unabhängig voneinander stetig und schnell gesteuert werden.

Der Aufwand für die Stromrichter mit Zwangskommutierung zur elastischen Netzkupplung ist größer als für solche, die mit natürlicher Kommutierung arbeiten, weil Stromrichterventile für beide Stromrichtungen und außerdem Einrichtungen zur Zwangskommutierung vorhanden sein müssen. Durch geeignete Auswahl der Löschschaltung muß die Erzeugung von Überspannungen während der Löschvorgänge möglichst vermieden werden. Als Vorteile ergeben sich die Möglichkeit beliebiger Blindstromlieferung und die Energierichtungsumkehr ohne Gleichspannungsumpolung.

7.   Thyristorelemente und -anlagen

Das Prinzip eines pnpn-Systems als Halbleiterschalter wurde zuerst in den Jahren von 1954 bis 1956 in den USA bei der Bell Telephone Company erkannt und untersucht [1.2]. In den dortigen Laboratorien wurden damals auch die ersten funktionsfähigen Versuchsmuster von pnpn-Halbleiterelementen gebaut. Bei der General Electric Company wurden dann, aufbauend auf diesen theoretischen und experimentellen Vorarbeiten, zwischen 1956 und 1958 technisch einsatzfähige steuerbare Siliciumzellen entwickelt. Ein kurzer Abriß über die Entwicklungsgeschichte der pnpn-Halbleiterelemente wird im Vorwort zu [B 13] gegeben.

Die pnpn-Halbleiterelemente wurden von den Amerikanern Silicon Controlled Rectifiers (SCR's) genannt. In Deutschland wurden sie wegen ihrer pnpn-Struktur zunächst als Vierschichtenelemente, dann auch als steuerbare Siliciumzellen bezeichnet. Später hat man sich dann international auf die Bezeichnung Thyristor geeinigt. Seitdem im Jahre 1958 die ersten steuerbaren Siliciumzellen von der General Electric Company auf den Markt gebracht wurden, hat sich eine stürmische Entwicklung vollzogen. In der Zwischenzeit wurden große Fortschritte in den Eigenschaften der Thyristorelemente erzielt, und die Thyristoren sind zum beherrschenden Element der Energieelektronik geworden, das als Halbleiterelement für den Leistungsteil die ideale Ergänzung zu dem Transistor für den Steuerungsteil darstellt. Die Anwendungen der Thyristoren reichen von industriellen Anlagen über das Gebiet der Traktion bis zum Haushaltsektor. Der Entwicklungsstand der Thyristorelemente und der Aufbau von industriellen Thyristorgeräten und -anlagen soll in diesem Abschnitt dargestellt werden [7.18].

7.1.   Thyristorelemente

7.1.1. Herstellung des Thyristorsystems

Bei der Herstellung von pnpn-Elementen gibt es verschiedene Möglichkeiten für den Aufbau der einzelnen Schichten im Halbleiter. Die beiden wichtigsten Verfahren sind das Legieren und das Diffundieren. Beide Verfahren eignen sich auch für die Massenfabrikation. Die einzelnen Fertigungsschritte bei der Herstellung eines Leistungsthyristors sind in Bild **284.1** aufgeführt.

Silicium-Einkristall. Das Ausgangsmaterial für die Herstellung eines Thyristorsystems bildet ein Silicium-Einkristall. Ein solcher Einkristall muß nach besonders entwickelten Ziehverfahren hergestellt werden. Sie gestatten, die spezifische

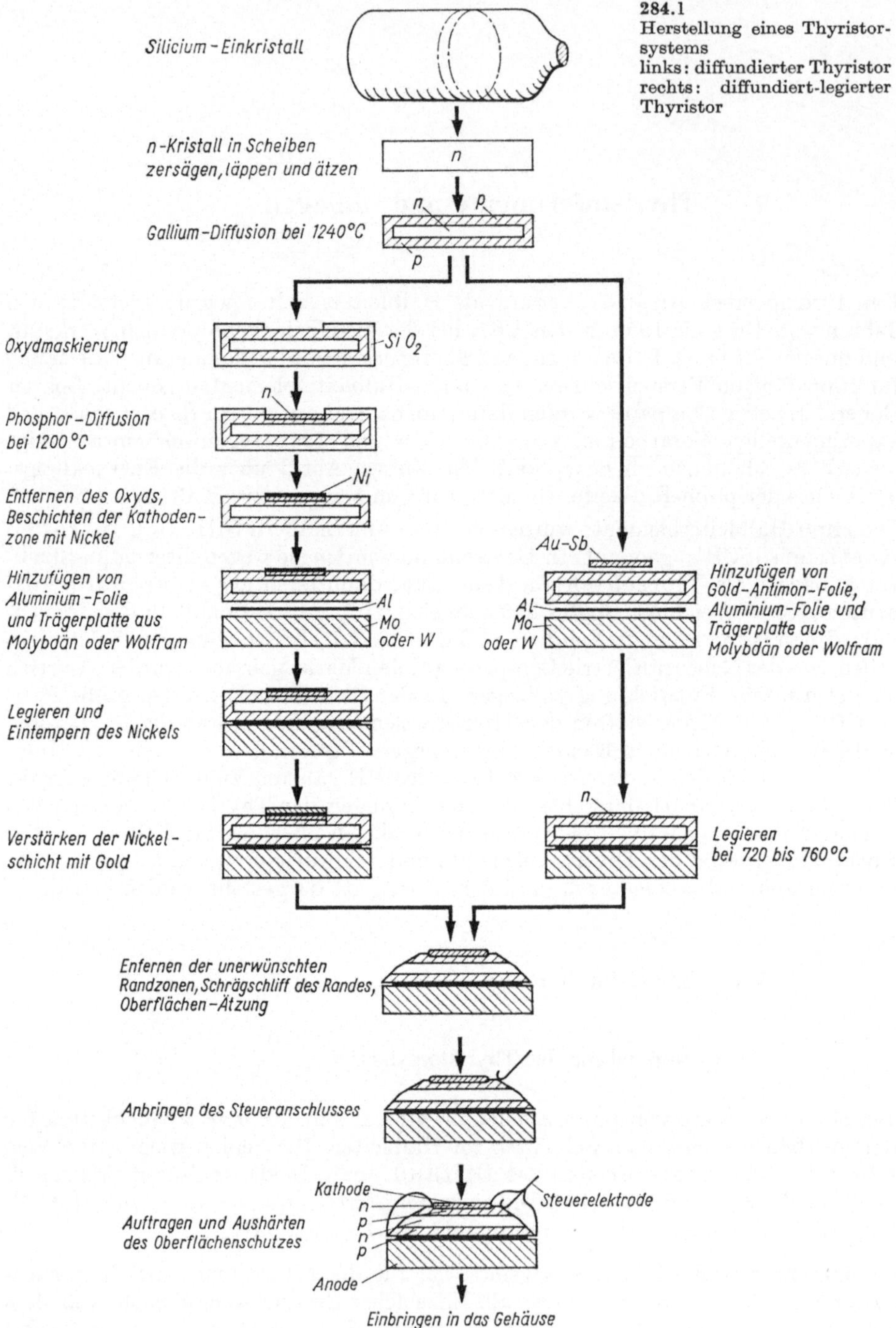

284.1
Herstellung eines Thyristor-systems
links: diffundierter Thyristor
rechts: diffundiert-legierter Thyristor

Leitfähigkeit des Siliciums und die Trägerlebensdauer durch die den Einkristall umgebende Gasatmosphäre während des Ziehvorganges in gewünschter Weise zu beeinflussen. Leitfähigkeit und Trägerlebensdauer bestimmen wesentlich die Eigenschaften des Thyristorelementes [B 13].

Diffusion. Als Ausgangsmaterial für den Aufbau eines pnpn-Systems wird niedrig dotiertes Silicium vom n-Typ genommen. Der Einkristall wird mit einer Diamantsäge in einzelne Scheiben von einigen hundert Mikrometern Dicke zerschnitten, die anschließend durch Läppen und Ätzen planparallel bearbeitet werden. Danach werden in die so bearbeiteten n-leitenden Siliciumscheiben in einem Diffusionsofen bei etwa 1240 °C p-dotierende Substanzen wie Gallium, Aluminium oder Bor diffundiert. Hierdurch werden außen p-Bereiche mit nach innen abfallender Dotierungskonzentration erzeugt. In der Mitte bleibt eine n-Basis, deren Dicke von der Diffusionszeit abhängt. Diese sogenannte n-Basisweite liegt bei Leistungsthyristoren zwischen 100 und 250 μm. Sie bestimmt als wesentlicher Faktor Sperrfähigkeit und Durchlaßspannungsabfall. Nunmehr ist eine Siliciumscheibe mit drei verschiedenen Zonen in der Reihenfolge pnp entstanden.

Diffundiert-legierter Thyristor. Bei diffundiert-legierten Thyristoren folgt, wie in Bild **284.**1 im Herstellungszweig rechts dargestellt, ein Legierungsprozeß bei etwa 720 ... 760 °C, und zwar wird durch Hinzufügen einer Gold-Antimon-Folie auf der Kathodenseite und einer Aluminium-Folie und einer Trägerplatte aus Molybdän oder Wolfram auf der Anodenseite der vierte hochdotierte n-Bereich auf der Kathodenseite und gleichzeitig ein hochdotierter p-Bereich auf der Anodenseite hergestellt.

Volldiffundierter Thyristor. Bei volldiffundierten Thyristoren wird, wie der Herstellungszweig links in Bild **284.**1 zeigt, die n-Schicht auf der Kathodenseite ebenfalls durch einen Diffusionsvorgang hergestellt.

Dazu ist es notwendig, die übrige Oberfläche der Siliciumscheibe durch eine Oxydmaske abzudecken. Anschließend kann dann durch eine Phosphor-Diffusion bei 1200 °C die n-Schicht auf dem gewünschten Flächenabschnitt hergestellt werden. Nach dem Entfernen der Oxydmaske wird die Kathodenzone mit Nickel beschichtet und auf der Anodenseite die Aluminium-Folie mit der Trägerplatte auflegiert. Die eingetemperte Nickelschicht wird schließlich noch durch eine Goldschicht verstärkt.

Oberflächenbearbeitung. Danach müssen die bei der Herstellung des Vierschichtenelementes entstandenen unerwünschten Randzonen entfernt werden; dies geschieht durch Abschleifen mit anschließender Oberflächenätzung. Durch den hierbei verwendeten Schrägschliff der Randzonen wird die an der Oberfläche auftretende maximale elektrische Feldstärke herabgesetzt (s. Abschn. 1.4.5). Dadurch erhöht sich die Durchbruchspannung des Thyristors erheblich (s. die Spannungssprünge in Bild **289.**1).

Anbringen des Steueranschlusses. Anschließend wird die Steuerelektrode mit Ultraschall angeschweißt, sofern sie nicht schon beim Legierungsprozeß mitangebracht wurde. Zum Schluß wird die Oberfläche durch das Aufbringen einer Schutzschicht zur Langzeitstabilisation abgedeckt. Damit ist ein funktionsfähiges Thyristorsystem entstanden, an dem schon vor dem Einbringen in das Gehäuse Sperrfähigkeit und Durchlaßspannung gemessen werden können. Nach diesen Messungen können Thyristorsysteme, die die vorgeschriebenen Spannungswerte nicht erreichen, bereits ausgeschieden werden.

7.1.2. Konstruktive Ausführung

Die fertige Siliciumscheibe muß nunmehr in einer Halterung gefaßt und konstruktiv zu einem regelrechten Bauteil für die Energieelektronik gestaltet werden.

Gehäuse. Das komplette Thyristorsystem wird zum Schutz gegen die verschiedenen Einflüsse der Umgebung in ein Gehäuse aus Metall und Isolationskeramik einge-

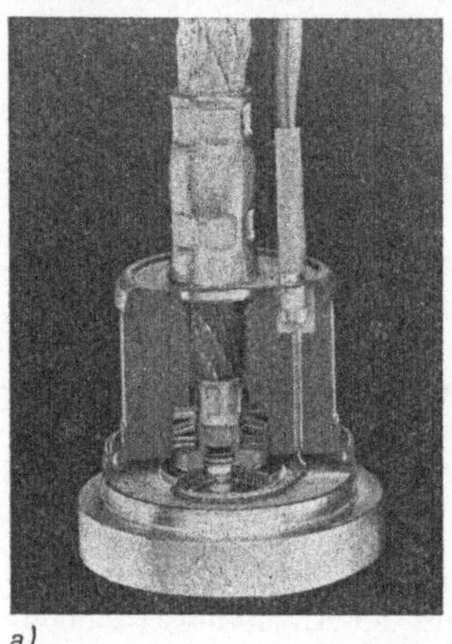
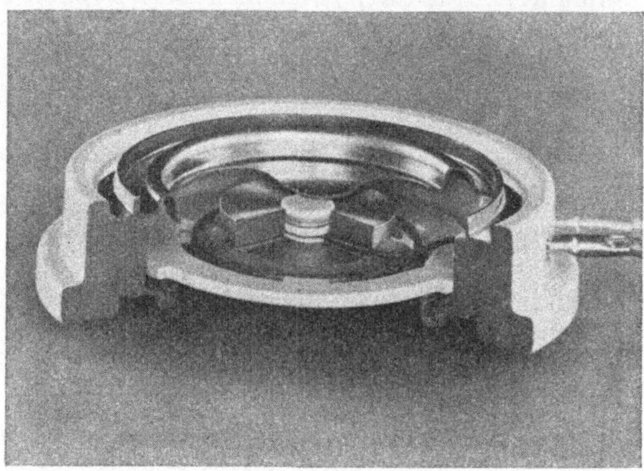

a)   b)

286.1 Leistungsthyristoren, aufgeschnitten (AEG)
    a) T 302 N... (Dauergrenzstrom 300 A)
    b) T 500 N... (Dauergrenzstrom 500 A) in Scheibenzellenbauform

bracht, das mit Schutzgas gefüllt und luftdicht verschlossen wird. Mindestens eine der Halbleiterschichten (meist die Anode) ist leitend mit dem Gehäuse verbunden. Der Kathodenanschluß wird bei der üblichen Thyristorkonstruktion über ein flexibles dickes Kupferseil aus dem Thyristorgehäuse herausgeführt, ähnlich der Steueranschluß mit einer dünnen Kupferlitze. Das Schnittmodell eines solchen Leistungsthyristors zeigt Bild **286.1** a. Es handelt sich um einen in Volldiffusionstechnik hergestellten Thyristor mit Zentralgate und Querfeldemitter zur Verbesserung des Einschaltverhaltens (s. Abschn. 1.4.6). Zur Erhöhung der kritischen Spannungssteilheit sind Kathodennebenwege (shorted emitter) angebracht (s. Abschn. 1.4.7).

Für die Verbindung des Thyristorsystems mit dem Gehäuseboden verwendet man entweder einen Lötkontakt — dann stellt man den Anschluß mit einem niedrigschmelzenden Hartlot her — oder einen Druckkontakt, bei dem das Thyristorsystem mit Druckfedern an den Gehäuseboden gepreßt wird (s. Bild **286.1** a). Beide Kontaktverfahren haben sich in der Praxis gut bewährt.

Kühlkörper. An den Gehäuseboden, der gleichzeitig den Anodenanschluß darstellt, kann ein Kühlkörper angebaut werden, über den die im Thyristor auftretenden

Verluste abgeführt werden. Die Thyristor- und Kühlkörperkonstruktion wird so ausgelegt, daß der thermische Übergangswiderstand zwischen den Einzelteilen möglichst klein ist.

Scheibenzelle. Thyristorsysteme mit großen Scheibendurchmessern für hohe Stromstärken können auch als sogenannte Scheibenzellen aufgebaut werden (s. Bild **286.**1 b). Bei den Scheibenzellen wird die Siliciumscheibe von zwei Silbermembranen, die durch einen Keramikring voneinander isoliert sind, vakuumdicht umschlossen. Der erforderliche Kontaktdruck wird von den beiden äußeren Elektrodenanschlüssen aufgebracht, über die der Strom und die Verlustwärme nach zwei Seiten abgeführt werden. Durch diese Konstruktion wird also sowohl der thermische Innenwiderstand des Thyristorsystems als auch der thermische Übergangswiderstand Thyristorsystem – Kühlkörper auf die Hälfte herabgesetzt. Die Scheibenzellenbauart eignet sich somit besonders gut für hohe Stromstärken, bei denen die Abfuhr der im Thyristorsystem entwickelten Wärme sonst Schwierigkeiten bereitet [7.5; 7.15].

7.1.3. Technische Daten

Die elektrischen und thermischen Eigenschaften der Thyristoren werden in technischen Datenblättern angegeben. Diese Blätter bieten die zulässigen Strom- und Spannungswerte und enthalten Diagramme für verschiedene Parameter. Für die in den Datenblättern verwendeten Bezeichnungen und Begriffe sind Normen bzw. Vornormen und Normentwürfe ausgearbeitet worden (s. Verzeichnis im Anhang, S. 342).

Die wichtigsten genormten Definitionen und Begriffe enthält das Verzeichnis der Formelzeichen (s. vorne S. XIII f.).

Elektrische Eigenschaften. Die wichtigsten elektrischen Eigenschaften eines Thyristors sind seine höchstzulässige positive und negative Sperrspannung und der maximal auftretende Sperrstrom sowie sein Nennstrom bzw. Dauergrenzstrom. Außerdem werden der periodische Spitzenstrom und Grenzstromkennlinie oder Grenzlastintegral angegeben. Die Durchlaßspannung eines Thyristors wird meist in Durchlaßkennlinien, abhängig von Durchlaßstrom und Sperrschichttemperatur angegeben. Die Datenblätter enthalten sodann Angaben über die erforderliche Steuerspannung und den Steuerstrom.

Die wichtigsten dynamischen Eigenschaften sind die kritische Spannungssteilheit, die zulässige Stromanstiegsgeschwindigkeit und die Freiwerdezeit. Auch diese Werte sind in den Datenblättern angegeben.

Die Durchlaßverluste in Abhängigkeit vom Durchlaßstrom bei verschiedenen Stromflußwinkeln werden meist in Diagrammen für angeschnittene sinusförmige oder rechteckförmige Stromkurven dargestellt. Auch für die Zündcharakteristiken werden häufig Diagramme angegeben, die die Steuerspannung in Abhängigkeit vom Steuerstrom mit der Angabe der höchsten zulässigen Steuerleistung enthalten.

Thermische Eigenschaften. Der Betriebstemperaturbereich für Siliciumthyristoren erstreckt sich meist von $-50 \ldots 125\,°C$, der Lagertemperaturbereich sogar bis 150 °C. Zur Berechnung der sich einstellenden mittleren Sperrschichttemperatur bei einer vorgegebenen Strombelastung müssen die thermischen Widerstände des Thyristors und seines Kühlkörpers bekannt sein. Die Datenblätter enthalten deshalb auch Angaben über den inneren Wärmewiderstand $R_{th\,JG}$ und den äußeren Wärmewiderstand $R_{th\,GU}$ für bestimmte Kühlkörpertypen. Der äußere Wärmewiderstand verringert sich sehr stark, wenn statt mit natürlicher Kühlung mit verstärkter Kühlung durch Luft oder Wasser gearbeitet wird. Für die Berechnung der kurzzeitig möglichen Überlastung und die Auslegung der Schutzeinrichtungen müssen der transiente Wärmewiderstand bzw. die Grenzstromkennlinie berücksichtigt werden (s. Abschn. 1.3).

7.1.4. Entwicklung der Grenzdaten

Bei der Bemessung von Thyristorelementen müssen, je nach der Art der Anwendung, insbesondere die folgenden drei charakteristischen Eigenschaften ins Auge gefaßt werden: Sperrfähigkeit, Durchlaßspannung und Freiwerdezeit. Seit dem Erscheinen der ersten steuerbaren Siliciumzellen auf dem Markt in den USA im Jahre 1958 ist es gelungen, diese Eigenschaften erheblich zu verbessern. Den größten Einfluß auf die genannten elektrischen Eigenschaften des Thyristors haben die Dicke der n-Basis, die spezifische Leitfähigkeit des Siliciumausgangsmaterials und die Trägerlebensdauer bzw. die Diffusionslänge (s. Abschn. 1.1 und 1.2). Diese Parameter können beim Ziehen des Silicium-Einkristalls und bei der Herstellung des Thyristorsystems beeinflußt werden. Durch eine große Basisweite, verbunden mit niedriger Leitfähigkeit, läßt sich eine hohe Sperrfähigkeit erzielen. Die Trägerlebensdauer hat Einfluß auf den Durchlaßspannungsabfall und damit auf die Strombelastbarkeit des Thyristors. Mit einer Erhöhung der Trägerlebensdauer sinkt zwar der Durchlaßspannungsabfall, gleichzeitig steigt jedoch die Freiwerdezeit an. Nach [7.6] beträgt die Freiwerdezeit t_q ungefähr das Sechs- bis Siebenfache der Trägerlebensdauer. Bei der Bemessung von Thyristorelementen lassen sich also von den Eigenschaften Sperrfähigkeit, Durchlaßspannung und Freiwerdezeit nur jeweils zwei auf Kosten der dritten optimieren [7.9]. Dabei muß je nach dem für den Thyristor vorgesehenen Anwendungsgebiet ein vernünftiger Kompromiß gefunden werden.

Spannungsfestigkeit. In Bild **288.1** ist die Verbesserung der Spannungsfestigkeit von Halbleiterdioden und Thyristoren seit ihrem Aufkommen dargestellt. Die Spannungsfestigkeit der Dioden konnte demnach allein durch den Übergang

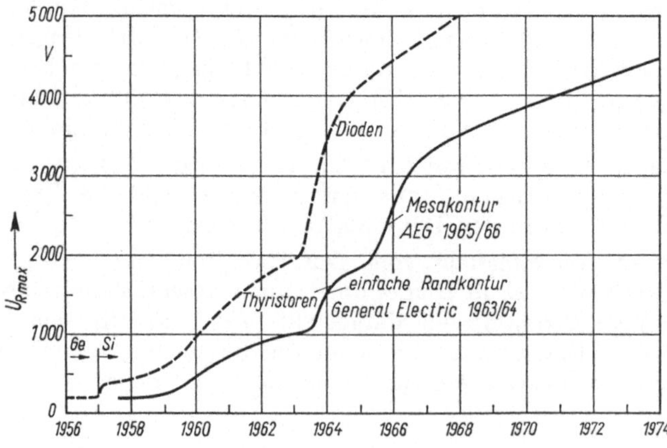

288.1 Entwicklung der Spannungsfestigkeit (Maximalwerte) von Halbleiterdioden und Thyristoren

von Germanium auf Silicium verdoppelt werden; eine Periode stetiger Weiterentwicklung schließt sich an, bis etwa im Jahre 1963 bei Dioden bereits 2000 V erreicht waren. Die Einführung der Randkontur mit Schrägschliff der Randzonen brachte eine weitere entscheidende Verbesserung der Spannungsfestigkeit, so daß Siliciumdioden seitdem für Spannungen bis zu mehreren kV ausgelegt werden können.

Bei den Thyristoren hat sich seit 1958 eine ähnliche Entwicklung bei etwas niedrigeren Spannungswerten vollzogen. Auch hier brachte die Einführung der Randkontur zwischen 1963 und 1964 eine erhebliche Verbesserung der Spannungsfestigkeit auf über 1500 V.

Es handelt sich dabei um eine Kontur mit zwei Anschliffwinkeln. Ihrer Anwendung ist beim Thyristor durch den entstehenden Flächenverlust bei sehr schrägem Anschliff eine Grenze gesetzt. Eine Weiterentwicklung der Anschlifftechnik erlaubt, einen flachen Schliffwinkel am pn-Übergang mit einem steilen Auslaufen der Kontur zur Metalloberfläche hin zu kombinieren. Diese sogenannte Mesakontur brachte 1965 einen weiteren Fortschritt bezüglich der Spannungsfestigkeit der Thyristoren auf über 3000 V (s. Abschn. 1.4.5). Die in Bild **288**.1 angegebenen Spannungen sind erreichbare Maximalwerte. Die Freiwerdezeit ist bei Thyristoren mit besonders hoher Spannungsfestigkeit ebenfalls verhältnismäßig groß. Auch die Durchlaßspannung steigt im allgemeinen mit wachsender Sperrfähigkeit der Halbleiterelemente etwas an [7.20; 7.21].

Dauergrenzstrom. Bild **289**.1 zeigt die Entwicklung des Dauergrenzstromes von Halbleiterdioden und Thyristoren. Auch hier sind die erreichbaren Maximalwerte aufgetragen. Die Steigerung der Strombelastbarkeit von Dioden und Thyristoren wurde hauptsächlich durch eine kontinuierliche Vergrößerung des Durchmessers der Siliciumscheiben erreicht. Hier setzen jedoch die Abführung der Verlustwärme über den Kühlkörper und die Ausbreitungsvorgänge von der Steuerelektrode quer durch die Thyristorstruktur ebenfalls eine Grenze. Die höchsten Ströme erreicht man mit Thyristoren in Scheibenzellenbauform mit doppelseitiger Kühlung (s. Abschn. 7.1.2).

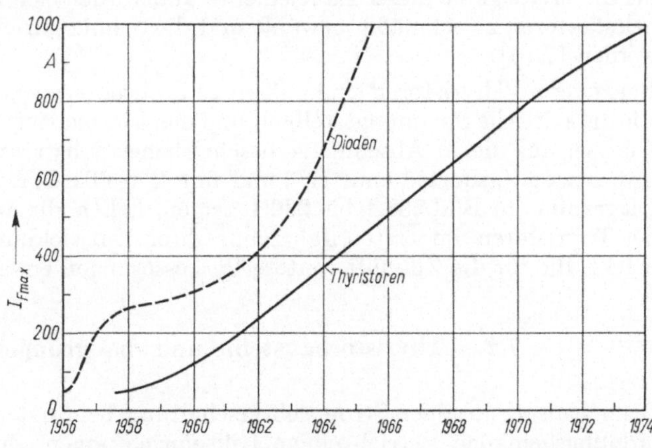

289.1 Entwicklung des Dauergrenzstromes (Maximalwerte) von Halbleiterdioden und Thyristoren

Schaltleistung. Man kann aus dem Produkt von Dauergrenzstrom und Spitzensperrspannung eine fiktive Schaltleistung P_S definieren, die von einem Thyristor beherrscht werden kann. In Bild **290**.1 ist die Entwicklung der Schaltleistung von Thyristoren in Abhängigkeit von ihrer Freiwerdezeit t_q aufgetragen. Die Darstellung zeigt, daß bei Thyristoren mit großen Freiwerdezeiten über 100 μs Schalt-

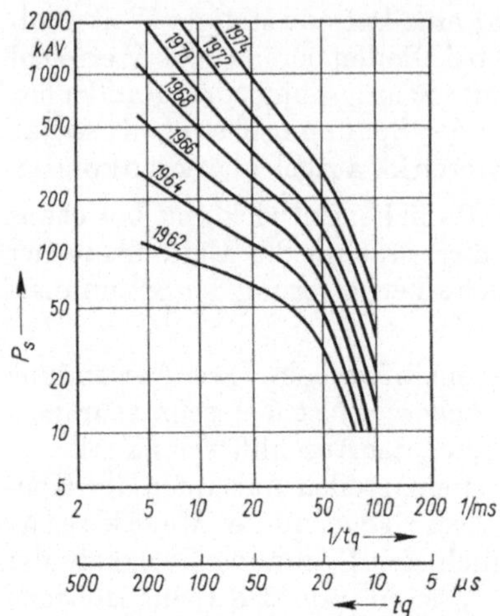

290.1 Entwicklung der Schaltleistung (P_S = Dauergrenzstrom × Spitzensperrspannung) von Thyristoren in Abhängigkeit von ihrer Freiwerdezeit t_q

leistungen bis zu 1000 kVA erreicht werden. Bei Thyristoren mit kleinen Freiwerdezeiten (Inverter-Thyristoren), wie sie für Stromrichterschaltungen mit Zwangskommutierung benötigt werden, lassen sich nicht so hohe Leistungen erzielen, weil diese Thyristoren für gute dynamische Eigenschaften ausgelegt werden müssen (kleine Trägerlebensdauer). Je höhere Anforderungen an die Freiwerdezeit gestellt werden, desto kleiner werden die erreichbaren Thyristorschaltleistungen.

Bei der hier definierten Schaltleistung P_S handelt es sich um einen fiktiven Wert, der in Thyristorschaltungen wegen der notwendigen Sicherheitsfaktoren nur zu einem Bruchteil ausgenutzt werden kann. Der Sicherheitsfaktor für die ausgenutzte Sperrspannung liegt je nach Anwendung zwischen 1,5 und 2,5. Auch hinsichtlich der Ausnutzung des Dauergrenzstromes müssen mit Rücksicht auf die Überlastbarkeit und den Kurzschlußschutz Sicherheiten vorgesehen werden. Die praktischen Erfahrungen mit Thyristoren in Stromrichterschaltungen zeigen, daß die Zuverlässigkeit dieser Bauelemente außerordentlich hoch ist, wenn die Sicherheitsfaktoren zweckmäßig gewählt und die Schutzeinrichtungen richtig ausgelegt werden [7.10].

Bei Inverter-Thyristoren sind außer der Freiwerdezeit noch weitere Eigenschaften wie die kritische Spannungssteilheit und das Einschaltverhalten verbessert worden. Hier sei auf die in Abschn. 1.4 beschriebenen Thyristoren mit Kathodennebenweg („shorted emitter") und mit Querfeldemitter verwiesen. Wie die Diagramme in Bild 288.1 bis 290.1 zeigen, haben die wichtigsten Eigenschaften der Thyristoren im ersten Jahrzehnt ihrer Entwicklung große Fortschritte gemacht, die für die Zukunft weitere Verbesserungen erwarten lassen.

7.2. Thyristorbausteine und -baugruppen

Beim Einsatz in einer Stromrichterschaltung benötigt das Thyristorelement für ordnungsgemäßen Betrieb einige Hilfseinrichtungen. Zur Erzeugung und Übertragung der Zündimpulse ist ein Steuergerät erforderlich, dessen Ausgangssignale meist mit einem Übertrager potentialfrei auf die Steuerelektrode des Thyristors geführt werden. Weiterhin braucht der Thyristor eine Beschaltung, die vornehmlich der Unterdrückung von Überspannungen dient. Zum selektiven Schutz in Störungsfällen kann eine Sicherung in Reihe mit dem Thyristor vorgesehen werden. Schließlich sind Kühlmaßnahmen zur Abfuhr der im Thyristor entstehenden Verlustwärme erforderlich. Alle diese Hilfseinrichtungen sind als unentbehrliche Bestandteile einer Stromrichterschaltung mit Thyristoren zu betrachten. Lediglich die Sicherung für den Thyristor kann bei manchen Schaltungen durch eine Absicherung ganzer Schaltungskreise ersetzt werden.

Nun enthalten die Stromrichterschaltungen meist mehrere Thyristoren und Dioden. Außerdem muß man bei großen Leistungen auf die Reihen- und Parallelschaltung einzelner Halbleiterelemente übergehen. Daher haben sich für den Aufbau von Thyristorstromrichtern spezifische Konstruktionsprinzipien herausgebildet, die hinsichtlich der Reihen- und Parallelschaltung der Thyristoren zum Teil von den Diodengleichrichtern übernommen werden konnten. Die Zusammenfassung der Beschaltungsglieder und des Steuerkreises mit den Thyristorelementen hat so zur Entwicklung von Bausteinen und Baugruppen geführt [7.7].

Beschaltung. Die Grundbeschaltung für einen Thyristor besteht aus einem paralle zum Anoden-Kathoden-Kreis geschalteten RC-Glied (s. Abschn. 2.1 und 8.1). In manchen Sonderfällen wird dabei der Widerstand des RC-Gliedes in einer Richtung durch eine Diode überbrückt, wenn der Strom- und Spannungsanstieg im Beschaltungsglied richtungsabhängig sein soll. Zur Vermeidung von Überspannungen bei steilen Potentialsprüngen müssen die RC-Glieder sehr induktivitätsarm angeschlossen sein; sie müssen deshalb räumlich unmittelbar neben den Thyristoren angebracht werden. In Schaltungen mit Zwangskommutierung reicht die einfache RC-Beschaltung für die Thyristoren meist nicht aus. Dann sind besondere Maßnahmen wie Reiheninduktivitäten zur Begrenzung der Stromanstiegsgeschwindigkeit oder sättigbare Einschaltdrosseln erforderlich (s. Abschn. 5.3.7).

Steuergerät. Die Erzeugung der Steuerimpulse für die Thyristoren ist in Abschn. 2.4 beschrieben. Zur potentialfreien Übertragung der Zündimpulse wird in den meisten Fällen ein Impulsübertrager benötigt. Diese Übertrager müssen wegen der erforderlichen hohen Steilheit der Zündimpulse besonders streuungsarm aufgebaut werden. Oft sind die Impulsübertrager direkt neben den einzelnen Thyristoren montiert.

Für die Steuerungs- und Regelungseinrichtungen sind Aufbausysteme entwickelt worden, die die Zusammenstellung auch umfangreicher Steuerungen und Regelungen nach dem Baukastenprinzip ermöglichen [7.1; 7.3]. Die hier verwendete Magazin- und Einschubbauweise erlaubt einen besonders übersichtlichen Aufbau der Steuer- und Regelschränke (s. z.B. Bild **296.**1 a).

Sicherung. Zum Schutz der Halbleiterelemente gegen Überstrom in Störungsfällen und bei Kurzschlüssen dienen Schmelzsicherungen (s. Abschn. 8.2). Die Schmelzkennlinie der Sicherung muß an die Grenzstromkennlinie der Thyristoren oder Dioden angepaßt sein. Da normale Schmelzsicherungen diesen Anforderungen nicht genügen, sind spezielle Halbleitersicherungen entwickelt worden. Wird ein selektiver Schutz gefordert, so muß vor jedem Thyristor eine Halbleitersicherung vorgesehen werden. Bei Reihenschaltung genügt es, jeden Thyristorzweig abzusichern, solange die Nennspannung der Sicherung dieses zuläßt.

Die Halbleitersicherungen müssen so angeordnet werden, daß ein leichtes Auswechseln nach Störungen möglich ist. Das Durchbrennen der Sicherungen wird durch Kennmelder angezeigt. Manchmal wird über einen Kennmelderstift, der einen Mikroschalter betätigt, zusätzlich ein optisches oder akustisches Warnsignal gegeben.

An den Halbleitersicherungen entstehen wegen der von ihnen geforderten kurzen Abschaltzeit bei weitgehender Vermeidung von Schaltüberspannungen höhere Spannungsabfälle als an normalen trägen Sicherungen. Dadurch tritt in der Sicherung mehr Verlustwärme auf, die bei hohen Nennstromstärken über die Halterungen abgeführt werden muß. Bei Parallelschaltung von Thyristoren wirken sich die vorgeschalteten Halbleitersicherungen als zusätzliche Symmetrierungswiderstände günstig auf die gleichmäßige Stromaufteilung aus.

Konstruktiver Aufbau. Beispiele für die konstruktive Ausführung von Thyristorbausteinen und -baugruppen sind in Bild **292.1** und **292.2** dargestellt. Bild **292.1** zeigt einen Thyristorbaustein für Leistungsthyristoren von 120 … 200 A [7.2].

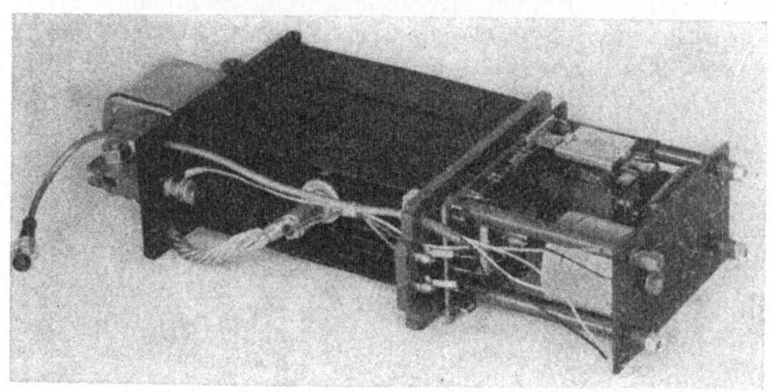

292.1
Thyristorbaustein (Siemens)

Träger der Konstruktion ist der Kühlkörper aus Aluminium oder Kupfer, der in der Mitte den Thyristor aufnimmt. Auf der einen Seite des Kühlkörpers sind die Sicherung und die Hauptanschlüsse angebracht. Auf der anderen Seite liegen die Beschaltung und der Steuerkreis mit Zündübertrager. Der gesamte Baustein ist in Form eines Tiefeinschubes ausgeführt und kann in mehreren Etagen neben- und übereinander in Schrankgestelle eingeschoben werden.

Bild **292.2** zeigt eine Baugruppe mit drei Thyristoren, die bereits die Grundschaltung eines dreipulsigen Stromrichters darstellen. Hier sind die drei Thyristoren nebeneinander auf einer Isolierstofftafel aufgebaut, an der die drei auf der Rückseite befindlichen Kühlkörper angeschraubt sind. Neben jedem Thyristor sind die *RC*-Beschaltungsglieder und ein Impulsübertrager angebracht. Mehrere dieser Bausteine können zu Schaltungskombinationen zusammengesetzt werden [7.4].

Auch für Thyristorstromrichteraufbauten in genormten Schränken sind Typenreihen aufgestellt worden [7.11]. Grö-

292.2 Baugruppe der Energieelektronik (BBC)

ßere Leistungen werden durch Kombination der Grundeinheiten in Reihen- und Parallelschaltung erreicht (s. z. B. Bild **296.1**b).

Besonders gute Kombinationsmöglichkeiten für die Reihen- und Parallelschaltung von Thyristoren ergeben sich bei der Scheibenzellenbauform. Hier können mehrere Scheibenzellen in einen gemeinsamen Kühlkörper eingebaut werden. Der Kontaktdruck für die Scheibenzellen wird durch Verschrauben der Kühlkörperkonstruktion erzeugt.

Kühlung. Obwohl die spezifischen Verluste in Halbleiterelementen wegen ihrer niedrigen Durchlaßspannung, bezogen auf die Gesamtleistung, äußerst gering sind, benötigt der Thyristor dennoch wegen der kleinen räumlichen Ausdehnung des Vierschichtensystems ein besonderes Kühlaggregat, das in der einfachsten Ausführung aus einem Kühlkörper aus Kupfer oder Aluminium besteht. An diesen Kühlkörper gibt der Thyristor durch Wärmeleitung die im Innern entstehende Verlustwärme ab. Es muß darauf geachtet werden, daß der thermische Übergangswiderstand zwischen Thyristorgehäuse und Kühlkörper klein gehalten wird. Hierzu sind möglichst ebene Auflageflächen erforderlich, die durch Verschrauben aufeinandergepreßt werden. Häufig werden bei Leistungsthyristoren die Kontaktflächen vorher mit einem gut wärmeleitenden Silikonfett bestrichen.

Luftkühlung. Der Kühlkörper gibt über seine Kühlrippen mit großen Austauschflächen die Verlustwärme an die umgebende Luft ab. Bei größeren Leistungen wird meist Fremdlüftung angewendet, weil verstärkte gegenüber natürlicher Kühlung eine wesentliche Erhöhung des zulässigen Dauergrenzstromes zur Folge hat. Nach Möglichkeit werden die Thyristoren und Dioden in den Stromrichteranlagen so angeordnet, daß geschlossene Luftführungskanäle für die Kühlkörper einer Reihe von übereinander angeordneten Halbleiterelementen entstehen. Bild **293.1** zeigt als Beispiel einen solchen Luftführungskanal in einem Thyristorstromrichter. Die Luftkanäle werden durch Isolierstoffprofile, in die die Kühlkörper der Thyristoren oder Dioden eingesetzt und verschraubt werden, gebildet. Sie können im Schrankgestell zusammen mit Lüfter- und Hilfseinrichtungen montiert werden. Falls erforderlich, müssen auch Kondensatoren und Kommutierungsdrosseln im Kühlluftstrom angeordnet werden.

Wasserkühlung. Eine besonders intensive Kühlung der Halbleiterelemente erreicht man mit strömendem Wasser. Wasserkühlung wird insbesondere bei sehr großen Leistungen angewendet, bei denen sich der zusätzliche Aufwand für einen Kühlwasserkreislauf lohnt. Die Belastbarkeit der Thyristoren liegt bei Wasserkühlung um etwa 20 ... 30% höher als bei Luftkühlung. Die Thyristoren oder Dioden können beispielsweise direkt auf

293.1 Luftführungskana für Thyristor stromrichter (AEG)

294.1 Wassergekühlter Wechselstromschalter und -steller für 1200 A mit zwei antiparallelen Thyristorscheibenzellen (General Electric)

wasserdurchflossenen Kupferschienen montiert werden. Bild **294.1** zeigt als Beispiel einen **wassergekühlten Wechselstromsteller** für 1200 A mit zwei antiparallelen Thyristorscheibenzellen. Über die Stutzen kann der Wechselstromsteller mit Schläuchen an einen Kühlwasserkreislauf angeschlossen werden.

7.3. Thyristorgeräte und -anlagen

Thyristorgeräte und Thyristoranlagen arbeiten kontaktlos und sind daher wartungsfrei. Wegen der bequemen Möglichkeit, rasch in den Steuerkreis einzugreifen, sind sie besonders für die Automation geeignet. Durch Reihen- und Parallelschaltung von Thyristorelementen können auch größte Leistungen beherrscht werden. Im folgenden werden typische Ausführungsbeispiele von Thyristoranlagen beschrieben, die den erreichten hohen Stand dieser Technik erkennen lassen. Die Auswahl soll sich auf wenige Beispiele beschränken.

7.3.1. Wechselstromsteller

Thyristorsteller für Wechselstrom werden für kleinste Leistungen im Haushalt bis zu größten Leistungen in der Industrie eingesetzt.

294.2 Wechselstromsteller mit bidirektionalem Thyristor zur Helligkeitssteuerung (General Electric)

Helligkeitssteuerung. Bild **294.2** zeigt einen **Wechselstromsteller mit bidirektionalem Thyristor** („Triac") zur Helligkeitssteuerung von elektrischen Beleuchtungsanlagen. Mit einem derartigen Gerät, das sich wie jeder normale Haushaltsschalter an oder in der Wand montieren läßt, kann die Beleuchtung eines Raumes auf beliebige Helligkeitswerte eingestellt werden. Das Prinzip eines solchen Wechselstromstellers ist in Abschn. 3.2.1 beschrieben (s. Bild **60.1**). Um Funkstörungen durch die periodischen steilen Einschaltvorgänge auszuschließen, müssen *LC*-Filter zwischen Thyristorsteller und Wechselstromnetz vorgesehen werden.

Ähnliche Geräte werden auch zur kontaktlosen und stetigen Steuerung von Kochplatten und Heizgeräten sowie zur stufenlosen Drehzahlsteuerung von Elektrowerkzeugen und Haushaltsmaschinen mit Universalmotoren verwendet.

Drehstromsteller für Höchstleistungssender. Als Beispiel für einen Steller großer Leistung zeigt Bild **295.**1 einen dreipulsigen Drehstromsteller für die Durchgangsleistung 1,5 MVA, der für die Steuerung der Anodenspannung von Höchstleistungssenderöhren eingesetzt wird. Der Drehstromsteller liegt auf der Primärseite des Gleichrichtertransformators, auf dessen Sekundärseite ein ungesteuerter Gleichrichter für die Anodenspannungsversorgung angeschlossen ist. In jeder der drei Phasen liegen Thyristoren mit ungesteuerten Dioden in Antiparallelschaltung (s. Schaltung b in Bild **70.**1). Wegen der hohen Durchgangsleistung ist die Parallelschaltung mehrerer Thyristoren und Dioden je Zweig erforderlich. Alle Halbleiterelemente werden über einen gemeinsamen Kühlkanal mit Ventilatoren zwangsbelüftet.

295.1 Dreipulsiger Drehstromsteller für 1,5 MVA Durchgangsleistung (Siemens)

7.3.2. Netzgeführte Stromrichter

Die netzgeführten Stromrichter stellen das wichtigste Anwendungsgebiet für Thyristoren dar. Hier hatten sich für die Drehzahlsteuerung großer Antriebe bereits seit Jahrzehnten die Quecksilberdampfgefäße durchgesetzt und einen sehr hohen technischen Stand erreicht. Inzwischen werden aber bereits große und größte Anlagen bis in das Gebiet von vielen Megawatt mit Thyristoren gebaut. Dabei konnten wichtige Ergebnisse der Stromrichtertechnik mit Quecksilberdampfgleichrichteranlagen — wie Kurzschlußstrombegrenzung und selektiver Schutz — übernommen werden, so daß sich der Übergang vom Quecksilberdampfgleichrichter zum Thyristor unter besonders günstigen Bedingungen vollzog. Die Thyristoren haben den Anwendungsbereich netzgeführter Stromrichter aber auch auf den mittleren und kleinen Leistungsbereich ausdehnen können.

Umkehrantrieb für Kaltwalzwerk. Als Beispiel für die Anwendung der Thyristoren auf dem industriellen Sektor zeigt Bild **296.**1 einen Thyristorstromrichter für ein Kaltwalzwerk großer Leistung [7.12]. Die gesamte Anlage umfaßt die Schaltschränke mit Steuer- und Regeleinrichtungen (Bild **296.**1a), die Thyristorschränke für den Leistungsteil der Stromrichter (Bild **296.**1b) und das Walzgerüst mit den

a)

b)

296.1 Thyristorstromrichter in einem Kaltwalzwerk großer Leistung (AEG)

  a) Schaltschränke mit Steuer- und Regel-
     einrichtungen
  b) Thyristorschränke für die Hauptan-
     triebe
  c) Mehrwalzen-Umkehr-Kaltwalzwerk

c)

großen Gleichstrommotoren (Bild **296.1** c). Es handelt sich um Umkehrantriebe, die
über Thyristorstromrichter in Gegenparallelschaltung gespeist werden (s. Bild **121.1**
und Schaltung c in Bild **239.1**).

Thyristor-Stromrichterlokomotiven. Auch auf dem Gebiet der Traktion haben Thy-
ristoren in den letzten Jahren in zunehmendem Maße Anwendung gefunden [7.19].
Auf Schienenfahrzeugen — wie Lokomotiven und Triebwagen — wirken sich einige
Eigenschaften der Halbleiterventile, wie Rüttelsicherheit, Lage- und Temperatur-
unempfindlichkeit, besonders günstig aus. Auch der Fortfall einer Anheizzeit bei
Thyristoren und die damit gegebene sofortige Betriebsbereitschaft bedeuten für den
Einsatz auf Lokomotiven einen Vorteil gegenüber Quecksilberdampfgefäßen. Da
der zur Verfügung stehende Raum und das zulässige Gewicht auf Schienenfahrzeugen besonders stark beschränkt sind, hat man für Thyristoren- und Dioden-
stromrichter zum Einsatz auf Lokomotiven und Triebwagen besonders raum- und
gewichtssparende Konstruktionen entwickelt (s. Bild **301.1**). Bei Fahrdrahtspeisung
mit Wechselstrom von $16^2/_3$ oder 50 Hz wird vorzugsweise die halbgesteuerte
Brückenschaltung eingesetzt (s. Bild **112.1**). Wenn auch Netzbremsung verlangt
wird, verwendet man die vollgesteuerte Brückenschaltung [7.13].

Hochspannungs-Gleichstromübertragung. Das Gebiet der Hochspannungs-Gleichstromübertragung ist wegen der hohen Spannungen von mehreren hundert Kilo-
volt bisher noch den Quecksilberdampfgleichrichtern vorbehalten geblieben. Aber
auch hier werden Entwicklungsarbeiten für den Einsatz von Thyristoren durchgeführt. Dazu sind bereits Thyristorelemente entwickelt worden, die Spannungen

bis zu 3 kV und mehr zu sperren vermögen (s. Bild **288.1**). Diese hochsperrenden
Thyristoren müssen zu Baugruppen mit vielen in Reihe geschalteten Elementen
zusammengefaßt werden. Bild **297.1** zeigt den Prototyp eines Hochspannungsventilzweiges mit Thyristoren, der versuchs-
weise bei der Hochspannungs-Gleichstromübertragung nach Gotland eingesetzt wurde
[7.15]. Um das Problem der Isolationsfestig-
keit zu erleichtern, können die Zündimpulse
den einzelnen Thyristorelementen in der Form
optischer Signale zugeführt werden, die bei
Bedarf durch den Thyristoren benachbarte
Verstärkereinheiten verstärkt werden. Ein
anderes Zündverfahren benutzt ein ölisolier-
tes Kabel mit aufgefädelten Ringspulen zur
Übertragung der Zündimpulse auf die einzelnen Thyristoren.

297.1 Prototyp eines Hochspannungsventilzweiges mit in
   Reihe geschalteten Thyristoren für die Hochspannungs-Gleichstromübertragung (ASEA)

7.3.3. Gleichstrompulswandler

Batteriegespeiste Triebfahrzeuge. Bei batteriegespeisten Elektrofahrzeugen haben
Gleichstrompulswandler-Schaltungen mit Thyristoren ein wichtiges Anwendungsgebiet gefunden. In der konventionellen Technik werden die Gleichstromfahrmotoren in diesen Fahrzeugen über Anfahrwiderstände angelassen, die mit
mechanischen Schaltern in Stufen umgeschaltet werden. Der Vorteil der Thyristor-
schaltung besteht darin, daß der Gleichstrompulswandler kontaktlos arbeitet und
eine stufenlose Einstellung des Anfahrstromes erlaubt [7.22]. Dadurch entfällt der
Wartungsbedarf für die häufig betätigten Anfahrschalter, und die Manövrierfähig-
keit des Fahrzeuges ist wegen der stetigen Einstellbarkeit des Anfahrstromes besser.
Außerdem werden die in den Anfahrwiderständen auftretenden Verluste eingespart, da der Gleichstrompulswandler die Gleichspannung praktisch verlustlos
umformt. Dadurch erhöht sich der Aktionsradius bei Batteriefahrzeugen entsprechend [7.8]. Bei größeren Fahrzeugen, die diesen Aufwand lohnen, ist durch Umschaltung des Gleichstrompulswandlers auch Nutzbremsung möglich (s. Bild
146.1 und **147.1**).

Bild **298.1** zeigt batteriegespeiste Triebfahrzeuge mit Pulssteuerung der Gleichstromfahrmotoren, und zwar einen Gabelstapler, eine Werkslokomotive und
einen Akkumulatortriebwagen der Deutschen Bundesbahn. Für Gabelstapler und
Elektrokarren werden Thyristorsteuerungen heute serienmäßig gebaut. Bei diesen
Fahrzeugen betragen die Leistungen einige Kilowatt. Der Akkumulatortriebwagen
der Deutschen Bundesbahn hat eine Motorleistung von 2×150 kW. Durch Umschalten des Gleichstrompulswandlers ist Nutzbremsung möglich, d.h. die kine-
tische Energie des Triebwagens wird beim Bremsen als Ladestrom in die Batterie
zurückgeliefert.

298.1
Batteriegespeiste Triebfahrzeuge mit Pulssteuerung der Gleichstromfahrmotoren
a) Gabelstapler (Still)
b) Werkslokomotive (Siemens)
c) Triebwagen der Deutschen Bundesbahn
   (AEG)

In Bild **298.2** ist das Fahrschaubild des Akkumulatortriebwagens für den Halte-
stellenabstand 4500 m mit dem der Batterie entnommenen Strom I_B und der
Fahrgeschwindigkeit v in Abhängigkeit von der Zeit t dargestellt. Während des
Anfahrens werden — bedingt durch die Gleichstrompulswandler-Steuerung im
Vergleich zur konventionellen Steue-
rung mit Anfahrwiderständen und
Reihen-Parallelschaltung der Fahrmotoren — die beiden schraffierten
Stromzeitflächen eingespart. Beim
Nutzbremsen wird die gleichfalls
schraffiert gezeichnete Stromzeitfläche
an die Batterie zurückgeliefert. Messungen haben ergeben, daß dadurch
der Aktionsradius des Akkumulatortriebwagens mit Gleichstrompulswandler-Steuerung um 20 ... 25% erhöht
wird.

Elektrisches Straßenfahrzeug. Dem
mit einem Elektromotor anstelle eines
Verbrennungsmotors betriebenen Straßenfahrzeug werden für die Zukunft
gute Aussichten vorausgesagt. Solche

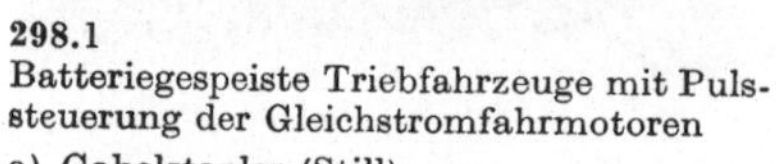
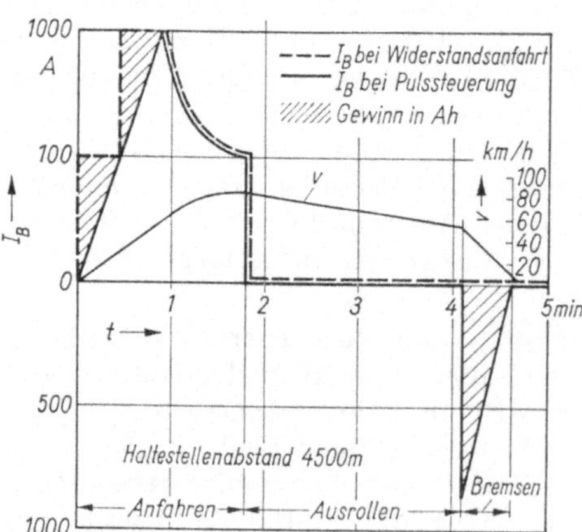

298.2 Fahrschaubild eines Akkumulatortriebwagens mit Gleichstrompulswandler-Steuerung
zum Anfahren und Nutzbremsen

Fahrzeuge benutzen als Energiequellen entweder **Akkumulatorbatterien** oder **Brennstoffzellen**. Beide Energiequellen liefern Gleichspannungen, die den unterschiedlichen Betriebsbedingungen der Elektromotore angepaßt werden müssen. Dazu sind Thyristorstromrichter besonders geeignet, so daß sich hier ein wichtiges neues Anwendungsgebiet eröffnen wird. Bei Verwendung von Gleichstrommotoren kommen ähnliche **Gleichstrompulswandler-Schaltungen** wie bei Elektrokarren und Gabelstaplern in Frage.

Umrichterschaltungen mit Zwangskommutierung jedoch ermöglichen auch den Einsatz des Käfigläufermotors für den Antrieb elektrischer Straßenfahrzeuge. Da bei Fahrzeugen das Leistungsgewicht eine wichtige Rolle spielt, wird man hochtourige Elektromotoren verwenden. Bei größeren elektrisch betriebenen Straßenfahrzeugen läßt sich sogar **Einzelradantrieb** verwirklichen, bei dem das Differentialgetriebe eingespart werden kann. Welche Motor- und Antriebsart sich in Zukunft durchsetzen wird, ist noch nicht zu übersehen. Mit der Entwicklung und dem Versuchsbetrieb von elektrisch betriebenen Straßen- und Geländefahrzeugen mit Thyristorstromrichtern wurde jedoch bereits begonnen.

Oberleitungsbus. In fahrdrahtgespeisten Fahrzeugen, bei denen die Einsparung der Verluste beim Anfahren und Bremsen keine entscheidende Rolle spielt, kann man anstelle der Umschaltung mit mechanischen Schaltern pulsgesteuerte Widerstände verwenden und erhält dann eine stetige Anfahr- und Bremssteuerung.

Bild **299**.1 zeigt als Beispiel einen Oberleitungsbus, der mit **pulsgesteuerten Widerständen** angefahren und abgebremst wird. Hier ist der pulsgesteuerte Widerstand in insgesamt vier Stufen unterteilt, die nacheinander durchgesteuert werden. Die Pulssteuerung der Widerstandsstufen wird so vorgenommen, daß der Ankerstrom des Fahrmotors auf einen einstellbaren Sollwert geregelt wird. Beim Bremsen wird der Fahrdraht durch Öffnen des Schalters S abgetrennt und das Motorfeld über einen Hilfsgenerator fremderregt. Der Bremsstrom im Ankerkreis fließt dann über die Paralleldiode in die pulsgesteuerten Widerstände.

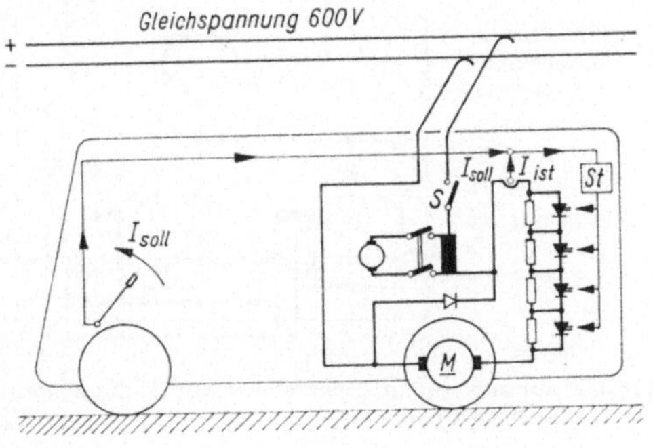

299.1 Anfahren und Bremsen eines Oberleitungsbusses mit pulsgesteuerten Widerständen

7.3.4. Selbstgeführte Umrichter

Die guten dynamischen Eigenschaften der Thyristoren haben viele neue Möglichkeiten für den Bau und Einsatz selbstgeführter Umrichter mit Thyristoren geschaffen. Aus der großen Anzahl von Anwendungen sollen hier noch zwei technisch besonders interessante Anlagen mit Thyristorwechselrichtern beschrieben werden.

Viersystem-Lokomotive. Für elektrische Lokomotiven im grenzüberschreitenden Verkehr stellt sich in Europa das Problem unterschiedlicher Fahrdrahtspeisung in verschiedenen Ländern. Insgesamt gibt es vier verschiedene Systeme der Fahrdrahtspeisung, und zwar Wechselspannung 15 kV bei $16^2/_3$ Hz, Wechselspannung 25 kV bei 50 Hz sowie Gleichspannung 1,5 kV und 3 kV.

Daher sind Lokomotiven mit Thyristorstromrichtern entwickelt worden, die unter jedem der vier Fahrdrahtsysteme fahren können.

Bild **300**.1 zeigt den Hauptstromplan einer solchen elektrischen Viersystem-Lokomotive der Deutschen Bundesbahn [7.14]. Diese Lokomotive hat vier Gleichstromfahrmotoren mit einer Stundenleistung von insgesamt 3200 kW. Die

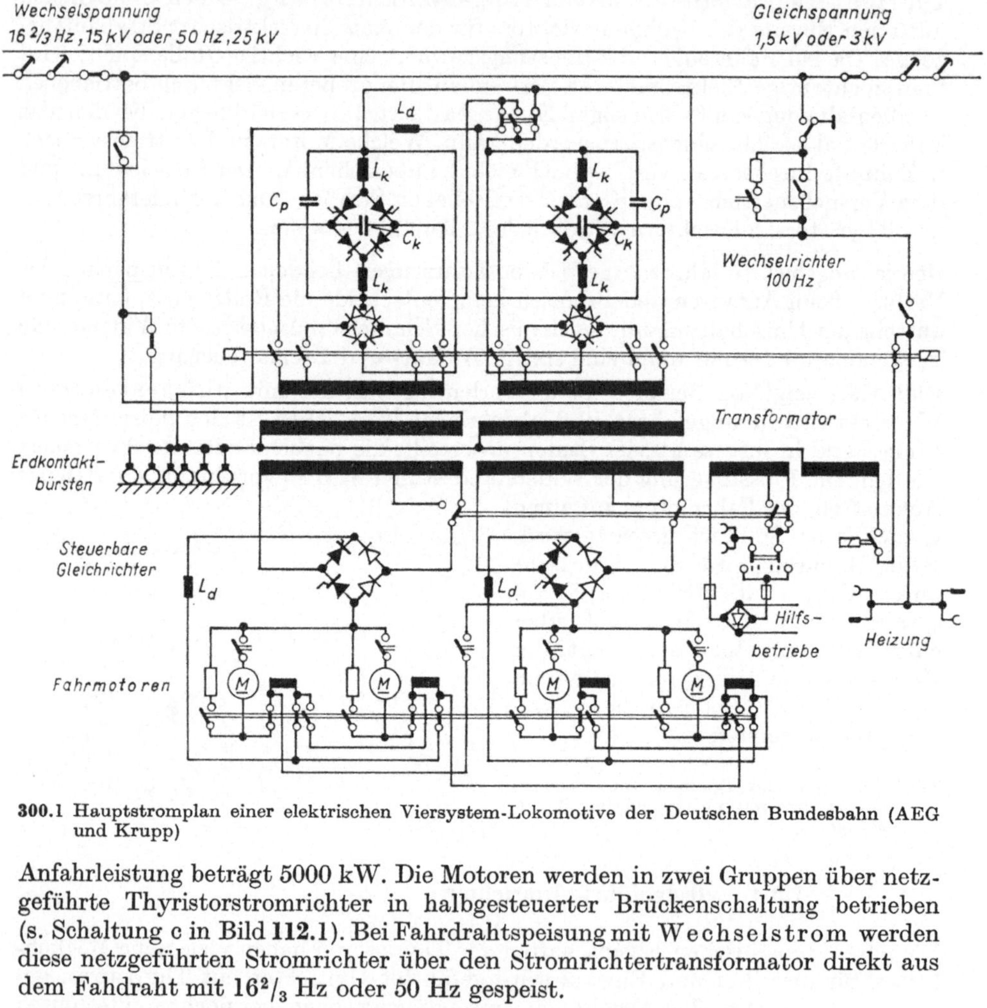

300.1 Hauptstromplan einer elektrischen Viersystem-Lokomotive der Deutschen Bundesbahn (AEG und Krupp)

Anfahrleistung beträgt 5000 kW. Die Motoren werden in zwei Gruppen über netzgeführte Thyristorstromrichter in halbgesteuerter Brückenschaltung betrieben (s. Schaltung c in Bild **112**.1). Bei Fahrdrahtspeisung mit Wechselstrom werden diese netzgeführten Stromrichter über den Stromrichtertransformator direkt aus dem Fahdraht mit $16^2/_3$ Hz oder 50 Hz gespeist.

Bei Fahrdrahtspeisung mit Gleichstrom ist eine direkte Einspeisung in den Stromrichtertransformator natürlich nicht möglich. Daher wird die Gleichspannung des Fahrdrahtes zunächst über zwei selbstgeführte Thyristorwechselrichter in eine Wechselspannung von 100 Hz umgewandelt. Diese Wechselspannung kann dann über getrennte Primärwicklungen des Transformators auf die beiden steuerbaren Gleichrichter gebracht werden. Je nachdem, ob die Gleichspannung des Fahrdrahtes 1,5 kV oder 3 kV beträgt, arbeiten die beiden Wechselrichtereinheiten parallel oder in Reihe. Die Schaltung der selbstgeführten Thyristorwechselrichter entspricht der in Abschn. 5.3.1 beschriebenen Schaltung eines Parallelwechselrichters in Brückenschaltung (s. Schaltung c in Bild **183**.1). Am Eingang der Wechselrichter liegt ein Siebglied mit Glättungsdrossel L_d und Pufferkondensator C_p. Die Zwangskommutierung erfolgt über die beiden Löschkondensatoren C_k. Die Kommutierungsdrosseln L_k entkoppeln die Thyristoren von den antiparallelen Rückstromdioden. Durch den Anschluß der Rückstromdioden an eine Anzapfung der Transformatorwicklung wird der Kreisstrom zwischen Thyristoren und Dioden unterdrückt.

Bild **301**.1 zeigt den Aufbau der steuerbaren Gleichrichter in einer sehr kompakten Bauweise. Die Anlage für eine Dauerleistung von 3 MW ist in einem Raum von nur 1,2 m³ untergebracht. Hier sind die Thyristoren und Dioden in zwei Ebenen Rücken an Rücken aufgebaut; so entsteht für die Kühlkörper in der Mitte ein gemeinsamer Luftschacht, der zwangsbelüftet wird.

301.1 Gleichrichter für Mehrsystem-Lokomotiven in halbgesteuerter Brückenschaltung mit 3 MW Dauerleistung in einem Raum von 1,2 m³ (AEG)

Umrichterantrieb mit Drehfeldmaschinen. Als Beispiel für die Drehzahlsteuerung eines Käfigläufermotors über einen Thyristorwechselrichter zeigt Bild **302**.1 den Hauptstromplan eines Einzelantriebes für Vierquadrantenbetrieb [7.16]. Derartige Antriebe mit Drehfeldmaschinen werden heute bereits trotz ihres gegenüber der geregelten Gleichstrommaschine höheren Aufwandes dort eingesetzt, wo wegen extremer Umweltbedingungen wie aggressiver Atmosphäre, Verschmutzung oder Strahlung der Einsatz von bürsten- und schleifringlosen Motoren gefordert wird. Bei dem in Bild **302**.1 dargestellten Umrichterantrieb handelt es sich um einen 550-kW-Käfigläufermotor, der über einen selbstgeführten Umrichter mit veränderbarer Frequenz von 0 ... 100 Hz betrieben werden kann (s. Bild **260**.2). Die Schaltung des Wechselrichters entspricht der Schaltung c in Bild **187**.1. Wegen der hohen Spannung im Gleichstromzwischenkreis von 800 V sind jeweils zwei Frequenzthyristoren in Reihe geschaltet. Unterhalb des Typenpunktes wird die Spannung nach dem Pulsverfahren gesteuert. Wenn Rückarbeit nur kurzzeitig bei schnellem Abbremsen des Antriebes auftritt, kann der Gleichstromzwischenkreis aus dem Drehstromnetz über einen ungesteuerten Gleichrichter mit konstanter Spannung gespeist werden. Kurzzeitig auftretende Bremsleistung muß dann von einem Ballastwiderstand am Gleichstromzwischenkreis aufgenommen werden, der beim Einsetzen des Rückstromes selbsttätig über einen Thyristorschalter zugeschaltet und nach dem Abklingen des Rückstromes wieder abgeschaltet wird (s. Abschn. 5.3.3). Wird vom Antrieb Bremsbetrieb über längere Zeit gefordert, so muß zusätzlich ein netzgeführter Wechselrichter zwischen Gleichstromzwischenkreis und Drehstromnetz vorgesehen werden (s. Bild **198**.1 b).

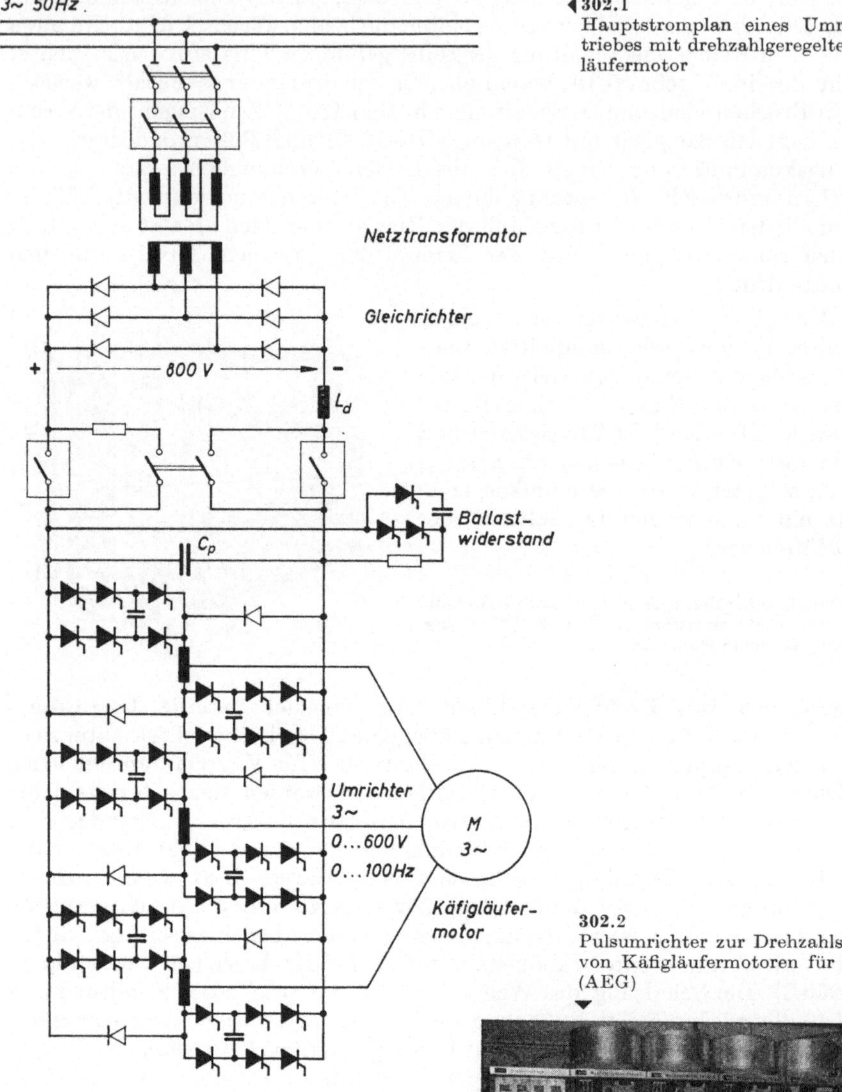

302.1
Hauptstromplan eines Umrichterantriebes mit drehzahlgeregeltem Käfigläufermotor

302.2
Pulsumrichter zur Drehzahlsteuerung von Käfigläufermotoren für 700 kVA (AEG)

Bild **302.**2 zeigt diesen Pulsumrichter bei der Erprobung. Der eigentliche Wechselrichter umfaßt 3 Schränke, in denen jeweils die Thyristoren und Dioden einer Wechselrichterphase mit Puffer- und Löschkondensatoren sowie den ringförmig gebauten Querdrosseln untergebracht sind.

8. Schutztechnik

8.1. Überspannungsschutz

Bei der Planung und Bemessung von Anlagen und Geräten mit Halbleiterbauelementen kommt den Problemen des Überspannungsschutzes eine größere Bedeutung zu als bei anderen elektrischen Anlagen. Eine zweckmäßige Bedämpfung und Begrenzung der Überspannungen ist jedenfalls meist wirtschaftlicher als die sonst erforderliche Überdimensionierung der Sperrspannung der Thyristoren und Dioden.

8.1.1. Überspannungsursachen

Die häufigste Ursache von Überspannungen ist das Abschalten induktiver Ströme. Ein typisches Beispiel dafür ist das primärseitige Abschalten eines Transformators, dessen Belastung nicht ausreicht, um die zum Schaltzeitpunkt in seinem Kern gespeicherte magnetische Energie aufzunehmen. Die überschüssige Energie erzeugt dann am Schalter einen Lichtbogen, und die Lichtbogenüberspannung tritt — entsprechend dem Verhältnis der Windungszahlen untersetzt — als Überspannung an der Sekundärseite auf. Dieser Fall tritt ein, wenn an den Transformator lediglich ein leerlaufender Gleichrichter oder ein Einweggleichrichter angeschlossen ist.

Beim Abschalten eines Drehstromtransformators mit nachgeschaltetem gesteuertem Stromrichter muß man selbst bei voller Belastung mit Überspannung an den Ventilen rechnen, welche an die im Schaltaugenblick nicht stromführende Phase angeschlossen sind.

Auch wechsel- bzw. drehstromseitiges Abschalten eines induktiv belasteten Stromrichters mit Thyristoren kann zu erheblichen Überspannungen führen. Der induktive Laststrom kann nur über die sich öffnenden Kontakte weiterfließen und erzeugt dort einen Lichtbogen.

Kurzschlußabschaltungen rufen ebenfalls Überspannungen hervor. Hierbei verursacht die zum Schaltzeitpunkt in den Induktivitäten des Kurzschlußstromkreises gespeicherte magnetische Energie einen Lichtbogen an der Trennstelle bzw. zwischen den Schmelzleiterresten der Sicherung. Anhand des Schaltbildes in Bild **304**.1 kann man für den Höchstwert $\hat{u}$ der Spannung u an den Verbrauchern, die dem abgeschalteten Netzabschnitt parallelgeschaltet sind, die folgende Beziehung ableiten

$$\hat{u} = U_\mathrm{B} + R_\mathrm{k}\, i_\mathrm{kS} - \frac{L_\mathrm{k}}{L_\mathrm{g} + L_\mathrm{k}}\, [U_\mathrm{B} - \hat{u}_\mathrm{n} + i_\mathrm{kS}\,(R_\mathrm{k} + R_\mathrm{g})] \qquad (303.1)$$

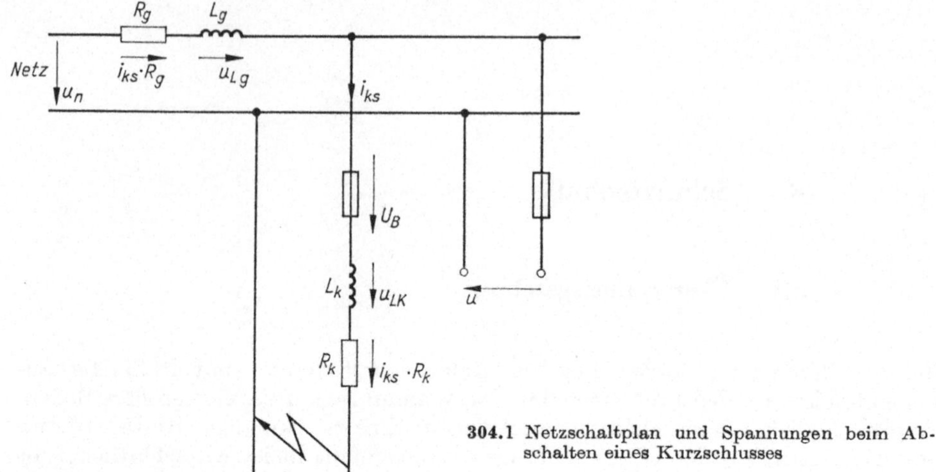

304.1 Netzschaltplan und Spannungen beim Abschalten eines Kurzschlusses

Darin bedeuten:

U_B Lichtbogenspannung
$\hat{u}_\mathrm{n}$ Scheitelwert der Netzspannung
i_kS Kurzschlußstrom im Augenblick der Auftrennung
L_g Induktivität des Netzes
R_g Widerstand des Netzes bis zur Anschlußstelle des abgeschalteten Netzabschnittes
L_k Restinduktivität des Netzabschnittes
R_k Restwiderstand des Netzabschnittes

Weitere Überspannungen sind auf **kapazitive Einkopplung** zurückzuführen. Beispielsweise kann über die Streukapazität zwischen Primär- und Sekundärwicklung eines Transformators bei primärseitigem Einschalten eine Spannung auf die Sekundärseite gelangen, deren Spitzenwert lediglich vom Verhältnis der Streukapazität zur sekundärseitigen Kapazität abhängt. Diese Überspannungen haben zwar im allgemeinen nur eine sehr kurze Dauer (weniger als $100\,\mu\mathrm{s}$), sie können aber, besonders bei großem Untersetzungsverhältnis des Transformators, beträchtliche Spitzenwerte erreichen.

Von **Gewittereinwirkungen** herrührende Überspannungen brauchen nur in solchen Stromrichteranlagen berücksichtigt zu werden, die an Freileitungen angeschlossen sind oder von einem Fahrdraht gespeist werden.

8.1.2. Maßnahmen gegen Überspannungen

Schaltmaßnahmen. Außer den bei elektrischen Anlagen allgemein üblichen Maßnahmen (s. VDE 0675, Anhang, S. 342) kann man weitere Vorkehrungen treffen, um Überspannungen von den Halbleiterbauelementen fernzuhalten. Die durch primärseitiges Transformator-Abschalten verursachten Überspannungen sind beispielsweise durch eine Grundlast mit einem Strom in der Höhe des Magnetisierungsstrom-Scheitelwertes zu vermeiden. Eine andere Maßnahme sieht einen zusätzlichen sekundärseitigen Schalter vor, der mit dem primärseitigen Schalter so verriegelt ist, daß er stets vor diesem öffnet. Beim Abschalten induktiv belasteter vollgesteuerter Stromrichter kann man den Laststrom sodann über Freilaufdioden (s. Abschn. 5.1.2), Kurzschließerthyristoren oder durch gleichzeitige Zündung aller Thyristoren gefahrlos abklingen lassen.

Überspannungen, die durch Kurzschlußabschaltungen entstehen, können mit Zusatzinduktivitäten herabgesetzt werden, die die Restinduktivität L_k der einzelnen Netzabschnitte erhöhen, s. Gl. (303.1). Wo dieser Weg nicht gangbar ist, müssen Sicherungen oder Schalter verwendet werden, deren Lichtbogenspannung auf einen definierten, ausreichend niedrigen Wert begrenzt ist.

Die wirkungsvollste Maßnahme gegen kapazitiv eingekoppelte Überspannungen sind geerdete Abschirmungen zwischen Primär- und Sekundärwicklung der betreffenden Transformatoren. Auch sekundärseitige Zusatzkapazitäten kommen in Frage.

Überspannungsbegrenzung. Die Überspannungen können auch durch Bauelemente begrenzt werden, die in der Lage sind, bei Überschreiten einer Ansprechspannung einen hohen Strom zu führen. Nach der Art ihrer Strom-Spannungs-Kennlinien kann man zwei Typen derartiger Bauelemente unterscheiden.

1. **Überspannungsableiter** haben in ihrer Strom-Spannungs-Kennlinie einen Abschnitt mit negativem differentiellem Widerstand (Kurve A in Bild **305.**1); sie schalten nach Erreichen der Ansprechspannung U_{BO} also in einen niederohmigen Zustand um.

Durch diesen Schaltvorgang ist eine Ansprechverzögerung bedingt, die bis zu einigen Mikrosekunden dauern kann. Die Ableiter erfordern daher meist eine weitere Be-

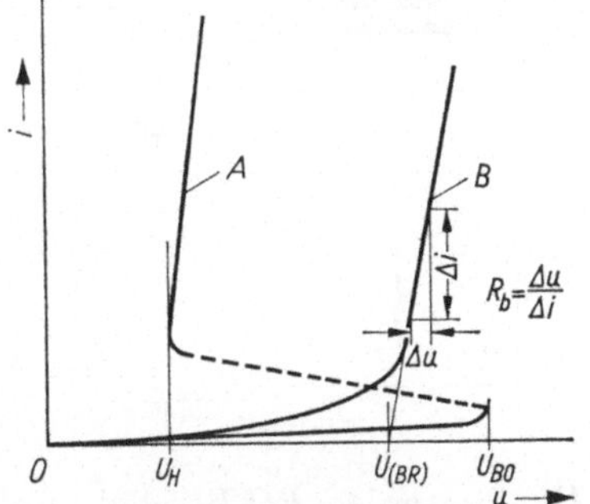

305.1 Strom-Spannungs-Kennlinien von Überspannungsableiter (A) und Überspannungsbegrenzer (B) (schematisch)
U_{BO} Ansprechspannung
U_H Löschspannung
$U_{(BR)}$ Abbruchspannung

schaltung, die die Überspannung für die Dauer der Verzögerung von der Stromrichteranlage fernhält. Außerdem dürfen sie nur an solchen Stellen eingesetzt werden, an denen die Spannung nach der Überspannungsbeanspruchung auf einen Wert unterhalb der Löschspannung U_H absinkt.

Zu den Ableitern zählen z.B. Ventilableiter, Rohrableiter und Schutzfunkenstrecken. Auch Thyristoren, die bei Erreichen eines bestimmten Überspannungspegels gezündet werden und damit einen Begrenzungswiderstand einschalten, gehören hierher.

2. **Überspannungsbegrenzer** weisen eine Kennlinie entsprechend der Kurve B in Bild **305.**1 auf. Die Spannung $U_{(BR)}$, bei deren Überschreiten der Strom steil zunimmt, wird als Abbruchspannung bezeichnet. Die Gruppe der Begrenzer umfaßt u.a. spannungsabhängige Widerstände (VDR), Selen-Überspannungsbegrenzer (Thyrectoren), stoßspannungsfeste Siliciumdioden und Zenerdioden (für

niedrige Spannungen). Diese Geräte arbeiten praktisch trägheitslos, können aber im allgemeinen nicht so viel Energie aufnehmen wie die Ableiter.

Überspannungsbedämpfung. Durch Beschaltung der Anlagen mit Widerständen und Kondensatoren (Bild **306.**1 a) können der Überspannungsscheitelwert und die Anstiegssteilheit auf zulässige Werte herabgesetzt werden. Diese Beschaltung wird hauptsächlich gegen die beim betriebsmäßigen Abschalten von Induktivitäten (Transformatoren) auftretenden Überspannungen und gegen die von Überspannungsableitern durchgelassenen Spannungsspitzen angewendet. Die bei Kurzschlußabschaltung freiwerdende Energie ist mit Beschaltungsgliedern nur noch selten beherrschbar.

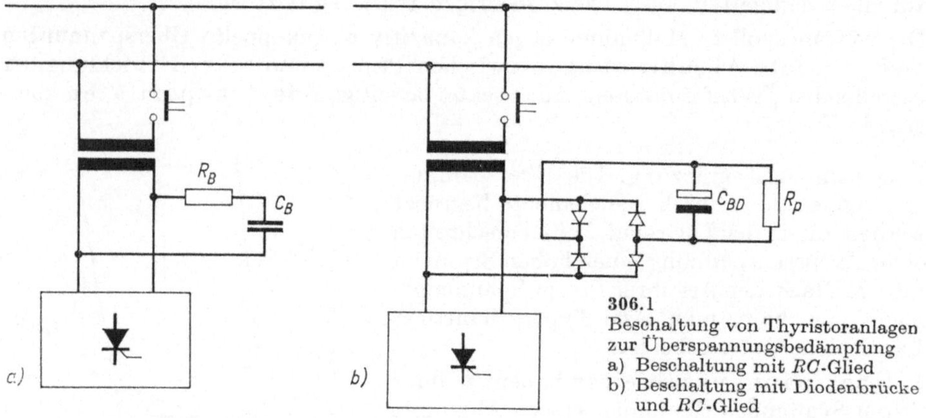

306.1
Beschaltung von Thyristoranlagen
zur Überspannungsbedämpfung
a) Beschaltung mit *RC*-Glied
b) Beschaltung mit Diodenbrücke
   und *RC*-Glied

Häufig werden *RC*-Beschaltungsglieder auch über Gleichrichter angeschlossen (Bild **306.**1 b). Der Vorteil dieser Anordnung liegt darin, daß man Elektrolytkondensatoren verwenden und die Verluste bei normalem Betrieb klein halten kann.

8.1.3. Bemessung der Überspannungsschutzgeräte

In den meisten Netzen werden Überspannungen bereits durch Überspannungsableiter, Sternpunkterdung usw. auf einen bestimmten Schutzpegel begrenzt. Die Überspannungsschutzgeräte, die den Schutzpegel für Halbleiter-Stromrichteranlagen weiter herabsetzen sollen, werden daher in erster Linie für die vom Abschalten des Stromrichtertransformators herrührenden Überspannungen und diejenigen Spannungsspitzen ausgelegt, die von den Überspannungsableitern des Netzes wegen der Ansprechverzögerung durchgelassen werden.

Überspannungsbegrenzer. Sie werden im allgemeinen so ausgewählt, daß ihre Abbruchspannung $U_{(BR)}$ größer als das 1,5fache und der Spannungsabfall U_{bM} bei dem höchsten zu erwartenden Begrenzerstrom i_{bM} kleiner als das 2fache der Netzscheitelspannung ist.

Im Falle der Transformatorabschaltung erreicht der Begrenzerstrom höchstens den Scheitelwert $\hat{\imath}_\mu$ des Magnetisierungsstromes. Das Wärmespeichervermögen W_b des Begrenzers muß je nach Schnelligkeit des Schalters für 30 ... 70% der gespeicherten **magnetischen Energie** W_μ ausreichen. Für diese gespeicherte Energie kann man bei einem Einphasentransformator, der abgeschaltet wird, wenn der Magnetisierungsstrom seinen Scheitelwert $\hat{\imath}_\mu$ hat, ansetzen:

$$W_\mu = \frac{S_\mathrm{Tr}}{2\,\pi\,f_\mathrm{n}} \cdot \frac{\hat{\imath}_\mu}{\sqrt{2}\,I_\mathrm{Nenn}} \tag{307.1}$$

Für einen Drehstromtransformator gilt

$$W_\mu = \frac{S_\mathrm{Tr}}{4\,\pi\,f_\mathrm{n}} \cdot \frac{\hat{\imath}_\mu}{\sqrt{2}\,I_\mathrm{Nenn}} \tag{307.2}$$

Darin ist S_Tr die Bauleistung des Transformators und f_n die Netzfrequenz. Für den Quotient $\hat{\imath}_\mu/\sqrt{2}\,I_\mathrm{Nenn}$ aus Magnetisierungsstromscheitelwert und Scheitelwert des Transformator-Nennstromes kann man bei üblichen Transformatoren unter Berücksichtigung der durch Eisensättigung hervorgerufenen Oberschwingungen etwa $^1/_{10}$ annehmen. Dabei wurde ausgeschlossen, daß der Transformator unmittelbar nach einer Einschaltung, wenn der erhöhte Einschalt-Magnetisierungsstrom noch nicht abgeklungen ist, wieder ausgeschaltet wird.

Für den Fall der von Ableitern **durchgelassenen Spannungsspitzen** richtet sich die Bemessung der Überspannungsbegrenzer im wesentlichen nach der **vorgeschalteten Induktivität** L_g, d.h., nach der Summe der Streuinduktivitäten von Stromrichtertransformator und Netz. Mit dem Scheitelwert $\hat{u}_\mathrm{sp}$ der durchgelassenen Überspannung und der Zeit T, während der die Überspannung größer als die Abbruchspannung $U_\mathrm{(BR)}$ des Begrenzers ist, erhält man den Scheitelwert $\hat{\imath}_\mathrm{bM}$ des **Begrenzerstromes** angenähert

$$\hat{\imath}_\mathrm{bM} \approx \frac{\hat{u}_\mathrm{sp} - U_\mathrm{(BR)}}{L_\mathrm{g}}\,T \tag{307.3}$$

Die **Belastungsdauer** T_b des Begrenzers ist

$$T_\mathrm{b} = T + \tau \ln\left(1 + \frac{\hat{u}_\mathrm{sp} - U_\mathrm{(BR)}}{U_\mathrm{(BR)} - \hat{u}_\mathrm{n}} \cdot \frac{T}{\tau}\right) \tag{307.4}$$

mit
$$\tau = \frac{L_\mathrm{g}}{R_\mathrm{b}} \tag{307.5}$$

Das benötigte **Wärmespeichervermögen** des Begrenzers erhält man dann mit Hilfe der Näherungsformel

$$W_\mathrm{b} \approx \left(\frac{U_\mathrm{(BR)}\,\hat{\imath}_\mathrm{bM}}{2} + \frac{R_\mathrm{b}\,\hat{\imath}_\mathrm{bM}^2}{3}\right)(T + T_\mathrm{b}) \tag{307.6}$$

Für den Fall der idealen Begrenzerkennlinie, d.h. für $R_\mathrm{b} = 0$, vereinfacht sich Gleichung (307.4), und man erhält

$$T_\mathrm{bi} = T + \frac{\hat{u}_\mathrm{sp} - U_\mathrm{(BR)}}{U_\mathrm{(BR)} - \hat{u}_\mathrm{n}} \tag{307.7}$$

Für Gl. (307.6) ergibt sich mit $R_\mathrm{b} = 0$

$$W_\mathrm{bi} = \frac{U_\mathrm{(BR)}\,\hat{\imath}_\mathrm{b\,M}}{2}\,T + \frac{L_\mathrm{g}\,\hat{\imath}_\mathrm{b\,M}^2}{2}\cdot\frac{U_\mathrm{(BR)}}{U_\mathrm{(BR)} - \hat{u}_\mathrm{n}} \qquad (308.1)$$

RC-Bedämpfungsglieder. Diese bilden mit der Induktivität des abgeschalteten Transformators bzw. mit der Streuinduktivität L_g von Transformator und Netz einen gedämpften Reihenschwingkreis. Sie werden im allgemeinen so bemessen, daß die höchste, an der Reihenschaltung aus Beschaltungswiderstand R_B und Kapazität C_B (Bild **306.**1 a) auftretende Spannung $\hat{u}$ das $1{,}5 \dots 2$fache des Netzspannungsscheitelwertes nicht überschreitet.

Für den Fall der Transformatorabschaltung ermittelt man den erforderlichen Mindestwert $C_\mathrm{B\,min}$ des Beschaltungskondensators aus

$$C_\mathrm{B\,min} = \frac{2\,W_\mu}{\hat{u}_\mathrm{n}^2}\,C_\mathrm{B}' \qquad (308.2)$$

und den Bereich des dazu in Reihe zu schaltenden Widerstandes R_B aus

$$R_\mathrm{u}'\,\frac{\hat{u}_\mathrm{n}}{\hat{\imath}_\mu} \;\leqq\; R_\mathrm{B} \;\leqq\; R_\mathrm{o}'\,\frac{\hat{u}_\mathrm{n}}{\hat{\imath}_\mu} \qquad (308.3)$$

Die Werte für die normierte Kapazität C_B' und die normierten Bereichsgrenzen R_u' und R_o' des Beschaltungswiderstandes können dem Diagramm in Bild **308.**1 entnommen werden, das sie in Abhängigkeit vom Überschwingfaktor

$$\beta_\mathrm{L} = \frac{\hat{u}}{\hat{u}_\mathrm{n}} = \frac{U_\mathrm{RRL}}{\sigma\,\hat{u}_\mathrm{n}} \qquad (308.4)$$

d. h. von dem Verhältnis der zulässigen Überspannung zum Netzspannungsscheitelwert, darstellt.

Bei Drehstromtransformatoren und Dreieckschaltung der Beschaltungsglieder sind die so ermittelten Kapazitätswerte mit $0{,}67$ und die Widerstandswerte mit $\sqrt{3}$ zu multiplizieren. In die Gl. (308.2) und (308.3) wird dabei immer der Scheitelwert $\hat{u}_\mathrm{n}$ der verketteten Netzspannung und der Scheitelwert $\hat{\imath}_\mu$ des je Phase fließenden Magnetisierungsstromes eingesetzt.

Die Transformatorbeschaltung mit RC-Glied und Diodenbrücke nach Bild **306.**1 b kann anhand einer Energiebilanz bemessen werden, weil die Aufladung des Beschaltungskondensators praktisch unge-

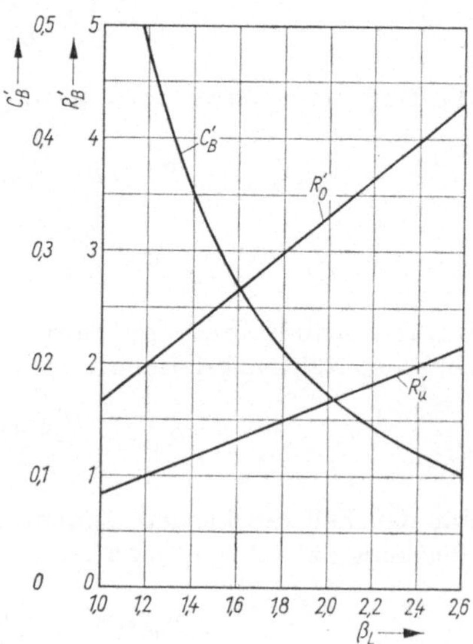

308.1 Diagramm zur Ermittlung des erforderlichen RC-Gliedes zur Beschaltung von Thyristoranlagen gegen Überspannungen: Normierte Kapazität C_B' und normierte Bereichsgrenzen R_u' und R_o' des Widerstandes in Abhängigkeit von der zulässigen Überschwingweite $\beta_\mathrm{L} = \hat{u}/\hat{u}_\mathrm{n}$

dämpft erfolgt. Da der Beschaltungskondensator im Abschaltaugenblick bereits auf den Scheitelwert der Netzspannung aufgeladen ist, gilt

$$C_{\mathrm{BD\,min}} = \frac{2\,W_{\mathrm{u}}}{\hat{u}^2 - \hat{u}_{\mathrm{n}}^2} \tag{309.1}$$

Der Entladewiderstand R_{p} wird so bemessen, daß der Kondensator in längstens 10 Sekunden entladen ist, d.h. $R_{\mathrm{p}}\,C_{\mathrm{BD}} < 3{,}5$ s.

Die Bemessung von RC-Gliedern zur Bedämpfung der von Überspannungsableitern durchgelassenen Spannungsspitzen richtet sich nach dem Überspannungsspitzenwert $\hat{u}_{\mathrm{sp}}$, der Überspannungsdauer T und der Streuinduktivität L_{g} des Netzabschnittes zwischen Überspannungsableiter und Einbauort des RC-Gliedes. Die erforderlichen Kapazitäts- bzw. Widerstandswerte sind durch die folgenden Bedingungen gegeben:

$$C_{\mathrm{B}} \geqq \frac{T^2}{L_{\mathrm{g}}}\,C_{\mathrm{B}}' \tag{309.2}$$

$$\frac{2\,L_{\mathrm{g}}}{T}\,R_{\mathrm{u}}' \leqq R_{\mathrm{B}} \leqq \frac{2\,L_{\mathrm{g}}}{T}\,R_{\mathrm{o}}' \tag{309.3}$$

Die Werte für die normierte Kapazität C_{B}' und die normierten Widerstands-Bereichsgrenzen R_{u}' und R_{o}' können für das gewünschte Unterdrückungsverhältnis

$$\beta = \frac{\Delta u_{\mathrm{CR\,zul}}}{\hat{u}_{\mathrm{sp}} - \hat{u}_{\mathrm{n}}} \tag{309.4}$$

dem Diagramm in Bild **309**.1 entnommen werden (ausgezogene Linien). In Gl. (309.4) ist $\Delta u_{\mathrm{CR\,zul}} = \hat{u}_{\mathrm{zul}} - \hat{u}_{\mathrm{n}}$ die zulässige Spannungserhöhung am RC-Glied.

In den Fällen, in denen bereits RC-Glieder (z.B. zur Transformatorbeschaltung) vorhanden sind, kann anhand der gestrichelten Kurven in Bild **309**.1 das durch diese RC-Glieder gewährleistete Unterdrückungsverhältnis ermittelt werden. Für diese Kurven wurde der normierte Beschaltungswiderstand

$$R_{\mathrm{B}}' = \frac{T}{2\,L_{\mathrm{g}}}\,R_{\mathrm{B}} \tag{309.5}$$

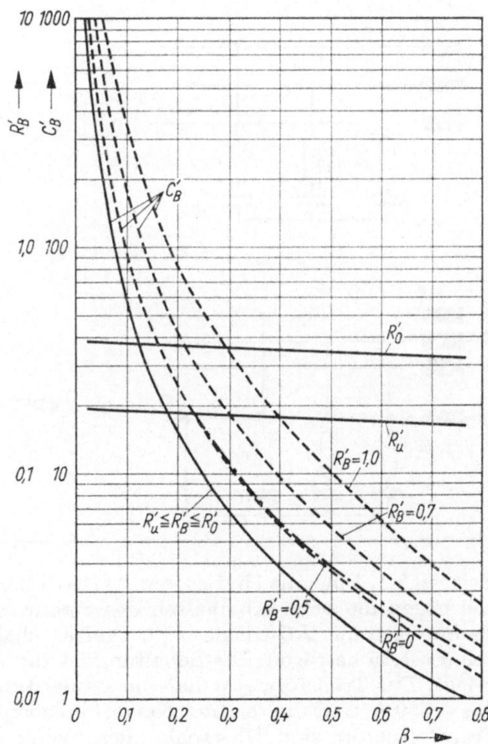

309.1
Diagramm zur Ermittlung des erforderlichen RC-Gliedes zur Beschaltung von Thyristoranlagen gegen die von Überspannungsableitern durchgelassenen Spannungsspitzen: Normierte Kapazität C_{B}' und normierte Bereichsgrenzen R_{u}' und R_{o}' des Widerstandes in Abhängigkeit vom Unterdrückungsverhältnis $\beta = \dfrac{\Delta u_{\mathrm{CR\,zul}}}{\hat{u}_{\mathrm{sp}} - \hat{u}_{\mathrm{n}}}$

als Parameter gewählt. Die strichpunktierte Kurve für $R_B = 0$ ist für eine Bedämpfung mit Kondensator und Diodenbrücke (s. Bild **306.1** b) maßgebend. Bei der Beschaltung von Stromrichteranlagen, die an ein Drehstromnetz angeschlossen werden, kann das Diagramm in Bild **309.1** ebenfalls benutzt werden. Allerdings müssen dann die Größen in Gl. (309.2) und (309.3), je nach Anordnung der RC-Glieder, mit den in Tafel **310.1** zusammengestellten Faktoren umgerechnet werden.

Tafel **310.1** Umrechnungsfaktoren für die Beschaltung von Drehstromnetzen

Schaltung	$L_g =$	$C_{BD} =$	$R_{BD} =$
	$1,5\ L_{gD}$	$0,5\ C_B$	$2\ R_B$
	$1,5\ L_{gD}$	$1,5\ C_B$	$0,67\ R_B$
	$L_{gD} + \dfrac{1}{3}\ L_{gMp}$	C_B	R_B

Beispiel 8.1. Eine mit Thyristoren T 170 N 1200 bestückte Drehstrom-Brückenschaltung soll gegen die beim Abschalten des Stromrichtertransformators entstehenden Überspannungen mit RC-Gliedern (in Dreieckschaltung) bedämpft werden. Die Sicherheit soll $\sigma = 1,25$ betragen. Die Schaltung ist für die Anschlußspannung $U_n = 380$ V ausgelegt. Der Transformator hat die Bauleistung $S_{Tr} = 230$ kVA, d.h. den Nennstrom $I_{eff} = 350$ A, und die relative Kurzschlußspannung $u_k = 6\%$. Auf der Primärseite des Transformators sind Überspannungsableiter mit der Ansprechverzögerung $t_d = 5$ µs

und der auf die Sekundärseite bezogenen Ansprechspannung $U_{BO} = 3\ \text{kV}$ angeordnet.
Wie müssen die Beschaltungs-RC-Glieder bemessen ein?
Für die gewünschte Sicherheit erhält man den zulässigen Überschwingfaktor nach
Gl. (308.4)

$$\beta_L = \frac{1200\ \text{V}}{1{,}25 \cdot \sqrt{2} \cdot 380\ \text{V}} = 1{,}78$$

Für diesen Wert liefert das Beschaltungsdiagramm in Bild **308**.1

$$C'_B = 0{,}217 \qquad R'_u = 1{,}48 \qquad R'_0 = 2{,}96$$

Nun errechnet man nach Gl. (307.2) die im Transformator gespeicherte magnetische
Energie

$$W_\mu = \frac{230\ \text{kVA}}{4\ \pi \cdot 50 \cdot \text{Hz}}\ 0{,}1 = 36{,}6\ \text{Ws}$$

Damit erhält man nach Gl. (308.2) und (308.3)

$$C_{B\,min} = \frac{2 \cdot 36{,}6\ \text{Ws}}{2 \cdot (380\ \text{V})^2}\ 0{,}217 = 55\ \mu\text{F}$$

$$\frac{\sqrt{2} \cdot 380\ \text{V}}{\sqrt{2} \cdot 0{,}1 \cdot 350\ \text{A}}\ 1{,}48\ < R_B < 10{,}85\ \Omega \cdot 2{,}96$$

$$16{,}1\ \Omega\ < R_B < 32{,}1\ \Omega$$

Da es sich um die Beschaltung eines Drehstromtransformators handelt, sind für die
Dreieckschaltung der RC-Glieder die Kapazitätswerte mit 0,67 und die Widerstands-
werte mit $\sqrt{3}$ zu multiplizieren. Es werden also RC-Glieder gewählt, jeweils mit den
Werten

$$C_{BD} = 40\ \mu\text{F} \qquad R_{BD} = 33\ \Omega$$

Da diese RC-Glieder auch zur Beschaltung der von Überspannungsableitern durchgelassenen Überspannungsspitzen verwendet werden sollen, muß noch der Unter-
drückungsfaktor ermittelt werden. Dazu wird zunächst die Streuinduktivität (je Phase)
des Stromrichtertransformators ermittelt:

$$L_{gD} \approx \frac{u_k\ U_n}{\sqrt{3}\ I_{eff}} \cdot \frac{1}{\omega} = \frac{0{,}06 \cdot 380\ \text{V}}{\sqrt{3} \cdot 350\ \text{A}} \cdot \frac{1}{2\ \pi\ 50\ (1/\text{s})} = 120\ \mu\text{H}$$

Dieser Wert ist wegen der Dreieckschaltung der RC-Glieder mit 1,5 zu multiplizieren.
Nach Gl. (309.2) und (309.5) und Tafel **310**.1 erhält man mit $T = t_d$

$$C'_B = \frac{180\ \mu\text{H}}{25\ (\mu\text{s})^2} \cdot \frac{40\ \mu\text{F}}{0{,}5} = 576$$

$$R'_B = \frac{5\ \mu\text{s}}{2 \cdot 180\ \mu\text{H}} \cdot \frac{33\ \Omega}{2} = 0{,}229$$

Für diese Werte liefert das Diagramm in Bild **309**.1 das Unterdrückungsverhältnis
$\beta \approx 0{,}04$. Dieser Wert ist kleiner als der nach Gl. (309.4) zulässige Höchstwert des
Unterdrückungsverhältnisses

$$\beta_L = \frac{(1200\ \text{V}/1{,}25) - \sqrt{2} \cdot 380\ \text{V}}{3000\ \text{V} - \sqrt{2} \cdot 380\ \text{V}} = 0{,}172$$

Die vorgesehenen RC-Glieder reichen also zur Bedämpfung der von den Überspannungsableitern durchgelassenen Spannungsspitzen aus.

8.2. Überstromschutz

Für Stromrichteranlagen mit Thyristoren und Siliciumdioden ergibt sich zwangsläufig die Notwendigkeit, diese Halbleiterbauelemente im Störungsfall vor unzulässigem Überstrom zu schützen. Das erfordert wegen der verhältnismäßig geringen Wärmekapazität der Halbleitersysteme entweder besonders flink ansprechende Schutzeinrichtungen oder eine mit Schaltungsmitteln zu realisierende Begrenzung des im Störungsfall möglichen Überstromes. Nur wenn die Ansprechgeschwindigkeit der Schutzeinrichtung groß genug oder die Überstrombegrenzung ausreichend ist, können die Thyristoren im Normalbetrieb ungefährdet voll ausgenutzt werden.

8.2.1. Bemessungsgrundlagen für Überstromschutzeinrichtungen

Bei der Auslegung von Schutzeinrichtungen für Thyristoranlagen muß man zwischen zwei Belastbarkeitsgrenzen unterscheiden, nämlich

1. der Belastbarkeitsgrenze, die durch die kritische Temperatur, d. h. die Temperatur, bei der der Thyristor seine Sperrfähigkeit in positiver Sperrichtung verliert, gegeben ist, und

2. der Belastbarkeitsgrenze, die durch den unteren Rand des Zerstörungsbereiches und den notwendigen Sicherheitsabstand bedingt ist.

Die zuerst genannte Belastbarkeitsgrenze darf betriebsmäßig ausgenutzt werden und ist in den Überlastkurven für Kurzzeitbetrieb (s. Abschn. 1.3.5) festgelegt. Sie ist für den Fall maßgebend, daß die Thyristoren durch Sperrung der Steuerimpulse (Gittersperrung) geschützt werden sollen. Die zweite Belastbarkeitsgrenze dient zur Bemessung der übrigen Schutzeinrichtungen. Es wird dabei in Kauf genommen, daß die Thyristoren vorübergehend ihre positive Sperrfähigkeit verlieren, und die negative Sperrfähigkeit wegen des Einschnüreffektes (s. Abschn. 1.3.1) nicht mehr voll ausgenutzt werden darf. Diese Belastbarkeitsgrenze wird für den Bereich der Überstromdauer oberhalb 10 ms durch die Grenzstromkennlinie beschrieben.

Zur Kennzeichnung der Belastbarkeit im Bereich unter 10 ms dient der zulässige Wert des Integrals über dem Quadrat des Durchlaßstromes i_F während der Überlastung, das Grenzlastintegral

$$W_L = \int i_F^2 \, dt \qquad (312.1)$$

Das Grenzlastintegral kann im Bereich sehr kurzer Zeiten, in denen noch keine merkliche Wärmeabfuhr aus dem Halbleitersystem erfolgt, mit genügender Genauigkeit als konstant angenommen werden. Die Überlastdauer, bei der das Grenzlastintegral infolge der Wärmeabfuhr anzusteigen beginnt, hat bei den meisten Thyristoren und Siliciumdioden die Größenordnung von etwa 7 ms. Während bei Siliciumdioden das Grenzlastintegral auch im Zeitbereich unter 2 ms ausgenutzt werden darf, muß beim Überstromschutz von Thyristoren auch noch die durch die Einschaltverluste bedingte Belastungsgrenze beachtet werden. Man muß immer damit rechnen, daß der Thyristor bei bereits bestehendem Kurzschluß gezündet wird. Daher muß auch im ungünstigsten Störungsfall noch so viel Induktivität im Kurzschlußstromkreis vorhanden sein, daß die für den zu schützenden Thyristor zulässige Stromanstiegsgeschwindigkeit nicht überschritten wird.

8.2.2. Eigenschaften der Schutzeinrichtungen

Die Wirksamkeit einer Schutzeinrichtung für Thyristoren und Siliciumdioden wird vor allem durch folgende Faktoren bestimmt:

1. Ansprechgeschwindigkeit der Schutzeinrichtung
2. Zeit, die die Schutzeinrichtung bis zur endgültigen Abschaltung des Überstromes benötigt
3. durch die Schutzeinrichtung hervorgerufene Überspannung
4. Auslegung der Stromrichteranlage (hauptsächlich Kurzschlußspannung des Stromrichtertransformators und des Netzes)
5. Schaltung der Stromrichteranlage
6. Anordnung der Schutzeinrichtung
7. Ausnutzung der Halbleiterbauelemente

Darüber hinaus interessieren für die Beurteilung der Preis der Schutzeinrichtung im Vergleich zu den Kosten der gesamten Stromrichteranlage und die eventuelle Möglichkeit der schnellen Wiederinbetriebnahme nach einer Störung.

Unter Berücksichtigung dieser Gesichtspunkte werden im folgenden die für Thyristoren und Siliciumdioden wichtigsten Schutzeinrichtungen behandelt.

8.2.3. Schutzschalter

Leistungsschalter. Sie sind bei den meisten Stromrichteranlagen auf der Wechsel- oder Drehstromseite bereits zum betriebsmäßigen Ein- und Ausschalten der Anlagen vorhanden. Durch Hinzufügen von Überstromauslösern oder ähnlichen Geräten können sie auch als Schutzeinrichtungen für die Siliciumzellen herangezogen werden. Sie bieten den Vorteil, daß zur Wiederinbetriebnahme der Anlage kein Auswechseln von Bauelementen notwendig ist. Wegen ihrer relativ langen Ausschaltverzugszeit von 20 ... 150 ms und der anschließenden Lichtbogenzeit von 5 ... 10 ms bis zur endgültigen Unterbrechung des Überstromes eignen sie sich allerdings nur zum Schutz der Siliciumzellen im Langzeitgebiet der Grenzstromkennlinie.

Gleichstrom-Schnellschalter. Diese haben bei Schlagankerauslösung Ausschaltverzugszeiten von 2 ... 4 ms, bei elektrodynamischer Auslösung nur noch 0,3 ... 0,6 ms [8.6]. Daher lassen sie sich in Verbindung mit Überstromauslösern im Bereich niedriger bis mittlerer Über- oder Kurzschlußströme an alle praktisch vorkommenden Grenzstromkennlinien oder Überlastkennlinien von Siliciumzellen anpassen. Im Bereich hoher Kurzschlußströme können sie durch elektronische di/dt-Auslösegeräte bereits zu Beginn eines Kurzschlußstromes zum Ansprechen gebracht werden.

Allerdings entsteht nach dem Trennen der Kontakte ein Lichtbogen, so daß auch nach dem Ansprechen noch ein erheblicher Strom über den Gleichstrom-Schnellschalter fließt. Höhe und Dauer dieses über den Lichtbogen des Schalters fließenden Stromes hängen sowohl von der Schalterkonstruktion als auch von der Anfangssteilheit des Stromes (also von der Betriebsspannung und von der Induktivität im Kurzschlußkreis) und dem Verhältnis der im Schalter erreichten Lichtbogenspannung zur Betriebsspannung ab. Je höher die Lichtbogenspannung im Verhältnis zur Betriebsspannung ist, desto schneller klingt der vom Schalterlichtbogen durchgelassene Strom aus. Andererseits sind der Höhe der Lichtbogenspannung jedoch Grenzen gesetzt, denn auch bei gleichstromseitiger Kurzschlußabschaltung können Überspannungen an den Gleichrichterzellen entstehen. Für die in Bild 314.1 gezeigte Drehstrombrückenschaltung ergibt sich als Höchstwert $\hat{u}_\mathrm{A}$ der Zellensperrspannung beim Ansprechen des Gleichstrom-Schnellschalters

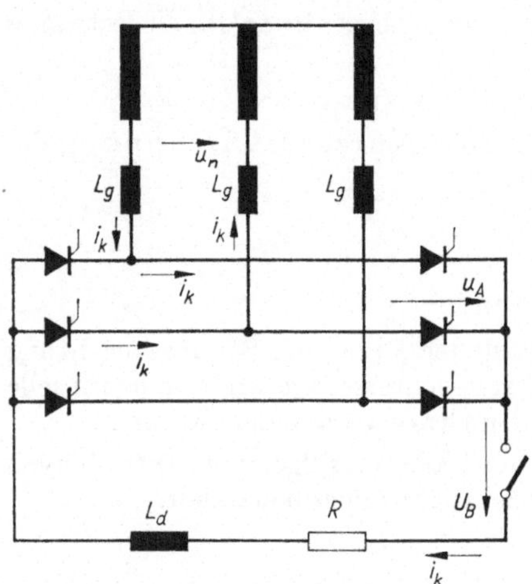

314.1 Schaltbild, Ströme und Spannungen in einer Drehstrom-Brückenschaltung bei gleichstromseitiger Abschaltung

$$\hat{u}_\mathrm{A} = \hat{u}_\mathrm{n} + \frac{2\,L_\mathrm{g}}{2\,L_\mathrm{g} + L_\mathrm{d}}\, U_\mathrm{B} \quad (314.1)$$

Die Lichtbogenspannung U_B des Schalters tritt also — im Verhältnis der Induktivitäten $2\,L_\mathrm{g}$ auf der Wechselstromseite zur Gesamtinduktivität $(2\,L_\mathrm{g} + L_\mathrm{d})$ des Kurzschlußstromkreises unterteilt — als Überspannung an den sperrenden Zellen der stromführenden Phasen auf. Beim Gleichstrom-Schnellschalter besteht daher die Forderung an die Schalterkonstruktion, daß die Lichtbogenspannung auf einen für die Zellen ungefährlichen Wert begrenzt wird.

Andernfalls muß durch entsprechende Aufteilung der Induktivitäten auf Gleich- und Wechselstromseite oder durch Zusatzdrosseln auf der Gleichstromseite für eine ausreichende Herabsetzung der Überspannung gesorgt werden.

Schließlich sei noch erwähnt, daß Gleichstrom-Schnellschalter natürlich nicht bei Kurzschlüssen innerhalb der Stromrichteranlage schützen. Wegen ihres relativ hohen Preises lohnen sie sich nur für größere Anlagen und für solche Anlagen, bei denen nach Abschalten einer Störung eine möglichst schnelle Wiederinbetriebnahme ohne Auswechseln von Sicherungen erwünscht ist.

Zur Gruppe der Gleichstrom-Schnellschalter sind auch die Sprengtrenner, die sogenannten I_s-Begrenzer, zu zählen. Die Ausschaltverzugszeiten dieser Geräte haben dieselbe Größenordnung wie beim Gleichstrom-Schnellschalter. Allerdings ist nach jedem Ansprechen des I_s-Begrenzers zur Wiederinbetriebnahme das Auswechseln des Sprengeinsatzes erforderlich.

Kurzschließer. Der Vorteil des Kurzschließers gegenüber dem Gleichstrom-Schnellschalter besteht darin, daß durch das Schließen des Schalters keinerlei Überspannung an den Zellen auftreten kann. Die Eigenzeiten von Kurzschließern betragen 1 bis 2 ms [8.5]. Damit lassen sich Einschaltverzugszeiten, vom Beginn des Auslösebefehls bis zum Schließen der Kontakte gerechnet, von 1,5 … 3 ms erreichen. Wie beim Gleichstrom-Schnellschalter kann der Kurzschließer durch eine di/dt-Auslösung bereits zu Beginn eines Überstromes betätigt werden. Prinzipiell sind Kurzschließer in der Lage, die Zelle nicht nur bei äußeren, sondern auch bei inneren Kurzschlüssen zu schützen. In der Praxis wird man jedoch bei inneren Kurzschlüssen, die durch Zellendefekte verursacht werden, die defekte Zelle durch Schmelzsicherungen selektiv heraustrennen lassen. Kurzschließer kommen, ebenso wie Gleichstrom-Schnellschalter, wegen ihres hohen Preises hauptsächlich für größere Anlagen in Frage. Sie können nur in Verbindung mit einem Leistungsschalter auf der Drehstromseite eingesetzt werden. Da sie besonders kurzschlußfeste Ausführung des Stromrichtertransformators und der im drehstromseitigen Kurzschlußkreis liegenden Anlagenteile bedingen, werden sie jedoch nur ungern verwendet.

8.2.4. Schmelzsicherungen

Schmelzsicherungen sind aufgrund ihres relativ niedrigen Preises die am meisten verbreiteten Schutzeinrichtungen für Halbleitergleichrichter [8.8]. Für das Ansprechen der Sicherungen sind die Erwärmungsvorgänge im Schmelzleiter maßgebend. Da auch beim Überlastverhalten der zu schützenden Halbleiterbauelemente Erwärmungsvorgänge die entscheidende Rolle spielen, ist eine sehr gute Anpassung der Schmelzsicherungen an die Halbleiterbauelemente möglich.

Langzeitbereich. Die Schmelzkennlinie einer Sicherung stellt nach VDE 0660 (s. Anhang, S. 342) den Zusammenhang zwischen der Schmelzzeit (d. h. der Zeit vom Beginn des Überstromes bis zum Beginn des Unterbrechungsvorganges) und dem Überstrom dar. Nach der Unterbrechung des Schmelzleiters entsteht jedoch an der Unterbrechungsstelle ein Lichtbogen, der einerseits zu Überspannungen an den Siliciumzellen der Stromrichteranlage führt und andererseits den Strom, wie beim Gleichstrom-Schnellschalter, noch eine gewisse Zeit weiterfließen läßt.

Bei niedrigen und mittleren Überströmen, die erst nach mehreren Stromhalbschwingungen zum Ansprechen der Sicherung führen, ist die Dauer des Lichtbogens im Verhältnis zur Schmelzzeit meist vernachlässigbar klein. In diesem Bereich entspricht daher der von der Sicherung durchgelassene Strom praktisch der Schmelzkennlinie.

Kurzzeitbereich. Im Bereich hoher Überströme, die in Zeiten kleiner als eine Periodendauer zum Ansprechen der Sicherung führen, können die Lichtbogendauer und der während dieser Zeit von der Sicherung durchgelassene Strom nicht mehr vernachlässigt werden. Für den Schutz der Zellen ist in diesem Bereich das Integral über dem Quadrat des gesamten von der Sicherung durchgelassenen Stromes maßgebend. Ein Schutz der Siliciumzellen ist nur dann gewährleistet, wenn die Summe von Schmelzintegral W_S und Löschintegral W_B (Integral über dem Quadrat des Stromes während der Schmelz- bzw. Löschzeit) kleiner als das Grenzlastintegral W_L der Zelle ist. Das Verhältnis Q des Integrals über dem Quadrat des

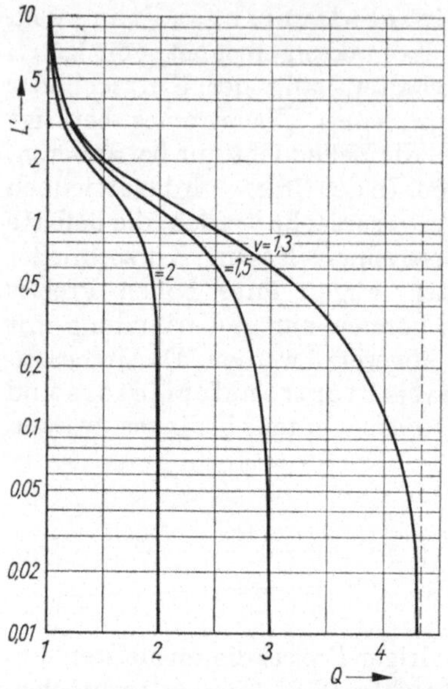

Gesamtstromes zum Schmelzintegral ist in Bild **316**.1 in Abhängigkeit von der normierten Induktivität des Kurzschlußstromkreises

$$L' = \sqrt{\omega\,W_{\mathrm{S}}} \cdot \frac{\omega}{\hat{u}_{\mathrm{n}}}\,L \qquad (316.1)$$

mit dem Verhältnis der Lichtbogenspannung U_{B} zum Scheitelwert $\hat{u}_{\mathrm{n}}$ der Netzspannung

$$v = \frac{U_{\mathrm{B}}}{\hat{u}_{\mathrm{n}}} \qquad (316.2)$$

als Parameter aufgetragen. Bei der Berechnung dieses Diagramms wurden die Wirk-

316.1 Diagramm zur Ermittlung der erforderlichen Mindestinduktivität in der Netzzuleitung von Thyristoranlagen: Normierte Induktivität L' in Abhängigkeit vom Verhältnis Q des Grenzlastintegrals des zu schützenden Thyristors zum Schmelzintegral der verwendeten Sicherung
Parameter: Verhältnis v der Lichtbogenspannung (Mindestwert) zum Netzspannungsscheitelwert.

widerstände des Kurzschlußstromkreises gegenüber dem induktiven Widerstand als vernachlässigbar klein angenommen und vorausgesetzt, daß die Lichtbogenspannung nach dem Abschmelzen sprunghaft mindestens auf den Wert U_{B} ansteigt. Das Diagramm kann auch zur Ermittlung der zum sicheren Schutz der Halbleiterbauelemente erforderlichen **Mindestinduktivität** L_{min} im ungünstigsten Kurzschlußkreis dienen, wenn Thyristortyp und Sicherungstyp gegeben sind. Dabei kann als ungünstigster Fall angenommen werden, daß sowohl die Siliciumzelle als auch die Sicherung noch nicht erwärmt sind, also Umgebungstemperatur haben.

Beispiel 8.2. Eine Drehstrom-Brückenschaltung mit Thyristoren T 170 N 1200 soll im Kurzzeitgebiet durch NG-Sicherungen für 300 A geschützt werden, die in den Drehstromzuleitungen angeordnet sind (Strangsicherungen). Das Grenzlastintegral der Thyristoren ist $W_{\mathrm{L}} = 80\,000$ A²s. Für die Sicherung werden das Schmelzintegral $W_{\mathrm{S}} = 21\,500$ A²s und das Mindestverhältnis $v = 1{,}3$ der Lichtbogenspannung zum Netzspannungsscheitelwert genannt. Die Schaltung soll an ein Drehstromnetz angeschlossen werden, dessen Induktivität vernachlässigbar klein ist. Welche Induktivität müssen die in den Netzzuleitungen anzuordnenden Vordrosseln aufweisen?

Da das Auftreten und Abschalten des Kurzschlusses innerhalb der Stromführungsdauer eines Thyristors stattfinden kann, ist für das Verhältnis Q des Gesamtintegrals zum Schmelzintegral der Sicherung höchstens der Wert

$$Q_{\mathrm{L}} = \frac{80\,000 \text{ A}^2\text{s}}{21\,500 \text{ A}^2\text{s}} = 3{,}72$$

zulässig. Für diesen Wert findet man in Bild **316**.1 zu dem Überspannungsverhältnis $v = 1{,}3$ den Mindestwert der normierten Induktivität

$$L' = 0{,}235$$

Nach Gl. (316.1) erhält man damit

$$L_{min} = \frac{\sqrt{2} \cdot 380 \text{ V}}{314 \cdot (1/\text{s})} \cdot \frac{0{,}235}{\sqrt{314 \cdot (1/\text{s}) \cdot 21\,500 \text{ A}^2\text{s}}} = 155 \text{ } \mu\text{H}$$

und die Induktivität der entsprechend Bild **314.**1 anzuordnenden Vordrosseln

$$L_{g} = \frac{1}{2} L_{min} \cdot = 77{,}5 \text{ } \mu\text{H}$$

Selektives Heraustrennen von Thyristoren. Bei größeren Stromrichteranlagen mit mehreren parallelgeschalteten Thyristoren je Zweig werden Schmelzsicherungen nicht zum Vollschutz der Zellen benutzt. Sie dienen vielmehr im Falle eines inneren Kurzschlusses nur zum selektiven Heraustrennen des defekten oder fehlgezündeten Thyristors. Die Sicherungen brauchen in diesem Fall nur die folgenden Bedingungen zu erfüllen:

$$W_{S} + W_{B} < n^2 \, W_{S} \tag{317.1}$$

und
$$W_{S} < W_{L} \tag{317.2}$$

Darin sind W_S das Schmelz-, W_B das Löschintegral der Sicherung, W_L das Grenzlastintegral des verwendeten Zellentyps und n die Anzahl der je Stromrichterzweig parallelgeschalteten Zellen. Das im ungünstigsten Fall zu erwartende Verhältnis

$$Q_{max} = \frac{W_{S} + W_{B}}{W_{S}} \approx \frac{v}{v-1} \tag{317.3}$$

nennt man die Selektivität der Sicherung.

Kurzschlüsse innerhalb der Anlage, die andere Ursachen als Defektwerden oder Fehlzünden von Thyristoren oder Dioden haben, können durch entsprechenden Aufbau der Gleichrichteranlage mit großer Sicherheit vermieden werden. Gegen äußere Kurzschlüsse wird die Anlage durch Kurzschließer und Leistungsschalter oder durch Gleichstromschnellschalter geschützt.

9. Meßtechnik

Der Thyristorhersteller benutzt eine Reihe von Prüf- und Meßverfahren, um die Fertigung zu überwachen und das Endprodukt daraufhin zu kontrollieren, ob es die im Datenblatt garantierten Daten einhält [9.4]. Der Thyristoranwender dagegen möchte im allgemeinen nur prüfen, ob die von ihm verwendeten Thyristoren funktionsfähig sind, oder ob sie eventuell durch Transport, Lagerung oder Überlastung Schaden genommen haben. Außerdem interessieren ihn für die Entwicklung von Anlagen und Geräten Meßverfahren, mit denen er die auftretende Thyristorbelastung erfassen kann [9.2].

Dieser Abschnitt enthält zunächst eine Darstellung von prinzipiellen Meßverfahren, die der Thyristorhersteller verwendet. Dann wird ein Prüfgerät beschrieben, mit dem der Anwender die Sperrfähigkeit, die kritische Spannungssteilheit und die Zündfähigkeit von Thyristoren kontrollieren kann. Abschließend werden Hinweise für die Messung von Spannungen und Strömen in Thyristoranlagen gegeben.

9.1. Grundregeln

Der Thyristorhersteller muß zur Ermittlung der Grenzdaten eine repräsentative Anzahl von Thyristoren bis zur Zerstörung belasten. Im Gegensatz dazu gilt für alle Messungen, die der Thyristoranwender an den Bauelementen vornimmt, grundsätzlich die Bedingung, daß die zulässigen Grenzdaten auch nicht kurzzeitig überschritten werden dürfen.

Die elektrischen Eigenschaften der Thyristoren sind temperaturabhängig. Man wird daher, wenn die betreffende Messung nicht bei Raumtemperatur durchgeführt werden kann, den Prüfling durch einen temperaturgeregelten Heiz- oder Kühlkörper auf die gewünschte Temperatur bringen. Daher sind die meisten Meßschaltungen so ausgelegt, daß das Gehäuse des Prüflings (meist die Anode) Massepotential hat. Bei Verwendung von Öfen mit Luftumwälzung zur Erwärmung der Prüflinge ist darauf zu achten, daß die Durchführungen und Zuleitungen zum Prüfling keine Verfälschung der Meßergebnisse hervorrufen. Mit der Messung muß so lange gewartet werden, bis sich der thermische Endzustand im Thyristor eingestellt hat. Die durch den Meßvorgang im Prüfling erzeugte Verlustleistung darf nur so groß sein, daß sich dadurch keine merkliche Erwärmung ergibt.

Die Gehäusetemperatur wird meist mit Thermoelementen gemessen. Dabei muß darauf geachtet werden, daß das Thermoelement guten thermischen Kontakt hat und weit genug in die für diese Messung vorgesehene Bohrung eingeführt wird.

Wenn keine Bohrung vorhanden ist, müssen die Thermopaardrähte für einige
Zentimeter — von der Lötstelle aus gemessen — parallel und mit gutem thermischen Kontakt zur Gehäuseoberfläche verlegt werden (s. DIN 1953).

Bei allen Messungen (insbesondere mit Spannungen über 60 V) müssen die Sicher-
heitsvorschriften des VDE eingehalten werden. Man muß durch Schutzhauben und
entsprechende Verriegelungen also dafür sorgen, daß eine Berührung des unter
Spannung stehenden Prüflings ausgeschlossen ist. Messungen in Anlagen, in denen
Schutzhauben und Verriegelungen nicht benutzt werden können, dürfen nur von
entsprechend geschultem Fachpersonal durchgeführt werden.

9.2. Messung von Thyristoreigenschaften

9.2.1. Kennlinienmessungen

Die Kennlinien von Thyristoren werden meist oszillographisch aufgenommen, weil
man dann auf einen Blick den Verlauf übersehen kann und weil man die Verluste
im Prüfling relativ niedrig halten kann.

Sperrkennlinien. Bild **319**.1 zeigt eine Schaltung zur oszillographischen Aufnahme von Sperrkennlinien. Mit Hilfe der Dioden D 1 bis D 4 werden je nach
Stellung des Schalters S die positiven oder die negativen Halbschwingungen der

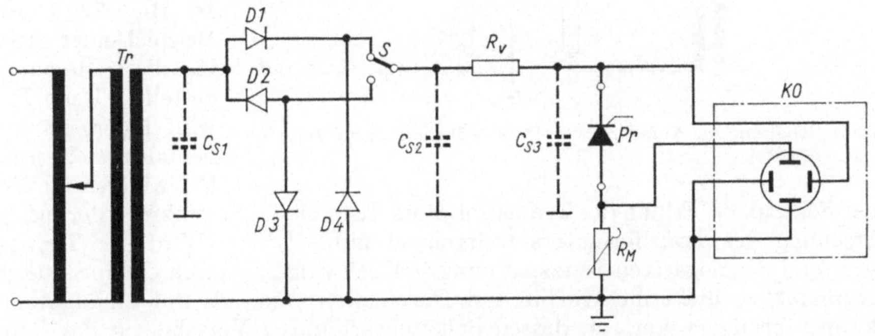

319.1 Schaltung zur oszillographischen Aufnahme von Sperrkennlinien

Transformator-Sekundärspannung an den Prüfling Pr gelegt. Die Spannung am
Prüfling und der dem Sperrstrom proportionale Spannungsabfall am Meßwiderstand R_M werden dem X- bzw. Y-Eingang des Elektronenstrahl-Oszillographen
zugeführt, so daß die Sperrkennlinie auf dem Oszillographenschirm abgebildet
wird. Der in Reihe zum Prüfling liegende Schutzwiderstand R_v sollte bei
keiner Sperrkennlinienmessung fehlen. Er schützt den Transformator, die Dioden,
den Meßwiderstand und den Oszillographen vor Überlastung, falls der Prüfling
durchschaltet oder durchschlägt.

Als Massepunkt wurde in diesem Falle der Verbindungspunkt zwischen Transformator-Sekundärwicklung und Meßwiderstand gewählt. So können die Fehlströme, die von den Streukapazitäten C_8 der Zuleitung zum Kathodenanschluß des Prüflings hervorgerufen werden, direkt zur Sekundärwicklung zurückfließen, ohne einen Spannungsabfall am Meßwiderstand R_M zu erzeugen.

Der Y-Eingang des Oszillographen KO sollte eine Empfindlichkeit zwischen 0,1 V/cm und 1 V/cm aufweisen. Dann kann man den Meßwiderstand niederohmig genug wählen, so daß der Spannungsabfall an ihm beim Ablesen der Spannung am Prüfling nicht berücksichtigt zu werden braucht. Auch die Kapazität, die ein mit dem Gehäuse des Prüflings verbundener Heizkörper gegen Masse hat, kann dann meist vernachlässigt werden.

Durchlaßkennlinien. Bei der Aufnahme von Durchlaßkennlinien kann die Verlustleistung im Prüfling im Gegensatz zur Sperrkennlinienaufnahme erhebliche Temperaturerhöhungen verursachen und dadurch das Meßergebnis verfälschen.

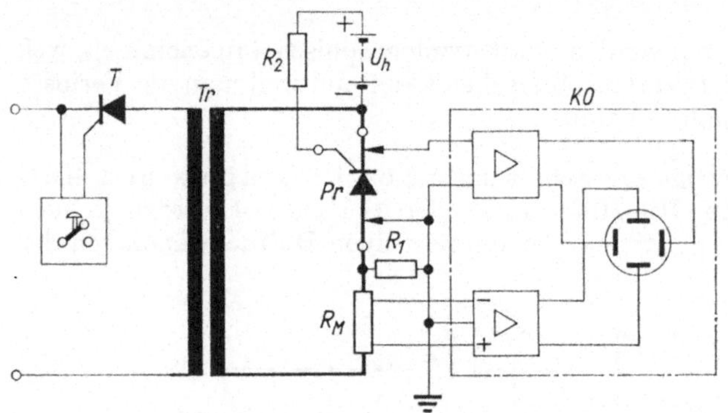

Man sollte daher, vor allem, wenn man die Durchlaßkennlinien bis zum Dauergrenzstrom oder sogar darüber hinaus aufnehmen will, zur Kennlinienaufnahme im Impulsbetrieb übergehen.

In Bild **320.**1 ist das Beispiel einer Schaltung für diese Messung dargestellt. Der Prüfling wird dauergezündet und befindet sich mit dem Meßwiderstand R_M und

320.1 Schaltung zur Aufnahme von Durchlaßkennlinien im Impulsbetrieb

der Sekundärwicklung des Transformators Tr in einem Stromkreis, der infolge der Streuung des Transformators weitgehend induktiv ist. Wird der Thyristor T während der negativen Netzspannungshalbschwingung durch einen Steuerimpuls gezündet, so fließt im Prüfling ein Durchlaßstromimpuls mit annähernd sinuskuppenförmigem Verlauf, dessen Scheitelwert durch Verschieben des Zündzeitpunktes für den Thyristor T eingestellt werden kann.

Damit Übergangswiderstände nicht in das Meßergebnis eingehen, sind sowohl am Meßwiderstand als auch am Prüfling Strom- und Potentialklemmen angebracht. Da bei fast allen Oszillographen der X-Eingang einseitig mit dem Oszillographengehäuse verbunden ist, wurde die Potentialklemme am Gehäuse des Prüflings als Massepunkt der Schaltung gewählt. Damit die Prüfschaltung beim Lösen dieser Potentialklemme jedoch kein undefiniertes Potential annimmt, ist außerdem noch der Widerstand R_1 (ca. 10 Ohm) zwischen dem Meßwiderstand R_M und Masse vorgesehen.

Der Y-Kanal des Oszillographen muß bei dieser Schaltung einen Differenzverstärker enthalten. Damit werden die Spannungen beider Potentialklemmen des Meßwiderstandes gegen Masse gemessen und voneinander abgezogen. Die Differenz zwischen beiden Spannungen, die dem Durchlaßstrom des Prüflings proportional ist, wird verstärkt und den Y-Platten des Oszillographen zugeführt. Zur Aufzeichnung der Kennlinie wird ein Oszillograph mit nachleuchtender Elektronenstrahlröhre oder mit **Bildspeicherung** benutzt, damit das Bild trotz der kurzen Impulsdauer (<10 ms) bequem ausgewertet werden kann.

9.2.2. Untersuchung des Schaltverhaltens

Zündverzug. Die Streubreite des Zündverzuges ist für die Parallel- und Reihenschaltung von Thyristoren wichtig. Man kann den Zündverzug mit der Schaltung in Bild **321.1** messen. Der Kondensator C wird während der positiven Netzspannungshalbperiode über die Diode D aufgeladen. Während der negativen Netzhalbperiode

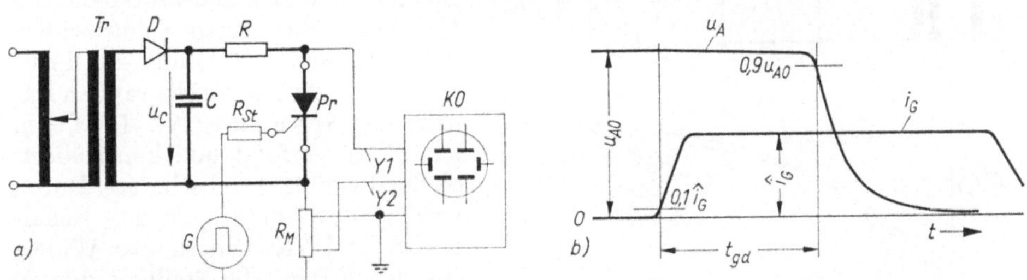

321.1 Messung des Zündverzuges
a) Schaltbild
b) zeitlicher Verlauf des Steuerstromes i_G und der Anodenspannung u_A

wird der Prüfling Pr durch den Impulsgenerator G gezündet. Der Verlauf des Steuerstromimpulses und der Anodenspannung wird **am Zweistrahloszillographen** KO beobachtet. Die Zeitdifferenz zwischen dem Zeitpunkt, in dem der Steuerstrom 10% seines Endwertes erreicht, und dem Zeitpunkt, in dem die Anodenspannung auf 90% ihres Anfangswertes abgesunken ist, ist der Zündverzug t_{gd}.

Der Zündverzug wird bei der Sperrschichttemperatur 25 °C gemessen. Die Spannung u_{CO} am Kondensator C unmittelbar vor der Zündung des Prüflings soll gleich der halben höchstzulässigen periodischen Spitzensperrspannung sein. Der Widerstand R ist

$$R = 10\,\frac{u_{CO}}{I_{FL}} \tag{321.1}$$

Die **kapazitive Zeitkonstante** $R\,C$ soll wenigstens das Zehnfache des zu erwartenden Zündverzuges betragen. Beim Aufbau der Meßschaltung ist darauf zu achten, daß der Anodenstromkreis möglichst induktivitätsarm bleibt. Die **induktive Zeitkonstante** L/R darf höchstens gleich dem Zweifachen des zu erwartenden Zündverzuges sein.

22*

Der Steuerstromimpuls soll eine Anstiegszeit von weniger als 0,5 µs und
eine Dauer von etwa 20 µs haben. Steht kein induktivitätsarmer Meßwiderstand R_M
für die Messung des Steuerstromes zur Verfügung, kann auch die Steuerspannung
oszillographiert werden, wenn durch einen genügend hohen Widerstand R_{st} im
Steuerstromkreis annähernd für einen Stromquellencharakter des Steuergenerators gesorgt wird.

Kritische Spannungssteilheit. Zur Bestimmung der kritischen Spannungssteilheit
wird der Prüfling auf den oberen Grenzwert des Betriebstemperaturbereiches erwärmt. Danach wird die Messung mit der in Bild **322.**1 a dargestellten Schaltung durchgeführt. Am Kondensator C_1 wird die Prüfspannung
$U_{DR} = 0,67\ U_{DRL}$ eingestellt. Durch
Umlegen des Schalters S wird dann
der Kondensator C_2 aus C_1 über den
einstellbaren Widerstand R mit einer
Spannung nach einer e-Funktion aufgeladen. Die Kondensatorspannung
U_{C2} liegt über einen Schutzwiderstand R_S (etwa 50 Ohm) am Prüfling. Mit Hilfe des Oszillographen KO
wird der Spannungsverlauf am
Prüfling verfolgt und kontrolliert,
ob der Prüfling durchschaltet. Durch
wiederholtes Betätigen des Schalters S und Verkleinern des Widerstandes R wird die Steilheit der an
den Prüfling angelegten Spannung
stufenweise bis zum Durchschalten
erhöht. Die Steilheitsstufe, bei der
gerade noch kein Durchschalten erfolgt, ist die gesuchte kritische
Spannungssteilheit.

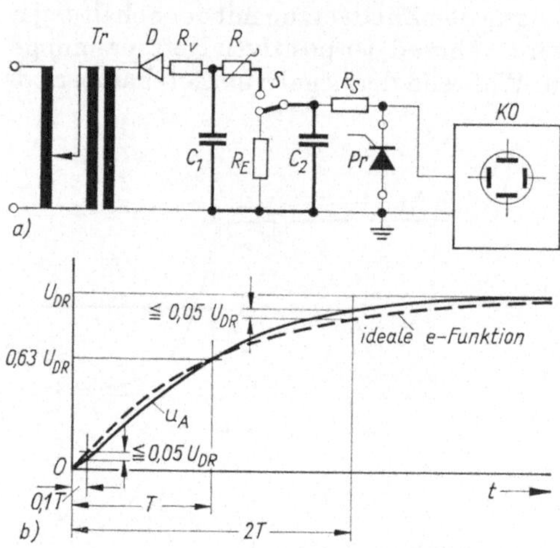

322.1 Messung der kritischen Spannungssteilheit
   a) Schaltbild
   b) zeitlicher Verlauf der Anodenspannung u_A

Bei der Bemessung der Schaltung ist die Kapazität C_2 wenigstens um den Faktor
fünf größer zu wählen als die Sperrschichtkapazität (Nullkapazität) des Prüflings;
C_1 soll wiederum mindestens zehnmal so groß wie C_2 sein. Der Spannungsabfall,
den der Sperrstrom des Prüflings an der Hintereinanderschaltung von R und R_s
hervorruft, soll weniger als 20% der Prüfspannung ausmachen. Als Schalter S soll
ein möglichst **prellfreier Schalter** (z.B. ein Relais mit quecksilberbenetzten
Kontakten) verwendet werden; R_E muß so bemessen sein, daß C_2 jeweils bis zum
nächstfolgenden Betätigen des Schalters S sicher entladen ist. Die **Leitungsführung** von C_1 nach C_2 und von dort zum Prüfling soll möglichst kurz und
induktivitätsarm sein, damit die Abweichung des am Prüfling auftretenden
Spannungsverlaufes von der idealen e-Funktion innerhalb der in Bild **322.**1 b dargestellten Grenzen bleibt. Als Spannungssteilheit wird der Wert

$$\frac{du}{dt} = \frac{0,63\ U_{DR}}{T} \tag{322.1}$$

angegeben, wobei T die Zeit ist, in der die Spannung 63% der Prüfspannung U_{DR}
erreicht.

Sperrträgheit. Die während des Sperrverzögerungsvorganges ausgeräumte Sperrverzugsladung Q_{rr} ist für die Beschaltung des Thyristors gegen Kommutierungsüberspannungen maßgebend. Man kann diese Ladungsmenge mit der Schaltung nach Bild **323.1** a ermitteln. Während der negativen Netzspannungshalbperiode werden die Kondensatoren C_1 und C_2 auf die Spannung u_{C10} bzw. u_{C20} aufgeladen. Etwa zum Zeitpunkt des positiven Netzspannungsscheitelwertes wird zunächst der Prüfling Pr gezündet. Dadurch entsteht in dem aus C_1 und L_1 gebildeten Schwingkreis ein Strom i_A mit sinusförmigem Verlauf (Bild **223.1** b). Wenn dieser Strom seinen Scheitelwert erreicht hat, wird der Hilfsthyristor T gezündet und der Strom i_A kommutiert mit der Steilheit $\mathrm{d}i/\mathrm{d}t = u_{C20}/L_2$ aus dem Prüfling in den Löschkreis (C_2, L_2).

Mit dem Oszillographen KO wird die Spannung am Kondensator C_M beobachtet, der in Reihe zum Prüfling geschaltet und für den Durchlaßstrom mit der Diode DM

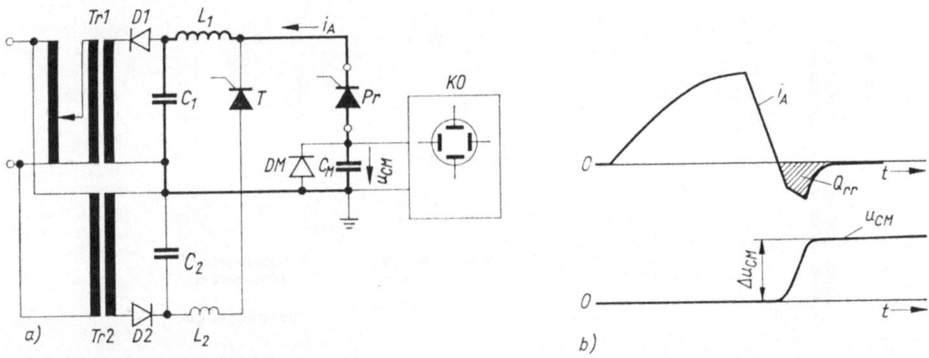

323.1 Ermittlung der Sperrverzugsladung
  a) Schaltbild
  b) zeitlicher Verlauf des Thyristorstromes i_A und der Spannung u_{CM}

überbrückt ist. In C_M sind die Kapazitäten aller mit dem Gehäuse des Prüflings verbundenen Leiter gegen Masse enthalten. Die Sperrverzugsladung $Q_{rr\,DM}$ der Diode muß bekannt und kleiner als die des Prüflings sein.

Aus der Spannungsstufe Δu_{CM} (Bild **323.1** b), die am Ende des Kommutierungsvorganges beobachtet wird, errechnet sich die Sperrverzugsladung

$$Q_{rr} = C_M\,\Delta u_{CM} + Q_{rr\,DM} \tag{323.1}$$

Die Kapazität C_M muß so groß gewählt werden, daß die Spannungsstufe Δu_{CM} kleiner als die Spannung an C_2 bleibt.

Für die Schaltungsbemessung gelten im übrigen die folgenden Dimensionierungsgleichungen:

$$C_1 = \frac{400\ \mu s}{\pi} \cdot \frac{i_A}{u_{C10}} \qquad\qquad L_1 = \frac{400\ \mu s}{\pi} \cdot \frac{u_{C10}}{i_A}$$

$$C_2 \approx C_1 \qquad\qquad L_2 = \frac{u_{C20}}{\mathrm{d}i/\mathrm{d}t}$$

Die Spannung u_{C20} sollte etwa 100 V betragen. Bei Thyristoren mit einer höchsten zulässigen periodischen Spitzensperrspannung $U_{RRL} < 200$ V gilt $u_{C20} = U_{RRL}/2$. Durch Verändern der Spannung u_{C10} kann der Strom i_A ohne Verstellung von L_1 oder C_1 variiert werden. Jedoch sollte u_{C10} die für u_{C20} genannten Werte nicht wesentlich überschreiten.

Freiwerdezeit. Die Freiwerdezeit ist eine der wichtigsten Größen bei der Bemessung von Stromrichtern mit Zwangskommutierung (s. Abschn. 5). Sie kann in der Schaltung nach Bild **324**.1 bestimmt werden. Der Durchlaßstrom für den Prüfling wird in der gleichen Weise erzeugt wie bei der Untersuchung der Sperrträgheit (Bild **323**.1). Durch Zündung des Prüflings Pr etwa in der Mitte der Netzhalbperiode, in der die Dioden D 1 und D 2 sperren, wird in dem aus der Kapazität C_1 und der

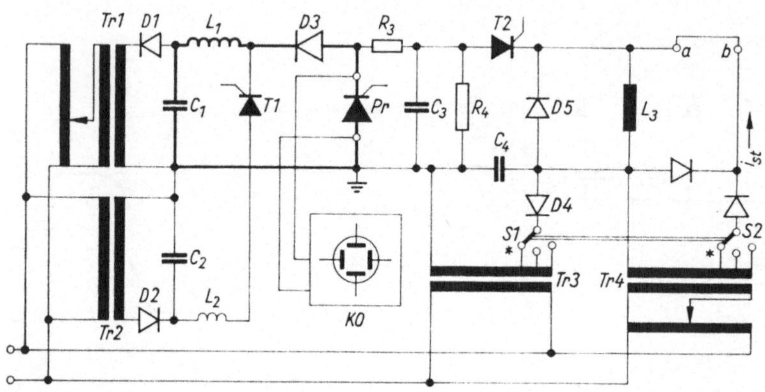

324.1 Schaltung zur Bestimmung der Freiwerdezeit

Induktivität L_1 bestehenden Schwingkreis ein Strom i_A mit sinusförmigem Verlauf hervorgerufen. Wenn dieser Strom seinen Scheitelwert erreicht, wird er durch Zündung des Thyristors T 1 vom Prüfling in den aus Kapazität C_2 und Induktivität L_2 bestehenden Stromkreis kommutiert.

Nach einer vorgegebenen Zeit wird dann der Thyristor T 2 gezündet und damit der Kondensator C_3 über die Induktivität L_3 aus dem sehr viel größeren Kondensator C_4 aufgeladen, dessen Spannung mit dem Schalter S 1 auf 67% der für den Prüfling periodisch zulässigen Spitzensperrspannung eingestellt wurde. Da der Ladestrom durch die Induktivität L_3 annähernd konstant gehalten wird, steigt die Spannung an C_3 und damit auch am Prüfling linear an, bis sie von der Diode D 5 auf die Spannung des Kondensators C_4 begrenzt wird. Die Höhe des Ladestromes wird durch den Strom i_{st} vorgegeben, der wiederum mit dem zum Transformator Tr 4 gehörigen Stelltransformator eingestellt wird.

Der Widerstand R_4 dient dazu, den Kondensator C_3 bis zur nächsten Zündung des Prüflings wieder zu entladen. Der von ihm hervorgerufene Strom muß kleiner sein als der Haltestrom des Thyristors T 2, damit dieser nach Aufladung des Kondensators C_3 löschen kann. Der Widerstand R_3 soll den Prüfling vor Einschaltüberlastung schützen.

Die Zeit zwischen der Zündung von T 1 und T 2 wird bei periodisch wiederholtem Meßvorgang in kleinen Stufen soweit verkürzt, bis der Prüfling die wiederkehrende positive Anodenspannung nicht mehr sperrt. Dann wird sie wieder um eine Stufe

verlängert, so daß der Prüfling gerade sperrt. Am Oszillographen KO wird nun die Zeit Δt zwischen den Nulldurchgängen der Anodenspannung abgelesen (Bild **325**.1). Die gesuchte Freiwerdezeit t_q erhält man, wenn man zu der so abgelesenen Zeit die Sperrverzugszeit hinzuzählt

$$t_q = \Delta t + \sqrt{\frac{2\,Q_{rr}}{\mathrm{d}i/\mathrm{d}t}} = \Delta t + \sqrt{\frac{2\,Q_{rr}\,L_2}{u_{C\,20}}}$$

$$(325.1)$$

Bei der Verstellung der Schonzeit Δt muß im gleichen Maße die Steilheit der wiederkehrenden positiven Spannung angepaßt werden, so daß die Bedingung

$$\frac{\mathrm{d}u}{\mathrm{d}t} = \frac{0{,}67\;U_{\mathrm{DRL}}}{\Delta t} \qquad (325.2)$$

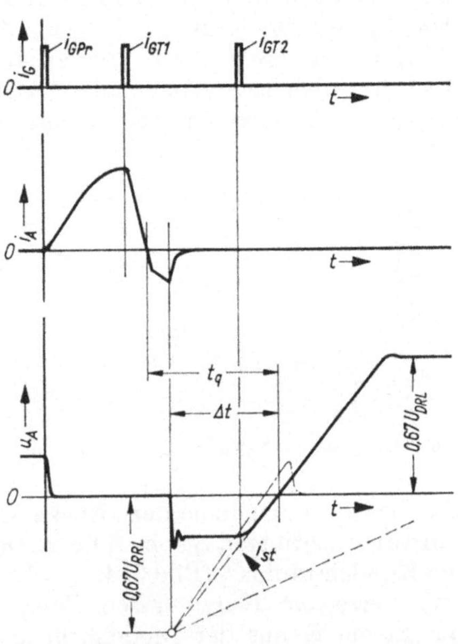

325.1 Zeitlicher Verlauf des Thyristorstromes i_A und der Thyristorspannung u_A des Prüflings Pr in der Schaltung nach Bild **324**.1

erfüllt ist. Diese **Verknüpfung von Schonzeit und Spannungssteilheit** kann man in einfacher Weise mit der in Bild **325**.2 gezeigten Zusatzschaltung erzielen, die in gleicher Weise arbeitet wie der rechte Teil der Schaltung in Bild **324**.1. Der Thyristor T 3 wird jedoch bereits zu dem Zeitpunkt gezündet, in dem der Prüfling negative Sperrspannung übernimmt. Die Induktivität L_4 wird zwischen die Punkte a und b (Bild **324**.1) in Reihe zu der Induktivität L_3 geschaltet, so daß sie von demselben Strom durchflossen wird. Wenn die Spannung am Kondensator C_5 die Spannung an C_6 überschreitet, wird der in der Induktivität L_4 fließende Strom in den Stromzweig mit der Diode D 9 und dem Steuertransformator Tr 6 kommutiert. Dadurch wird der Thyristor T 2 (Bild **324**.1) gezündet.

325.2 Zusatz zur Schaltung in Bild **324**.1 Verknüpfung von Schonzeit und Steilheit der wiederkehrenden positiven Thyristorspannung

Für die richtige Ermittlung der Freiwerdezeit ist es wichtig, daß nach dem Sperrverzögerungsvorgang bis zur Zündung des Thyristor T 2 eine **negative Sperrspannung** von wenigstens 100 V am Prüfling anliegt (Spannung des Kondensators C_2). Das ist gewährleistet, wenn der Sperrverzögerungsvorgang der Diode D 3 länger dauert als der des Prüflings. Häufig steht keine Diode mit entsprechendem

Sperrverzögerungsverhalten zur Verfügung. Dann kann man mit der in Bild **326.**1 dargestellten Ergänzung zu Diode D 3 für eine befriedigende Sperrspannungsübernahme des Prüflings sorgen; D 3 ist hier in die Wechselstromdiagonale einer Diodenbrücke D 12 ... D 15 geschaltet. Wird der Thyristor T 4 zu dem Zeitpunkt gezündet, in dem die Reihenschaltung von Diode D 3 und Prüfling Pr (Bild **324.**1) Sperrspannung zu übernehmen beginnt, so fließt über die Gleichstromdiagonale der Diodenbrücke ein Strom i_h, der durch die Spannung am Kondensator C_7 und durch den Widerstand R_{10} bestimmt ist. Die

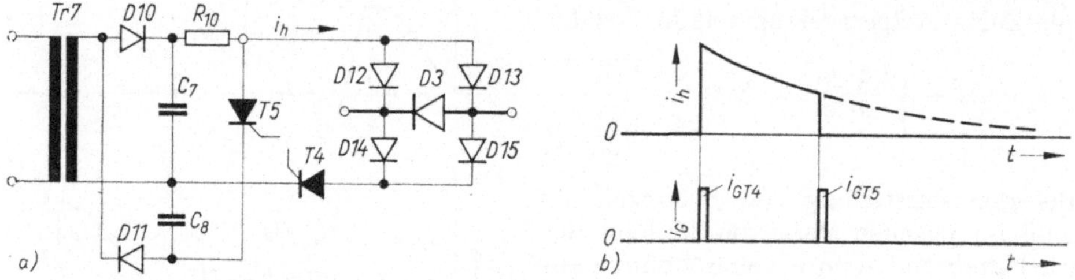

326.1 Ergänzungsschaltung zur Diode D 3 in Bild **324.**1

Wechselstromdiagonale der Brücke kann nun bis zur Höhe dieses Stromes i_h in beiden Richtungen Strom führen. Daher übernimmt der Prüfling die Spannung des Kondensators C_2 (Bild **324.**1), solange der Strom i_h größer ist als sein (überhöhter) Sperrstrom. Kurz vor dem Thyristor T 2 wird der Thyristor T 5 gezündet und der Strom i_h aus der Diodenbrücke in den Kondensator C_8 kommutiert. Nun sperrt die Wechselstromdiagonale der Diodenbrücke Spannung bis zur Höhe der an ihrer Gleichstromdiagonale liegenden Spannung des Kondensators C_8, so daß der Prüfling mit der gewünschten wiederkehrenden positiven Sperrspannung belastet werden kann.

9.2.3. Innerer Wärmewiderstand

Durchlaßspannungsverfahren. Zur Bestimmung des inneren Wärmewiderstandes von Thyristoren kann man ein Verfahren benutzen, wie es auch bei Halbleiterdioden gebräuchlich ist [9.1]. Dieses Verfahren wird anhand von Bild **326.**2 erläutert. Der Prüfling Pr wird mit Hilfe eines Heizkörpers zunächst auf eine bestimmte relativ hohe Temperatur ϑ_W von 80 ...120 °C gebracht. Sodann wird er

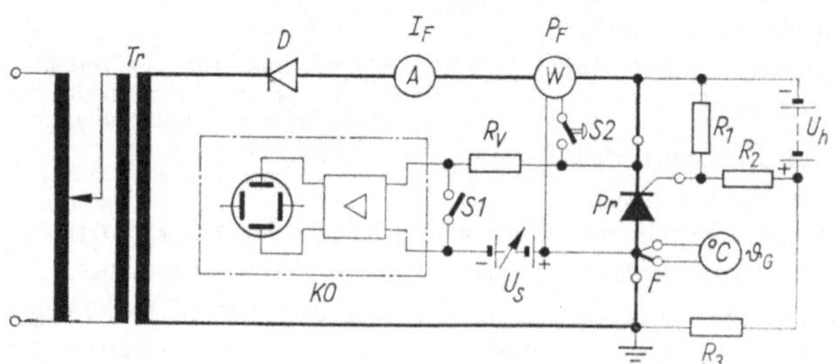

326.2
Schaltung zur Bestimmung des inneren Wärmewiderstandes von Thyristoren

aus der Hilfsspannungsquelle U_h über den Spannungsteiler R_1, R_2 dauergezündet. Die Hilfsspannungsquelle liefert außerdem über den Vorwiderstand R_3 einen Durchlaßstrom I_{Fh} von etwa 1/100 ... 1/50 des Dauergrenzstromes. Die Durchlaßspannung U_{Fh}, die dieser Hilfs-Durchlaßstrom hervorruft, wird als Maß für die Sperrschichttemperatur benutzt. Die Spannung der Vergleichsspannungsquelle U_S wird so eingestellt, daß die Durchlaßspannung U_{Fh} für die Temperatur ϑ_W kompensiert wird und der Oszillograph KO keine Auslenkung zeigt.

Nach diesem Abgleich wird der Thyristor durch einen Kühlkörper auf eine niedrigere Temperatur von 20 ... 60 °C gebracht, und aus dem Transformator Tr wird zur elektrischen Belastung über die Diode D ein halbsinusförmiger Durchlaßstrom I_{FB} über den Prüfling geschickt. Dieser Belastungsstrom wird so weit gesteigert, bis die umgesetzte Verlustleistung ausreicht, um im Thyristorsystem wieder die Temperatur ϑ_W zu erzeugen. Diese Temperatur ist erreicht, wenn der Oszillograph kurz nach dem Ende der Belastungsstrom-Halbschwingungen die Auslenkung Null zeigt. Der Oszillographeneingang wird während der Dauer der Belastungsstrom-Halbschwingungen durch den periodisch mit 50 Hz betätigten Kontakt S 1 kurzgeschlossen, so daß während dieser Zeit eine Vergleichsnullinie geschrieben wird.

Bei Druck auf die Taste S 2 wird nun am Leistungsmesser die Verlustleistung P_F des Prüflings abgelesen. Mit Hilfe des Thermoelementes F wird die erreichte Gehäusetemperatur ϑ_G gemessen. Den inneren Wärmewiderstand des Prüflings errechnet man dann aus den Meßwerten nach der Gleichung

$$R_{(th)\,JG} = \frac{\vartheta_W - \vartheta_G}{P_F} \qquad (327.1)$$

Als Leistungsmesser für dieses Verfahren sind handelsübliche Geräte meist ungeeignet, weil ihr Strompfad selten für höhere Ströme als 5 A ausgelegt ist und ihr Spannungspfad im allgemeinen für die niedrige Durchlaßspannung zu unempfindlich ist. Man kann für diesen Zweck sogenannte Hall-Multiplikatoren benutzen, bei denen der Steuerstrom von der Durchlaßspannung des Prüflings hervorgerufen wird. Das steuernde Magnetfeld wird vom Durchlaßstrom I_{FB} des Prüflings erzeugt.

Kippspannungsverfahren. Bei manchen Thyristoren läßt sich der innere Wärmewiderstand nach dem beschriebenen Verfahren nicht eindeutig bestimmen. Das ist zum Teil darauf zurückzuführen, daß bei dem niedrigen Durchlaßstrom I_{Fh} die Kathodenfläche nicht vollständig am Stromtransport beteiligt ist und der stromführende Bereich durch den Belastungsstrom I_{FB} verlagert wird. Manchmal werden durch den Belastungsstrom auch Wirbelströme in ferromagnetischen Teilen des Thyristorgehäuses hervorgerufen, die Abklingzeiten bis zu einigen Millisekunden aufweisen und Fehlmessungen der Durchlaßspannung U_{Fh} verursachen können. Für diese Fälle eignet sich ein Meßverfahren, das die Kippspannung des Prüflings als Maß für die Sperrschichttemperatur ϑ_J benutzt [9.5]. Bild **328**.1a zeigt die Prinzipschaltung für dieses Verfahren. Zunächst wird der Prüfling Pr mit einem Heizkörper auf etwa 100 °C erwärmt. Dann wird er durch halbsinusförmigen Durchlaßstrom belastet. In den Pausen zwischen den Belastungsstrom-Halbschwingungen wird über den Thyristor T 1 mit niedriger Anstiegssteilheit positive Sperrspannung bis zur Höhe von etwa 70% der periodisch

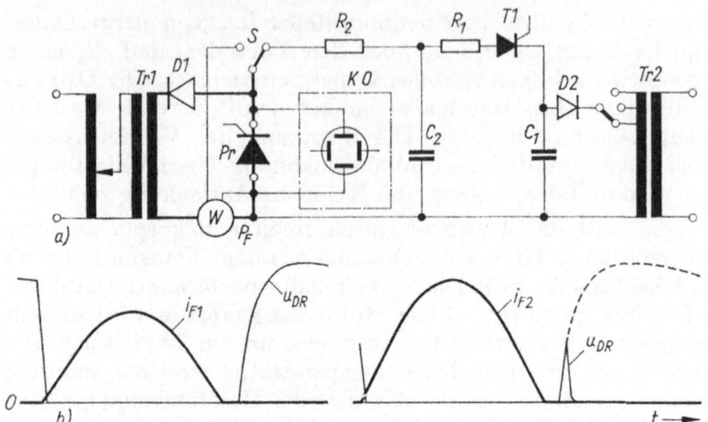

328.1 Bestimmung des inneren Wärmewiderstandes mit Hilfe der Kippspannung
   a) Schaltung
   b) zeitlicher Verlauf von Thyristorstrom i_F und Thyristorspannung u_{DR}

zulässigen Spitzensperrspannung angelegt (Bild 328.1 b). Der Durchlaßstrom wird bis zu dem Wert I_{F1} gesteigert, bei dem der Prüfling die angelegte positive Sperrspannung gerade noch sperrt. Für diesen Wert wird nach Betätigung der Taste S die Verlustleistung P_{F1} und die erreichte Gehäusetemperatur ϑ_{G1} gemessen.

Anschließend wird der Prüfling durch einen Kühlkörper auf eine niedrigere Temperatur (etwa 50 °C) abgekühlt und der Belastungsstrom in gleicher Weise gesteigert, bis die angelegte positive Sperrspannung gerade noch gesperrt wird. Auch die bei dieser Belastung gemessenen Werte P_{F2} und ϑ_{G2} werden notiert. Der innere Wärmewiderstand ist dann

$$R_{(th)JG} = \frac{\vartheta_{G1} - \vartheta_{G2}}{P_{F2} - P_{F1}} \qquad (328.1)$$

9.2.4. Funktionsprüfung

Thyristoren, die infolge eines Fehlers in einer Thyristoranlage defekt gegangen sind, zeigen im allgemeinen einen direkten Durchschlag. Solche Thyristoren können mit einem einfachen Durchgangsprüfer erkannt werden. Schwieriger sind Thyristoren zu finden, die noch nicht vollständig zerstört sind, sondern aufgrund von Überlastung oder durch Alterung ihre Eigenschaften verändert haben. Das empfindlichste Indiz für beginnende Zerstörung ist eine merkliche Zunahme des Sperrstromes. Auch eine Abnahme der kritischen Spannungssteilheit oder ein Absinken der Kippspannung unter den Wert der höchsten periodisch zulässigen Spitzensperrspannung ist bedenklich.

Funktionsprüfgerät. In Bild 329.1 ist die Schaltung eines Funktionsprüfgerätes dargestellt, mit dem positiver und negativer Sperrstrom, eine zu niedrige Kippspannung und die kritische Spannungssteilheit geprüft werden können. Außerdem gestattet dieses Gerät zu kontrollieren, ob der Thyristor zündet. Die Schaltung ist für Prüfspannungen bis 1200 V und Sperrströme bis 10 mA bemessen.

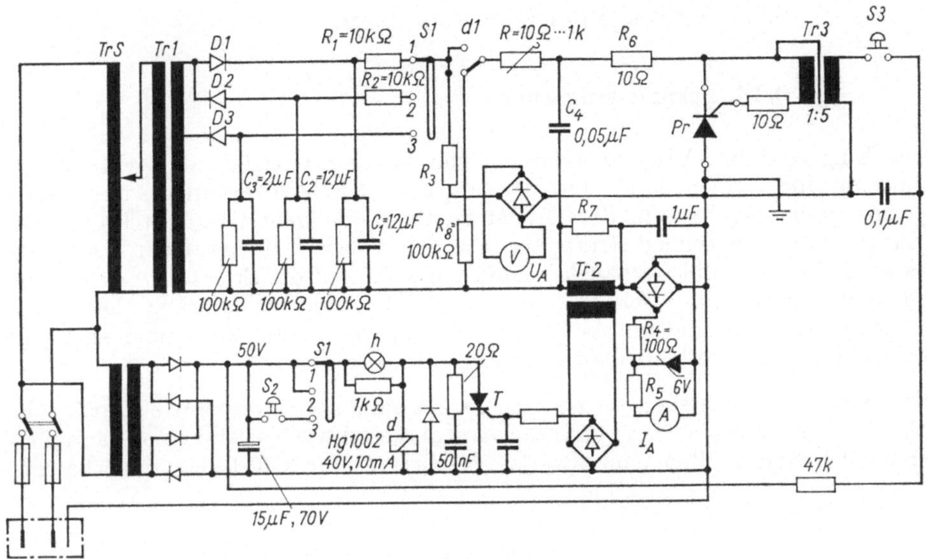

329.1 Schaltbild eines Funktionsprüfgerätes für Thyristoren

In Stellung 1 und 2 des Schalters S 1 ist das Relais d angezogen, und an den Prüfling wird negative bzw. positive Sperrspannung gelegt, deren Höhe mit dem Stelltransformator TrS bis zum Wert der vorgesehenen Prüfspannung (äußerstenfalls bis zur höchsten zulässigen Gleichsperrspannung) gesteigert wird. Am Instrument für U_A wird die Sperrspannung, am Instrument für I_A der Sperrstrom abgelesen. Bei der Messung mit positiver Anodenspannung zeigt sich ein Überschreiten der Kippspannung durch plötzlichen Ausschlag des Instrumentes I_A an.

In Stellung 3 des Schalters S 1 ist das Relais d zunächst abgefallen und der Kondensator C_4 entladen. Über die Diode D 3, die an einen Abgriff der Sekundärwicklung des Transformators Tr 1 angeschlossen ist, wird der Kondensator C_3 auf die Prüfspannung $U_{DR} = 0{,}67\ U_{DRL}$ aufgeladen. Bei Druck auf die Taste S 2 zieht nun das Relais d an, und über seine quecksilberbenetzten Kontakte d 1 und den stufenweise verstellbaren Widerstand R wird der Kondensator C_4 nach einer e-Funktion auf die Spannung des Kondensators C_3 aufgeladen. Der Meßvorgang zur Bestimmung der **kritischen Spannungssteilheit** kann, wie in Abschn. 9.2.2 beschrieben, ablaufen. Im allgemeinen wird man sich jedoch mit einer Gut-Schlecht-Aussage begnügen, bei der der Widerstand R auf den Wert

$$R = \frac{0{,}63\ U_{DR}}{C_4\,(\mathrm{d}u/\mathrm{d}t)_{krit}} \tag{329.1}$$

eingestellt wird.

Beim Durchschalten des Prüflings zündet sein Durchlaßstrom über den Übertrager Tr 2 den Thyristor T. Dadurch fällt das Relais d ab und die Anzeigelampe h leuchtet auf. Hält der Prüfling die angelegte Prüfspannung, so kann mit einem Druck auf die Taste S 3 kontrolliert werden, ob er durch einen **Steuerimpuls** gezündet werden kann.

9.3. Messungen in Thyristoranlagen

9.3.1. Spannungsmessung

Die Eingangs- und Ausgangsspannung von Thyristoranlagen und -geräten wird zwar im allgemeinen häufig mit Drehspul- oder Dreheiseninstrumenten gemessen, bei der Messung der Thyristorspannung können diese Mittelwert- bzw. Effektivwert anzeigenden Geräte aber nur zur groben Orientierung dienen, da es wie bei allen Halbleiterbauelementen vor allem auf die Erfassung der Spitzenspannung ankommt. Auch Instrumente mit Spitzengleichrichtung (Diode mit Ladekondensator) sind nur bedingt einsetzbar, da sie auf kurze und einmalige Spannungsspitzen unbefriedigend ansprechen.

Spitzenspannungsmessung. Für diesen Zweck sind registrierende Geräte im Handel, bei denen eine Anzeigeeinrichtung ausgelöst wird, sobald eine Spannungsspitze den eingestellten Schwellwert überschreitet. Bild **330.**1 zeigt die Schaltung

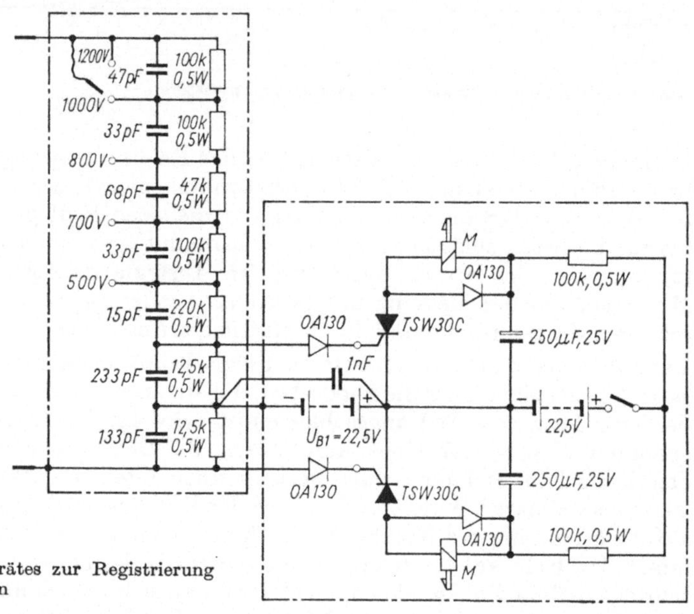

330.1 Schaltbild eines Gerätes zur Registrierung von Überspannungen

eines einfachen Gerätes dieser Art. Wenn die durch den frequenzkompensierten Spannungsteiler herabgesetzte Eingangsspannung die Batteriespannung U_{B1} um die Zündspannung eines der beiden Thyristoren überschreitet, zündet dieser und bringt das zugehörige Melderelais M zum Ansprechen. Bei sorgfältiger Ausführung und Verwendung geeigneter Thyristoren kann man erreichen, daß bereits Spannungsspitzen von weniger als 0,3 μs Dauer eine Meldung auslösen. Zum Schutz gegen äußere Störfelder ist das gesamte Gerät abgeschirmt. Da das Gerät sehr klein gebaut werden kann und von der Netzspannung unabhängig ist, kann es an beliebigen Stellen der Anlage eingesetzt werden.

Messung des Spannungsverlaufes. Wenn nicht nur die Spitzenspannung, sondern der gesamte Spannungsverlauf beobachtet werden soll, werden Elektronenstrahloszillographen mit Tastkopf eingesetzt. Wegen der Schaltgeschwindigkeit der Thyristoren sollte die obere Grenzfrequenz dieser Geräte wenigstens 10 MHz betragen. Mit üblichen Ein- oder Zweistrahloszillographen können jedoch nur Spannungen gegen Masse gemessen werden. Das Oszillographengehäuse ist im allgemeinen über Schutzkontakt geerdet oder an den Nulleiter angeschlossen. Andererseits ist es aber mit Rücksicht auf die Meßgenauigkeit meist erforderlich, die Masseklemme des Tastkopfes möglichst kurz mit dem Massepunkt der Anlage zu verbinden. Das kann zur Folge haben, daß Erdströme der Anlage zum Teil über den Außenmantel des Tastkopfkabels und das Oszillographengehäuse fließen und Störspannungen in den Oszillographenverstärker einkoppeln. In diesem Fall erfordert es die Meßaufgabe, den Schutzkontakt des Oszillographengehäuses zu unterbrechen. Selbstverständlich darf dies nur unter Beachtung äußerster Vorsichtmaßnahmen geschehen, wie sichere Verbindung des Oszillographengehäuses über die Tastkopf-Masseklemme mit dem Massepunkt der Anlage, Bedienung ausschließlich durch Fachpersonal usw.

Zur Messung der Spannung zwischen zwei Punkten der Anlage, von denen keiner auf Massepotential liegt, stehen Oszillographen mit Differenzverstärkern zur Verfügung. Diese Geräte messen die Spannung beider Punkte gegen Masse und bilden elektronisch die Differenz zwischen den beiden Spannungen. Beim Einsatz der Differenzverstärker ist auf ein ausreichendes Unterdrückungsverhältnis und auf sehr guten Abgleich der Tastköpfe untereinander zu achten. Die Zuleitungskabel zu den Tastköpfen sollten möglichst dicht beieinander verlegt werden, damit induktive Einstreuungen auf ein Minimum beschränkt bleiben.

9.3.2. Strommessung

Für die rechnerische Ermittlung der Durchlaßverluste eines Thyristors (s. Abschn. 1.3.1) benötigt man den Mittelwert und den Effektivwert des Durchlaßstromes. Diese Werte können mit Drehspul- bzw. Dreheiseninstrumenten gemessen werden.

Hochfrequenz-Nebenwiderstand. Außer dem Mittel- und Effektivwert des Stromes interessieren häufig Einzelheiten des Stromverlaufes, wie z.B. die Anstiegssteilheit, der Scheitelwert oder der Sperrverzögerungsstrom. Für derartige Untersuchungen wurden Hochfrequenz-Nebenwiderstände zur Aufzeichnung von schnellveränderlichen Strömen mit Elektronenstrahloszillographen entwickelt.

Bild **332.**1 zeigt ein Schnittbild durch die wirksamen Teile eines solchen Hochfrequenz-Nebenwiderstandes und das vereinfachte Ersatzschaltbild. Der Widerstand ist in doppelkoaxialer Bauform ausgeführt. Der zu messende Strom i fließt in dem äußeren koaxialen System, das aus den Stromklemmen A und B, dem Kupferzylinder Cu, dem Manganinzylinder Mn und dem aus einzelnen Stäben Cu_R gebildeten Käfig (für die Stromrückleitung) besteht. Die Potentialabgriffe, die in der Koaxialbuchse Bu münden, sind innen am Manganinzylinder angebracht, so daß sie sich in einem weitgehend feldfreien Raum befinden. Innerhalb des Manganinzylinders ist auch ein Abschlußwiderstand (50 Ohm) für das Kabel zum Oszillographen angeordnet.

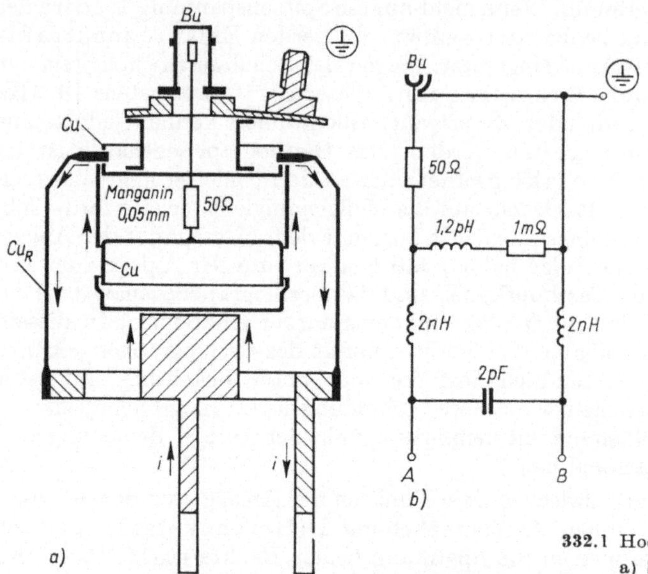

332.1 Hochfrequenz-Nebenwiderstand
a) Schnittbild
b) vereinfachtes Ersatzschaltbild

Der Hochfrequenz-Nebenwiderstand wird wie die bei Drehspulinstrumenten gebräuchlichen Nebenwiderstände gehandhabt. Mit den Stromklemmen wird er in den zu untersuchenden Stromkreis geschaltet, und an seinen Potentialklemmen wird die dem Strom proportionale Spannung gemessen. Ohne besondere Vorkehrungen ermöglicht er bereits Strommessungen im Frequenzbereich von Gleichstrom bis zu einigen Megahertz. Man muß lediglich beachten, daß der eine Potentialabgriff galvanisch mit dem Oszillographengehäuse verbunden ist.

Bei der Messung von Strömen mit höherfrequenten Oberschwingungen (bis 100 MHz) müssen die Leitungsinduktivitäten und die Streukapazitäten der Leiter berücksichtigt werden. Das sei anhand von Bild **332.2** erläutert. Aus der Spannungsquelle U fließt der zu messende Strom i über den Lastwiderstand R_L, den Thyristor T und den Hochfrequenz-Nebenwiderstand R_M. Infolge der nicht zu vermeidenden Leitungsinduktivität L_σ in der Rückleitung zur Spannungsquelle fließt nur der Teil i' des zu messenden Stromes über die Rückleitung. Andere (insbesondere die hochfrequenten) Komponenten i_M und i_M'' des Stromes i fließen über die Masseklemme des Hochfrequenz-Nebenwiderstandes bzw. über den Außenleiter des Koaxialkabels zum Oszillographen KO und dann über die Gehäusekapazität C_KO zur Erde. Von dort fließen sie über die Kapazität C_U, die die Span-

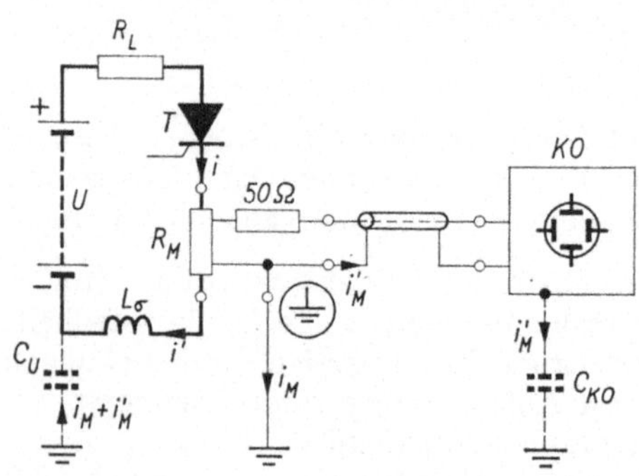

332.2 Beispiel einer Schaltung für eine Strommessung mit dem Hochfrequenz-Nebenwiderstand

nungsquelle und alle mit ihr verbundenen Leiterteile gegen Erde haben, zur Spannungsquelle zurück. Der Teilstrom i'_M verursacht am Mantel des Koaxialkabels einen Spannungsabfall, der sich als Störspannung zur Meßspannung addiert. Außerdem kann der Teilstrom i'_M Störspannungen in den Oszillographenverstärker einstreuen. Aus diesem Grund sollte die Verbindung der Masseklemme zur Erde möglichst gut ausgeführt werden. Es empfiehlt sich, bei jeder Messung zu kontrollieren, ob die Störspannung genügend klein gegenüber der zu erwartenden Meßspannung ist. Diese Kontrolle geschieht durch Kurzschließen des Koaxialkabels am Nebenwiderstand. Dazu wird das Kabel vom Nebenwiderstand abgetrennt, mit einer Kurzschlußbuchse abgeschlossen und wieder mit dem Außenleiter der Koaxialbuchse am Nebenwiderstand verbunden.

Stromwandler. Der Hochfrequenz-Nebenwiderstand ist, da er galvanisch mit dem Oszillographengehäuse verbunden ist, nur an solchen Stellen einer Schaltung einsetzbar, die in der beschriebenen Art mit der Erde verbunden werden dürfen. Häufig will man jedoch an beliebigen Punkten einer Thyristoranlage den Stromverlauf messen. Man kann sich dann unter Verzicht auf den Gleichstromanteil und die hohe Grenzfrequenz mit Stromwandlern helfen, die **ferritisches Kernmaterial** haben. Die Sekundärwicklung muß bei diesen Stromwandlern gegenüber dem durchgesteckten Primärleiter sehr gut **abgeschirmt** sein, damit keine **kapazitive Einstreuung** auf den Oszillographen möglich ist. Mit derartigen Stromwandlern läßt sich eine obere Grenzfrequenz bis zu 10 MHz erreichen. Auf die Übertragung des Gleichstromgliedes kann man bei der Messung von Thyristorströmen meist verzichten, weil man im allgemeinen weiß, welche Abschnitte des Stromverlaufes der Nullinie entsprechen. Man muß lediglich beachten, daß die **Spannungszeitfläche am Abschlußwiderstand** den Wert

$$\int u_\mathrm{R}\, \mathrm{d}t = N A_\mathrm{Fe}\,(B_\mathrm{Sätt} - B_\mathrm{Rem}) \tag{333.1}$$

nicht überschreitet. Darin sind N die Sekundärwindungszahl, A_Fe der effektive Kernquerschnitt, $B_\mathrm{Sätt}$ die Sättigungsinduktion und B_Rem die remanente Induktion.

Magnetischer Spannungsmesser. Eine weitere Möglichkeit, den Stromverlauf an beliebigen Stellen einer Anlage zu verfolgen, bieten sogenannte magnetische Spannungsmesser [9.3]. Bei diesem Verfahren wird ein aufklappbarer magnetischer Spannungsmesser um den Leiter gelegt, in dem der zu messende Strom fließt. Die Wirkungsweise dieser Geräte sei anhand von Bild **333.1** erklärt. Der magnetische

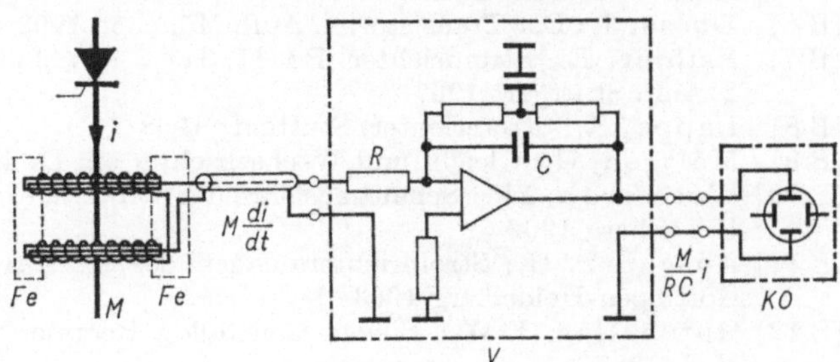

333.1
Oszillographische Aufzeichnung
von Strömen mit magnetischem
Spannungsmesser und Integrationsverstärker

Spannungsmesser besteht hier aus zwei parallelen keramischen Stäben, auf die
eine homogene Meßwicklung aus dünnem Kupferdraht aufgebracht ist. Die beiden
Enden der Stäbe befinden sich in einem magnetfeldfreien Raum, der durch
Abschirmung mit Eisenblech erzeugt wird. Zwischen diesen beiden bewickelten
Stäben wird der Leiter hindurchgeführt, in dem der zu messende Strom i fließt.
An den Wicklungsenden entsteht eine Meßspannung

$$u_\mathrm{M} = M\,\frac{\mathrm{d}i}{\mathrm{d}t} \qquad\qquad (334.1)$$

Der Wert der Gegeninduktivität M kann durch eine Eichmessung gefunden
werden. Er ist von der räumlichen Lage des zwischen den Stäben durchgeführten
Leiters unabhängig. Durch Integrieren der Spannung u_M im Integrationsverstärker V erhält man am Oszillographeneingang eine dem Strom i proportionale
Spannung $(M/R\,C)\cdot i$. Die erreichbare obere Frequenzgrenze dieser Anordnung
liegt bei etwa 1 MHz, also unterhalb der des Stromwandlers mit Ferritkern.

Der Vorteil des magnetischen Spannungsmessers gegenüber dem Stromwandler
liegt darin, daß die eine der beiden magnetischen Abschirmungen leicht abzu-
nehmen ist. Man kann ihn also bequem über eine Leitung schieben, ohne Leitungs-
verbindungen lösen zu müssen, so daß nacheinander die Ströme in verschiedenen
Zweigen einer Schaltung gemessen werden können.

SCHRIFTTUM

A. Bücher

[B 1]   Marti, O.K., und Winograd, H. (Deutsch von Gramisch, O.): Stromrichter, unter besonderer Berücksichtigung der Quecksilberdampf-Großgleich-
richter. München-Berlin 1933

[B 2]   Glaser, A., und Müller-Lübeck, K.: Theorie der Stromrichter. Bd. 1:
Elektrotechnische Grundlagen. Berlin 1935

[B 3]   Schilling, W.: Die Wechselrichter und Umrichter. München-Berlin 1940

[B 4]   Rüdenberg, R.: Elektrische Schaltvorgänge. 4. Aufl. Berlin-Göttingen-Hei-
delberg 1953

[B 5]   Hütte. Des Ingenieurs Taschenbuch. Bd. IV A: Elektrotechnik Teil A, Stromrichter. 28. Aufl. Berlin 1957. S. 578—658

[B 6]   Dosse, J.: Der Transistor. 4. Aufl. München 1962

[B 7]   Kübler, E.: Stromrichter. Bd. II, Teil 3 aus: Leitfaden der Elektrotechnik.
2. Aufl. Stuttgart 1967

[B 8]   Lappe, R.: Stromrichter. Stuttgart 1958

[B 9]   Möltgen, G.: Gleich- und Wechselrichter am Drehstromnetz. Erlangen

[B 10]   Wasserrab, Th.: Schaltungslehre der Stromrichtertechnik. Berlin-Göttingen-
Heidelberg 1962

[B 11]   Anschütz, H.: Stromrichteranlagen der Starkstromtechnik. 2. Aufl. Berlin-
Göttingen-Heidelberg 1963

[B 12]   Gutzwiller, F.W.: Silicon Controlled Rectifier Manual. 4. Aufl. Syracuse,
N.Y. 1967

[B 13] Gentry, F.E., Gutzwiller, F.W., Holonyak, N., und v. Zastrow, E.E.: Semiductor Controlled Rectifiers: Principles and Applications of p-n-p-n Devices. Englewood Cliffs, N.Y. 1964

[B 14] Bedford, B.D., und Hoft, R.G.: Principles of Inverter Circuits. New York-London-Sydney 1964

[B 15] Hoffmann, A., und Stocker, K.: Thyristor-Handbuch. Berlin-Erlangen 1965

[B 16] Griffin, A., und Ramshaw, R.S.: The Thyristor and its applications. London 1965

[B 17] Steimel, K., und Jötten, R.: Energieelektronik und geregelte elektrische Antriebe. VDE-Buchreihe, Bd. 11. Berlin 1966

[B 18] Swoboda, R.: Thyristoren. Stuttgart 1966

[B 19] Meyer, M.: Thyristoren in der technischen Anwendung. Bd. 1: Stromrichter mit erzwungener Kommutierung. Berlin-München 1967

[B 20] BBC: Silizium Stromrichter Handbuch. Baden 1971

[B 21] Kümmel, F.: Elektrische Antriebstechnik. Berlin-Heidelberg-New York 1971

B. Zeitschriften

Zu Abschnitt 1

[1.1] Cauer, W.: Die Verwirklichung von Wechselstromwiderständen vorgeschriebener Frequenzabhängigkeit. Archiv f. Elektrotechnik 17 (1926) H. 4, S. 355 bis 388

[1.2] Moll, J.L., Tanenbaum, M., Goldey, J.M., und Holonyak, N.: p-n-p-n Transistor Switches. Proc. Inst. Radio Eng. Bd. 44 (1956) S. 1174—1182

[1.3] Shockley, W.: The Four-Layer Diode. Electronic Ind. (1957) Aug., S. 58—60 u. 161—165

[1.4] Mackintosh, I.M.: The Electrical Characteristics of Silicon PNPN Triodes. Proc. Inst. Radio Eng. Bd. 46 (1958) S. 1229—1235

[1.5] Aldrich, R.W., und Holonyak, N.: Multiterminal PNPN Switches. Proc. Inst. Radio Eng. Bd. 46 (1958) S. 1236—1239

[1.6] Strickland, P.R.: The Thermal Equivalent Circuit of a Transistor. IBM-Journal (1959) Jan., S. 35—45

[1.7] Baker, A.N., Goldey, J.M., und Ross, I.M.: Recovery Time of PNPN Diodes. Inst. Radio Eng. Wescon Conv. Rec. Electr. Dev., Teil 3, Aug. 1959, S. 43—48

[1.8] Aldrich, R.W., und Holonyak, N.: Two-Terminal Asymmetrical and Symmetrical Silicon Negative Resistance Switches. Journ. Appl. Phys. 30 (1959) H. 11, S. 1819—1824

[1.9] Ligten, R.H. van, und Navon, D., Base Turn- off of PNPN Switches. Inst. Radio Eng. Wescon Conv. Rec. Electr. Dev., Teil 3 (1960) S. 49—52

[1.10] Somos, I.: Switching Characteristics of Silicon Controlled Rectifiers, I — Turn-on Action. Trans. Am. Inst. El. Eng., Communication and Electronics Bd. 80 (1961) Juli, S. 320—326

[1.11] Stumpe, A.C.: Kennlinien der steuerbaren Siliziumzelle. ETZ-A, 83 (1962) H. 4, S. 81—87

[1.12] Gerlach, W., und Seid, F.: Wirkungsweise der steuerbaren Siliziumzelle. ETZ-A, 83 (1962) H. 8, S. 270—277

[1.13] Stumpe, A.C.: Das Schaltverhalten der steuerbaren Siliziumzelle. ETZ-A, 83 (1962) H. 9, S. 291—298

[1.14] Mapham, N.: Overcoming Turn-on Effects in Silicon Controlled Rectifiers. Electronics Bd. 35 (1962) H. 33, S. 50—51

[1.15] Gutzwiller, F.W.: Controlled Avalanche: A New Approach to Protecting Silicon Rectifier Diodes against Voltage Transients. Direct Curr., 7 (1962) H. 12, S. 335—338

[1.16] Bösterling, W., und Fröhlich, M.: Die dynamischen Eigenschaften von Thyristoren. AEG-Mitt. 54 (1964) H. 5/6, S. 459—463

[1.17] Borchert, E., und Stumpe, A.C.: Stoßspannungsfeste Siliziumzellen. AEG-Mitt. 54 (1964) H. 5/6, S. 469—473

[1.18] v. Zastrow, E.E., und Galloway, J.H.: Commutation Behaviour of Diffused High-Current Rectifier Diodes. Trans. IEEE on Ind. a. Gen. Appl. Bd. 1 (1965) H. 2, S. 157—166

[1.19] Gerlach, W.: Thyristor mit Querfeld-Emitter. Zeitschr. f. angew. Phys. 19 (1965) H. 5, S. 396—400

[1.20] Gerlach, W., und Stumpe, A.C.: Das Schaltverhalten von Thyristoren. VDE-Buchreihe Bd. 11, 1966, S. 32—51

[1.21] Köhl, G.: Steuermechanismus und Aufbau bilateral schaltender Thyristoren. Scientia Electrica Bd. 12 (1966) H. 4, S. 123—132

[1.22] Somos, I. and Piccone, D.E.: Some observations of static and dynamic plasma spread in conventional and new power thyristors. Power Thyristors and their Applications IEE Conference Publication No. 53, Part 1 — Contributions, S. 1—7

[1.23] Bösterling, W., und Sonntag, A.: Ein volldiffundierter Frequenzthyristor für große Einschaltstrombelastbarkeit und hohen Dauergrenzstrom. Techn. Mitt. AEG-TELEFUNKEN 59 (1969) H. 3/4, S. 238—240

[1.24] Gerlach, W. und Köhl, G.: Thyristoren für hohe Spannungen. Festkörperprobleme IX, Edit.: O. Madelung, Friedr. Vieweg & Sohn, Braunschweig 1969, S. 354—370

[1.25] Korb, F.: Die thermische Auslegung von fremdgekühlten Halbleitern bei netzgeführten Stromrichtern. ETZ-A 92 (1971) H. 2, S. 100—107

[1.26] Korb, F.: Das thermische Verhalten selbstgekühlter Halbleiter bei netzgeführten Stromrichtern. ETZ-A 92 (1971) H. 4, S. 228—234

[1.27] Platzöder, K.: BSt P 36, ein neuer Leistungsthyristor in Volldiffusionstechnik für Spannungen bis 2500 V. Siemens-Z. 46 (1972) H. 4, S. 310—311

[1.28] Ganner, P. und Kirschner, F.: Schnelle hochsperrende Thyristoren. Siemens-Z. 46 (1972) H. 11, S. 841—843

Zu Abschnitt 2

[2.1] Koppelmann, F.: Der Kontaktumformer. ETZ 62 (1941) H. 1, S. 3—16

[2.2] Stumpe, A.C.: Transistorwechselrichter. AEG-Mitt. 50 (1960) H. 1/2, S. 19 bis 27

[2.3] Lim, J.S., und Wilson, K.: Some Aspects of Thyristor Series Operation. Mullard Tech. Comm. Bd. 7 (1964) März, S. 266—270

[2.4] Mulica, A.R.: How to Use Silicon Controlled Rectifiers in Series or Parallel. Control Engineering (1964) Mai, S. 95—99

[2.5] Tobisch, G.T.: Parallel Operation of Silicon Rectifier Diodes. Mullard Tech. Comm. Bd. 8 (1964) Okt., S. 78—88

[2.6] Battersby, C.F.: Present techniques in gate firing. Power Thyristors and their Applications, IEE Conference Publication No. 53, Part 1 — Contributions, S. 146—153

Zu Abschnitt 3

[3.1] Mohr, O.: Die Abhängigkeit der Ströme und Spannungen vom Aussteuerungsgrad bei stromrichtergesteuerten Widerstandsschweißmaschinen. AEG-Mitt. (1941) H. 3/4, S. 94—101

[3.2] Barbey, J.: Vierpole mit Stromtoren. Promotion Nr. 2878 der ETH Zürich (1961)

[3.3] Storm, H.F.: A gate-controlled a-c power switch. Proceedings of the Intermag Conference, Washington (1964) Paper 4.4

[3.4] van den Boom, H.-W.: 5-kW-Stellglied mit Si-Thyratrons. BBC-Nachrichten 46 (1964) H. 8, S. 431—433

[3.5] Heumann, K., und Koppelmann, F.: Kontaktloses Schalten mit steuerbaren Halbleiterelementen im Niederspannungsbereich. ETZ-A 86 (1965) H. 17, S. 552—557

[3.6] Hein, W.: Stufenschalter mit Thyristorlastumschalter für Wechselstrom-Triebfahrzeuge. Siemens-Z. 39 (1965) H. 4, S. 269—271

[3.7] Weber, J.: Elektronische Wechselstrom- und Drehstromsteller. VDE-Buchreihe Bd. 11, 1966, S. 200—209

[3.8] Michel, M.: Die Strom- und Spannungsverhältnisse bei der Steuerung von Drehstromlasten über antiparallele Ventile. Dissertation der TU Berlin (1966)

[3.9] Zentgraf, L.: Thyristorschaltstufe N 495—AP 5. Siemens-Z. 40 (1966) H. 4, S. 306—307

[3.10] Storm, H.F., und Watrous, D.L.: Gate-controlled a-c switch. IFAC-Kongreß, London (1966) Paper 4 E

[3.11] Pollard, E.M., Flairty, C.W., Hodges, M.E. and Laukaitis, J.A.: A 20 MW Thyristor A.C. switch for induction heating power control and protection. Power Thyristors and their Applications, IEE Conference Publication No. 53, Part 1 — Contributions, S. 177—184

[3.12] Schäfer, W.: Thyristor-Schweißsteuerungen. Techn. Zentralblatt 64 (1970) H. 9, S. 511—513

[3.13] Unterweger, H.: Mechanical and solid-state contactors for low-voltage application. Conference paper, Eurocon, Lausanne 1971

[3.14] Knuth, D., und Müller, D.: Elektronische Motorschütze. Elektrische Ausrüstung 14 (1973) H. 4, S. 17—20

Zu Abschnitt 4

[4.1] Hölters, F.: Schaltung und Steuerung von Stromrichtermotoren. E. u. M. (1943) H. 19/20, S. 221—228

[4.2] Hölters, F.: Schaltungen von Umkehrstromrichtern. AEG-Mitt. 48 (1958) H. 11/12, S. 621—629

[4.3] Hölters, F., und Mikulaschek, F.: Das Blindleistungsproblem bei Stromrichter-Umkehrantrieben. AEG-Mitt. 48 (1958) H. 11/12, S. 648—659

[4.4] Geise, H.: Leistungsfaktorverbesserung durch Kondensatoren und Saugkreise in Industriewerken mit Stromrichteranlagen. AEG-Mitt. 48 (1958) H. 11/12, S. 659—675

[4.5] Reichmann, H.: Stromrichter mit steuerbaren Siliziumzellen für motorische Antriebe. AEG-Mitt. 51 (1961) H. 11/12, S. 463—471

[4.6] Meyer, M., und Möltgen, G.: Kreisströme bei Umkehrstromrichtern. Siemens-Z. 37 (1963) H. 5, S. 375—379

[4.7] Kanngießer, K.-W., und Klinger, S.: Ein 2-MVA-Umrichter zur Stromversorgung einer Stumpfschweißmaschine. BBC-Nachrichten 45 (1963) H. 9, S. 441—453

[4.8] Anniés, B.: Steuerumrichter für Käfigläufermotoren. AEG-Mitt. 54 (1964) H. 1/2, S. 123—125

[4.9] Kanngießer, K.-W.: Umrichter zur Speisung von Drehfeldmaschinen. ETZ-A 85 (1964) H. 21, S. 673—681

[4.10] Kanngießer, K.-W.: Schwingkreisumrichter für die induktive Erwärmung. BBC-Nachrichten 46 (1964) H. 12, S. 637—647

[4.11] **Wesselack, F.**: Thyristorstromrichter mit natürlicher Kommutierung. Siemens-Z. 39 (1965) H. 3, S. 199—205

[4.12] **Weber, J.**: Stromrichter in halbgesteuerter Brückenschaltung mit Freilaufventil. Siemens-Z. 39 (1965) H. 4, S. 272—274

[4.13] **Reichmann, H.**, und **Schräder, A.**: Steuergeräte für die Anschnittsteuerung von Stromrichtern. AEG-Mitt. 55 (1965) H. 7, S. 613—620

[4.14] **Frankenberg, W.**: Steuereinrichtungen für Stromrichter. VDE-Buchreihe Bd. 11, 1966, S. 223—236

[4.15] **Philipps, R.**: Diskussionsbeitrag zu G. Möltgen und I. Neuffer: Antriebe mit netzgeführten Stromrichtern. VDE-Buchreihe Bd. 11 (1966) S. 253—255

[4.16] **Vogel, L.**, und **Wiegand, A.**: Thyristor-Stromrichter für Industrieantriebe. AEG-Mitt. 56 (1966) H. 2, S. 98—105

[4.17] **Golde, E.**, und **Lehmann, G.**: Schwingkreisumrichter für induktive Erwärmung. AEG-Mitt. 56 (1966) H. 7, S. 445—450

[4.18] **Wokusch, J.**: Thyristorgespeiste Hauptantriebe einer Blockstraße im Hüttenwerk Hunedoara (Rumänien). Siemens-Z. 43 (1969) H. 7, S. 623—629

[4.19] **Schräder, A.**: Eine neue Schaltung zur Kreisstromregelung in Stromrichteranlagen. ETZ-A 90 (1969) H. 14, S. 331—336

[4.20] **Förster, J.**: Stromrichter. VDI-Z. 112 (1970) H. 1, S. 28—37

[4.21] **Alexa, D.**, und **Prisacăru, V.**: Selbstgeführte Stromrichter für Umkehrantriebe, die keine Blindleistung des Speisenetzes benötigen. ETZ-A 94 (1973) H. 3, S. 158—161

Zu Abschnitt 5

[5.1] **Alexanderson, E.F.W.**: System of distribution. U.S.L.-Patent Nr. 1 800 002 (1923)

[5.2] **Prince, D.C.**: The Direct-Current Transformer Utilizing Thyratron Tubes. General Electric Review 31 (1928) H. 7, S. 347—350

[5.3] **Fitzgerald, A.S.**: Converting apparatus. U.S.L.-Patent Nr. 1 752 247 (1929)

[5.4] **Sabbah, C.A.**: Electric valve converting system. U.S.L.-Patent Nr. 1 948 360 (1932)

[5.5] **Petersen, W.**: Diskussionsbeitrag zu M. Schenkel: Technische Grundlagen und Anwendungen gesteuerter Gleichrichter und Umrichter. ETZ 53 (1932) H. 32, S. 771—775

[5.6] **Schilling, W.**: Die Berechnung der elektrischen Verhältnisse in einphasigen selbsterregten Wechselrichtern (Reihen- und Parallelwechselrichter). Arch. f. Elektr. 27 (1933) H. 1, S. 22—34

[5.7] **Tröger, R.**: Selbstgeführter mit gittergesteuerten Dampf- oder Gasentladungsgefäßen arbeitender Wechselrichter in Parallelanordnung. DRP 682 532 (1936)

[5.8] **Babat, G.I.**, und **Kazman, J.A.**: Stromrichter mit voreilendem Leistungsfaktor und Stromrichter-Phasenschieber. Elektritschestwo, 38 (1937) H. 4, S. 8—17

[5.9] **Marx, E.**: Stromrichter mit beliebig veränderlichem Leistungsfaktor. ETZ 59 (1938) H. 14, S. 357—360

[5.10] **Tröger, R.**: Freier selbstgeführter Wechsel-Gleichrichter. DRP Nr. 737 991 (1938)

[5.11] **Blaufuß, K.**: Drehzahlregelung von Gleichstrommotoren durch Stromstöße. Arch. f. Elektr. 34 (1940) H. 10, S. 581—590

[5.12] **Stumpe, A.C.**: An improved d.c. to a.c. inverter with silicon controlled rectifiers. Communic. du colloque international sur les dispositifs à semiconducteurs, Paris (1961)

[5.13] Morgan, R. E.: A New Magnetic-Controlled Rectifier Power Amplifier with a Saturable Reactor Controlling On Time. AIEE Trans. (Communication and Electronics) 80 (1961), S. 152—155

[5.14] Jones, D.: Variable Pulse Width Inverter. Electronic Equipment Engineering (November 1961), S. 29—30

[5.15] McMurray, W., und Shattuck, D. P.: A Silicon-Controlled Rectifier with Improved Commutation. AIEE Trans. 80 (1961) Teil I, S. 531—542

[5.16] Abraham, L., Heumann, K., und Koppelmann, F.: Anfahren, Regeln und Nutzbremsen von Gleichstromfahrzeugen mit steuerbaren Siliziumzellen. VDE-Fachberichte Bd. 22 (1962), S. I/89—I/100

[5.17] Thompson, R.: High-frequency silicon-controlled rectifier sinusoidal inverter. Proc. Inst. el. Eng. 110 (1963) H. 4, S. 647—652

[5.18] Abraham, L., Heumann, K., und Koppelmann, F.: Wechselrichter zur Drehzahlsteuerung von Käfigläufermotoren. AEG-Mitt. 54 (1964) H. 1/2, S. 89—106

[5.19] Depenbrock, M.: Die Verknüpfungen von Frequenz, Dämpfung und Steuerwinkel beim Schwingkreiswechselrichter. Arch. f. Elektr. 49 (1964) H. 4, S. 235—239

[5.20] Abraham, L., Heumann, K., Koppelmann, F., und Patzschke, U.: Pulsverfahren der Energieelektronik elektromotorischer Antriebe. VDE-Fachberichte Bd. 23 (1964), S. 239—252

[5.21] Gathmann, H.: Selbstgeführter Umrichter für drehzahlverstellbare Mehrmotorenantriebe. BBC-Nachrichten 46 (1964) H. 12, S. 686—693

[5.22] Kohlhuber, E.: Selbstgeführte Umrichter mit Kommutierungsschwingkreis und Steuerung nach dem Unterschwingungsverfahren. BBC-Nachrichten 46 (1964) H. 12, S. 694—698

[5.23] Meyer, M.: Beanspruchung von Thyristoren in selbstgeführten Stromrichtern. Siemens-Z. (1965) H. 5, S. 495—501

[5.24] Abraham, L., Heumann, K., und Koppelmann, F.: Zwangskommutierte Wechselrichter veränderlicher Frequenz und Spannung. ETZ-A 86 (1965) H. 8, S. 268—274

[5.25] Swoboda, R.: Thyristoren als schnelle Schalter in Gleichstromkreisen. Elektro-Technik 47 (1965) H. 12, S. 231—233

[5.26] Dahlinger, D.: THYROSWITCH — ein neuer Halbleiterschalter. AEG-Mitt. 56 (1966) H. 2, S. 117—121

[5.27] Wagner, R.: Elektronische Gleichstromsteller. VDE-Buchreihe Bd. 11, 1966, S. 187—199

[5.28] Abraham, L., und Koppelmann, F.: Die Zwangskommutierung, ein neuer Zweig der Stromrichtertechnik. ETZ-A 87 (1966) H. 18, S. 649—658

[5.29] Seelig, T.: Thyristorwechselrichter mit sättigbaren Drosseln für Mittelfrequenzanwendungen. IEEE Trans. on Magnetics, Vol. MAG-2, Sept. 1966, S. 638—643

[5.30] Abraham, L.: Der Gleichstrompulswandler (elektronischer Gleichstromsteller) und seine digitale Steuerung. Dissertation der TU Berlin (1967)

[5.31] Mapham, N.: An SCR Inverter with Good Regulation and Sine-Wave Output. IEEE Trans. on Ind. and Gen. Appl., Vol. IGA-3, No. 2, März/April 1967, S. 176—187

[5.32] Wagner, R.: Strom- und Spannungsverhältnisse beim Gleichstromsteller. Siemens-Z. 43 (1969) H. 5, S. 458—464

[5.33] Wagner, R.: Gleichstromsteller mit indirekter Kommutierung. Siemens-Z. 43 (1969) H. 7, S. 616—622

[5.34] Pomper, P.: Über das statische und dynamische Verhalten von Schwingkreiswechselrichtern. ETZ-A 92 (1971) H. 4, S. 223—227

[5.35] Förster, J.: Löschbare Fahrzeugstromrichter zur Netzentlastung und -stützung. Elektr. Bahnen 43 (1972) H. 1, S. 13—19

Zu Abschnitt 6

[6.1] Alexanderson, E.F.W.: The „Thyratron"-Motor. El. Eng. 53 (1934) H. 11, S. 1517—1523

[6.2] Sattler, Ph.K.: Bemessung und Konstruktion großer Gleichstrommaschinen für den Walzwerksbetrieb. BBC-Nachrichten 43 (1961) H. 3, S. 156—165

[6.3] Ostermann, H.: Der fremdgesteuerte Stromrichtersynchronmotor mit steuerbarer Drehzahl. Dissertation der TH Stuttgart (1961)

[6.4] Gerecke, E., und Badr, H.: Asynchronmaschine mit primärseitig eingebauten steuerbaren Ventilen. Neue Technik 4 (1962), S. 125—134

[6.5] Depenbrock, M.: Ruhende Frequenzumformer in der Energietechnik. ETZ-A, H. 83 (1962) H. 26, S. 868—876

[6.6] Lämmerhirdt, E.H.: Entwicklung moderner Gleichstrommaschinen. VDE-Fachberichte, 22. Bd. 1962, S. I/135—I/147

[6.7] Wilson, T.G., und Trickey, P.H.: D-c Machine with solid-state commutation. Electrical Engineering 81 (1962) H. 11, S. 879—884

[6.8] Heck, R., und Meyer, M.: Die asynchrone Umrichtermaschine, ein kontaktloser, drehzahlregelbarer Umkehrantrieb. Siemens-Z. 37 (1963) H. 5, S. 287—290

[6.9] Bystron, K., und Meyer, M.: Kontaktlose, drehzahlregelbare Umrichtermaschinen für hohe Drehzahlen. Siemens-Z. 37 (1963) H. 9, S. 660—667

[6.10] Heumann, K., und Jordan, K.-G.: Das Verhalten des Käfigläufermotors bei veränderlicher Speisefrequenz und Stromregelung. AEG-Mitt. 54 (1964) H. 1/2, S. 107—116

[6.11] Heumann, K., und Jordan, K.-G.: Einfluß von Spannungs- und Stromoberschwingungen auf den Betrieb von Asynchronmaschinen. AEG-Mitt. 54 (1964) H. 1/2, S. 117—122

[6.12] Koppelmann, F., und Michel, M.: Kontaktlose Steuerung der Drehzahl von Asynchronmotoren mit Hilfe antiparalleler Thyristoren. AEG-Mitt. 54 (1964) H. 1/2, S. 133—140

[6.13] Pfaff, G.: Zur Dynamik des Asynchronmotors bei Drehzahlsteuerung mittels veränderlicher Speisefrequenz. ETZ-A, 85 (1964) H. 22, S. 719—724

[6.14] Hengsberger, J., Putz, U., und Vetters, L.: Thyristor-Stromrichter für Bahnmotoren. AEG-Mitt. 54 (1964) H. 5/6, S. 435—442

[6.15] Schönung, A.: Möglichkeiten zur Regelung von Drehstrommotoren mit Stromrichtern. Brown Boveri Mitteilungen 51 (1964) H. 8/9, S. 540—554

[6.16] Patzschke, U.: Der drehzahlregelbare Käfigläufermotor. ETZ-B, 16 (1964) H. 24, S. 703—707

[6.17] Abraham, L., und Koppelmann, F.: Käfigläufermotoren mit hoher Drehzahldynamik. AEG-Mitt. 55 (1965) H. 2, S. 118—123

[6.18] Cießow, G., und Kulka, S.: Die Anwendung von gepulsten Widerständen bei Gleichstromreihenschlußmotoren und Drehstromschleifringläufermotoren. AEG-Mitt. 55 (1965) H. 2, S. 123—129

[6.19] Steimel, K., und Heumann, K.: Kommutatorloser Bahnmotor mit Pulswechselrichter für Akkumulatortriebwagen. AEG-Mitt. 55 (1965) H. 3, S. 220—226

[6.20] Bystron, K., und Meissen, W.: Drehzahlsteuerung von Drehstrommotoren über Zwischenkreisumrichter. Siemens-Z. 39 (1965) H. 4, S. 254—257

[6.21] Wolski, A.: Thyristoren in Bahntriebfahrzeugen. Siemens-Z. 39 (1965) H. 6, S. 623—638

[6.22] Korb, F.: Einstellung der Drehzahl von Induktionsmotoren durch antiparallele Ventile auf der Netzseite. ETZ-A 86 (1965) H. 8, S. 275—279

[6.23] Gerecke, E.: Steuerbare Siliziumleistungsventile (Thyristoren) und deren Anwendung für die Steuerung von Gleichstromanlagen sowie von Asynchron- und Synchronmotoren. Bulletin des Schweiz. Elektrotechnischen Vereins, 56 (1965) H. 18, S. 773—789

[6.24] Schönung, A.: Der Umrichtermotor, ein neuer Antrieb in den Hüttenwerken. BBC-Nachrichten 48 (1966) H. 1, S. 44—52

[6.25] Loocke, G.: Die Anpassung der Motoren an die Antriebs- und Regelbedingungen. VDE-Buchreihe Bd. 11, 1966, S. 487—511

[6.26] Kümmel, F.: Geregelte Antriebe mit Drehstrom-Schleifringläufermotoren. VDE-Buchreihe Bd. 11, 1966, S. 512—530

[6.27] Meyer, M.: Stromrichtergespeiste Drehfeldmaschinen. VDE-Buchreihe Bd. 11, 1966, S. 531—560

[6.28] Selbach, A., und Korb, F.: Die Anwendung der kollektorlosen Maschinen mit Regelung über Stromrichter. VDE-Buchreihe Bd. 11, 1966, S. 561—578

[6.29] Kaiser, F.D.: Solid state high voltage d-c transmission technology. American Power Conference, Chicago, Illinois, April 1966

[6.30] Stepina, J.: Betriebsverhalten der vom Wechselrichter gespeisten Asynchronmaschinen. Elektrotechn. u. Masch.-Bau, 83 (1966) H. 5, S. 295—303

[6.31] Lauffer, H.: Die Drehstrommaschine mit polradwinkelabhängigen, eingeprägten Läuferströmen. Dissertation der TH Stuttgart (1966)

[6.32] Bystron, K.: Strom- und Spannungsverhältnisse beim Drehstrom-Drehstrom-Umrichter mit Gleichstromzwischenkreis. ETZ-A, 87 (1966) H. 8, S. 264—271

[6.33] Gerecke, E.: New methods of power control with thyristors. IFAC-Kongreß, London 1966

[6.34] Heumann, K.: Variable Frequency Speed Control of Induction Motors. IFAC-Kongreß, London 1966

[6.35] Depenbrock, M.: Fremdgeführte Zwischenkreisumrichter zur Speisung von Stromrichtermotoren mit sinusförmigen Anlaufströmen. ETZ-A, 87 (1966) H. 26, S. 945—951

[6.36] Schliephake, G., und Wiegand, A.: Gleichstromantriebe mit Thyristorstromrichtern. AEG-Mitt. 56 (1966) H. 6, S. 366—370

[6.37] Germann, F.: Thyristorwechselrichter für gesicherte Stromversorgungsanlagen. AEG-Mitt. 56 (1966) H. 7, S. 458—460

[6.38] Schneider, J., und Alwers, E.: Auswirkungen der Umrichterspeisung auf die Asynchronmaschine. VDE-Fachberichte 24. Bd. (1966), S. 203—208

[6.39] Heumann, K.: Elektrotechnische Grundlagen der Zwangskommutierung — Neue Möglichkeiten der Stromrichtertechnik. E. und M. 84 (1967) H. 3, S. 99—112

[6.40] Chalmers, B. J., and Sarkar, B. R.: Induction-motor losses due to non-sinusoidal supply waveforms. Proc. IEE, Vol 115, Nr. 12, December 1968, S. 1777—1782

[6.41] Meyer, M.: Drehzahlgeregelte Antriebe zum direkten Anschluß an das Drehstromnetz. Siemens-Z. 43 (1969) H. 4, S. 390—391

[6.42] Abraham, L., und Häusler, M.: Blindstromkompensation über Halbleiterschalter und Umrichter. VDE-Fachtagung Elektronik 1969, S. 100—114

[6.43] Haböck, A.: Speisung von Synchronmaschinen über Umrichter mit eingeprägtem Strom im Zwischenkreis. VDE-Fachtagung Elektronik 1969, S. 163—175

[6.44] Köllensperger, D., und Tovar, K.: Stromrichtermotoren größerer Leistung. Siemens-Z. 43 (1969) H. 8, S. 686—690

[6.45] Keuter, W.: Kleinthyristoren und Triacs in der Haushalts- und Industrieanwendung. ETZ-B 21 (1969) H. 19, S. 447—451

[6.46] Maisch, W.: Elektronische Anlaß- und Bremsschaltung für einen Drehstrommotor mit Käfigläufer. ETZ-B 21 (1969) H. 19, S. 456—457

[6.47] Nagel, G.: Einfluß der Reaktanzen und der Erregung stromrichtergespeister, eigengetakteter Synchronmaschinen auf Betriebsverhalten und Ausnutzung des gesamten Antriebs. Siemens-Z. 45 (1971) H. 12, S. 943—949

[6.48] Jäger, S., und Knuth, D.: Unterdrückung der Netzrückwirkungen eines Lichtbogenofens durch eine Kompensationsanlage mit thyristorgeschalteten Drosseln. Elektrowärme internat. 30 (1972), S. 267—274

[6.49] Rumpf, E., und Ronade, S.: Geräte und Verfahren für Steuerung und Regelung einer HGÜ und Gesichtspunkte für ihren Einsatz. ETZ-A 93 (1972) H. 3, S. 123—133

[6.50] Keller, P.: Aufbau und Schaltungstechnik von statischen Wechselrichtern. Bull. SEV 63 (1972) H. 21, S. 1234—1243

[6.51] Nitschke, H.-J.: Der bürstenlose Motor, ein neuer universeller, drehzahlregelbarer Drehstromantrieb. Techn. Mitt. AEG-TELEFUNKEN 63 (1973) H. 2, S. 73—75

Zu Abschnitt 7

[7.1] Hesse, D.: ASR — Das mechanische Aufbausystem für Steuerungs- und Regelungstechnik der AEG. AEG-Mitt. 54 (1964) H. 11/12, S. 657—665

[7.2] Hoffmann, M., Nitsche, H., und Ulbrich, W.: Ein Bausteinsystem mit Thyristoren. Siemens-Z. 39 (1965) H. 3, S. 184—189

[7.3] Linden, W., und Schreiner, W.: Steuersätze für Thyristoren in Bausteinweise. Siemens-Z. 39 (1965) H. 3, S. 189—193

[7.4] Schwarz, G., Pieper, H.J., und Schneider, P.: BBC-Leistungselektronik, ein neues Geräteprogramm von Halbleiter-Stromrichtern. BBC-Nachr. 47 (1965) H. 5, S. 241—246

[7.5] Spenke, E.: Die Grenze der Strombelastbarkeit von Thyristoren. VDE-Buchreihe Bd. 11, 1966, S. 77—86

[7.6] Herlet, A.: Prinzipielle Gesichtspunkte für die Bemessung von Thyristoren. VDE-Buchreihe Bd. 11, 1966, S. 99—111

[7.7] Zabel, R.: Thyristorbausteine und -geräte. VDE-Buchreihe Bd. 11, 1966 S. 210—222

[7.8] Kröhling, E., und Muth, W.D.: Gleichstrompulssteuerung für Elektrogabelstapler. VDE-Buchreihe Bd. 11, 1966, S. 398—407

[7.9] Ginsbach, K.-H., und Hengsberger, J.: Leistungsthyristoren, Optimierung für heutige und zukünftige Anwendungsgebiete. AEG-Mitt. 56 (1966) H. 6, S. 374—376

[7.10] Kubitzki, G.: Zum Problem der Zuverlässigkeit von Silicium-Halbleiterbauelementen. AEG-Mitt. 56 (1966) H. 6, S. 376—379

[7.11] Füllmann, M., und Peukert, H.: Typenreihe der AEG-Thyristorstromrichter-Aufbauten. AEG-Mitt. 56 (1966) H. 6, S. 380—383

[7.12] Filter, C., Schulz, W., und Wagner, K.: Ein Kaltwalzwerk großer Leistung mit Thyristorstromrichtern. AEG-Mitt. 56 (1966) H. 7, S. 426—429

[7.13] Bezold, K.-H., und Niehage, H.: Betrieb der ersten vollgesteuerten Thyristor-Stromrichterlokomotive. AEG-Mitt. 56 (1966) 7, S. 442—444

[7.14] Hartmann, O.: Die Technik der Viersystem-Lokomotiven E 410001—003. Referat im Rahmen des Colloquiums „Elektrische Traktion für Europa". Essen 25. 10. 1966

[7.15] Engström, G.: Will thyristors sub for mercury in HVDC valves ? Electrical World (1967) H. 2, S. 48—49

[7.16] Heumann, K.: Development of inverters with forced commutation for AC motor speed control up to the megawatt range. IEEE Trans. on Industry and General Applications, Vol IGA-5, No. 1. January/February 1969, S. 61—67

[7.17] Juchmann, H., und Zellerhoff, H. G.: Ein Thyristor in Scheibenbauweise für Dauergrenzströme bis 700 A. Techn. Mitt. AEG-TELEFUNKEN 59 (1969) H. 3/4, S. 240—241

[7.18] Storm, H. F.: Solid-State Power Electronics in the USA. VDE-Fachtagung Elektronik 1069, S. 55—70

[7.19] Förster, J., und Putz, U.: Moderne Stromrichter auf elektrischen Triebfahrzeugen. VDE-Fachtagung Elektronik 1969, S. 149—161

[7.20] Otsuka, M.: A new edge contour for Si high voltage thyristors. Power Thyristors and their Applications, IEE Conference Publication No. 53, Part 1 — Contributions, S. 32—38

[7.21] Kamei, T., Ogawa, T., Morita, K. and Asano, H.: Design and characteristics of 4000 V thyristors. Power Thyristors and their Applications, IEE Conference Publication No. 53, Part 1 — Contributions, S. 39—46

[7.22] Bailey, A. R. and Varley, J. R.: The use of high frequency choppers for traction purposes. Power Thyristors and their Applications, IEE Conference Publication No. 53, Part 1 — Contributions, S. 271—276

[7.23] Öhms, K.-J.: Stand der Entwicklung und Aussichten des elektrischen Straßenverkehrs. Elektrizitätswirtschaft 70 (1971) H. 17, S. 511—517

[7.24] Behmann, U. und Ingbert, St.: Elektrische Mehrsystem-Triebfahrzeuge in Europa. ETZ-B 24 (1972) H. 3, S. 64—69

[7.25] Berndes, G.: Frequenzthyristoren aus heutiger Sicht. BBC-Nachrichten 54 (1972) H. 9/10, S. 253—260

[7.26] Lehmann, G.: Gestaltung von Typenreihen für Thyristor-Leistungsstromrichter. Techn. Mitt. AEG-TELEFUNKEN 62 (1972) H. 6, S. 268—271

[7.27] Grossmann, W.: Die Thyristor-Stromrichter-Lokomotive Re 4/4161 der Berner Alpenbahn-Gesellschaft Bern-Lötschberg-Simplon (BLS). Bull. SEV 64 (1973) H. 7, S. 427—435

Zu Abschnitt 8

[8.1]   Gatz, E.: Kurzschlußschutz von Halbleiter-Gleichrichtern in Elektrolyseanlagen. ETZ-A, Bd. 81 (1960) H. 20, S. 729—735

[8.2]   Faust, W.: Betrieb und Schutz von Siliziumdioden. BBC-Mitt. Bd. 48 (1961) H. 3/4, S. 176—192

[8.3]   Lehmann, G.: Schutz von Halbleitergleichrichteranlagen. AEG-Mitt. Bd. 51 (1961) H. 5/6, S. 197—204

[8.4]   Wehrle, C.: Überflinke, strombegrenzende Schutzsicherungen Typ NG für Halbleitergleichrichter. AEG-Mitt. Bd. 51 (1961) H. 11/12, S. 354—357

[8.5]   Putz, U.: Kurzschließer und ihre Anwendung zum Schutz von Halbleitergleichrichteranlagen. AEG-Mitt. Bd. 51 (1961) H. 11/12, S. 357—359

[8.6]   Fehling, H., und Treptow, A.: GEARAPID S 2002, ein neuer AEG-Gleichstrom-Schnellschalter mit hoher Strombegrenzung und extrem kurzen Ausschaltzeiten. AEG-Mitt. Bd. 51 (1961), H. 11/12, S. 360—365

[8.7]   Hengsberger, J., und Wiegand, A.: Schutz von Thyristor-Stromrichtern größerer Leistung. ETZ-A, Bd. 86 (1965) H. 8, S. 263—268

[8.8]   Newbery, P. G.: The correct protection of power thyristors by high speed H. R. C. fuse-links. Power Thyristors and their Applications, IEE Conference Publication No. 53, Part 1 — Contributions, S. 125—131

[8.9]   Peter, J. M.: Die Grenzen des di/dt von Thyristoren und Schutzmethoden. Elektrie 25 (1971), S. 266—267

Zu Abschnitt 9:

[9.1]   Spitzer, F., und Steinhäuser, W.: Temperaturmessungen an Siliziumgleichrichtern. SEL-Nachr. Bd. 8 (1960) H. 2, S. 64—66

[9.2]   Blatter, H.: Die Prüfung der Siliziumdioden und Betriebserfahrungen mit Halbleiter-Gleichrichteranlagen. BBC-Mitt. Bd. 48 (1961) H. 3/4, S. 244—254

[9.3]   Heumann, K.: Magnetischer Spannungsmesser hoher Präzision. ETZ-A, Bd. 83 (1962) H. 11, S. 349—356

[9.4]   Kubitzki, G.: Prüfung von Silizium-Halbleiterbauelementen. AEG-Mitt. Bd. 54 (1964) H. 5/6, S. 464—469

[9.5]   Carl, H.: Zur Prüfung der strommäßigen Belastbarkeit von Thyristoren. ATM, Lieferung 350, März 1965, S. R25—R27

[9.6]   Heumann, K.: Messung und oszillographische Aufzeichnung von hohen Wechsel- und schnell veränderlichen Impulsströmen. Techn. Mitt. AEG-TELEFUNKEN 60 (1970) H. 7, S. 444—448

C. Vorschriften und Normen

VDE 0100   Bestimmungen für das Errichten von Starkstromanlagen mit Nennspannungen bis 1000 V

VDE 0101   Bestimmungen für das Errichten von Starkstromanlagen mit Nennspannungen von 1 kV und darüber

VDE 0105   Bestimmungen für den Betrieb von Starkstromanlagen

VDE 0660   Regeln für Schaltgeräte bis 1000 V Wechselspannung und 3000 V Gleichspannung

VDE 0675   Leitsätze für den Schutz elektrischer Anlagen gegen Überspannungen

DIN 40700   Schaltzeichen, Halbleiterbauelemente
Blatt 8

DIN 40706   Schaltzeichen, Stromrichter

DIN 41750   Begriffe für Halbleiter-Stromrichter
Blatt 1 bis 7

DIN 41751   Halbleiter-Stromrichtersätze und -Stromrichtergeräte, Kühlarten

DIN 41752   Halbleiter-Stromrichtergeräte, Leistungskennzeichen

DIN 41756   Belastung von Stromrichtern,
Blatt 1 u. 2   Betriebsarten und Belastungsklassen

DIN 41761   Stromrichterschaltungen, Benennungen und Kennzeichen

DIN 41772   Halbleitergleichrichter-Geräte und -Anlagen,
Formen und Kurzzeichen der Kennlinien

DIN 41781   Gleichrichterdioden für die Energietechnik, Begriffe

DIN 41782   Gleichrichterdioden, Richtlinien für Datenblattangaben

DIN 41783   Einkristallgleichrichterzellen, Meßverfahren

DIN 41784   Thyristoren, Meßverfahren
Blatt 1

DIN 41785   Halbleiterbauelemente
Blatt 1 bis 5   Kurzzeichen zur Verwendung in Datenblättern

DIN 41786   Thyristoren, Begriffe

DIN 41787   Thyristoren, Richtlinien für Datenblattangaben

DIN 41789   Kennzeichnung von Gleichrichterdioden und Thyristoren

DIN 41794   Zuverlässigkeitsangaben für Einzel-Halbleiterbauelemente und integrierte
Blatt 1 bis 3   Schaltungen, Allgemeine Angaben

DIN 41852   Halbleitertechnik, Begriffe

DIN 41855   Halbleiterbauelemente, Begriffe

SACHWEISER